中 国 环 境 通 史

第四卷（清—民国）

梅雪芹　倪玉平　李志英　等　编著

中国环境出版集团·北京

图书在版编目（CIP）数据

中国环境通史. 第四卷，清—民国/梅雪芹等编著. —北京：
中国环境出版集团，2019.12
ISBN 978-7-5111-4217-7

Ⅰ．①中… Ⅱ．①梅… Ⅲ．①环境—历史—中国—清
代—民国 Ⅳ.①X-092

中国版本图书馆 CIP 数据核字（2019）第 267983 号

审图号：GS（2018）5892 号

ZHONGGUO HUANJING TONGSHI DI-SIJUAN QING—MINGUO

出 版 人	武德凯
责任编辑	王 琳 曹靖凯
责任校对	任 丽
封面设计	宜然鼎立文化发展（北京）有限公司

出版发行	中国环境出版集团
	（100062 北京市东城区广渠门内大街 16 号）
	网 址：http://www.cesp.com.cn
	电子邮箱：bjgl@cesp.com.cn
	联系电话：010-67112765（编辑管理部）
	发行热线：010-67125803，010-67113405（传真）
印 刷	北京中科印刷有限公司
经 销	各地新华书店
版 次	2019 年 12 月第 1 版
印 次	2019 年 12 月第 1 次印刷
开 本	787×1092 1/16
印 张	34.5
字 数	576 千字
定 价	180.00 元

弁　言

　　《中国环境通史》编纂工作从立项至今已逾10年，现在终于要出版了。作为编者，我们百感交集，心情忐忑，于此略赘数言，述其原委，表明心迹，谨致谢忱。

　　2008年7月间，全国环境史学同仁在南开大学举行"社会—生态史研究圆桌会议"，探讨中国环境史学科理论和研究进路等问题。会议期间我们获悉原环境保护部拟组织编纂《中国环境通史》和《中国环境百科全书·环境史卷》，我和几位环境史领域的同仁也被授权负责或参与编纂工作。这个突然降临的重要信息让我们感到既兴奋又纠结。所以兴奋者，是主管部门已把支持环境史研究列入工作计划，同仁将学有所用；所以纠结者，是国内环境史学研究刚刚起步，基本学理尚且不明，知识体系更待建构，素来拘谨的历史学者何敢贸然编纂"通史"并且还要编撰《中国环境百科全书·环境史卷》？经过一番"讨价还价"，我们决定组织力量先启动中国环境史编写工作，至于百科全书的环境史卷则暂且搁置，以待时机成熟。

　　以当时的相关学术积累，编纂一套大型的中国环境史实有极大困难，我们勉力承接这一重要任务，既是鉴于国际环境史学发展迅速，洋学者已经编写出版了两部通史性质的中国环境史，我们必须加快步伐迎头赶上；更是因为中国环境保护事业发展如火如荼，形势催人奋进，同时也是受到环保战线同志白手创业、勇往直前精神的感召。

　　众所周知，新中国环境保护事业，从最初对突发环境事件的临时应急，到如今生态文明建设事业全面展开，经历了一个从无到有、从小到大，由局部到整体、由表层向基底，日益壮阔和不断深化的过程。在我们承接本书编纂任务之前不久，2007年10月中国共产党第十七次全国代表大会胜利召开，首次明确提出了"建设生态文明"的战略任务，不仅更加确认了环境保护这个基本国策，而且做出了意义极其深远的新型文明抉择。作为一个坚定的国家意志，中国率先提出的建设生态文明，关乎中华民族永续发展和长远福祉，引领人类文明前进方向，是一个空前伟大的文明壮举。作为历史学者，我们对其丰富而深刻的时代意蕴及其在历史坐标上的重要地位具有特殊体认，深感探究历史上的人与自然关系演变过程和规律，积极服务生态文明建设大业，是新时代历史学者必须担当的重大学术责任。

我们注意到：当代环境保护事业自20世纪70年代肇兴以来，相关行政、法制、科技、工程、产业等建设一日千里，而生态文化建设则相对滞后，作为其重要基础的中国环境史研究更加显得迟缓，优质学术产品严重短缺，导致大众对当今环境生态问题缺乏应有的历史理性认知，一些错误观点广泛流播，对此我们身负重责。作为中国环境史研究较早的一批寻路垦荒者，我们自认肩负着一项特殊文化使命，胸怀着推动这门新史学在本土落地生根和建构中国特色环境史学体系的强烈愿望；我们理解国家环境保护管理部门专门设置这个项目的良苦用心：虽然此前已有学者开展了许多有益的探索，发表了数量可观的论著，但中国环境史研究总体处于随机、零散、话语分异和各自为战状态，思想知识缺少必要的整合和汇通，组织开展一项大型编纂工程，有助于相关知识的系统化，有利于加快推出紧缺学术产品以满足生态文明建设事业迅猛发展之亟需，这与历史学者骎骎汲汲、志欲提升中国环境史学水平的愿望极相契合。

在原环境保护部政策法规司和原中国环境科学出版社有关领导的召唤下，来自多所高校和科研机构的一众学人集结起来。起初，大家因学术背景差异，视角不同，腔调各异，其情形颇似黄梅戏发展初期的"草台班子"和"三打七唱"。但是基于共同的学术理想和文化使命感，10多年来，我们互相学习，彼此砥砺，凝结共识，很快成为了亲密无间的同志。我们深知：这项编纂任务很光荣也极繁重，因为它是一次必须跨越人文、社会和自然科学疆界和鸿沟的漫长思想旅行，在框架设计、资料搜集、内容拣择、事象解说、价值判断等方面都无可循之先例，进路不明，必须面对大量不曾有过的困难和障碍。事实证明：即便我们从一开始就做了最为困难的估计，实际遭遇的困难仍然远超当初预期。

编纂工作前后迁延了 10 多年，其间发生了多次人事等方面的变动，几位主要编写者的科研、教学任务层层叠加，一位老同志还因之过劳成疾。唯一感到心安的是，我们认真地付出过，顽强地坚持了。全书四卷二百余万字，单论卷帙字数，或可算得上是一项有规模的"工程"，但显而易见它是一项应急的工程，其成果更毫无疑问只是一个"急就章"，对此我们深有自知之明。我们努力将各种资料和史实摞到一起，尽量编写成一部我们心中想象的环境史。一些章节是我们独立探究的新成果，但也有许多章节是汇集和吸收了历史地理学、农林渔牧史、生物学史、灾荒史、气候史……众多领域学者的相关论著，好在"集众家之长，参之以己意，立一家之言"是符合规范的大型历史编纂通例的。由于所涉历史问题和学科知识过于庞杂，难免错会和误解前人之意，相信众多前贤愿意宽宥。更需坦白的是：一个大型编纂能否成为"通史"具有若干基本标准，比如是否具有圆融自洽的学理架构，是否提供了上下贯通、左右周顾的完整知识体系等。以此衡之，这套《中国环境通史》恐有名不符实之嫌。站在编者角度，我们更愿意称之为《中国环境史初稿》。对环境史同仁和相邻领域学者来说，它很可能只是一个批判的靶子。换言之，我们理想中的编纂目标并未实现。

即便如此，作为迄今最大的一套多卷本中国环境史，本书承载着不少领导同志的期望，浸透了多位编辑老师的心血。项目进行期间，原环境保护部的有关部领导给予我们很多重要勉励和支持；杨朝飞同志曾是项目的直接领导者，若无他的卓越努力就不可能有此项编纂；李庆瑞、别涛以及冯燕等同志也一直关心、支持项目进展。唐大为同志在前期策划和组织中付出了不少辛劳。李恩军同志在中后期编纂工作中做了许多协调组织工作。十分感谢中国环境出版集团的领导，没有他们的支持，也不可能取得今天的成果。另外特别感谢季苏园、陶克菲、李雪欣等几位责任编辑，正是他们的敬业精神和辛勤工作使得本书增色许多。李雪欣编辑还参加了个别章节的编写工作，付出了辛劳。还有许多同志为本书编纂出版提供过支持和帮助，在此一并表示衷心感谢！

最后还要特别感谢一位刚刚逝世的长者——著名的马克思主义经济史家、中国环境史研究的重要引路人，大家都非常崇敬的李根蟠先生。李先生曾经多次参加本书编纂工作会议并提供真知灼见，还审阅过部分书稿并提出具体修改意见。但是天妒贤才，不待本书出版，他便猝然驾鹤远游，我们失去了一位最具高卓识见的明师，这是一件多么令人痛惜和感伤的事情！然则哲人虽逝，其道犹存。我们将赓续其学术，绍述其志业，更加努力探寻中华民族的"生生之道"，守护中国文明的自然之根，传载祖国河山的文化之魂，为生态文明和美丽中国建设不断提供历史文化资源！

编著者（王利华代笔）

2019 年 9 月 11 日凌晨

目　录

导　论

中国是一个历史悠久、文化多元的文明古国，也是一个地形复杂、气候多样的地理大国，中国环境史是各族人民在这片土地上生活、劳作过程中与自然环境相互作用、协同发展和演进的历史。

在漫长的古代阶段，我国先民在繁衍生息的过程中，不断地从河湖之滨和平原地区向草原、沙漠、山地、丛林和海边拓展、挺进，在社会和文明发展壮大的同时，这片土地的面貌也发生了很大的变化。

明末清初以降，我国的自然环境状况与大地景观显现了深刻的改变，这是由多种因素尤其是许多新因素的作用而促成的。根据《世界环境史百科全书》（*Encyclopedia of World Environmental History*）的总结，在促使我国传统环境变化的新因素中，突出的有如下四类：第一，包括铁路、柏油路、橡胶轮胎推车与卡车在内的近代交通运输业的兴起；第二，同治九年（1870年）以后煤矿、铅矿、铜矿等近代采矿业以及冶铁、纺织、榨油、磨粉等工业的发展；第三，旅居海外的中国企业家、西方传教士、美国农业科学家等引进新的农作物耕作技术和动物饲养技术；第四，晚清和民国时期政府的经济剥削和社会侵害的加剧。[1]在这些因素的共同作用下，我国社会和环境面貌发生了巨大变化，"旧城墙被推倒以让位于新的发展"[2]，外来势力影响明显的上海、天津、广东及其他一些城市迅速发展成为工、商业中心，本土的许多动植物品种被取代或消亡。与此同时，不但包括洪涝、干旱和流行病在内的自然灾害频发，危害惨重，而

---

[1] Krech Ⅲ, Shepard, McNeill, J. R. and Merchant, Carolyn ed., Encyclopedia of World Environmental History, Vol. 1, Routledge,2003, pp. 216-218.

[2] Krech Ⅲ, Shepard, McNeill, J. R. and Merchant, Carolyn ed., Encyclopedia of World Environmental History, Vol. 1, Routledge, 2003, pp. 217.

且伴随着矿业开采、工业和城市发展而来的资源破坏、水体和空气污染以及城市公共卫生等新问题也已出现，并有恶化趋势。

其中，特别需要重视的是，道光二十年（1840 年）鸦片战争的爆发，"触发了一些具有深远影响的爆炸性事态"[1]，使我国开始沦为一个半殖民地国家。到咸丰十年（1860 年），经过第二次鸦片战争之后的又一系列不平等条约的签订，"这个中华文明古国被西方彻底打败并羞辱了"[2]。随后，欧美海权国家和陆上国家俄国从南、北两个方向步步紧逼，构成对中国的夹击之势。中华民族在这样的生存危机之中，走上艰难的救亡图强之道，中国环境史也在 19 世纪 60 年代出现重大转折的端倪。这一时期开始的"自强运动"（传统上称为"洋务运动"）可作为其转折的标志。

"自强运动"历经三十余年（1861—1895 年），是一个包括政治、经济、军事、文化和外交等领域在内的全国规模的运动，由此呈现出一幅近代中国人奋力拼搏的生动画面。而这一运动，作为一种非常肤浅的现代化尝试，[3]虽然没能撼动旧制度，但恰恰因为它只采纳西方具有直接实用价值的文明，变革范围局限于火器、船舰、机器、通讯、开矿和轻工业，其影响反而首先并主要呈现在地表景观之上。上文述及的近代交通与西式工矿业的兴起，以及由此带动的城市发展，即是其明显的表征，它们给中国环境带来了一些前所未有的变化。因此，将"自强运动"作为中国工业化开始的标志，明确它在中国播下现代化的种子，从而具有许多深远影响的时候，也应认识到，它使人们开始以与农业时代不同的方式、规模和程度作用于自然，由此带来了新的问题和危害。譬如矿山、铁厂等工业以及铁路的建立，在提高生产力和加速交通运输的同时，会造成与农业时代不可同日而语的资源损耗、生态破坏和环境污染。至于"自强运动"中"开明派"和"传统派"在学习西方与维护传统方面的争执与矛盾，一定意义上也是近代中国人在面对西方科技文化时，对人与物、人与自然以及人与社会之认识开始变化的反映。因此，从环境史角度可以赋予"自强运动"以新意。它使中国环境史开始迈上人类以机械力干预自然并从"发达的有机经济"（advanced organic economy）向"以矿物为基础的能源经济"（mineral-based

---

[1] 徐中约：《中国近代史：1600—2000 中国的奋斗》，世界图书出版公司，2008 年，第 152 页。

[2] 徐中约：《中国近代史：1600—2000 中国的奋斗》，世界图书出版公司，2008 年，第 172 页。

[3] 徐中约：《中国近代史：1600—2000 中国的奋斗》，世界图书出版公司，2008 年，第 227 页。

energy economy）转变的道路。这是世界资本主义工业环境史的一部分，对中国大地的改造以及这片土地上人与自然关系的影响是深刻而久远的。

　　在此过程中，中国人延续了几千年的生产和生活方式慢慢被改变，西式的生产和生活方式逐渐得到认可和推崇。结果，不仅中国的社会性质在转变，而且中国的自然和文化景观也有了变化。尤其是中华文明在长期的环境适应中产生的与自然相处的生存智慧和地方性知识一步步被贬损，建立在不同生境之上的文化多样性也逐渐被削弱。就此而言，今天在理解李鸿章所言西人将世界连成一气实为"开三千年未有之变局"时，不仅要把握其中的社会和思想维度，而且要加进自然环境维度，尤其要将二者结合起来，考虑它们之间深层次的、广泛的相互作用关系。

　　对于上述这样一部中国环境史，研究者在涉足很多领域并取得丰硕成果的同时，也存在明显不足，从而留下许多薄弱环节。有西方学者认为，对于与中国环境史有关的各领域研究，中国的强项在自然科学而不是人文科学，此即所谓"自然科学导向"的中国环境史研究，其研究旨趣在于技术分析，而不是深层次的政治、社会和文化研究。[1]而中国学者对学术界关于自然灾害研究的非人文化倾向的指陈，同样适用于中国环境史研究。[2]当然，在人文科学，尤其是历史学内部，无论国内还是国外学者都比较重视对中国古代环境史的研究，已取得喜人的成就。相比较而言，对中国近现代环境史的研究显得薄弱，甚至可以说，这是一个亟待进一步开拓的领域。

　　就明清之际到民国时期而言，国外学术界的环境史专题研究正在增多，下列学者及其著述特别值得提及，分别是：①彭慕兰对有清一代环境史的思考[3]；②穆盛博关于近代中国的渔业战争和环境变化以及战争与环境的综合研究[4]；③皮大伟对民国时期淮河流域水利工程与中央政权重建之关联的研究[5]。此外，伊懋可的《大象的退却：一部中国环境史》以及马立博的《中国环境史：从史

[1] 包茂红：《中国环境史研究：伊懋可教授访谈》，《中国历史地理论丛》2004 年第 1 辑，第 129 页。

[2] 夏明方：《中国灾害史研究的非人文化倾向》，《史学月刊》2004 年第 3 期，第 16-18 页。

[3] Kenneth Pomeranz, How Exhausted an Earth? Some Thoughts on Qing（1644—1911）Environmental History, Chinese Environmental History Newsletter 2:2, November 1995.

[4] Micah S. Muscolino, Fishing Wars and Environmental Change in Late Imperial and Modern China, MA.: Harvard University Asia Center, 2009（中译本为胡文亮译：《近代中国的渔业战争和环境变化》，江苏人民出版社，2015 年）；The Ecology of War in China: Henan Province, the Yellow River, and Beyond,1938—1950, Cambridge University Press, 2015.

[5] David Pietz, Engineering the State: The Huai River and Reconstruction in Nationalist China, 1927—1937, Routledge, 2002.

前到现代》等有关中国环境史的通论性著述，对这一时期的一些时段和某些主题也有所涉猎。[1]

与此同时，在国内中国史学界，一些学者已从区域和专题等方面初步开展了相关研究工作。譬如，有人努力尝试从环境史角度看待以华北为中心的中国农村经济演变的型式问题，提出"我们必须把研究的视野从平原扩展到山地、高原、森林、水系，从其相互制约彼此作用的整体联系中考察华北农村市场变迁的特质"[2]之创见。有人致力于以生态环境与乡村社会为主题，探讨传统社会末期华北生态环境及其所对应的社会特征。[3]还有人研究了清末屯垦政策在川边藏区的实施对环境的影响。[4]而对于民国时期工业企业的环境意识与实践，亦开始有人涉猎；日本细菌战对我国环境造成的严重污染和破坏，也受到了关注。[5]此外，有关近代中国城市的环境史及空气污染等问题，也有佳作陆续问世。[6]

不过，如何从总体上认识明清之际到民国时期的中国环境史并建构研究框架，在国内外史学界还鲜有讨论。[7]这里，基于该时期中国经济、政治和社会历史的突出特点——古今中西交汇和碰撞、西方工业文明的强大影响等，参考国外学者对世界环境史的阶段性变化及其依据的一些认识——殖民主义可作为环境史的分水岭；在向煤炭时代的转变中现代经济模式之重大转折的起源已隐约可见；对环境史具有划时代意义的是环境问题之性质的根本转变，等等，[8]并效仿海内外学者对中国环境史研究的构想及其尚待深入之课题的论述，[9]就明清之际至民国时期的中国环境史，大体从环境因素对人类历史的影响、人类

[1]［英］伊懋可著，梅雪芹、毛利霞、王玉山译：《大象的退却：一部中国环境史》，江苏人民出版社，2014年；［美］马立博著，关永强、高丽洁译：《中国环境史：从史前到现代》，中国人民大学出版社，2015年。

[2] 夏明方：《环境史视野下的近代中国农村市场——以华北为中心》，《光明日报》，2004年5月11日。

[3] 王建革：《传统社会末期华北的生态与社会》，生活·读书·新知三联书店，2009年。

[4] 刘祥秀、郭平若：《清末屯垦政策在川边藏区的实施及其对环境的影响》，《西藏研究》2007年第2期，第16-22页。

[5] 李志英：《民国时期范旭东企业集团的环境意识与实践》，《南开学报（哲学社会科学版）》2011年第5期，第51-61页；傅以君：《日本细菌战对中国环境的污染和破坏》，《江西社会科学》2003年第5期，第154-156页。

[6] Shen Hou, Nature's Tonic: Beer, Ecology, and Urbanization in a Chinese City, 1900–50, Environmental History, Volume 24, Issue 2, April 2019, pp. 282-306；裴广强：《近代上海的空气污染及其原因探析——以煤烟为中心的考察》，《"中央研究院"近代史研究所集刊》第97号，2018年，第45-86页。

[7] 包茂红在将中国环境史分为古代（传说时期至1840年）、近现代（1840年至1949年）和当代（1949年至今）三大段时，包括了明清之际到民国时期的中国环境史（见包茂红：《中国的环境史研究》，《环境与历史》2004年第4期）。

[8] Joachim Radkau, Nature and Power, A Global History of the Environment, Cambridge University Press, 2008, pp. 475-499, pp. 152, pp. 250-251.

[9] Mark Elvin, The Environmental History of China: An Agenda of Ideas, Asian Studies Review, 14. 2（1990）；刘翠溶：《中国环境史研究刍议》，《南开学报（哲学社会科学版）》2006年第2期，第14-22页。

活动对环境的影响及其反作用以及人类有关环境的思想和态度等方面，提出如下一些研究课题：

①气候变化、自然灾害和疫病及其社会影响；

②野生动植物分布的变迁及其社会影响；

③人口变迁与环境和社会；

④传统农业、现代农业与环境变化；

⑤矿业开采与环境问题及其社会影响；

⑥森林大火、林木采伐与环境和社会；

⑦工业发展与环境问题及其影响；

⑧水利建设与环境和社会；

⑨铁路建设与环境和社会；

⑩城市发展与环境和社会；

⑪海洋环境与资源利用和海洋污染；

⑫殖民主义、帝国主义与环境问题；

⑬战争、革命及其环境影响；

⑭西方科学技术观念的传入及其对中国自然和社会的影响；

⑮卫生观念的变化和人居环境的优化；

⑯思想家的自然观念；

⑰不同族群与环境感知、态度和观念的差异与影响；

⑱环境立法和环保政策的实施，等等。

在这些课题中，有一些是古代问题的延续，有一些则是明清以来新出现的问题。而每一课题之下，又都可以进一步细分出有待深入拓展的子课题。譬如，战争、革命及其环境影响这一课题中就有许多问题需要进一步加以研究，尤其需要加强有关列强侵华战争对我国环境之破坏的研究。令人欣慰的是，已有学者在这方面做出了可贵的尝试，揭示了日本细菌战对中国环境造成的严重污染和破坏。[1]

对于上述课题，显然难以在短时间内全部开展充分的研究和著述。本卷依时间脉络，部分选取其中一些主题，分明清之际的战乱、灾害与环境，康乾盛

---

[1] 傅以君：《日本细菌战对中国环境的污染和破坏》，《江西社会科学》，2003 年第 5 期，第 154-156 页。

世与传统社会末期的人与环境，晚清时期人与自然关系的困局和变局以及民国时期社会经济现代化加速的环境影响与社会应对等章节，初步论述明清之际到民国时期在中华大地上人类与自然环境之间相互作用的变迁及其阶段性结果和影响。同时，特别选取美洲外来物种对我国环境的影响以及环境治理与保护两大主题专门展开论述，以期对明清以降的新问题做出更为系统的梳理与分析。

本卷拟着力探讨的这些主题，将由清华大学历史系梅雪芹教授率领的子课题组完成。该课题组成员及各自分工具体如下：梅雪芹主要负责课题设计和导论、余论等内容的撰写；清华大学历史系倪玉平教授负责第一章的撰述；中国水利水电科学研究院张伟兵教高负责第二章的撰述；北京师范大学历史学院王志刚副教授、中国环境出版集团编辑李雪欣博士负责第三章的撰述；北京师范大学历史学院李志英教授负责第四章的撰述；中国环境出版集团编辑李雪欣博士负责第五章的撰述；中国人民大学清史研究所萧凌波博士负责第六章的撰述。计划中的书稿初步撰写出来之后，本课题组内部进行了共同讨论，并集体修改成册。

第一章

明清之际的战乱、灾害与环境

第一节　明清之际中国自然与社会环境总貌

一、自然环境概貌

中国的自然环境具有多样性的特点。中国位于大陆与海洋的结合部，东濒世界最大的大洋太平洋，西据全球最高的高原青藏高原，南北跨越近 50 个纬度，天气系统复杂多变。中国又地处世界最强大的环太平洋构造地带与特提斯（古地中海）构造带交汇部位，地质构造复杂，新构造活动强烈，地理生态环境多变。所有这些因素叠加在一起，使我国成为世界上自然灾害种类最多、活动最频繁、灾害最严重的国家之一。独特的自然环境、异常复杂的气候条件、幅员辽阔的国土面积等客观因素，决定了中国生态环境的复杂性和地区差异性。

从地质结构来看，中国位于亚洲板块和印度板块碰撞带和亚洲板块与太平洋板块俯冲带附近，中国大地构造的发展与板块的碰撞和俯冲关系甚为密切，形成基底不稳、地貌复杂、地势起伏、高低悬殊的地理特点，这个特点，从本质上构成了中国生态环境脆弱性的地质成因。另一方面，山地面积大，地势高差显著，地形呈三大阶梯，易于形成水土流失。我国是一个多山的国家，山地、高原和丘陵约占国土总面积的 65%，以海拔高度计算，超过 1 000 米的土地面积占国土总面积的 65%；海拔超过 500 米的土地面积占国土总面积的 84%，境内高山面积比重在大国之中是极为少见的。据统计，全球陆地平均海拔高度为 800 米，而我国大陆的平均海拔高度为 1 525 米，高出全球平均水平近 1 倍。由于山地海拔高度大，扩大农业用地面积面临着巨大障碍。地势西高东低，地形复杂多样，地面高差之大为世界其他国家罕见。我国自西向东，由平均海拔 3 000 米、1 000 米和低于 500 米的三大阶梯组成。在重力梯度、水利梯度以及阻隔作用下，地面坡度大小是决定水土流失强度的主要原因。以黄土高原为例，在缺乏植被的情况下，地面坡度超过 2 度，便发生水力冲刷现象；5 度以上细沟侵蚀普遍出现；坡度愈大，水土流失愈严重；在 25～35 度时，就会发生非常严重的水土流失，这就是说，在无人类破坏和干扰的情况下，黄土高原仍然会发生严重的自然侵蚀，有关研究表明，自然性侵蚀导致的黄土高原水土流失占总流失量的 70%左右，人为因素占 30%左右，黄土高原的水土流失属于以地质过程为主的侵蚀。当然，随着人类开发自然资源能力的增强，人为因素的影响也在逐步增加。

日本学者梅棹忠夫曾说："所谓历史，从生态学的观点看，就是人与土地之间发生相互作用的结果。换言之，即主体环境系统的自我运动的结果。决定这种运动的形式的各种主要因素中，最主要的是自然的因素。"[1] 从灾害史的角度来看，我国位于欧亚大陆的东南部，东临太平洋，西处青藏高原，地形复杂多变，海陆间热力差异显著，为典型的季风性气候。因而，降水量在地域上和时间上分布都很不平衡。东南部近海地区在海洋性季风的影响下，年降水量在 400 毫米至 2 000 毫米之间波动；而纬度的差异，又导致温度年际变化大。这使得此地区的旱涝灾害频发，且极易遭受台风和海潮的袭击。同时，区域性的降雨会形成河流的洪峰，对黄河、长江这样流经区域很广的大江而言，正常的年份，各地雨期相错，洪峰相遇的机会较少；一旦气候反常，干流支流的洪峰汇合，便会形成洪灾。深入到内陆的西北部，海洋暖湿气流经层层阻挡，已不易到达，年降水量在 400 毫米以下，因而常常干旱。以生态环境最为脆弱的西北地区为例，这里的气候属于干燥多风少雨的高原大陆性气候，又位居欧亚大陆中心，水汽来源匮乏，降水稀少，大部分地区年降水量在 200 毫米以下。柴达

---

[1] [日] 梅棹忠夫：《文明的生态史观》，上海三联书店，1988 年，第 166 页。

木盆地的冷湖等地，年降水量仅 10 多毫米。新疆、宁夏、河西走廊的干旱沙漠地带更甚于此，且地表沙质沉积极具疏松性，容易出现沙漠化。随着人类活动的深入，这里的生态环境迅速遭到破坏。

就全国的情况而言，东南部的多雨期在四月至六月，在此期间华南、华东地区多水灾；随着雨区的北移，到七八月，华中、华北相继进入多雨期，抵御水灾的压力随之加大。至于旱灾，在农作物需水期内，雨区若过，便会形成。秦岭、淮河以北地区多春旱，黄淮地区则易春夏连旱，或春夏秋连旱；长江中下游地区主要是伏旱和伏秋连旱，西北大部分地区则是常年连旱。有时各地旱灾会同时发生，据历史资料统计，清代前中期同时出现受旱范围在 200 个县以上的大旱灾有 5 次。即康熙十年（1671 年）、康熙十八年（1679 年）、康熙六十年（1721 年）、乾隆五十年（1785 年）和道光十五年（1835 年）。其中，乾隆五十年（1785 年）的那次旱灾，涉及 13 个省份，造成"十室九空，牛损七八"[1] 的悲惨场面，人们只能以树皮草根充饥，或流浪异乡。

人为因素方面的破坏也是引起生态环境变迁，进而引发水旱灾害的重要原因，这一点在黄河流域得到了最直接的体现。秦汉时期，黄河流域是中国人口的活动中心。此时期黄河流域年平均气温比现在高 2～3 摄氏度，气候温和，雨量充沛，适于人类居住及农业生产。但是唐代以后，黄河流域因为人类长期的活动，农业垦作与资源开发，导致生态环境恶化。森林大量减少，地面失去气温调节的机能，年平均气温下降，无霜期缩短，农作物的生长期随之减少。与此同时，降雨量也日减，北方变成半干旱地区。地面上的天然植被遭到严重破坏后，水土流失日益严重。加以黄土高原的土壤松软，易受冲刷，于是北方大部分河川的含沙量逐渐增加，造成淤积和水患。其中尤以黄河为甚，因泥沙在河底沉积，逐渐变成地上河，每次泛滥为害惨烈，下游也经常改道。北方平原的湖泊相继被填平，蓄洪滞洪的天然机能消失。

黄土高原森林遭受破坏的高峰是明初以后。明初，山西西北的芦芽山、云中山，陕北的横山等地之森林依然维持完好。关中秦岭、嵋山等地曾经受到破坏的林区也局部恢复。可是明中叶以后，人口快速膨胀，对新辟农地的需求迫切，日常用材日增，于是情况急剧变化，森林地带很快缩小，甚至遭受毁灭性

---

[1]《清高宗实录》卷 161，乾隆五十年（1785 年）二月丁卯，中华书局，1985 年。

的破坏。横山山脉和吕梁山脉的森林，先后毁尽。此时京师需要的巨大建材已无法从黄河中游地区取得，必须派遣大量人力从四川及两湖地区采集。由于破坏严重，森林自我更新的机能几乎丧失，黄河中游地区能见到整片的林区已属凤毛麟角，目之所及尽是连绵不断的秃山。在这种情况下，本来就质地疏松的黄土高原更加缺少植被的保护，一遇暴雨，便极易形成侵蚀和水土流失。

雨水夹带大量的泥沙涌入黄河，致使河水的含沙量极高。据统计，黄河的多年平均含沙量为每立方米 34.7 千克。与长江相比，它的年径流量只有后者的 1/20，而年输沙量则是后者的 3.7 倍。[1]黄河每年都要将大约 16 亿吨的泥沙带到地处平原的下游，淤沙日积，河床渐高，逐渐形成"地上河"。由于海口壅塞，水流不畅，稍遇汛期，河水就会决堤肆虐，泛滥成灾。而黄河的决口，又反过来进一步破坏当地的生态环境，使受灾地区的土壤盐碱化和沙化。雍正三年（1725 年），阳武一带被淹，土地皆变成为盐碱地，中牟县受害最苦，沙化程度也最重[2]，就是这一结果的最好证明。如果说黄河河水的含沙量问题还有历史遗留的因素，那么清代大规模的屯垦，对生态环境的破坏，则明显地具有应时性。清初，为恢复社会生产，清政府招徕流民垦田，以后又组织军队进行屯垦。但随着社会的安定，人口的增长，主要农业区可开垦的土地愈来愈少。不少个人贪图私利，逐渐将目标对准河滩淤地和山头地角等关系水利安危的地方。这种情况在全国各地都有，如在黄河流域，就有人在黄河大堤的柳树空隙间进行耕种。[3]还应注意，人口随生态环境变迁而移动的现象。在历史上，不断出现大范围的人口移动，生态被破坏后，农业生产力降低，人们便向生态环境完好、生产力高的地区移动。人口移动不但是生态变迁的结果，也是生态环境变迁的原因，两者互为因果。人口增长后，就要增加耕地，垦殖就会减少天然植被覆盖的面积。天然植被，如森林及草原，对生态环境有一定的保护作用，过量铲除后就会导致生态恶化。

中国历史上森林之破坏，以明清为烈，其主因有三：

第一，人口的高速增长。人口超过自然资源的承载力，当然会导致生态恶化。明清时期，恰为中国人口大爆发时期，完成了中国人口数量统计单位由千

---

[1] 水利部黄河委员会编写组：《黄河水利史述要》，水利电力出版社，1984 年，第 9 页。

[2] 《清世宗实录》卷 30，雍正三年（1725 年）三月丁未，中华书局，1985 年。

[3] 《清高宗实录》卷 122，乾隆五年（1740 年）七月壬午，中华书局，1985 年。

万级向亿级的关键性转变。

第二，官府的政策不当。明清两代，官府都极力倡导人民垦荒，常以永不起科，或初期免税为鼓励手段。即令征税，税率也比老田轻微。然而，只有在明清两朝建国之初，有些受战乱波及的地区因人民逃逸或死亡留下抛荒的土地可供复耕。例如明初向华北移民，及清初的"湖广填川"，算是使无主的抛荒地恢复利用。但是这种抛荒之地很快就被填满。在官府继续鼓励开荒的政策下，人民只能向山区发展。而国有山林区是绝对开放的，虽有若干山区被封禁，但也是有名无实。明清官府没有任何实际上的山林管理政策。入山开荒之流民，就好比在公海上捕鱼，毫无涵养保护自然资源之意图。

第三，玉米的引进。山区地力贫瘠，种植条件不良，在玉米引种以前以当时的技术水准，能在山区内进行的经济活动不多。中国的传统作物对土地要求苛刻，也不能适应高寒的山区气候。这些因素天然地保护了广大山区，限制了进入山区的人数。但是明中叶自外国引进玉米以后，中国农业史上出现了一个重要的转折点。玉米的产量不低于小麦与粟，但却耐旱耐低温，能在高山及砂砾地上生长，不与传统的五谷争地。于是中国有了适于高山种植的粮食作物，正好配合垦山开荒活动，解决人口增殖所造成的无田无粮的问题。种种因素导致清前期大量流民涌进山区。这一批为数众多的入山流民被称为棚民，或称寮民。他们到人迹罕至的无主深山里，以最粗犷的方式破坏森林，种植蓝靛及玉米，尤以玉米为主。在高坡度的山区里铲除天然植被，改植农作物会立即导致水土流失，几场大雨就可使岩石裸露。棚民们便不断前移，"今年在此，明年在彼，甚至一岁之中迁移数处"。因此，他们只搭盖简陋的棚寮居住，不肯建造永久性的住屋。他们所到之处，森林一扫而净，"食尽一山，则移一山"[1]。

清代中叶，强大的人口压力及玉米之引种，不但引发棚民在南方大规模垦山运动，而且黄土高原残存的一些深山老林也被流民侵入耕垦。从周至县到洋县境内的秦岭山区，每年都有数万人入山垦种玉米或伐木。秦岭东段的华阴地区大都变成秃山；陇山附近出现一座一座的濯濯童山；云盘山的森林荡然无存；大同以北在明代尚残存的林区，至此时也被破坏无遗。在甘肃境内，据《重修定西县志》记载："本县清代以前森林茂密，乾隆以后东南二区砍伐殆尽；西北

---

[1]（清）严如煜：《三省边防备览》卷8《民食》，道光十年（1830年）刻本。

二区犹多大树，地方建筑实利赖焉。咸丰以后，西区一带仅存毛林。"[1]人口增加超过自然资源的承载力，森林消失，植被覆盖率迅速下降到 3%，导致我国生态环境严重失衡。

湖广一带开垦的土地，则主要集中于垸田。所谓"垸"，是指"于田亩周围，筑堤以御水患"[2]。垸内的耕地为垸田，按性质可分为官垸（由国家出资）、民垸（百姓开垦并升科）和私垸（未得官府批准便开垦）。清朝的升科田地由顺治十八年（1661 年）的 5 265 028.29 顷[3]，变成雍正朝的 8 901 387.24 顷，土地增加近 70%，可见增长之快。而从乾隆朝到道光朝，在《清实录》中关于升科田亩的记载，更是络绎不绝。而这些数据还都不包括那些尚未得到升科的非法田地。大量田地的开垦，致使土地的利用程度达到惊人的地步，造成了更为严重的后果。一方面是破坏森林植被，生态遭到破坏，水土流失严重；另一方面是使河湖变狭，流速加快，蓄洪面积减少，两者的结合，便极易形成人为的水旱灾害。

以位于江苏省镇江府丹阳县的练湖为例。练湖方圆 40 余里[4]，可灌溉北自大河，南到香草河一带约 45 万亩[5]的水田[6]，加之地近运河，在运河的涸水期还可以作为"水柜"来济漕运，因而在当地发挥着"冬、春启闸济运，夏、秋高涵灌田"[7]的作用，故曾经有"湖水放一寸，运河增一尺"[8]的谚语。但到康熙二十年（1681 年），巡抚慕天颜为增加当地的田赋收入，请求将湖边的滩地募人开垦，升科出租，得到批准。[9]地方豪强乘机招佃私垦，并串通官员，使他们的土地抢先得以升科。结果从康熙二十年到三十年（1681—1691 年），前后共升田 7 211 亩 6 分，而在此之前已经升科的存有 4 040 亩，"亦尽为私垦"[10]。丹阳县的河道较其他州县要高，主要依靠练湖来济运，由于湖田的开垦，使得练湖的蓄水功能急剧下降，"遇干旱之年，滴水无处车救；水发时节，下流壅滞，泛滥淹没，田荒地白"，下游的贫苦农民只得哀叹，"不但钱粮无处设措，即数

---

[1]《重修定西县志》卷 3《舆地三》，民国三十五年（1946 年）刊本。

[2] 光绪《江陵县志》卷 2《堤防》，中州古籍出版社，1994 年。

[3] 1 顷约等于 6.67 公顷。

[4] 1 里等于 500 米。

[5] 1 亩约等于 667 平方米。

[6] 光绪《丹阳县志》卷 3《水利》，光绪十一年（1885 年）刊本。

[7] 乾隆《江南通志》卷 68《河渠》，乾隆元年（1736 年）刊本。

[8]（清）林则徐：《林文忠公政书》卷 6《筹办通漕要道折》，光绪十一年（1885 年）刊本。1 尺约等于 0.33 米。

[9]《清圣祖实录》卷 98，康熙二十九年（1690 年）十月丁未，中华书局，1985 年。

[10] 光绪《丹阳县志》卷 3《水利》，光绪十一年（1885 年）刊本。

千家大小户口，俱受冻饿"[1]。

洞庭湖也是如此。本来，作为长江上最大的湖泊，它的面积有 17 900 平方千米，后来由于泥沙淤积和垦殖活动，逐渐缩小为不到 3 000 平方千米[2]。滨江滨湖淤涨沙洲，每有附近豪强挽筑"私垸"[3]，地主阶级是私自围垦的最大受益者，只有他们才能有足够的财力并组织起大量的劳动力修垸，老百姓则成为最大的受害者。

清廷的漕运政策，也人为地制造了许多水旱灾害。清朝前期，除道光六年（1826 年），清廷曾试行过一次海运外，在其他时间，一直都是延续明代的漕运制度，即每年从山东、河南、江苏、浙江、安徽、江西、湖北和湖南八省征收漕粮和白粮近 400 万石[4]，运到北京通州各仓储备，主要用于皇室食用、官员俸米及八旗兵丁口粮，因而漕运在当时的政治和经济生活中占有举足轻重的地位。为了确保漕运的畅通，清廷除了设置一套独立的漕运官制，对运河水源的管理也极为严格，所谓"江南水利以漕运为先，灌田次之"[5]。康熙三十年（1691年）规定，因为河南省河内县的小丹河入卫河济漕，"嗣后如雨足之年，于三月初用竹络装石，横塞河渠，使水归小丹河入卫济漕，仍留涓滴灌田。至五月杪重运已过，则开放河渠，塞小丹河口，以防山水漫溢；倘遇亢旱之处，自三月朔至五月望，令三日放水济运，一日塞口灌田"[6]。后来，"三日放水济运，一日塞口灌田"成了清代对待运河水源的基本通用方法。但由于以漕运为主的指导思想，一碰到紧急情况，水大则开闸放水，听任农田蓄洪，冲毁房屋，伤毙人口；水小则闭闸蓄水，点滴不给灌溉，根本不顾及百姓的死活，这当然就会人为地制造水旱灾害。如顺治九年（1652 年），淮河流域因河道淤垫，积水不多，"有司以漕运为重，闭闸蓄水，涓滴不容小民为泡注灌溉之需"，结果造成"江南全省大旱，民田亩尽枯"[7]。道光六年（1826 年），因高邮水位居高不下，开闸放水亦无济于事，为保证漕运安全，河臣竟想到开挖昭关堤坝。当地居民数万人闻讯日夜卧于坝上，叩头请命，力阻开挖。不料河臣竟然趁百姓不备，

[1]（清）汤谐纂：《练湖歌叙录》卷 5《于抚院题复下湖奉旨准行文案》，康熙五十四年（1715 年）刊本。

[2] 长江流域规划办公室编写组：《长江水利史略》，水利电力出版社，1979 年，第 139-140 页。

[3] 光绪《荆州万城堤志》卷 8《私堤上》，光绪二年（1876 年）刊本。

[4] 1 石约等于 28 千克。

[5] 光绪《荆州万城堤志》卷 8《私堤上》，光绪二年（1876 年）刊本。

[6]《钦定大清会典事例》卷 918，《工部·河工·种植苇柳·禁令一》，光绪二十五年（1899 年）刻本。

[7]（清）王明德：《敬筹淮扬水患疏》，（清）贺长龄：《清经世文编》卷 112《工政十八》，中华书局，1992 年。

在夜间将堤坝开挖，造成水灾。[1]而道光十九年（1839 年），因卫河水源不济，道光帝则干脆下令"现当漕行吃紧之际，自应变通办理，俾免阻滞……将百门泉小丹河等处官渠官闸，一律畅开；民渠民闸暂行封闭。仍著分段严查……务使水势专注卫河，以济漕运"[2]，如此一来，旱灾自然也就不可避免了。

更重要的是，这一政策还影响了清廷对黄河、淮河和海河等运河流经区域水利工程的态度。自清河到宿迁一段二百里的黄河河道，即苏北运河段运河，为防止黄河改道而失去此段运河，以及担心黄河决口会冲淤山东境内的运河，清廷竭力维持黄河由河南开封而东，经徐州至淮阴汇淮，东流入海（自南宋起，黄河夺淮入海）的走势。由此，逐渐形成了清代治理黄河和淮河的两个关键地段：清口与高堰。前者为黄、淮的交汇口，后者则是为抬高洪泽湖水位，使之济漕的出口。因为既要保持黄河有一定的高水位以通船，而黄河水位一高，则使黄强淮弱，极易发生黄河水倒灌淮河的事情，加之泥沙淤积，致使此区域的河堤愈筑愈高，河水对河堤的冲刷力愈来愈大，水旱灾害发生的频率也愈来愈大。至于海河，除了要济漕，还要确保京城的安全。这样一来，便加大了全面治理这些河流的难度。仅据《清史稿·河渠志》所载，黄河的大型决口即多达64 次，也就是说，平均每 3 年就有 1 次决口发生。这正是人为因素引起生态环境变迁的重要例证。

二、明清之际的植被与水系

1. 植被

由于中国在五六千年前曾经有过相当长的温暖湿润的气候时期，大部分地区覆盖有面积广大而丰富的天然植被，包括森林和草原。明清时期，根据天然植被分布状况，从东南向西北，大致可分为森林、草原及荒漠 3 个地带。

（1）主要森林地带的植被状况

①东北林区：东北北部的寒温带林是西伯利亚大森林在中国的延续，中部、南部则有温带森林大范围覆盖。直到 18、19 世纪的文献里仍记，这里适合虎、

---

[1]《清宣宗实录》卷 100，道光六年（1826 年）七月癸未，中华书局，1985 年。
[2]《清宣宗实录》卷 321，道光十九年（1839 年）四月乙亥，中华书局，1985 年。

豹、熊、狼、野猪、鹿、抱（狍）、堪达汉（驯鹿）等野兽居住。据清人记载，在吉林一带山间存在许多密林，当地称之为窝集（稽），其有名可考者有数十处。直到今天，该区仍然是中国主要的森林区之一。

②华北暖温带林区：该区范围广，包括辽东山地丘陵、辽河下游平原、冀北山地、黄土高原东南部、豫中和豫西山地丘陵、华北平原、渭河流域和山东山地丘陵等地。

③华中、西南的亚热带林区：该区包括秦岭、大巴山、大别山、江南山地丘陵、闽浙山地及长江中下游平原，还包括四川盆地、贵州高原、云南高原北部及中部、南岭山地、两广丘陵北部及青藏高原东南部等地。该区也是中国早期森林面积最大的区域。明清时期，西南地区广大的亚热带森林开始遭到破坏。

④华南、滇南、藏南热带林区：该区包括福建福州以南、台湾、两广山地丘陵的中部和南部、海南岛、南海诸岛以及云南高原南部等地。该区地处热带，历史时期早期分布着热带森林，由于开发晚，直到宋代这里仍然是森林繁茂。广西山地、滇南在明清时还是草木茂盛。台湾岛和海南岛的茂密热带森林直至近现代仍然十分著名。

（2）草原和荒漠地带的植被状况

在中国古代，大兴安岭南段、呼伦贝尔草原、东北平原和内蒙古高原、黄土高原西北部及青藏高原中部和南部是广大的草原地带。内蒙古西部、宁夏、甘肃河西走廊、青海柴达木盆地和新疆等地，存在一条气候干燥、植被稀少的荒漠地带。

（3）植被的变迁情况

①华北：华北地区是中国历史上森林和草原植被变迁最大、最频繁的地区，也是人类活动对天然植被干扰最甚的地区。清代以来，华北地区农业有所发展，人口剧增、大规模垦田用荒，大片栽培植物覆盖地面，以后又屡经荒芜和垦辟。

②黄河中游：明代贺兰山原是"林木深翳，骑射碍不可通"的密林地区，正统以前开伐林木深至二三十千米。其余长城以外地区，也为廓清视野，每年进行烧荒，地面覆盖的植被几乎被破坏殆尽，以致沙地不断扩大。

③太行山区及晋北地区：明代建都北京，城内官民竞起宅第，大同、宣化一带的大树尽被砍伐运往京师。从偏关至山海关原有一条延袤数千里的"林山茂密"的森林带，由于京师富豪官宦之家各起宅第，至弘治年间已被采伐殆尽。

此外，每逢战乱、灾荒，河北平原上的饥民多入山为生，乱砍滥伐。明代玉米、甘薯等作物的传入，山区林木砍伐更甚，反过来又影响了次生植被生长。

④豫鄂川陕交界地区：明初，湖广、河南、陕西三省间地广人稀，"山谷阨塞，林箐蒙密"[1]。秦岭山区称"南山老林"，大巴山区称"巴山老林"，都是高山深谷，千峦万壑，人迹罕到。明宣德以后，大批流民迁入林区，至明中叶进入鄂西的郧阳山区的流民竟达 200 万口之多。清中叶又发生了一次大批流民迁入的浪潮，流民进入山区后，伐木造纸、烧炭，种植玉米、甘薯，甚至开辟梯田。多年老林，尽遭砍伐，以致"老林邃谷，无土不垦"[2]。到了 19 世纪，除了少数地区如神农架、镇坪、淅川等处尚有较多的森林和竹林，荒山秃岭到处可见，水土流失十分严重。故本区为天然植被破坏较晚而程度极为严重的典型地区。

简言之，经过各族人民的开拓垦殖，大规模地改变了天然植被的面貌，生产了不可计数的粮食和经济作物，为各族人民的繁衍生息提供了物质条件。当然也由于人类对自然界发展的认识不足，无计划的滥垦滥伐，尤其是历代统治者无限制地索取，战争的破坏等因素，使自然界失去了生态平衡。这种破坏越到近代越为严重，从 18 世纪初至 20 世纪初，森林资源的丧失大大超过此前的数千年。

2．水系

（1）黄河

黄河是中国第二大河，源出青海省巴颜喀拉山北麓约古宗列盆地，流经青、川、甘、宁、内蒙古、晋、陕、豫、鲁等 9 省区，在山东垦利境入海。历史上黄河下游曾北达海河、南抵淮河，包括了今天黄淮海平原的绝大部分。黄河上中游流经面积约 30 万平方千米的黄土高原。黄土疏松，易受冲刷，历史上无节制的垦殖、过度的放牧和不合理的樵采，使得地面植被覆盖不良，土蚀严重，到处沟壑纵横，每遇暴雨即将大量泥沙带至下游，使黄河成为世界上含沙量最高的河流。

黄河流域气候干燥，年降水量在 200～700 毫米，因蒸发量高，径流量十

[1]（明）高岱：《鸿猷录》卷 11，上海古籍出版社，1992 年。
[2]（清）严如煜：《三省边防备览》卷 17，道光十年（1830 年）刻本。

分贫乏，年内分配极不均匀，大多集中在 6—10 月，且多为暴雨，往往在几天内倾泻年内一半以上的降水，下游宣泄不及，就泛滥成灾。同时，黄河流量的年际变化也很大。洪水和泥沙是造成黄河频繁决口、改道的根本原因。在漫长的历史时期里黄河的含沙量并不是直线上升的，而是随着中游水土流失情况的变化而变化；下游河道的决溢、改道也有剧有缓，这又与下游河道防治工作有密切关系。但总的说来，宋金以后决溢改道愈演愈烈，每逢伏秋大汛，防守不力，轻则漫口决溢，重则河道改徙。黄河下游决口泛滥，对中国黄淮海平原的地理环境和社会经济造成了巨大影响。

①明后期至清咸丰四年（16 世纪中叶至 1854 年）。

黄河下游多股分流的局面至 16 世纪中叶（明嘉靖年间）基本结束，"两岸故道始尽塞"，"全河尽出徐、邳，夺泗入淮"。[1]后经万历年间潘季驯推行"筑堤束水，以水攻沙"的治河方针，黄河下游基本固定为单股河道，即今地图上的废（淤）黄河。

单股河道的固定对修防、潜运有利，但由于水沙不旁泄，来沙有增无减，河床很快变成"悬河"，使后期河患仍不断。根据黄河下游不同的自然条件和演变特点，可分为三个河段：

河南、山东段：商丘、虞城以上河道宽 2～5 千米，以下至徐州河道狭 0.25～1 千米（康熙时期），易造成壅决，尤其是曹县一带。

徐州至淮阴段：本段黄河兼作运河，是治河重点所在，清康熙以后，黄、运分流。

淮阴至河口段：因水量"黄强淮弱"，壅成洪泽湖，长期的淤积，使淮阴以下河段不断延伸，坡降变缓，形成曲流。入清代以后此地段多发生决溢，康熙十六年（1677 年）靳辅治河重点于此。

清朝康熙、雍正、乾隆皇帝多次南巡的目的之一就是视察黄河、淮河交汇地区。18 世纪以后，河口段河床已高出洪泽湖底 3～5 米，致使上游河段再次大决口，一次新的大改道已不可避免。

②清咸丰五年（1855 年）以来的河道。

咸丰五年（1855 年）农历六月，黄河在兰阳铜瓦厢决口，夺大清河入海。

---

[1]《明史》卷 84《河渠·黄河下》，中华书局，1974 年。

结束了 700 年由淮入海的历史。光绪二年（1876 年）全线河堤告成，形成今天黄河的基本河道。光绪以后，因大量泥沙被带至下游，沉积在大清河内，故 20 世纪初决口多集中在山东济南以下河段。1913—1935 年，决口险工段在濮阳、长垣、东明一带。1938—1947 年，国民党以水代兵，人为炸开花园口河堤，致使黄河一度夺贾鲁河、颍河、涡河入淮，形成 5.4 万平方千米的黄泛区。

（2）长江

长江是中国第一大河。干流横贯青、藏、川、渝、滇、鄂、湘、赣、皖、苏和沪等 11 省、市、自治区，全长 6 300 千米。湖北宜昌以上为上游，因流经山陵谷地之间，历史上河床平面摆动很小。宜昌以下进入中下游平原地区，地势平坦，河床的摆幅及沿岸的湖泊水系均曾发生较大的变化。

①江汉平原。

江汉平原地势平坦低下，地质构造上属第四纪强烈下沉的陆凹地。现今平原上河道纵横交错，湖泊星罗棋布，素有"九曲回肠"之称的下荆江横贯其中，构成了典型的陆上三角洲地理景观。

历史上此地曾有著名的"云梦泽"存在，后因长江和汉江带来的泥沙沉积量大于新构造运动的下沉量，江汉陆地三角洲不断扩展，云梦泽逐渐消失。唐宋时，云梦泽主体已淤填成平陆。代之而起的是太白湖、马骨湖、大浐湖、船官湖等星罗棋布的小湖群。至明末清初，太白湖已成为江汉平原上最大的浅水湖泊，范围达百余千米。清代中期，太白湖又逐渐淤塞，江汉平原排水不畅，洪湖地区逐渐为积水所汇。19 世纪中叶以后，洪湖迅速发展成为今天江汉平原上浩渺的大湖。

②荆江河段。

荆江是长江在中游冲积平原上的一段河道。上起枝江，下迄城陵矶，全长约 420 千米，其中藕池口以上称上荆江，以下称下荆江，两段荆江因所处地貌条件不同，历史上的演变也有差异。

上荆江河段，今江陵以西的河势在明嘉靖至万历年间大致形成，延续至今。江陵以下的上荆江河段流经古云梦泽地区。唐宋以来，江汉平原上云梦泽完成消失，其主体部分已被零星的小湖沼所代替，此段统一河床最后塑造完成。

下荆江河段，唐宋时已形成了统一河床。此后，由于下游壅水和洞庭湖的顶托，河曲活动随之发展。明中叶时，湖北监利东南典型的河曲弯道已发育形成，以后又有自下游向上游推移的明显趋势。清代下荆江河床曲流活动全面发展，监利境内河床有八曲之多。清后期以来，由于藕池、松滋分流形成，大量水流进入洞庭湖，顶托作用不断加强，河曲活动更趋频繁。

③洞庭湖。

历史上，洞庭湖经历了一个由小到大、再由大到小的演变过程。唐宋时，洞庭湖已方圆七八百里，故有"八百里洞庭"之称。元及明初，上游带来的大量泥沙迅速抬高荆江河床，水患增加。明中叶开始，为确保荆北地区安全，荆江北岸穴口尽塞，南岸调弦、虎渡二口将大量泥沙排入荆南洞庭湖区。洞庭湖底不断抬高，而来水亦有增无减，遂使湖面向四周扩展。每逢夏秋之交，湖面方圆达八九百里。清道光年间，洞庭湖扩展到了顶点，湖区跨四府一州九邑之境，估计面积可达 6 000 平方千米，为今湖面两倍以上。华容、安乡、汉寿、沅江、湘阴、岳阳等县县城均矗立湖旁，但由于湖底高程不断抬高，沙洲裸露，湖水极浅，这时统一湖面在平水期分解为若干区域性湖群。明清之际，湖区西北部由虎渡、调弦两口带入泥沙组成的水下三角洲迅速发展，在枯水季节，湖区水面退缩，三角洲裸露，分洞庭湖为东西两大湖区。

19 世纪中叶至 20 世纪中叶，是洞庭湖在整个历史时期演变最剧烈的阶段。湖区面积从 6 000 多平方千米萎缩到不足 3 000 平方千米，其主要原因在于藕池、松滋两口的出现。从此荆江四口（包括太平、调弦两口）分流，荆江泥沙的 45%通过四口排入洞庭湖区。根据实测资料，19 世纪 50 年代以后形成的藕池、松滋两口，使涌入洞庭湖的泥沙急剧增加三倍之多。由于泥沙成倍的增长来自湖区西北部，因此湖盆西北部的水下三角洲首先迅速加积，露出水面，成为陆上三角洲。这一三角洲位于华容、安乡之南，当地人称为"南洲"。三角洲一旦露出水面，即被筑堤围垸开垦。光绪二十年（1894 年）置南洲厅于乌咀，光绪二十三年（1897 年）迁今南县治。1912 年改厅为县。19 世纪后期，西部湖区大半被壅塞，东部湖区也显著缩小，淤出大片沙洲。而南部湖区因北面水体南侵，沅江、湘阴两县的堤垸不断溃坏、废弃，原有小湖群逐渐合并为今南洞庭湖。

④鄱阳湖。

明清鄱阳湖演变的特点是汊湖的形成和扩展，特别是鄱阳湖南部地区，尤为显著。今军山湖、青岚湖都形成于此时。如在进贤县北境，宋时仅族亭、日月二湖，经元明二代，随着鄱阳湖地区的继续沉降，族亭湖被鄱阳湖所吞并，进贤县北境的北山成为鄱阳湖的最南端。与此同时，日月湖泄入鄱阳湖的水道也扩展成为鄱阳湖南部条带状的军山湖，遂使军山、日月二湖成为进贤县境内最大湖泊，至明末清初，进贤县西北一些河流也沉溺而扩展成为青岚湖。

清初，松门山以南陆地相继沦湖，松门山及吉州山也变为湖中岛屿。清后期以来，吴城赣江鸟足状三角洲发育已相当良好，使松门山又与陆地相连。

⑤太湖平原水系。

太湖平原地处长江下游三角洲，西起茅山、天目山，南至杭州湾。

清初，多次疏浚吴淞江。乾隆二十八年（1763 年），开凿黄渡越河后，吴淞江全同今道，但因受潮汐影响，旋浚旋淤。后又疏浚了白茆、七浦、茜泾、浏河各河道，同时分泄太湖下淤积水，但作用均不能与黄浦江相比。

近百年来东太湖地区大片湖面淤积成滩，有的已被围垦成陆。如洞庭东山原为湖中一岛，19 世纪中叶与水东半岛相连。大片浅滩露出而被垦成陆，使东太湖日渐淤浅，自吴江诸港口下泄的流量也日渐减少，去路不畅，使太湖沿岸地区经常受淹。

（3）海河

海河是中国河北平原的主要水系，流域面积 22.9 万平方千米，主要由北运河、永定河、大清河、子牙河、南运河五大河流会合而成，会集于天津入海。五大河流支流众多，长 10 千米以上的有 300 余条。这些河流大多发源于燕山、恒山、五台山、太行山等山脉，河流含沙量极高，流量季节分配又不均匀，每年汛期，洪水并发，出山口后进入平坦的河北平原，河道极不稳定。历史上海河迁徙无常，是中国东部平原上，除黄河之外变迁最大的水系。

元开会通河，引汶水至临清会御河，海河水系又向东南扩展，包括了汶河水系。咸丰五年（1855 年）黄河改由山东入海，会通河淤废，汶水也脱离了海河水系。明清全面修堤，诸河河道方始固定，又逐渐发展成悬河。

①永定河：明代桑乾河下游河道自卢沟桥分为东、南两派，东派走今凉水河至张家湾、潞县入北运河；南派分成几股，先后走过牤牛河、琉璃河、大清河、永定河等道，或入三角淀，或入北运河，数股并存，迭为主次，来回摆动，变迁频繁，故有"无定"之称。清康熙三十七年（1698 年）下游全面筑堤，固定河道，赐名"永定河"，下游以三角淀为尾闾，不再入大清河。因沙多淤积，隔数年改道一次，20 世纪 40 年代方形成现今河道。

②大清河：明中叶以后，界河（白沟河）渐被淤平，水体南移于大清河。清康熙三十七年（1698年）修筑永定河大堤，永定河下游入三角淀处与大清河分开，同时大清河两岸先后修筑堤防，南岸主要留有潴龙河独入大清河。今大清河水系基本形成。

③滹沱河：明代时，滹沱河主流已脱离大清河，自藁城县以下分成三股。明代后期，每逢洪水泛滥，以南走入宁晋泊（今河北邢台宁晋、新河间滏阳河）一股为常。北道渐微，河势趋南。晚清时，引滹沱河入子牙河道，两岸修缮堤防，固定河道，今滹沱河、滏阳河合流同入子牙河的局面基本奠定。

④南运河：元明以后多次演变成今卫河河道。

⑤漳河：清康熙时，分为三股，南支仍在馆陶入卫河，中股为老漳河至青县入卫河，北股至宁晋与滏阳河合称新漳河。后又分成四支，变迁纷繁。康熙末年，南流于馆陶入卫一股成为唯一主流。乾隆时在成安建坝筑堤，使这一股为主流基本定局，大致经临漳北、成安南、广平南、魏县北至馆陶入卫河。以后这一股又经南北摆动，始成今状。

（4）黄淮海平原湖沼的历史变迁

明代中期，在洪水季节宁晋泊和大陆泽连成一片，合称大陆泽；在枯水季节则分为两个部分，宁晋泊称北泊（泽），大陆泽称南泊（泽）。清代，导南泊之水注入北泊，于是南泊不断收缩，加上南泊周围地区截河流灌溉，来水减少，渐趋淤平，而宁晋泊因受滹沱河水的灌注，湖底日益抬高，积水排入东淀，也逐渐在地面上消失。明清时期，今白洋淀—文安洼一线凹陷地带的湖泊群，总称为东西二淀。东淀"延袤霸州、文安、大城、武清、东安、静海之境，东西绵亘一百六十余里，南北二三十里及六七十里不等。永定河水自西北来汇入，子牙河水自西来汇入"，大体上即今文安洼和东淀。西淀"跨雄县、新安数邑之境，既广且深，西此诸山水皆汇焉"[1]，大体上是以今白洋淀为主的湖泊群。

明代和清代前期河北平原上零星湖泊大多消失，潴水的湖泊唯留南北二泊和东西二淀。清代后期，南泊基本淤平，北泊虽存也极淤浅。唯留下东西二淀为众水之壑。康熙三十七年（1698年）以前，尚为渺然巨浸，周围二三百里。康熙三十七年（1698年）永定河全面筑堤，将东淀作为永定河的尾闾，大量泥

---

[1]（清）陈仪：《陈学士文钞·直隶河渠书》，道光四年（1824年）刊本。

沙也随之输入，"于是淀病而全局皆病"，东淀湖群相继"尽为桑田"[1]。三角淀在雍正年间已所余无几，其余各淀大半淤塞，"或仅存浅濑，或竟变桑田"[2]。至 20 世纪三角淀全被淤平。

白洋淀从顺治元年至光绪七年（1644—1881 年）湖区缩小了十分之七，20世纪以来白洋淀继续淤高。

马场湖在康熙时期湖区尽为民田。至清末，山东运河济宁以北的北五湖（安山、南旺、马场、马踏、蜀山五湖）除蜀山湖外，都变成了低平的洼地。来水短缺和泥沙淤积是主要原因，人为垦种加速了淤废的进程。

山东南四湖（昭阳、南阳、独山、微山四湖）中昭阳湖因运河的改道，由运东的水柜变成运西的水壑，不断接受运河溢出的余水和西面黄河决来的洪水，湖区不断扩大，清乾隆时周围达 90 千米。微山湖区在明万历前仅存有一些零星小湖。明万历三十二年（1604 年）开泇河后，湖区被隔在运西，承受了运河余水、黄河决流和背面南阳等湖的涨水，三股洪水汇集于此，而下泄道十分浅狭，于是发展成为鲁西南一大湖泊。清末民初时，南阳湖低水位面积 54 平方千米，独山湖 190 平方千米，昭阳湖 165 平方千米，微山湖 480 平方千米，合计近 900平方千米。同时，因泥沙和水生植物的封淤，湖水很浅，最深处在微山岛以南，水深亦仅 3 米，最浅处仅 0.5 米。多雨季节极易漫溢成灾，为近代中国洪涝灾害最多的地区之一。

明代为蓄清刷黄，不断加筑高家堰，使洪泽湖面不断扩大，清康熙时还淹没了泗州城。咸丰五年（1855）年黄河改北入海后，洪泽湖北面逐渐淤出陆地。

三、人口增长、垦殖政策与环境

明清中国总的生产力水平比唐宋时期有了显著提高，不仅耕地面积扩大，单产也有所增长。为适应中国自然条件尤其是广大丘陵地区及其他贫瘠土壤，还从国外引入了甘薯、玉米、南瓜、花生等多种新作物。全国人口总数先后突破 2 亿、3 亿、4 亿大关。

[1]（清）陈仪：《陈学士文钞·治河蠡测》，道光四年（1824 年）刊本。
[2]（清）陈仪：《陈学士文钞·文安河堤事宜》，道光四年（1824 年）刊本。

元朝人口和宋金时期相比出现了极大的滑落，社会生产遭到破坏，大片的土地荒废，特别是北方地区，很多地区变成无人地带，到处是一片荒芜和萧条之象。明太祖朱元璋即位之初，面临的是社会动荡、经济残破的严峻局面，不仅北方的山东、河南一带"多是无人之地"[1]，"道路皆榛塞，人烟断绝"[2]，即使往日农业经济发达的江南地区，许多地方也出现了"中原草莽，遗骸遍野"[3]的景象。面对如此残破的局面，明朝建立后，首要的任务就是恢复农业生产。"今丧乱之后，中原草莽，人民稀少。所谓田野辟，户口增，此正中原今日之急务。"[4]为了安定社会秩序，恢复发展生产，使生活在极端贫困中的广大人民能够生存下去，朱元璋立即制定了新的赋税制度，招徕无籍流民，垦种无主荒地，并帮助贫苦农民解决耕牛种子，还规定以垦田多少作为对地方官政绩考核的重要标准之一。这一切都促进了明初生产的迅速恢复。

朱元璋鼓励农业的主要措施包括：

第一，奖励垦荒。制定了一系列的政策积极恢复农业生产。在元末农民战争中许多土地被荒芜，针对有主和无主的田地，明朝统治者采取了不同的措施来奖励屯垦。针对有主田地，招徕田主回乡耕种，保护其原有的田产。"兵兴以来，所在人民抛下产业逃避他方，天下既定，乃归乡里，中间若有丁力少而旧田多者，不许依前占护，止许尽力耕种到顷亩，以为己业。若有去时丁少，归则丁多而旧产少者，许于附近荒田内，官为验其丁力，拨付耕种为业。敢有一旧业多余占护者，论罪如律。"[5]

对于大量无主抛荒土地，则准许人民遇荒就垦。洪武三年（1370年）定制，北方郡县近城荒地授予乡民无田者耕种，"垦辟户率十五亩，又给地二亩，与之种蔬，有余力者不限顷亩，皆免三年租税"[6]。洪武十三年（1380年）"令各处荒闲田地许诸人开垦，永为己业，俱免杂泛差役，三年后并依民田起科税粮。"又诏陕西、河南、山东、北平等布政司及凤阳、淮安、扬州、庐州等府"民间田土，许尽力开垦，有司毋得起科。"同时，在鼓励开垦的政策中，实行垦荒永

---

[1]（清）顾炎武：《日知录》卷10，商务印书馆（上海），1933年。
[2]《明太祖实录》卷33，洪武元年（1368年）闰七月亥，中华书局，2016年。
[3]《明太祖实录》卷55，洪武三年（1370年）八月乙酉，中华书局，2016年。
[4]《明太祖实录》卷37，洪武元年（1368年）十二月辛卯，中华书局，2016年。
[5]（明）吕毖：《明朝小史》卷1《正礼仪风俗诏》，顺治年间刻本。
[6]《明太祖实录》卷52，洪武三年（1370年）五月丁丑，中华书局，2016年。

不起科的规定，以减轻人民的负担。洪武十九年（1386年），"谕户部臣曰……自今河南民户，止令纳原额税粮，其荒闲田地，听其开垦自种，有司不得复加科扰，违命者罢其职。"[1] 洪武二十八年（1395年），又定山东、河南"二十七年（1394年）后新垦田，不论多寡，俱不起科，若有司增科扰害者罪之。"[2] 这些诏令的颁布，使得明朝初年大量荒芜的土地得到垦殖。例如河南杞县，蒙元战乱时"田多旷野"，有田仅9299顷余，在洪武十八年（1385年）、三十一年（1398年）及永乐初年"皆诏令河南等处荒田，许民尽力开垦，永不起科。于是杞民开垦日多，除境内不计外，其境外之可考者共二千八百九十八顷三亩有奇，而失其数者不与焉。外县之民，开杞地者亦有一千四百八顷六十亩有奇，名为无粮白地"[3]。杞县无粮地达4300余顷，为洪武时征粮地近9300顷的46%，可见永不起科在刺激明初荒田开垦中的巨大作用。

第二，移民垦荒，在破坏严重的区域进行大规模移民。把狭乡无地农民移徙于宽乡，或安辑流民，使他们取得自有土地，安居乐业，这既使广大劳动力获得利用，又使诸多荒地得到垦殖，人无遗力，地无遗利，这是恢复发展生产的一项重要政策措施。元末战乱，人口受到重大损耗，尤其是北方地区，人烟稀少，到处荒凉。为了恢复因战而萧条地区的农业发展，朱元璋采取了大规模移民的方式去开垦荒地。洪武三年（1370年）三月"命省臣议，计民授田，设司农司，开治河南掌其事。六月谕中书省曰：苏、松、杭、嘉、湖五郡地狭民众，无田以耕，往往逐末利而食不给。临濠朕故乡也，田多未辟，土有遗利。宜令无郡民无田者往开中，就以所种田为己业，给资粮牛种，复三年，验其工力，设田给之，毋许兼并。"为增加祖籍凤阳的人口，先后徙江南民十四万于凤阳。又令开垦北方郡县城郊荒地，"北方府县近城地多不治，召民耕，人给十五亩，蔬地二亩，有余力者不限顷亩，皆免三年租。"洪武四年（1371年）徐达驻师北平府时，"散处卫府，籍为军者给以粮，籍为民者给田以耕。"又以沙漠移民屯田北平府管内之地。洪武九年（1376年）"徙山西、真定贫民屯田凤阳。"洪武二十一年（1388年）迁山西泽、潞民无田者往业之（河北）。洪武二十三年（1390年）又命湖、杭、温、台、苏、松诸郡无田之民往耕淮河迤南滁、和

[1]《明太祖实录》卷178，洪武十九年（1386年）五月丁未，中华书局，2016年。
[2]《明太祖实录》卷243，洪武二十八年（1395年）十一月壬辰，中华书局，2016年。
[3]（清）顾炎武：《天下郡国利病书》卷50，上海古籍出版社，2012年。

等处闲田，仍蠲赋三年，给钞备农具。在鼓励移民的同时，还给予屯田之民种子和农具等生产资料，并规定额外垦田永不起科。这些措施极大地促进了移民迁入地农业生产的恢复和发展。

成祖时亦曾徙太原、平阳、泽、潞、辽、沁、汾等州县丁多田少及无田人户，分其丁口以实北京。这样的大量移民，使一些无地农民获得了土地，有利于荒地的垦辟。对于流亡农民亦尽量使其复业，或就地给予安置，归本者，劳徕安辑，给牛、种、口粮。明英宗时，令流民于所在置籍，由里长管辖，又从河南、山西巡抚于谦言，免流民复业税。成化初，荆、襄寇乱，流民百万，时项忠、杨璿为湖广巡抚，曾下令驱逐，都御史李宾上疏陈说安抚，宪宗命原杰出抚，招流民十二万户，给闲田，置郧阳府，立上津等县统治之。河南巡抚张瑄亦请安辑西北流民，诏允其请。明初由于各地荒田很多，故移民和安辑流民，计口授田以安生业，自是适宜措施。当时北方各地颇多荒废，因此召民耕种，人给耕地十五亩，菜地二亩，官给耕牛及农具，免租三年，然后照例纳税，为了奖励垦荒，规定额外垦荒者永不起科。移民和安辑流亡垦荒措施，对迅速恢复农业生产起了积极作用，这项政策，各朝虽说继续奉行，但后期多流于形式。

第三，确立了完备的屯田制度，屯田方式分为军屯、民屯、商屯。明代自初叶至末季，每一个帝王都很重视屯田的实施。明代的屯田，不仅有军事价值，对于土地的利用与荒地的垦殖都有重要的意义。除商屯系引导商业资本投放于农业生产经营，从商品流通领域过渡到商品生产领域，具有特殊的目的和性质外，其军屯、民屯概系由政府给予生产资料（土地、耕牛、种子等）和生活资料（粮食等），使戍守的士兵、迁徙的人民得以于平时耕种自给以省馈输，于战时释耒而战以卫边土，这是"以边民卫边土，以边土养边民"的方法。从明太祖起，即注意屯田政策，于两京、各省建卫所设屯田。明成祖时，屯田分布于边疆各地，明代屯田最高额曾经达到八千九百余万亩，约占全国耕地十分之一，岁收田粮四百三十五万石，约当全国田赋收入七分之一。明英宗以后，屯田多被宦官、官僚及军官所占，明宪宗时屯田收入已不到原额的十分之一，明神宗时进行整理，屯田亩数仍比明初少了四分之一。屯田军人大都以一部分守御，一部分屯种，其守御与屯种的比例，视具体情况而有所不同。民屯则在土旷人稀的内地行之，由政府拨官荒地给予人民耕种，而耕种的农民则多由地狭人密之处迁来。明初除两京、各省建卫所屯田外，复行商屯之制，故屯政推及全国，有养兵百万，不费百姓一钱之语。据嘉靖四十一年（1562年）的统计，全国屯田总额65 720 000亩，而屯粮仅为4 363 000石，平均计之，每亩仅合6升6合有零。[1]

除制定政策鼓励屯垦以外，明代还注重完善农业基础设施的建设，组织和发动农民兴修水利。为了恢复发展农业生产，就必须治理河道，兴筑捍海防堤，修建河渠、陂堤、堰塘等，长江、汉水、淮河等时常泛滥为灾，必须修治，但经常决口泛滥成灾的是黄河，故治理黄河在明时是最主要、最艰巨的水利工程。黄河决堤泛滥，洪武时期经常决口成灾。除治理黄河与其他主要河道的泛滥为害外，明初为了恢复农业生产与屯田，对农田水利建设很注意，在工部设都水司。明初即在全国各地积极开展农田水利建设，派遣国子生、官员及水利专家，遍诣天下，进行督修，并诏所在有司，民以水利条陈者，即时上奏。洪武元年（1368年），兴修和州铜城堰闸，周回二百余里。洪武四年（1371年），修复兴安灵渠，为陡渠者三十六，渠水发海阳山，灌田万顷。至洪武二十八年（1395年），在全国已开筑塘堰40 987处，修治河道4 162处，陂渠堤岸5 000多处。[2]明初这些农业政策和措施的施行促进了农村社会生产的恢复，许多荒凉之地经过垦复后，耕地面积比垦复前增长数千亩，全国耕地总面积不断增长。[3]经过明朝初期积极的恢复发展农业生产，这些耕地面积和人口数量为明朝中后期人口的继续增殖奠定了基础并提供了强大的物质支持。

明时除了垦殖荒地，扩大耕地面积，还推广了前代已经出现的一些造田方法，扩大了农业生产基地，增加了农业生产面积，提高了土地的利用。这种新开的田地，主要是在江南沿海、滨湖以及靠近河川的地区，利用自然条件造田种植。即除了围田、湖田，明时更有架田、柜田、梯田、涂田、沙田等新田。架田亦名葑田，即"以木缚为田丘，浮系水面，以葑泥附木架上，而种艺之。其木架田丘，随水高下浮泛，自不淹浸。"[4]这种以木筏作田，不怕旱涝，种植黄穋谷，不过六七十日即可收获，在水乡无地处不失为造田的好办法。柜田亦名坝田，即在江湖边旁择地四面封围起来，"坚筑高峻、外水难入，内水则车之

---

[1] 1升米约等于2.8千克，1合米约等于280克。
[2] 吴存浩：《中国农业史》，警官教育出版社，1996年，第860页。
[3] 唐启宇：《中国农史稿》，农业出版社，1985年，第662、第663页。
[4]（明）徐光启：《农政全书》卷8《农事》，中华书局，1956年。

易涸"，除种水稻外，亦可在高涸处种植各种旱作物。梯田是梯山为田，在地少山多的山区，可利用山坡斜度做成等高的小块条形或块状的田地，逐层向上，有似阶梯。涂田近似淤田，两者地理位置不同，但收获之利则无区别。涂田系在滨海之地，潮水所淤泥沙积成的岛屿滩涂上造田，可筑堤或竖立椿橛，以抵潮汛，田边开沟，以注雨潦，旱则灌溉。此种田地很肥沃，稼收"比常田利可十倍"。淤田是指在江河旁侧、陂泽曲处以及川湾水汇之地，水流壅积泥滓，退成淤滩，亦可种植，因成淤田。沙田，"南方江淮间沙淤之田，或滨大江，或峙中州，四围芦苇骈密，以护堤岸，其地常润泽，可保丰熟。普为塍垾，可种稻秫，间为聚落，可艺桑麻"[1]。采取多种办法造田，扩大了土地利用，增加了农业生产用地。

农作物品种结构在明代也出现了一些新的变化。不仅南方水稻早已传入了北方，北方的小麦及其他杂粮已传入南方，都达到了越来越广泛的种植，而且南方种稻已可一年多熟。一般稻田可收二至三石，上等好田可达五六石。而且稻的品种也多样化了，并不断引进更新。同时明代航海事业发达，还从国外引进了一些新的作物品种，如甘薯、玉米以及油料作物花生等，它们的产量都比较高，特别是棉花的种植更为广泛，在很大程度上已取代了桑麻在普通人民衣着上的地位。

从明初到正统年间（1436—1449 年）是人口增长较快的时期。[2]明朝初期制定的一系列安民政策，奠定了明朝农业政策的基石，使明朝的农业能够相对稳定的发展。明代的农业生产也向更高的水平发展，为人口的不断增殖提供了物质资料。农业耕作技术从广种薄收的耕作方法向精耕细作的方向发展。垦殖的田地增多，此为农业生产发展的基本条件之一。洪武十四年（1381 年），全国垦田面积为 3 667 715 顷，洪武二十四年（1391 年）为 3 874 746 顷，洪武二十六年（1393 年）为 8 507 623 顷。[3]可见明初垦田面积增加很快很多，其后各期由于执行垦田政策不力，垦田数字有所减少，但仍保持在五六百万顷之间。如弘治十五年（1502 年），全国垦田总数为 6 228 058 顷，万历六年（1578 年）

---

[1]（明）徐光启：《农政全书》卷 8《农事》，中华书局，1956 年。

[2] 路遇、滕泽之：《中国人口通史》，山东人民出版社，2000 年，第 654 页。

[3]《明史》卷 77《食货志一》，中华书局，1974 年。

为 7 013 976 顷。[1]直至明末崇祯年间（1628—1644 年），亦大体相差无几。洪武元年（1368 年）全国州县垦田数只有 770 余顷，两个多世纪后，万历六年（1578年），比洪武初年增加了 7 013 206 顷之多,显示了明代农业生产发展的实际情况。

人口增加需要有足够的粮食和衣着，因此，人口的增加也能反映农业生产的发展。同时，人口增加亦增加了农业生产的劳动力，促进农业生产的发展。洪武十四年（1381 年），全国户数 10 654 362，口数 59 873 305；洪武二十六年（1393 年），户数 16 052 860，口数 60 545 812；弘治十五年（1502 年），户数10 409 788，口数 50 908 672；万历六年（1578 年），户数 10 621 436，口数60 692 856。明朝各代户口数大体保持着这个水平，较诸洪武初年，因元末战乱，民多逃亡，城野空虚，河南、山东"多是无人之地"的情况，截然不同。

随着土地的开垦，人口的增加，明清之际的生态环境亦随之逐步恶化。当然，生态环境恶化是一个长时段的过程。例如陕南地区秦巴老林的开垦，肇始于明中叶，成化十二年（1476 年），朝廷面对荆襄数十万流民难以控制的情况，遂采纳都御史李宾的建议，以原杰为郧阳巡抚，编籍流民，得户十一万三千有奇，口四十三万八千有奇。[2]数以万计的流民涌入安康地区，以致"山谷厄塞，邻菁蒙昧之中，一变而为杂耕乐土"。安康一唐氏祖先随此大潮而来，初到时"居民鲜少，田地荒莱"，故"自占山林，给贴领粮，编入籍户"，到清朝时，家业繁盛，"论生齿则不为不繁也，论产业则不为不广也"[3]。人口压力大增之后，生态问题随即出现。

明代因军事需要，对西北河西一带的经营十分重视，大力移民屯垦，以致"国家九边之地，肥沃可种者，悉为屯田"，最终出现了"屯田遍天下，而西北为最"[4]的局面。洪武六年（1373 年），明廷招募移民前往甘肃河西一带从事农耕，形成了"有近山聚族者，相率垦田，告领牛种，与吾民杂居，并耕而食"[5]的局面。陕西北部的汉族相继迁居蒙古西部地区，从事农垦种植，至洪武二十六年（1393 年），仅陕西布政使司垦田数额已达 3 000 多万亩。由于这些开垦之区，多属于荒漠或草原，以畜牧业经济为主。这些屯田举措，使双方产生拉锯

[1]《明万历会典》卷 17《户部六》，中华书局，1989 年。
[2] 光绪《白河县志》卷 13，光绪十九年（1893 年）刊本。
[3] 张沛编著：《安康石碑》，三秦出版社，1991 年，第 143 页。
[4]（明）张炼：《屯田议》，《关中两朝文钞（七）》，道光十二年（1832 年）刻本。
[5]（明）庞尚鹏：《清理甘肃屯田疏》，《明经世文编》卷 360，崇祯十一年（1638 年）刊本。

和矛盾。尤其是明代修筑长城以后，边外漠南数百里草原被开垦，长城边内原先的草场也被开辟为农田，以致"即山之悬崖峭壁，无尺寸不垦"。朝廷的官营牧场也发生草场危机，以致"庄田日增，草场日削，军民皆困于孳养"。[1]

宋元时代，湖广大部地区还处于人口相对稀少的状态，尤其是湖区和山区更是如此。自明代开始，众多的各地流民客户向湖广集中，使这里成为全国流移集结的中心地之一。据成化年间项忠奏报，仅荆襄山区一次招抚的流民即达150余万，湘资沅澧诸水中下游广大地区也有数量相当可观的外地客户落居。弘治初年，丘濬即说："以今日言之，荆湖之地田多而人少，江右之地田少而人多，江右之人大半侨寓于荆湖，盖江右之地力所出不足以供其人，必资荆湖之粟以为养也。"[2]到弘治十八年（1505年），荆襄山区户口增至23.5万余户，73.9万余口。"山坞之中，居庐相望，沿流稻畦高下鳞次"，"近山者率以开垦为务"，"虽高岩峻岭，皆成禾稼"。[3]明朝将原属襄阳府均州的郧阳改为府治，下置房县、竹山、竹溪、郧西、上津、保康、郧县等7县。这些新府州县的设置，是这一地区棚民开发的结果。而湖区也是"他方之民萃焉"，"客寓恒多"[4]，"占田多者，皆流寓豪恣之民"[5]。这样一来，山区垦伐山林，湖区围湖造田，有田可垦便招徕流民鱼贯而至，而游民集中于湖广又导致了山区和湖区尽垦，致使人口急剧增长。在人口超出自然增长率的同时，无论山区和湖区都进行了极度垦辟，达到了"凡有稍可得收，无论高低，决无不肯之土"[6]的地步。至清代，湖广地区的农民又开始流向川、陕、楚3省交界处的山区开发，致使这一带"各处垦山民人日众"[7]，"老林渐开"，"可种之土愈广"[8]。这说明，清代湖广也出现了人满为患的问题。

[1]（明）庞尚鹏：《清理甘肃屯田疏》，《明经世文编》卷360，崇祯十一年（1638年）刊本。
[2]（明）丘濬：《江右民迁荆湖议》，《明经世文编》卷72，崇祯十一年（1638年）刊本。
[3] 同治《郧阳府志》卷1《风俗》，长江出版社，2012年。
[4]（明）童承叙纂：《（嘉靖）沔阳州志》卷9，嘉靖十年（1531年）刊本。
[5] 万历《湖广总志》卷35，万历十九年（1591年）刊本。
[6] 嘉庆《庐江县志》卷29，嘉庆八年（1803年）刊本。
[7] 光绪《荆州万城堤志》卷8《私堤上》，光绪二年（1876年）刊本。
[8]（清）严如煜：《三省边防备览》卷9《山货》，道光十年（1830年）刻本。

第二节　清军入关与自然环境变迁

一、朝代鼎革与环境破坏

明代中、后期，政治极端腐败，宦官跋扈，党争迭起，社会矛盾空前激化。这时，地主阶级已将全国绝大部分土地集中到自己手中，自耕农几乎凋零殆尽，"有田者什一，为人佃作者什九"[1]，自耕农差不多全部走上了破产的道路。明代后期赋役负担也更加沉重，万历四十六年（1618 年）起加派"辽饷"，天启年间又添几项"增收"，把农民逼到了山穷水尽的地步。在社会生产力濒于崩溃的时候，又发生了严重灾荒，万历四十七年（1619 年）至崇祯十二年（1639年），水、旱、蝗、雹诸灾更是连年不断，尤以黄河两岸灾情最重。崇祯元年（1628年），陕西"一年无雨，草木枯焦，八九月间，民争采山间蓬草而食……迨年终而树皮又尽矣，则又掘其山中石块而食。""更可异者，童稚辈及独行者，一出城外便无踪迹，后见门外之人，炊人骨以为薪，煮人肉以为食，始知前人皆为其所食。"[2]崇祯七年（1634 年）起，河南三年大旱，"野无青草，十室九空。"[3]崇祯末年，山东、河南又遇虫灾，"草根木皮皆尽，乃以人为食……妇人幼孩，反接鬻于市，谓之'菜人'，屠者买去，如刲羊豕。"[4]如此惨烈的天灾人祸，终于触发了一场震撼全国的农民大起义。经多年恶战，义军终以摧枯拉朽之势攻进北京，打倒了明王朝。

明清之际，伴随着王朝的更替，战火殃及全国，由北至南，从东到西，几乎不存在被战火遗忘的地区。在数十年的时间里，中国先后发生了多次大规模的战争。这些战争，不仅次数多，持续时间长，规模巨大，而且战争类型多样化。在这些战争中，不仅有满洲与明朝的战争，还有农民起义军与明朝的战争、清军与农民军的战争、清军与南明小朝廷的战争、清廷与北方少数民族的战争、清廷平定"三藩之乱"以及收复台湾的战争。此外，从明末开始至清朝前期，

---

[1]（清）顾炎武：《日知录·苏松二府田赋之重》，商务印书馆，1933 年。
[2]（明）马懋才：《备陈大饥疏》，（清）计六奇：《明季北略》卷 5，中华书局，1984 年。
[3]（清）郑廉：《豫变纪略》卷 1，浙江古籍出版社，1984 年。
[4]（清）纪昀：《阅微草堂笔记》卷 2，上海古籍出版社，2016 年。

全国各地还存在着此起彼伏的佃农与地主的斗争，以及棚民、矿盗、海盗与官府之间的斗争。

值得注意的是，上述各类战争中，很多具有持续时间长、规模大的特点。明末农民战争自天启七年（1627 年）陕西澄城知县张斗耀在催逼钱粮时被百姓杀死，崇祯元年（1628 年）白水县民王二首举义旗揭开序幕，此后持续到清顺治十五年（1658 年）农民战争失败，前后历时三十余年。后金与明朝的战争从万历四十六年（1618 年）抚清之战开始，到顺治元年（1644 年）多尔衮挥师入关止，历时 27 年，其间经历了萨尔浒之战、辽沈之战、宁远之战、大凌河之战、锦州之战、山海关之战等大规模的战役 21 次。清军入关后，与明朝、南明和农民起义军的战争从顺治元年（1644 年）起到吴三桂率兵于康熙元年（1662 年）攻入缅甸，迫使缅甸交出南明永历皇帝，南明灭亡，其间也是年年皆有战事。

与这些大规模战事相伴随的，是对当时社会生活环境的巨大破坏。后金在明末尚属部落奴隶社会向封建社会过渡的少数民族，生产水平低下，发动战争以攻城略地，大肆劫掠人口和财产为目的，攻城过程中若出现久攻不下的情况，一旦攻下，经常采用屠城的手段。入关前有著名的永平屠城，军事主帅阿敏事后受到指控："将永平、迁安官民，悉行屠戮，以财生人口为重。"[1] 入关后，亦有扬州十日、嘉定三屠等大规模屠杀。明末崇祯年间，山东济南府历城县计有 72 722 丁，后经明末清初战争，人口大量死亡逃散，至顺治初年，减至 34 536 丁。在战争过程中，为达到自己的军事目的，战争双方也会采取一些极端的措施，从而造成极大的自然环境破坏。著名的古都开封被农民起义军包围，来救援的明军为解围，在黄河堤岸挖开缺口，"那时正是秋天，由于大雨，河水猛涨，水位比任何时候都高。他们把缺口开得太大、太宽，流出的水变成一片汪洋，竟快要淹没了雄伟高大的城墙，不仅卷起了很多敌人，还淹了 30 万市民，城市毁灭在洪水之中。"[2]

大同地处边关，明季屡遭兵燹，居民逃亡甚多，城社萧条，村墟冷落，人口大减。顺治五年（1648 年），原明将姜瓖在大同起兵反清，归附明桂王。清军围攻达九月之久，城破，屠城三日，除中心街衢居民数百户外，全城均成焦

---

[1] 萧一山：《清代通史》（上），商务印书馆（上海），1928 年，第 128 页。
[2] ［意］卫匡国：《鞑靼战纪》，中华书局，2008 年，第 203 页。

土，市井丘墟，宅舍瓦砾，绀宇琳宫，鞠为茂草。[1]大同城墙亦被铲掉五尺，名曰斩城。康熙十二年（1673 年），吴三桂起兵反清，陷全滇于汤火，按地加粮，按粮征兵，民不胜其苦，而委废田园，辗转沟壑者过半。有一户族而仅存孤寡一二人，一村而止遗妇女老幼十数口。百姓既遭兵灾杀掳之苦，又遇疫疠流行，艰苦百状。"三藩之乱"后，清军入城，饿殍载道，遗骨盈衢，饥馑益甚，斗米易银五两。[2]

明清之际的战争，遍及全国，从时间与空间分布来看，存在着一个由北向南、由东向西的过程。东北地区首开战事，双方对峙数十年。中原农民起义爆发后，一路北上，直抵京城。大西政权在两湖、四川持续数年。清军入关后，大举南下，华北、华中、华南、西南等地相继纳入版图。此后，三藩叛乱对峙于长江流域，清廷对噶尔丹用兵集中于北部边疆，其后清军在东南沿海收复台湾。

清军在统一过程中，在各地遭遇顽强抵抗，清军的野蛮屠杀政策，使得社会经济进一步遭到严重破坏，耕地荒芜，人口逃亡，工商业萧条。直隶南部"一望极目，田地荒凉，四顾郊原，社灶烟冷。"[3]山东"地土荒芜，有一户之中，止存一二人，十亩之田，止种一二亩者。"河南"满目榛荒，人丁稀少，几二十年矣。"[4]湖南、两广等地"弥望千里，绝无人烟"。[5]四川则是赤地千里，尸骸遍野，荆棘塞途，昔之亭台楼阁，今之狐兔蓬蒿也。里党故旧，百存一二。

湖北也是重要的战场。明清之际连绵不断的战争和天灾人祸导致湖北地区人口逃亡，土地抛荒，社会残破，整个两湖地区人口损失约百万人，耕地抛荒2 000 余万亩，社会经济遭受毁灭性的破坏。江汉平原地区无论城市乡村，皆一望丘墟。作为经济中心的汉阳府乡村处处岸崩，在在堤决，城镇"相依皆废屋，莫辨是官衙"，一派"残邑无生聚……地旷惟生苇"的凋敝景象，有的地区甚至"洪波泛滥，一望田地悉游鱼鳖"。而战争结束最晚的鄂西、鄂西北山区尤其如此，战乱使山区农业生产破坏严重，田园大片荒芜，次生的草地和灌木丛代替了栽培作物。

江汉平原、鄂东、鄂北低山丘陵地区地处湖北腹地，一直为经济发达地区。

[1]《重修大同镇城碑记》，大同市博物馆藏。
[2]（清）张毓碧修：《云南府志》卷 5《沿革》，康熙三十五年（1696 年）刊本。
[3]（清）卫周允：《痛陈民苦疏》，《皇清奏议》卷 1，光绪年间刊本。
[4]（清）李人龙：《垦荒宜宽民力疏》卷 4，《皇清奏议》卷 1，光绪年间刊本。
[5]（清）刘余漠：《垦荒兴屯疏》，《皇朝经世文编》卷 34，中华书局，1992 年。

因战乱造成大量田亩荒芜，林木复茂，虎患酷烈，生态环境回归原始状态。清初全省大多数地区所在蒿莱满目，存在着大量的大型野生动物，连开发程度较深的江汉地区也成为"芦荻百里，虎狼窝穴，行舟皆有戒心"之地。各地虎豹时现，豺狼成群，常有虎狼食人的事例。康熙《武昌府志》卷三记载："顺治二年（1645 年），江夏有豹如犬，近人吮其血；康熙七年（1668 年）六月，虎入金沙洲伤数人"。乾隆《汉阳府志》卷三也记载："顺治七年（1650 年），孝感多虎患；顺治十八年（1661 年），汉阳早有虎"。根据湖北各地地方志的记载，清初顺治年间到康熙十年（1671 年）之前，除了经济开发较早的鄂北岗地区襄阳府的光化、宜城两县，经济一直相对发达的湖北中心腹地，如江汉平原地区和鄂东低山丘陵区的德安府、武昌府、荆州府、荆门直隶州、黄州府、汉阳府以及所辖各县，随州、应山、孝感、江夏、枝江、松滋、当阳、黄梅、蕲州、大冶、孝感、汉阳频发虎荒蛇害，虎狼遍山谷，虎夜入市入居民宅，食人食牲畜的记载屡见不鲜，几乎涉及湖北所有地区，如此严重的虎患灾害表明清代初期湖北地区受到战乱破坏的程度和影响的深重。从现代生态学的观点来看，老虎是一种比较典型的森林动物，其栖息地要求至少 50%的森林覆盖率，以清初湖北虎患灾害波及的范围和程度以及华南虎生存所需的基本生态条件来考察，清初湖北鄂中腹地次生林和灌木林的覆盖率可能曾经一度恢复到 50%左右。

清军对抵抗的地区都给予无情的打击，因此，扬州、江阴、建宁、嘉定、昆山、松江、福州、赣州、长沙、桂林、成都等城市都遭到毁灭性破坏。清军进攻扬州，遭到史可法部及市民的英勇抵抗，清军攻下扬州后，"全城遭到洗劫，百姓和士兵被杀，鞑靼人怕大量的死尸污染空气造成瘟疫，便把尸体堆在房上，城市烧成灰烬，使这里全部变成废墟。"清军进攻金华，"他们怀着切齿仇恨烧毁、抢劫了城市"。福建建宁也遭到清军的毁灭，清军屠城，"杀了三万人，但还不满足，一把火把这座城市变成了灰烬"[1]。南昌、长沙、成都等城市也遭到毁灭性破坏，清军屠杀了南昌所有的居民，长沙"城内城外，尽皆瓦砾，房屋全无"，成都变得"城郭鞠为荒莽，庐舍荡若丘墟。百里断炊烟，第闻青磷叫月。四郊枯木茂草，唯看白骨崇山。"成都城中"绝人迹者十五六年，唯见草木充塞，麋鹿纵横，凡廛里闾巷官民居址皆不少复识，诸大吏分赴城楼。"[2]清初，

---

[1] ［意］卫匡国：《鞑靼战纪》，中华书局，2008 年，第 370、第 374 页。
[2] 民国《华阳县志》卷 35，民国二十三年（1934 年）刊本。

统治者为切断沿海居民与台湾郑成功的联系，颁布"迁海"令，强迫沿海居民内迁，"毁城郭，焚庐舍"，使得"滨海数千里，无复人烟"[1]。沿海地区的经济受到沉重的打击。

　　清廷同时也执行了一些错误的政策，遭到汉族人的强烈抵制。首先是"剃发令"。清朝统治者认为，汉人只有剃发梳辫，改从满俗，才是真心归顺。因此，清军一入关，即连下剃发令。但因刚入关不久，胜败未卜，经京畿各地人民的激烈反抗，清廷收回成命。但至顺治二年（1645 年）六月，清军下南京，攻破苏杭后，清廷认为大局已定，便又重申剃发令："京城内外，直隶各省，限旬日尽行剃发。若规避惜发，巧词争辩，决不轻贷"。地方官若表示异议，也"杀无赦"[2]。这种民族高压政策，大大激化了民族矛盾。

　　其次是"圈地"。清军入关后，对土地进行了疯狂的掠夺。顺治元年（1644 年）十二月，清廷开始下令在直隶地区圈地，以后扩大范围，无论有主无主土地，一律圈占。被圈占的土地，分配给皇室（皇庄）、王公（王庄）、八旗官员和旗丁，这些土地都叫旗地。清初大规模的圈地主要是在顺治四年（1647 年）以前进行的，但零星的圈占活动前后持续了 20 多年，共圈占土地 16 万余顷，约占当时全国耕地面积的 1/30。这些土地经明末农民战争扫荡，大多已经归农民耕种，许多地方连同房产一块圈掉，换给一些很远的不毛之地，实际上是对汉族百姓的野蛮掠夺。

　　再次是强迫汉人"投充"和严申"逃人法"。经过圈地而得来的大量土地，主要靠从辽东迁来的"庄丁"（农奴）进行生产。为了补充劳动人手，清朝还强迫当地汉人"投充"。这些新旧庄丁不但遭受残酷的经济剥削，没有人身自由，甚至可以被主人任意买卖。他们为了摆脱被压迫被奴役的处境，纷纷逃亡。为防止逃亡和缉捕逃人，清廷专门设立兵部督捕衙门，并一再重申逃人法，规定"逃人鞭一百，归还本主。隐匿之人正法，家产籍没。邻右九、甲长、乡约，各鞭一百，流徙边远"[3]，对逃亡者及窝藏者严加处分，邻右不行首告也要治以重罪，但逃亡现象仍与日俱增。

　　清初因浙江、广东、福建沿海聚集了一些抗清武装，还曾颁布"迁海令"，

[1]（清）夏琳：《海纪辑要》，大通书局，1997 年，第 17 页。
[2]《清世祖实录》卷 17，顺治二年（1645 年）六月丙寅，中华书局，1985 年。
[3]《清朝文献通考》卷 195《刑考》，商务印书馆（上海），1936 年，第 6601 页。

强制东南沿海所有居民内迁 30～50 里，使以捕鱼、贸易为生者失去生业。清朝统治者的这种掠夺与高压政策，激化了阶级矛盾和民族矛盾，引起人民的反抗。京畿、山东、山西、甘肃等地人民的抗清斗争此起彼伏，虽然都先后失败，但给清军以沉重打击，有力地配合了南方人民的抗清斗争。

二、农耕文明的延续与重建

清代初期，同明代初年一样，农业经济因战乱而遭到相当严重的破坏。耕地大量荒芜，农民死亡流徙，全国各地呈现出一片荒凉萧条的景象。直隶南部"抛荒田亩……逃亡人丁……巡行各处，一望极目，田地荒凉，四顾郊原，社灶烟冷"[1]。河南地区 "积荒之地，无如河南最甚……满目榛荒，人丁稀少，几二十年矣"[2]。江南各省，清军为抄灭南明政权和农民的抗清斗争，前后攻伐交近 20 年，"大兵所至，田舍一空"[3]，农业生产赖以进行的基本条件破坏严重。清初湖南、两广等地，"弥望千里，绝无人烟"[4]；江宁"环城六十里内，稻田俱尽矣"[5]。直到康熙年间，昔日繁华的江南，仍是"所在萧条……人稀者，地亦荒"[6]的景象。被称为天府之国的四川地区，也出现"有可耕之田，而无耕田之民"的局面。东南沿海各省居民被迫内迁 50 里，"尽夷其地，空其人"[7]，使"迁移之民，尽失故业"，顺治帝不得不承认：全国各地"生理未复，室庐残毁，田亩荒芜，俯仰无资，衣食艰窘"[8]。直到康熙末期之后，这种局面才得以改观；清初农业经济的复苏期长达七八十年。

顺康时期，统治者先后采取了一系列措施，如招民垦荒，更名地、治河、蠲免钱粮等政策，使得社会经济得到逐渐恢复。顺治元年（1644 年）十月初一日，清统治者福临在北京即皇帝位，开始了对全国统治权的争夺。面对尖锐的阶级矛盾和民族矛盾，清统治者制定和实施了一系列的政策措施。

[1]（清）卫周允：《痛陈民苦疏》，《皇清奏议》卷 1，光绪年间刊本。
[2]（清）李人龙：《垦荒宜宽民力疏》，《皇清奏议》卷 4，光绪年间刊本。
[3]（清）肖震：《请正人心以维世道疏》，《皇清奏议》卷 15，光绪年间刊本。
[4]（清）刘余谟：《垦荒兴屯疏》，《清经世文编》卷 34，中华书局，1992 年。
[5]《明清史料》（丙编），国家图书馆出版社，2008 年，第 518 页。
[6]《康熙镇江府志》卷 6《赋役》，康熙十三年（1674 年）刊本。
[7]（清）屈大均：《广东新语》卷 2，中华书局，1985 年。
[8]《清顺治朝圣训》卷 4，康熙二十六年（1687 年）刊本。

①免除"三饷"等项加派。为笼络人心，恢复生产，清军入关后即下令免除明末"三饷"等项加派，宣布"自顺治元年（1644 年）为始，凡正额之外，一切加派，如辽饷、剿饷、练饷及召买米豆尽行蠲免"[1]。另外还有许多钱粮杂税减免的项目，如凡军队经过地方，免征正赋一年，归顺州县虽非经过者，也免征本年三分之一。同时，针对北方各省土地荒芜情况，奖励垦荒。

②停止圈地。清初统治者的强行圈地，不仅使生产遭到严重破坏，也激化了社会矛盾。康熙八年（1669 年），清廷下令，"自后圈占民间房地，永行停止，其今年所已圈占者，悉令给还民间"[2]，另以张家口、山海关等处旷土补贴旗人，借以缓和满汉之间的阶级矛盾和民族矛盾。

③推行"更名田"。原属明宗室藩王勋戚的直隶、山东、山西、河南、湖广、陕西、甘肃等地近 20 万顷庄田，除直隶一部分被圈占，其余大多被农民占有耕种。康熙八年（1669 年），清廷将部分明代藩王所占田地给予原种之人，免其变价，永为世业，号为"更名田"。次年又规定凡是已出钱购买者，准将价银抵作钱粮，更名田"与民田一例输粮，免其纳租"[3]，使之完全变为自耕农。这实际上是承认了明末农民在起义斗争中夺得藩王所占庄田的事实。

④奖励垦荒。第一，清军入关之后即大力推行垦荒，凡州县卫所荒地无主者，皆分给流民及官兵屯种，无力者官给牛、种，顺治年间规定第二年按半起科，第三年纳全赋。康熙初年进一步放宽，康熙十年（1671 年）准三年后再宽一年起科，康熙十一年（1672 年）宽至六年起科，后又延至十年。而且采取农民自垦自报的办法，严禁地方官员勒索阻挠。雍正时期继续劝农垦荒，诏令"凡有可垦之处，听民相度地宜，自垦自报，地方官不得勒索，胥吏不得阻挠"。第二，政府投资，向缺乏经济、生产能力而又有意垦荒的民众提供农具、耕牛、种子等基本生产资料。第三，随着大面积易垦肥沃土地的恢复生产，到了乾隆年间，政府更以低利率吸引人们开垦土肥条件不好的土地。乾隆五年（1740 年）规定，"零星地土可以开垦者，悉听见本地民夷垦种，免其升科；并严禁豪强首告争夺"，使许多零星的新生洲滩得以免税垦种。第四，对各级官员的考核也与垦荒的成效挂钩，顺治六年（1649 年）规定岁终的考成"各州县以招民设法劝

---

[1]《清世祖实录》卷 6，顺治元年（1644 年）七月壬寅，中华书局，1985 年。

[2]（清）王先谦：《东华录》，康熙八年（1669 年）六月，上海古籍出版社，2008 年。

[3]《清圣祖实录》卷 32，康熙九年（1670 年）正月己酉，中华书局，1985 年。

耕之多寡为优劣，道府以善处责成催督之勤惰为殿最"。第五，政府直接参与堤垸水利建设，如康熙五十五年（1716 年）、雍正六年（1728 年）相继拨出巨额专款兴修"官垸"，带有倡导的性质和鼓励的作用，极大地提高了农民的生产积极性；同时，高厚坚固的官垸建成，亦给其他民田造成了治水压力，邻近民田不得不也随之加强围堤筑垸，刺激了堤垸的发展。清廷还用爵赏劝富人投资垦荒，"贡监生员民人垦地二十顷以上，试其文义通者以县丞用，不能通晓者以百总用。一百顷以上文义通顺者以知县用，不通晓者以守备用"[1]。

当内地大面积荒地已被开垦，耕地呈基本饱和状态时，清政府又通过兵屯、民屯、回屯、犯屯等多种形式，适时开展了对边疆省份的开发。据统计，康熙二十四年（1685 年），全国共有在册耕地 6 亿亩；雍正二年（1724 年），增加为72 300 多万亩；乾隆十八年（1753 年），全国纳赋土地有 73 500 多万亩；至嘉庆十七年（1812 年），则为 79 100 多万亩[2]，可见开垦的成效。

⑤整顿赋役与"摊丁入亩"。顺治三年（1646 年），清廷即以明万历旧籍为准，编纂《赋役全书》，总载地亩、人丁、赋额等数；又立鱼鳞册和黄册，以为征收依据。开征之前，还发给花户"易知由单"。康熙时，为防止官吏私征滥派，改"由单"为"串票"（二联、三联、四联等串票），再到"滚单"，相对减轻农民赋役负担。康熙五十一年（1712 年），宣布以五十年丁银（人丁 2 462 万、丁银 335 万两）为准，以后新增人丁概不多征，称为"盛世滋生人丁，永不加赋"，次年正式颁行。康熙五十三年（1714 年），御史董之燧正式提出在全国范围内"统计丁银，按亩均派"的建议。经广东、四川两省试行后，于雍正元年（1723年）决定于第二年为始，命各省"将丁口之赋，摊入地亩，输纳征解，统谓之地丁"，所谓"丁徭与地赋合而为一，民纳地丁之外，另无徭役矣"。摊丁入亩的实行，是明一条鞭法的继续和发展，简化了税收原则和手续，既便于征税，又可缓解赋役不均状况。从此，中国历史上存在了几千年的人头税基本被废除。

⑥耗羡归公和养廉银。官府在征税过程中出现损耗，征粮有鼠雀耗，征盐有盐耗，铸银为火耗。为弥补损耗，征收正赋时要多收一部分耗羡，其征收无定数，多余的耗羡也不上交。各级官员从中渔利，视为成例。清朝名义上实行

---

[1]（清）王先谦：《东华录》，康熙十一年（1672 年）八月，上海古籍出版社，2008 年。
[2] 梁方仲：《中国历代户口、田地、田赋统计》，中华书局，1982 年，第 380 页。另外，这些数字并未包括许多官田和被官僚地主隐瞒的土地；当时被称为"回地""番地""瑶田""僮田"等一些少数民族地区的耕地，都没有被查丈。黑龙江、吉林、蒙古、新疆、西藏、青海等地田亩，则根本没有收入。

薄俸制，一品官每年俸银180两，七品县官年俸45两，根本不敷养家及官场应酬，于是各级官员纷纷加耗。康熙末年曾有官员建议允许州县官员动用部分耗羡，其余交省归公，康熙帝为避加派之嫌，不予采纳。雍正时则在全国范围内推广。雍正帝并不以取消火耗来消除积弊，而是改革征收火耗方式，进而控制耗羡率，使征收火耗合法化，然后"耗羡归公"。与此相配套，则是从中提出养廉银，养廉银的数额远高于正俸，督抚一二品大员在1万5千两至3万两，知县也在400至2 000两之间。改革初期，征收总额较以前有较大幅度的下降，在一定程度上减轻了农民的负担；而国库收入也激增。

⑦废除匠籍与除贱为良。明代匠户有匠籍，自明中叶起改轮班匠为以银代役。经明清战争冲击，匠户子孙逃亡无遗，至康熙时期，陆续将匠银摊入田赋，并最后废除了匠籍制度。另外，明清之际社会上还存在一些"贱民"阶层，如浙江的惰民、山陕地区的教坊乐户、徽州的伴当世仆、浙东苏南的丐户、福建江西的棚民、广东的疍户寮民等，户籍上列为副册，不得与平民通婚。从康熙时逐步将其改为良民，废除贱籍。人身关系的调整，有利于社会经济的发展。

上述措施的推行，使得清朝的农耕文明得到迅速重建，经济发展也逐步恢复到较高水平，为清朝鼎盛时期"康雍朝盛世"奠定了坚实的基础。

当然，这些活动也对环境造成了很大的影响。比如湖泊的一大功能是可以调节河川流量，滞洪蓄水，等于是天然的水库。而且，湖泊有调节附近地区气候的功能，也可以便利交通运输，灌溉农田，并提供水产。湖泊湮灭或减缩后，这些功能随之消失或降低，最严重的后果是对自然生态的破坏。随着围垦洞庭湖的高潮再起，此时湘、资、沅、澧四水上游的森林已遭严重破坏，水土流失严重，四江所挟泥沙大量增加，流入湖中后湖底抬高，露出大量沙洲。同时期国内人口增加也很快，地少人多的压力日趋严重。清康熙年间，不但不主张禁垸，政府甚至采取一系列措施，鼓励开发垸田："赏助米粮人工之费六万两"，并且对新增垸田"免其升科"，这就为日后频繁的自然灾害埋下了伏笔。

又如，明末清初，宁夏中部的盐池、同心以致中卫香山等地，"水皆咸苦，不生茂草，无水之处尤多"[1]，尤其是中卫，"春夏多东北风，往往拔木夹沙，天色昏黄，夏季雨泽最稀，每年最多有二次，即成丰收；秋雨或三四次不等，

---

[1] 光绪《平远县志》卷4，光绪五年（1879年）刊本。

然竟有终年不雨者。中卫下湿之地，亦不喜多雨，多雨则潦，每年平均雪雨约四次。"正是在这种恶劣的环境下，清初人们"开渠十八道，溉田二万数千亩"。随着人口的不断增加，开垦力度加大，逐渐北移，如位于贺兰山麓的宝丰，水草肥美，康熙三十六年（1697 年）以前还是蒙古族游牧之地，后"为宁夏人民樵木之所"[1]。雍正四年（1726 年）设宝丰县丞，以便加大对这些地方的开垦力度。

　　明清之际，由于战火和战乱后恢复经济的农业垦殖，造成了大面积的森林毁坏。康熙后期，随着赋税和人口政策的改变，出现了中国历史上空前的人口增长势头，为了解决生存，维持生计，成千上万的人在低地已无土可耕的情况下，将种植业垦殖活动向生态薄弱的河谷平原、丘陵山地，乃至人烟稀少的林区边地扩展，原本茂密的森林遭到前所未有的破坏，以至于乾嘉以后，森林大面积消失，森林生态破坏不可逆转。陕南山区对森林的开垦在明中叶已经开始，并开始造成生态破坏。弘治十一年（1498 年）和万历十一年（1583 年）的两次汉江特大洪水灾害最高水位线纪录，均为历史最高。康熙三十二年（1693 年）五月，汉水暴溢，冲崩堤岸，"凡惠家口、石佛庵皆哆然巨壑，奔流南注，而陈、施二沟之水，东西并下，怒浪滔天，与汉水合流，突薄郡城，淹没官舍民居殆尽"[2]。这正是乱砍滥伐所造成的恶果。

第三节　气候变化与自然灾害对社会和环境的影响

一、17 世纪重大自然灾害与气候变化

　　1972 年，竺可桢先生在《中国近五千年来气候变迁的初步研究》中谈到中国历史上的方志时期时指出："在这五百年间，我国最寒冷的期间是在十七世纪，特别是公元 1650—1700 年（顺治七年至康熙三十九年）为最冷。例如唐朝以来每年向政府进贡的江西省的橘园和柑园，在公元 1654 年（顺治十一年）和1676 年（康熙十五年）的两次寒潮中，完全毁灭了。在这五十年期间，太湖、

[1] 道光《中卫县志》卷 2，道光二十一年（1841 年）刊本。
[2] 李启良等校注：《安康碑版钩沉》，陕西人民出版社，1998 年，第 275 页。

汉江和淮河均结冰四次，洞庭湖也结冰三次。鄱阳湖面积广大，位置靠南，也曾结了冰。我国的热带地区，在这半个世纪中，雪冰也极为频繁。"[1]

1978 年，任振球等发表《行星运动对中国五千年来气候变迁的影响》一文，不仅论述了天象异常，更认为天象异常是全球性气候异常的原因，并指出："我国 3 000 年来温度起伏的峰谷值，还与当时九大行星会合的地心张角有关。当九大行星在冬半年会合，张角愈小，相应低温愈冷；而当九大行星会合处于夏半年，情况则相反，此时张角愈小，温度愈高。""竺可桢指出的我国近 5 000 年来四个寒冷期——公元前 1000 年、公元 400 年、1200 年和 1700 年，它们均出现在九大行星会合处于冬半年，且地心张角较小时期。其中，1665 年的会合地心张角很小，仅 43°。相应地我国和北半球出现了 3 000 年来最冷的 17 世纪低温期（国外有人称之为'小冰河期'），我国还发生了极严重的明末（1637—1641 年）特大干旱，黄河出现最大洪水（1662 年），以及华北地区发生严重的地震活动期（1668 年山东郯城 8.5 级、1679 年河北三河 8 级和 1696 年山西临汾 8 级大地震）。"[2]该文认为，经过 20 多年来的研究，学术界取得共识，自然灾害不仅与气候变化有密切关系，还有更深层次的天文背景，与九大行星会合的地心张角和太阳黑子活动等特殊天象有关联。截至清末，我国曾出现 4 大灾害多发群发集中期，即夏禹群发期、两汉群发期、明清群发期、清末群发期。

1984 年，徐道一、李树菁、高建国等人发表《明清宇宙期》一文，明确提出了"明清宇宙期"概念。他们在文中引用王涌泉的文章后指出："最冷的 1650—1700 年中，尤以 1653—1671 年更为寒冷。"关于干旱，该文强调指出："17 世纪是我国历史上旱情最严重的一个时期。"进而具体指出："全国最严重的一次旱灾发生在崇祯末年（1637—1641 年）。这时，西北、华北 6 省连年干旱，'天道亢旱'、'赤地千里'、'飞蝗尽伤'、'野绝青草'、'斗米千钱'、'十室九空'、'道殣相望'、'饿殍载道'、'白骨如山'等触目惊心的描述在史书中比比皆是。"该文还指出，康熙元年（1662 年）出现了一次跨黄河、长江、淮河、海河四大流域的历时很久的特大暴雨和特大洪水，给我国造成了罕见的、极其严重的水灾。此外，顺治六年至十一年（1649—1654 年）和顺治十五年至

[1] 竺可桢：《中国近五千年来气候变迁的初步研究》，《考古学报》1972 年第 1 期，第 15-39 页。
[2] 任振球等：《行星运动对中国五千年来气候变迁的影响》，《全国气候变化学术讨论会文集》，科学出版社，1981 年，第 107-116 页。

康熙二十四年（1658—1685 年），在中国许多地区经常出现大暴雨、大洪水，其规模都是相当大的。综上所述，该文认为，14—19 世纪，世界气候普遍寒冷，进入所谓"小冰河期"。明清、清末两大灾害群发集中期都分布在这里。其中 15—17 世纪的明清群发期表现尤为突出，成化十九年（1483 年）九大行星会聚在冬半年时的地心张角为 51 度，康熙四年（1665 年）更小，为 43 度，17 世纪太阳黑子有 8 次记录，太阳活动处于极衰期。水、旱、潮、震、蝗、雹、风、雪、疫灾呈多发、群发、烈度大的趋势。[1]

小冰河期[2]最重要的表现是气温变化所带来的寒冷天气。我国河流冻结的现象主要出现在北方，受冬季气温的影响，我国有一条河流稳定封冻的南界，东起连云港，沿山东丘陵南侧拐向太行山南麓，并西伸至关中平原以北的山地。在此界线以北地区，每年的冬季河流均会出现封冻的现象。同时在长江一线存在另一条界线，即河流结冰的南界。[3]这是有史以来气象观察记录中河流结冰的最南界，界线以南的河流在冬季没有结冰的现象。明清时期河流结冰的位置已大大突破了上述的河流结冰南界，在湖南长沙一线多次出现严重的河流冰冻。明清时期气候寒冷，出现了中国古代历史上气象学上的明清小冰期现象，造成了长江中下游地区河湖与东海沿海的严重冻结，这些现象是距今 2 000 年以来文献记载中最多和程度最严重的。[4]

顺治十年（1653 年）冬季，南北方大范围遭受寒潮灾害。直隶、山西、山东、江苏、安徽、湖北、湖南等地普降大雪，有的地区持续大雪四十余日不止，淮河封冻。此年冬季的强寒潮带来南北方各地的苦寒，冰雪塞路，树木冻死，人畜死者甚众。顺治十一年（1654 年）长江下游一带再次出现大寒，据《光绪青浦县志》和《民国上海县志》的记载，上海的黄浦江出现结冰，西部的泖淀封冻，人可行走冰上。江苏太湖则"冰厚二尺，二旬始解"[5]。镇海"冬严寒，江水亦冰"[6]。而据《光绪海盐县志》的记载，"十二月大雪，海冻不波"，表明该年的东海出现海水结冰的现象。由于这条记载很简单，是否苏北沿海也发

[1] 徐道一等：《明清宇宙期》，《大自然探索》1984 第 4 期，第 150-156 页。

[2] 小冰河期是指相对较冷的时期，但又没有如冰期那样导致大量动植物灭绝，小冰河期始于 13 世纪，在 17 世纪达到巅峰。

[3]《中国自然地理》编辑委员会：《中国自然地理·地表水》，科学出版社，1984 年。

[4] 满志敏：《中国历史时期气候变化研究》，山东教育出版社，2009 年，第 255 页。

[5]（清）金友理：《太湖备考》卷 14，凤凰出版社，1998 年。

[6] 洪锡范：民国《镇海县志》卷 20，民国二十年（1931 年）刊本。

生了结冰的现象，没有明确的记载，但按东海结冰的现象来分析，其寒冷程度肯定要大于更偏北的苏北沿海，而且这也是历史记载中东海发生结冰的唯一记载，因此值得进一步研究证实。顺治十二年（1655 年），福州"正月大雪，山上积至一丈，平地五尺。十六日，地冰冻，河水凝结可载行人"[1]。

康熙九年（1670 年）冬季，华北、华东、华中连降大雪，雪日延续 40 天或 60 天不等。强寒潮带来严重的冰冻灾害，民多冻死。黄河之龙门至华阴段结冰桥，盱眙淮河坚冻两月，长江流域的安徽东至县段出现长江冰冻、强寒潮造成广大地区的树木冻害冻死，尤其以果树受冻损害最重。关于这一年的寒冷记载还有很多。比如淮河在十一月初出现冰冻，"淮河冰坚，轮蹄往来，至明年二月冰始解"[2]。十一月开始长江中下游地区也出现严寒大雪，安徽东流一带滔滔的长江"冻几合，迎月不解"[3]。江西九江一带也发生严重的冰冻，湖口一带"冬大雪数十日，禽鸟多冻死，彭蠡湖梅家洲冰合，可通行人"[4]。梅家洲是鄱阳湖口西侧的沙洲，这个记载表明当时鄱阳湖口已经封冻。星子县也有"寒凝异常，江水冻合"[5]的记载。彭泽一带则是"长江冻几合"[6]。可见，至少在江西九江至安徽西部一带的长江几乎完全冻结，这种现象在历史时期是非常罕见的。湖南也是如此，攸县"冬大雪，河池皆冰可渡马"[7]，耒阳"冬大雪六十余日，山中合抱大树尽被压死，大河结冰尺余"[8]，衡山"冬大雪深数尺，六畜冻死，竹竿半活，江水冰合厚尺余，舟不行"[9]。在这样的背景下，苏北沿海出现严重的海冰，"海冰至岸，望如冈阜，亘数十里"[10]。浙江绍兴"十二月初三日大风连日，冰冻不通，十四日起连雪浃旬高数尺，各县皆同"[11]。这是自唐代以来的第二个寒冷集中期。

康熙二十九年（1690 年）亦是较为寒冷的一个年份。阴历十一月的强寒潮

[1] 海外散人：《榕城纪闻》卷 8，民国二十年（1931 年）刊本。
[2] 乾隆《泗州志》卷 11，乾隆五十三年（1788 年）刊本。
[3] 嘉庆《东流县志》卷 30，嘉庆十七年（1812 年）刊本。
[4] 同治《湖口县志》卷 10，同治十一年（1872 年）刊本。
[5] 同治《星子县志》卷 14，同治八年（1869 年）刊本。
[6] 同治《彭泽县志》卷 18，同治十三年（1874 年）刊本。
[7] 光绪《湖南通志》卷 20，岳麓书社，2009 年。
[8] 光绪《耒阳县乡土志》卷 5，光绪三十二年（1906 年）刊本。
[9] 道光《衡山县志》卷 7，岳麓书社，1994 年。
[10] 光绪《赣榆县志》卷 18，光绪十四年（1888 年）刊本。
[11] 乾隆《绍兴府志》卷 16，乾隆五十六年（1791 年）刊本。

主要影响了我国华东的上海、江苏、浙江、安徽、江西等地，以及河南、湖北、湖南、广东等省。尤其是广东地区出现了少见的严寒天气，冻死竹木、果树，冻杀牛马牲畜，人亦有冻毙者。郴州"冬大雪，冰厚数尺，次年二月始释"[1]，晃州"冬大寒连旬。晃州、沅州流水皆冻合，鱼鳖皆冻死，果木枯坏"[2]，永明"冬大雪数尺，永明营水冻合，潜鱼皆死"[3]，兴宁"冬大雪，冰厚数尺，溪涧绝流，次年二月始泮"[4]，瑞金"十一月雪积三尺余，木尽痿，宣文门外官潭冻合，可通行人"[5]。

从以上史料可以看出，明清之际我国河流冻结的南界已经移到南岭北麓至福州一带，这个位置与现代河流冻结的南界在长江一线的情况相比大大南移，这体现出这一时期气候寒冷的程度。

旱灾也是这一时期重要的自然灾害。明崇祯十年至十六年（1637—1643年）大旱，是近 500 年间持续年份最长、受灾范围最广的旱灾个例。这次大旱灾的核心地带是陕西、山西、河南，但最盛时山东、河北、内蒙古、安徽、江苏、浙江、湖北、湖南、贵州、四川、甘肃等几乎大半个中国皆陷于苦旱，累岁奇荒，村舍十室九空，以致赤地千里，饿殍枕藉，人相食。其中又以崇祯十三年（1640 年）、崇祯十四年（1641 年）旱情最为严重，波及范围也最广。崇祯十年（1637 年），自北至南全国大部分地区干旱，即使是海南的琼山、琼海亦大旱。

崇祯十二年（1639 年），全国大部分地区干旱，包括河北、山西、陕西、山东、江苏、安徽、河南、海南等地。山东、河南等地尤甚，如山东潍水断流，临朐大旱持续近十个月。河南沁阳自上年六月雨，至今十一月不雨。崇祯十三年（1640 年），全国旱情进入最为严重的时期，受旱面积广，旱情严重，全国绝大部分地区大旱，包括北京、河北、山西、陕西、甘肃、山东、江苏、浙江、安徽、江西、河南、湖北、湖南等地。崇祯十四年（1641 年）也是旱情最为严重的一年，河北、山西、陕西、山东、上海、江苏、浙江、安徽、江西、河南、湖北、湖南等地大旱，民采草根树皮充饥，许多地区出现人相食现象。崇祯十

[1] 嘉庆《郴州直隶州总志》卷 6，岳麓书社，2010 年。
[2] 同治《沅州府志》卷 12，同治十年（1871 年）刊本。
[3] 道光《永州府志》卷 7，岳麓书社，2008 年。
[4] 道光《兴宁县志》卷 14，道光元年（1821 年）刊本。
[5] 乾隆《瑞金县志》卷 1，乾隆十八年（1753 年）刊本。

五年（1642 年）相对于前两年，旱情开始有所缓解，但仍有许多地区大旱，包括河北、山西、江苏、浙江、安徽、河南、湖北、湖南等地。崇祯十六年（1643 年）持续多年的干旱相对缓解，该年主要是河北、陕西、浙江、江西、湖南、广东等地大旱。

清康熙二十八年至三十一年（1689—1692 年），全国大部分地区持续四年干旱，干旱地区包括辽宁、河北、河南、山西、山东、陕西、甘肃、江苏、上海、浙江、福建、江西、湖南、湖北、云南等地，这些旱区饥民流徙，又相继发生大疫。具体来说，康熙二十八年（1689 年），全国大部分地区大旱，北起北京、河北，南到云南，包括天津、山西、山东、浙江、江西、河南、湖北、湖南等地。其中河北、河南、湖北等地尤为严重，河流、井泉干涸。康熙二十九年（1690 年），河北、陕西、江苏、河南、湖北等地旱灾，其中河北、河南、湖北等地最为严重，如河南济水、沁水竭；康熙三十年（1691 年），全国大范围干旱，旱区遍及北京、河北、山西、陕西、福建、河南等地。同时，该年旱情扩散到南方，南方的广东、广西、四川、云南等地的大部分地区大旱。康熙三十一年（1692 年）相对前几年，旱区范围有所缩小，灾情亦有缓解，旱区主要集中在山西、陕西、河南、湖北等地。

此后，康熙三十五年至三十六年（1696—1697 年），天津、河北、山西、山东、河南、浙江、安徽、江西、福建、湖南、广东、广西、云南等众多地区干旱。

此外，由于气候突变，这一时期的冰雹也较为频繁。冰雹是由强对流天气系统引起的一种剧烈的气象灾害，它出现的范围虽然较小，时间也比较短促，但来势猛、强度大，常常伴随着狂风、强降水、急剧降温等阵发性灾害性天气过程，极具威胁性，往往会造成重大的人员和财产损失。17 世纪，中国曾多次发生冰雹灾害。

明万历四十二年（1614 年），山西、陕西、甘肃、江苏、福建、河南、广西等地遭受冰雹灾害，历史文献记载当年共有 17 个县发生雹灾。该年冰雹致各地"毁民屋瓦""田禾尽偃""伤麦"。

清顺治九年（1652 年）四月，山西岳阳县冰雹，"薄厚一尺五寸，将二麦打伤，根楂不留"；乐平县则连续发生了四次冰雹，"天降烈风雷雨冰雹，连伤四次，冰厚二尺，三日尚未消尽，打死牛羊三百余只，树木拔去四十余株，遍野涕泣。"[1]顺治十三年（1656年），甘肃兰州、固原"不幸本年五月二十日夏禾将熟，偶遭冰雹，十留二三，犹望秋成输纳乐业，昨七月初八日复遭冰雹，根苗无存，山川尽打赤地，老幼嗷嗷"[2]。这是一年两次冰雹的情况。顺治十八年（1661年）河北、河南、陕西、湖南、江西、广东等地遭受冰雹灾害，文献记载当年共有27个县发生雹灾。该年冰雹致各地"伤麦""杀禾""伤屋殒畜"。

　　康熙八年（1669年），山东冠县"五月初□日下冰雹，伤麦。八月十七日、九月十二日连下冰雹，伤荞豆，城东更甚。"[3]康熙三十四年（1695年），河北、山西、江苏、河南等地遭受冰雹灾害，大者如拳，文献记载当年共有16个县发生雹灾。该年冰雹致各地"伤麦""碎屋瓦""坏民户民舟"。康熙三十七年（1698年），江苏冰雹"重或逾三十斤，近邻某民染坊，巨块劐屋而下"。[4]康熙四十二年（1703年）三月，广西宜山县大雨雹，"积深二、三尺，坏民居无数，击毙禽兽无算"。[5]康熙四十九年（1710年）六月，山西武乡县大雨雹，"长百余里，宽二十余里"[6]。康熙十六年（1677年）山西武乡县雨雹，"四月至六月凡六次"，[7]一年之中发生六次冰雹，当为清代记载冰雹重复发生之最。

　　受灾面积的大小，是判断冰雹所造成灾害后果的重要指标。"雹打一条线"，冰雹的雹击路线呈带状、块状和跳跃状，受灾面积一般而言并不大。但清代的冰雹，亦有独特之处。顺治九年（1652年）四月十八日午时，沁州冰雹陡降，自伏牛山起，一股经往正东由马跑泉起至马步庄与襄垣县接境约阔"二、三、四、五里不等，约长十八里许"，又一股往东北自马跑泉起由牛侍村至磐石沟与武乡县接境约阔"六、七、八、九里不一，约长七十余里"。[8]顺治十六年（1659年）四月十一日未时，河南汤阴县大雨雹，"广数里，长数十里，麦与秋禾无遗者"。[9]康熙五十年（1711年）四月，安徽盱眙县，冰雹"伤南乡六十里"[10]。康熙六十年（1721年）七月二十七日，直隶永年县大雨雹，自阎村西南至

[1]《清代灾赈档案专题史料》，顺治九年（1652年）八月二十日，山西巡抚刘弘遇折，中国第一历史档案馆藏。
[2]《清代灾赈档案专题史料》，顺治十三年（1656年）九月二十日，大学士车克等折，中国第一历史档案馆藏。
[3] 康熙《冠县志》卷5《福祥》，康熙九年（1670年）刊本。
[4]《紫堤村小志》卷后《江村杂言》，上海社会科学院出版社，2004年。
[5] 道光《庆远府志》卷20《祥祲》，道光八年（1828年）刊本。
[6] 乾隆《武乡县志》卷2《灾祥》，乾隆十年（1745年）刊本。
[7] 乾隆《沁州志》卷9《灾异》，乾隆三十六年（1771年）刊本。
[8]《清代灾赈档案专题史料》，顺治九年（1652年）八月二十日，山西巡抚刘弘遇折，中国第一历史档案馆藏。
[9] 顺治《汤阴县志》卷9《杂志》，顺治十六年（1659年）刊本。
[10] 光绪《盱眙县志》卷14《灾异》，光绪十七年（1891年）刊本。

邯郸，北至洺关，"伤稼五十余里，秋无寸粒"。[1]康熙六十一年（1722年）二月二十九日夜，浙江衢州西安县属乌石山对面风雪交加，大雨冰雹倾灌，雹击"带宽二、三里不等"，复向东北方延伸，处州属松阳县，绍兴属上虞、余姚，宁波属慈溪、镇海、定海一带皆受雹击，"宽皆二、三里不等"。[2]

冰雹的发生，有时还会跨越州县的范围，在更大区域内肆虐。顺治七年（1650年），山西灵石、长治、长子、屯留、襄垣、壶关、平顺、陵川、榆社、和顺、沁州、武乡等十二州县皆遭冰雹袭击，各县分别奏称"一概田禾尽行打毁"，"不惟苗稼成泥，即房屋皆打毁，遍野啼号，秋成无收"，"树枝尽落，禽鸟皆毙，举目全是赤地，四郊尽作冰山，一茎不存，寸粒不收"。经统计，最终的受灾面积是一万二百八十八顷三十四亩七分六厘五毫二丝二忽，共粮七千九百三十二石二斗八升一勺七抄八撮，共粮银三万九千一百三十一两八钱九分三厘二毫九丝三忽四尘八沙。[3]

冰雹灾害常伴随着人员损失，如顺治十五年（1658年）三月，浙江鄞县大雨雹，"击死牛羊，桑叶尽折，蚕多饿死"。[4]同年五月十八日，五台县冰雹忽作，"於雹堆中发一牧童之尸，此亘古所未见之灾，视牛驴击死之地又寻常耳"。[5]康熙元年（1662年）五月初四日，直隶任丘县雨冰雹，"大如人首，击死二百余人，牛羊不计其数，田禾尽坏"。[6]康熙三十七年（1698年）六月初二日，云南寻甸疾风自东过西，雷雹随之，"所经处虫鸟花蔬皆死"。[7]这些都是比较重大的自然灾害。

二、气候变化对环境的影响

明清是中国古代自然灾害最频繁的时期。明代，水、旱频繁发生，风暴潮灾害也格外突出，死亡万人以上的特大潮灾20次，七级以上大地震12次，八

---

[1] 康熙《永年县志》卷18，康熙四十七年（1708年）刊本。

[2] 中国第一历史档案馆编：《康熙朝满文朱批奏折全译》，康熙六十一年（1722年）四月二十四日，觉罗满保折，中国社会科学出版社，1996年。

[3]《清代灾赈档案专题史料》，顺治八年（1651年）二月十一日，固山额真户部尚书臣巴哈纳等折，中国第一历史档案馆藏。

[4] 乾隆《鄞县志》卷26《祥异》，乾隆五十二年（1787年）刊本。

[5]《清代灾赈档案专题史料》，顺治十五年（1658年）七月缺日，山西巡抚白如梅折，中国第一历史档案馆藏。

[6]（清）董含：《莼乡赘笔》卷2，康熙二十年（1681年）刻本。

[7]（清）孙世榕修：《（道光）寻甸州志》卷26《祥异》，道光八年（1828年）刊本。

级以上特大地震 2 次。清代除个别年份外，几乎年年有水旱灾，其中大水、大旱各有 60 次、55 次以上，死亡万人以上特大风暴潮灾 15 次，七级以上大地震 23 次，其中八级和八级以上特大地震 9 次。大蝗、大疫也多。特别是 15—17 世纪，灾害呈多发、群发趋势，为中国历史上第三大灾害群发期，上文提及，学者称之为"明清宇宙期"。其中，明永乐至明末崇祯年间（15 世纪初至 17 世纪 40 年代初），重大洪涝、干旱、潮灾、地震、蝗灾、疫灾频仍。重大自然灾害的发生，都和气候变化密切相关。

先来看看明朝时期发生的超大自然灾害。万历三十一年（1603 年）八月，泉州诸府海水暴涨，溺死万余人。天启二年（1622 年）九月，平凉、隆德诸县大地震，压死男女 1.2 万余口。崇祯元年（1628 年）七月，杭、嘉、绍三府海啸，坏民居数万间，溺数万人，海宁、萧山尤甚。[1]崇祯五年（1632 年）六月，山西、河南霪雨月余，河决孟津、中牟、曹县，黄河横溢数百里，河南陈留"白波如山，人至巢居"，许昌平地水深二丈，漂没人畜无算。杭、嘉、湖三府八月至十月旱，淮、扬诸府饥，流殍载道。[2]崇祯十年至十四年（1637—1641 年），直隶、河南、山东、山西、陕西、甘肃连续 5 年大旱、蝗灾并大疫，亦波及江淮地区。"河泉涸竭""禾苗枯死""饿殍载道""赤地千里""十室九空""白骨如山"，一片凄惨景象。其中，以崇祯十三年（1640 年）最严重，北畿、山东、河南、陕西、山西、浙江、三吴皆饥。自淮而北至畿南，树皮食尽，"人相食"。崇祯十四年（1641 年），仅南京五月大疫即死数万人，巢县夏大疫，死亡万余人，实为百年不遇的特大旱大蝗大疫灾。崇祯十五年（1642 年）九月壬午，河决开封朱家寨，溺死士民数十万。[3]

1644 年明清鼎革后，在"明清宇宙期"的后 50 余年，依然灾害频仍。其中，顺治四年（1647 年）、顺治五年（1648 年）、顺治九年（1652 年）、顺治十年（1653 年）、顺治十一年（1654 年）、康熙元年（1662 年）、康熙四年（1665 年）、康熙七年（1668 年）、康熙十年（1671 年）、康熙十八年（1679 年）、康熙三十年（1691 年）、康熙三十五年（1696 年）等，都为大灾或特大灾年。灾害范围主要集中在北方直隶、山东、山西、河南、陕西和南方江南（江苏、安

[1]《明史》卷 28《五行志一》，中华书局，1974 年。
[2] 河南省水文总站编：《河南省历代大水大旱年表》，河南省水文总站，1982 年，第 122-124 页。
[3]《明史》卷 28《五行志一》，中华书局，1974 年。

徽、江西）、湖广（湖北、湖南）、浙江地区。从灾种上看，仍以水旱灾为主，潮、震、蝗、雹、疫、雪、霜等灾害也很严重。

顺治四年（1647 年），直隶、山西、陕西及河南大蝗。其中，夏秋，河南磁州、武安等十余县飞蝗为灾，兼冰雹风雨，平地水深丈许，庐舍漂没。山东、江南、江西大水。[1]江西抚州大疫，死数万人。[2]顺治九年（1652 年），直隶、山东、山西、河南大水。[3]其中，遭受严重水灾的地区包括直隶霸州、保定等 31 州县，山东历城等 69 州县，山西太原府、平阳府、汾州府、辽州、沁州、泽州所属绛州、太原等 44 州县，河南祥符等 6 县。[4]与此同时，江南、江北、湖广、浙江皆大旱。广东雷州府飓风大作，摧城发屋，击死人畜甚众。[5]同年六月，云南蒙化发生七级大地震，压死 3 000 余人。[6]顺治十年（1653 年），直隶顺德、广平、大名三府，天津、蓟州二道属州县卫所水灾。[7]山东济南、东昌府属 49 州县大水。八月，广东澄海飓风大作，"周吹陆地，屋飞空中，官署民房尽毁，压毙男妇不计其数，从来飓风唯有如此烈者"[8]。顺治十一年（1654 年），湖广安陆、荆州府属钟祥等 6 州县大水。直隶 8 府，河南祥符等 36 州县，山东齐东等 39 州县大水。是年，浙江杭州、宁波、金华、衢州、台州五府，钱塘等 21 县及海门卫大旱。[9]六月初，秦州（今甘肃天水市）大地震，压死兵民 3.1 万余人。[10]二十一日，江南沿海特大风暴潮灾，苏州、常州、松江、镇江等府飓风海溢，房屋树木半被漂没倾拔，男妇溺死无算。

康熙元年（1662 年），出现了近 300 多年来跨黄河、长江、淮河、海河四大流域的罕见大洪水，损失严重。康熙四年（1665 年）夏，山东济南等六府大旱蝗，广东大旱，直隶开州等 11 州县、山西大同和太原等府、江南徐州等 10 州

[1]《清世祖实录》卷 30，顺治四年（1647 年）十二月戊辰；卷 36，顺治五年（1648 年）正月癸丑；卷 33，顺治四年（1647 年）八月丙子；卷 36，顺治五年（1648 年）二月癸未，中华书局，1985 年。
[2] 同治《临川县志》卷 54，同治八年（1869 年）刊本。
[3]《清世祖实录》卷 67，顺治九年（1652 年）八月丁卯，中华书局，1985 年。
[4]《清世祖实录》卷 75，顺治十年（1653 年）五月甲午；卷 75，顺治十年（1653 年）五月乙亥；卷 70，顺治九年（1652 年）十二月辛丑；卷 75，顺治十年（1653 年）五月甲戌，中华书局，1985 年。
[5]《清世祖实录》卷 67，顺治九年（1652 年）八月丁卯，中华书局，1985 年。
[6] 康熙《云南通志》卷 28，康熙三十年（1691 年）刊本。
[7]《清世祖实录》卷 80，顺治十一年（1654 年）正月丁巳，中华书局，1985 年。
[8] 光绪《潮州府志》卷 11《灾祥》，光绪十九年（1893 年）刊本。
[9]《清世祖实录》卷 84，顺治十一年（1654 年）六月丁丑；卷 88，顺治十二年（1655 年）正月乙未；卷 87，顺治十一年（1654 年）十二月乙巳；卷 88，顺治十二年（1655 年）正月庚寅；卷 89，顺治十二年（1655 年）二月丙子；卷 92，顺治十二年（1655 年）六月甲寅，中华书局，1985 年。
[10] 谢毓寿、蔡美彪主编：《中国地震历史资料汇编》（第三卷上），科学出版社，1987 年，第 62-64 页。

县、浙江仁和等 8 县旱，江西南昌等 42 州县续旱，湖南益阳等 25 州县旱。[1]
与此同时，七月上旬，江南沿海特大潮灾，两淮盐场淹死灶丁男妇数万人。[2]
直隶霸州等 37 州县亦发生水灾。康熙七年（1668 年），海河特大洪水，下游平
原及相邻地 140 余州县受灾。其中，直隶顺天和保定等府属 50 州、邢台等 14
县、通州等 18 州县卫所、昌平和怀柔等 4 州县受灾严重。[3]六月十七日夜，山
东莒县、郯城发生 8.5 级特大地震，死数万人。[4]康熙九年（1670 年），冀、鲁、
豫春夏大旱，其中山东最重，三季连旱，受灾达 47 州县。康熙十年（1671 年），
全国连续大旱，波及东部 9 省 200 余州县，分为南北两大旱区。康熙十七年（1678
年）、康熙十八年（1679 年），全国又连续两年大旱。康熙十七年（1678 年），大
江南北俱旱，"赤地千里，京师尤甚，每日渴毙多人"[5]。康熙十八年（1679 年）
七月，京师八级大地震，死数万。全国同时并发水、虫、雹、疫灾，受灾多达
200 余州县。旱区扩大为 249 州县及 33 卫。康熙三十年（1691 年），直隶、山
东、山西、陕西、河南大旱。其中，河南于康熙二十八至三十一年（1689—1692
年），连续 4 年大旱，沁、济、泌河皆竭，禾稼枯死，蝗、疫相继，民大饥。康
熙三十四年（1695 年）山西临汾发生 8 级地震，死亡数万人。康熙三十五年（1696
年）六月初，江浙特大潮灾，溺数万人，仅宝山县就死亡 1.7 余万人。[6]

　　气候的剧变也引起生态环境的重大变化。明代是中国历史上森林面积大幅
度下降、植被显著退变的一个时期。唐代中国的森林覆盖率约为 33%，到了明
初仅为 26%，至明末清初，继续下降至 21%。明代气候的转冷直接导致平原、
山地、沿海以及高原的天然植被退化。气候变冷使得黄河以北地区木炭需求量
较明初温暖期增多。由于明中后期的气候变化，江南地区蝗灾严重，数省为之
侵扰。为了有效减少病虫害，徐光启在《农政全书》中大力提倡水稻与棉花轮
作，认为此种轮作可使"虫螟不生"。

[1]《清圣祖实录》卷 15，康熙四年（1665 年）五月辛亥；卷 16，康熙四年（1665 年）七月壬子；卷 16，康熙四年（1665 年）八月甲寅；卷 15，康熙四年（1665 年）六月庚辰；卷 16，康熙四年（1665 年）七月甲辰；卷17，康熙四年（1665 年）十一月庚戌；卷 17，康熙四年（1665 年）十二月癸亥，中华书局，1985 年。
[2]（清）谢开宠：《康熙〈两淮盐法志〉》卷 1《星野·祥异附》，康熙三十三年（1694 年）刊本。
[3] 骆承政、乐嘉祥主编：《中国大洪水》，中书书店，1996 年，第 110-111 页；《清圣祖实录》卷 27，康熙七年（1668 年）十月戊子；卷 27，康熙七年（1668 年）十一月戊申；卷 27，康熙七年（1668 年）十一月己酉；卷 28，康熙八年（1669 年）正月戊申。
[4] 谢毓寿、蔡美彪主编：《中国地震历史资料汇编》（第三卷上），第 180、第 182、第 185、第 200 页。下叙地震灾害，史料根据均见此书，省略不另注。
[5]（清）叶梦珠：《阅世编》卷 1，中华书局，2007 年。
[6] 光绪《宝山县志》卷 14《志余·祥异》，光绪八年（1882 年）刊本。

17 世纪以后，黄河及其支流断流现象也更为严重，如万历三十年（1602年）"闰二月己未。陕西河州莲花寨等处黄河水干见底"，"三月，（青海）贵德所黄河水竭，至河州，凡二十七日"[1]；崇祯十三年（1640年）"五月，两京、山东、河南、山西、陕西大旱"[2]。河北保定，"夏旱，风霾竟日，诸河水涸"[3]；山西，汾、潞、漳、浍诸水皆竭[4]；河南彰德，"井皆涸，长河有断流者"[5]，偃师"洛水深不盈尺"[6]；山东，"汶泗断流"[7]。崇祯十五年（1642年）"正月，（江苏淮阴）黄河清浅如小渠，人有徒涉者"[8]，而其上游晋、陕、豫三省数县以及本省邻近之涟水、东台、沛县皆春旱不雨[9]，至五月，黄河支流渭河临潼段水清三日[10]，而其"阳平镇至眉县界，清月余。"[11]这正是气候变化所引起的环境变迁在黄河流域的表现。

从史料记载看，长江下游江浙地区的众多支流在崇祯十三年至十七年（1640—1644年）的干旱期中，亦频频出现断流。例如，崇祯十三年（1640年）"六月大旱，娄江断流"[12]，崇祯十四年（1641年）上海奉贤县"四月至七月不雨，巨川大渎涸"[13]，"和塘、吴淞江皆涸"[14]，"河底凿井不得泉"[15]，浙江桐乡"旱魃为灾，河流尽竭"[16]；崇祯十五年（1642年）江苏武进，"河流涸"[17]，崇祯十六年（1643年）"松江五月至七月不雨，河水尽涸"[18]，崇祯十七年（1644年）"六月亢旱，……除浦湖而外，其余支流尽涸，舟楫断绝，

[1] 乾隆《西宁府新志》卷 15《祥异》，乾隆十二年（1747年）刊本。

[2] 《明史》卷 30《五行志》，中华书局，1974年。

[3] 光绪《保定府志稿》卷 3《灾祥》，光绪十二年（1886年）刊本。

[4] 光绪《山西通志》卷 163《祥异》，光绪十八年（1892年）刊本。

[5] 乾隆《彰德府志》卷 17《祥异》，乾隆五十二年（1787年）刊本。

[6] 乾隆《偃师县志》卷 2《灾祥》，乾隆五十四年（1789年）刊本。

[7] 乾隆《济宁直隶州志》卷 1《纪年》，乾隆四十三年（1778年）刊本。

[8] 光绪《清河县志》卷 9《祥浸》，光绪二年（1876年）刊本。

[9] 张德二主编：《中国三千年气象记录总集》，凤凰出版社，2004年，第85页。

[10] 《重修临潼县志》卷 16《灾异》，民国十一年（1922年）刊本。

[11] 《宝鸡县志》卷 1《祥异》，民国十一年（1922年）刊本。

[12] 光绪《昆新两县志》卷 39《祥异》，光绪六年（1880年）刊本。

[13] 光绪《江东志》卷 1《祥异》，光绪十七年（1891年）刊本。

[14] 光绪《昆新两县志》卷 39《祥异》，光绪六年（1880年）刊本。

[15] 嘉庆《太仓州志》卷 15《灾祥》，嘉庆八年（1803年）刊本。

[16] （清）胡琢：《濮镇纪闻》卷 4《灾荒纪事》，乾隆年间刊本。

[17] 乾隆《武进县志》卷 3《灾祥》，乾隆十七年（1752年）刊本。

[18] 《明史》卷 30《五行志》，中华书局，1974年。

陆行者假道河中，遂成坦途"[1]。

中国湖泊于明朝经历了一个由急剧扩张到迅速萎缩的变化过程。河流变迁及围湖造田对湖泊盈缩的影响，其实也间接折射出气候变化。黄河南徙所带来的大量泥沙，被认为是致使黄河流域湖淀日渐淤填的重要原因，但黄河泥沙多寡除人类活动的影响（导致地表覆被变化）外，很大程度上与降水有关。明后期围湖造田盛行，加剧了湖泊萎缩，这固然和人口增加所引起愈发突出的人地矛盾有关，但气候变干造成湖泊自然萎缩，给垦田创造了便利条件，则是这种行为得以奏效的基础。气候冷干，粮食亩产降低，扩大粮食种植面积以满足日益增多的粮食需求，也是驱动人类围湖造田的主要因素之一。

三、重大自然灾害对社会的影响

正如前文所指出的那样，明清时期气候寒冷，素有"小冰期"之称，其中东中部地区年均气温较今约低 0.4 摄氏度，东北地区平均气温较今约低 0.7 摄氏度，而西部地区最冷的 10 年（15 世纪 70 年代）则较今低 1.6 摄氏度。在寒冷的气候背景下，明王朝与北方游牧民族的关系未像南宋王朝那样，偏安一隅，而是采取积极应对的姿态，倾全国之力完善长城工程，从而有效遏制了北方游牧民族的南下。但到了明末，气候变化加剧，不仅寒冷，而且持续干旱，最终诱发了崛起于白山黑水之间的满族强势南下，并代明而兴，成为入主中原的少数民族。这正是重大环境变迁、自然灾害对人类社会发挥影响作用的证明。

清初正处于明清时期的第二个寒冷阶段，关于此次寒冷阶段的开始时间，一般认为是在明末泰昌元年（1620 年）左右开始，这个划分与泰昌元年（1620 年）的寒冷冬天有关。万历后期至天启年间（1573—1627 年）中国气候显著变冷，北方风沙壅积日甚，旱灾逐年增多，农业收成锐降。泰昌元年至天启元年（1620—1621 年）冬季长江中下游地区发生了大范围的降雪天气，据一些地方志的记载，降雪天气延续长达 40 日之久，[2]影响的地区包括安徽、湖北、湖南和江西等地。此后明末尽管各地仍有一些寒冷的记载，但缺少大范围的寒冷事件。崇祯时气温有所回升，但旱蝗、瘟疫又大规模爆发，民生愈发艰难。其中

---

[1] （清）叶梦珠《阅世编》卷 1《灾祥》，中华书局，2007 年。
[2] 中央气象局等：《华东地区近五百年气候历史资料》，上海气象局，1978 年，第 87 页。

最为突出的表现就是粮价的大幅度攀升。明朝后期粮价的迅速攀升，一方面与这一时期中国气候转冷，旱灾增多，从而使得农业歉收有关；另一方面也是当时朝政腐败、内外战事增多和规模扩大所致。除此而外，当时全球粮价同步高企，以及明朝中后期教条的税收政策对明末粮价的腾贵也起到了推波助澜的作用。

与此同时，全国粮食产量较 16 世纪中叶明显下降。据明末进士、清康熙户部尚书、《秋碧堂法帖》主人梁清标记载，明嘉靖时正定地区垦田 1 亩可收谷 1 石，万历年间已不足 5 斗。[1]广东潮阳地区在万历二十四年（1596 年）亩产约 3.8 石谷，至天启五年（1625 年）、崇祯八年（1635 年）已减至 2.5 石；长沙地区在崇祯年间的丰年之收不过于 2 石米，较之嘉靖年间少了 0.5 石；太湖流域在明末时亩产量仅为 1～3 石米。明末清初，《补农书》作者、浙江桐乡人张履祥亦言："十年之耕不得五年之获。"[2]

据统计，自万历四十七年（1619 年）始至崇祯十六年（1643 年），全国年年有灾，且无灾不饥，无饥不大，各地农民起义风起云涌。以陕北为例，由于崇祯元年（1628 年）的大旱，大批灾民不能得到及时赈济，被迫先是"争采山间蓬草而食"，继而"剥树皮而食"，最后又"掘其山中石块而食，不数日则腹胀下坠而死"[3]。许多有识官员都指出此次旱荒极大地促生了民变，如陕西巡按御史李应期言，饥民"白昼剽掠，弱血强食。盖饥迫无聊，铤而走险。与其忍饿待毙，不若抢掠苟活之为愈也"[4]；礼部郎中马懋才说："民有不甘于食石而死者，始相聚为盗，而一二稍有积贮之民遂为所劫，而抢掠无遗矣。"[5]由于灾荒连年不断，农业歉收、失收，广大人民生活艰辛难熬，此时的官府和官吏不但不救灾，反而加紧盘剥人民，苛捐杂税不断增加，物价不断上涨。例如崇祯三年（1630 年），在先前已加田赋九厘的基础上又加三厘，又加银 680 余万两。崇祯十二年（1639 年），米每石值银一两，崇祯十三年（1640 年）以后，米每石上涨到银三两、四两、五两不等。在此情况下广大农民无法承受沉重的赋役，只好弃耕逃亡或揭竿而起。天启七年（1627 年）3 月，陕西澄城饥民王

[1]（清）梁清远：《雕丘杂录》卷 15《晏如斋檠史》，嘉庆十一年（1806 年）刊本。
[2]（清）张履祥：《杨园先生全集》卷 20《书改田碑后》，同治十年（1871 年）刊本。
[3]（明）马懋才：《备陈大饥疏》，（清）计六奇：《明季北略》卷 5，中华书局，1984 年。
[4]（清）孙承泽：《山书》卷 1，康熙四年（1665 年）刊本。
[5]（明）马懋才：《备陈大饥疏》，（清）计六奇：《明季北略》卷 5，中华书局，1984 年。

二因岁饥苛政，率百人起义，杀知县张计耀，揭开了明末农民起义的序幕。至崇祯八年（1635 年），农民起义军已形成十三家、七十二营、二三十万人的规模。虽然崇祯九年（1636 年），著名的农民起义领袖高迎祥战死，李自成及张献忠等部农民军亦遭受沉重打击，但崇祯十年至顺治三年（1637—1646 年）全国性的长期旱蝗灾害又再度促使大量饥民聚集在起义军旗下。农民迫于生计而揭竿起义，使得区域间的粮食贸易受到阻碍，粮价又进一步走高。如山西，"省郡大饥，其至斗米千余钱，人相食"[1]；陕西，"十月全陕大旱饥，十月米价腾涌，日贵一日，斗米三钱，至次年春十倍其值"[2]；甘肃兰州、陇西、渭源等地，斗米二至三千钱。[3] 由于明末灾害范围广，流民席卷全国，故明军防不胜防，胜亦无果。

从上述角度看，气候变化的确是造成明朝灭亡的重要推力之一。16 世纪末以后气候变冷，导致了农业长时间、大规模歉收，推动了明朝迅速崩溃。百姓负担日益沉重，税银征收困难重重，其中，往昔"赋税之得甲于天下，一县可敌江北一大郡"的三吴地区，由于气候转寒和美洲白银输入锐减等因素的作用，粮食供应出现空前危机，崇祯后屡欠税银。"鱼粟之利遍天下"的湖广地区税银欠交情形也是相当严重。崇祯五年（1632 年），浙江、南直隶等八省夏秋季节非旱即涝，竟只能交上税银总额的 14%。明末的大旱表明，频繁而严重的自然灾害是促使社会矛盾加剧的重要自然因素。

除中原地区外，明末长城边塞外的百姓亦遭受着饥荒的折磨。万历后期干冷的气候使得明朝辖境腹地旱灾连绵，粮食减产，更使得东北地区人畜生存遭受了严峻挑战。据史料记载，万历四十三年（1615 年），努尔哈赤就意识到恶化的气候已导致赫图阿拉一带粮草供给出现危机，问道："中国素无积储，虽得其（明朝）人畜，何以为生？"万历四十四年（1616 年）后金军队在黑龙江南岸佛多宛塞的驻防日志载，"黑龙江及松噶里乌喇河（今松花江）俱于每岁九月始冰"[4]，该封冻日期要比现今早两周，表明当时气候明显较今寒冷，这意味着中国东北作物生长季缩短，产量减少。同年，辽东地区发生了严重水灾，后金地区尤甚，民不聊生；次春，讨饭的女真人比比皆是，后金政权危机四伏。

[1] 光绪《山西通志》卷 86《大事记》，光绪十八年（1892 年）刊本。
[2] 雍正《陕西通志》卷 30《祥异》，雍正十二年（1734 年）刊本。
[3] 民国《创修渭源县志》卷 10《灾异》，民国十五年（1926 年）刊本。
[4]《清太祖实录》卷 5，天命元年（1616 年）八月丁巳，中华书局，1985 年。

皇太极即位后，后金境内饥荒形势进一步加剧。据《满文老档·太宗朝》以及《清太宗实录》等史料记载，天启七年（1627年）二月，后金2万余人越过鸭绿江入朝觅食，皇太极威胁朝鲜国说，若不提供粮草帮助后金渡过难关，后金便要出兵朝鲜，抢夺粮草；六月，后金每斗米的价格竟涨至8两银，出现了人吃人的情形。崇祯元年（1628年）阴历七月，塞外蒙古诸部以苦饥而向明朝请求粜粟交易。[1]

《天工开物》作者宋应星曾说到明末连年灾荒对北方农业生产的影响，即"普天之下，'民穷财尽'四字，蹙额转相告语……财之为言，乃通指百货，非专言阿堵也。今天下何尝少白金哉！所少者，田之五谷、山林之木、墙下之桑、洿池之鱼耳。有饶数物者于此，白镪黄金可以疾呼而至，腰缠箧盛而来贸者，必相踵也。今天下生齿所聚者，惟三吴、八闽，则人浮于土，土无旷荒。其他经行日中，弥望二三十里，而无寸木之阴可以休息者，举目皆是。"[2]

第四节　西学传入对中国传统自然观念的影响

明清时期传入的西学主要包括哲学、宗教和科学技术等内容，而西学之所以能在明末社会广为传播，与当时中国的政治形势和思想文化发展有着密切的关系。西学的输入恰逢王阳明心学盛行之际，王学特有的自由解放精神，既在客观上为西学的传播创造了一种文化氛围，同时也为某些士大夫倾向西学提供了一定的思想基础。明中叶以后，诸如早期启蒙学说、东林学派和科学思想等各种进步的社会思潮，皆可以找到它们同西学的某些契合之处。西学实际上已被纳入当时经世致用的实学范畴，成为推动明清之际思想文化发展的一股不可忽视的力量。

一、基督教的传播

基督教从7世纪到14世纪一直在中国及其周边地区传播，它在唐代被称作"景教"，元代则被称为"也里可温教"。这一时期，由于该教过于依赖封建

---

[1]（清）谷应泰：《明史纪事本末补遗》卷3《寇边》，中华书局，1977年。
[2]（明）宋应星：《野议·民财议》，《宋应星佚著四种》，上海人民出版社，1976年。

政权，且传教局限于少数族群中，加之传教士缺乏深厚的文化底蕴和道德节操，故而对中国文化的影响甚微，在七个世纪里其传播时断时续。明清之际，基督教大规模传入中国，并对中国的社会生活产生了重要而深刻的影响。

当时，基督教传入中国的国际环境在于欧洲文艺复兴的高涨。14 世纪初，《马可·波罗游记》在欧洲的广泛传播激起了欧洲人对东方的向往，也对新航路的开辟产生了巨大的影响。随着欧洲对远东产品需求的大增和意大利对地中海贸易的垄断，欧洲市场矛盾激烈。为从东方贸易中获取高额利润，西班牙和葡萄牙率先航海探险，欲寻求一条不受意大利人控制的通往东方的道路。从 1487 年（成化二十三年）葡萄牙人迪亚士发现好望角，1492 年（弘治五年）意大利人哥伦布发现西印度群岛，1497 年（弘治十年）葡萄牙人达·伽马到达印度卡利库，到 1519 年（正德十四年）葡萄牙人麦哲伦环球航行开辟欧洲通往亚洲的航线，航海探险的成功为他们获取东方财富铺下坦道。新航路的开辟及"地理大发现"使得欧洲人逐渐摆脱闭关自守的状态。

欧洲人以海洋为通道走向世界，到 16 世纪中期，他们将数学、几何、制图学、测量学相继应用于航海技术，文星盘、指南针、测速器等仪器的使用大大改进了航海测量的精确性，也加速了欧洲走向全世界的进程。在技术方面，西方文明得以外传的条件除了航海技术的发展，还有一个就是印刷术的普遍使用和推广。16 世纪，科学书籍的大量出版，加速了文化向社会大众传播的过程，这在人类文明发展史上具有划时代的意义。

中世纪的欧洲教会在精神文化及国家治理方面起着中心作用，但到了 16 世纪初期，教皇威信下降，传教士腐化堕落，教会本身的腐败导致民众对教会神权产生质疑，使得一直占主导地位的教会制度遭到宗教改革者的猛烈抨击。1517 年（正德十二年），以德国教士马丁·路德为首的宗教改革打破了欧洲的宗教统一，削弱了中世纪的教会制度，宗教改革抨击教会弊端，反对教廷等级体制，鼓励人们追求平等与自由，其反封建的思想催生了新的伦理价值观和民族意识。这场宗教改革运动迅速在欧洲许多城市蔓延，它给反对教会的人们提供了行动指南，推动了西欧社会的过渡和思想文化的更新，由此引发近代思想。宗教改革运动对罗马教皇的专制统治构成严重威胁，为了保全自己的政治统治地位，教皇组织发布新的宗旨，教规整治腐败教士。在这样的历史条件下，一个符合天主教宗旨和教规的宗教团体——耶稣会诞生了。

　　1534 年（嘉靖十三年），伊纳爵·罗耀拉（Ignacio de Loyola）与弗朗西斯·沙勿略（St. Francis Xavier）等创立耶稣会（the Society of Jesus），以重振罗马天主教为宗旨，罗耀拉任第一任会长，他指导耶稣会的组织建设。耶稣会成为罗马对抗新教和海外传教的代理人。除了发动反宗教改革运动，罗马教廷还培养大量高素质神职人员，不远万里来到中国进行宗教传播，试图采用政治扩张的手段稳定其统治地位。耶稣会成立之初，沙勿略就到了印度、日本，但是没有能够进入中国内地，只遗憾的于嘉靖三十一年（1552 年）死在中国广东沿海的上川岛。之后的 24 年里，许多传教士陆续进入中国均遭失败。万历五年（1577 年），意大利耶稣会士范礼安（Alexandre Valignani），洞察以往传教失利的原因，提出文化适应传教策略。万历十年（1582 年）八月七日，利玛窦（Matteo Ricci）抵达中国澳门学习中国语言和文字，为进入中国传教准备条件。

　　与此同时，明中叶以后，随着经济发展和政治变革，思想文化领域也趋向多元化发展。王阳明心学的兴盛，早期启蒙思想的流传，亦为基督教在中国传播创造了良好的条件。自宋明以来，程朱理学在思想文化领域占据统治地位。而王阳明的"心学"引导人们冲破传统观念束缚，一改二百余年的陈旧格套，给学术界带来一种自由解放的精神，这在客观上为西学的传播创造了一种文化氛围。朱维铮指出："16 世纪晚期罗明坚、利玛窦等人入华的时候，正是王学思潮旺盛之际。在士大夫中间，首先对利玛窦传播的欧洲学术和教义发生兴趣，乃至改宗天主教而不自以为是的，有不少正是王学信徒，例如李贽、徐光启等。"[1]

　　正是由于入华耶稣会士的社会与文化背景，他们才清楚地洞悉到，基督教文化绝对不会在中国完全取代中国的民族文化，更不可能像在其他地方那样彻底消灭本土文化。入华耶稣会士也只好暂时"淡化"他们的传教活动，而热衷于学习中国文化和从事中西文化交流工作。因此，由范礼安、罗明坚（Michele Ruggieri）和利玛窦首创，又由金妮阁（Nicolas Trigault）和南怀仁（Ferdinand Verbiest）等人继承和发展的"中国文化适应政策"取得了一定的成功，至少是可以使入华耶稣会士在华立足了。他们通过炫耀西方文化的先进性，而鼓吹西方宗教的先进性；通过学习中国文化，得以在中国社会精英中赢得好感，进而在社会大众中扎根。结果是中国未被"福音化"或"基督宗教化"，相反出现了

---

[1] 朱维铮：《走出中世纪》，上海人民出版社，1987 年，第 162 页。

入华耶稣会士完全被"中国化"的奇特现象。诚如叶向高等东林人士所指出的，利玛窦及其他传教士自改换儒服，跻身于士大夫的上流社会以来，便将"偏爱儒教而非佛教"作为重要的传教策略。

利玛窦天资聪颖，悟性极高。他来华后先着僧服，住佛寺，后受人点拨改穿儒服，与文人谈经说道。利玛窦不仅在南京公开同名僧雪浪大师（三槐）辩论，又复书笃佛学的虞淳熙，声称自己"是尧舜周孔而非佛，执心不易"的态度[1]，并借自己"所撰写的书籍，称赞儒家学说而驳斥另两家宗教的思想（指佛道两教）"。[2]不但如此，他还在《天主实义》中不吝笔墨专门抨击当时盛行的"三教合一"学说，指出："夫前世贵邦各撰其一，近世不知从何出一妖怪，一身三首，名曰三函教。庶民所宜骇避，高士所宜疾击之，而乃倒拜师之，岂不愈伤坏人心乎！"又批判道："三教者，一尚'无'，一尚'空'，一尚'诚'、'有'焉。天下相离之事，莫远乎虚实有无也。借彼能合有与无、虚与实，则吾能合水与火、方与圆、东与西、天与地，而天下无事不可也。"[3]诸如此类摒佛斥禅的言论，虽在很大程度上反映了传教士狭隘的宗教热情及排他性，却也为他们与东林人士相互接近提供了有利的条件。"他们都与宦官、佛僧及其盟友们为敌。他们对于佛教一直向文人界发展而感到恼火，都反对于事实没有任何关系的空头哲学讨论，支持与他们有关绅士们的社会责任观相吻合的实用儒教"。正是通过一些著名的东林党人同传教士的友好交往，以及基督教义与儒家学说存在某种一致性的认识基础上，都重视个人道德修养和"圣洁"的生活方式，讲究经世致用的实学，抨击空幻的佛教与"三教合一"的谬说，寻找到相互沟通或交汇的地方。这样一来，"利玛窦就在中国知识界中获得了'西儒'的尊号"，并"插足于当时文化潮流的总趋势中"[4]，这使他赢得了社会文化人士的喜欢。

不久，利玛窦认识到利用欧洲先进的科学技术来影响并接近官绅，是实现他在华传教的最有效手段。于是，他一方面在住处展示他从西洋带来的世界地图、三棱镜、日晷、自鸣钟，另一方面进行天学研究和观测。在肇庆，他利用铜铁制作天球仪和地球仪向来访者讲解地球和各星球的运行轨道。还成功地进

---

[1]［意］利玛窦：《辩学遗牍》，（清）李之藻编辑：《天学初函》（第2册），学生书局，1965年。

[2] 罗渔译：《利玛窦书信集》（下册），光启出版社，1986年，第415页。

[3]［意］利玛窦：《天主实义》，（清）李之藻编辑：《天学初函》（第1册），学生书局，1965年。

[4]［法］谢和耐：《入华耶稣会士与中国明末的政治和文化形势》，《明清间入华耶稣会士与中西文化交流》，东方出版社，2011年，第101、第109页。

行过两次月食观测，利用这两次月食观测可以确定肇庆的经度。在这之前，中国人已能测定各地的纬度，但不会测定经度。利玛窦最先教中国人学会测定经度，由于经度的测定，才第一次明确了中国和欧洲的位置关系。[1]在南昌，他送给建安王的书中，有天体轨道图、四元素组合图，并附上了中文解说。在南京，他向人解说亚里士多德宇宙论。在北京，他在《坤舆万国全图》四周的空闲处加进了介绍天文学知识的九重天图、天地仪图、日月食图及各种解说和注释。他准确预报了万历二十四年（1596 年）九月二十二日的日食，到北京的当年，又预测了五月十一日的日食，而明廷钦天监对此的预报误差则相当大。这些活动使中国人认识了利玛窦的才能，他由此闻名京华，并赢得天文学家的称号，也使中国人认识了西方科学。明代著名学者、南京太什寺少卿李之藻认为西学"补开辟所未有""有中国儒先累世发明未晰者"[2]，以及徐光启后来主持历局，力排众议，坚持西洋科学和让西洋人修历，就是受了利玛窦的影响。

正是由于利玛窦等人的努力，使得明清之际在华传教人士获得了很大的成功。还应该指出的是，在明清之际中西文化交流的前期历史中，来自意大利的传教士较之其他国籍的人做出的贡献更为突出。这既包括最早确立和推行适应中国传统文化传教路线的耶稣会士范礼安、罗明坚和利玛窦，也包括继利氏之后的郭居静、艾儒略、卫匡国、高一志、毕方济、罗雅谷、利类思、潘国光、毕嘉、殷铎泽、龙华民和熊三拔等著名传教士。种种迹象表明，意大利传教士这种优良的文化素质，既与意大利作为文艺复兴和人文主义的故乡，以及近代科学发源地所长期形成的文化氛围有关，又与耶稣会的学校教育在意大利收到的巨大成效有一定的联系。

当然，由于传教士对教义纯洁性的坚持和士大夫对儒学道德的捍卫之间的矛盾引发了一系列的反西学活动。崇祯十二年（1639 年），徐昌治订正刊行《圣朝破邪集》，于崇祯十六年（1643 年）又刊行《辟邪集》，构成了明末排教言论的初端。这种心态到清初杨光先时已经成为社会主流。以杨光先为代表的一部分士大夫对耶稣会士持反对态度。在反对天主教的同时，也一味排斥西方科学知识。杨光先曾声称："宁可使中夏无好历法，不可使中夏有西洋人。"杨光先为代表的士大夫认为耶稣会士企图"用夷变夏"，"变乱治统、觊图神器"，认为

[1]［日］薮内清：《中国·科学·文明》，中国社会科学出版社，1989 年，第 128-129 页。

[2] 转引自方豪：《中国天主教史人物传》（上册），中华书局，1970 年，第 78 页。

他们传来的是"奇器淫技"。康熙初年,杨光先再次向朝廷控诉西洋历法之非及治历之误并取得明显的打击效果。康熙三年(1664 年),清廷关押并审讯汤若望、南怀仁、利类思等传教士,后又遣送到广东,"历狱"事件演化为一场波及全国的排教运动。杨光先的排外心理成为发动"历狱"事件的主要原因,他不仅要打击驱逐传教士,而是要攻击所有信奉西学者,在中国社会铲除西方文化影响。

在中西文化交流史上,"礼仪之争"是一件具有代表性的事件。利玛窦在中国传教之初,主动采取了一些适应中国文化、社会风俗习惯的政策。当时,一部分耶稣会士与利玛窦持不同的观点,但迫于利玛窦的领导地位和对传教事业的巨大贡献而没有提出反对意见。利玛窦去世后,龙华民任会长,他明确提出反对利玛窦的这些观点和传教方式,发出禁止教徒参加祭祖尊孔仪式的禁令。造成耶稣会士内部意见分歧,一部分人继续支持利玛窦的传教策略,主要包括卫匡国、阁明我、张诚、徐日升等。与龙华民站在一起的有熊三拔、庞敌我、利类思、傅泛济等。这一问题开始只是在中国集会讨论,后来又致函欧洲进行研究。从万历十年(1582 年)利玛窦进入中国,历时 50 年,一直是代表葡萄牙势力的耶稣会士占据垄断统治的传教地位。需要注意的是,其间,西班牙的多明我会、方济各会、奥斯定会和其他国家的不同修会的传教士相继来到中国,由于他们对中国文化的认识不同,对于传教方法也有分歧。思想的不同产生摩擦,而利益纠纷也加剧了这种矛盾。

随着多明我会和方济各会的加入,把祭祖尊孔之争和"天主之争"的争论推向高潮。这两个修会认为允许教徒参加祭祖尊孔礼仪是妥协行为,反对耶稣会士对中国传统儒家思想的认同和融合。从此,在华的传教士内部严重分裂,他们就此问题展开了长期的讨论。崇祯十六年(1643 年),多明我会士黎玉范回到欧洲向罗马教廷控告耶稣会,教皇英诺森十世(Innocent X)禁止天主教徒参加祭祖尊孔礼仪。随后,在华耶稣会士派卫匡国赴罗马向教廷报告有关中国礼仪问题,教皇亚历山七世(Alexander Ⅶ)颁布谕令,允许教徒参加祭祖尊孔礼仪。

这种争斗一直持续。康熙皇帝多次派使者向教皇和解,均没有好的成效。直到康熙四十三年(1704 年),教皇克雷芒十一世发出《自登基之日》的禁约。这一禁约完全否定了耶稣会在中国传教的方针,耶稣会在礼仪之争中彻底失败。

表面上看，礼仪之争是对于中国问题的讨论，实质上这是欧洲传教士之间围绕不同观点展开的斗争。具体来说，主要是耶稣会与多明我会、方济各会之间的斗争。17 世纪前期耶稣会士内部的术语之争可以看作是一次思想争论，但到了17 世纪中叶，历经百年的礼仪之争则演变成一场包含文化讨论、修会相斗、教俗争锋以及中西较量的斗争。这两场争论在时间上有先后之分，但实质上都是围绕中国传统文化而展开的，都表现出一种文化试图理解并努力融合另一种文化，而这种理解与融合却又各有其局限性。礼仪之争一直贯穿于明末清初中西文化交流史。礼仪之争导致的禁教政策，影响了天主教在中国的传播，同时，西方科技知识在中国的传播也随之跌入低谷。

二、科学思想的输入

随着耶稣会传教士在中国的传教与文化传播活动的开展，西方较为先进的科学思想亦随之传入中国。来华耶稣会士用中文撰述的著作不仅数量可观，而且涉及的知识领域相当广泛，其中不乏哲学、神学、历史、语言和逻辑等人文方面的论著，又有天文、历法、数学、地理、水利、机械、建筑、医药等科学技术及音乐、美术方面的作品。这些传教士一旦经过挑选被派往中国，很快便能根据"渐以学术收揽人心"[1]的策略，结合中国的具体环境和实际需要进行传教活动，并在各个学术领域发挥他们的聪明才智。可以说，耶稣会士的学术成就，既是在适应性传教策略指导下中西结合、学以致用的产物，同时也与耶稣会重视教育有着密切的关联。

明末清初，中国对于西方科技文化的传播活动经历了初步接受、深入发展、排斥衰落三个阶段。第一阶段从万历十年至顺治元年（1582—1644 年），这是西方科技文化在中国的初期发展阶段。为了使明朝士大夫能够接受天主教，利玛窦等开始深入了解中国传统文化和当时的社会状况，推行科学传教方针，引入西方科技文化，主要包括天文学、数学、物理学、医学、地理学等。传教士本身广博的知识及良好的道德修养，使得明末社会掀起学习西学热潮。在这股西学热潮中，主要是一些知识分子与传教士来往密切。他们试图通过西学寻求

---

[1] [法] 费赖之著，冯承钧译：《利玛窦传》，《在华耶稣会士列传及书目》（上册），中华书局，1995 年，第 32 页。

一个新的学术基础，并且将所追求的西学与传统价值结合起来，使西学成为促进中国社会变革的力量，从而寻求到摆脱社会危机的出路。

第二阶段从顺治二年至康熙六十一年（1645—1722 年），这是西方科技方化传入中国的繁盛时期。清初统治者顺治、康熙对传教士传播活动采取默许、宽容、开放的态度，在中国知识界产生了一股学习西学先进科学的新风气。全祖望曾言："何物耶稣老教长，西行夸大传天心。观光厥有大里利（利玛窦）、庞（庞迪我）、熊（熊三拔）……就中大臣徐（徐光启）与李（李之藻），心醉谓足空古今。……如何所学顿昌大，不胫而走且驳骚。"[1]由此可以看出西学传播的空前繁荣状况。

第三阶段从雍正元年至雍正十三年（1723—1735 年），西方科技文化传播处于日趋衰落的阶段。康熙晚年，罗马教廷发出禁止中国天主教教徒尊孔祭祖的指令。康熙皇帝认为这是对中国传统礼仪、道德伦理观念的威胁和干扰，双方多次交涉无果。罗马教皇的强硬态度导致了康熙禁教政策的出台，耶稣会士传播西学活动也就此进入衰落期。雍正皇帝继位后，为稳定政权，巩固统治地位，实施了严行禁教的政策。在这种历史背景下，西方传教士在中国的传播活动受到严密限制，中西文化交流停滞。[2]中国文化本身的演变，也为西方知识的传播奠定了基础。明末万历中期，持续半世纪之久的阳明心学跌入衰落期。尽管心学推翻了程朱理学以孔子和经书作为衡量是非的标准，但其"心外无物"的思想没有建立在科学的世界观基础之上，注定难以逃脱没落的命运。王阳明之后，其学派分化成许多流派，为早期启蒙思潮和西学的传入奠定了基础。明末，一系列对传统科学进行历史性总结的著作涌现。最具代表性的科学家及著作包括徐霞客的地理学著作《徐霞客游记》、宋应星的科学技术著作《天工开物》、李时珍的医学药物著作《本草纲目》、徐光启的农业科学巨著《农政全书》等。古典科学总结性巨著的出现体现了传统科学的优点与缺点，即实用性技术发达，科学理论、科学思维薄弱。[3]

明中叶后，严重的政治危机引发了深刻的思想信仰危机。随着社会生产力的显著发展，生产关系发生部分质变。商品经济的繁荣，造成奢靡成风，贪污、

---

[1]（清）全祖望：《鲒埼亭集》，上海商务印书馆，1936 年，第 150 页。
[2] 林延清等：《五千年中外文化交流史》，世界知识出版社，2002 年，第 4 页。
[3] 侯外庐：《宋明理学史》（下卷），人民出版社，1987 年，第 604 页。

贿赂胜行，吏治败坏的局面，引发社会风俗和生活方式的变化。"一方面，人的自我意识突破封建名教和禁欲主义的长期禁锢而逐渐觉醒，人性获得一定程度的解放。另一方面，人心流于佚荡，生活失之放纵，社会道德下降。""儒家思想一直是'成功者'或希望成功的人的哲学"[1]，深刻影响士大夫的价值观念及入世态度。而到了社会危机严重的明末，多数在政局中遭受打击、仕途暗淡，又不愿同流合污，思想苦闷的士大夫，不能从儒家思想中得到精神慰藉和解脱。与此同时，欧洲正处在近代化进程中，欧洲启蒙思想家提出"开明专制主义"，实行发展农业的重农主义政策，利用君主专制制度进行改革，从传统的西方基督教中抽取新的社会形态，以崇尚理性和道德的"自然神教"来取代基于迷信的"神示宗教"。文艺复兴的兴起，不仅是一些思想家和艺术家对希腊、罗马古典文化复兴所做的努力，也是激发近代欧洲人文主义的思想源泉，更是近代科学和用真正的科学方法研究大自然的开始。对于急需寻求一种新的学术基础来强化传统价值的中国来说，西方科学经世致用的学风正适应了这个时期社会变革的需求。

除了政治、经济方面，中国在科学思想、研究方法和内容上也与西方存在一定的差异。西方在近代科学思想的形成与发展进程中获得累累硕果。嘉靖二十二年（1543 年），哥白尼的科学论著《天体运行》的发表，标志着新的近代科学体系的诞生。伽利略作为文艺复兴后期的自然科学家，提出数学为自然世界的语言，强调实验的重要性，成为近代实验科学的奠基人。近代科学革命以新的世界观取代了中世纪的宇宙观，对现代思维方式的形成起着决定性作用。近代科学革命产生的科学方法论，使西方脱离中世纪神学和形而上学思想的轨道，转向了对自然界和人类的研究。此时，中国科学还处于历史性的总结时期，显示了其实用性的优点，但其科学观念体系基本上还属于经验范畴，暴露了理论思维薄弱与封闭性的弱点。明末中西科技发展在科学思想、研究内容和方法上的差异，也是西方科技文献传入中国的一个重要原因。

入华耶稣会士将欧洲的某些近代科学技术、哲学思想、文化艺术、治国理念、民俗精粹、宗教文化不完整地传入了中国，在中国从事了许多属于近代文化科技范围内的事情，如天文观察、地图测绘、数术计算、建筑工程（圆明园）、

---

[1] 夏咸淳：《晚明士风与文学》，中国社会科学出版社，1994 年，第 33-34 页。

史学研究与翻译、解剖学与手术、西洋绘画、汉语拼音化、动植物的调研与互相引进、对西方哲学著述的介绍等，掀起了西学在中国的首次传播高潮。

从明末崇祯至清初顺治、康熙年间，西方科技传播活动繁荣发展，除了与耶稣会士正确的传教路线有关，也与君主对待西方科学、耶稣会士活动的态度有关。利玛窦来到北京后，与中国人士广泛交往。这些人当中既有王公贵族、朝廷宰臣、地方名宦，又有学者、商贾、黎民庶人。徐光启说："亡何，贵贡入燕，居礼宾之馆，月急大官饩钱。自是四力一人，无不知有利先生者，诸博雅名流，亦无不延颈愿望见焉。"[1]崇祯统治时期，明王朝有两个重大问题急需解决。一是长久以来的历法错误延误国家农业生产活动和经济发展，迫切需要修订历法。二是农民起义与清军骚扰事件频繁发生，官府需要引进西方先进武器与技术来打击对手。崇祯统治的最后时期，他接受徐光启建议，一方面邀请耶稣会士邓玉函、汤若望等参与修历工作；另一方面，从澳门购置大炮，抵御清军侵扰。崇祯皇帝对传教士修历的成功和军事中发挥的作用大加赞赏，也就很自然地以利用为目的来接受西方科学。

顺治在位期间，十分欣赏西方传教士汤若望呈送的西洋历书，并封汤若望为政治顾问，给予大量赏赐。汤若望显赫的政治与广泛的社交活动，使得当时的满清贵族、汉族名士等纷纷主动结识西方传教士，公开的宗教活动也大大促进了西学的传播与接受。在对待西学的态度上，康熙皇帝最为开明。他广泛接纳具有西方科技知识的传教士进入宫廷，给他们提供丰厚待遇，授予爵位官职，发俸禄，使他们为清朝服务。康熙二十四年（1685 年），康熙派大学士勒德洪寻求历法人才。后有传教士安多愿意入华效力，康熙允许他进京。康熙二十六年（1687 年），法王路易十四派五名精于天文学、数学的传教士到中国，但在浙江宁波府遭拒，康熙闻讯后将他们招进宫内。康熙三十六年（1697 年），康熙扩大西学传播，派白晋到西洋物色科技人员。次年，白晋带回法国传教士雷孝思、巴多明等十名传教士。同年，康熙听从南怀仁建议，将恩理格、阂明我、徐日升等一批精通天文历算知识的传教士招集到北京，依靠他们传播西学。康熙皇帝对西洋科学的学习和应用对这一时期西学的传播起很大作用。清初历法之争使他感觉到科学技术的重要性，于是他向南怀仁学习天文仪器原理和使用

---

[1]（明）徐光启：《徐光启集》卷 2《跋二十五言》，上海古籍出版社，1989 年，第 78 页。

方法，还向其他传教士学习数学、天文学、医学、地理学等，西方许多学科他都有所涉猎。康熙在天文学、数学方面达到了一定水平，他能够熟练使用天文仪器观测，还发现了南怀仁所编历书中的错误。在数学方面，康熙帝能对当时中国数学的学术成就进行评判。为进一步推广西学，康熙帝选拔一些科技人才入宫培养。他多次召见梅文鼎一起探讨科学问题。康熙五十二年（1713 年），康熙在宫内设立算学馆，招集皇子、王公大臣子弟学习西学，算学馆成为专门用来培养西学人才，传播西学的场所。他还在算学馆汇集人员编纂天文历法书籍，加速西学的传播。康熙对西方科学的倡导，也带动了民间对西方科学的关注和学习，出现了一批颇有造诣的科学技术专家，如历算大师梅文鼎、火器专家戴梓等。西方科学技术的传播在这种宽松的环境中取得了很好的成效。

中国士人中的一部分人对西方先进科学比较向往，试图通过学习西方科技，寻找"富国强兵"之路。钦天监周子愚说："表度之法，信治历明时之指南也。圭表我中国本监虽有之，然无其书，理未穷，用未著也。余见大西洋诸先生，其诸书内具有此法。乃以其友熊有纲（三拔）先生，即为口授，因演成书，以行于世……而佐我国家敬天勤民之政。"[1]由此可见，知识分子是抱着学习西方科学之精华改变中国科技落后的心态来接受西方科技文献的，有天主教三大柱石之称的徐光启、李之藻、杨廷药即是这种观念的代表人物。

徐光启，字子先，上海徐家汇人，万历进士，历官礼部尚书、大学士，致力于天文历算、水利、军事、农学等，为晚明实学派重要人物。徐光启来到南京利玛窦住宅，"遂为南京士大夫聚谈之处。士人视与利玛窦订交为荣，官吏陆续过访。所谈者天文、历算、地理学等，凡百问题悉加讨论。"[2]徐光启对利玛窦讲述的科技知识和宅内陈列的科学仪器产生浓厚兴趣。"泰西子之译测量诸法……与《周髀》、《九章》之勾股测量，异乎？不异也。不异，何贵焉？亦贵其义也。"[3]通过对西方科技的接触，他比较中西数学，指出中国数学只量法（经验数据的运算方法），忽略了"义"（数学原理的逻辑认证）。鉴于以上原因，徐光启认定翻译《几何原本》，认为《几何原本》是最根本的实用之学，"能通几

[1]《明史》卷 31，《历志一》，中华局书，1974 年。
[2]［法］费赖之著，冯承钧译：《在华耶稣会士列传及书目》，中华书局，1995 年，第 37 页。
[3]（明）徐光启撰，王重民辑校：《徐光启集》，上海古籍出版社，1984 年，第 82 页。

何之学"，将"率天下之人而归于实用者。"[1]从万历三十三年（1605 年）开始，利玛窦口授，徐光启笔录，历经两年，《几何原本》初次译稿完成。徐光启对西学的研究还有一个重要方面，那就是主持《崇祯历书》的编撰。以利玛窦为首的耶稣会士对历法研究很有造诣，被邀入宫廷修改历法，这使徐光启有了学习西方天文学知识的机会。徐光启晚年根据农业科技研究成果著《农政全书》，书中收录熊三拔《泰西水法》，介绍了西方先进的农田水利技术。阮元在《畴人传》中对徐光启加以高度的评价，认为"利氏东来，得其天文数学者，光启为最深。"[2]

李之藻，字我存，又字振之，浙江仁和（今杭州）人，万历进士，历官南京太仆寺少卿。万历二十九年（1601 年），李之藻跟随利玛窦研习西方科技。学习中，他意识到将明朝地域视为整个世界观念的局限性，还向利玛窦询问绘制地图的方法，并依法测验，得到印证。此后，他完成《坤舆万国全图》第三版的绘制工作。他还通过《几何原本》的学习，学会制造并使用星盘。后来，李之藻参与译述西方科学著作《经天该》《比例规解》《圆容较义》《浑盖通宪图说》《同文算指》等。在《浑盖通宪图说》中，李之藻以大量篇幅证明地球圆形的学说，其中还表述了两个观点，一是科技即是儒者实学的观点，"儒者初学，亦惟是进修为竞争……若吾儒在世善言，所期无负霄壤，则实学更自有在"。二是会通中西的思想，"不揣为之图说，间亦出其鄙谱，会通一二，以尊中历，而他如分次度以西法"。在《〈同文算指〉序》中，李之藻也阐述了两个基本观点，一是强调一切事物离不开数，这是自然的规律。二是对西学应采取兼收并蓄的态度。"若乃圣明在有，遐方文献，如何并蓄兼收，以昭九译同文之盛。"[3]从最初对西方地理学的兴趣到译述天文算学的历程，可以看出李之藻在对中国传统科学充分了解的基础之上积极接受西方科学的态度。

对天文历法给予最大关注的莫过于王锡阐和梅文鼎。王锡阐，字寅旭，号晓庵，江苏吴江人。梅文鼎，安徽宣城人，字定九，号勿庵。二人生于明末，长于清初，对西方天文学认真研习，能够在所学基础上兼收并蓄，有所创新。

王锡阐天文著述很多，《晓庵新法》被收入《四库全书》。《历法表》《六统历法启蒙》《历策》《历说》《日月左右旋问答》《五星行度解》《推步交朔序》

[1]（明）徐光启：《徐光启集》，上海古籍出版社，1989 年，第 78 页。
[2]（清）阮元：《畴人传》，上海商务印书馆，1935 年，第 408 页。
[3] 徐宗泽：《明清耶稣会士译著提要》，中华书局，1989 年，第 263-267 页。

《步交会》《测日小记序》等被收入《木犀轩丛书》《晓庵先生文集》。《晓庵新法》是王锡阐代表作。该书汲取中西历法优点，并有所发明和创新。

梅文鼎撰写《交食》《五星管见》《七政》《撰日纪要》《恒星纪要》等天文学著作，在介绍第谷体系的同时，也提出了个人的一些独到见解。在《五星管见》中提出"围日圆象"说，这个观点调和了第谷和托勒密的宇宙体系观。在《恒星纪要》中提出"各宿距星所入各宫官分"，则是对南怀仁《灵台仪象志》有关数据修改后得出的结论。梅文鼎重视天文仪器，参与一些仪器的制造，并著书阐述其原理。梅文鼎能够接受西方天文学中的先进学说，他主张中西兼采，考证古法的错误，继承正确的内容，选择西方天文学之所长，弃之所短。

在耶稣会士传播的西方科学中，最为明末士人所推崇的当属天文历算之学。受西方天文学影响而撰成的巨著《崇祯历书》在中国的传播改变了中国的历法体系，也促进了中国由古代天文学向近代天文学的过渡。该书以欧洲天文学为理论基础，采用第谷·布拉赫宇宙体系，这种体系与中国古代的浑天说相比具有很大的进步性，在计算上也比托勒密地心体系的计算系统要精确得多，这对长久以来采用代数学计算系统的中国传统历法来说是一个很大的进步。书中明确提出地球、天体的概念，破除了中国传统的天圆地方的思想。经纬度的引入，对于分清地理概念和精密推算日、月食起着重要作用。该书还介绍了伽利略使用望远镜观测天象，观察到太阳黑子在日面运行的情况。《崇祯历书》引入了当时欧洲普遍使用的天文学度量单位，包括圆周 360 度、一日 96 刻和 60 进位制等，除此之外，它还罗列了哥白尼《天体运动论》的目录，介绍了其他许多欧洲天文学的成果和概念，采用了较好的天文数据和计算方法，保证了历法推算的准确性。汤若望呈送《西洋新法历书》后，清廷在实地观测日食取得成功，开始采用西方天文学方法来修订历法和观测天象。从此，中国人开始能够精确推算日、月食的时间。这些天文学知识都是非常新颖的，给中国学者提供了当时世界天文学最新发展的信息，也促使中国天文学重新获得生机和复兴，从此步入世界天文学发展的轨道。

入清以来，随着科技文献的传播与应用，历法已经采用西方天文学方法，这也促使天文仪器的制造有了很大的进步。康熙十二年（1673 年）在南怀仁的带领下，制成六台天文仪器。为此，南怀仁专门著书《新制灵台仪象志》，主要介绍新的天文仪器的构造原理及使用方法。这从客观上转变了中国天文学停滞、落后的局面，促进了中国由传统的天文学体系向近代天文学体系的转变。

除天文学外，数学也是西方传入的比较重要且有成效的学科。明代，阳明学派神性主义思想及唯心主义思潮充斥学界，致使数学学术水平降低。明末资本主义萌芽的出现，使其迫切需要的天文学、机械、农学等实用科技得到相应提高，但这些学科的发展都要以数学为基础。当此之际，西方传教士带来的数学知识刚好适应了明代社会的需求。西方数学巨著《几何原本》《同文算指》的翻译和引入对明代数学乃至整个自然科学的发展起了相当大的作用。通过《几何原本》的传播，近代科学方法即"由数达理"的思维方法得到推广。《几何原本》是一个科学的理论体系，它从原始定义、公理出发，进行推理，逻辑严密，简明扼要，由浅入深，由表及里，循序渐进。欧几里得几何体系中体现出严谨的科学结构、形式逻辑和演绎推理的思维方法，恰好能弥补我国传统数学的缺陷。李之藻说，西学"不徒论其度数而已，又能论其所以然之理"。[1]徐光启、李之藻等科学家对数学理论体系和科学推理方法的理解及重视，打破了中国古代数学的传统观念，给明代数学研究带来了新面貌，这也表明中国科学发展处于继承和创新的转折点。

在西学的影响下，徐光启等人开始把中国传统数学内容纳入欧氏几何的理论体系，在徐光启的数学著作《测量异同》和《勾股义》中可以明确看到这一点。徐光启等人重视科学理论，认为数学是一切科学的基础，还把数学与社会生产实践联系起来，提出了著名的"度数旁通十事"的规划。顺治三年（1646年），穆尼阁在中国传入《比例对数表》《比例四线新表》等相关的对数知识后，中国学者便把它应用于历法计算之中。除对数知识外，法国传教士杜德美来到中国后撰述《周径密率》等著作，向中国学者介绍正弦、正矢、圆周率的公式。这些公式是西方数学的新成果，与中国传统数学的形式、内容均有不同，因而为中国学界圆周率的计算和三角函数值提供了新方法，并将其引入一个新的领域。

利玛窦等传播的地图和著作中有关世界地理的知识，打破了中国传统以来以中国为世界中心的地理观念，开拓了明末士人的视野，加深了他们对世界的了解。叶向高曾说："泰西氏之始入中国……画为《舆地全图》，凡地之四周皆

---

[1] 徐宗泽：《明清耶稣会士译著提要》，中华书局，1989年，第256页。

有国土，中国仅如掌大，人愈异之……吾儒亦有地如卵黄之说，但不能穷其道理、名号、风俗、物产，如泰西所图一记。……吾中国人耳目闻见有限。"[1]可见，地圆学说给中国人带来的震撼是前所未有的。西方地图介绍的五大洲知识是地理大发现的产物，它们与传入的西方经纬度制图法一起，对中国传统的落后观念和闭塞状态造成了很大的冲击。因此，许青臣指出，不能偏爱西方新奇的地理知识，而是要改变传统锢习和封闭状态。他说："《职方外纪》似亦稗官小说……扩其所见，不局于所未见，而因以醒其锢习之谜，以归大正，则不第多其见闻而已也。"[2]这样，西方地理知识的传播带动了中国地理知识的普及，促进了中国由传统制图学向近代地图学的发展。

西方医药文献的传播使用，使中国学者在该方面的研究也有一定进展。康熙二十九年（1690 年）左右，康熙身体欠佳，命传教士白晋等讲述西方医学知识，遂对西方医学产生兴趣。康熙时期的王宏翰是中国第一位接受西医的医生。康熙二十七年（1688 年），王宏翰著《医学原始》四卷，该书卷三中有关于脑主记忆的记载，足以证明受了西方医学的影响。刘献廷将罗雅谷、龙华民、邓玉函三人译述的《人身图说》中的西方医学知识运用于著作《广阳杂记》，并解释某些现象。赵学敏与西方传教士接触中了解西方医学知识，后来广泛搜集材料，历经 38 年，于乾隆三十年（1765 年）完成《本草纲目拾遗》，这是一部主要介绍传入中国之西药的著作。

明清鼎革之际，西洋火炮发挥了重要作用，清廷除了扩大制造西洋火炮的规模，改进火炮技术，还更加重视西方军事文献的使用。万历三十一年（1603 年），赵士祯的《神器谱》问世，后来，孙元化著《西洋神机》《经武全书》，这显然是受了西方军事理论的影响。入清以后，西洋火器的制造和应用为清初巩固边疆发挥了很大作用，因此也促进了这一技术的发展。康熙之后，国内局势日趋稳定，对火器需求减少，而且由于对传教士限制的加紧，由西方传入的该方面的知识也逐渐减少，清朝军事制造技术的发展也逐渐停滞。

在西方科学的影响下，中国学者也开始注重科学思想与方法的探索。徐光启翻译《几何原本》时"不用为用，众用所其"的数学思想已经具有近代科学意识，他意识到建立科学研究机构和科学教育机构的必要性，提出"西国古有

[1]（明）叶向高著，谢方校释：《职方外纪序》，中华书局，1996 年，第 13 页。
[2]［意］艾儒略：《职方外纪校释》，中华书局，1996 年，第 13 页。

大学,师门生常数百千人,来学者先问能通此书,乃听入"[1]。徐光启强调"实验"的实证方法,并且把这种方法引入社会科学领域。从《农政全书》中可以看到,徐光启在农业试验田中,对种植水稻、引种甘薯、种植棉花等都亲自试验研究,最后得出自己的结论。重实践、重试验的特点与近代科学方法有相似之处,其中的步骤已经蕴含了近代科学实证方法的环节。在天文历法方面,徐光启的实证方法主要体现在强调天体运动规律,勤于实测验证,尊重实测验证结果。他认为不能凭一次验证就得出结论。崇祯三年(1630年)十二月五日,他在《题为月食事疏》中指出,所采取的西洋法,因"里差"关系,"非从月食时刻测验数次,不能邃定"。他还重视制造器械和仪器,认为凭借仪器可以使验证结果更客观,"惟表、惟仪、惟晷、悉本天行、私智谬巧,无容其间",这也是强调实证方法的重要方面。徐光启还明确提出要利用西方科学成果促进中国传统科学的发展,"必若博求道艺之士,虚心扬榷,令彼三千年增修渐进之业,我岁月间拱受其成,以光昭我圣明来远,夏之盛,且传之史册曰历理大明,历法至当,自今伊始,夏越前古,亦纂快已"[2]。他根据《几何原本》的思想和方法,又创造出与我国古代完全不同的论证方法,并把这种论证方法运用到《测量法义》《勾股义》《测量异同》中,徐光启对西方数学原理的创新使用把中国数学学科发展向前推进了一大步。

---

[1]（明）徐光启:《几何原本杂议》,《徐光启集》,上海古籍出版社,1984年,第74页。
[2]（明）徐光启著,王重民校:《徐光启集》,上海古籍出版社,1984年,第77-78页。

第二章

康乾盛世与传统社会末期的人与环境

　　本章的研究时段从清初至鸦片战争前夕，重点是康熙、雍正、乾隆、嘉庆四朝。这一时段，社会相对稳定，人口激增，农业生产活动规模显著扩大，在经济发展的同时，也引起区域生态环境的变化。河湖水系是生态环境的重要因子，区域生态环境的变化，在河湖水系方面表现尤为明显。这一时段人类活动与自然环境变化的相互交织和影响，引起原有河湖水系自然生态系统的一系列变化。

　　黄河向来以高含沙量著称于世，古人以"善淤、善决、善徙"为黄河的主要特征。其最本质的问题在于高含沙水流造成的下游河道的淤积。清康熙年间，靳辅大力加强堤防建设，黄河河道基本固定下来。但是，强化堤防系统和固定河床的结果，是泥沙不断在河槽中堆积，河床日益抬升，容蓄和宣泄洪水能力不断减低，导致河患频发。并且造成悬河，增大了洪水潜在的威胁，最终导致了旧有的黄、淮、运格局瓦解。

　　在长江流域，围垸水利得到大规模发展，为历史上长江流域第三次大开发的典型代表。围垸的普遍兴建带来了新的环境问题，洪涝灾害日益严重。尤其是长江荆江河段和汉江水灾频繁，严重威胁到封建经济重心地区的安全，因此引起朝廷对洞庭湖区围垦问题的重视，并引发了关于湖泊水利开发规划的讨论。

　　清代的海河流域是全国政治中心。为了保护京城的安全，对永定河两岸堤防开展了大规模整治，但由此也带来严重的生态环境问题。永定河所挟带的大量泥沙东下，给海河流域整体防洪形势带来巨大压力。此外，清代为改善南粮北运的困境，相继开展了多次水利营田的规划与实践，所谓水利营田，即通过水利建设改造田地，提高农业产量。总体来看，对区域的生态环境有积极的影响，但也产生了一些不利的环境问题。

城市发展是社会进步的显著标志。北京作为都城，城市建设自然受到格外重视。本章仅以清代北京城建设为例，就城市水利建设与城市发展的关系进行分析。城市水利为城市社会经济发展提供了必要的水源条件，促进了城市建设和发展。但城市人口增多和经济发展，也给城市防洪带来严重压力。人与环境的互动关系在城市建设中得到了充分体现。

随着人与环境关系问题的日益突出，人们对水土资源的开发利用也提出了诸多认识，并付诸实践，在有条件的地方积极开展了水土资源的综合利用，如高含沙河流沿岸的引洪淤灌等，也是这一时期人与环境关系的重要反映。

第一节　清代黄河下游的河床淤积与治理

一、清代黄河河床的淤积演变

黄河的侵蚀、搬运和堆积过程在地质时期已在进行，黄河将大量黄土泥沙搬运至下游平原和输送入海，从而逐步发育形成如今广大的华北平原。清代是黄河冲积平原发展的一个重要时期。

1. 城下城之谜与清代黄河冲积平原的发展

黄河泥沙堆积形成华北平原有许多证明，其中从地面以下发掘出来的古代建筑物最具说服力。1992 年，原阳县宣化寨附近地面以下 7 米处发现了一座乾隆二十六年（1761 年）被黄河决口冲毁，又于乾隆四十二年（1777 年）重修的龙王庙。据分析，7 米土层中，上面的 5 米是黄河决口堆积物风蚀搬运的结果。而庙中所淤 2 米泥沙，则是嘉庆二十四年（1819 年）黄河在武陟马营决口的直接后果。[1]

---

[1] 徐福龄：《原阳宣化寨地下龙王庙的调查》，《黄河史志资料》1993 年第 1 期，第 65 页。

下游的开封市，在原址地下还垂直分布有三座开封城。最下面的是北宋城，其上 3 米是明代洪武城，再上面 2.8 米是清康熙城。康熙城上面 2.2 米才是道光年间所建的今城。四座开封城垂直重叠在一起也是黄河决口淤积的结果（见图 2-1）。[1]

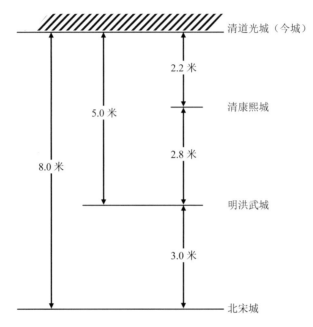

资料来源：周魁一：《中国科学技术史：水利卷》，科学出版社，2002 年，第 172 页。

图 2-1　北宋至今开封城重叠关系示意图

北宋年间黄河北流入渤海。南宋建炎二年（1128 年）黄河改道向南，夺淮河，入黄海。此后黄河屡屡决口南泛，开封被水冲沙淤地面逐渐抬高，至明代初年，北宋汴京已被淤沙填埋 3 米左右。至明洪武九年（1376 年）在宋城基础上重修开封城，城周长 10 千米。但此后洪武二十年（1387 年）、天顺五年（1461 年）和崇祯十五年（1642 年）黄河洪水三次破城而入，城内淤沙近 3 米。清康熙元年（1662 年），在明城原址重建开封城。但 180 年后，道光二十一年（1841 年）黄河又在张家湾决口，大水淹城八个月，淤沙沉淀"高至七尺有奇"（约 2.2 米）。洪水过后再次在原城基础上重筑新城，这就是今天的开封城。

　　黄河岸边类似开封这样的例子还有许多，如中牟、商丘、徐州等，都有城

---

[1] 刘树坤等：《全民防洪减灾手册》，辽宁人民出版社，1993 年，第 111-113 页。

下城、桥下桥、庙下庙、坟下坟的特殊景观。可见黄河所造成的灾害，除洪水淹城之外，还有泥沙的填埋。而且黄河决口，洪水向北将扰乱海河水系，向南则扰乱淮河水系，黄河的治理规划较之其余大河更有其复杂性和严重性。

2. 清代黄河河床淤积速率的估算

黄河下游河道的淤积抬升自汉代以来已成共识，但对于淤积速率，直至明清时期尚未有人给出定性的答案。明清以来黄河下游先后设立水尺，对黄河水深有了较系统的记载，对河床淤积情况也有具体的观测。虽然清代对河流的观测仍局限于各地河水的深度，没有达到郭守敬时期以海平面为基准的统一水准高程的测量水平，[1]但对于分析河床淤积速率，仍然提供了重要的信息。颜元亮依据《再续行水金鉴·黄河》等历史文献，通过对徐州上游百里河段和清口上下的考察，对黄河下游河床的淤积速率进行了初步的估算分析。[2]

（1）清口上下的河床淤积速率

清口是淮河汇入黄河的口门，为减轻黄河对淮河的倒灌，明清时期在清口外南厅建顺黄坝，坝上设有测量水尺。从一个时段的平均情况来看，水尺读数的提高可以大致代表该处河床的淤积情况。道光元年至二十二年（1821—1842年），顺黄坝志桩有完整的水位记载，其特征值包括：盛涨（大水）、年底（枯水）和霜降。如果将此 22 年间志桩上的水位读数点绘出来，即成为图 2-2 的曲线。[3]

三条曲线都呈明显的上升趋势，都有相似的形状。曲线形状反映的是不同年份中来水大小的变化，而总的上升趋势所显示的则是河床淤积抬升的幅度。此外，曲线还显示，道光七年（1827 年）以后水位读数的变化趋势比较稳定，这是由于从该年开始，为防止黄河涨水倒灌和淤积运河，在运河入黄河的河段，实行倒塘灌运（即在运河入黄河口门处建御黄坝和临清堰，两座坝犹如运河船闸上的两道闸门一样运用），因此使黄河和淮河分离。由于减少了淮河水位的影响，志桩读数主要显示黄河的水位涨落，曲线趋势因而比较平稳。

[1] 周魁一：《郭守敬勘测规划会通河线路及水源补给的科学史实辨析》，《历史地理》2018 年第 1 期，第 1-22 页。
[2] 颜元亮：《清代铜瓦厢改道前后黄河情况的初步研究》，硕士学位论文，水利水电科学研究院，1985 年，第 19-24 页。
[3] 周魁一：《中国科学技术史：水利卷》，科学出版社，2002 年，第 173 页。

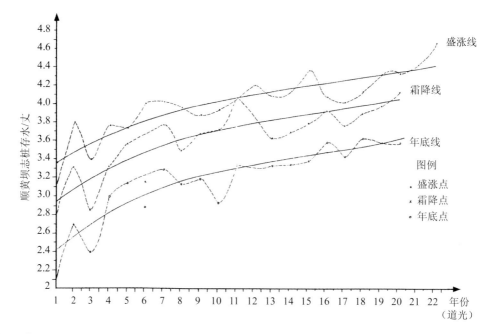

说明：①道光六年（1826 年）由于启放王营减坝掣溜，霜降及年底点位偏低，排除在外。

②道光十二年（1832 年）决桃源，霜降及年底无存水。

资料来源：周魁一：《中国科学技术史：水利卷》，科学出版社，2002 年，第 174 页。

图 2-2　道光年间清口顺黄坝水尺读数曲线图

从以上三条曲线可以分别求出道光七年至二十二年（1827—1842 年）的河床平均年淤积高度，其中反映枯水季节水位的年底线为 13.3 厘米，霜降线为 12.3 厘米，反映洪峰流量水位的盛涨线为 11.1 厘米，取三者平均值为年淤积 12.2 厘米。

（2）黄河决口影响下徐州附近的淤积速率

①毛城铺滚坝附近的淤积。

毛城铺滚坝是一座溢流坝，位于徐州以西 140 多里的黄河南岸，始建于康熙十九年（1680 年）。此后屡经改建，乾隆二十三年（1758 年）改建为碎石滚坝。乾隆五十六年（1791 年）进一步加高。坝两侧翼墙"共高二丈四寸"[1]，至嘉庆二十五年（1820 年）已被泥沙"淤没一丈四尺四寸矣"[2]。这是闸墙被淤掉的高度，也就是溢流坝顶以上的淤积厚度。此外，乾隆二十七年（1762 年）

[1]（清）黎世序：《续行水金鉴》卷 49，国学基本丛书本，第 1065 页。
[2]（清）黎世序：《续行水金鉴》卷 49，国学基本丛书本，第 1064 页。

时坝顶以下至滩面还有大约 2.5 尺的高度。由此可见，乾隆二十七年（1762 年）至嘉庆二十五年（1820 年）的 59 年间，毛城铺附近黄河滩地共淤高了 1.69 丈，折合公制 5.41 米，平均每年淤积 9.2 厘米。

另据嘉庆八年（1803 年）的资料，乾隆二十七年（1762 年）至嘉庆八年（1803 年）的 42 年间，毛城铺附近滩地淤高"一丈五尺余寸"[1]，折合公制约 4.7 米，平均每年淤积 11.2 厘米。

取以上两个资料的均值，平均每年淤积 10.2 厘米。大致反映乾隆中后期至嘉庆年间徐州上游段的淤积速率。

②十八里屯泄水闸附近滩面淤积。

十八里屯泄水闸位于徐州西北十八里的黄河南岸，共两座，始建于康熙二十三年（1684 年），此后由于河床淤积抬高而废弃。嘉庆十三年（1808 年）曾计划将二闸修复，对其旧址进行查勘，结果其中一座还露出坝顶，另一座已淤没无存，当时调查滩面至闸底的淤积深度"已至二丈有余"[2]。嘉庆二十年（1815 年）还进行过一次实地考察，两闸"低于滩面三、四尺，比旧闸底高一丈六、七尺"[3]。据此，滩面比旧闸底高二丈多，此与嘉庆十三年（1808 年）的查勘基本相符。此外，考虑闸的作用为宣泄异涨之水，初建时一般闸底要高出滩面，假定始建时闸底高于滩面 5 尺左右，则康熙二十三年（1684 年）至嘉庆十三年（1808 年）的 125 年中黄河河道淤积达 2.6 丈，折合公制为 8.32 米，平均每年淤积厚度为 6.7 厘米。

综合以上计算，有三种结果，一是在河道相对稳定情况下清口附近的淤积速度每年 12.2 厘米，二是在决口影响下徐州毛城铺滚坝附近每年淤积 10.5 厘米，三是在决口影响下徐州西北面十八里屯泄水闸每年淤积 6.7 厘米。

显然，决口对黄河的淤积是有影响的，一方面，决口后洪水把大量泥沙挟带至河床以外，同时把口门以上河槽刷深；另一方面，口门以下断流落淤。为简化起见，上述计算中，没有单独考虑黄河决口的影响。因此，上述徐州附近的淤积速率可以反映在不断决口干扰下黄河的淤积情况。可以看出，它比在相对稳定情况下河床的淤积要慢些。清代黄河另外一个特殊现象，就是清出刷黄，尤其是南

[1]（清）黎世序：《续行水金鉴》卷 49，国学基本丛书本，第 1066 页。

[2]（清）黎世序：《续行水金鉴》卷 35，国学基本丛书本，第 765 页。

[3]（清）黎世序：《续行水金鉴》卷 41，国学基本丛书本，第 897 页。

岸决口后，下游断流，浑水经过沿程落淤汇入洪泽湖，由洪泽湖出清口刷涤下游河身，效果显著，对清口上下的淤积也有影响。尽管如此，上述计算所得黄河下游河床淤积速率，仍能大致反映出清代黄河下游泥沙淤积的实际情况。

3. 黄河河床淤积恶化对防洪形势的影响

强化系统堤防来固定河床固然可以减少黄河自身的决口泛滥，但最初设想的"束水攻沙"的目标却并未达到，反而加快了河口向海中推进的速度。康熙三十五年（1696 年）十二月，当时的总理河道大臣董安国就指出："云梯关以下为昔年海口，今则日淤日垫距海二百余里。下流之宣泄既迟，则上游之壅积愈甚。"[1]乾隆二十一年（1756 年），大学士陈士倌所提出的数据更具体。他指出，宋代黄河南徙之初，云梯关就是河口，至靳辅时，"关外淤滩远至百二十里，此言俱在可考。今自关外至二木楼海口且二百八十余里。夫以七百余年之久，淤滩不过百二十里，靳辅至今仅七十余年，而淤滩乃至二百八十余里"。[2]比较这两段史料可知，康熙十六年（1677 年）黄河入海口在云梯关外一百二十里，康熙三十五年（1696 年）末已延伸到二百余里。20 年间黄河入海口向外延伸近80 里，平均每年向外延伸 4 里。从康熙三十六年（1697 年）到乾隆二十一年（1756 年），近 60 年中黄河入海口又向外延伸 80 里，平均每年向外延伸 1.3 里。这虽然比康熙前期延伸速度有所减慢，但比宋神宗至明末的 700 年中平均延伸速度0.17 里/年却又快许多倍。由于入海口（河流侵蚀基点）的外延，河流下游比降因而相应变缓，河床必然淤积。

黄河河床淤积情况，乾隆初年陈法有雄辩的说明："今河南开封府之河，水面高于女墙。徐州之二洪，昔在水面为漕舟梗，今皆在水底不可复识。王家营减水坝建于康熙四十年（1701 年），原以泄伏秋异涨之水，今霜降水落时，水面仍高于坝五尺余……非河高之明验乎？"[3]道光五年（1825 年）东河总督张井曾有一番调查，"历次周履各工，见堤外河滩高于堤内平地至三、四丈之多。询之年老者弁兵，佥云嘉庆十年（1805 年）以前，内外高下不过丈许。闻自江南海口不畅，节年盛涨，逐渐淤高。又经二十四年（1819 年）非常异涨，水高

---

[1]（清）傅泽洪：《行水金览》卷 52，国学基本丛书本，第 756 页。

[2]（清）黎世序：《续行水金鉴》卷 13，国学基本丛书本，第 309-310 页。当然，云梯关外的 120 里的淤滩，应主要是潘季驯系统筑堤以后的 100 年间所形成。

[3]（清）陈法：《河干问答》，黔南丛书别集本，第 11 页。

于堤，溃决多处，遂致两岸堤身几成平陆。"[1]次年，张井又指出："履勘下游，河病中满，淤滩梗塞难疏。"[2]这一时期，河南境内的黄河主槽淤积同样十分严重。道光元年（1821 年），礼部右侍郎吴烜就指出："据御史王云锦函称，去冬回籍过河，审视原武、阳武一带，堤高如岭，堤内甚卑。向来堤高于滩约丈八尺，自马营坝漫决，滩淤，堤高于滩不过八九尺。若不急于增堤，恐至夏盛涨，不免有出堤之患。"[3]

由于河道主槽严重淤积，行洪能力日渐衰减，决口泛溢更加频繁。据《清史稿·河渠志一》统计，从乾隆三十一年（1766 年）到咸丰三年（1853 年）的 88 年中，有堵口工程的年份为 37 年，平均 2.4 年一次。有的年份一年之中堵口几次。按堵口次数计，88 年中共堵口 65 次，平均 1.35 年 1 次。由此可见，清代的所谓治河，主要是应付堵口而已。[4]

二、清代靳辅对黄河下游的治理与黄淮运旧格局的瓦解

清初，黄河水灾仍是困扰朝廷的难题，治黄方略上总体遵循明代潘季驯"束水攻沙"思想。康熙年间，河官靳辅大力加强堤防建设，增设泄洪设施，稳定了黄河河槽，维持了运河通畅，是清代治黄成就的代表。不过，不断加高的堤防也使河床淤积加重，最终导致了旧有的黄淮运格局瓦解。

1. 靳辅对黄河下游的治理

靳辅字紫垣，汉军镶黄旗人。从康熙十六年至二十六年（1677—1687 年），连续 11 年担任河道总督，主持治理黄、淮、运。康熙十五年（1676 年），黄河、淮河同时涨水，黄河倒灌洪泽湖，决开高家堰大堤 34 处，淮扬 7 州县被淹，清口以下河道被淤，漕运严重受阻。面临这样严峻的局势，康熙帝下决心治理黄河。康熙十六年（1677 年），时任安徽巡抚的靳辅受命出任河道总督，主持黄、淮、运的规划和治理。

[1] 中国水利水电科学研究院水利史研究室编校：《再续行水金鉴》（黄河一），湖北人民出版社，2004 年，第 237-238 页。
[2] 周魁一等注释：《二十五史河渠志注释》，中国书店，1990 年，第 524 页。
[3] 周魁一等注释：《二十五史河渠志注释》，中国书店，1990 年，第 523 页。
[4] 《中国水利史稿》编写组：《中国水利史稿》（下册），水利电力出版社，1989 年，第 261 页。

靳辅继承潘季驯的"束水攻沙"思想，认为："治河之道，当审其全局，将河道运道为一体，彻首尾而合治之，而后可以无弊"[1]。治理的关键仍在控制黄河河床的淤积。他说："黄河之水从来裹沙而行，水合则流急而沙随水去，水分则流缓而水漫沙停。沙随水去则河身日深，而百川皆有所归。"[2]为此他大力修堤、筑坝，开展疏河工程，并把堤防延伸至云梯关以外接近海口处（见图2-3）。

资料来源：《中国水利史稿》编写组：《中国水利史稿》（下册），水利电力出版社，1989年，第170页。

图2-3　靳辅治河规划示意图

康熙十六年（1677年），靳辅主持"大挑清口、烂泥浅引河四，及清口至云梯关河道，创筑关外束水堤万八千余丈，塞于家岗、武家墩大决口十六，又筑兰阳、中牟、仪封、商丘月堤及虞城周家堤。"[3]康熙十七年（1678年），又"创建王家营、张家庄减水坝二，筑周桥翟坝堤二十五里，加培高家堰长堤，山、

---

[1]（清）靳辅：《治河方略》卷6，水利珍本丛书本，第216页。

[2]（清）靳辅：《治河方略》卷6，水利珍本丛书本，第216页。

[3] 周魁一等注释：《二十五史河渠志注释》，中国书店，1990年，第502页。

清、安三县黄河两岸及湖堰，大小决口尽塞。"[1]康熙十八年（1679 年），又"建南岸砀山毛城铺、北岸大谷山减水石坝各一，以杀上流水势。"[2]康熙二十年（1681 年），"增建高邮南北滚水坝八，徐州长樊大坝外月堤千六百八十九丈。"[3]高邮南北滚水坝即归海八坝，建在运河东岸，泄水入洪泽湖再入海。

由于河防工程破坏比较严重，决口地点多，决口时间长，靳辅在实施上述工程后，黄河水流并未完全归复故道。这时，有人向朝廷建议中止靳辅的治河方案。经过与反对者的辩论，靳辅得到康熙帝的支持，继续他的治河方案。

康熙二十二年（1683 年），靳辅堵塞前一年冲溃的萧家渡决口，黄河完全复归故道。康熙南巡阅河，特赐诗褒奖靳辅。[4]康熙二十四年（1685 年），靳辅对河南境内的黄河堤防工程进行大力整治。他认为，"河南地在上游，河南有失，则江南河道淤淀不旋踵。"于是"筑考城、仪封堤七千九百八十九丈，封丘荆隆口大月堤三百三十丈，荥阳埽工三百十丈，又凿睢宁南岸龙虎山减水闸四。"[5]

在治理黄河的同时，靳辅又主持对运道进行了大规模的整治。首先于康熙十七年（1678 年）"筑江都漕堤，塞清水潭决口。"又"挑山、清、高、宝、江五州县运河，塞决口三十二。辅又请按里设兵，分驻运堤。"[6]康熙十八年（1679年），进一步对运河与黄河交会的运口进行移建、改造和整治，并沿运河堤岸修建了一系列减水坝工程，"开滚水坝于江都鳅鱼骨，创建宿迁、桃源、清河、安东减坝六。"[7]康熙十九年（1680 年），又"创建凤阳厂减坝一，砀山毛城铺、大谷山，宿迁拦马河、归仁堤，邳州东岸马家集减坝十一。……创开皂河四十里，上接泇河，下达黄河，漕运便之。"[8]康熙二十五年（1686 年），为了避开黄河风浪对运河的影响，又主持开挖了中运河，次年完工。"辅以运道经黄河，风涛险恶，自骆马湖凿渠，历宿迁、桃源至清河仲家庄出口，名曰中河。粮船北上，出清口后，行黄河数里，即入中河，直达张庄运口，以避黄河百八十里之险。"[9]

靳辅主持修建的治黄、治运工程，使黄河、运道出现了短暂的安澜局面。

[1] 周魁一等注释：《二十五史河渠志注释》，中国书店，1990 年，第 502 页。
[2] 周魁一等注释：《二十五史河渠志注释》，中国书店，1990 年，第 502 页。
[3] 周魁一等注释：《二十五史河渠志注释》，中国书店，1990 年，第 502 页。
[4] 周魁一等注释：《二十五史河渠志注释》，中国书店，1990 年，第 503 页。
[5] 周魁一等注释：《二十五史河渠志注释》，中国书店，1990 年，第 503 页。
[6] 周魁一等注释：《二十五史河渠志注释》，中国书店，1990 年，第 561-562 页。
[7] 周魁一等注释：《二十五史河渠志注释》，中国书店，1990 年，第 562 页。
[8] 周魁一等注释：《二十五史河渠志注释》，中国书店，1990 年，第 562 页。
[9] 周魁一等注释：《二十五史河渠志注释》，中国书店，1990 年，第 563-564 页。

但是，他的一些具体措施，例如在涸出的土地上屯垦，也引起了一些豪强官吏的反对和攻击。康熙二十七年（1688 年），御史郭琇等人参奏靳辅治河无绩，将其革职。康熙三十一年（1692 年），朝廷又再度任命靳辅为河道总督，但当年即逝于任上。[1]

2．黄淮运旧格局的瓦解和重组

影响黄、淮、运基本格局稳定的因素主要是黄河河床的淤高，而各朝治理均无法阻止淤积的增长，也就注定了旧格局瓦解成为必然。瓦解和重组最终完成于清代后期。[2]

（1）黄河改道由大清河入渤海

明代黄河已成悬河，清末修防形势愈益恶化。道光五年张井视察各险工段，见到堤防临背差（临河滩地与背河地面间的高差）"堤外河滩高于堤内平地至三、四丈之多"[3]，险工段的临背差较大。而道光年间一般河段临背差也"滩面高于平地二、三丈不等，一经夺溜，建瓴而下"[4]。废黄河的实测结果也证实了他们的说法，反映出黄河高悬的严重形势（见图 2-4）。加大修防力度自然会延续旧黄河的寿命，但困难大，投入也大，下游改道已成定局。

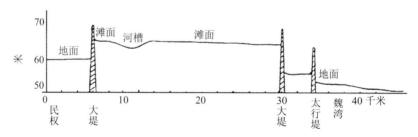

资料来源：孙仲明：《黄河下游 1855 年铜瓦厢决口以前的河势特征及决口原因》，《黄河水利史论丛》，陕西科学技术出版社，1987 年，第 208 页。

图 2-4　民权—魏湾废黄河横断面形势图

咸丰五年（1855 年）六月黄河大水，六月十八日兰阳铜瓦厢三堡以下无工堤段塌掉三四丈，当晚又起南风，浪拍危堤，崩塌加剧，次日终至溃决。洪水

---

[1]《中国水利史稿》编写组：《中国水利史稿》（下册），水利电力出版社，1989 年，第 138 页。
[2] 本部分主要参考周魁一：《中国科学技术史：水利卷》，科学出版社，2002 年，第 179-183 页。
[3] 中国水利水电科学研究院水利史研究室编校：《再续行水金鉴》（黄河卷），湖北人民出版社，2004 年，第 237 页。
[4] 武同举等：《再续行水金鉴》卷 81，水利委员会刊印本，第 2089 页。

由张秋穿过运河，夺大清河由利津入渤海（即今道），维持了700多年的夺淮河入黄海的老黄河历史宣告结束。改道对当时社会经济产生巨大震动，河南、河北、山东水灾严重；黄河切断运河，漕运梗阻；同时原来南流河道干涸，沿岸700多千米间城市和乡村的经济和生态平衡被打破。

（2）京杭运河与黄河

元明两代在徐州至淮阴段借助黄河通运，但航运安全缺乏保证。此后，嘉靖年间开南阳运河，万历年间开泇河，康熙年间开中河，都是为躲避黄河所修的人工运河，至此，运河结束了依赖黄河行运的局面。然而黄河自西而东，必将穿运而过，黄河河床的逐步淤积，必然构成对运河的倒灌和淤积，倒灌从明嘉靖年间已见诸记载，至万历年间运河淤积业已显著。如何再度规避浊流淤积呢？当时在工程和管理两方面都做了进一步努力。万历六年（1578年）潘季驯将淮扬运河运口闸门向西南方向移动一里，使其更接近淮河并远离黄河。同时规定，运口的三座闸门在过船时，不准同时开启，而只能启一闭二，以免倒灌。而且闸门通航的时间也限制在九月至来年六月上旬黄河的小水季节。当黄河涨水时，关闸打坝，严防浊水入侵。此时航船只能盘坝通航，即将重船卸载，空船用绞盘拖过土坝后，再重新上载，继续航行。清代在运口段也做了许多防止倒灌的工程，然而却无法阻止形势的恶化。

运河惧怕黄河淤积，但船只要想北上进入中运河，就无法躲开横穿黄河的难关。道光五年（1825年）两江总督琦善所见到的清口情形已是"借黄济运以来，运河底高一丈数尺，两滩积淤宽厚，中泓如线。向来河面宽三四十丈者，今只宽十丈至五六丈不等。河底深丈五六尺者，今只存水三四尺，并有深不及五寸者"[1]，不得不实行倒塘灌运。

所谓倒塘灌运，是在运河汇黄河口门处建御黄坝，在临近淮河口门处建临清堰，在御黄坝与临清堰之间形成塘河。塘河宽大，可容数百只、上千只漕船。在黄河水位较高时，南来船只开临清堰入塘，再闭临清堰。此时车水入塘河，待塘内水位与黄河水位相平时，开御黄坝出船。用土坝来代替船闸功能，塘河每进出一次大约需要8天时间（见图2-5）。不过30年后黄河北徙，淮阳运河终于摆脱了黄河的纠缠，矛盾转移至北边的山东聊城张秋镇。光绪年间发展了

[1] 周魁一等注释：《二十五史河渠志注释》，中国书店，1990年，第579页。

海运，经历元、明、清三代的京杭大运河遂分解为区间性运河。

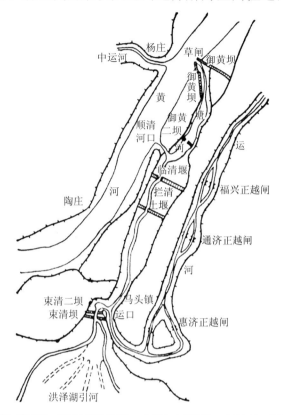

资料来源：《中国水利史稿》编写组：《中国水利史稿》，水利电力出版社，1989年，第305页。

图 2-5 道光年间清口倒塘灌运形势图

3．淮河改道入江

　　淮河原本独流入海，河槽低而深，淮水含沙量小，利于灌溉和通航，故有"走千走万不如淮河两岸"的民谚。宋人笔记里载有盱眙候潮的故事，可见当时海潮可由云梯关上溯直到盱眙。南宋建炎二年（1128年）黄河南徙夺淮入海，淮安以下遂黄淮合流。随着黄河河床的逐渐抬升，淮河出水不畅，淮安以上生成一个洪泽湖。明万历年间甚至于受黄河洪水位顶托，淮河洪水无奈，被迫由高家堰溃决而出，历史上开始有分黄导淮之议，即为淮水另寻出路而改道入江入海。靳辅治河时，曾于康熙二十年（1681年）谋求在淮河洪水越过高家堰五坝后，经过高邮、宝应等湖的调蓄，由高邮至邵伯间运河东岸的归海五坝下泄入东海。他说，淮扬运河东岸原有闸坝是用来排泄西面滁州、天长等地地表径流的，那么，为增加排泄高家堰五坝的淮河洪水，则需要另外增建八座溢流坝[1]。溢流坝最初是三合土材料，后来逐渐改作砌石坝，坝上加封土。平时封土保证航运水深，而泄洪时则除去封土，加大坝顶泄量。但运河泄水东出，并无系统河道导水入海，而是以里下河地区为滞洪区。至清代后期，淮河不能由清口东出，高堰五坝频繁溢洪，给里下河地区带来深重灾难。

除泄淮入海之外，还有开始于万历二十三年（1595 年）通过运河导淮水入江的途径。当时杨一魁执行分黄导淮的规划，由邵伯湖汇集高堰下泄洪水，开金湾河，由芒稻河入江。最初金湾河上建有三闸控制，至清代改在各泄水支河上建坝控制，维持运河航深。道光年间即有"归江十坝"之称，见图 2-6。

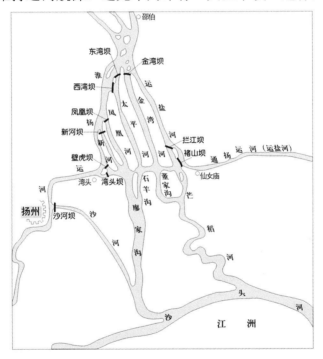

资料来源：《中国水利史稿》编写组：《中国水利史稿》，水利电力出版社，1989 年，第 315 页。

图 2-6　道光年间归江十坝图

咸丰五年（1855 年）黄河改道北徙后，为解决里下河水灾等问题，又开始规划淮河下游出路。同治五年（1866 年）曾国藩创设导淮局，光绪三十二年（1906 年）张謇建议疏浚废黄河，恢复淮河入海旧道，并组织江淮测量局开始测

---

[1]（清）靳辅：《治河方略》卷 3，水利珍本丛书本，第 119 页；又见《行水金鉴》卷 151，周洽"河防杂说"。

量工作。1929 年成立导淮委员会，曾进行部分工程施工。直到 20 世纪 50 年代初期淮河出路方才得到基本解决。

三、解除黄、淮、运相互干扰的其他规划方案

1.黄河下游改道方案

①黄河下游由河南改道北流，由大清河入渤海方案。乾隆初年陈法认为，黄河在河南境已显示出南高北低的地形，因此，康熙年间黄河屡次北决，洪水在张秋穿过运河由大清河入海。由此可见："（南流）河身日高，……淮黄交流，其害日深，不可得而补救也。河之行在在皆危，导则何若去危就安，因其势而利导之乎"[1]。因此，应该测量地势，在适当地点另开黄河下游河道，至张秋入大清河。他估计所用经费不过数百万两，只相当于几年的黄河河工经费而已，而由于黄河改道，淮水畅泄所带来的好处却多达 22 条。

或许是受陈法思想的启发，乾隆十八年（1753 年）吏部尚书孙嘉淦提出黄河改道大清河的建议。他说："自顺（治）、康（熙）以来，河决北岸十之九。北岸决，溃运者半，不溃者半。凡其溃道，皆由大清河入海"[2]。如果人工改道，不仅黄河决口危害减轻，而且可以节省河工费用和水灾赈济支出。但乾隆帝却顾虑"形势隔碍，不能用"。

道光二十二年（1842 年），著名学者魏源著《筹河篇》上、中、下三篇，详细阐述黄河改道北流大清河的主张。他首先指出，现行河道河患日深，河费日增。乾隆四十七年（1782 年）以后之河费数倍于清初，嘉庆十一年（1806 年）之河费较乾隆时再加一倍，道光年间较嘉庆朝又显著增多。治河机构和官员人数也随之增加。鸦片已成为当时民财的大漏洞，而河工则是国家财政的大漏洞。实在是有人要钻这个漏洞的空子而自肥。因此，治河官员"明知顺逆难易，利害相百，乃必不肯舍逆而就顺，岂地势水性使然乎？"[3]退一步来说，就是从地势水性而言，也以改道北流为顺。他的具体规划是：上自阳武，经长垣、

[1]（清）陈法：《河干问答·论河道宜变通》，黔南丛书别集本，第 14 页。
[2]《清史稿·河渠志一》，《二十五史河渠志注释》本，第 512 页。
[3]（清）魏源：《筹河篇》，《魏源集》，中华书局，1976 年，第 368 页。

东明，可利用现有之沙河、赵王河等；中间穿过张秋运河，下入大清河。并阐发这一方案所带来的六方面的好处。不过，眼见清廷政治腐败，国力衰弱，魏源感叹道："吁！国家大利大害当改者岂惟一河？当改而不改者亦岂惟一河。"[1] 可见其对于改道北流建议的前景没有信心。

不过，黄河却不能等待，十二年后自行于今兰考县铜瓦厢决口北流，夺大清河入海，即为黄河今道。

②下游两条河道轮流行水方案：即另开一条黄河北流入渤海，与南流入黄海的河道轮流使用。乾隆年间著名史学家赵翼认为，河官治河主要着眼于防止黄河决口，而"如何使之常由地中行，不致溃决，则未计及也……今欲使河身不高，海口不塞，则莫如南北两河，互相更换"[2]，每五十年更换一次。在这五十年中，将未行水的一条疏挖深通，准备更替现行河道。他还认为，此举对于当时经济命脉的运河漕运也不致有大的妨害。备用河道疏浚后也可适当开发利用。在当年的人口和经济背景下，未见得不是一种可资比较的方案。

2. 疏浚河口，提高黄河输沙能力的方案

明清通称黄河河口为海口。潘季驯时已呈现河口淤积问题，但他认为，坚持束水攻沙，不仅能刷深河道，也可冲开河口。康熙十六年（1677年）靳辅主持河政，继承潘氏"束水攻沙"方案，同时又有所发展，主张疏浚海口即是其中之一。当是时，清江浦（江南运河入黄河口）以下至海口约长三百里，"向日河面在清江浦石工之下，今则石工与地平矣。向日河深二三四丈不等，今则深者不过八九尺，浅者仅二三尺矣"[3]。淤浅的原因除黄河自然淤积之外，还有人为因素。"国初以防海寇，下桩云梯矣，覆舟败苇遇桩而止，河流旁漱，淤沙渐移渐长"[4]，此外，康熙三十五年（1696年）河督董安国因海口淤积，另开马家港引河，导黄河由小河口入海。当地人为利用黄河浊流淤地，在原河道上建拦黄坝，进一步助长淤积速度。那么，能否利用束水攻沙疏通海口呢？靳辅认为，束水攻沙虽然是治河不易之策，但河身淤土有新老之分，三年以内新淤，靠筑堤刷沙可以奏效，但久淤之土则必须辅以人力疏浚。即在淤积河床内顺流

---

[1]（清）魏源：《筹河篇》，《魏源集》，中华书局，1976年，第373页。
[2]（清）赵翼：《二十二史札记》卷30，世界书局，1936年，第453页。
[3]《清史稿·河渠志一》，《二十五史河渠志注释》本，第501页。
[4]（清）方苞：《黄淮议》，《方苞集》，上海古籍出版社，1983年，第595页。

开浚三道小河，谓之川字河。以所起之土筑两岸大堤。而当洪水到来时，小河之间存留之土站立不住，必冲刷殆尽，而三小河将并作一大河。以人力疏挖辅助水力疏浚，功效事半功倍。[1]这一计划被批准实行。

道光六年（1826 年）东河总督张井查勘海口，认为下游河道淤积严重，疏浚工程量大，建议将北堤改作南堤，在相距八里十里的地方另筑一道北堤，导河入海。[2]此计划未实行。

第二节　清代洞庭湖围垦的利弊得失与水灾治理

湖泊作为集中的水体有多种水利功能。通江湖泊可以容蓄江河洪水，发挥重要的防洪作用；湖泊水资源是周围居民生活和农田灌溉的重要水源；湖泊还发挥着水上交通、水产、改善气候和旅游环境的功能。在我国的湖泊中，尤以东部的四大淡水湖——鄱阳湖、洞庭湖、洪泽湖和太湖水利功能最为显著。其中，太湖开发的历史最早，可上溯至春秋时期；洪泽湖的形成则较晚，它是黄河夺淮入海，在明后期以来"蓄清刷黄"的治黄方略指导下，加筑高家堰，而在淮阴以上形成的具有水库功能的半人工湖泊。湖泊是水生态环境的重要因子，湖泊的变迁，也是区域生态变迁的重要反映。本部分以清代洞庭湖的演变和开发为例，以此反映清代水生态环境的变化。[3]

一、洞庭湖的历史演变及其对荆江防洪的影响

1. 洞庭湖自然演变与江湖关系

洞庭湖的形成与演变与古云梦泽和荆江演变有密切关系。长江出峡后，由于荆江河床难以通过汛期的巨大水量，而在如今的江汉平原地区泛滥，形成了著名的古云梦泽。至春秋战国时期，广大的云梦泽是长江吞吐型浅水湖泊，接受汉水和长江泥沙的淤积，形成荆江三角洲并逐渐向东伸展。至唐宋时代，云

---

[1]（清）靳辅：《治河方略》卷 6《经理河工第一疏》，水利珍本丛书本，第 219 页。
[2]《清史稿·河渠志一》，二十五史河渠志注释本，第 524 页。
[3] 本部分主要参考周魁一：《荆江和洞庭湖的演变与防洪规划的历史研究》，《水利的历史阅读》，中国水利水电出版社，2008 年，第 88-107 页。

梦泽已经解体，分解为星罗棋布的湖沼——江汉湖群。湖群继续淤积转移，遗存至今最大的浅水湖泊就是目前规划为蓄滞洪区的洪湖。

云梦泽消退后，长江洪水转而向南倾泻。东晋南朝时期洞庭湖已经形成，《水经注·湘水》中明确记载洞庭湖广圆五百里，湘、资、沅、澧四水分注湖中，奠定了此后一千多年的基本形势。唐宋时期，随着云梦泽的萎缩，洞庭湖扩展，汪洋浩渺的"八百里洞庭"一词出现在这一时期的诗文中。至明代中期，荆江北岸地面逐渐淤高并开垦种植，至嘉靖、隆庆年间长江北岸分江穴口基本堵塞，水沙向南岸分泄，洞庭湖进一步扩展。据道光《洞庭湖志》记载，全盛时期洞庭湖面积达 6 000 平方千米，为现在的两倍以上。

至道光以后，洞庭湖转而逐步缩小[1]。清咸丰二年（1852 年）荆江马林工溃决，至十年（1860 年）冲成的藕池河下入洞庭。同治十二年（1873 年）松滋口溃决，所形成的松滋河也下入洞庭。由此藕池、松滋、调弦、虎渡（即太平）等荆江四口分流入洞庭湖的局面基本奠定。据近代资料显示，长江荆江段泥沙总量的 45% 由四口进入洞庭。四口之中，以 19 世纪中叶形成的藕池和松滋两口来水来沙居多。据 1934—1936 年和 1951—1964 年共 17 年水文资料统计，四口入湖泥沙占入湖泥沙总量的 86.4%，而湘、资、沅、澧四水泥沙只占总量的13.6%。四口之中，尤以藕池和松滋两口输入泥沙占入湖总量的 74.76%。据此推测，在 19 世纪中叶到 20 世纪中叶的一百年间，由于藕池和松滋两口的出现，使进入洞庭湖的泥沙增加了三倍左右。入湖泥沙总量的约 2/3 又淤积在湖区和洪道中，而由岳阳城陵矶流出洞庭湖的沙量只占 1/3 左右。淤积量大于湖盆构造下沉量，从而开始了洞庭湖萎缩的进程[2]。

由于泥沙增长主要来自西北部，洞庭湖西北部水下淤积首先成洲。原在湖中的明山、古楼山先后上岸。团山、寄山也处于洲滩之中，人工围垦湖泊随之大规模进行，居民日夥。光绪二十年（1894 年）在此设南洲厅治，1912 年遂正式设立南洲县（即今南县）。

---

[1] 张修桂：《长江宜昌至城陵矶段河床历史演变及其影响》，《历史地理研究》（第二集），复旦大学出版社，1990年，第 13-33 页。此外也有其他看法，详见卞鸿翔：《汉晋南朝时期洞庭湖的演变》，《湖南师范学院学报（自然科学版）》，1984 年，第 1 期，第 85-92 页。本节关于洞庭湖自然演变的段落，主要依据张修桂文。

[2] 张修桂：《洞庭湖演变的历史过程》，《历史地理》（创刊号），上海人民出版社，1981 年，第 109 页；林承坤：《洞庭湖的演变与治理（上）》，《地理学与国土研究》1985 年 4 期，第 29 页，林文据 1951—1979 年资料统计，入洞庭湖的泥沙总量及其分配比例与张文大体相同。

　　与此同时，洞庭湖湖水深度也在变浅，唐宋年间夏秋洪水季节，洞庭湖水深数十尺。杨么农民起义军所乘楼船高数丈，载千人，可在湖内纵横驰骋。而至清代中叶，统一的湖面在平水时已分解为若干小湖。冬春季节整个湖区洲渚涸露，分散的各湖只以河道连接。

　　值得注意的是，在洞庭湖总体萎缩的进程中，清代末年以来南洞庭湖南岸岸线曾向南推移，即呈向湘、资联合三角洲扩展的态势。这是由于四口陆上三角洲向东南深入，大量北水南侵，原有小湖群不断扩展，合并为大湖盆。以至于湖南岸的沅江和湘阴两县围垸不断发生溃决，被迫弃田还湖。早期沦入湖内的有兴建于明代的嘉禾垸、三里垸、嘉兴垸、徐家垸、永兴垸等。"盖以襄汉一带多筑堤垸，水势渐南，沅邑桑麻之地，多弃为鱼鳖场。"[1]南洞庭湖溃垸残迹在卫星图片上也有清晰的显示，溃垸残迹比比皆是，和东洞庭湖的湖盆形态迥然不同[2]。由于西北部陆上三角洲不断向东南伸展，20世纪初洞庭湖被明显地分割为东、西、南三部分，至今东西南三湖在人为围垦的压迫下，继续缩小。洞庭湖近400年平面形态的演变，见图2-7、图2-8。

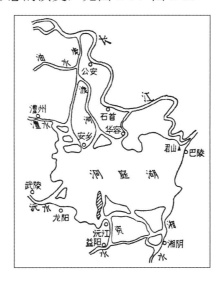

资料来源：张修桂：《洞庭湖演变的历史过程》图6，《历史地理》（创刊号），上海人民出版社，1981年，第108页。

图 2-7　明末清初洞庭湖略图

---

[1] 嘉庆《沅江县志》卷3《沿革志》，岳麓书社，2012年，第25页上。
[2] 张修桂：《洞庭湖演变的历史过程》，《历史地理》（创刊号），上海人民出版社，1981年，第111页。

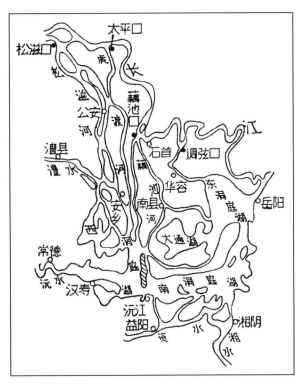

资料来源：张修桂：《洞庭湖演变的历史过程》图 8，《历史地理》（创刊号），上海人民出版社，1981 年，第 110 页。

图 2-8　20 世纪 30 年代洞庭湖水系图

　　早期江汉平原上的云梦泽和云梦泽消退后取而代之的洞庭湖，都是滞蓄洪水需要的自然产物，是荆江河道泄洪能力不足的必要补充。如今洞庭湖调洪能力锐减，承受和滞蓄长江中游超量洪水的任务需要新的角色来承当。

2．人为垦殖的发展与洞庭湖的萎缩

　　两湖地区水利开发形式以垸田为主。垸田是在江湖岸边浅水处，以堤防隔开外水，而在堤内形成的有独立水利系统的农业区，通过堤上的闸涵引水灌溉和排涝。可见垸田是和太湖地区的围田和长江下游的圩田相似的农田水利形式。两湖地区垸田的大规模兴筑见于南宋绍定年间。当年为抵抗元军南下，在荆江南北规划屯田，宁武军节度使孟珙"大兴屯田，调夫筑堰，募农给种。首秭归，尾汉口，为屯二十，为庄百七十，为顷十八万八千二百八十"[1]。

---

[1]《宋史·孟珙传》，上海古籍出版社，二十五史本，第 6573 页。据刘克庄《后村先生大全集·孟珙神道碑》卷 143，时在绍定元年（1228 年）。

　　明代至清代前期是洞庭湖围垦的大规模发展时期。据明末华容人陈士元记载，正统年间华容筑堤48区，以后发展到100多区。其中较大的垸田延绵十多里，小的约百亩上下（见图2-9）[1]。沿湖各县都有大量修筑垸田的记载。清代康熙和雍正年间鼓励垦荒的政策颁行，促进了湖区农田的开辟。其中康熙五十五年（1716年）和雍正六年（1728年）共动用官帑12万两维修围垸100多区，沅江、益阳、安乡、湘阴等地垸田在康雍年间都有较大增长。乾隆年间垸田又有发展。乾隆五年（1740年）发布诏书，要求零星土地也要设法开垦，并且新开发的土地一律免征赋税。这一政策颁行之后，"数年以来，民围之多视官围不止加倍……往时受水之区，多为今日筑围之所"。[2]此后民间出资所建民垸（凡经雍正六年，即1728年官帑整修的垸田称作官垸，此后所建称民垸或民围）迅速增加。据乾隆十年（1745年）湖南巡抚杨锡绂报告，"湖南滨临洞庭，各属多就湖滨筑堤垦田，与水争地，常有冲决漫溢之忧"。非但如此，当年为增产粮食，连"数里之湖荡"，甚至"数亩之塘"[3]都废为田地。可见，在康熙、雍正年间发展的基础上，乾隆初年所围垸田已深入湖泊蓄水水体。开垦农田发展经济已直接削弱了湖泊滞蓄洪水的功能。

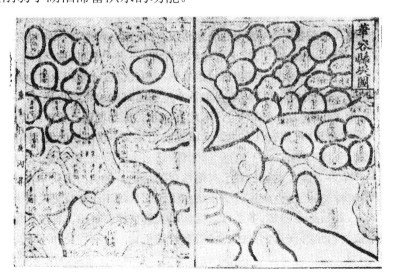

资料来源：《中国水利史稿》编写组：《中国水利史稿》（下册），水利电力出版社，1989年，第90页。

图2-9　明末华容县围堤图

[1]（清）顾炎武：《天下郡国利病书》卷76《华容志陈士元论》，上海古籍出版社，2012年。

[2]（清）何璘：《（乾隆）澧州志林》卷20，乾隆十七年（1752年）刊本。

[3]（清）杨锡绂：《请严池塘改田之禁疏》，《清经世文编》卷38，中华书局影印本，1992年，第943页。

乾隆十二年（1747 年）湖南巡抚杨锡绂又提出，过分围垦湖泊将危害防洪大局。当年四月朝廷接纳了他的意见，下令"查洞庭湖虽曰巨浸，然藉以受各省之水。堤垸俱系沿湖受水之地渐次圈成，所谓与水争地也。……除现在已圈堤垸外，其余沿湖荒田未经圈筑者，即行严禁。不许再行筑垦，致妨水道"[1]。次年湖北巡抚彭树葵也上奏请求禁止围湖垦殖，保留湖泊水体防洪，并尖锐指出："人与水争地为利，水必与人争地为殃，川壅而溃，盖有自矣。"[2]乾隆五十三年（1788 年）荆江大堤溃决，酿成巨灾，经查与荆州江心的窖金洲围垦有关，次年朝廷重申围湖禁令，嘉庆、道光年间又一再重申。但乾隆五十五年（1790年）全国人口已达 3 亿，道光十五年（1835 年）突破 4 亿。明嘉靖、隆庆年间洞庭湖区岳州、长沙、常德三府共有 58 万人，至清嘉庆二十五年（1820 年）人口数已增至 722 万。在不足 300 年里人口增长 12.5 倍。在人口重压下，单纯下达禁令成效甚微。

嘉庆七年（1802 年）湖南巡抚马慧裕在《湖田占水疏》[3]中统计，"查湖南滨湖十州县共有官围百五十五，民围二百九十八，刨毁私围六十七，存留私围九十一"。[4]其中所谓私围是乾隆后期以来所修，堤高只有一二尺至六七尺的围堤垸田，洪水涨发之时自动决溢，水小之时可以在其中种田。马慧裕认为，私围又分为两种，一种阻碍泄水通道的必须刨毁，不许再筑；另一种不妨碍泄水的可允许保留，但其堤防高度必须严格控制在目前水平上，不许加高。事实上是对严格禁止围湖的一种妥协。

咸同年间荆江向南溃口，在原有的虎渡、调弦两口外，新增加了藕池口和松滋口，形成四口入洞庭的局面，长江入洞庭湖的泥沙也随之急剧增加，直到清末民初竟淤出一个南县来。这一时期社会动乱，内忧外患，清廷统治衰落，政府管理放松，民间围垦相应加剧。洞庭湖区又增辟围垸约 600 处，其蓄滞洪水的能力进一步被削弱。

在洞庭湖的萎缩过程中，自然淤积和人为垦殖各自起着多大作用呢？大约在 18 世纪以前以自然淤积为主，人工围垦是在自然淤积的基础上进行。从乾隆初年开始，出现人工促淤围垦，在地方官员的奏报中，多次阐述这一现象，"始

[1]《清高宗实录》卷 289，乾隆十二年（1747 年）四月乙亥，中华书局，1985 年。
[2]（清）彭树葵：《查禁私垸滩地疏》，《清经世文编》卷 117，中华书局影印本，1992 年，第 2855 页。
[3]（清）马慧裕：《湖田占水疏》，《清经世文编》卷 117，中华书局影印本，1992 年，第 2863 页。
[4] 据梁方仲：《中国历代户口、田地、田赋统计》，中华书局，1982 年，甲表 66、甲表 73 和甲表 88 统计。

则于岸脚湖心多方截流以成淤，继则借水粮鱼课四围筑堤以成垸"[1]。甚至围田侵占湖中行洪通道"以阻水路"[2]。因而在嘉庆七年（1802 年）马慧裕的奏疏上特别指明："皇上敕下，凡地关蓄水和出水者，令地方官亲自勘明……不许报垦。"[3]可见，侵占湖泊和行洪道的围垦，已开始成为削弱防洪能力的主要因素，尤其是 20 世纪以来更为明显。

首先我们统计一百多年来洞庭湖面积萎缩的进程。由表 2-1 可以看出，洞庭湖的萎缩进程是逐渐加速的。20 世纪 50 年代至 60 年代初湖泊面积的减少和此前 120 年的减少大致相等，况且这种淤积的加速又是在四口入湖泥沙总量减少的背景下发生的[4]，可见，20 世纪 50 年代湖泊萎缩的主要原因是人为围垦。另一组数据也说明了这种判断：20 世纪 50 年代湖区新增围垦面积 1 432 平方千米，除去同期废垸还湖的 309 平方千米，纯增围垦面积 1 123 平方千米。同期洞庭湖面积萎缩 1 209 平方千米，与纯增垸田数量基本相等。相反的趋势是，60 年代初停止大规模围垦后，湖面萎缩也大幅度下降[5]。正反两方面情况都说明，在 20 世纪洞庭湖萎缩进程中，人工围垦扮演了主要角色。

表 2-1　洞庭湖一百多年来萎缩进程表

年份	湖泊面积/ km²	年缩减率/ （km²/年）	湖泊容积/ 亿 m³	年缩减率/ （亿 m³/年）	备注
道光五年（1825 年）	6 000				湖泊容积为相应城陵矶（七里山）水位 33.5 m 时的容积
光绪二十二年（1896 年）	5 400	8.54			
1932 年	4 700	19.45			
1949 年	4 350	20.6	293		
1954 年	3 915	87.0	268	5	
1958 年	3 141	193.5	228	10	
1971 年	2 820	24.7	188	3.08	
1978 年	2 691	18.4	174	2.0	
1995 年	2 625	4.0	167	0.41	

资料来源：《洞庭湖水利手册》附表 1。

[1]（清）彭树葵：《查禁私垸滩地疏》，《清经世文编》卷 117，中华书局影印本，1992 年，第 2855 页。
[2]（清）杨锡绂：《请严池塘改田之禁疏》，《清经世文编》卷 117，中华书局影印本，1992 年，第 2862 页。
[3]（清）马慧裕：《湖田占水疏》，《清经世文编》卷 117，中华书局影印本，1992 年，第 2864 页。
[4] 林承坤：《洞庭湖的演变与治理》（上），《地理学与国土研究》1985 年第 4 期，第 31 页。荆江四口（1959 年调弦口建坝，变为三口直接通江）1951—1958 年平均入湖沙量为每年 2.32 亿吨，此后逐渐递减，1959—1965 年为 1.9 亿吨，1966—1972 年为 1.5 亿吨，1973—1978 年降为 1.1 亿吨。
[5] 张修桂：《洞庭湖演变的历史进程》，《历史地理》（创刊号），上海人民出版社，1981 年，第 114 页。所依据的资料系长江流域规划办公室汉口水文总站《洞庭湖区湖泊淤积分析》，1979 年 9 月。

从洞庭湖容积的减少也可以看出自然淤积和人工围垦影响的大小。据 1951—1978 年资料统计，洞庭四口与四水每年入湖泥沙总量约为 2.16 亿吨，而输出沙量为 0.63 亿吨，淤积 1.53 亿吨，约合 0.96 亿立方米[1]。据此估算，28 年中泥沙淤积量约为 27 亿立方米。又据表 2-1[2]，同期洞庭湖所减少的 115 亿立方米容积里，既然自然淤积约 27 亿立方米，其余 88 亿立方米容积无疑是人工围垦所减少，人工围垦的影响是自然淤积的 3.3 倍。

二、保护湖泊水体和围湖垦殖利弊之比较

洞庭湖的形成与演变为其周边地区经济发展提供了地理背景。在此基础上开始了以围垸水利为中心的水利开发。随着围垸的普遍兴建，又带来了新的环境问题，以及由此引发的关于湖泊水利开发规划的讨论。

1．湖广垸田成为明清国家商品粮的主要产地

继宋代"苏湖熟，天下足"的民谚之后，明代中叶出现了"湖广熟，天下足"[3]的说法，并在清代前期的政府文件中广泛引用。康熙三十八年（1699 年）上谕说："朕南巡江浙，询问地方米贵之由。百姓皆谓，数年来湖广米不至，以致价值腾贵。谚云，湖广熟，天下足。江浙百姓全赖湖广米粟。"[4]依靠湖广米粮接济的地区还不只人口密集的江浙地区，南至广东，北至山东、山西、陕西等省都有受济于湖广米粮的记载。清代湖广泛指今湖北和湖南，但其产米和粮食出口的重点地区只分布在洞庭湖和江汉平原一带。乾隆初年先后任浙江粮道和湖广驿盐道员的朱伦翰奏称：康雍年间，政府粮食采买集中在江苏、安徽、浙江、江西、湖北和湖南六省，但人口增长后，浙江已无余粮。江西人多，还要逃往外省开垦荒地，称作棚民。粮食重点产区主要是在湖广。而湖广中的重点又集中于江北的汉阳、黄州和江南洞庭湖区的岳州、澧州、衡州、常德等府。他所列举的湖广商品粮产区正是垸田集中的州府。除湖广之外，四川也成为当

[1] 林承坤：《洞庭湖的演变与治理》（上），《地理学与国土研究》1985 年第 4 期，第 31 页。
[2] 张修桂：《洞庭湖演变的历史进程》表 3，《历史地理》（创刊号），上海人民出版社，1981 年，第 113 页。该表依据湖南省水电局 1979 年 2 月资料编制。
[3] 彭雨新、张建民：《明清长江流域农业水利研究》，武汉大学出版社，1992 年，第 238-242 页。
[4]《清圣祖实录》卷 193，康熙三十八年（1699 年）六月戊戌条，中华书局，1985 年。

时粮食市场的大户，甚至武汉粮食市场的价格受川米的牵动，"武汉一带有待川米来而后减价之语"[1]。乾隆十三年（1748 年）湖南巡抚杨锡绂也指出，"川、湖素称产米，而川府纪山则以商贩云集，米价腾涌为奏。湖北督抚则以江南被灾，资楚粮接济，以致本省米贵为奏"，什么原因导致粮食缺乏而价格上扬呢？杨锡绂认为："盖户口多则需谷亦多。虽数十年荒土未尝不加垦辟，然则今日而无可垦之荒者多矣。则户口繁滋，足以致米谷之价逐渐加增，势必然也。"[2]于是康熙年间秋季米谷登场之时每石不过二三钱，雍正时增至四五钱，乾隆初年则需五六钱，道出了人口增加是导致粮食紧缺粮价上扬的主要原因，以及两湖垸田在当时国民经济中的重要地位。可见自明代中叶起，湖广垸田已成为社会稳定、经济发展的重要支柱，垸田开发有其不可磨灭的历史功绩。

2. 自然淤积和过度围垦与洞庭湖生态环境的恶化

在自然淤积和人为垦殖的双重作用下，洞庭湖水利生态环境逐渐恶化，集中表现为河道湖泊萎缩、灾害增加、政府用于防洪建设和赈济的开支加大。生态效应的负面影响已成为社会可持续发展的桎梏。其主要表现为：

（1）荆江河道淤积和水位抬升

明清人已注意到荆江、洞庭湖的淤积以及由此引起的防洪形势的恶化。洞庭湖的淤积缩小和变浅已如上述，这里主要讨论荆江河床的淤积形势。

嘉靖年间编撰《沔阳州志》的童承叙就曾指出，汉水含沙量大，易淤。江水不易淤，但并非不淤。他又引征《荆门记》说："江陵初有九十九洲，后其洲满百，则江亦有时而淤。"[3]嘉靖元年（1522 年）十二月，潜江知县敖钺指出，江滩淤洲被皇亲贵戚开垦种植。为减轻水患，他请求朝廷撤毁洲上围田，得到批准。[4]乾隆五十三年（1788 年）荆江大水，荆州城遭灭顶之灾。事后查勘认为，与江心窖金洲阻水有直接关系。霸占窖金洲的肖姓地主在洲上种植芦苇及作物，显著加大了阻水程度和沙洲淤涨的速度。肖家因此被查抄并交刑部处分。之后，在左岸上游修建杨林洲、黑窖厂挑水坝，企图挑动水溜冲刷沙洲，据称第二年曾见到效果。不过三十年后湖北巡抚阮元却指出，"计自造矶后，保护北岸诚为

[1]《清经世文编》卷 39，中华书局影印本，1992 年，第 960 页。
[2]《清经世文编》卷 39，中华书局影印本，1992 年，第 957 页。
[3]（清）顾炎武：《天下郡国利病书》卷 74《沔阳童承叙河防志》，龙万育燮堂刊本，第 1 页。
[4]《明世宗实录》卷 21，"中央研究院"历史语言研究所，1962 年影印本。

有力，但不能攻窖金洲之沙。且沙倍多于三十年前矣"[1]，淤沙竟使洲南的江道冬季断流。光绪年间在窖金洲上游又淤出一个新洲[2]。挑水攻沙未能起到预期作用。据阮元考证，窖金洲即《水经注》中记载的枚回洲，已存在一千多年，是河床演变规律作用下的必然结果，不是一两座挑水坝所能左右。民国初年徐国彬说，荆江段洲滩不断增长是由于"同光时代川民垦土，沙砾冲流，轮船往来，水泓改道。江心愈填愈高，江面愈淤愈窄。南北两岸几于无段无洲，无洲无垸。私筑之垸堤既多，大堤之危险愈甚"[3]。河道淤积和围垦加大了两岸防洪的压力。

荆江统一河道形成于唐宋时代，最初洪水期间有众多穴口与两岸湖泊沟通，俗称九穴十三口。后此两岸土地不断开发，穴口被陆续堵塞，至清代前期只剩下南岸通往洞庭湖的虎渡口和调弦口两个口门。虎渡、调弦两口在乾嘉年间并不很畅通，"虎渡宽止十余丈，调弦广半里，水细泥少"[4]，分流有限。至嘉道年间二口亦不甚畅通。阮元曾于嘉庆二十二年（1817年）立夏后"亲至调弦察其穴水平缓，竟有不流之势矣"[5]。至道光十三年（1833年）时，调弦口已淤塞不通，"九穴十三口惟南岸虎渡支河尚在"，[6]道光二十二年（1842年）不得不将虎渡口门宽度由三十丈展宽至数百丈。[7]在荆江水位抬高的压力下，咸同年间荆江连续南决，冲出了两个新的泄水口，即咸丰二年（1852年）的藕池口（咸丰十年冲成藕池河）以及同治十二年（1873年）的松滋河。尤其是藕池口"宽广与江身等，浊流湍悍，澎湃而南。水既增加，湖身淤浅。今华容当口处泽皆成洲。湖至冬涸，褰裳可济"[8]，淤积重点转移至洞庭湖。

历史上荆江河床淤积抬升的速率，有关研究成果都有一致的趋势和近似的结果。

第一，周凤琴在比较了荆江大堤内外滩面高程后认为，荆江大堤建成后，堤内滩面淤积基本停止，而堤外滩面仍在不断落淤，"自明末清初以来的 350

---

[1]（清）阮元：《荆州窖金洲考》，《清经世文编》卷117，中华书局影印本，1992年，第2856页。

[2]（清）徐家干：《荆州万城堤图说》，光绪十三年（1887年）刊本。

[3] 徐国彬：《万城堤防辑要》（上卷），勘测全案，1916年印本，第1页。

[4]（清）黄海仪：《荆江洞庭利害考》，《再续行水金鉴》卷33，水利委员会编印，1942年，第850页。

[5]（清）阮元：《窖金洲考附注》，《清经世文编》卷117，中华书局影印本，1985年，第2856页。

[6] 武同举等：《再续行水金鉴》卷4，水利委员会编印，1942年，第120页。

[7] 武同举等：《再续行水金鉴》卷9，水利委员会编印，1942年，第213、第254页。

[8]（清）黄海仪：《荆江洞庭利害考》，《再续行水金鉴》卷33，水利委员会编印，1942年，第850页。

年左右，（堤外滩面）一般淤涨 3～8 米"[1]。据此计算，年均滩地淤高 0.9～2.3
厘米。其中沙市一带淤积最大，年均将近 3.0 厘米。

第二，林承坤考察不同年代荆江河漫滩上围垸的黏土层厚度，得出这样的
规律：年代愈老的垸子，相对高程愈低，漫滩相的黏土、亚黏土愈薄；反之，
年代愈新的垸子，高程愈高，黏土与亚黏土愈厚。黏土、亚黏土沉积基本上是
在唐宋时期下荆江统一河床塑造完成以来的一千年间形成的。黏土层厚度分布
是：元大德年间围成的垸子，黏土层厚 4.5 米；清道光年间围的黏土层厚 7.5
米；近 50 年围的垸子，黏土层厚一般超过 9 米[2]。如果把新增加黏土层厚度视
作河床滩地淤积厚度，则元大德至民国初年的 600 多年间河床滩地淤积为每年
0.73 厘米；清道光至民国初年的 100 年间河床淤积为每年 1.5 厘米，反映出山
地垦殖加大水土流失的影响。

第三，程鹏举依据历史文献记载所作的荆江河床淤积速率推算，《荆州万
城堤志》的作者倪文蔚在同治十一年（1872 年）任荆州知府，"抵任年余，往
来工次，访之故老，近年江身较乾隆戊申年约高丈许"[3]其依据是乾隆五十三
年（1788 年）所铸铁牛原本立于堤面，同治年间"已不及堤之半"。程氏假设
堤防增高值等同于河床淤高，估算得到清代后期河床大致的升高速度是每年 2.5
厘米左右[4]。荆江水位的升高和洞庭湖区有所不同，后者水位的升高有湖床淤
浅和人工围垦的双重影响。荆江河道水位抬升则主要表现为自然淤积的作用。

第四，周凤琴通过对古墓葬、古建筑等的考察，对 5 000 年来荆江洪水位
变迁进行研究，认为近 5 000 年来荆江洪水位上升达 13.6 米，其中宋末元初以
来的 800 年间上升速率最快，达到平均每年上升 1.39 厘米[5]。依据同样的假设，
可以认为荆江河道有近似的淤积速率。

第五，周凤琴从荆州万寿塔被堤防填埋的高度估算河床淤积量[6]。荆州万
寿塔建成于嘉靖三十一年（1552 年）共计 7 层，至今已 440 多年。当年塔基建

---

[1] 周凤琴：《荆江堤防与江湖水系变迁》，《长江水利史论文集》，河海大学出版社，1990 年，第 15 页。

[2] 林承坤、陆钦峦：《荆江河曲的成因与演变》，《南京大学学报（自然科学版）》1965 年第 1 期，第 99 页。

[3]（清）倪文蔚：《荆州万城堤志卷末》，《疏筑备考》（上），光绪两强勉斋本，第 23 页。

[4] 程鹏举：《历史上的荆江大堤》，硕士学位论文，中国科学院、水利电力部水利水电科学研究院，1987 年，第 143 页。

[5] 周凤琴：《荆江近 5000 年来洪水位变迁的初步研究》，《历史地理》（第四辑），上海人民出版社，1986 年，第 46-53 页。

[6] 为估算方便，粗略地认为堤防的抬升值等同于河床淤积量。

于荆江大堤堤顶。此后历年加筑堤防，目前堤防已将塔基掩埋，堤顶也已高出塔的第一层。据荆州长江修防处提供的测量数据（均为黄海高程），万寿塔处堤面高程为 43.27 米，塔底地面高程 36.45 米。此外，塔座掩埋在堤土内的高度估计约有 2.0 米，那么，万寿塔建成至今的 440 多年间堤防加高约 8.82 米，平均每年 2.0 厘米左右。

虽然历史研究的定量计算精度不高，但所依据的资料却是坚实的。综合比较以上五个数据，可以看出，所推算的江道淤积速率相近，同时还表明，年代越近的淤积速率也越大。

荆江河床淤积已如上述，其直接的结果将是水位的抬升和水灾的增加，道光年间赵仁基讲述了他本人在安徽经历的长江洪水位不断抬升的事实。道光三年（1823 年）安徽江溢，当地老人认为是自己一生所仅见者。但道光十一年（1831 年）水位较道光三年（1823 年）又增加数尺。道光十二年（1832 年）苦旱，而江涨仍较平时为高。道光十三年（1833 年）夏阴晴适时，水位与道光十一年（1831 年）相等，"以千百年不经见之奇灾，三年中乃两见焉"[1]。道光十四年（1834 年）江水涨高也相去不远。安徽段与荆江段的洪水位增长趋势基本一致，大致反映了江道的变化。

（2）湖区水灾的增加

自然淤积和人为垦殖的增长导致荆江和洞庭湖水位的抬升和灾害的增加。新编《湖南省水利志》依据湖南历史考古所编印的《湖南自然灾害年表》并参照国家第一、第二历史档案馆的资料进行核实，得到洞庭湖区历史水灾频次统计表，如表 2-2 所示。

表 2-2　洞庭湖区历史水灾频次统计表

年份	间隔/年	各县发生水灾次数											各县平均水灾频次/（次/年）
		岳阳	华容	湘阴	临湘	常德	汉寿	澧县	安乡	南县	沅江	益阳	
唐武德元年至明嘉靖三年（618—1524 年）	907	21	16	12	19	29	19	19	15		18	16	1/50
明嘉靖四年至清同治十二年（1525—1873 年）	349	27	47	31	26	49	46	30	66		52	41	1/8
同治十三年（1874 年）至 1949 年	76	32	32	33	20	26	26	25	23	20	27	26	1/3

[1]（清）赵仁基：《论江水十二篇》，《再续行水金鉴》卷 32，水利委员会编印，1942 年，第 855 页。

其中南县是光绪二十一年（1895 年）建县。表 2-2 中同治十三年（1874年)至 1949 年栏的设置是便于反映藕池口和松滋口冲开后，入湖水量显著加大，对洞庭湖区各县水灾增长的影响。

如前所述，由于四口流入洞庭，显著加大了湖区的淤积。特别是清朝末年内忧外患，政府无力调控，民间对湖区的围垦加速进行，更显著缩小了湖泊对洪水的调蓄能力，加剧了灾害的发生。有关地方志统计成果同样显示出这种无视洪水规律的灾害性后果。以湘阴县为例，清代康熙至嘉庆年间，水灾每10～30 年发生一次。而从道光至清末，平均 1.5～5 年发生一次[1]。水灾急剧增长不仅是由于咸同以后荆江增加两口入湖的自然变迁，而且反映出社会无序发展的影响，即围垦显著增加的后果。滨湖的安乡县也与湘阴县类似。

水灾增加，从形式上又可分为三种，第一种是由于外水超高，导致垸堤溃决的洪灾。第二种则是由于后续围垦的垸田堵塞了前期围垦垸田的排水通道所形成的涝灾。第三种是渍害，这是由于先期开发的垸田不再接受泥沙沉淀，而垸外滩地则继续泥沙沉积的过程，久之便形成后期开辟的垸田高程高于先期开发者。所形成的碟形洼地在汛期高水位入渗影响下，地下水位抬高，浸泡作物根系，形成渍害。由于渍涝灾害增加，嘉庆二十一年（1816 年）澧州有魏家、上夕阳、下夕阳三个官垸被批准废弃。道光年间，华容、湘阴、沅江等县也有不少堤垸相继废毁，重新沦为湖泊。

（3）不堪重负的修堤经费负担

水灾威胁越大，堤防只能越修越高；湖泊圈围成垸越多，负担越重，对堤防的依赖也越深，形成恶性循环。清政府为此承担了相当大的财政支出，此其一。其二，水灾发生后，政府还要以蠲免、缓征和赈济等形式予以救济。直接被水之地蠲免一定数额的赋税；附近轻灾区缓征当年捐税，以扶植恢复生产；政府对无所依靠的灾民则施行口粮的赈恤。道光年间赵仁基指出，水灾之后沿江各省动辄蠲免和缓征数百万银两，赈赏又有百万之多。偶尔遭灾尚可承受，连年遭灾将何以持久？因此他建议，有些垸田屡屡遭灾，没有必要继续存在，应将其额定赋税免除，而退田还湖，或"豁免（赋税）以为滩地"[2]，这样做

[1] 彭雨新、张建民：《明清长江流域农业水利研究》表 4-20，武汉大学出版社，1992 年，第 262-265 页，湖区部分州县清代水灾统计。

[2] （清）赵仁基：《论江水十二篇》，《再续行水金鉴》卷 32，水利委员会编印，1942 年，第 862 页。

经济上反而合算。

堤防修筑费用同时又是附近百姓的沉重负担。清代环洞庭湖九州县堤防经费"向系民间岁修。工费或多，官修助之。查康熙五十七年（1718年）官修堤费，湖北四万有奇，湖南二万五千有奇"[1]。据《荆州万城堤续志》记载，荆江堤防"所用岁修土费于业户名下按亩摊征"，即"于北岸受益业民照粮派土，按方折价"[2]。土费用来开支岁修抢险一应人工物料所需，此后土费逐渐增加，至光绪初年，荆江大堤保护范围的农田按每33亩征收粮银一两，总共征收粮银12 200多两。而随粮银一起征收的土银却高达41 800多两。土银和粮银共计54 000多两。其中地面高程不同的山田和湖田所征土费大约是1∶3。平均来看，修堤所用土费大约是粮税的3.5倍，难怪光绪十四年（1888年）江陵百姓强烈反映"土费病民"[3]。

洞庭湖围垸的修堤负担也不亚于荆江大堤保护的江北区。据湘阴、常德和南县地方志统计，当地每顷垸田平均都有六七十丈长的堤防保护，见表2-3。

表2-3　滨湖三县堤垸田、堤比例表

州县	垸数	堤长/丈	田地/顷	每顷田堤长/丈	备注
湘阴县	69	123 766	1 670	74	光绪《湘阴县志》
常德县	16	44 401	726	61	同治《武陵县志》
南县	13	25 200	342	74	民国《南县志备忘录》

资料来源：彭雨新、张建民：《明清长江流域农业水利研究》，武汉大学出版社，1992年，第265页。

乾隆九年（1744年）御史张汉上《请疏通江汉水利疏》，即已明言堤防之累。他说湖广一带原称富饶，谚云：湖广熟，天下足，一岁两稔，吴越亦资之。如今稍逢水旱即不免仓皇，居民不免于贫穷，难道是堤防之累吗？"然逐年估计，既苦派费之烦多；溃决无时，又虑身家之莫保。岂非河堤之为累乎？"[4]据此他认为单纯修堤御水是"人民受累之源"，江汉防洪建设的出路在于将荆江和汉水的洪水向两岸分泄。因此，应该着力疏浚分水支河和开辟分蓄洪区。

[1]（清）黎世序：《续行水金鉴》卷152，国学基本丛书本，第3546页。
[2]（清）舒惠：《荆州万城堤续志》卷6《经费摊征》，光绪二十年（1894年）刊本，第11页。
[3]（清）舒惠：《荆州万城堤续志》卷6《经费摊征》，光绪二十年（1894年）刊本，第10页。
[4]（清）张汉：《请疏通江汉水利疏》，《清经世文编》卷117，中华书局影印本，1992年，第2852页。

（4）航运、水产、旅游和环境效应的退化

洞庭湖区及四水古时已有发达的航运。据考古发现的战国前期鄂君启节铭文，当年由湖北鄂城向西南的水路，经湘水可直达今广西边境。资水、沅水和澧水也都是通航河道。北宋时洞庭湖处于鼎盛时期，梅尧臣有"风帆美满八百里，夕从岳阳楼上看"的诗句，可见航运发达景象。至雍正九年（1731年）还因洞庭湖"横无涯际，舟行遇汛，无地停泊"[1]的问题，由皇帝特批在湖中舵杆洲建避风港，以便利商船航行。其时湘潭县已是"千艘云集"[2]，有人建议在长沙另外建设水运港口，以利通江航运。但随着淤积和围垦的增长，湖区航运逐渐萎缩。1950年洞庭湖区尚有通航河道180条，通航里程4 223千米，20世纪80年代已有52条河道断航，断航里程1 280千米。

湖泊围垦对渔业的影响也十分明显。围垦不仅缩小水面，而且减少了草滩和水位消落区，破坏了饵料基础。仅20世纪50年代到80年代，由于湖泊萎缩已使这个国内著名淡水渔业基地的鲜鱼产量下降一半。不仅如此，洞庭湖芦苇产量居全国之冠。围垦之前的浅水洲滩生产芦苇，比围垦后生产粮食的经济效益显著。华容县曾毁掉5.8万亩苇田办农场，农业收入只及芦苇收入的6%[3]。而且芦苇是造纸主要原料之一，多用芦苇可以减少森林消耗，生态效益也很可观。

湖泊还对周围气候和环境有显著调节作用。据近代研究资料，安徽巢湖可使近湖地区每年无霜期延长20～40天；武汉东湖1米厚的表层水体水温升高或降低1摄氏度，可使武汉市区上空100米大气层温度也升高和降低1摄氏度[4]。

可见湖泊比起围垦湖泊得到耕地具有更广泛的经济价值和环境效益，是水利规划工作不容忽视的重要内容。

三、荆江和洞庭湖防洪减灾规划思想评述

洞庭湖自古以来就与荆江相通。荆江宣泄长江洪水能力不足时，必以洞庭为洪水停蓄之地，因此，洞庭湖的防洪减灾规划应当和荆江洪水出路统一考虑。明清以来，荆江和洞庭湖水害日甚，规划意见颇多，归纳起来大致有：着重采

[1]（清）黎世序：《续行水金鉴》卷152，国学基本丛书本，第3558页。
[2]（清）黎世序：《续行水金鉴》卷152，国学基本丛书本，第3565页。
[3] 卞鸿翔、龚循礼：《洞庭湖区围垦问题的初步研究》，《地理学报》1985年第2期，第138页。
[4] 南京地理与湖泊研究所：《中国湖泊概论》，科学出版社，1989年，第229-230页。

用工程措施调度洪水的规划方案；着重滞蓄洪水的规划方案，以及开发与环境协调发展具有全面治水思想萌芽的规划方案三种。

1. 采用工程措施调度洪水的规划方案

（1）开穴口分流

洪水是致灾因子，规划好洪水出路或兴建工程防止洪水泛滥，自当能消减灾害。长江中游荆江段过水能力有限，洪水除由江道下泄外，需要仰仗湖泊的调蓄。云梦泽是最初的长江中游调蓄湖泊，此后由于地质变迁和泥沙淤积，江南的洞庭湖逐步取代了江北云梦泽的地位。元代大德年间经管荆州修防的林元追溯荆江分流两岸湖泊的历史过程时说："古有九穴十三口，沿江之南北以导荆水之流，夏秋泛溢，分杀水怒，民赖以安"[1]，自南宋年间倡导荆州一带沿江湖屯田，逐渐将南北两岸分水穴口堵闭，于是捍御江水泛溢的任务主要仰仗两岸堤防承担。每年冬十月至春三月忙于修堤，夏五月到秋八月忙于防洪，而所保护的农田税收只有农民实际支出的十分之一，其余十分之九则消耗在修堤防洪上面。大德七年（1303 年）以来，荆江堤防一再溃决，林元主持防务疲于奔命，于是召集地方耆老反省防洪对策，"皆曰开穴为便，塞穴为不便。遂定不筑陈瓮港（决口）之议以验其效。是岁夏涝不减于常年，独陈瓮当下流之浸，注之洞庭，而无常岁冲注之患，农亩稍收，乃大合士民讲究之词。力陈古穴必合疏导之利，以告府"[2]，之后，经两省主管官员共同研究并请示朝廷，"遂下合开六穴之令。江陵则郝穴，监利则赤剥，石首则杨林、宋穴、调弦、小岳"[3]。至大元年（1308 年）"秋大熟，网罟之地转而犁锄，菰蒲之乡化为禾黍"[4]，取得了牺牲局部，保障全体的效益。这是最早见于记载的主张开穴口分流防洪的意见和举措，为后世持这种建议者广为引用。

不过，根据元代前期垸田围垦尚不过分的情况来说，开穴口分洪的办法实行起来困难较小。而自明嘉靖年间至清代前期的鼓励垦殖政策倡导下，垸田快速膨胀，再行此道，困难加大。雍正六年（1728 年）湖广总督迈柱认为，古代荆江有九穴十三口分洪，当年穴口分流，下注湖泊，经湖泊停蓄，再由支河于

[1] （元）林元：《重开古穴碑记》，（清）倪文蔚：《荆州万城堤志》卷 9，光绪乙酉（1885 年）重刊本，第 1-2 页。
[2] （元）林元：《重开古穴碑记》，（清）倪文蔚：《荆州万城堤志》卷 9，光绪乙酉（1885 年）重刊本，第 1-2 页。
[3] （元）林元：《重开古穴碑记》，（清）倪文蔚：《荆州万城堤志》卷 9，光绪乙酉（1885 年）重刊本，第 1-2 页。
[4] （元）林元：《重开古穴碑记》，（清）倪文蔚：《荆州万城堤志》卷 9，光绪乙酉（1885 年）重刊本，第 1-2 页。

下游回注于江，"此古穴所以并开者，势也。今耕牧渐繁，湖渚渐平，支河渐堙，穴口故道皆为廛舍畎亩，它如章卜等穴故道无复旧迹矣。此今穴所以多塞者，亦势也"[1]。

开穴口分洪固然存在困难，但不分又无出路，于是乾隆九年（1744年）御史张汉重又提出解决荆江和汉江洪水出路必须分洪，利用两岸湖泊洼地进行调蓄的意见。他说："洞庭居大江之南，方八百里，容水无限，湖水倘增一寸不觉其涨，江水即可减四五尺……欲平江汉之水，必以疏通诸河之口为急务"。[2]同年，湖广总督鄂弥达以今昔情形不同加以反对，相反却主张高筑堤防与洪水抗衡[3]。意见固然有理，但荆江段输水能力有限，特大洪水无法由江道宣泄，洪水出路究竟何在？这是历代治水者不得不回答却又难以回答的问题。

最初的分流意见多沿袭元代九穴十三口的说法，主张南北两岸分疏。但自明代嘉靖年间北岸穴口已尽行堵闭，荆江主要向南分流。几百年间，江南地面淤积渐高[4]，再行北分安全难以保障。道光十三年（1833年）御史朱逵吉重又发挥张汉开穴口分流入洞庭的主张[5]。经勘查后，道光二十年（1840年）湖广总督周天爵建议："江之南岸改虎渡口东支堤为西堤，别添新东堤，留宽水路四里余，下达黄金口，归于洞庭。再于石首调弦口留三四十里沮洳之地泻入洞庭"[6]，开宽虎渡口的工程于道光二十二年（1842年）进行，新口宽数百丈[7]。这是清代唯一的一次疏通穴口向南分水，以解荆江洪水危机的实践。直至咸丰二年（1852年）和同治十二年（1873年）荆江洪水冲开藕池口和松滋口，自行夺路南行，分流才算有了进一步的结果。

（2）塞口还江

与开穴口相反的方案是塞口还江。其要旨是封闭沿江分水穴口，加强荆江南北两堤，输送洪水下泄。最早提出于道光末年。道光二十二年（1842年）顾及荆江大堤的安全，将虎渡口由30丈展宽至数百丈，而虎渡河却未相应扩展，

[1]（清）黎世序：《续行水金鉴》卷152，国学基本丛书本，第3549页。

[2]《清经世文编》卷117，中华书局影印本，1992年，第2852页。

[3]（清）黎世序：《续行水金鉴》卷153，国学基本丛书本，第3574页。

[4] 据近代测量，荆江南岸长期接受分流，地面淤积抬升，如今南岸地面一般高出北岸地面5～7米。荆江两岸形成南高北低的形势。见石铭鼎、栾临滨：《长江》，上海教育出版社，1989年，第65页。

[5] 武同举等：《再续行水金鉴》卷4，水利委员会编印，1942年，第118页。

[6]《清史稿·河渠志四》，《二十五史河渠志注释》本，1990年，第648页。

[7] 武同举等：《再续行水金鉴》卷9，水利委员会编印，1942年，第213、第254页。

于是下游泛滥。道光三十年（1850年）俞昌烈提出《议修虎渡口禀》，建议"莫如将支河口门仍收作原宽三十丈"[1]，开塞口还江之先。而呼吁最切的是在咸丰十年（1860年）藕池河形成，激化了南北两岸水利矛盾之后。

藕池决口后荆江洪水大量南泄，"决口之宽广与江身等。浊流悍湍，澎湃而南，水既增加，湖身淤浅。今华容当口处泽皆成洲，湖至冬涸，褰裳可济"[2]。至光绪十八年（1892年）由于藕池口来水所挟泥沙的淤积，"龙阳、华容、安乡三县境内新长南洲广袤几二百里，南洲以外尚有私垸多处侵占湖面。现在（洞庭）西湖已涸其半，东湖亦渐淤垫，水无所容，横溢四出"[3]。湖南籍官绅群起反对，要求封闭藕池口。次年由张之洞主持勘测，此时藕池口分流水量较之四十年前初溃时已减少一半，但实测"藕池口门仍广三百五十五丈，中泓洪深三丈，盛涨加高二丈余"[4]，堵筑工程艰巨难行。而且湖北湖南对于分水意见对立，因此，塞口还江之议被搁置起来，任分流和淤积自然发展。

四口分流淤积湖泊水体和湖内行洪通道，不仅影响湖水消泄，也妨碍通航。为此宣统元年（1909年）曾向德国订购链斗式机械挖泥船一艘，全部花费为5.2万两银子。计划在试行有效后适当收取过往船只通航费用，用来陆续添置新船和支持经常性开支[5]。

塞口还江的主张于湖南眼前利益最为直接，但保持洞庭湖容积，设法抑制湖泊淤积的发展，对于长江中游南北两岸防洪大计来说是至关重要的。客观形势是，荆江输水能力不能保证特大洪水下泄，必须有适当容积的水体加以调蓄，而洞庭湖是最有效的天然调蓄场所，如果任由荆江来沙淤积和人为盲目围垦，其结果将是"湖中之水既渐变而为田，湖外之田将胥变而为水，湖南之大患无有过于此者"[6]。若洞庭湖淤废，不得不再寻求新的调蓄容积来代替它，人们认识到这将是熙宁年间王安石涸干梁山泊故事的再版。

1936年李仪祉评价扬子江水利委员会于松滋、太平（虎渡）、藕池、调弦四口建滚水坝的建议"甚以为是"。他说，"现存之湖面不惟中央为扬子江本身

---

[1]（清）俞昌烈：《议修虎渡口禀》，《荆州万城堤志》卷末，光绪乙酉（1885年）重刊本。

[2]（清）黄海仪：《荆江洞庭利害考》，《再续行水金鉴》卷32，水利委员会编印，1942年，第850页。

[3] 武同举等：《再续行水金鉴》卷22，水利委员会编印，1942年，第587页。

[4] 武同举等：《再续行水金鉴》卷22，水利委员会编印，1942年，第585-586页。

[5] 武同举等：《再续行水金鉴》卷22，水利委员会编印，1942年，第652页。

[6] 武同举等：《再续行水金鉴》卷22，水利委员会编印，1942年，第588页，光绪十九年（1893年）湖南巡抚王文韶语。

计必欲保持；鄂人为北岸安危计，不肯令之淤废；即湘人为其整个经济计，其保湖之心当较它省人为更切"[1]。为此，曾计划在四口建滚水坝，坝顶高程的确定应照顾到：荆江盛涨时可自行分流入洞庭，而在警戒水位以下，可集中水流，以期刷深荆江河床；限制泥沙入湖，以维持湖泊调蓄容积。主要措施有三点：第一，定湖界，以制止湖泊继续被围垦蚕食；第二，定洪道，使湘、资、沅、澧四水各有独立的排洪水道直接入湖；第三，确定四口的调节流量，即确定滚水坝坝顶高程，以保障荆江防洪安全和避免湖泊萎缩双重目标的实现。虽然荆江特大洪水完全仰赖洞庭湖调蓄尚不足以保障安全，但洞庭湖这一自然调蓄水体的存在却是荆江防洪保障的关键，李仪祉设法维持和保护洞庭湖现存容积的规划思想是可贵的。

2．改变土地开发方式以适应滞蓄洪水的规划方案

（1）退田还湖，增加湖泊容蓄量

限制垸田开发自乾隆前期开始，有蒋溥、杨锡绂和陈宏谋先后上奏，请求严禁垸田开发。乾隆二十八年（1763年）朝廷决意严格执行，责成湖南巡抚乔光烈每年亲自查勘湖区垸田情况，并隔一两年上报一次，定为惯例。但地方从私利出发，不断盗围。嘉庆七年（1802年）湖南巡抚马慧裕再次检查，私垸又增加九十四处之多。据称其中九十一处可以保留，如若被水冲溃则不许恢复。其余三处应立即刨毁。然而私围垸田直接关系到地方政府的财政收益，暗中受到保护，因而，非但制止无效，事实上更变本加厉盗围。[2]据道光七年（1827年）查勘，二十五年间又"续增私垸一百四十三处"[3]，经核查，其中一百处可以保留，四十三处妨碍行洪，应行刨毁。此后，受私利驱使，盗围之风仍旧禁而不止。

道光以后洞庭湖水灾愈益恶化，其时社会各界普遍呼吁严禁围田。著名学者魏源著《湖广水利论》，阐述洞庭湖防洪利害，指出洞庭湖防洪形势恶化的主要原因有两条：一是贵州、广东、四川、陕西交界地区大量开垦山地，导致水土流失，使长江和通江湖泊淤积萎缩；二是长江滩地和通江湖泊的围垦。于是

[1] 黄河水利委员会选辑：《李仪祉水利论著选集》，水利电力出版社，1988年，第528页。
[2] 武同举等：《再续行水金鉴》卷1，水利委员会编印，1942年，第23-25页，道光五年（1825年）御史贺熙龄奏疏。
[3] 武同举等：《再续行水金鉴》卷1，水利委员会编印，1942年，第101页。

"向日受水之区，十去其七八矣"[1]。因此，为防洪计必须刨毁一切阻碍水道的
垸田。那么，退田还湖"费将安出，人将安置？"他认为垦田与防洪难以两全
其美。两害相权取其轻，两利相权取其重，毁一垸而保众垸，治一县而保众县
的事不能不做。而退田还湖的关键在于执法必严，"欲兴水利，先除水弊。除弊
如何？曰，除其夺水夺利之人而已"[2]。道光末年监利学者王柏心著《导江三
议》，指出当时"明知修防非策，而城郭田庐舍此别无保卫之谋，故竭膏血于畚
锸而不辞也"[3]，工程防洪措施的加强是必不可少的，但荆江一带缺少容蓄洪
水场所则是关键所在，因此他同时还建议加大向洞庭湖分水流量，宁肯舍弃已
成的局部产业才能保障更多的产业。以损失华容、安乡一带二三百里有名无实
之租赋田亩，来换取沿江沿湖上下千余里地的安全。治理方案已不限于魏源主
张的开辟行洪道，而进一步要求扩大蓄洪容积。

（2）改变湖区土地的利用方式

除围垦垸田之外，蓄洪垦殖是湖区土地利用的另一种方式。乾隆三十年
（1765 年）湖广总督定长和湖北巡抚鄂宁上奏，湖北各县多外临江河，内滨湖
港，水大即漫淹田地，当地居民均习以为常，并采取与之适应的生产方式。水
来时捕鱼为业，水退后根据节气，"以次补种中禾、晚禾。即迟至白露节内涸出，
亦可补种荞麦、杂粮等物"[4]，且水淹之时泥沙沉积，土性加肥，来年庄稼长
势更旺。他们举出汉川县汈汊垸为例，该垸本是与水争地筑堤而成，垸堤周长
七千五百余丈。垸内田税渔课每年只征收一千三百两，米八十余石。由于灾害
频发，政府赈贷款额反而比税收加倍。因此，不如顺应水性，将农田改作蓄洪
垦殖，税收也相应改变。"无水之年以地为利，有水之年即以水为利，任水之自
然，不与之争地，俾免告灾请赈之繁"[5]。这样政府每年仅少收赋税二百多两，
却省去频年赈灾之费和民众筑堤之苦。

当然，蓄洪垦殖的生产环境不稳定，废垸之后耕作粗放，一般只是在秋冬
两季种植一些杂粮。"每年广种薄收，全赖捕鱼刈草之利以完赋课"[6]，生产方

[1]（清）《魏源集》，中华书局，1976 年，第 389 页。
[2]（清）《魏源集》，中华书局，1976 年，第 391 页。
[3]（清）王柏心：《导江三议》，丛书集成本，第 2 页。
[4]（清）黎世序：《续行水金鉴》卷 153，国学基本丛书本，第 3585 页。
[5]（清）黎世序：《续行水金鉴》卷 153，国学基本丛书本，第 3586 页。
[6] 光绪《湖南通志》卷 47，商务印书馆（上海）影印本，1934 年，第 1282 页。

式以捕鱼、割草和种植芦苇为主。

3. 从保护生态环境出发全面治水思想的萌芽

道光十五年（1835年）前后，赵仁基提出《论江水十二篇》[1]，指出道光前期长江频繁决溢根源主要在于河道淤积，河床增高，以及滥肆围田，阻碍江道。他的治理方案独特之处在于同时包括治水和减灾两方面，即"治江之计有二：曰广湖潴以清其源；防横决以遏其流。治灾之计有二：曰移灾民以避水之来；豁田粮以核地之实"。既采取工程措施调控洪水，与洪水作斗争，同时，调整经济发展和人口布局，以适应洪水。具体措施有：

第一，兴建水土保持工程以减少河湖淤积，"其泥沙尤重者为陂以障之，使水既澄而后入江，以纾江底（淤积）之患"。

第二，禁止私筑围垸，让地与水。

第三，两岸堤防后撤，再依托沿江山地重新构筑堤防加宽河床。

第四，将低处易受灾的居民迁往高地。

第五，将易受灾的田地"概请豁免以为滩地，勿复征收"。

著有《长江图说》的马征麟也提出五个方面的治江治湖计划，即"一曰禁开山以清其源；二曰急疏浚以畅其流；三曰开穴口以分其势；四曰议割弃以宽其地；五曰修陂渠以蓄其余"[2]。基本思想和赵仁基类似，体现出从生态环境入手规划治江治湖思想的萌芽。

研究古代洞庭湖水利和防洪规划，可以看出，水利建设除牵涉自然条件外，还尤其受到社会条件的影响和制约，反映出水利工作的特点和难度。在社会影响方面，人们认识自然规律固然有一个渐进的过程，但急功近利始终是最大的障碍。以洞庭湖在荆江防洪中的地位而言，自清乾隆中期以来，洞庭湖不可或缺已成为社会共识，朝廷屡次颁发禁令，但围垦非但不为所止，反而变本加厉。之所以有禁不止，关键在于围田多系达官贵戚或豪强地主所为，地方政府不敢得罪。此外，围田租赋也有利于地方经济和显示官员政绩，因而多方庇护。以致洞庭湖愈围愈小。淤积是自然规律，已经淤高了，即使不围也无可挽回。但资料表明，至少在近半个世纪来，自然淤积对蓄洪能力的蚕食，只是人工围垦

[1] 武同举等：《再续行水金鉴》卷32，水利委员会全编印，1942年，第855-862页。
[2] 武同举等：《再续行水金鉴》卷32，水利委员会全编印，1942年，第863-868页。

的三分之一。何况四口四水来沙逐渐增加也并非纯自然演变，更在于山区丘陵人为垦殖的强化。孟子说："人有不为也，然后可以有为"，此不为是急功近利之为，而可以有为才是荆江防洪大计之为。人们不可一味向自然索取，否则，日后难免遭到自然的报复。

人类社会的进步无不伴随着对自然的改造，如今人类改造自然能力之强前所未有，甚而可以将长江横断。但即使三峡建成，对于防御1954年洪水来说，还需要在中游安排约300亿立方米的调蓄能力，方能保证安全，洞庭湖的作用仍将是举足轻重的。从这一大局出发，规范社会经济发展以适应洪水规律，将是不以人们意志为转移的。前人急功近利盲目围垦的恶果遗留至今，当代人有责任加以改正，而不能再留给后人。

第三节　清代海河流域水利规划与水土资源利用及治理

河湖水系是地理环境的最基本要素，也是水利建设的基础。一个水系是统一的有机联系的整体，流域局部的水利施工，往往会对流域全局的生态环境产生影响。因此，在开展水利建设的过程中，需要一个指导流域水利建设的整体规划，即制订利用水土资源、防止水旱灾害、维护良好生存环境的总体建设计划，用以规范各个局部水利兴修，协调当前与长远，需要与可能之间的矛盾，达到总体的最优结果。历史时期的流域规划是随着自然地理条件的变迁和经济的发展而逐渐进步的。本部分以海河流域为例，探讨清代流域规划对流域环境的影响。

一、海河农田水利规划与水土资源利用

海河流域历史上的农田水利规划是陆续完善的。战国初期兴建的引漳十二渠是我国最早的大型渠系灌溉工程，但此时的灌溉工程建设多是因地制宜开展，缺乏系统的规划。元代以来，定都今北京，海河流域成为全国政治中心。当时经济中心位于南方，为改善首都地区的供应条件，每年主要通过京杭运河由南方漕运数百万石粮食和其他物资到北方，耗费了大量的人力物力。为改善南粮北运的困境，自元至清，相继开展了多次水利营田的规划与实践，成为这一时

期海河流域水利发展的显著特点，其中清代的水利营田规模最大。所谓水利营田，主要是通过水利建设改造田地，提高农业产量。水利营田的主要方式有两种：一是通过发展水利事业改善土地的生产条件；二是利用水利条件改变种植的作物。古代一般将国都附近的地方统称为畿辅，因此，这一时期海河流域的水利营田也称为畿辅水利营田。

1. 雍正年间允祥和陈仪的畿辅水利营田

康熙四十三年（1704 年），天津总兵蓝理在天津城南利用沼泽洼地屯田。他采取开渠排涝、筑堤围田的办法，开垦稻田 200 顷。后来，康熙帝将这 200 顷稻田赐给蓝理，对后来的屯田产生了影响。此后，相继有人提倡发展水利营田，其中取得一定成效的是怡亲王允祥。

雍正三年（1725 年），海河流域大水，70 余州县被淹。从外地运来的赈灾粮，因运时过长，仓储不善，多有腐烂，京师米价腾贵。在这种情况下，雍正帝下决心在畿辅地区兴修水利，发展粮食生产。他任命其弟怡亲王允祥、大学士朱轼查勘畿辅水利。在实地勘察的基础上，允祥、朱轼等提出了详细的水利建设方案，并得到了皇帝的批准。他们认为："水聚之则为害，而散之则为利；用之则为利，而弃之则为害。仿遂人之制，以兴稻人之稼，无欲速，无惜费，无阻于浮议。"[1]在治河的同时，应着重兴办水利营田；通过广泛兴修水利营田，分散用水，达到治水的目的。这一方案得到雍正帝的批准。雍正四年（1726 年），他们选择水利条件较好、有营田基础的滦县和玉田县等地试行种稻。水利经费先由政府借贷，每年由受益地方还本十分之一。当年修成水田 150 余顷，附近霸州、文安、大城、保定、新安、安州、任丘也自行播种水稻 714 顷，并大获丰收，起到了很好的示范作用。在取得经验后，清廷成立营田局继续开展水利营田工作，具体由怡亲王允祥主持。雍正五年（1727 年），怡亲王允祥将海河流域分作京东、京西、京南及天津四局，以流域划定屯田管理范围进行推广，取得很大成效（见图 2-10）。其中：

京东局辖今武清以东，潮白河、滦河流域 9 县，其中，丰润县引陡河和泉水的营田面积较大。自雍正四年至九年（1726—1731 年），共治官民稻田 150

---

[1]（清）吴邦庆辑：《畿辅河道水利丛书·水利营田图说》，农业出版社，1964 年，第 223 页。

余顷。雍正十年、十一年（1732 年、1733 年）又增加 270 余顷。玉田县的营田面积也较大，雍正四年至十一年（1726—1733 年）官民共营田五六百顷。其他各县一般也有一百多顷的成绩。

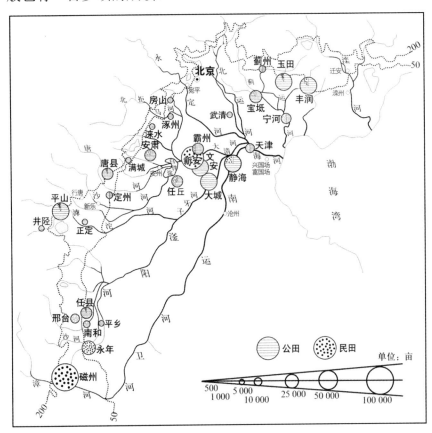

图 2-10　清代雍正年间畿辅水利营田成绩示意图

京西局包括今任丘、大城以北，霸县以西的巨马河、大清河水系 17 县。其中，营田规模较大的有新安县等洼淀区。雍正五年（1727 年），新安县之大澱淀等仿照江南围田的办法，共得稻田 150 顷。雍正六年至七年（1728—1729 年），又增加 740 余顷。文安县引河淀水，于雍正十一年、十二年（1734 年、1735 年）共营稻田 450 余顷。其他各县大都有数十顷至二三百顷的成绩。

京南局包括今滏阳河、滹沱河以西至太行山麓 10 县。其中规模较大者如平山县，该县于雍正五年至九年（1727—1731 年）共营稻田和改旱地为水田有 420 余顷。该县地近山麓，滹沱河河床较深，泛滥较少，通过疏引河水可以发展营田。同时，该河含沙量大，若干年以后地面高程抬高后，还可以改种甘薯和小米。

天津局包括天津、沧州、静海以及兴国和富国二场。这一区域一面临海，一面临运河和海河，是明末和清初水利营田的主要地区。其中天津营田主要从海河提水灌溉。明代汪应蛟在此兴利，清康熙年间总兵蓝理垦田二百余顷，雍正时都还保留有一部分灌溉设施。雍正年间有关各县分别营田数十至数百顷不等。

从雍正五年至七年（1727—1729 年），海河流域共经营水田约六千顷，当时即获丰收。由于北方农民不惯吃米，曾计划由政府收购稻米，在外地转换成小米、高粱再返销，并实行平抑物价的和籴政策。但这次营田仅持续 4 年。雍正八年（1730 年），怡亲王去世，营田遂又放任自流。雍正九年（1731 年），曾派遣太仆卿顾琮核查各处营田，要求水源充足的地方发展水利营田，并设官专管，取得一定成效。据吴邦庆《水利营田图说》记载，丰润、玉田、霸州、文安、大城等处经营水田的记录一直延续到雍正十年（1732 年）以后。乾隆年间天津稻田面积已超过农田面积总数的 60%。但是，与雍正年间鼎盛时期相比，水利营田的规模已萎缩很多。

咸丰年间，由于黄河夺淮，黄河以南运河淤塞，加上太平天国在南方占城掠地，南粮北运陷入困境，重新提出发展畿辅水利营田。这次营田主要集中在天津海河两岸。咸丰时（1851—1861 年），天津总督崇厚在海河北岸军粮屯开辟稻田 500 多顷。在军粮屯屯田区内，开东、西、中三渠，将地整理成条状 56 排，被称为"排地"，既利于灌溉又利于排水。军粮屯在 20 世纪初成为新型灌溉工程的试验基地，并最早使用蒸汽抽水机灌溉。同治十二年（1873 年），淮军首领周盛传驻军小站时兴修水利以营田，在静海靳官屯马厂减河建 5 孔闸，即今九宣闸。这是一处拒咸蓄淡工程，即潮涨则下闸以拒，潮落蓄水灌溉，在马厂减河和海河之间形成以小站为中心的屯田水利区。小站屯区沟渠纵横，堰闸密布，官营稻田 6 万亩，民营稻田 13 万亩，成为优质小站稻的产地。不过，总的来说，雍正以后水利营田的规模都不太大，影响也较有限。

2. 关于畿辅水利营田的争论

畿辅水利营田的争议在明代就已出现。明代徐贞明和王之栋曾为营田事相互指责。徐贞明强调，当时国家经济以开发北方水利最紧迫、最重要。而除水害与兴水利相表里。"盖水聚之则为害，散之则为利；今顺天、正定、河间诸郡桑麻之区，半为沮洳，由上流十五河之水惟泄于猫儿一湾，欲其不泛滥与壅塞势不能也。今诚于上流疏渠浚沟，引之灌田，以杀水势，下流多开支河以泄横流；其淀之最下者留以潴水，（淀之）稍高者皆如南人筑圩之制，则水利兴而水患亦除矣。"[1]王之栋罗列了 12 条理由反对水利营田，特别反对在滹沱河兴水田，主要是说河流迁徙无常，本地土壤筑堤不坚固，水含泥沙多不宜灌溉，动大役滋扰地方等。左光斗、汪应蛟等人都极力赞成徐贞明的主张。左光斗并说：气候不同，水源不同，习惯不同皆无妨兴水利。

入清以来，关于水利营田的争论更普遍。乾隆九年（1744 年）柴潮生也有具体阐述。他说：有人以为北方气候干燥，不宜种稻；土性沙碱，入土即渗；兴修水利易遭反对，并举出徐贞明、怡亲王营田效果不好为例，反对水利营田。其实玉田、丰润粳稻油油。且种植作物可因地而异，不必强为水田；盐碱地只是局部问题；水利占地弊少利多。至于前人营田失利，原因或是权贵反对，或是经办人员办事不努力[2]。

嘉庆年间程含章则认为："岂惟人事，亦若天时、地利、物性、人心，皆有断断难复之势。"究其原因主要是：①北方春夏少雨，正是育秧、插秧季节；②北方土松，水易渗漏，又多泥沙，淤积难浚；③北方农民不熟悉稻作，反不如旱作收获多等[3]。

道光年间林则徐编辑《畿辅水利议》，集中阐述了他的水利经济思想。强调要改变南粮北运局面必须在北方实行水利营田。当时畿辅地区农田面积为六十四万顷，稻田大约占一万顷。他认为北方少稻田是因为农民不清楚稻田的收益巨大，而不是北方不适合种稻。即使天时不利，也可依仗人力补救。并提出了一系列在北方发展水田的行政措施和经济措施。

海滦河流域的多年平均降水约为 500 毫米，但一年中的雨量分配却极不平均，与水稻生长期不相协调，雨量不足是大面积发展水稻的主要制约因素。此外，本地多雨季节为 6—9 月，一般最大的 4 个月降雨量占全年总降雨量的 70%～80%，且多暴雨。加上本流域地形特点，各大支流扇形铺开，下流汇聚天津，

[1]（清）赵一清：《书徐贞明遗事》，《清经世文编》卷 108，中华书局影印本，1992 年。
[2]（清）柴潮生：《敬陈水利救荒疏》，《清经世文编》卷 108，中华书局影印本，1992 年。
[3]（清）程含章：《复黎河帅论北方水利书》，《清经世文编》卷 108，中华书局影印本，1992 年。

各支流洪水容易遭遇，洪水灾害是本区的主要水利问题，直接妨碍农田水利的发展。在这种条件下发展水稻生产是有实际困难的。

历史上水田的记载多位于太行山麓和燕山山麓等局部地区，始终未能在流域范围铺开，除社会原因之外，自然条件的不利因素也是其中的主要原因。

成功的农田水利规划必须适合本地水资源条件，区域经济社会的发展必须考虑本地水资源和水环境的承载能力，这是元明清三代海河流域水利营田留给我们的最重要的历史启示。

二、海河防洪除涝规划与治理途径

海河流域多年平均降水量不过400～600毫米，但却主要集中于6—9月，加之海河水系各河呈扇形由北、西、南三面汇聚于天津，由海河入海，因此，该区泄水不畅是主要症结。

1. 海河水系的河道和洪水特点

历史时期，现在的海河水系大致分属南北两个水系。即由大清河、子牙河和南运河组成的南系和由永定河、北运河组成的北系。在南面，黄河自夏代以来主要游荡在今海河流域南部，最北的经行至今天津入渤海。这个形势维持到东汉初年王景治河时。此后黄河经行大致稳定在今黄河略北一线，由利津入海，形成今天海河水系的大致格局。北宋年间黄河一再北徙，侵入海河水系南部，但自宋金之交，建炎二年（1128年）黄河南徙，夺淮入黄海，海河水系重又稳定。由于黄河冲积扇的压迫，海河水系逐步形成由北运河、永定河、大清河、子牙河和南运河五条支流汇聚天津入海的"朝宗辐辏，厥惟一途"[1]的水系特点和洪水汇聚的不利防洪形势。

道光四年（1824年）主持海河治理的程含章对海河防洪不利的自然形势就有概括的归纳，他说："查直隶枕山近海……枕山则雨水陡泻，挟沙带泥；近海则众水朝宗；地形洼下，平原广野则河水停积，消泄不速。故其受水患也独深。"[2]

[1]（清）陈仪：《直隶河渠事宜》，《畿辅河道水利丛书》，农业出版社，1964年，第61页。
[2]（清）程含章：《总陈水患情形疏》，《清经世文编》卷110，中华书局影印本，1992年，第2661页；（清）王善梯：《畿辅治水策》，《清经世文编》卷108，中华书局影印本，1992年，第2618页。

王善柿也说："尝观畿辅之间，冬春水涸，大泽名河多可徒涉；一遇伏秋，山水迅发，奔腾冲突。"正确地指出了：第一，海河洪水主要由暴雨形成；第二，发源于太行山和燕山山麓的支流坡陡流急，挟带大量泥沙，下游河道淤积；第三，河流进入平原后坡度陡降，河水消泄不畅；第四，五大支流汇聚天津入海，洪水互相顶托，加剧了防洪的困境。

海河防洪形势的严峻与本区经济开发、人口繁衍也直接相关。乾隆元年（1736 年）著名学者方苞在论述永定河水患加剧原因时就曾提到，康熙三十七年（1698 年）永定河筑堤入东淀之前，泛区"室庐甚少"，而筑堤之后"民皆定居，村堡相望，势难迁徙"[1]，指出了水灾频发的社会因素。

2. 清代永定河下游系统筑堤对海河防洪的影响

在海河水系五大支流中，大清河和南北运河较为稳定。大清河有西淀（白洋淀）和东淀调蓄，南北运河下游汇注海河，但各自都有分洪减河，防洪压力并不严重。子牙河由于含沙量较大，下游河道时常迁徙，但自明代已建有西岸大堤，下游入文安洼和东淀，再由海河入海，对海河防洪全局也无大害。只有永定河，由于含沙量大，迁徙无定，所经又是政治中心区，防洪问题最为复杂。

元代永定河自石景山出山后，东南至武清，再入三角淀。明代河道西移，至清初河道主要流经固安、霸州一线以西。沿途州县各自建有保护地方的防洪堤，迄未系统筑堤。水大时漫溢出槽，泥沙沉积于农田，清水逐渐汇集入淀。在此期间，永定河防洪问题主要表现在自身，对整个海河水系的影响较小。就其本身而言，"虽东坍西涨，时有迁徙，亦不无冲督之虞；而填淤肥美，秋禾所失，夏麦倍偿，原不足为深病"。[2]

康熙三十七年（1698 年）为稳定永定河，从卢沟桥以下至永清之朱家庄全长二百多里的河道两岸筑堤，自柳岔口注入东淀。这一措施对于控导永定河洪水自是有利，然而，所挟带的大量泥沙亦因而长驱直入，于是"淤高桥淀，而信安、堂二铺遂成平陆；淤胜芳淀，而辛张、策城尽变桑田。向之渺然巨浸者

---

[1]（清）方苞：《浑河改归故道议》，《望溪先生文集·集外文三》，四部备要本，第 238 页。

[2]（清）陈仪：《治河蠡测》，《畿辅河道水利丛书》，农业出版社，1964 年，第 109 页。

皆安归乎？"[1]阻塞了自白洋淀东下的大清河流路。东淀水位抬高，南运河堤也岌岌可危。不仅如此，就永定河本身而言，筑堤后河身不断淤高，至乾隆二年（1737年）河床已高出平地八九尺至一丈。

后人评价永定河筑堤为失策，虽然由此取得了永定河30年的安澜，但由于"不为全河计，而只为一河计……于是淀病而全局皆病，即永定一河亦自不胜其病"[2]。至雍正三年（1725年）遂决定"引浑河别由一道入海，勿使入淀"[3]。但永定河向东另辟入海路径，必与北运河交叉，当年未能解决这一横穿运河的技术难题，只好将其下口向东摆动，最终以东淀西北之三角淀取代东淀作为永定河的淤沙库，此举并未能根本解决问题，矛盾愈演愈烈。嘉庆六年（1801年），东淀水位过高，竟从独流镇至天津杨柳青一带穿过南运河向东入海。漕运因而受阻。甚至作为全流域主要的入海尾闾的海河，淤积也显著增加，以往南洼之水可以由海河南岸七闸通过海河宣泄，嘉庆初年由于海河河床淤高，即使在小水时期，南洼积水也不能进入海河。时人反而谋求由七闸宣泄海河涨水。[4]可见由于永定河筑堤淤淀，海河防洪全局更加被动。

3. 海河淀泊的防洪地位

除永定河筑堤显著加大了河道和洼淀的淤积外，社会经济的发展和土地的开发也存在不利防洪的负面影响。白洋淀（西淀）出口由赵北口桥向东经中亭河入东淀。赵北口桥原由十座小桥相连而成，至雍正年间已十淤其九，只有广惠一桥可以通船。其中的一个原因是："桥西所有河道，被民间夹取垡泥垫成园圃，占碍河流所致。"[5]

淀泊是海河蓄滞洪水的关键，清人深刻认识到白洋淀和东淀的防洪地位："举畿辅全局之水，无一不毕潴于兹，以达津而赴海。则其通塞淤畅，所关于通省河渠之利害者，岂浅鲜哉。"[6]淀泊在水大时蓄水，水小时淀边土地涸出。为防洪全局，必须杜绝淀边滩地垦殖，维护淀泊的蓄水能力。然而滨水百姓"惟

[1]（清）陈仪：《治河蠡测》，《畿辅河道水利丛书》，农业出版社，1964年，第109页。
[2]（清）陈仪：《治河蠡测》，《畿辅河道水利丛书》，农业出版社，1964年，第109页。
[3]（清）陈仪：《直隶河道事宜》，《畿辅河道水利丛书》，农业出版社，1964年，第68页。
[4]（清）沈联芳：《邦畿水利集说总论》，《畿辅水利四案附录》，道光三年（1823年）刊本，第36页。
[5]（清）陈仪：《四河两淀私议》，《畿辅河道水利丛书》，农业出版社，1964年，第102页。
[6]（清）陈仪：《治河蠡测》，《畿辅河道水利丛书》，农业出版社，1964年，第108页。

贪淤地之肥润，占垦效尤，所占之地日益增，则蓄水之区日益减。每遇潦涨，水无所容，甚至漫溢为患。在闾阎获利有限，而于河务关系匪轻。其利害大小，较然可见"[1]。于是由乾隆皇帝亲自下令，此后不得继续占垦。否则不仅占垦者治罪，地方官员也要被追究。可见，随着社会经济的发展，对土地的开发日益普遍和深入，必然会导致和防洪需求的冲突，因此，从全局出发，合理规划防洪与发展，以保证局部服从整体，换取全局的最大利益，这是各个时代，尤其是经济快速发展的时代所应借鉴的历史经验。

4．清代中叶海河和永定河防洪方略的讨论

康熙三十七年（1698 年）永定河修筑系统堤防，由于只考虑各支流分别治理，对全局认识不足，加剧了海河防洪的矛盾。自雍正以后 200 年，研究海河流域防洪规划者不乏其人。

对海河水系全局的防洪规划，清人也提出过若干方案：

（1）着眼于各支流"众水朝宗"的不利汇流形势，强调分散洪水下泄通道的方案

雍正十年（1732 年）陈仪著《直隶河渠志》，认为治水要从尾闾入手。他说："海河，南北运、淀河之会流也……故欲治直隶之水者，莫如扩达海之口；而欲扩达海之口者，莫如减入口之水。"[2]因此，他认为应加强南北运河减河的修建，把海河留给永定河、子牙河和大清河泄洪，防洪压力可以缓解。当然这只是定性的估计，缺乏定量的计算。道光三年（1823 年）吴邦庆就曾提出，陈仪所说扩达海之口只及南北运河，但海河洪水主要来自永定、子牙、大清诸水，"七十二清河之汇于东淀；滹沱、滏阳、大陆、宁晋二泊之汇于子牙，专以三岔河（海河上口）一线为尾闾，独无法以减之乎？何公之未尝言及也？"[3]

运河上的减水河分洪毕竟对解决海河洪水起不到太大作用，人们开始寻求新的分泄途径。乾隆三十七年（1772 年）直隶总督方观承就曾提出过从塌河淀泄水的设想。道光三年（1823 年）程含章主持治水时，也曾把开挖辅助海河的

[1]《清会典事例·河工》卷 919，中华书局影印本，1991 年，第 571 页。

[2]（清）吴邦庆：《畿辅河道水利丛书》，农业出版社，1964 年，第 12 页。

[3]（清）吴邦庆：《畿辅河道水利丛书》，农业出版社，1964 年，第 52 页。

新通道作为首要措施[1]。光绪七年（1881 年）李鸿章对此又有补充建议[2]，并于十七年（1891 年）付诸实施。至 20 世纪 60 年代开挖了永定新河、子牙新河等分洪河道，才彻底改变了海河"众水朝宗"的不利局面。

乾隆初年曾出现在永定河上游修筑拦洪水库的设想，别具特色。乾隆六年（1741 年）直隶河道总督高斌勘察永定河上游，认为在狭窄的山谷处修筑堆石玲珑坝，将会起到削减洪峰的作用，当年勘察的适宜地点有三处，最后选定于今官厅水库附近的合和堡试行。不过玲珑坝只有 14 丈长，17 丈宽，高不过数尺，库容狭小，起不到预期的作用，坝本身的安全也无保障，于是在乾隆三十六年（1771 年）加以废止[3]。不过这却是现代水库防洪思想的萌芽，尤其是下游泛滥不单纯着眼于治理下游，而放眼在上游寻找出路，这种综合治理的思想有其积极意义。

（2）针对解决永定河淤积的规划设想

一种规划设想是河淀分治：永定河筑堤后下游进入东淀，不仅导致东淀的严重淤积，缩小了调蓄洪水的能力，而且阻断了大清河泄水路径，致使全局皆病。雍正三年（1725 年）查勘后，"上谕令引浑河别由一道入海，毋使入淀。大哉王言，已揽河道全局，而居其要矣。"[4]即将永定下游从东淀向东转移至三角淀，只是将淤积部位变更而已，因此仍旧潜伏着三角淀淤满之后的危机。时人指望三角淀淤积靠疏浚来解决。但疏浚数量巨大，困难也多，虽曾实行，效果不好，因此，在改永定河入三角淀之后不足 10 年，问题已经明显暴露，"三角淀所余无几……若经汛之后再淤而南，则清水无路归津……此目前之大患，全局之深病也"[5]。

另一种规划设想是散水匀沙。永定未筑堤时，河道迁徙，洪水漫流，泥沙沉积于广大农田。虽然因此造成该区居民生活的动荡，但就防洪而言，问题变得简单化了。如果既能使河流不再迁徙动荡，又能将泥沙散布于广大平原，保证泥沙沉积而清水下泄，将是有效而持久的防洪办法。乾隆、嘉庆年间曾提出减河分淤，遥堤散水匀沙等策略。乾隆二年（1737 年）协办吏部尚书事务顾琮

---

[1] 这条泄水通道是"自天津西沽之贾家口挑起，展足十六丈，以泄北运、大清、永定、子牙四河之水，使入塌河淀……入蓟运河，以达北塘入海"。相当于今天之新开河和金钟河一线。见光绪《畿辅通志·治河二》卷 83，第 3400 页。

[2] 《清史稿·河渠志四》，《二十五史河渠志注释》本，第 657 页。

[3] （清）李逢亨：《永定河志》卷 21，第 17 页；卷 24，第 2 页，清嘉庆年间刻本。

[4] （清）陈仪：《直隶河渠志》，《畿辅河道水利丛书》，农业出版社，1964 年，第 20 页。

[5] （清）陈仪：《直隶河渠志》，《畿辅河道水利丛书》，农业出版社，1964 年，第 21 页。

就是遥堤散水匀沙的积极倡导者。他认为，永定河未筑系统堤防之前，水大时散漫于数百里之远，深不过尺许，浅不过数寸，水退后，沙淤肥地，可收一水一麦之利。而筑堤后，永定河宽不过二三里，狭不过数十丈，既难以容受洪水，又无助于沉沙。那么，可否废弃堤防，再重新放任永定河迁徙？由于故道一带村庄居民阡陌相望，已无可能。因此，他建议仿照黄河筑遥堤的方法，将堤距展宽至十里内外，防洪安全庶可经久[1]。这一方法也是桐城派著名学者方苞和辅佐怡亲王治水的陈仪的主张[2]。道光年间吴邦庆也赞成这一办法。鉴于遥堤内泥沙容蓄能力毕竟有限，他对遥堤成效估计为"五六十年之内必可畅流无阻"[3]，尚较客观。此方案由于朝臣之间的意见分歧，终未实行。

第三种规划设想是疏浚洼淀和淀河淤积，这是最直观和必定有益的措施，但对于巨量泥沙沉淀，这又是无可奈何隔靴搔痒的办法。雍正年间开始提出，乾隆年间实行。乾隆三十八年（1773 年）乾隆帝视察时还曾勉励，"岁岁实力疏浚，修防可以永垂利赖"。但勉强维持到乾隆四十七年（1782 年），不得不由于"浚船无实效而修舱未免虚糜，奏请裁汰。"[4]嘉庆年间吴邦庆又重申此说，他认为乾隆年间的疏浚主要着眼于维持淀泊蓄水容积，由于疏浚工程量大，是难以取得明显成效的。鉴于淀河淤塞不畅已成为当年河、淀联合运用的主要障碍，因此，他建议恢复疏浚，"专其力于淀中之河，而分其力于河旁之淀"，当可获得"淀河日深，清流倍畅，所谓日计不足，月计有余"[5]的效果。当然，这只是他的设想而已。

古代的水利规划是建立在当时的自然条件和技术背景基础上的，后代的条件改变了，所能做到的也多了起来，但规划目标必须适应自然地理条件和经济技术水平，则是概莫能外的。

第四节　城市建设中的环境问题：以北京城市水利建设为例

北京作为清代都城，城市建设受到格外重视。水环境是北京城市维系和发

---

[1]（清）李逢亨：《永定河志》卷 17，第 26-29 页，清嘉庆年间刻本。

[2]（清）方苞：《望溪先生文集》卷 6，四部备要本，第 68-69 页。

[3]（清）吴邦庆：《畿辅河道水利丛书》，农业出版社，1964 年，第 575 页。

[4]（清）李逢亨：《永定河志》卷 24，第 11 页，清嘉庆年间刻本。

[5]（清）吴邦庆：《畿辅河道水利丛书》，农业出版社，1964 年，第 601 页。

展的基础。北京的城市水利建设始于金代，完善于元代，又历经明清的精心经营，造就了具有引水、城市供排水、调节水量等综合市政功能的河湖系统。城市水利建设的同时也创造了北京的景观环境和水环境，为这座都城留下了风景优美的湖泊景区和山水俱佳的皇家园囿。与同时代兴起的其他国家都城相比，北京的水环境表现得更为成熟和富有魅力，即使以现代城市规划的角度来衡量，也可堪称伟大城市规划的杰作。其中，水环境是古都风貌的重要组成，本部分以北京城市水利建设为例，探讨清代城市建设中的环境问题。

一、昆明湖水利枢纽的形成及环境效应

明清北京城水利与元大都比较，主要差别在于断绝了白浮瓮山河的水源[1]。通惠河及城市各项供水都要靠玉泉山的水源，水量明显不足。清乾隆十四年至十五年（1749—1750 年）进行了大规模的西湖（昆明湖、瓮山泊的另一称呼）扩建工程，主要内容是增加水源和增加调节能力，其结果是形成了昆明湖水利枢纽（见图 2-11）。

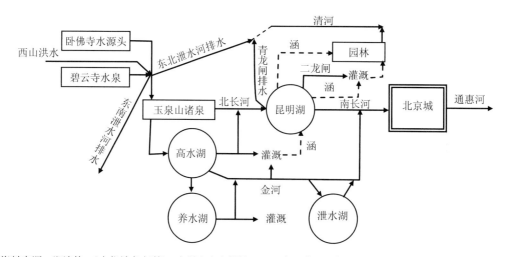

资料来源：郑连第：《古代城市水利》，水利电力出版社，1985 年，第 97 页。

图 2-11　昆明湖枢纽蓄泄关系示意图

---

[1] 断绝白浮瓮山河水源的原因说法不一：一种说法是引水渠过明陵之前，犯忌讳；还有一种说法是泉水因自然状况的变化，地下水涌出量减少。

这项工程的主要内容有：

一是扩大湖的库容。将元明两代由龙王庙至排云殿西的湖东岸长堤东移至今知春亭一线；将控制湖水南引的响水闸，南移至今绣漪桥下。又建西堤，以防止汛期湖水泛溢。新湖周长达三十余里，积水面积扩大到原湖的二三倍。据民国初年测定，水面总面积有 130 公顷，如以平均水深 2 米计，可蓄水 260 万立方米。昆明湖的名称是这时始用的。

二是开辟水源。昆明湖所蓄积的水主要来自玉泉山诸泉，乾隆年间，有名称的泉就有 30 多处，著名的有 8 处。据民国初年测定，总溢出流量可达 2 立方米每秒。据说，明代泉水更旺，有的涌出高度可达一尺多。尽管如此，城市对水的需求还不能满足。为此又做了汇集西山诸泉水的石槽工程。所汇取的泉源分别从樱桃沟的水源头和碧云寺的水泉院架石槽，引水到四王府广润庙汇合，再东行到玉泉山汇诸泉。广润庙东北和东南分别有泄水河，排泄西山一带汛期洪水，与石槽立交，互不干扰。石槽总长约 7 千米，这样大量的凿石架槽，长距离引水，而总的水量又不大，真可以说是惜水如油。

三是把昆明湖建成一座蓄泄得当的水利枢纽。玉泉山诸泉水与石槽引水汇合后，大部分由北长河入昆明湖，另一部分引入较昆明湖水位高的高水湖，此湖既可向附近引水灌溉，又可作水量调节，灌田后的余水仍可经北长河入昆明湖。高水湖的水还可以由金河引出或注入养水湖。养水湖亦可向附近引水灌溉，并可调节金河的水量，灌溉的多余用水仍可排入金河，金河的余水可以通过昆明湖西堤的涵洞流入昆明湖。金河在汇入南长河之前，还有一座泄水湖，继续容纳金湖多余的水，控制流入南长河的水量。所以，高水湖、养水湖、泄水湖和昆明湖一起组成了一组多级调节的水库群，体现了次第蓄泄、增大调节能力和充分利用水源的指导思想。这种次第蓄泄是由若干个闸门控制而实现的；昆明湖南端有绣漪闸控制向长河引水，北有青龙桥闸可将多余的水泄入温榆河支流清河排走。湖东堤上还有向外供水的二龙闸和六处出水涵洞。

可见，清乾隆年间扩建的昆明湖工程是一座能引、能蓄、能排的综合水利枢纽，具有向航运、城市用水、灌溉、园林等部门供水的综合效益，在北京城的生存发展中起重要作用。[1]

清代北京城的供水除用水大户通惠河以外，还有城内供水和郊区园林供水。前者包括宫廷、防火、灌溉、水力机械、防火及庭院园林诸项用水；后者包括大型皇家园林和中小型皇家或私人园林供水。

昆明湖水通过南长河由德胜门水关入积水潭。然后分三支进入皇城：东岸引出的一支循御河（即元通惠河）入前三门护城河；一支从南岸入太液池（今三海），由池南端东岸东出，绕今中山公园到天安门前，称外金水河，再东入御河；一支同上口引出经太液池东岸入紫禁城的筒子河（即紫禁城护城河），在筒子河的西北段引出一支经水关入紫禁城，穿流于城内，于东南城下出城归筒子河，称内金水河。水流所到之处，即可引做各种功用。北京内城四周及外城西南东三面都有护城河，其水除来自德胜门水关外，还接纳东南泄水河停蓄于今玉渊潭的来水，后来也使莲花池水入护城河。在内城护城河上两城门间皆设一闸，以节制河水，不使它走泄，成为九门九闸的型式。

北京城从金中都开始，园林建设一直是城市建设的重要组成部分，不仅有大型的皇家园林，还有不少达官贵人的私人园林，这些园林的供水是城市供水的重要任务之一。尤其是明代后期李伟在今北京大学西门外建清华园以来，各种规模的园林相继兴建，到乾隆年间已形成高潮。著名的有静明园（今玉泉山）、静宜园（今香山）、清漪园（今颐和园）、畅春园、圆明园、长春园、万春园、淑春园、宏雅园、近春园、熙春园等。它们中有的园内有山有泉，则因势建堰设闸，使山泉蓄泄得宜，融自然与人工为一体，如玉泉山与香山；有的坐落在低洼地形近旁，整治蓄积，使水有进有出，成为以水为中心的园林，如颐和园；大多数则需有水源供水，入园后，水流屈曲穿行于绿荫丛中，平湖坐落在红楼之旁，人工修琢多于自然风光，如圆明园等。清中叶修治的昆明湖，就有专门的闸涵渠道供水于各园。[2]

---

[1] 水利水电科学研究院《中国水利史稿》编写组：《中国水利史稿》（下册），水利电力出版社，1989 年，第252-254 页。

[2] 郑连第：《古代城市水利》，水利电力出版社，1985 年，第 95 页、第 98 页。

二、城市建设对防洪的影响

历史上北京城的防洪在城市建设上也占有非常重要的地位。潮白河地势低下，对城区无大洪水威胁。卢沟河（也称浑河，为叙述方便以下统称永定河）于城市西南出山口后建瓴而下，挟带大量泥沙，多淤善变；洪枯变化剧烈，可以发生超过每秒 1 万立方米的大洪水，也发生过断流。这样，就给城市带来沉重的防洪负担。此外，北京位于西山前的平原上，季风季节，暴雨集中，严重的雨涝也曾给历史上的北京城带来很大危害。对此，古代北京建设曾采取了有力的对策，取得了相应的成效。

第一，城址选择有利防洪。明清北京内城恰位于永定、潮白两河中间地形较高之处，既不易受河水泛滥的侵扰，又有利于雨涝和积水的排除。北京外城是后加筑的罗城，没有选择的余地，处于倾向永定河的坡面上，因此，清代北京外城屡受洪水威胁或袭击。

第二，有一组坚固的城墙作为挡水屏障。据嘉庆六年（1801 年）、嘉庆二十四年（1819 年）和光绪十六年（1890 年）三次永定河左堤决口的记录，泛溢的洪水都冲击了外城的南城墙和部分西城墙，首当其冲的是右安门。由于城门紧闭并加强了防护措施，水才未得进城。当时的城西南和城南的大片地区，包括丰台、南苑和黄村一带已是一片汪洋。

第三，有一套较完整的排水系统。金中都和元大都城内都有排水系统。街道两旁有排水沟，这些沟都通入排水干道，再通过水关出城，排入护城河。金中都的排水干道有御沟，元大都的排水干道是坝河、通惠河等。明清时，明令不许毁坏这些沟道，保持沟道组成的周流全城的网路，以便排除雨涝和城市废水。在清代地图上，可以看到御河、大明濠、东沟、西沟、龙须沟等干道都排水入护城河。如系统失修或遇超标准来水，就会造成灾害，但一般情况下可保安全。

第四，逐渐形成了永定河的系统堤防。明代筑堤已很多，对石景山到卢沟桥的左堤尤为重视。但由于堤防还不系统和完善，标准不高，也不统一，所以洪水灾害很频繁。直到清康熙三十七年（1698 年），两岸系统堤防筑成，将河水约束在一定的范围内，永定河的名称也是自这时开始使用的。系统堤防和固定河床，对北京城的防洪十分必要，左岸大堤成为城市防洪的第一道防线。

但由于河堤的约束，河流挟沙集中于河槽内落淤，逐渐使永定河成为地上河，更加剧了决口的可能。一旦决口，洪水居高临下，会造成灾难性的后果。对此，人们的主要对策是堵口，加筑堤防，或在南岸分洪。永定河堤是我国著名的防洪大堤之一，也是北京城市水利中最主要的工程项目之一。

第五节　水土资源的利用与环境问题

水土保持的目的是防治水土流失。水土流失最初是一种自然地理变迁过程。历史时期以来，人类活动对环境的扰动显著增强了水土流失的程度，以致引起对水资源、江河湖泊和环境的破坏性影响。清代，针对水土流失的危害，提出过有针对性的水土保持工程措施和水土资源利用的规划，对区域的生态环境产生影响。

一、人口增殖与水土流失的加剧及其环境影响

自然降雨冲刷地表，必然形成地表土的流失。北宋熙宁八年（1075年）著名科学家沈括经过河北太行山东麓，看到山崖上常常有螺蚌壳、砾石等，呈水平带状分布。他认为这里曾是昔日的海滨，如今距东边的大海已近千里。那么，这近千里的陆地是怎么形成的呢？沈括解释说：这是山陕一带黄土高原被雨水侵蚀搬移的结果。黄土高原被侵蚀后，则形成高达百尺的纵横沟壑。可见，由黄河、漳水、滹沱河、永定河等浊流年年岁岁的搬移运动，就形成了今天的华北大平原，即"所谓大陆者，皆浊泥所湮耳"[1]。沈括在浙江雁荡山也见到类似的地理现象，他认为这种搬移运动的地理动因是"水凿"[2]，即雨水的冲击和水流侵蚀。

不过这种水土流失自然变迁的过程是比较缓慢的。随着人类社会开发的深入，水土流失过程被大大强化了，并形成灾害性的后果。

---

[1]（宋）沈括：《梦溪笔谈》卷24，胡道静校正本，第237页。
[2]（宋）沈括：《梦溪笔谈》卷24，胡道静校正本，第238页。

1．人口增殖、土地开辟与水土流失的加剧

水土流失的加剧和人口增殖、开辟山丘耕地有着密切的关系。清代中期，人口增殖显著加快，乾隆二十七年（1762 年）开始突破两亿，道光十四年（1834年）突破四亿。而且南方人口增长速率大大超过北方。乾隆十四年（1749 年）南方各省人口占全国总人口的 58.8%，嘉庆十七年（1812 年）上升至 66.8%，道光三十年（1850 年）增至 70.8%，南北人口比达 7：3。土地问题日趋严重。然而，山地开垦显然不能无限制进行。康熙五十三年（1714 年）地方官在奏疏中仍多以垦田积谷为主题，康熙帝批评他们不识时务："今人民蕃庶，食众田寡，山地尽行耕种，此外更有何应垦之田为积谷之计耶？"[1]认为当时山地开垦已至极限。到了雍正年间政策一变，又转而鼓励开垦，并规定新垦水田六年起科，旱田十年起科[2]。

新垦山地不仅水肥条件较差，而且地处高寒，需要种植适宜作物。明代中期以来，玉米、甘薯、马铃薯相继引进，并在清代得到广泛推广。较之稻、麦、黍、稷，这些作物都耐旱耐瘠和高产，于是迅速普及并加速了山地开垦的进程。例如在湖北建始县，嘉庆初年已是"山多田少，居民倍增，稻不足给，则于山上种包谷（玉米）、洋芋（马铃薯）、荞麦、燕麦或蕨蒿之类，深山剪伐殆尽，巨阜危峰，一望皆包谷也"[3]。道光年间吴其浚在《植物名实图考》中归纳道："川陕两湖，凡山田皆种之，俗呼包谷。山农之粮，视其丰歉。"山地垦殖日益普及和深入，水土流失也显著加剧。

但是山区土地资源是有限的。经乾嘉年间的开发，至道咸年间已呈"山顶已植黍稷，江中已有洲田，川中已辟老林，苗洞已开深箐，犹不足养，天地之力尽矣"[4]，单纯依靠围湖垦山，增辟土地来缓解人口压力，其作用是有限的。非但作用有限，垦山围湖对社会经济还有严重的负面影响。

2．清代对水土流失的认识

清代，人们对水土流失危害的认识集中于如下方面：

[1]《清圣祖实录》卷 259，康熙五十三年（1714 年）五月丙子，中华书局，1985 年。
[2]（清）鄂尔泰等：《授时通考》卷 48，中华书局，1956 年，第 1033 页。
[3]（清）杨兆杏：《（嘉庆）建始县志》卷 2，抄本。
[4]（清）汪士铎：《乙丙日记》卷 3，民国二十五年（1936 年）印本。

第一，降低了水资源的有效利用，导致水旱灾害。清代末年引进西方科学，与传统科学互补，对森林与水资源关系的认识开始进入新阶段。例如光绪年间在出版明代俞宗本《种树书》时，袁昶在序言中说："泰西农家种植，医家摄生，为炭（碳）、养（氧）气之说，乃胚胎于此，鸿范五行家言，木气上为雨，故种树又可以救燠旱。燕代土垒山童而常苦旱，岭海草灾木翳而易致雨，此其验矣。"邓扎的序言也提到"泰西各国广植树林……树之阴能润泽，吸水气，众木成林……旱涝咸资补救……其理确然可信也"[1]。

第二，淤积江河湖泊，导致洪水泛滥。康熙年间人们在论证长江和通江湖泊淤积时也指出，"近年，深山穷谷，石陵沙阜莫不芟辟耕耨。然地脉既疏，则沙砾易圮，故每雨则山谷泥沙尽入江流，而江身之浅涩，诸湖之埋平，职此故也"[2]。矿产开发和修建公路也会造成水土流失淤塞河道。甘肃敦煌原有金矿，道光年间已是"金山采尽……党河水淤，则民灌溉无资，上下交困"[3]。

第三，对发展经济与环境保护关系的认识。古代以农立国，人口增长要求扩大土地资源及其供给，而围湖垦山又必然带来水旱灾害增长，这是发展经济与环境保护之间的矛盾，蕴含着眼前利益与长远发展之间的冲突。道咸年间的名士梅曾亮在《记棚民事》一文中对这种矛盾冲突有深刻的描述。梅曾亮在给嘉庆十二年至十五年（1807—1810年）任安徽巡抚的董教增写纪念文章时，详细阅读了董的奏章。知道董教增极力提倡流民开垦山田，主张"棚民能攻苦茹淡，于丛山峻岭人迹不可通之地，开种旱谷以佐稻粱。人无闲民，地无遗利，于策至便"。

后来梅曾亮有机会来到宣城，听到地方百姓对开垦山地的反对意见。反对的主要理由是垦山加剧水土流失，最终结果是得不偿失。其主要论点是：

乡人皆言：未开之山土坚石固，草树茂密。腐叶积数年可二三寸。每天雨，从树至叶，从叶至土石，历石罅，滴沥成泉，其下水也缓。又水下而土不随；其下水缓，故低田受之不为灾，而半月不雨，高田犹受其浸溉。今以斤斧童其山，而以锄犁疏其土。一雨未毕，沙石随下，奔流注壑涧中，皆填污不可贮水，

[1]（元）俞宗本：《种树书》，丛书集成本，第1页。
[2]（清）黎世序：《续行水金鉴》卷156，引康熙《湖广通志》，国学基本丛书本，第3652页。
[3]（清）张应昌：《清诗铎》卷1，中华书局，1983年，第12页。

毕至洼田中乃止。及洼田竭，而山田之水无继者。是为开不毛之土，而病有谷之田；利无税之佣，而瘠有税之户也。[1]

到底孰是孰非？梅曾亮感叹道："嗟夫！利害之不能两全也久矣。由前之说可以息事（免得流民生活无着引发动乱），由后之说可以保利"。究竟何去何从？"若无失其利，而又不至如董公之所忧，则吾盖未得其术也"[2]，找不到两全其美的办法，梅曾亮由之困惑。其实，梅氏所寻求的解决方案已超出单纯的自然科学的范畴。马克思和恩格斯曾经写道："我们仅仅知道一门唯一的科学，即历史科学。历史可以从两方面来考察，可以把它划分为自然史和人类史。但这两方面是密切相连的；只要有人存在，自然史和人类史就彼此相互制约"[3]，这或许指明了梅氏寻求答案的方向。

二、水土保持的工程技术措施

水土保持规划是国土开发规划的一部分。秦国商鞅就提出，国家要提高自己的军事实力和经济实力必须对国土开发进行合理规划。他认为"故为国任地者，山林居什一，薮泽居什一，溪谷流水居什一，都邑蹊道居什四，此先王之正律也"[4]，这样才能保证充分发挥国土资源的优势。

1. 农田水土保持工程措施

在水土流失的农作区，水土保持的重要性不言而喻。古代农田突出水土保持功效的有区田和梯田。区田相传起源于商代，西汉农学家氾胜之对区田加以总结并在关中黄土丘陵区加以推广。它是在坡地上隔一定距离挖一个坑，进行点种，既可集中灌溉和施肥，又可以避免农田耕垦加大坡面水土流失。至今，这种耕作方式在西南少数民族区仍可见到。梯田是山区和丘陵区的主要农田形制。早期的山田应是依山耕作，后来为保持水土，自然会把坡面平整成阶梯状，

[1]（清）梅曾亮：《柏枧山房文集》卷 10《记棚民事》，清咸丰六年（1856 年）刻本。
[2]（清）梅曾亮：《柏枧山房文集》卷 10《记棚民事》，清咸丰六年（1856 年）刻本。
[3]《马克斯恩格斯选集》（第一卷），人民出版社，1973 年，第 21 页。
[4]《商君书·算地》，诸子集成本，第 12 页。《商君书·徕民》的说法略有不同，"山陵处什一，薮泽处什一，溪谷流水处什一，都邑蹊道处什一，恶田处什二，良田处什四"。

每层田面大致水平，往往在每层外沿还有田埂。由于改变了坡面地形，有助于雨水下渗和减少坡面径流，直到今天仍是山地丘陵区的主要耕作方式。

康熙四十四年（1705 年）《聊斋志异》的作者蒲松龄在其所著《农桑经》中对梯田的水土保持设施及功效有详细说明："山地得力在墟，缺处宜早修，水口宜急塞，或加填叠。……若水大不可遏防者，则以石叠其水道，使勿刮地成渠。若高堰则用石和沙、灰叠之，或用三合土如筑墙状架板打之。谚云'地无唇，饿煞人'，信然"[1]，农谚所说之地唇，即梯田畦边的堰，在于拦蓄雨水。而其旁泄水的石砌水道，则在于防止泄水时刮地成渠，冲刷土壤。

2. 治理水土流失的工程规划

乾隆八年（1743 年）陕西道监察御史胡定向乾隆皇帝上疏，提出十条治河建议。乾隆将他的建议交给高斌等覆议。胡定的十条措施已经失传，只是在白钟山的反对意见中征引了其中的一条，即"黄河之沙多出自三门以上及山西中条山一带破涧中，请令地方官于涧口筑坝堰。水发，沙滞涧中，渐为平壤，可种秋麦"[2]。胡定认为黄河主要产沙区位于黄河中游山、陕支流中的判断是符合实际情况的；他提出在黄土沟壑中修筑堰坝以拦截黄河泥沙的做法，即今淤地坝之先河；所说淤地坝淤平后渐为平壤可种秋麦的认识，与今天兴办黄河中游水土保持的坝系农业的规划如出一辙。胡定早在 200 年前提出发展流域水土保持以治河的流域治理规划，确属先见之明。白钟山将胡定的规划实质归纳为"汰沙澄源"四字，言简意赅。但他抱残守缺，只是以"古未有行之者"，便将胡定的方案全盘否定。

胡定的规划思想却并非全然出自理想，明清以来，山陕之间农民已经有过类似的做法。1954 年黄河水利委员会对山西离石县刘家山打坝淤地进行调查，报告称，当时存在的淤地坝"大部分有百年以上的历史，例如佐主村回千沟的四级淤地坝已有 150 多年历史；骆驼咀华家塌沟的五级淤地坝也有 150 多年的历史。"而且据群众提供的材料，当地打坝淤地的历史可以上溯至明

[1] 姚汉源：《中国古代的农田淤灌及放淤问题》，《水利史研究室五十周年学术论文集》，水利电力出版社，1986 年，第 76 页。
[2]（清）黎世序：《续行水金鉴》卷 11，国学基本丛书本，第 255 页。

代[1]。但民间的淤地坝建设主要着眼于小流域的打坝造地，没有引申至黄河的治理。

云南昆明滇池流域，清代有开挖蓄沙塘坝减少滇池出口的海口河淤积的做法，"其岁修开挖塘子，留住沙泥，虽不能一劳永逸，而子河少入一分之泥，则大河少受一分之淤塞，补偏救弊，大概如斯已"[2]。这是与北方水土流失区常用的鱼鳞坑类似的小型水土保持工程。

三、流失水土资源的再利用——淤灌和放淤

上游山区和丘陵的水土流失，一方面是上游水土资源的损失，另一方面，对下游来说，流失的水土资源既加大了洪峰流量，所流失的泥沙又淤积河道和湖泊，削弱了调洪能力，这是人们不愿看到的。但所流失的水和土包含有许多无机养分和有机质，有助于改良贫瘠的土壤。古人早就观察和认识到泥沙的双重性，提出在除害的过程中兼顾兴利，即在水土流失之后，倡导在下游将流失的水土重新利用，其主要形式就是淤灌和放淤。水土资源的重新利用，体现了治水的辩证思维。

1. 山西引洪淤灌的记载

山西涑水流经闻喜、夏县、安邑、猗氏、临晋五县，入黄河。雍正七年（1729年）侍郎韩光基说："涑水深浊，每当冻河开河之际，田亩一经灌溉，肥饶倍常"，其淤灌的方法是拦河筑低堰，引山洪入渠淤田，即"河身量筑土坝，（堰）水入渠，使民挨次灌田。灌足之后即开坝，下流俾得均（受）其惠……并于村民内设立堰长轮流管约"[3]。

类似的淤灌在河津县有更悠久的历史，其中之瓜峪渠开创于唐贞观十年（636 年）。清康熙年间县衙内还保存有宋代大观年间刻制的上有瓜峪等渠道布置图的石碑二通[4]。与引山溪浑水淤灌并行的是引清水灌溉，两种不同的灌溉

---

[1] 辛树帜、蒋德麒：《中国水土保持概论》，农业出版社，1982 年，第 31 页。

[2]（清）黄士杰：《云南省城六河图说·六河总图》，光绪六年（1880 年）刊本，第 3 页。

[3]（清）曾国荃、王轩：《光绪山西通志·水利略二·猗氏县》，光绪十八年（1892 年）刊本；（清）康基田：《河渠纪闻》卷 18 也收录有韩光基的奏疏，水利珍本丛书本，第 104 页。

[4]（清）曾国荃、王轩：《光绪山西通志·水利略四·河津县》，光绪十八年（1892 年）刊本。

方式在当地是有清楚的划分的，"清水泉灌近山民田;浊水待天雨溪壑水流灌僧楼等里"[1]。

2. 山东引洪淤灌的记载

清代，山东邹平和高苑县引孝妇河淤灌，"盖水浑则利其来以沃田，水清则欲其他以布种，此二百年来所为盗决不正也"[2]，但由于放淤泄水淹没下游村庄，以致引起争议。

3. 永定河下游的放淤技术

较大流域上的放淤，技术难度相应增加，而且和引用清水的灌溉渠系有显著的区别。道光年间研究海河治理的吴邦庆对清水与浑水灌溉技术特点有所比较。"引渠之法惟可施于清流，而浊流难。水小则沙停成淤，水大则冲奔难治。且浊流或可施之上游而下游难。上游山岗地坚，下游地平沙松。如永定之水，弱时或至断流，盛涨则拍岸盈堤，岂能由人操纵。"[3]吴邦庆所说的在大河下游使用渠系工程实行淤灌始终是个难题。

那么在大河下游可否实施放淤呢，又如何保证淤田质量呢？吴邦庆认为放淤应采取大面积引洪漫地的方法，并归纳民间淤田经验说，民谚"有勤泥懒沙之言。浊水出口多系沙淤，迤下始成泥淤，则苦乐仍属不均。窃谓，欲行此法，宜先于下游，俟下游淤成，再移水口向上，沙淤之地仍变泥淤，行之有效，民量无不乐从者"[4]，即放淤出口处，粗沙率先沉淀，细泥则被挟带至远处，因此，吴邦庆建议放淤先从下游开始，逐次上移，用后淤之细泥覆盖于先淤之粗沙上。

在永定河下游放淤此前有多人倡导，都主要着眼于治河，吴邦庆同时注重水土资源的重新利用，所见略高一筹。

河流泥沙还有放淤改土和放淤固堤等用途。乾隆初年冯祚泰对于用沙之利有充满激情的论述，极富哲理，"浊流之最可恶者莫如沙，而最可爱者亦莫如沙……然熟究留沙之法，因祸而为福，转败而为功。无用之用为大用，

[1]（清）曾国荃、王轩:《光绪山西通志·水利略四·河津县》，光绪十八年（1892年）刊本。
[2]（清）顾炎武:《天下郡国利病书》卷42，龙万育燮堂本，第4页。
[3]（清）吴邦庆:《畿辅河道水利丛书》，农业出版社，1964年，第576页。
[4]（清）吴邦庆:《畿辅河道水利丛书》，农业出版社，1964年，第577页。

其可爱又孰知之？盖留沙之利有四：地形卑洼藉以填高，利一；田畴荒瘠藉以肥美，利二；堤根埽址藉以培固，利三；日淤日高，以沙代岸，利四……人固恶沙如仇，予则爱沙如宝"[1]，盛赞下游重新利用上游流失的水土资源的做法。

四、国土开发的合理规划与防洪减灾

古代，在出现超过工程防御标准的洪水时，可供选择使用的方法有两种：一种是加高堤防；另一种则是选择低洼的有一定容量和经济相对不发达的地区容蓄洪水，使洪水暂存于蓄滞洪区内，待汛后再陆续经由河道排放。蓄滞洪区建设至迟在战国已经出现。至清代，黄河下游由于历史上多次泛滥，形成宽广的滩地，对于滞蓄洪水有显著的作用。但是，黄河滩地肥美，洪水上滩历时很短，农民往往到滩地上种植。平时洪水不上滩则无害，洪水期间则借助临时性的堤防加以保护。久而久之，小堤变大堤，甚至堤内又筑新堤，形成多重堤防。河槽被缩窄，滞蓄能力下降，也是引发黄河决溢的重要原因。对于开垦滩地的收益与因此削弱河流防洪能力所需要的工程投入孰大孰小，乾隆帝于乾隆二十三年（1758年）所做的指示，今天读来仍不无启发：

豫东黄河大堤相隔二三十里，河宽堤远，不与水争。乃民间租种滩地，惟恐水漫被淹，止图一时之利，增筑私埝，以致河身渐逼。一遇汛水长发，易于冲溃。汇注堤根，即成险工。不知堤内之地非堤外之田可比，原应让之于水者。地方官因循积习，不加查禁，名曰爱民，所谓因噎而废食者也。著交与河南、山东巡抚，严饬该地方官，晓以利害，严行查禁，俾小民知所顾忌，不许再行培筑。地方官不实力办理，及厅汛员弁明知徇隐，即行参处。嗣后如有仍沿积习为害河防者，惟该枢等是问。[2]

乾隆三十七年（1772年）对于海河滞洪洼淀开垦耕地一事乾隆帝也做过类似的指示：

[1]（清）冯祚泰：《治河后策》，收入《历代治黄文选》（上册），河南人民出版社，1988年，第310页。
[2]《清会典事例》卷919，中华书局，1991年，第570页。

淀泊利在宽深，其旁间有淤地，不过水小时偶然涸出，水至则当让之于水，方足以畅荡漾而资潴蓄。非若江海沙洲，东坍西涨，听民循例报垦者可比。乃滨水愚民，惟贪淤地之肥润，占垦效尤，所占之地日益增，则蓄水之区日益减，每遇潦涨，水无所容，甚至漫溢为患，在闾阎获利有限，而于河务关系匪轻，其利害大小较然可见。……嗣后务须明切晓谕，毋许复行占垦，违者治罪。[1]

这是针对开发蓄洪洼淀的利弊而发的，与禁止开垦黄河滩地的精神相同。

通江湖泊同样具有滞蓄洪水的作用。乾隆十三年（1748 年）湖北巡抚彭树葵对荆州一带长江水患曾有较深入的分析。他说："查荆、襄一带，江湖袤延千有余里，一遇异涨，必借余地以资容纳。考之宋孟琪知江陵时曾修三海八柜，以设险而潴水，后豪右据以为田……现在大江南岸止有虎渡、调弦、黄金等口分疏江水南入洞庭，当汛涨时稍杀其（长江洪水）势……（随着围湖垦田的继续进行，荆州水灾也渐趋严重），在小民计图谋生，惟恐不广，而不知人与水争地为利，水必与人争地为殃。川壅而溃，盖有由矣。"[2]于是他建议：永远禁止增筑新的垸田，已溃决的垸田不许重修。但是，地方官为增加赋税，也会暗中纵容，禁增新垸困难很大。如此导致防洪的压力不断增加，洪水灾害也日益严重。

第六节　灾害与环境专题事件：康熙末年山西特大旱灾及对环境的影响

山西地处内陆高原山区，属东亚季风区北部边缘，季风性大陆气候较强，降水量小而蒸发量大，是我国干旱灾害最为严重的省份之一。据有关资料统计，近 500 年来，山西发生了六场区域性典型特大旱灾[3]，对山西经济社会发展产生了不同程度的影响。其中，清康熙末年，包括山西在内的黄河中下游地区发生严重旱灾，山西灾区受灾严重，为明清以来近 500 年山西典型特大旱灾之一。

[1]《清会典事例》卷 919，中华书局，1991 年，第 570 页。

[2]（清）黎世序：《续行水金鉴》卷 153，引《皇清奏议》，国学基本丛书本，第 3579 页。《清史稿·河渠志四》中也有记载。

[3] 张伟兵、朱云枫：《区域场次特大旱灾评价指标体系与方法探讨》，《中国水利水电科学研究院学报》2008 年第 2 期，第 111-117 页。本节有关旱灾等级的划分均参见该文。

此次旱灾不仅对山西农业经济造成严重破坏，而且对区域环境也带来影响。本部分以此次灾害事件为例，来说明灾害对区域环境的影响。

此次特大旱灾发生在清康熙末年雍正初年，陕西、河南、山东都发生程度不同旱灾，经历了三个不同的发展阶段。其中，康熙五十九年（1720 年）为旱灾发生发展阶段，康熙六十年（1721 年）为旱灾顶峰阶段，康熙六十一年至雍正元年（1722—1723 年）为旱灾退出结束阶段。

一、雨水情、旱情和灾情

1．雨水情

据方志记载，康熙五十九年至雍正元年（1720—1723 年），山西发生跨年度不雨的州县有三个，分别为临汾、襄陵和沁州。临汾"自五十九年（1720 年）三月至六十年（1721 年）六月，十五阅月不雨"[1]，襄陵"秋无禾，至六十年（1721 年）六月不雨"[2]，沁州"自五十九年（1720 年）八月不雨，至次年五月终"[3]。从三个州县发生的时间来看，都集中在康熙五十九年至六十年（1720—1721 年）。其中临汾连续不雨的时间最长，为 15 个月。

干旱期间，临汾南部翼城境内以及太原晋祠还出现河流干涸、泉水不能自流的现象。与干旱的发展演变相对应，翼城境内的滦水康熙六十年（1721 年）开始干涸[4]，雍正元年（1723 年）复出[5]，前后持续两年左右。太原附近晋祠鱼沼泉于雍正元年（1723 年）出现"衰则停而不动，水浅不能自流，水田成旱"的情况[6]。据晋祠灌区观测资料，鱼沼泉干涸时，晋水流量下降至每秒 1.4 立方米以下，鱼沼水浅未干，说明晋水的流量约在每秒 1.4 立方米，是为历史上晋水的最低流量。[7]河干泉不流的现象，反映了该时段内干旱的严重程度。

---

[1] 张德二主编：《中国三千年气象记录总集》（第 3 册），凤凰出版社，2004 年，第 2182 页。
[2] 张德二主编：《中国三千年气象记录总集》（第 3 册），凤凰出版社，2004 年，第 2175 页。
[3] 张德二主编：《中国三千年气象记录总集》（第 3 册），凤凰出版社，2004 年，第 2182 页。
[4] 张德二主编：《中国三千年气象记录总集》（第 3 册），凤凰出版社，2004 年，第 2183 页。
[5] 张德二主编：《中国三千年气象记录总集》（第 3 册），凤凰出版社，2004 年，第 2201 页。
[6] 王天麻：《晋水历史流量的探讨》，《山西水利史料》1982 年第 5 辑，第 15-18 页；牛娅薇：《晋泉丰枯考》，张荷等主编：《山西水利论集》，山西人民出版社，1989 年，第 108-112 页。
[7] 王天麻：《晋水历史流量的探讨》，《山西水利史料》1982 年第 5 辑，第 15-18 页。

2. 受灾范围

从连续受旱的州县来看，连续三年以上受旱的州县有 8 个，大致位于山西中南部以榆次—蒲县—曲沃—沁州为中心的范围以内。连续两年受旱的州县，从时间上来看，集中在康熙五十九年至六十年（1720—1721 年）。从空间分布来看，主要集中分布在平阳府和绛州。康熙六十年至六十一年（1721—1722 年）连旱两年的州县只有沁水一县，位于前述范围的东南部。康熙六十一年至雍正元年（1722—1723 年）连旱州县包括平定州和太平，太平在上述范围之内，平定州则位于上述范围东北部（见表 2-4）。

表 2-4　康熙五十九年至雍正元年（1720—1723 年）山西连续受旱两年以上州县统计表

持续年份	地点	州县数	持续年数
康熙五十九年至雍正元年（1720—1723 年）	武乡、榆次	2	4
康熙五十九年至六十一年（1720—1722 年）	介休、文水、沁州、蒲县、曲沃、岳阳	6	3
康熙五十九年至六十年（1720—1721 年）	汾阳、临汾、洪洞、乡宁、翼城、襄陵、浮山、吉州、绛州、稷山、垣曲、万泉	12	2
康熙六十年至六十一年（1721—1722 年）	沁水	1	2
康熙六十一年至雍正元年（1722—1723 年）	平定州、太平	2	2

据此，此次旱灾期间，干旱影响区域以临汾为中心，初期范围较大，此后一直处于缩小并向东移的过程中。康熙五十九年至六十年（1720—1721 年）干旱范围包括太原府南部、汾州府东部、霍州、隰州东部、平阳府全部、绛州全部以及沁州。康熙六十年至六十一年（1721—1722 年）旱区范围的南界退至平阳府，东南扩展至泽州西北部。康熙六十一年至雍正元年（1722—1723 年）干旱影响区域在大大缩小的同时，向东北方向转移。平阳府只有零星旱区分布，旱区主要位于太原及以东的平定州、沁州一带。

可见，干旱影响区域从范围来看，经历了由大到小的过程；从空间分布来看，大致经历了从山西中部向东南，而后向东北方向转移的过程。历年受灾范围及灾情分布变化见图 2-12。

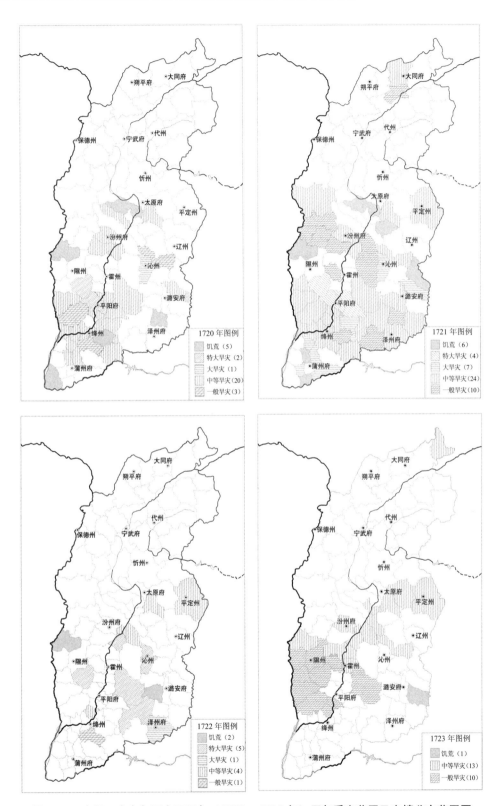

图2-12　康熙五十九年至雍正元年（1720—1723年）历年受灾范围及灾情分布范围图

历年受灾县数和灾区面积见表 2-5。

表 2-5　康熙五十九年至雍正元年（1720—1723 年）历年受灾县数和受灾面积统计表

年份	受灾县数/个					受灾面积/km²					
	1 级	2 级	3 级	4 级	总计	1 级	2 级	3 级	4 级	合计	占全省面积的比例/%
康熙五十九年（1720 年）	3	24	1	3	31	4 756	27 045	1 297	4 549	37 647	24.07
康熙六十年（1721 年）	12	30	8	5	55	16 281	37 962	9 137	6 981	70 361	44.98
康熙六十一年（1722 年）	1	6	2	7	16	1 160	7 561	2 170	11 104	21 995	14.06
雍正元年（1723 年）	11	15			26	15 214	18 970			34 184	21.85

注：受灾县数根据《中国三千年气象记录总集》（第 3 册）康熙五十九年至雍正元年（1720—1723 年）资料统计得出，分级标准根据前引张伟兵、朱云枫论文《区域场次特大旱灾评价指标体系与方法探讨》。受灾面积根据 1∶25 万山西行政区 GIS 图层统计得出。

从旱灾发展过程来看，此次特大旱灾有两个明显特点：一是灾区范围广，二是受灾程度轻。从灾害开始发生到最后结束，灾区范围最少的康熙六十一年（1722 年）受灾州县也有 16 个。其间 56 州县不同程度地遭受到旱灾的袭击，灾区覆盖面积约 7.8 万平方千米。但同时，各灾区受灾程度相对较轻，重灾区范围非常小，即使灾害发展最为严重的康熙六十年（1721 年），4 级旱灾也只包括平阳府的 5 个州县。灾害结束之前的雍正元年（1723 年），3 万多平方千米的灾区没有一个州县出现 3 级以上的灾情。

二、灾害对环境的影响

1. 对农业收成的影响

旱灾发生后，首先对农业产生重大影响。据方志对各州县收成情况的零星记载，经初步整理，可以说明两个问题：第一，此次特大旱灾对农业造成的影响主要是康熙五十九年（1720 年）的秋禾收成和康熙六十年（1721 年）的夏麦收成（见图 2-13）。据方志记载的不完全统计，康熙五十九年（1720 年）有 18 州县记载秋禾失收，康熙六十年（1721 年）有 14 州县记载夏麦失收。这与前述旱情和灾情的发展进程完全一致。第二，从秋禾和夏麦失收的州县分布来看，无论是康熙五十九年（1720 年）的秋禾失收州县，还是康熙六十年（1721 年）

的夏麦失收州县，大体集中分布在平阳府、绛州和汾州府的东部。这与前述旱情和灾情的空间分布也完全一致。府志和通志的记载也充分说明了这一事实。如雍正《山西通志》载，康熙五十九年（1720 年），"平阳、汾州等属旱，无禾"。而到了康熙六十年（1721 年），"平阳、汾州、大同等属旱，无麦"。[1]雍正《平阳府志》则载，康熙六十年（1721 年）"平阳等属大旱无麦"[2]《清圣祖实录》亦载，康熙六十年（1721 年）五月甲申，"谕户部……今直隶、山东、河南、山西、陕西麦已无收，民多饥馁。"[3]

图 2-13　方志所载康熙五十九年（1720 年）秋禾和

康熙六十年（1721 年）夏麦失收州县分布图

[1] 张德二主编：《中国三千年气象记录总集》（第 3 册），凤凰出版社，2004 年，第 2175 页。
[2] 张德二主编：《中国三千年气象记录总集》（第 3 册），凤凰出版社，2004 年，第 2182 页。
[3] 《清圣祖实录》卷 292，康熙六十年（1721 年）夏四月甲申，中华书局，1985 年。

2. 井灌事业的发展

灾害也促进了井灌事业的发展。史载"晋省连旱二年，无井州县，流离载道，而蒲属五邑独完，即井利之明效大验也"[1]。在封建的小农经济下，发展井灌抗御旱灾的功效得以凸显。此次特大旱灾之后，晋西南的农民"深知水利之厚，而不惜重费以成井功"[2]。官方也把发展井灌当作抗旱的重大措施而加以倡导。清代绅士王心敬有《井利说》一文，就井灌对农业生产的作用进行了论述，其言"山西则民稠地狭，为生艰难，其人习于俭勤，故井利甲于诸省"，其中"平阳一带，洪洞、安邑等数十邑，土脉无处无砂，而无处不井多于豫、秦者。"山西蒲州的崔纪说，"臣籍隶蒲州，习见凿井灌田之利。如永济、临晋、虞乡、猗氏、安邑等县、小井用辘轳，大井用水车"[3]。道光时的山西巡抚吴其濬也说"蒲、解间往往穿井作轮车，驾牛马以汲"[4]。

井灌的灌溉效益虽不如河湖泉水，但它却有独特之处。首先，井灌投资小，收益大，以家庭为单位的小农易于举办。开渠灌田投资大，涉及地域多，建设周期长，需"专一而持久"，而井灌成本低、见效快，完全可以随时开凿，特别是山西自耕农占相当比例，发展井灌可以真正做到谁投资谁受益，适合一家一户的需要，易于调动农户投资投工的积极性。而渠道修建和维护费工耗资巨大，大都需要政府拨款和民间集资，动用大批民工才能修造。相对来说，井灌费省工简，农家易于举办。水井大小不同，又有简易土井和砖井之别。开挖小井土井，成本较低，经济略可自给的农民就能办到，甚至可由邻人互助。而且凿井相对开渠引泉较容易，"取井之水晋匠为之有余；若欲取河泉之水，须于目下即差的当人取南方善制水器之匠"[5]。王心敬《井利说》记载雍正乾隆时期，"小井多须砖砌即工匠不过数钱，器具不过一两可办。若地中带沙须砖砌者，一切工费亦止在三五两外"，"井浅非七八两不办，井深非十两以上不办，而此一水车亦非十两不办"。崔纪估计"臣籍居蒲州，习见凿井灌田之利。……其制造之

[1]《清高宗实录》卷45，乾隆二年（1737年）六月丙戌，中华书局，1985年。
[2]（清）王心敬：《丰川续集》卷18《答高安朱公》，《四库全书存目全书·集部》，齐鲁书社，1997年，第279册，第464页。
[3] 陈振汉：《清实录经济史资料》（第2分册），北京大学出版社，1989年，第332页。
[4]（清）吴其濬：《植物名实图考》（上册），中华书局，1963年，第15页。
[5]（清）王心敬：《丰川续集》卷18《答高安朱公》，《四库全书存目全书·集部》（第279册），齐鲁书社，1997年。

法，小井不须砖砌，工匠器具价值，浅者一二两，深者三四两可办；即地中带
沙须砖砌者，工费亦不过七八两以外。大井即不带沙淤，亦须砖砌，浅者稍工
费八九两，稍深者十余两，而一水车亦非二十两不办"。[1]由此可见，开一小井，
浅者一二两，深者三四两；小砖井七八两；大井，浅者八九两，深者十余两；
水车价二十余两。大体上各类井需费一二两至一二十两不等。据《清实录》记
载，乾隆初年，山西、陕西、山东、直隶等省谷价若一石平均以一两计之，则
开一小井，只需一二石谷之价，开一小砖井需七八石谷之价，至于砖石大井，
丁壮较多的富裕农户则可能办到，亦可数家共同开凿。

　　至于灌井溉田亩数，如崔纪言"其灌溉之法，小井六七丈以下，皆可用人
力汲引，每井可灌田四五亩；大井深浅二丈上下，水车用牲口挽拽，每井可灌
田二十余亩"。井地所获之粟，"在雨泽调匀之年，约可比常田二三倍之多"。又
言"井浇一亩，厚者比常年不啻数倍，薄者亦有加倍之入。"至遇旱年"虽井水
亦必减少，然小井仍可灌三四亩，大井灌十余亩。在常田或颗粒无收，而此独
仍有丰收"。[2]王心敬估算"大井之滋苗则深井亦可灌二十余亩，浅者且可灌三
四亩"一岁所获"竟可百石，少亦七八十石"。[3]即若一户以一夫（大多超过）
计之，则开一小井或简易井，占其全年之入（暂不计其他副业收入）的 1/30 至
1/15。正常年景下，一部分经济略有盈余的自耕农或其他农户是力所能及的。
至于砖井、大井，丁壮较多的富裕农户可能办到，也可同族或数家共同开凿。

　　其次，水井大多是一家或同族所开，产权明确，便于使用和管理，不易引
起纠纷。而江湖渠道水利一般为公共所有，其权利归属不明确，产权模糊，容
易引起争端，在一定程度上影响了渠道水利正常效用的发挥。明清以来，因引
用河湖泉水和地下水浇灌土地而导致的水案几乎遍布山西全省各地，境内主要
河流如汾河、潇河、文峪河、阳武河、桑干河等流域都发生了程度不同的各
类水案，尤其汾河流域及其主要支流最为集中。如洪洞县的霍泉争水斗争，
"洪赵（洪洞、赵城）二邑独称难治"，"村民争水之事，时有所闻"；"同渠者
村与村争，异渠者渠与渠争，率皆掷金钱，轻生命"。[4]又如，临晋一带，"涑水
河为上游各县截用，本县久有渠道涸废已久，难资引灌，以无水利故，收获恒苦

[1] 陈振汉：《清实录经济史资料》（第2分册），北京大学出版社，1989年，第332页。
[2] 陈振汉：《清实录经济史资料》（第2分册），北京大学出版社，1989年，第332页。
[3] （清）王心敬：《丰川续集》卷8《井利说》，《四库全书存目全书·集部》（第279册），齐鲁书社，1997年。
[4] 孙焕仑：《（民国）洪洞县水利志补》，山西人民出版社，1992年，第50-52页。

不丰。"[1]而井灌大多为农户独家或自愿合作的数家，同姓、同族所开，灌溉本户、本族地亩，不存在争水问题，极少引起纷争。

此外，井灌在山西晋西南尤其是蒲州地区，与河流渠道水利同样能发挥灌溉效用。在河湖渠道水利地区，井灌可以补充地面水源不足。在干旱的年月，河湖水源减少，甚至干涸，渠道水利的作用受到限制。而灌井水源则比较稳定。总之，井灌在补充水源方面发挥了重要作用，特别是在干旱年月可以减轻旱灾对经济的破坏程度，有利于灾后农业生产的恢复。[2]

[1] 民国《临晋县志》卷4《生业》，民国十二年（1923年）刊本。
[2] 本部分有关井灌灌溉效益的论述，参见梁四宝、韩芸：《凿井以灌：明清山西农田水利的新发展》，《中国经济史研究》2006年第4期，第85-89页。

第三章

晚清时期人与自然关系的困局和变局

　　自哥伦布大交换以来，至晚清时期，传统中国的农耕文明及其社会结构，再次触碰到了生态极限，人口众多，环境退化；同时，随着工业革命以来西欧主导的全球贸易体系的扩张，中国又遭遇了以鸦片（又称洋烟）为媒介和载体的空前的经济—社会危机，乃至文化危机。[1]但危机也是转机，西方传入的近代科学技术一度为缓解农业社会的生态极限提供了可能，对于动植物资源的调查和科学分类、地下资源的调查规划和开采，以及近代交通和通信事业的引入和建设，等等，都在推动着传统中国人与自然关系缓慢而有力的转型，推动着原有的人与自然的认知体系和互动体系向着近代工业化转型。

第一节　从罂粟到鸦片贸易、鸦片战争和鸦片之国[2]

　　罂粟本在天地间生长绽放，由于人们对于它的认知、提取和吸食，将罂粟转化生成为鸦片，逐渐由自然之网进入人类之网，参与和构建了贸易、战争和社会等人类事务。晚清的中国"恰逢"罂粟由自然之网走向人类之网的关键时

---

[1] ［美］马立博著，关永强、高丽洁译：《中国环境史：从史前到现代》，第六章"近代中国环境的退化，公元1800—1949 年"，对此从中国人的消费及其对环境的影响、生态退化与环境危机和农业发展的可持续性等方面做了概括的分析，中国人民大学出版社，2015 年，第 290-348 页。

[2] 本节的参考文献有：（1）《文史精华》编辑部编：《近代中国烟毒写真》（上下卷），河北人民出版社，1997 年。（2）冼波编：《烟毒的历史》，文史出版社，2005 年。（3）Zheng Yangwen, The Social Life of Opium in China, Cambridge University Press, 2005。

刻，上千万平方千米、数千年历史文化传承不绝的中华文明，被裹挟进鸦片贸易，经由二十余年的鸦片战争，沦为鸦片之国和"东亚病夫"。晚清七十年，鸦片烟的种植流布全国，吸食者为数众多，社会文化遭遇空前的亡国灭种危机，而同时期的西方则精心策划如何占领和瓜分中国。近代工业化的西方，就这样用鸦片麻醉了中国，同时也唤醒了中国。

一、从罂粟到鸦片贸易和鸦片战争

罂粟原产西亚，六朝时传入中国，陶弘景《仙方注》称之为断肠草。唐朝时，罂粟是贡品。唐高宗乾封二年（667 年）拂霖国（即大秦，东罗马帝国）遣使献底也伽，底也伽的主要成分就有鸦片，可以治痢疾、解除中毒等。罂粟的种子则经由阿拉伯商人在中国落地生根，其花美好，名芙蓉花。李白有诗云："昔作芙蓉花，今为断肠草。以色事他人，能得几时好。"

唐人对罂粟已有相当的了解。陈藏器在《本草拾遗》中引述前人之言，说："罂粟花有四叶，红白色，上有浅红晕子，其囊形如箭头，中有细米。"郭橐驼在《种树书》中说："莺粟九月九日及中秋夜种之，花必大，子必满。"作为观赏植物，罂粟还进入了诗的世界。雍陶在《西归斜谷》中写道："行过险栈出褒斜，历尽平川似到家。万里客愁今日散，马前初见米囊花。""米囊花"就是罂粟花。

直到明末，罂粟花都是稀有的名花。万历年间，文学家王世懋在《花疏》中对其多加赞赏："芍药之后，罂粟花最繁华，加意灌植，妍好千态。"崇祯年间，地理学家徐霞客在贵州省白云山下看到了一片罂粟花，他写道："莺粟花殷红，千叶簇朵，甚巨而密，丰艳不减丹药。"[1]

罂粟花的药用价值，见诸宋以来的医书，是治疗痢疾的良药。宋徽宗时，寇宗奭在《本草衍义》中说："罂粟米性寒，多食利二便，动膀胱气，服食人研此水煮，加蜜作汤饮，甚宜。"王璆在《百一选方》中把罂粟当作治疗赤白泄痢的特效药。此外，宋代还发现了罂粟的其他功效，如治呕逆、腹痛、咳嗽等疾病，并能养胃、调肺、便口利喉等。因此，罂粟子、壳也被当成了滋补品。苏轼的诗句"道人劝饮鸡苏水，童子能煎罂粟汤"，即反映了这种情况。这时，人

---

[1]（明）徐宏祖：《徐霞客游记·黔游日记》卷 4，中华书局，2009 年，第 636 页。

们只是服用罂粟的子、壳，还没有掌握萃取罂粟汁制成鸦片的技术。

元朝时，中医对罂粟的巨大副作用已有初步的认识，建议慎用。如名医朱震亨即指出："今人虚劳咳嗽，多用粟壳止勤；湿热泄沥者，用之止涩。其止病之功虽急，杀人如剑，宜深戒之。"[1]元朝人所服食的鸦片，系从印度等地而来。晚明时期，李时珍的《本草纲目》根据所闻记录了当时采收生鸦片的方法："阿芙蓉（即鸦片）前代罕闻，近方有用者。云是罂粟花之津液也。罂粟结青苞时，午后以大针刺其外面青皮，勿损里面硬皮，或三五处，次晨津出，以竹刀刮，收入瓷器，阴干用之。"[2]当时中国境内的鸦片，还大都是从海外输入的。据《明会典》记载，东南亚之暹罗（泰国）、爪哇、榜葛赖（马六甲）等地多产乌香（即鸦片），并不时作为"贡品"药材贡献给明朝皇帝。其后，鸦片进口逐渐增加，明朝正式对鸦片征收药材税。

清朝初年，仍沿用明朝的方法，将鸦片视为药材，征收入口税。清初进口的鸦片数量每年 200 余箱（每箱约 100 斤），雍正七年（1729 年）以后，鸦片进口大量增加，乾隆三十二年（1767 年）达 1 000 箱，嘉庆五年（1800 年）达 4 000 箱，道光初年达 8 000 余箱，至鸦片战争（1840 年）前夕，每年进口的鸦片多达 4 万余箱，约 400 万斤。这时，鸦片已是一种吸食者甚众的毒品了。当时的瘾君子们对鸦片交口称誉，认为："其气芬芳，其味清甜，值闷雨沉沉，或愁怀渺渺，矮榻短檠对卧递吹，始则精神焕发，头目清利，继之胸膈顿开，兴致倍佳，久之骨节欲酥，双眸倦豁，维时拂枕高，万念俱无，但觉梦境迷离，神魂骀宕，真极乐世界也。"[3]

鸦片输入中国的过程，也是英国工业革命持续推进的过程。鸦片战争爆发之前的半个世纪，英国已经成为一个世界性的帝国。英国需要一个广大的市场作为货品出口地，而人口多达数亿的农业中国"天然"符合此条件。中国出产的茶叶、丝绸、瓷器等在欧洲市场上是十分受欢迎的奢侈品，但英国出口的羊毛、呢绒等工业制品在中国却不受青睐，这就为英国带来庞大的贸易逆差（入超）。直到 19 世纪二三十年代，中国对英贸易每年仍保持出超二三百万两白银。为了改变这种不利的贸易局面，英国在乾隆和嘉庆朝先后两次遣使来华，希望

[1]（明）李时珍：《本草纲目》卷 23《谷部二》，人民卫生出版社，1982 年，第 1494 页。

[2]（明）李时珍：《本草纲目》卷 23《谷部二》，人民卫生出版社，1982 年，第 1495 页。

[3] 雷瑨：《蓉城闲话》，中国史学会主编：《鸦片战争》（第一册），神州国光社，1954 年，第 319 页。

中国开放贸易，但没有取得任何效果。追逐利润的无限欲望受阻，于是英国另觅"蹊径"，罔顾鸦片的危害，借助鸦片的毒性，构建了英国、印度和中国之间的三角鸦片贸易。

英国商人通过这一三角贸易牟取了巨额利润。鸦片由印度输入，在中国广州附近形成了一个个走私中心。广州及黄埔是当时唯一一个对外通商口岸，西方商人在通商的过程中夹带了部分鸦片，就地销售，久而久之，广州和黄埔就成了鸦片走私的中心。嘉庆元年（1796 年），清廷严厉禁止鸦片入口，鸦片走私中心就转移到澳门。澳门靠近广州，早在明后期即为葡萄牙殖民者贿租，久之成为西方对华贸易的基地。嘉庆十四年（1809 年）以后，清廷严禁鸦片的政策有所放松，鸦片走私的中心又回到了黄埔和广州。道光元年（1821 年），两广总督阮元严禁鸦片贸易，鸦片走私中心再次移出广州内河，至道光十年（1830 年），广州附近的伶仃岛成为鸦片走私的中心。

随着鸦片数量的急速扩大，鸦片走私也由一个相对集中的地域蔓延开来，辐射至东南沿海等广大地区。道光十四年（1834 年）后，英国政府取消了东印度公司的贸易垄断权，私人商业团体纷纷加入鸦片贩卖，鸦片输入中国的数量空前增加，鸦片贸易也空前繁荣。对此，马克思尖锐地评论说，这"在鸦片贸易史上标志着一个时代"[1]，"对华贸易就向英国私人企业敞开了大门，这些企业干得非常起劲，尽管天朝政府拼命抵制，在 1837 年（道光十七年）还是把价值 2 500 万美元的 39 000 箱鸦片顺利地偷运进了中国"[2]。

随着鸦片走私的猖獗以及销售总量的扩大，鸦片造成了清朝严重的社会危机，尤其是财政危机。道光年间，清廷就此展开讨论，形成了弛禁论和严禁论两派。两派的论争，以严禁论的胜出而告一段落。然而，鸦片泛滥已久，邓廷桢等人的禁烟措施，虽然取得了一定效果，但鸦片走私活动依旧十分猖獗，白银大量外流并未改变。道光十八年（1838 年）闰四月鸿胪寺卿黄爵滋奏呈《请严塞漏厄以培国本折》，建议采用重治吸食洋烟的方法来禁止鸦片。道光皇帝阅后，抄转全国各地方大员，谕令"各抒所见，妥议章程，迅速具奏"[3]。总体

[1] ［德］马克思：《鸦片贸易史》，中共中央马克思恩格斯列宁斯大林著作编译局编：《马克思恩格斯论中国》，人民出版社，1997 年，第 65 页。

[2] ［德］马克思：《鸦片贸易史》，中共中央马克思恩格斯列宁斯大林著作编译局编：《马克思恩格斯论中国》，人民出版社，1997 年，第 66 页。

[3] 中国第一历史档案馆编：《鸦片战争档案史料》（第一册），上海人民出版社，1987 年，第 258 页。

来看，清廷上下都认为银贵钱贱是因鸦片大量输入造成白银大量外流所致，只有全力严控从入口到吸食的整个过程，才能收到禁绝的效果。林则徐完全同意黄爵滋的意见，他说："民情非不畏法，习俗大可转移，全赖功令之森。"[1]并就鸦片的危害发出了振聋发聩之语："迨流毒天下，则为害甚巨，法当从严。若犹泄泄视之，是使数十年后中原几无可以御敌之兵，且无可以充饷之银。"[2]这个大讨论，促进了禁烟措施的合理实施，推动了禁烟工作的进行。直隶、山东、江苏、湖广、福建、浙江、江西、两广等地，查获了多起烟土案。仅道光十八年（1838 年）十月，即有二千余名鸦片贩子、揭客、吸食者被捕，每天都有一些罪大恶极之人被判处死刑。到年底，鸦片商已成过街的老鼠，逃匿四处，鸦片的兴贩几乎中断了。

内地禁烟初获成功，道光皇帝又把禁烟重点转向了堵绝鸦片进口。道光十九年（1839 年）三月，林则徐受命到达广州开展雷厉风行的禁烟活动，至六月底，捕获鸦片贩子 1 700 余名，收缴烟膏烟土 65 万余两，烟枪 7 万余杆，调查和严惩涉嫌贩卖鸦片的官员。对于贩卖鸦片的外国人，林则徐也下了最后通牒："查尔等以此物蛊惑华民，已历数十年，所得不义之财，不可胜计，此人心所共愤，亦天理所难容。从前天朝例禁尚宽，各口犹可偷漏，今大皇帝闻而震怒，必尽除之而后已。所有内地人民贩卖开烟馆者，立即正法，吸食者亦议死罪。尔等来至天朝地方，即应与内地民人同遵法度，……今与尔明申约法，不忍不教而诛。……谕到该夷商等，速即遵照，将趸船鸦片，尽数缴官，由洋商查明共交若干箱，造具清册，呈官点验收明，毁化以绝其害，不得丝毫藏匿。一面出具甘结声明，嗣后来船永远不敢夹带鸦片，如有带来，一经查出，货即没收，人即正法。"[3]然而，林则徐的最后通牒遭到抵制，于是林则徐采取了坚决的措施：下令封仓，停止中外贸易；派兵包围商馆，撤退商馆内的中国买办、工役，停止食物供应。至此，英国商务监督义律以英国政府的名义，责令英国商人将鸦片全部交出，损失由英国政府和他本人负责赔偿。

林则徐收缴鸦片的工作至此已大见成效，至四月共收缴了鸦片二万余箱。四月二十二日（6 月 3 日）林则徐在虎门公开销毁鸦片。其办法是在海岸处挖

---

[1] 中国第一历史档案馆编：《鸦片战争档案史料》（第一册），上海人民出版社，1987 年，第 357 页。

[2]（清）林则徐：《钱票无甚关碍宜重禁吃烟以杜弊源片》，《林则徐集·奏稿（中）》，中华书局，1965 年，第 601 页。

[3] 中国史学会主编：《鸦片战争》（第二册），上海人民出版社，1957 年，第 144 页。

若干池子，将鸦片、石灰放在一起，当海水涨潮时，鸦片、石灰、水发生化学反应，变成了灰烬，并被海水冲走，干净利落，一点残渣剩膏也未留下。

虎门销烟是人类历史上第一次大规模的禁毒行动，然而却成了英国殖民主义者发动鸦片战争的借口。道光二十二年（1842 年），清廷钦差大臣耆英、伊里布等与英国全权代表璞鼎查签订了屈辱的《中英南京条约》，但英国当局迫于各方压力，未能将鸦片贸易合法化。第二次鸦片战争后，咸丰八年（1858 年）中外签订了一系列不平等条约，英国实现了鸦片战争中所没有得到的鸦片贸易合法权。在《通商章程善后条约》中规定："向来洋药（即鸦片）……等物，例皆不准通商，现定稍宽其禁，听商遵行纳税贸易，洋药准其进口。"[1]具体税率则规定为："凡外洋及内地客商在各省关口贸易者，均照酌定税则：上海一口，议定每百斤税银三十两，所有各海口及津关，均系一水可通，在内江河面凡船只能到各税关口者，均请照上海一律输税。其民间买卖，于（咸丰）九年（1859 年）三月初一日，出示晓谕，一月以后，悉照新定条例，一体遵行。"[2]至此，清廷的禁烟政策彻底破产了。

鸦片贸易合法化后，洋药（鸦片）进口迅速攀上了新的高峰；同时，五口通商、上海开埠以后，上海便迅速代替偏处东南一隅的广州而成为新的鸦片进口的最大口岸。19 世纪 70 年代以后，上海的鸦片进口量已占全国进口量的 70%以上。[3]烟毒泛滥不仅给中国人在精神上、肉体上带来损害，同时也破坏了社会生产力，造成东南沿海地区工商业的萧条和衰落。

二、自种自食的鸦片之国

经历了两次鸦片战争，大量的洋烟土（鸦片）充斥中国，中国的白银大量外流，加重了清廷的财政危机。鸦片战争以后泛滥于中国的外来鸦片主要有以下四种：

公班土，又名"派脱那土"，俗称为大土。产于印度，输入中国时，制成了大圆球式样，颜色呈黄黑色，质地较软，裹以烟叶，是鸦片中的上品，质量

[1] 王铁崖编：《中外旧约章汇编》（第一册），生活·读书·新知三联书店，1957 年，第 129 页。
[2]（清）李圭：《鸦片战争事略》卷下，北平图书馆版本，1931 年。
[3] 苏智良：《中国毒品史》，上海人民出版社，1997 年，第 139 页。

好，售价高。

加尔各答土，俗称小土，亦产于印度，颜色为黄黑色，质地较硬。质量较次，价钱也稍便宜。以上两种烟土，多为英国人走私入口。

金花土，产于土耳其，质量比印度土差，多为美国人走私输入，但由于质次不受吸食者欢迎，故输入的数量并不多。

红土，即波斯烟土，俗称"新山""红肉"等，是日本人从伊朗输入的，通常用红纸包裹。但红土质量低劣，毒性大，对人体的危害也大，吸食稍多会出现便血等病症。因此，红土售价低廉，贫穷的烟民乐于吸食。

自19世纪60年代开始，清廷采纳许乃济的"以土抵洋"政策，公开允许种植鸦片。同种植粮食等农作物相比，种植罂粟、生产鸦片的比较效益高得多，受利益驱动，贫穷无靠的农民纷纷改种大烟。一时之间，全国各地，无论是大江南北，黄河上下，还是长城内外，漠北滇南，罂粟花到处开放，鸦片制作迅速国产化。据记载，"自咸、同以后，烟禁已宽，各省种植罂粟者，连纤接畛，农家习以为故常，官吏亦以倍利也，而听之。"[1]土烟生产的数量同治五年（1866年）约为5万箱，同治九年（1870年）已达到7万箱，已超过了进口洋烟的数量。至19世纪80年代，国产烟土的总量已是进口烟土的二至四倍。到了20世纪初，中国自己生产的鸦片又有很大发展。

中国从一个鸦片的受害国，成了一个完全的鸦片之国。国产鸦片主要有以下几种：

云土，产自云南省，是国产鸦片中的著名品种。云土又分迤南土、迤西土、迤东土，其中迤南土质量最好，色香味俱佳，有"王中之王"的美誉，嗜食鸦片的人称之"半里闻香味，三口顶一钱"。云土一般制成长方砖型，外包装上贴有以虎门销烟著称的林则徐的头像，可谓滑天下之大稽。川土，产自四川省，质量稍次于云土，也是烟土中的上品。四川全省各地都产鸦片，其产品又细分为丰都土、南坝土、涪州土、夹江土、屏山土、巴州土、桂花土、龙泥、凤土、磁块等，产量在全国居首位。贵土，又称黔土、毛块、贵州黑等，产自贵州省，质量也较好。毛块形状如马蹄，每块重10～20两。

西土，产自陕西、甘肃等省份。又分为甘肃省出产的甘土，俗称甘砖、兰

[1] 中国史学会主编：《鸦片战争》（第一册），神州国光社，1954年，第300页。

砖，制成长方砖形，质地坚硬；陕西出产的西土又称西砖，其中渭南所产渭南土尤为著名，是西土中的佼佼者。交土，又称代土，产自山西。宁土，产自宁夏。

北口土，产自热河，又称为红土，烟味浓烈。西口土，产自绥远。西货，又称西口土，产自察哈尔。边土，又称东土，产自黑龙江、吉林、辽宁三省。其中的"冻土"，烟劲最足，连烟灰也可以吸食多次。青海所产烟土，也称为边土。亳州浆，产自安徽。东土，又称洛宁土、枣泥土，产自河南。湘土，产自湖南。施南土，产自湖北。建浆，产自福建。鲁土，产自山东。苏土，产自江苏。粤土，产自广东。赣土，产自江西。

就鸦片种植和生产区域而言，晚清的国产烟土以云贵川等地区较为著名。云南省鸦片种植有较长的历史，据传早在明末清初即由缅甸传入，并逐渐流传开来。在鸦片战争前的道光十一年（1831 年），云贵总督阮元、云南巡抚伊里布即联名上奏，指出了云南省种植鸦片的大致情况，奏章上指出："滇省边隅，民风素本淳朴，而接壤越南，又近粤省，遂致有鸦片烟流入滇境，效尤吸食之事。而治边夷民，因地气燠暖，向种罂粟，收取花浆，煎膏售卖，名为芙蓉，以充鸦片，内地人民，以取罂粟子榨油为名，亦复栽种渔利。"[1]至光绪年间，云南罂粟的种植得到了很大发展，罂粟花到处盛开，姹紫嫣红，形成了一片"美丽"而邪恶的鸦片风光。光绪年间有人游历云南省会昆明，记录了城郊的罂粟种植："出（昆明）南门，绕过金马碧鸡坊，过迎恩塘，时暮春天气，罂粟盛开，满野缤纷，目遇成色。"[2]全省的耕地，光绪元年（1875 年）约有三分之一用于种植鸦片，鸦片产量迅速扩大，光绪四年（1878 年）鸦片产量约为 3.5 万担，光绪二十二年（1896 年）约为 8 万担，光绪三十二年（1906 年）约为 7.8 万担。

贵州省毗邻云南，但鸦片的种植时间稍晚。道光十一年（1831 年）贵州巡抚嵩溥奏："黔山多田少，向无栽种熬烟之事。惟与滇、粤等省毗连，人民贸易往来，间有嗜食此烟者，奸商挟带，潜匿私卖，事所必有。"道光末年，广东商人将"广土"输入贵州，获利甚丰，当地人因而效尤，试种成功。咸丰、同治年间，贵州连续二十余年的战乱，广土来源断绝，贵州本地生产的黔土迅速发展，逐渐代替了广土。不仅如此，贵州所产的烟土以其较高品质反而输入广东，

---

[1] 宋光焘：《鸦片流毒云南概述》，中国人民政治协商会议云南省委员会文史资料研究委员会编印：《云南文史资料选辑》（第一辑），1962 年，第 92 页。

[2]（清）包家吉：《滇游日记》，油印本，第 7 页。

获取高额利润。这一高额利润，反过来又刺激了鸦片的生产，以至于全省各地广泛种植。时人陈惟彦任职开州，他游历贵州各地，"约计所经州属，开垦之地半种洋烟"，罂粟的种植面积几乎占了农田面积的一半，当地农民把鸦片种植、生产当成重要农业生产活动，辛勤地劳作。"洋烟一物，为害实多，民不知非，视同禾稼，连阡越陌，手胼足胝，微利所归，群相竞取。"贵州省虽然地瘠民贫，但鸦片产量也相当惊人，光绪五年（1879 年）约为 1 万至 1.5 万担，光绪二十二年（1896 年）约为 4 万担，光绪三十二年（1906 年）约为 4.8 万担。

四川省的鸦片生产在清朝同治、光绪年间已经较普遍。简阳县，道光末年乡人竞相种植罂粟。广安州在咸丰末年开始种植，而至光绪年间已经遍地开花，鸦片成为该州农产品中的大宗。四川东部的苍溪县，咸丰、同治时罂粟的种植得到了快速发展，而至光绪年间川东已"无处不种罂粟"。到了清朝末期，整个四川，包括川东、川西南和川西北，都广泛种植罂粟，据宣统二年（1910 年）九月二十日《广益丛报》的记载，当时"川省百四十余州县，除边厅数处，几无一地不植鸦片者"。四川省的鸦片产量，光绪七年（1881 年）约为 7 500 担，光绪五年（1879 年）约为 17.7 万担，光绪十三年（1887 年）约为 15 万担，光绪二十二年（1896 年）约为 12 万担，光绪二十七年（1901 年）约为 15 万担，光绪三十二年（1906 年）约为 23.8 万担。四川省生产的鸦片数量超过云南省，成为全国鸦片产量最大的省份。

陕甘晋等西北地区。西北地区土壤肥沃，但干旱少雨，农业生产极不发达，百姓生活十分艰难。但是，这里的气候条件也适宜罂粟的生产，鸦片的品质、产量都较高，也是一个著名的鸦片产地。

甘肃省种植罂粟约在清朝咸丰、同治年间。据同治年间陕甘总督杨昌与陶模为筹备军饷，先后奏请朝廷加征罂粟地税的上疏来看，罂粟籽入甘后被种植，约在咸丰同治年间，即 1851 年至 1862 年。据 1937 年《民国日报》载，清咸丰时期，罂粟花满布于陕甘各县，产量日多，质品亦佳。《甘宁青史略正编》第二十七卷也说："咸丰以后，鸦片由广东贩运入甘……吸者日多，种者亦日众，利厚工省又不择土之肥瘠。取液煮膏既谙其法，遂自吸食，而沿及妻孥，久之斯丐亦然，其倾家致死者不可屈指数。"同治十一年（1872 年），有一德国人至甘肃，发现甘肃省鸦片大量输入东、西邻省，而未见其他地方输入的鸦片，这表明甘肃省已是一个产烟毒的大省。该年甘肃全省鸦片产量约为 5 000 担，光绪二十二年（1896 年）产量约为 1 万担，光绪三十二年（1906 年）产量约为 3.4 万担。

陕西省的鸦片生产开始于 19 世纪 40 年代，60 年代以后有了大发展。光绪时山西巡抚曾国荃奏称："自回匪（指陕甘'回变'）削平以后，种烟者多。秦川八百里，渭水贯其中内，渭南地尤肥饶，近亦遍地罂粟。"[1]当时，陕西关中的渭南、泾阳、凤翔，陕北的宜川、延川和陕南的汉中等县，已经成了陕西的著名鸦片产地。19 世纪 90 年代以后，陕西的罂粟种植面积逐年扩大，遍及陕西全省。光绪三十二年（1906 年），陕西有 53 万余亩土地种植鸦片，约生产鸦片 5 万担。

山西省鸦片种植面积、产量都很大。早在同治年间，山西百姓即多以种植罂粟为业，开始时在山坡、地角栽种；获利后扩大至沃壤腴田，遍地种植。其时，全省罂粟栽种面积已达 60 余万亩；光绪时栽种面积进一步扩大，多达 96 万亩。[2]山西"通省百十有余属，几无处不种"，以至于干扰、排斥了粮食生产。光绪八年（1882 年），山西巡抚张之洞将山西罂粟栽种情况上报，指出："晋民好种罂粟，最盛者二十余厅州县，其余多少不等，几于无县无之，旷土伤农，以致亩无栖粮，家无余粟。"[3]山西省土壤稍贫瘠，鸦片亩产量较低，光绪三十二年（1906 年）全省鸦片产量约为 3 万担。

以上各省是我国鸦片的主要产地，它们的鸦片产量占全国总产量的八成以上。但其他各省也都大量地种植、加工制造鸦片，如光绪三十二年（1906 年），直隶的鸦片产量约为 1.2 万石，河南的鸦片产量约为 1.5 万石，山东的鸦片产量约为 1.8 万担，数量也很大。

自清政府开放烟禁，允许各地种植罂粟以后，中国的罂粟产量大增，很快做到了自给自足，抵制了洋烟的进口，并对其造成了很大的冲击，使之进口数量逐年下降。进口鸦片在数量降低的同时，其销售价格在国产烟土的竞争下，也大幅度降低。数量和销售价格的下降，使进口鸦片的市场越来越小，终于被国产鸦片逐渐替代了。光绪三十二年（1906 年）中国国产鸦片约为 58.4 万担，而进口鸦片仅为 5.4 万担，这表明中国鸦片的自给率达 91%以上，已经实现了自给。在晚清的特定历史条件下，清廷在客观上不能抵制鸦片的大量输入，也

[1]（清）曾国荃：《请禁罂粟片》，《皇朝经世文续编》卷 42《户政十四·农政下》，文海出版社，1972 年。

[2] 王金香：《近代山西烟祸》，《山西师范大学学报》1989 年第 3 期，第 38-43 页。

[3]《张之洞全集》（第 156 卷），河北人民出版社，1998 年，第 107 页。

不能、无法防止白银的大量外流，但通过允许栽种罂粟、生产制造鸦片，却成功地抵制了洋烟的大肆输入，较为有效地防止了白银的外流，减轻了风雨飘摇中的清廷的财政危机。从这一意义上说，鸦片本土化，对清廷是"有利"的。然而，鸦片的国产化导致了举国上下到处种植鸦片，使其产量迅速增加，价格大幅度下降，从而为更多的人，甚至更多的贫困百姓吸食鸦片提供了条件。因此，随着鸦片本土化的实现，整个中国的吸食者也迅速增加了，鸦片之害因而更加突出了。可以说，清廷实施的"以土抵洋"的鸦片政策，无疑是饮鸩止渴的政策，是以鸦片烟毒害更多百姓的涸泽而渔的政策，其危害相当大。

自晚清鸦片生产合法化，鸦片产量大增以后，形成了鸦片生产的基本格局：西南和西北地区从晚清直到 1949 年，一直是中国鸦片生产的主要产区。晚清和中华民国曾实施过禁烟，也取得了一定成效，鸦片生产有过萎缩，但不久又恢复原样，鸦片生产格局也未有多少改变。

三、鸦片种植对于农业生产的消极影响

晚清时代，中国的农夫们将四千年来所积累的农业经验，投入到罂粟—鸦片这一高效"作物"的生产中，形成了独特的鸦片生产景观。[1]

罂粟的栽种，因品种、土壤和气候条件不同而有不同的播种、收获时间和效益。以四川省金阳县为例，金阳生产的鸦片，有洋烟、大烟、热烟、水泡烟四种。洋烟适于低山区种植，每年 9 至 10 月播种，汉人挖窝点播，彝人撒播。腊月须除草一次。耕作较种粮食作物精细，次年二三月收割。可播一斗玉米种的土地，一般年景可收烟土 50～60 两，最多能收 200～300 两。洋烟单位面积产量虽高，但金阳多为半山区和高山区，适于种洋烟的低山地不多。种植面积最大的是大烟，种于平坝区和半山区的上等地，生长期较洋烟稍长。每年 9 至 10 月播种，第二年三四月间收获。一般年成，可播一斗玉米的土地能收鸦片二三十两，多的收到 100 两。热烟种在高山区，三四月播种，七八月收获。通常情况下，可播一斗玉米的土地收鸦片 20 两，多的收四五十两。水泡烟种植较晚，1940 年左右鸦片奇贵时才开始生产，多种于五谷不生的河谷地。每年 10 月播

---

[1] 以下关于各地区鸦片种植的描述，摘编自吴雨、梁立成、王道智：《旧中国烟毒概述》，《近代中国烟毒写真》（上卷），河北人民出版社，1997 年，第 1-66 页。

种，第二年三四月间收割，耕种粗放，广种薄收。

在陕西渭南，种植的罂粟品种更多。据记载，该县种植的品种主要有三月黄、金钟、独牛、到老绿、腾场等，每年分冬、春两期种植，但都在立夏前后收割，一般亩产百十两，作务好的可产二三百两。每两烟土按当时价值可折合小麦20斤。有些经营者发了大财，而无数吸食者却走向贫困破产。

在甘肃靖远，由于气候寒冷，罂粟一般在农历二月下种，七月收割结束，山区二阴地最迟在八月收毕。烟苗的种类有"小暑"和"大暑"（在小暑大暑节气开始收割，因而命名）；有"独头"，每茎一个头球，头球特大（大小暑一茎上有三至九头），球上径纹突起，成熟在小暑、大暑之间，因头球棱径不平，收割不便，种者较少。各品种之所以并植，是因收割时间和劳动力可以调配，同时产量年有不同。有一年"小暑"产量大，有一年"大暑"产量好。每亩烟浆产量为30两至100两。

可见，全国各地都有适宜于当地生产的罂粟种类，而且各个品种都适当种植，以便综合利用地力、人力和劳动时间，获得好的收益。

种植罂粟、收割汁液、制造鸦片，在一些地区成为贫穷百姓养家糊口，甚至发财致富的重要手段。在罂粟种植区，有不少人因此而暴富。鸦片价格贵，因而种罂粟的比较效益高。如陕西渭南，一亩地种植罂粟，一般可收获百十两鸦片，一两鸦片可兑换20斤小麦，以一亩地生产100斤鸦片计，即可兑换2 000斤小麦，而当时种植一亩小麦，至多收获三五百斤。因此，鸦片可以算是"高效作物"，种植鸦片容易发财致富。

正是由于种植鸦片的比较效益高，因此一些大土地所有者大规模地、成百亩地种植罂粟。罂粟花开时，一望无际的原野上，红白黄粉，五彩杂陈，形成了特有的鸦片风光。在收获时节，需要大量劳动力手工割取，于是在收获季节出现了大量短工——刀儿匠，他们以其熟练的割浆技术，赚取较高的劳动报酬。在罂粟种植区，收割大烟成了一项重要的"农时活动"。由于大量刀儿匠云集，农村人口流动性增加，且集中于产烟地区，使一些鸦片产区形成了临时的繁荣：劳动力云集、商贩云集、说书和唱戏等娱乐组织也来了，热闹非凡，形成了"烟会"，又叫"烟场""烟集"。

鸦片弛禁以后，由于其与种植粮食作物相比，比较效益较高，因此鸦片的种植面积迅速扩大。每到春季，全国各地都是罂粟花盛开，一片美丽的鸦片风景。据估算[1]，光绪三十二年（1906 年）全国种植罂粟用地约为 1 871 万亩，全国总耕地为 12.5 亿亩，罂粟种植面积占了 1.5%，其中西南的云贵川罂粟种植面积较大，占了全部可耕地面积的 8.69%。由于罂粟的种植，粮食作物的种植面积开始减少，有些地区甚至为此引发了粮荒。如西北地区干旱少雨，农业生产条件较差，凡是有水灌条件的土地，往往种植罂粟，以取得较高收益。然后，再到附近地区购粮食用。这种情况的大规模发生，使西北地区粮食缺乏，极容易造成粮荒。同治三年至四年（1877—1878 年），北方发生了大旱灾，山西、陕西、河南、山东、直隶等地区草木枯死，粮食绝收，赤地千里，造成北方地区普遍缺乏粮食。饥饿的人们食尽了山上的草根树皮，再也没什么可吃的了，以至于饥饿而死。据估计，北方地区饿死的总人数超过了 950 万人。山西省灾情最重，饥民达五六百万人，饿死者超过了半数，有些村子所有的人全都饿死了，一个也没剩下。这一大灾难，虽是天灾，其实与罂粟种植大有关系。当时山西巡抚曾国荃曾指出："此次晋省荒歉，虽曰天灾，实由人事。自境内广种罂粟以来，民间蓄储渐耗，几无半岁之粮，猝遇凶荒，遂至无可措手。"[2]但是，经历过此次大饥馑、大死亡，山西的罂粟种植面积并没有减少，照常种植，缺乏粮食储备的情形依然如故，光绪十九年（1893 年）再次发生大饥荒，死人盈野，惨不忍睹。

四川省虽然是旱涝保收的天府之国，但是沃野千里，罂粟花到处盛开，罂粟的种植严重地排挤了粮食的生产，使本来粮食产量很多的四川也出现了缺粮的状况，即使是正常的年份，也需要从湖南、湖北运粮接济。

云南是烟土生产的重要产地，罂粟的种植也危及了粮食作物的生产。据记载，种烟的季节，是在秋季播种，到次年春夏之交收浆，与小春种豆麦的时间相同，烟地既占去了粮食的耕作面积，粮食当然要减产了。以肥沃的土地，种植害人的毒物，1949 年以前云南的粮食，不能自给自足，这也是一个主要原因。自从鸦片弛禁以后，小春生产锐减，更是年年闹饥荒。彭毓崧《渔舟纪谈》又载："滇人以烟为命，即不能不以烟为粮。"种烟给广大农村带来的是，懦弱者啼饥号寒，强壮者铤而走险，使得云南匪风猖獗。[3]

罂粟种植面积的扩大，使以农立国的中国面临着缺乏粮食的严峻局面，粮

[1] 蒋秋明、朱庆葆：《中国禁毒历程》，天津教育出版社，1996 年。另参见王金香：《中国禁毒史》，上海人民出版社，2005 年。
[2] （清）曾国荃：《申明栽种罂粟旧禁疏》，萧荣爵编：《曾忠襄公奏议》卷 8，文海出版社，1969 年。
[3] 宋光涛：《鸦片流毒云南概述》，《近代中国烟毒写真》（下卷），河北人民出版社，1997 年，第 360 页。

食的价格一再攀升，自光绪后期以来，"谷米日贵，粮食日艰，无论凶荒之岁也，即年岁顺成，米价曾不少落，几乎农田所出有不敷海内民食之患"[1]。这种情况持续了半个多世纪，直到中华人民共和国成立才发生了根本的改变。

罂粟的种植，也影响了其他经济作物的种植。如山西大同以生产黄花菜闻名，年产量在300万年斤左右。自从种了罂粟，黄花菜种植面积一天天在减少，产量一天天降低了，最低时年产量仅40万斤。日本侵略者占领大同时，曾强令将3 000亩宿根黄花菜水地、二阴地改作罂粟种植，对这一经济作物的破坏尤为显著。

最后，鸦片本土化，即罂粟的大量种植、加工、销售，一方面使一些重要的生产要素土地、劳动力、运输工具等浪费在无益而有害的鸦片业上；另一方面上自达官贵人下自普通百姓，把大量资金、钱财花费在吸食烟毒上，不得不减少日常生活的开支，这自然使正常的手工业、商业消费降低。由于以上两个原因，鸦片的国产化对城市工商业的发展具有极大的破坏作用。

四、烟毒弥漫与鸦片之子

鸦片烟的危害，自晚清以来由于吸食者众，充分地表现出来了。这就是毒瘾，即鸦片瘾和吗啡瘾。对于中毒甚深、面目黑瘦、精神萎靡、形体瘦弱的鸦片嗜食者，是为"鸦片鬼"。

人为什么会对毒品上瘾呢？科学的解释说，在人类的大脑中，能分泌出一种化学成分二羟基苯基丙氨酸，它能给人带来快乐和幻觉。在人脑中，还有一种成分与吗啡非常相似，这就是内啡肽，它有较强的镇静作用，且有助于大脑分泌出二羟基苯基丙氨酸。因此，只要大脑中分泌出这两种化学成分，人们就会感觉到安静、快乐和幻觉，从而十分愉悦。毒品进入人体以后，在短时间内大幅度地增加了血液的供给量，增加了人体的兴奋度和力量，并产生快乐；当药力消失以后，人体内便严重缺乏这类物质，产生极不舒服的感觉，于是又需吸毒。如此反复无已，人的身心皆困顿于毒瘾，乃至死于毒瘾。自鸦片战争以来，死于毒瘾的鸦片鬼数量是十分惊人的。

---

[1] 苏智良：《中国毒品史》，上海人民出版社，1997年，第184页。

一个人，刚开始吃鸦片烟时，每每觉得刺喉难挨，但吸上十余口后，即会感到"快乐"，更思吸食，久之自然成瘾。因此，当时劝人不要吸食大烟的措施，都指出不要尝第一口。而一旦吃了第一口，往往就会上瘾。光绪时人张昌甲指出：

凡人初吃烟时，其志个个持定，必曰："他人心无主宰，以致陷溺其中（指成瘾），我有慧力焉，断不至此！"及至（瘾）将成之际，又易一言曰："放下屠刀，立地成佛，我有戒力以制之！"迨其后明知不可复返矣，则又曰："我终有定力以守之，不至沉迷罔觉也！"直至困苦难堪，追悔莫及，方瞿然曰："一误至此哉！"然人寿几何，此生已矣！

张昌甲本人也吸食大烟，他在《烟话》中描述了初尝鸦片的感觉："余于烟之初上口时如不胜，然迨十余口后，乃觉其味醇醇，每欲请益。尝读《桂留山房诗》中有云：'初犹艰涩刺喉，醇而后肆乃贪馋。'足以移此。"但是，十余口后的快乐感觉，使他还想吸食。如此，坚持三五天后自然而然地形成了鸦片烟瘾。

鸦片烟对上瘾的人来说危害甚大，不啻为杀身害命的利斧。"鸦片烟，一入其境，而一得其味，苍生之大患具于此，万万不可救药者。""人当发瘾之时，欲吃不得，欲忍不能，其苦莫可名状。"而且，长时间地服食鸦片烟，会使"其肉必瘦，其血必枯，其舌常脱液"[1]，对身体危害极大。吸食鸦片烟的危害有目共睹，一些瘾君子"迷途知返"，尝试戒掉恶习。但是戒掉大烟是一条难于攀登的蜀道，"难于上青天"的重任。晚清时，有人指出：一个人一旦染上烟瘾，"则一息尚存，断无中道弃捐之日"，不死不止，"凡人烟瘾既上，无休歇时，一睡是小休歇，一死是大休歇。"

鸦片烟对吸食者的身心造成了严重的摧残，民间歌谣有曰："大烟是杆枪，不打自受伤。几多英雄汉，困死在烟床"，很好地形容了大烟的危害。其实，鸦片烟还对吸食者的家庭、社会造成严重危害，在云南德宏有这样的说法，充分显示大烟对家庭、社会的危害："竹枪一支，打得妻离子散，未闻枪声震地；铜

[1] 广雅出版有限公司编辑部编：《鸦片战争文学集》，广雅出版有限公司，1982年，第1223页。

灯半盏，烧尽田地房廊，不见烟火冲天。"由于家破人亡，进而流离失所，甚至铤而走险，危害社会。

自晚清鸦片大量传入中国以来，社会各个阶层、士农工商、三教九流都有"瘾君子"，都有吸食者，清代的皇帝、大臣、太监、地方官员；民国的军阀、高官、买办、资本家也多有吸毒成瘾者。瘾民的众生相，通常瘾来时如热锅上的蚂蚁，急急如丧家之犬，惶惶不可终日；满足烟瘾后，精神松弛，倍觉闲适，"赛过活神仙"。当时有人用十二生肖来形容吸烟者的丑态："烟瘾来时，性情烦躁异常，竖眉怒目，形同疯犬；走路拱肩缩颈，有气无力，好像老羊迈步；走进烟馆东张西望，好比老鼠；蹲着像猴子；躺倒像死猪；过足烟瘾，蹦蹦跳跳，犹如狡兔；回家时轻盈快步，形同蛇游，速如飞马；做起事来力大如牛；高谈阔论真有龙虎精神，声音嘹亮，可比公鸡。"

清朝末年，美国社会学家罗斯访问了中国内地，他在《变化中的中国人》一书中对一位贫困的农民鸦片瘾者这样描述道[1]：

我们一行人从中国西部出发，前往陕西宝鸡。一路上，我们好比先头部队一样，始终走在最前面，在身后一英里远的地方，紧跟着轿子和轿夫。遇到较陌生的路段，领事就向一个农民问路："这里离宝鸡还有多远？"奇怪的是，农民毫无反应。领事又重复了一遍问话："这里离宝鸡还有多远？"农民只是动了动头，但仍无任何回应。领事只好第三次发问，这才从那位农民迷茫的眼神里看到了一些光辉。接着，领事又连续问了两次，这时，农民才听明白"宝鸡"和"多远"两个词，最后一遍问话后，这位农民才慢条斯理地蹦出三个字："四十里。"其答话之低沉、迟缓就像是一个身处梦境中的人在说梦话。不料，就在这个早上，我们竟先后遇见了十几次相似的情况，这令我感到十分不解。"这是为什么？莫非这些人生来就如此愚钝？"我问领事。领事想了想，告诉我："不是的。这也许和鸦片有关。你难道不知道，有句话是这么说的，'十个陕西人里，十一个是大烟鬼'吗？"这次，大中华的秘密头一回被我亲自看见。

---

[1] ［美］罗斯著，何蕊译：《变化中的中国人》，译林出版社，2015年，第41页。

"大中华的秘密",这是多么无可奈何的一幕!罂粟和鸦片就这样经由贸易和战争,侵入了晚清中国人的身体和精神,侵入了晚清中国的土地和社会。一种植物就这样改变了当时世界上传承久远、类型复杂的农业文明。

第二节 晚清时期传统知识—价值系统近代转换的环境史意涵

文化的生成和流变、观念的杂错和交融,为人类社会所独有。越过自身的蒙昧之后,人类的文化获得了某种天然的自组织性,一代又一代地积累,一代又一代地传承,一代又一代地发展,将人类社会的内部事务和人类社会与自然的交往实践物化为语言文字、符号文本、遗迹遗存,等等,同时也通过后天的教育和学习化为内在的思想意识和价值观念,文化之网与自然之网错杂交织。中国文化历史悠久,传承有序,广大精微,是人类文化的重要一极。从道光二十年(1840年)鸦片战争开始,中国文化不得不以清朝为载体直面近代西方文化,在坚船利炮的胁迫下,在不平等条约的束缚下,在自强图存的鼓舞下,在走向世界的感召下,经历了一段长达百余年的重生浴火。以西方近代"七科之学"为代表的"新知",于晚清时代一度奏响了传统中国以"四部之学"为代表的认知体系的挽歌,催生了今日我们所熟知的知识体系和学科体系。[1]

一、"四部之学"与传统中国知识系统之演进

作为世界四大文明古国之一,传统中国产生了浩如烟海的历史文献,形成了独特的学术分类和知识系统。文献是历史的记录、知识的总结,又是思想文化的载体,一时代之文献大体上反映着一时代之学术分类与知识价值系统。从西汉到清代的文献目录之学就是这个学术—知识价值系统的集中体现。

东汉史家班固《汉书·艺文志》载:"汉兴,改秦之政,大收篇籍,广开献书之路。迄孝武世,书缺简脱,礼坏乐崩,圣上喟然而称曰:'朕甚闵焉!'于是建藏书之策,置写书之官,下及诸子传说,皆充秘府。至成帝时,以书颇

---

[1] 本节内容,参考和综合了左玉河:《从四部之学到七科之学》,上海书店出版社,2004年。

散亡，使谒者陈农求遗书于天下。诏光禄大夫刘向校经传、诸子、诗赋，步兵校尉任宏校兵书，太史令尹咸校数术，侍医李柱国校方技。每一书已，向辄条其篇目，撮其指意，录而奏之。会向卒，哀帝复使向子侍中奉车都尉歆卒父业。歆于是总群书而奏其《七略》，故有辑略，有六艺略，有诸子略，有诗赋略，有兵书略，有术数略，有方技略。"[1] "略"即"类"，"辑略"是全书之总要，因此《七略》实际上包括六大类文献（见表 3-1）。刘向始创、班固沿用的这个分类法，是中国最早的文献分类法，从中可以窥见秦汉时代的学术—知识价值体系。

表 3-1　西汉刘向《七略》分类表

辑略（全书之总要）	
六艺略	易、书、诗、礼、乐、春秋、论语、孝经、小学
诸子略	儒家、道家、阴阳家、法家、名家、墨家、纵横家、杂家、农家、小说家
诗赋略	屈原赋之属、陆贾赋之属、荀卿赋之属、杂赋、歌诗
兵书略	兵权谋、兵形势、兵阴阳、兵技巧
数术略	天文、历谱、五行、蓍龟、杂占、形法
方技略	医经、经方、房中、神仙

魏晋南北朝时，有王俭《七志》和阮孝绪《七录》。《七志》已佚，根据《隋书·经籍志》序和《七录》序，可知它的大概。《隋志》所载《七志》分类为："一曰经典志，纪六艺、小学、史记、杂传；二曰诸子志，纪今古诸子；三曰文翰志，纪诗赋；四曰军书志，纪兵书；五曰阴阳志，纪阴阳图纬；六曰术艺志，纪方技；七曰图谱志，纪地域及图书。其道、佛附见，合九条。"《七志》分类对于《七略》有传承有发展，尤其新增道、佛典籍类目，显示了当时道教和佛教的重大影响。阮孝绪《七录》分类更加合理，因应当时佛道等文献的出现，将当时所传文献分为内篇和外篇，内篇有经典录、纪传录、子兵录、文集录、术技录，外篇有佛法录、仙道录，总体上将当时知识系统分为 7 个互相关联的门类（见表 3-2）。这七大门类及其所属之 55 小类，是为魏晋南北朝时期的学术—知识价值体系。

---

[1]《汉书》卷 30《艺文志》，中华书局，1962 年。

表 3-2　南朝阮孝绪《七录》分类表

总　类	子　类
经典录内篇一	易、书、诗、礼、乐、春秋、论语、孝经、小学
纪传录内篇二	国史、注历、旧事、职官、仪典、法制、伪史、杂传、鬼神、土地、谱状、簿录
子兵录内篇三	儒、道、阴阳、法、名、墨、纵横、杂、农、小说、兵
文集录内篇四	楚辞、别集、总集、杂文
术技录内篇五	天文、谶纬、历算、五行、卜筮、杂占、形法、医经、经方、杂艺
佛法录外篇一	戒律、禅定、智慧、疑似、论记
仙道录外篇二	经戒、服饵、房中、符图

　　魏晋南北朝时，除以《七略》为标志的"六分法"外，"四部"分类法也出现了。据《隋志》所载，西晋荀勖《新簿》将当时典籍按照甲、乙、丙、丁进行分类：甲部，有六艺及小学等书；乙部，有古诸子家、近世子家、兵书、兵家、数术；丙部，有史记、旧事、皇览簿、杂事；丁部，有诗赋、图赞、汲冢书。荀氏"四部"分类法，从一个侧面反映出从西汉到晋代学术发展之趋向。荀氏"四部"分类是后来经、子、史、集"四部"分类之雏形。甲部，相当于《七略》的六艺略，也相当于后世之经部；乙部，将《七略》中诸子、兵书、数术（方技并入数术）合为一部，开创出后世之子部先例；史书在《七略》中附于六艺略的春秋类，自荀勖开始把史书自经部析出，单独成为一类（后来的阮孝绪单独列为纪传录），这就是丙部，相当于后世之史部；诗赋、汲冢书等列入丁部，相当于后世之集部。典籍分类及知识系统从"七略"向"四部"之演化，实势所必至。

　　唐初修撰的《隋志》，将先秦到唐初之典籍加以整理分类，建立起隋唐时期学术分科体系及一套完整知识系统。其典籍分类与知识分类之基本思路，是根据魏晋时代的"四部"分类法以类分群书。其分类体系如表 3-3 所示。

表 3-3　初唐《隋书·经籍志》分类表

总类	类　目
经部	易、书、诗、礼、乐、春秋、孝经、论语、纬书、小学
史部	正史、古史、杂史、霸史、起居注、旧事、职官、仪注、刑法、杂传、地理、谱系、簿录
子部	儒、道、法、名、墨、纵横、杂、农、小说、兵、天文、历数、五行、医方
集部	楚辞、别集、总集
附道经	经戒、饵服、房中、符录
附佛经	大乘经、小乘经、杂经、杂疑经、大乘律、小乘律、杂律、大乘论、小乘论、杂论、记

《隋志》典籍分类，实际上是将群书分为经、史、子、集、道、佛六大类。但其主体是经、史、子、集四部，道、佛两类仅录小类书籍之部数、卷数，不列具体书目。因此，它名义上分四部，实为四部六大类，是四部40类加上所附道经4类和佛经11类，共同构成隋唐时期学术体系及知识系统。但因这套知识系统主要是以经、史、子、集四部为基本框架建构起来的，故可以将其简称为"四部之学"。

《隋志》吸取荀勖等人及《七略》《七志》《七录》之分类成果，将群书分为经、史、子、集四大类，四大类又分为40小类，为后世之四部分类法确立了规范。《隋志》之经、史两部是从《七略》之六艺略发展而成的；子、集两部是从《七略》之诸子、诗赋、兵书、术数、方技五略合并而成的。这些部类的增加和合并，不仅反映了这一时期学术思想之盛衰，而且表明中国知识系统已经从秦汉时代的"六略之学"，发展为隋唐时期的"四部之学"，以经、史、子、集为框架之知识系统已具雏形。

将这个"四部"分类与成熟时期之清代《四库全书》之"四部"分类体系相比较，可以清楚地看出，《隋志》基本奠定了中国学术体系及中国知识系统"四部"分立的格局。《隋志》编撰者在阐述编撰旨趣时云："今考见存，分为四部，合条为一万四千四百六十六部，有八万九千六百六十六卷。其旧录所取，文义浅俗、无益教理者，并删去之。其旧录所遗，辞义可采，有所弘益者，咸附入之。远览马史、班书，近观王、阮志、录，挹其风流体制，削其浮杂鄙俚，离其疏远，命其近密，约文绪义，凡五十五篇，各列本条之下，以备《经籍志》。"编撰者自称："虽未能研几探赜，穷极幽隐，庶乎弘道设教，可以无遗阙焉。"可见自视甚高。其又说："夫仁义礼智所以治国也，方技数术所以治身也，诸子为经籍之鼓吹，文章乃政化之黼黻，皆为治之具也。"[1]这是对"四部之学"知识系统内在逻辑关系及知识用途之精辟阐述。

《隋志》确立的经、史、子、集四部部名，字约意丰，用一个字概括一种学术门类，加上分类得当，大小类名称均为后世沿用。例如，史部之正史、杂史、地理，集部的别集、总集等类名，都是从《隋志》开始使用，以后成为固定门类的。四部分类法，成为以后历代学者编制目录、类分群书之圭臬，居于

---

[1]《隋书》卷32《经籍一》，中华书局，1973年。

典籍分类之正统地位。唐、宋、元、明、清历代官修的藏书目录、史志目录，以及多数私修之私人藏书目录等，大都遵循四部分类法，并以之丰富和扩展"四部之学"知识系统。

从刘歆《七略》六分法到《隋志》四部分类法，体现了中国学术体系及知识系统的发展大势。清代乾嘉时期之史学家章学诚对此发论说："《七略》之流而为四部，如篆隶之流而为行楷，皆势之所不容已者也。史部日繁，不能悉隶以《春秋》家学，四部之不能返《七略》者一。名墨诸家，后世不复有其支别，四部之不能返《七略》者二。文集炽盛，不能定百家九流之名目，四部之不能返《七略》者三。钞辑之体，既非丛书，又非类书，四部之不能返《七略》者四。评点诗文，亦有似别集而实非别集，似总集而又非总集者，四部之不能返《七略》者五。凡一切古无今有、古有今无之书，其势判如霄壤，又安得执《七略》之成法，以部次近日之文章乎！"[1]

至清代乾隆三十二年（1767 年）纪昀主持编定《四库全书总目提要》，系统分析了自《七略》以来历代各种分类法的优劣、利弊，继承并完善"四部"分类法，创建了经史子集 4 部、44 类、66 属的三级类例体系，建构了一套完备的"四部"知识系统（见表 3-4）。它代表了中国古代典籍分类和学术分类的最高水平。余嘉锡评说："《四库提要》之总叙、小序，考证论辨，可谓精矣。近儒论学术源流者，多折衷于此，初学莫不奉为津逮焉。其佳处读其书可以知之，无烦赞颂。"[2]

表 3-4　清纪昀《四库全书总目提要》分类表

部次	类目（子目）
经部	易类，书类，诗类，礼类（周礼、仪礼、礼记、三礼、通义通礼、杂礼书）、春秋类，孝经类，五经总义类，四书类，乐类，小学类（训诂、字书、韵书）
史部	正史类，编年类，纪事本末类，别史类，杂史类，诏令奏议类（诏令、奏议），传记类（圣贤、名人、总录、杂录、别录）、史钞类，载记类，时令类，地理类（宫殿疏、总志、都会郡县、河渠、边防、山川、古迹、杂记、游记、外记），职官类（官制、官箴），政书类（通制、典礼、邦记、军政、法令、营建），目录类（经籍、金石），史评类

[1]（清）章学诚：《校雠通义·宗刘第二》，叶瑛校注：《文史通义校注》（下册），中华书局，1985 年，第 956 页。
[2] 余嘉锡：《目录学发微　古书通例》，商务印书馆，2011 年，第 77 页。

部次	类目（子目）
子部	儒家类，兵家类，法家类，农家类，医家类，天文算法类（推步、算书），术数类（数学、占候、相宅相墓、占卜、命书、相书、阴阳五行杂技术），艺术类（书画、琴谱、篆刻、杂技），谱录类（器用、食谱、草木虫鱼、杂物），杂家类（杂学、杂考、杂说、杂品、杂纂、杂编），类书类，小说家类（杂事异闻、琐语），释家类，道家类
集部	楚辞类，别集类，总集类，诗文评类，词曲类（词集、词选、词话、词谱词韵、南北曲）

"四部"分类比较全面地反映了当时中国学者学术研究之成果，反映了明清时期知识系统之构成状况。其中，经部占据了最重要地位。纪昀认为："夫学者研理于经，可以正天下之是非；征事于史，可以明古今之成败，余皆杂学也。然儒家本六艺之支流，虽其间依草附木，不能免门户之私，而数大儒明道立言，炳然俱在，要可与经史旁参。其余虽真伪相杂，醇疵互见，然凡能自名一家者，必有一节足以自立，即其不合于圣人者，存之亦可为鉴戒。"[1]这里，纪昀将经、史、子三部学术及知识的地位和功能作了明白阐述。乾隆皇帝对于经、史、子、集之关系有一段诠释："以水喻之，则经者文之源也，史者文之流也，子者文之支也，集者文之派也。流也、支也、派也，皆自源而分。集也、子也、史也，皆自经而出。故吾于贮四库之书，首重者经，而以水喻文，原溯其源。"[2]以经为源，以史、子、集为流，将其主从关系做了生动概括。

从"六略之学"到"四部之学"，当西方近代分科性学术涌入之前，中国传统学术已经形成一套以"四部"为核心的知识—价值体系，体现了传统的农耕中国对于人与自然、人与人、人与社会的探求和思考。

二、从经世之学到近代西方七科之学

中国之近代意义上的知识—价值体系，是在鸦片战争后的西学东渐进程中逐渐形成的。从晚清因应新变化而出现的经世文编潮流，到七科之学在教育体系当中确立，中国传统学术向现代学术的转轨，是在晚清经世思潮盛行、西学东渐潮流之深刻影响下发生的。严重的政治和社会危机，促发了人们对经史无

---

[1]《四库全书总目》卷91《子部总叙》，影印文渊阁四库全书本。
[2]（清）爱新觉罗·弘历：《御制文二集》卷13，影印文渊阁四库全书本。

用之学的批判，兴起了经世之学；传统的经世之学仍不足以经世，迫使人们学习西方"有用之学"，引导了西方各种学术科目的介入。所以经世之学的作用，既表现在对传统学术的消解上，更表现在对西学传播的引导上。

梁启超在分析清学衰落原因时曰："'鸦片战役'以后，志士扼腕切齿，引为大辱奇戚，思所以自湔拔；经世致用观念之复活，炎炎不可抑。又海禁既开，所谓'西学'者逐渐输入，始则工艺，次则政制。学者若生息于漆室之中，不知室外更何所有，忽穴一牖外窥，则灿然者皆昔所未睹也。还顾室中，则皆沉黑积秽。于是对外求索之欲日炽，对内厌弃之情日烈。欲破壁以自拔于此黑暗，不得不先对于旧政治而试奋斗，于是以其极幼稚之'西学'知识，与清初启蒙期所谓'经世之学'者相结合，别树一派，向于正统派公然举叛旗矣。"[1]

梁氏之分析是有道理的。清学转变之外部原因固然是西学渐次输入，而促发西学大规模输入之内在动力，则是中国学术内部兴起之经世致用思潮。在考察近代中国学术分科问题时，必须充分认识经世思潮对晚清学术演进所产生的深刻而持久之影响。

经世之学的兴起，成为晚清学术转变的内在契机。其作用首先表现在它对传统的经史之学的消解上。所谓对经史之学的"消解"，就是使越来越多的学者从考据学中走出来，意识到经史之学的空疏与无用，越来越关注与时务有关的经世之学，使经世之学逐渐成为一门独立的学术门类。魏源在《武进李申耆先生传》中，对乾嘉考据学进行了讥讽与批评，其云："自乾隆中叶后，海内士大夫兴汉学，而大江南北尤盛。苏州惠氏、江氏，常州臧氏、孙氏，嘉定钱氏，金坛段氏，高邮王氏，徽州戴氏、程氏，争治训诂音声……即皆摈为史学非经学史，或宋学非汉学，锢天下聪明知慧，使尽出于无用之一途。"[2]康有为尖锐地指出："中国千年之士俗，为词章、训诂、考据之空虚，故民穷而国弱。"[3]宋恕在《六字课斋卑议（初稿）》中亦批评曰："礼法之士，刻尚谨严：苦思封建，不披筹海之篇；结想井田，不讲劝农之术；正统、道统，劳孟谓之争，近杂、近禅，驰不急之辩。民间切痛，反若忘怀，观行固优，征才无用，视彼汉学，莫能相胜，良可慨也！"建议："订'汉学师承'之记，不如编'皇朝经世'

[1] 梁启超撰，朱维铮导读：《清代学术概论》，上海古籍出版社，1998年，第71-72页。
[2] （清）魏源：《武进李申耆先生传》，《魏源集》（上册），中华书局，1976年，第358-359页。
[3] 《康有为序》，《烟霞草堂文集》，三秦出版社，1994年，第1页。

之文；校三《礼》字句之异同，不如究《六部则例》之得失。"[1]

既然辞章、考据、训诂之学不足以经世，那么必然要代之以能够经世的经世之学。晚清经世之学经历了两个阶段：首先是从传统学术资源中寻求经世之术，即根据通经致用观念，从中国传统经史之学、掌故之学中引申出经世之道；随后由于传统经世之学仍不足以经世，便将目光逐渐转移到西方富强之术及格致诸学上。

作为经世思潮总汇的《皇朝经世文编》（道光五年，即 1825 年版，又称《清经世文编》）及后来刊刻的《续编》《三编》《四编》《五编》，集中体现了经世之学的精神和风格，体现了它所独有的"文以载道、以经世"之学术主旨，同时也反映经世之学在内容上的变化。分析《皇朝经世文编》之分目及内在结构，可以从一个侧面反映出晚清经世之学内容之变化。

魏源负责编撰的《皇朝经世文编》，收录清代前期各种经世文章，并将其分为八类：一是学术类，包括原学、儒行、法语、广论、文学、师友；二是治体类，包括原治、政本、治法、用人、臣职；三是吏政类，包括吏论、铨选、官制、考察、大吏、守令、吏胥、幕友；四是户政类，包括理财、养民、赋役、屯垦、八旗生计、农政、仓储、荒政、漕运、盐课、榷酤、钱币；五是礼政类，包括礼论、大典、学校、宗法、家教、婚礼、丧礼、服制、祭礼、政俗；六是兵政类，包括兵制、屯饷、马政、保甲、兵法、地利、塞防、山防、海防、蛮防、苗防、剿匪；七是刑政类，包括刑论、律例、治制；八是工政类，包括土木、河防、运河、水利通论、直隶水利、直隶河工、江苏水利、各省水利、海塘。

这八类文章，便是传统意义上的"经世之作"。《皇朝经世文编》将经世之学分为六部：原学、儒行、法语、广论、文学、师友。这六部学术，基本上属于中国传统学术之研究范围，并没有太多的近代意义。中国所面临的时代在不断变化，经世学术之内容亦会随其变化。这种变化，在《皇朝经世文续编》中尚无太大反映，因为《续编》之体例仍仿《文编》，而内容也与《文编》大同小异。但到戊戌时期刊刻之《皇朝经世文三编》中，经世之学内容则有了比较明显的变化。

---

[1]（清）宋恕：《六字课斋卑议(初稿)》，《宋恕集》（上册），中华书局，1993 年，第 10-11 页。

在《皇朝经世文三编·例言》中，编辑者认识到，"假使欲图富强，非师泰西治法，不能挽回"，故在传统的经世八类分目之外，专门列上"洋务"类，将当时输入的西学，也纳入传统经世之学范围。当时所谓"洋务"，包括了许多前编所未有的内容，如外洋沿革、外洋军政、外洋疆域、外洋邻交、外洋国势、外洋商务、外洋通论等。

《皇朝经世文三编》将"学术类"仍分为六部，但无论是名称还是内容，都发生较大变化：由原学、儒行、法语、广论、文学、师友构成的经世六部，变成了新的六部：原学、法语、广论、测算、格致、化学。在这六种学术门类中，测算、格致、化学三门是过去所没有的，这基本上包括了当时从西方传入的数学、天文学、格致学（声、光、电、重等）、化学等新的学术门类。尽管原学、法语、广论三种门类的名称依旧，但在内容上却有很大不同，增添了许多以前所没有的内容，如"原学"中增加了同文馆、天津中西学堂、官书局、京师大学堂以及西学略序、西学提要总叙等内容；"广论"中增加了格致公理、中外刑律、泰西医学等内容。

经世之学毕竟是以中国传统的"八类分目"为基准的，新兴的洋务之学、格致诸学显然处于从属地位。到光绪二十八年（1902年）何良栋编辑《皇朝经世文四编》时，经世学术之分类发生了更大变化。在治体类中，以讲变法为主，有"变法""变法论""变法当先防流弊论""变法须顺人情论"等；在户政类中，设有"银行""商务""赛会""农学种植"等；在礼政类中，以学校为主，设有"新学堂""女学堂""游学""中西学院""公法""约章""议院"等；在学术类中，虽然仍有原学、法语等门类，但却以讲学、译学、劝学为主，占主要地位的是新设的"书籍""藏书""译著"等门类，最重要的内容也已经是格致、算学、测绘、天学、地学、声学、光学、电学、化学、重学、汽学、医学等。仅仅分析《皇朝经世文四编》之目录分类就可以看出，此时西方近代自然科学各学术门类已经比较广泛地被介绍到中国来，并为中国学人广泛采用。正因如此，此时经世之学在内容上已经与先前的经世之学大不相同。这种变化主要体现在：过去经世之学主要偏重从中国传统学术资源中挖掘经世的方法和对策，而此时已经更偏重采纳西方学术作为经世的法宝。

在稍后由求实斋编辑的《皇朝经世文编五编》中，经世之学有了更大变化。它分为富强、学术、学校、书院、议院、吏治、兵政、河工水利海防、产税厘金钱粮、农政、工艺、天文电学、解释、算学地舆、铁政矿务、铁路、商务、国法国债银行、船政轮船公司、官书局报馆、驿传邮政电报、边事、各国边防、新政论、日本新政论、英俄政策、各国新政论、养民机器、策议、变法等门类。其中"学术"类又分为"妇学""育才""西书""西法""图籍"等科目。

　　通过对《皇朝经世文编》类目的初步分析，可以看出中国传统经世之学在晚清演变的历史轨迹。一方面，经世之学具体内容随着时代的变化而变化，逐步增加了许多过去所没有的新的学术内容；另一方面，无论这些新内容如何增加，经世之学的学术分类，仍然是在中国传统学术范围中打圈子。经世之学与近代西方分科性质的学术分类，有着比较大的区别。

　　光绪二十三年（1897年）初，初涉西学的孙宝瑄对传统"经济之学"之弊端提出了批评："中国无实学，无论词赋讲读，甘蹈无用。即名为治经济家，往往纸上极有条理，而见诸实事，依然无济，不核实之病至此。昨见习斋先生云：'自帖括文墨遗祸斯世，即间有考纂经济者，亦不出纸墨见解。'悲夫！"[1]

　　传统经术不足以致用经世，那么第二步，必然是引入西方有用的经世之学。在"通经致用""学以经世"的观念支配下，为了济世，必须寻求有用的"经世之学"，由此将目光逐渐转向西方"富强之术"及这些方术背后的"格致之学"，便是合乎逻辑之事。梁启超曰："有为、启超皆抱启蒙期'致用'的观念，借经术以文饰其政论，颇失'为经学而治经学'之本意，故其业不昌，而转成为欧西思想输入之导引。"[2]

　　晚清经世之学的内容，已经远远超出了传统经世之学的范围，演变为近代西方新学诸门类。关于这一点，不仅在《皇朝经世文编》的内容上有所体现，而且在光绪二十四年（1898年）编辑的《皇朝经世文统编》中也有体现。《皇朝经世文统编》分为10部：文教部，包括学术、经义、史学、诸子、字学、译著、礼乐、学校、书院、藏书、义学、师友、教法、报等；地舆部，包括地球事势通论、各国志、地利、风俗、水道、河工、天制、农务、屯垦、种植等；内政部，包括治术、科举、官制、用人、育才、捐纳、铨选、举劾、吏胥附幕友、议院、养民、八旗生计、正俗、救荒、弭盗、刑律、讼狱、火政等；外交部，包括交涉、通商、遣使、约章、中外联盟、中外和战等；理财部，包括富

---

[1] 孙宝瑄：《忘山庐日记》（上），上海古籍出版社，1983年，第75页。
[2] 梁启超撰，朱维铮导读：《清代学术概论》，上海古籍出版社，1998年，第6页。

国、银行、钱币、茶务、公司、国债、赋税、盐务等；经武部，包括武备、武试、各国兵制、中国兵制、练兵、选将、战具、兵法、防务、边防、海防、海军、船政、团练、军饷、裁兵和弭兵等；考工部，包括工艺、制造、矿务、铁路、机器、纺织、电报、邮政等；格物部，包括格致、算学、天文、地学、医学等；通论部 5 门；杂著部 3 门。文教部中的史学、字学等门，实际上就是后来历史学、文字学的前身；格物部中的格致、算学、天文、地学、医学等 5 门新学术，相当于后来的数学、物理、化学、天文学、地质学和医学。

这样，晚清时期兴起的经世之学，其内容从传统的通经致用及六部学术体系，逐渐演变为洋务之学。经世之学对西学输入起到了重要的"引导"作用。这种引导作用，一方面体现在对传统学术的批评和扬弃上，另一方面则体现在对西方学术的向往和持续介绍上。而西学之大规模输入，就带来了西方的分科观念和分科原则，中国近代意义上的学术分科随之而起。

"学科"的分科标准、分科设学、学务专门，是近代西方分科观念与分科原则之三项重要标志。所谓西方分科观念之引入，不仅指西方近代意义上之各种自然科学与社会科学各学术门类及相应学科逐渐被移植至中国，而且是按照分科设学、分门研习和学务专门三条重要原则，对这些近代意义之学科分门别类，逐渐建立起一套近代的学术分科体系。

西书翻译是西学输入的主要方式。学术分科观念及分科原则，是在西书翻译中逐渐传入中国并为中国学人所知晓、所接受的。在翻译西书、改革科举及兴办新式学堂的过程中，中国学人提出了初步的分科方案。而分科方案的日趋成熟，则又是与西学传播同步的。西书翻译及传播的深入，很大程度体现在中国学者的学术分科方案上。从某种意义上说，早期的英华书院、墨海书院及外国传教士翻译的西书，产生了冯桂芬、王韬、郑观应等人初步的学术分科方案；同文馆、江南制造局翻译馆所刊西书，傅兰雅《格致书院西学课程》（见表 3-5）是其集中体现，这催生了康有为、梁启超、严复等人比较详细的学术分科方案；戊戌以后东西方西学书籍的大规模翻译出版，特别是日本著述的大批西学书籍的出版流行，产生了 20 世纪初的"八科分学"方案。在对传统学术门类的不断批评和改造过程中，在批判科举、提倡兴办新学、改革书院制度的过程中，中国学人逐步提出了新的学术分科方案。

表 3-5　傅兰雅《格致书院西学课程》分类表

科目	课程目录
矿务学（全课目录）	1．数学，2．洞内通风法（分为气质化学课、防火灯课、测风器具课、通风理法课、岔通风法课等），3．煤之地学，4．求煤各法，5．开煤井煤洞法（分为开井开洞开煤各法课），6．开各金类矿法，7．测绘煤与各金类矿井洞法（分为几何略法课、指南针测绘课、经纬仪测绘课、水平仪测绘课、测井法课、测煤洞法课、测全类矿洞法课），8．机器学（分为重学略法、助力器具、配机器样式课、器具材料坚固课、汽机锅炉课、起重牵重课、用空气与压紧空气器具、静水学课、动水学课等），9．画图法（分为画图器料课、运规各法课、画各物体课），10．立医伤害初用各法，11．开煤开矿各国律例，12．开煤开矿管账法，13．吹火筒辨试各矿法，14．矿学，15．试验各矿法（分为备矿法课、天平砝码课、熔炉课、试矿药料课、试验金银法课、锅内炼矿法课、骨灰分银法课、试验铅矿法课、试水验铁法课、试验矽养二法课等），16．金类矿之地学（分为地学略课、金之地学课、银之地学课、铅之地学课、锌之地学课、铁之地学课、煤与火油之地学课、锡之地学课、汞等地学课），17．相地求矿法
矿务学（专课目录分3门）	第一门开煤课：1．数学，2．通风法，3．防火灯，4．煤之地学，5．求煤法，6．开井法，7．开煤法，8．测绘煤洞法，9．重学略法，10．材料坚固法，11．锅炉学，12．汽机学，13．牵重机器，14．起重机器，15．起水机器，16．钻器凿器，17．压紧空气传力法与电气传力法，18．通风机器，19．备煤块、大小分等法，20．医受伤初用法，21．开煤律例，22．开煤洞管账法； 第二门开金类矿课：1．数学，2．测绘开金类矿洞法，3．吹火筒法，4．矿学，5．试矿法，6．各矿地学，7．相地求矿法，8．开井法，9．开矿法，10．重学略法，11．材料坚固，12．锅炉学，13．汽机学，14．起重机器，15．起水机器，16．压紧空气传力法，17．电传力法，18．凿矿机器，19．轧矿分矿机器，20．医伤初用法，21．开矿管账法； 第三门矿务机器课：1．数学，2．重学略法，3．机器重学，4．配机器样式法，5．材料坚固法，6．锅炉学，7．汽机学，8．起重牵重机器，9．起水机器，10．压紧空气传力法，11．用电气传力法，12．通风机器，13．钻与凿机器，14．分煤块大小机器，15．轧碎各矿与分类机器，16．画各机器图法
电务学（全课目录）	1．数学，2．代数学，3．几何与三角学，4．重学略法，5．水重学（分为静水学课、动水学课），6．气学，7．热学，8．运规画图法，9．汽机学，10．材料坚固学，11．机器重学，12．锅炉学，13．配机器样式法，14．电气学（分为电气根源课、通电阻电料课、记电数法课、吸铁气课、电与吸铁之显力课、测电法与器具课），15．用电各器（分为发化电器课、电报课、吸铁磨电器连通法课、吸铁磨电递更反正法课、电气机器连通法课、炭条等电灯课、电镀金类法课、电焊金类法课），16．吸铁电机器配式样尺寸法（分为电力与器具之相关课、卸轮课、造卸铁法课、通断电气轴课、聚引电气帚课、电气吸铁器课、电气吸铁圈造法课、吸铁器零件课、十五马力电机器图与推算及绕线各法课），17．通电燃灯或传力法（分为总房各事课，安排电线各法课、电车铁路法课
电务学（专课目录分2门）	第一门电气机器课：1．数学，2．代数学，3．几何三角学，4．重学略法，5．水重学，6．气学，7．热学，8．运规画图法，9．画各体法，10．汽机学，11．材料坚固学，12．机器重学，13．锅炉学，14．配机器样式法，15．电气课，16．用电各器，17．配吸铁电机器样式法，18．电线通光传力法。 第二门电业课：1．数学，2．代数学，3．几何三角学，4．重学略法，5．热学，6．运规画图法，7．画各体法，8．材料坚固学，9．电气学，10．用电各器，11．配吸铁机器样式法，12．电线通光传力法

科目	课程目录
测绘学 （全课目录）	1. 数学，2. 代数学，3. 几何学（分为几何学、三角学课、量法学课），4. 重学略法，5. 水重学（分为静水学课、动水学课），6. 气学，7. 运规画图法，8. 测量各法（分为测量总理课、指南针测量法课、经纬仪测量法课、水平仪测量法课、细测小地面、法课、测水面法课），9. 测国分地界法，10. 画地图各法
工程学 （专课目录2门，全课目录同）	第一门开铁路工程课：1. 数学，2. 代数学，3. 几何学（分为几何学课、三角学课、量法学课），4. 重学略法，5. 水重学（分为静水学课、动水学课），6. 气学，7. 静重学画图法，8. 材料坚固学，9. 测量各法（分为测量总理课、指南针测量法课、经纬仪测量法课、水平仪测量法课、细测小地面法课、测水面法课），10. 画地图各法，11. 开铁路定方向法，12. 开铁路各工法，13. 安铁条各工法，14. 铁路建造各务法；第二门造桥工程课：1. 数学，2. 代数学，3. 几何学（分为几何学课、三角学课、量法学课），4. 重学略法，5. 水重学（分为静水学课、动水学课），6. 气学，7. 运规画图法，8. 绘画桥图法，9. 静重学画图法，10. 推算桥各处任力法，11. 材料坚固课，12. 配材料尺寸法，13. 造桥各件尺寸与样式法
汽机	原缺
制造	原缺

晚清中国学术分科，从传统"四部"分类转向经世"六部"，又从经世"六部"转向近代"七科分学"，随后又在光绪二十八年（1902 年）至光绪二十九年（1903 年）前后经历了从"七科分学"向"八科分学"之演变过程，最终在 1913 年定型为"七科之学"。这期间，从冯桂芬、王韬、郑观应到康有为、梁启超、严复、张元济，再到吴汝纶、张百熙（见表 3-6）等人，都先后提出过各种各样的分科方案。最后经过"七科分学"还是"八科分学"之激烈争论，在晚清确立者为"八科分学"，到1913 年废除"经学科"，最终确立了"七科之学"的学科体系及知识系统的基本框架。

表 3-6　张百熙所拟《钦定高等学堂章程》《钦定京师大学堂章程》分科表

学堂类型	科目	课程科目
高等学堂	政科	伦理、经学、诸子、辞章、算学、中外史学、中外舆地、外国文、物理、名学、法学、理财学、体操
	艺科	伦理、中外史学、外国文学、算学、物理、化学、动植物学、地质及矿产学、图画、体操
预备科	政科	伦理、经学、诸子、辞章、算学、中外史学、中外舆地、外国文、物理、名学、法学、理财学、体操
	艺科	伦理、中外史学、外国文学、算学、物理、化学、动植物学、地质及矿产学、图画、体操

学堂类型	科目	课程科目
大学分科	政治科	政治学 法律学
	文学科	经学、史学、理学、诸子学、掌故学、辞章学、外国、语言文字学
	格致科	天文学、地质学、高等算学、化学、物理学、动植物学
	农业科	农艺学、农业化学、林学、兽医学
	工艺科	土木工学、机器工学、造船学、造兵器学、电气工学、建筑学、应用化学、采矿冶金学
	商务科	簿计学、产业制造学、商业语言学、商法学、商业史、学商业地理学
	医术科	医学、药学

1912 年 10 月，以蔡元培为总长的中华民国教育部颁布了《大学令》，明令大学不再以"经史之学"为基础，应以教授高等学术为宗旨。1913 年年初，教育部公布《大学令》《大学规程》，对大学所设置的学科及其门类做了原则性规定："大学以教授高深学术、养成硕学闳材、应国家需要为宗旨。"[1]大学取消经学科，分为文科、理科、法科、商科、医科、农科、工科等七科，这是一次学制上的重大变革，标志着近代中国在学科建设上，开始摆脱经学时代之范式，探索创建近代西方式的学科门类及近代知识系统。

这套以文、理、法、商、医、农、工为骨干建构的"七科之学"，迥异于以经、史、子、集为骨架的"四部之学"，与清末"八科之学"也有很大区别。中国传统学术体系中最重要的经史之学被消融在"文科"之中，西方近代重要学科门类，均被确立在这套学制体系中。"七科之学"是以西方近代分科观念及分科原则，依照西方学科门类及知识体系建构起来之新知识系统。

中国古代有着一套自己独特的学术分科体系，其学术分科主要是以研究者主体（人）和地域为准，而不是以研究客体（对象）为准。对此，刘梦溪说："我国宋明以前及清前期的学术，基本上都是以人为中心，以人为单位的，因而独立之学术不可能存在。只有盛清学者的治学精神和治学方法，开始显示出一种由以人为中心的学术向以学为中心的学术过渡的趋向。不过也只是趋向和过渡而已，真正意识到学术应该有自己的独立价值，那是到了晚清吸收了西方的学术观念以后的事情。因为以人为中心还是以学术为中心，以人为单位还是以

---

[1]《教育部公布大学规程》，《教育杂志》第 5 卷第 4 期，1913 年 4 月。

学为单位，是传统学术和现代学术的一个分界点，由前者过渡到后者是一个长期蜕分蜕变的过程。"[1]

三、从传统的昆虫草木之学到近代西方生物学的初步传入

万物并作，出于自然，一旦经由人类的眼、耳、鼻、舌、身、意，先是成为原始蛮荒时期的图腾，再成为农业定居时代的利用厚生之源，进而成为工业革命时代的资源。[2]

就中华民族源远流长的人与万物之间的生命关系而言，自从先秦时代起就围绕正在发轫的九流百家之学，历经两千余年，形成了独具中国特色的生物—生命之学。《庄子·内篇·逍遥游第一》中说："野马也，尘埃也，生物之以息相吹也。"意思是说，春月沼泽中犹如奔马的游气里，阳光照耀下飞舞浮动的尘埃里，有生命的"生物"们在凭借呼吸与天地交通和互动。传统中国的生物—生命之学，充满诗意地体现在文字之学、艺文之学、物候之学、农家之学、人体之学、本草之学等方面。

从人猿相揖别开始，关于动植物的辨识、获取、食用和利用就成为中华民族先民进入文明状态的重要标志。传说中的圣人神农，曾经尝百草之滋味，一日遇七十余毒。由此看来，生物知识的源流甚深，经由口耳相传和朴素的图画保存和流传到后世。而考古发掘则真实地表明，一万年前，人们已经同动植物之间建立了驯化或培育的关系，人开始参与到生物的进化当中。粟这种禾本科植物，在黄河流域广泛种植。水稻被驯化，在长江流域、太湖地区和浙江北部一带普遍种植。马、牛、羊、猪、狗、鸡等，都是较早被驯化了的动物。动植物不仅进入人类的社会生活，还进入了人类的文化生活。新石器时代的遗址当中，很多陶器刻画了动植物的形象。

进入殷商时期，人们在动物的骨骼上刻画了象形文字，是为甲骨文，其中很多都与动植物有关。其中的禾字，就是成熟下垂的禾穗，木字就是树木的形

[1] 刘梦溪：《中国现代学术经典·总序》，河北教育出版社，1996年，第19页。
[2] 本节主要参考：卢嘉锡、路甬祥主编《中国古代科学史纲》第六编，河北科学技术出版社，1998年，第799-928页；罗桂环：《近代西方识华生物史》，山东教育出版社，2005年；展文婕：《中国近代生物学科的建立与发展（1840—1937年）》，硕士学位论文，河南大学，2015年。关于"资源"的富于生态文明情怀的辩说，可以参见王利华：《"资源"作为一个历史的概念》，《中国历史地理论丛》2018年第4辑，第35-45页。

状。鹿是当时人类狩猎的重要对象，比如麓从甲骨文的字形来看，就是鹿在林间。至秦汉间《尔雅》这部解释名物的作品问世，其中有七篇与草、木、虫、鱼、鸟、兽、畜等动植物有关，著录了590多种与人类的生活和生产密切相关的生物。同时，《尔雅》还将这些动植物纳入到了一定的分类体系当中，表明当时人们已经认识到某些类群的生物有着内在的联系。至东汉许慎作《说文解字》，进一步系统总结和扩充了人们对于动植物的认识。

在以《诗经》为代表的诗学传统里，动植物超越了利用厚生，借由赋、比、兴进入到人们的思想和精神世界。《诗经》这部诗歌总集，凡三百余篇，记载了周朝到春秋时期人们所感受到的自然、情感和活动，其中涉及大量的动植物名称及其与环境关系的洞察。如"硕鼠硕鼠，无食我黍"，"黄鸟黄鸟，无集于谷，无啄我黍"，生动地表现了人类的农业活动与鼠和鸟的极富内涵的复杂关系。《诗经》提到的植物有140多种，有谷类、蔬菜和野菜，以及与纤维、染料、药材等有关的草木，还有果树和其他经济木本植物。《诗经》根据树木的形态做了分类，比如"黄鸟于飞，集于灌木"，"南有乔木，不可休思"。何谓"灌木"和"乔木"？《尔雅·释木》说，"木，族生为灌"，《毛诗传》说"灌木，聚木也"。因此，所谓灌木，就是指丛生而无主干的树木。《毛诗传》说，"乔，高也"，乔木就是高大而有主干的树木。这两个词语，沿用至今，成为今天植物学的专有名词。《诗经》中提到的动物，有昆虫、鱼、爬行动物、鸟、兽等。比如对于蜉蝣的吟咏，"蜉蝣之羽，衣裳楚楚""蜉蝣之翼，采采衣服""蜉蝣掘阅，麻衣如雪"，显示了人们对于蜉蝣极薄半透明状的翅膀的细致观察。蜉蝣一名被现代昆虫学所沿用。再如，《诗经》多次提到的黄鸟，"交交黄鸟，止于棘""交交黄鸟，止于桑""交交黄鸟，止于楚"，黄鸟就是黄雀，人们注意到黄鸟在这样那样的树上栖止和鸣叫。又如，"鸿雁于飞，集于中泽"，"鹤鸣于九皋"，人们知道这类动物都生息在沼泽和湿地里面。

先民在长期的农业生产和生活中，逐渐认识到了气候、动植物生长的周年性变化，这就是物候之学。《夏小正》就是以动植物的生态知识为基础，结合天象兼及气象制定出来的我国最早的一部指导农业生产的物候历。它记录了传说中的夏代以来所积累的大量物候知识。其中提到的18种植物，与一年各个月份相关联起着物候作用。木本植物有7种：柳、梅、杏、杝桃（野生的桃树）、桑、桐和栗；草本植物11种：韭、缟、堇、芸、白茅、王萯（香附草）、幽（狗尾草)、萑苇、苹(浮萍)、荓(扫帚草)和鞠(野菊)等。始花期为物候来临的主要标志,栗以外皮开裂、果实零落,韭加浮萍以绿叶始生,杏以黄熟。动物有 33 种,其中鸟类 12 种:雁、鹰、坞、燕、仓庚(黄鹂、黄莺)、鸡䴕、䴗(伯劳)、鸡、雀、乌鸦、雉和鸢;兽类 12 种:鹿、麇、獭、狸、豺、田鼠、熊、罴、貊、貉、鼶和鼬;虫蛤类 9 种:蛤、蜃、浮游、蜮(蛙类)、螜(蝼蛄)、蚻(小型的蝉)、良蜩(彩蝉)、唐蜩(大而黑的马蝉)和寒蝉(青色小型的蝉)等。主要以动物往来、出入、交尾或鸣叫期为物候来临的标志。这些来自动植物的周期性自然变化,逐渐成为先民事农的社会节律。

农家之学,早期的总结性记载,来自《尚书·禹贡》《周礼·大司徒》和《管子·地员篇》等。《禹贡》对兖州、徐州和扬州的土壤和植被记载较详细。兖州,今山东西部、北部和河南东南部,"厥土黑坟,厥草惟繇,厥木惟条。厥田惟中下";徐州,今山东南部、江苏北部和安徽北部,"厥土赤埴坟,草木渐包。厥田惟上中,厥赋中中";扬州,今江苏、浙江、安徽南部、江西等地,"筱簜既敷,厥草惟夭,厥木惟乔。厥土惟涂泥"。这几段话的意思是,兖州为灰棕壤,草本植物生长繁茂,木本植物长得挺拔高耸,土壤肥力中下;徐州为棕壤,草质藤本植物生长良好,木本植物主要为灌木丛;扬州是黏质湿土,长着大小各种竹林和茂盛的草本植物,并长有许多高大的乔木。由于地域不同、地理条件各异,草木种类就不一样,因此粮食作物也应有所差别。《周礼·地官司徒》有一段记载,对"五地"的土地情况、动植物特点和各方的人群进行了朴素辩证的分析:"以土会之法辨五地之物生:一曰山林,其动物宜毛物,其植物宜皁物,其民毛而方。二曰川泽,其动物宜鳞物,其植物宜膏物,其民黑而津。三曰丘陵,其动物宜羽物,其植物宜核物,其民专而长。四曰坟衍,其动物宜介物,其植物宜荚物,其民皙而瘠。五曰原隰,其动物宜裸物,其植物宜丛物,其民丰肉而庳。因此五物者民之常,而施十有二教焉。……以土宜之法辨十有二土之名物,以相民宅,而知其利害,以阜人民,以蕃鸟兽,以毓草木,以任土事。辨十有二壤之物,而知其种,以教稼穑树蓺。以土均之法辨五物九等,制天下之地征,以作民职,以令地贡,以敛财赋,以均齐天下之政。"[1]这段话表明,在山地森林里,动物主要是兽类,植物主要是柞栗之类(带壳斗果实)

[1]《周礼》卷 9《地官司徒》,上海古籍出版社,2010 年,第 337、第 339、第 342-344 页。

的乔木；在河流湖泊里，主要是鱼类和水生或沼生植物；在丘陵地带，主要是鸟类和梅、李等核果类果木；在冲积平地，动物以甲壳类为主，植物主要是结荚果的豆科植物；在高原低洼地（相当于沼泽化的草甸），动物以蚊、虻类昆虫为主，植物则以丛生的禾草或莎草科植物为主。这段话的理论基础是阴阳五行学说，其中具有初步的生态系统意识。《管子·地员》进一步将各地方的地形、土壤质地、地下水位等与其上所生长的植物联系起来分析，用于指导农业生产实践，其认识近乎今天的植物和作物生态学。《管子·地员》可分为两大部分，第一部分从"渎田"开始，叙述了五种土地由于土壤不同、高度不一样和地下水位的深浅差异，适合其生长的植物和粮食作物也有差别，尤其对于植物的垂直分布和生态序列现象都有很精彩的描述，将山的高度和地下水位与典型植物的分布和生长结合了起来。其文云："山之上命之曰县泉，其地不干，其草如茅与走。其木乃櫄，凿之二尺，乃至于泉。山之上命曰复吕，其草鱼肠与菽，其木乃柳，凿之三尺而至于泉。山之上命之曰泉英，其草蘄白昌，其木乃杨，凿之五尺而至于泉。山之材，其草竞与薔，其木乃格，凿之二七十四尺而至于泉。山之侧，其草竞与薔，其木乃格，凿之三七二十一尺而至于泉。凡草土之道，各有谷造。或高或下，各有草土。叶下于蘥，蘥下于苋，苋下于蒲，蒲下于苇，苇下于蓷，蓷下于萎，萎下于荓，荓下于萧，萧下于薜，薜下于萑，萑下于茅，凡彼草物，有十二衰，各有所归。"第二部分，专门讨论土壤，详细说明土壤的性状与适宜的作物、品种及其他农副产品，述说了土地和光照对于植物生长与土壤分布之于农事的重要意义。比如五粟之土，"群土之长，是唯五粟，五粟之状，或赤、或青、或白、或黑、或黄，五粟五章，五粟之状，淖而不肕，刚而不觳，不泞车轮，不污手足，其种大重、细重、白茎、白秀，无不宜也。五粟之土，若在陵在山，在隋在衍，其阴其阳，尽宜桐柞，莫不秀长。其榆其柳，其糜其桑，其柘其栎，其槐其杨，群木蕃滋，数大条直以长。其泽则多鱼，牧则宜牛羊，其地其樊，俱宜竹箭，藻龟栖檀，五臭生之。薜荔白芷，蘪芜椒连。五臭所校。寡疾难老，士女皆好，其民工巧。其泉黄白，其人夷姤。五粟之土，干而不格，湛而不泽，无高下葆，泽以处，是谓粟土。"[1]其中，对于各类不同土壤适合长何种植物和作物做了详尽说明。

[1]《管子》卷19《地员》，上海古籍出版社，2015年，第380、第381页。

人体之学，由于对死生问题的觉悟，先民很早就注意到自身身体的构造和内在机能，而且形成了独具中国特色的对于人的精气神和疾病的认知，传衍至今，是为中医。先秦的医家和人们普遍相信人体的节律是和天地四时的节律联系在一起的。《素问·金匮真言论》记载说，"阴中有阴，阳中有阳。平旦至日中，天之阳，阳中之阳也；日中至黄昏，天之阳，阳中之阴也；合夜至鸡鸣，天之阴，阴中之阴也；鸡鸣至平旦，天之阴，阴中之阳也。故人亦应之。"[1]用今天的话说就是，在自然界里是阴中有阴，阳中有阳。从早晨到中午（6—12时），自然界中的阳气是阳中之阳。从中午到黄昏（12—18时），自然界中的阳气是阳中有阴。从合夜到鸡鸣（18—24时），自然界中的阴气是阴中之阴。从鸡鸣到平旦（0—6时），自然界中的阴气是阴中之阳。自然界中的阴阳之气是这样的，人体内的阴阳之气也是这样的。这种周期性的阴阳节律变化观念，为现代的"近似昼夜节律"所证实。《内经》还指出，人体在生病时，其病兆的轻重，也有昼夜的变化，《灵枢经·顺气一日分为四时》说，"夫百病者，多以旦慧昼安，夕加夜甚，何也？"[2]岐伯解释说，这是四时变化造成的。春生、夏长、秋收、冬藏，人体的节律和它是相应的。以一日分为四时，早晨是春天，中午是夏天，傍晚是秋天，夜半是冬天。早晨人体正气开始活跃，病邪暂时衰退，所以感到清爽些；到中午，人体正气趋于旺盛，以正克邪，病邪愈趋衰亡，所以感到平静；到午夜人体正气已经入脏，邪气在体内占绝对优势，所以病势就趋于严重。除昼夜节律之外，《内经》还辨析了潮汐节律、周月节律和周年节律。

此外，《内经》也谈到了现代医学的基础——病理解剖之学。《灵枢经·经水》说："若夫八尺之士，皮肉在此，外可度量切循而得之，其死可解剖而视之。其藏之坚脆，府之大小，谷之多少，脉之长短，血之清浊，气之多少，十二经之多血少气，与其少血多气，与其皆多血气，与其皆少血气，皆有大数。"[3]2 000多年前就使用的"解剖"这个词，一直沿用到现在。《灵枢经·肠胃篇》还保存了当时所做的人体内脏测量记录，而《骨度篇》则是一份古代人体测量记录，所测多达38项，有长度、宽度和围度，与现代人体的相应指标基

[1]（唐）王冰：《黄帝内经素问》卷1，人民卫生出版社，1963年，第24页。
[2] 刘衡如校：《灵枢经》卷7，人民卫生出版社，1964年，第153页。
[3] 刘衡如校：《灵枢经》卷3，人民卫生出版社，1964年，第74页。

本相同。

与人们对于自己的身体、疾病和生命之了解和探索相呼应的是本草之学的日渐发展和扩充，本草就是古代记载药物的著作。《神农本草经》总结了秦汉以前的用药诊疗经验，在其影响下，研究药用动植物的本草学，成为中国传统生物学的主流，历代皆有集大成性质的本草学著作。唐代的《新修本草》，是世界上最早由国家颁布的药典，记载药物850余种，分为玉石、草、木、兽禽、虫鱼、果、菜、米谷、有名未用等九部类，每部类又分为上、中、下三品。唐代还有《食疗本草》和《海药本草》。两宋时期，产生了《日华子本草》《开宝本草》《嘉祐本草》《图经本草》，以及《证类本草》和《本草衍义》等重要本草著作，南宋郑樵的《通志二十略·昆虫草木略》，"不问飞潜动植，皆欲究其性情"，指出"儒生家多不识田野之物，农圃人多不识诗书之旨，二者无由参合，遂使鸟兽草木之学不传"。《昆虫草木略》将"鸟兽草木之学"提高到了实学的层面，对后来直至清代的昆虫草木之学的编撰有深远影响。明代李时珍撰《本草纲目》，全面总结了明以前本草学发展的成就，是中药学发展史上的里程碑，影响遍及海内外。《本草纲目》所载药物，植物药1 089种，除去有名未用的153种，实际有936种，动物药400余种，其中324种是李时珍新增加的。《本草纲目》的分类更加倾向动植物本身的自然属性，形态阐释更加详审，将药物分成水、火、土、金石、草、谷、菜、果、木、服器、鱼、鳞、介、禽、兽、人，总计十六部，每部有类，不再以上、中、下划分。清代赵学敏撰《本草纲目拾遗》，发展了李时珍的药物学思想，所记药物921种，植物药577种，动物药160种，而李时珍没有收录的达716种。清代最好的植物学著作，是吴其濬的《植物名实图考》，该书首次使用"植物"命名，所收植物历代最多。吴其濬做过不少地方的总督、巡抚，但更是一个对植物之事有终生爱好的学者。全书记载植物1 714种，每种植物均有插图，引用历代有关植物的文献800多种。它依据《本草纲目》的分类，分为谷类52种，蔬类176种，山草类201种，隰草类284种，石草类98种，水草类37种，蔓草类235种，毒草类44种，芳草类71种，群芳类142种，果类102种，木类272种，其中群芳为《本草纲目》所无。这是中国本土学者在近代到来之时，独立做出的对传统植物学的空前总结和发展。这部书得到了近代世界范围内的称赞，俄国植物学家贝勒（E. Bretschneider）在《中国植物学文献评论》当中，强调欧美研究中国植物的学者应该阅读这部著作。

美国学者范发迪也认为："吴其濬出版于 1848 年的不朽之作《植物名实图考》则成为 19 世纪后半期在华西方植物学家的标准参考书。我们只能想象这种学术相遇可能产生的结果，不过我们可以确知的是，欧洲博物学家们曾广泛发掘关于自然界的中文著作。"[1]时至今日，《植物名实图考》仍是我国植物学界的重要参考书。

晚清时，西方近代的生物学开始传入中国，中国传统的身体、生物和生命在一起的生物之学面临着巨大的挑战，比如延续至今的中西医之辨，本质上就是中国独特的生物学传统与西方科学的生物学进路之间的交错和缠斗，而最近科学和学科间的整体化趋势，或者有望凸显中国传统生物学的本真价值。

明末清初是中西交流的一个繁盛期，一些重要的粮食作物和经济作物开始传入我国。粮食作物主要有甘薯、玉米、马铃薯；蔬菜作物有西红柿、辣椒、菊芋、甘蓝、花椰菜等；经济作物有烟草、花生、向日葵等；花卉有大丽花等。其中甘薯、玉米、烟草的引入，对我国人民的生产和生活极响很大。某种程度上可以认为，哥伦布大交换所开启的人类网络，这时正在为其后以鸦片战争为标志的东西方大交换的到来提供粮食和人口基础。从明末到清末，来华进行过生物资源调查的人多达百数。18 世纪，外国人在华的植物采集和考察研究主要集中在北京、舟山、厦门和广东沿海地区。19 世纪，来华外国人对中国生物的考察研究进入了有组织、有计划进行的阶段。19 世纪下半叶，英国、美国、法国和俄国等国涌现出一批对中国生物研究相当成熟的专家学者，主要工作集中在对物种的分类、命名以及名录的编写上。

英国人对中国生物物种的大规模调查，以福琼（Rbobert Fortune）为代表，他被称为"在中国植物学发展史上无可争议地开了新纪元的人"。福琼曾分别在道光二十三年至二十五年（1843—1845 年），道光二十八年至咸丰元年（1848—1851 年），咸丰三年至六年（1853—1856 年）和咸丰十一年（1861 年）四次到中国。他在我国游历的地方，除当时开放的港口地区外，还深入福建、浙江、江西、安徽、江苏一些地方。福琼先后撰写了《华北省的三年漫游》《中国的茶区之行》《居住在华人中间》。此外，汉斯（H. F. Hance）也是先锋人物之一。他在我国采集到植物标本共 22 437 份，全部收藏在英国博物馆。他的工作对于

---

[1] [美] 范发迪著，袁剑译：《知识帝国：清代在华的英国博物学家》，中国人民大学出版社，2018 年，第 134 页。

西方人了解中国植物物种的情况，有重要影响。赫姆斯莱来自世界著名的研究基地丘园，一生钟情于研究中国的植物。他同美国人福勃士（F. B. Forbes）发表了《中国植物名录》，后来他又发表了《西藏植物》。英国园艺学家威尔逊曾四次来华，对中国的植物进行考察和研究，发现了上百种新的植物种类，撰成《一个博物学家在华西》。施温霍（R. Swinhoe）是英驻华领事馆的领事官，撰有《中国鸟类名录》，这是运用林奈的分类学方法系统研究中国鸟类的开始。他也是兽类标本的收集者。英国人在昆虫类、鱼类调查等方面都做出了贡献。

哈佛大学被称为研究中国木本植物的中心。该校植物学家沙坚德（C. S. Sargent）对中国木本植物尤有研究。他所创建的阿诺德树木园是美国著名的植物学和园艺学机构。1913—1917 年，他出版了《威尔逊植物志》，记载了阿诺德树木园通过威尔逊等收集到的中国中西部木本植物约近 3 000 种。此书至今都是研究中国木本植物及湖北、四川植被的经典。哈佛大学设立有动物学博物馆，许多著名的学者都为该馆收集了不少的动物标本。从 1912 年开始，动物学者埃伦（G. M. Allen）根据这些标本发表了大量的关于中国和相邻地区的兽类研究论文。

法国在华的动植物考察绕不过传教士和著名博物学家谭微道（A. David）。他在同治元年至十三年（1862—1874 年）先后四次来到中国，中国大部分地区都留下了他的足迹。他在内蒙古、北京、上海、江西、河南、西藏、山西、湖北、云南、川贵等地，采集了大量的动植物标本带回法国。他带回的 1 577 种植物标本藏于巴黎博物馆，其中有 250 种是新种，博物馆据此编制了《谭微道植物志》。之后，另一法国传教士赖神甫（J. M. Delavay）在云南进行过大规模植物采集，从光绪九年至二十二年（1883—1896 年），巴黎自然博物馆收到他在云南采集的植物标本 200 000 号，约 4 000 种，含 1 500 个新种。该园主任迪赛森（J. Decaisne）曾描述和发表过大量来自中国的植物新种的相关文章。弗朗谢（A. Franchet）于光绪四年（1878 年）开始悉心研究中国云南和藏东的植物。光绪七年（1881 年）他对巴黎自然博物馆的植物标本进行整理并开展科学研究，同时还鼓励在华的传教士积极为该博物馆收集标本。列维尔（H. Leveille）从 19 世纪末到 20 世纪初，发表了大量涉及中国植物学的研究论文。19 世纪末，法国动物学家波萨谷斯（E. Pousargues）重点研究了四川、云南和北部湾的兽类动物。

关于俄国在中国的动植物考察。道光十年（1830 年），德国血统的俄国植物学家宾奇作为传教士使团的成员到北京，在北京西山、大觉寺，以及北京到长城的沿途采得植物标本 420 种带回俄国。俄国在华最著名的植物学家马克西姆维兹，曾担任俄帝国科学院院士和植物博物馆主任，他到中国采集过生物标本，所著《阿穆尔植物志初编》共记录了黑龙江流域的 985 种植物，包括 57 种苔藓，其中有新属 4 个，新种 112 个。该书末尾还附有《北京植物索引》和《蒙古植物索引》。19 世纪后半叶，俄国人普塔宁（G. N. Potanin）四次率领考察团到中国边疆考察。前两次在光绪二年至六年（1876—1880 年），在内蒙古等地采得植物约 1 450 种。第三次在光绪十年至十二年（1884—1886 年），主要在我国的西北采集到植物标本 12 000 号，4 000 种左右；另外还有不少哺乳动物和鸟类动物标本。第四次在光绪十七年至二十年（1891—1894 年），主要在我国西南和西藏，这次考察共收集到 10 000 号植物标本，约 1 000 种，还有大量的植物种子和药材以及动物标本。

此外，德国、奥地利等国也在中国有过不同程度的考察，如德国植物地理学家狄尔思在四川大巴山采集植物标本，德国动物学家麦尔研究动物，德国的包特格研究中国两栖动物标本，奥地利植物学家韩马迪在川藏地区进行植物考察。中国大量的动植物标本的外送，不但弥补了西方人研究中国生物学的空白局面，使西方国家对中国的物产有了进一步了解，同时也刺激了国人对自然科学，特别是生物学的重视。

从以上提到的例子，可以看出这些调查研究，既有商业经济上的实用目的，也有从事生物分类区系研究的学术目的。所有采集的标本，大都收藏于英国、法国、俄国和美国等有关的植物园和博物馆中。这些标本经有关学者鉴定学名，进行分类，并描述其形态特征、产地、生活环境和功用，最后汇编成册。

随着近代来华西人对中国动植物调查的进行，建立在林奈首创的二名分类法、拉马克首创的生物进化论、施莱登和施旺的细胞学说等基础上的西方近代生物学开始传入。从此中国的昆虫草木鸟兽虫鱼的全体之学，开始转为以实验观察为基础的分析性生物科学。咸丰元年（1851 年），英国医生晗信（B. Hobson）和中国学者陈修堂共同编译了《全体新论》，介绍了西方近代人体解剖和生理学知识。咸丰八年（1858 年），李善兰和英国传教士韦廉臣（Alexander Williamson）根据英国林德利（John Lindley）的有关著作，合作编译出版了《植物学》一书，这是我国介绍西方近代植物学的第一部译著。《植物学》首次介绍了细胞学说，展现了只有在显微镜下才能观察到的植物体内部组织构造，还介绍了近代西方在实验观察基础上所建立起来的有关植物体各器官组织之生理功能的理论。除《植物学》外，19世纪后期还发表编译出版了《生理启蒙》（艾约瑟译，1886年，即光绪十二年）、《植物学启蒙》（艾约瑟译，1886年，即光绪十二年）、《动物学启蒙》（艾约瑟译，1886年，即光绪十二年）、《植物图说》（傅兰雅译，1894年，即光绪二十年）等书。19世纪末，梁启超将《植物学》和《植物图说》作为学习植物学的入门书。他说动、植物学，是格致之学当中最切实而有用的。由中国人自己编撰的植物学著作出现于20世纪初，编者有黄明藻和叶基桢。如前所述，相关的近代西方生物学知识，在西书中译的过程中，开始进入中国的知识体系当中，而学科建制的全面确立还要到民国时期。

晚清西方近代生物学的传入，与达尔文的进化论同行。达尔文的进化论是近代生物学向中国移植过程中播下的第一颗有关生物学理论的种子。光绪三年（1877年），傅兰雅在《格致汇编》第7卷上发表《混沌说》，该文介绍了生物演变的渐进过程，并首次提到生物进化论，并谈到人猿同祖论。光绪二十一年（1895年），严复在天津《直报》上发表了《原强》一文，简要介绍了达尔文的名著《物种起源》，《原强》的发表是达尔文进化论传入中国的标志。后来他又把赫胥黎的《进化论与伦理学》译成中文，取名《天演论》。《天演论》将赫胥黎的著作摘译并作了创造性发挥，从此，"物竞天择，适者生存"成为19世纪和20世纪之交中国救亡图存的指针。

第三节　晚清人与自然关系在观念和实践上的初步工业化建构

传统中国虽无所谓近代西方的"科学"（science），但建立在农业文明时代系统思维之上的以实用性技艺为主体的"格致"却长期引领世界科技的潮流。除了极少部分的例外，这种格致之学的主体在近代逐渐让位于西来的科学，"科学与否"遂成为判定是非真伪的最高标准。中国农业文明时代的人与自然关系，随着近代西方科学这一"异质文化"的传入，从徘徊于天人之际的状态向着人定胜天的工业化愿景疾速转变。天朝地下的资源开始被勘探和发掘出来，地上的铁路开始被规划和修筑起来，水上的帆影也被飘扬着浓烟的蒸汽船所替代。人与自然的关系开始从农业时代进入到工业化时代。

一、传统的人与自然关系从格致走向科学的路径

晚清时期人与自然关系认知经历了从传统格致走向近代科学的过程。一方面，面对西方科学技术的锋芒，中国本土的科技人物——畴人们，穿梭于传统格致和西方科技之间，尝试为中国开启科学之门。例如，郑复光《镜镜詅痴》附载的《火轮图说》，就是近代中国介绍西方蒸汽机的最早文献之一。顾观光，认为天文学上"中西之法可互相证，而不可互相废"[1]。来华传教士则以明清之际的前辈为榜样，"寓教"于西方科技。早在鸦片战争之前很多年，他们就编撰出版了一批介绍科学技术的著作。上海开埠后，麦都思（W. H. Medhurst）等创办了墨海书馆，以此为滥觞，上海逐渐成为西方科学技术输入和传播的中心。就在这里，中国的畴人与西方传教士开始了合作翻译科学书籍的文化互鉴之旅。这一中西合璧的翻译模式后来为江南制造局翻译馆、同文馆等机构继承和发展，形塑了中国近代科学技术输入传播的基本格局。

19 世纪 50 年代以后，特别是自强运动时期，一批近代科技学人，致力于翻译西方科技文献，使中国近代科技由零星吸取和仿制向更深层次发展。他们认识到科学技术是富国强兵、抵御外侮的不二法门，只有全面发展科学技术，国家才可能真正富强。李善兰在与传教士艾约瑟（Joseph Edkins）合译的《重学》序言中说："今欧罗巴各国日益强盛，为中国边患，推展其故，制器精也；推原制器之精，算数明也……异日人人习算，制器日精，以威海外各国，令震慑，奉朝贡，则是书之刻，其功岂浅鲜哉！"[2]在李善兰看来，中国人只要把数学学好，技术就会日益进步，国家就会富强。自强运动的积极推行者和主脑之一李鸿章也如是认为，他在奏请派遣船政学生出洋留学时说："窃谓西洋制造之精，实源本于测算、格致之学，奇才迭出，月异日新……中国仿造皆其初时旧式，良由师资不广，见闻不多，官厂艺徒虽已放手自制，只能循规蹈矩，不能继长增高。即使访询新式，孜孜效法，数年而后，西人别出新奇，中国又成故

---

[1] 陈建领：《顾观光》，沈渭滨主编：《近代中国科学家》，上海人民出版社，1988 年，第 38-46 页。
[2] 王扬宗：《傅兰雅与近代中国的启蒙》，科学出版社，2000 年，第 8 页。

步，所谓随人作计，终后人也。"[1]这表明翻译西方科学技术文献、传播其知识，使其在中国落地生根，是旧格致走向新科学的必经之路。

晚清西方科学输入传播的载体和途径，有西书翻译、报刊、新式教育（包括教会学堂、新学堂与留学教育）、新式工业企业等，构成了交错纷呈、互有配合的输入传播格局，增强了输入传播的功效。[2]

西书翻译最初是由来华传教士开启的，随着传统科学家进入这一领域，其发展有了质的飞跃，墨海书馆、江南制造局翻译馆和京师同文馆等机构为其代表。

道光二十三年（1843 年）十二月二十三日，英国传教士麦都思在上海县城外设立墨海书馆，最初主要出版宗教书籍。道光二十七年（1847 年）伟烈亚力到来后，与算学名家李善兰结交，墨海书馆遂逐渐成为咸丰十年（1860 年）以前中国西学传播中心，也成为早期科学工作者（包括西人和中国人）的社会交往与学术交流平台。这里活跃着上海开埠初期的第一批科学工作者。馆内的李善兰、管嗣复、张福僖与西人伟烈亚力、艾约瑟、合信、韦廉臣等人，他们的合作翻译开启了近代西方科学技术大规模输入中国、在中国传播的大幕。馆外，一批慕名而来的科学工作者包括徐寿、华蘅芳、徐有壬、吴嘉善等，他们拜访墨海书馆，结识中国学人与西人，共同探讨学问。

作为当时中西学人交往交流的平台，墨海书馆翻译出版了不少西方科学书籍。数学有《数学启蒙》《续几何原本》《代数学》和《代微积拾级》等，物理学有《重学浅说》《重学》《光论》《声论》（未刊行）等，天文学有《谈天》《天学图说》等，生物学有《植物学》。另外，还有综合性的科学书刊《中西通书》《格物穷理问答》《科学手册》和《六合丛谈》等。这些著作在中国近代科学发展史上创下了许多项第一：咸丰八年（1858 年）出版的《重学》是第一部力学译著，咸丰九年（1859 年）出版的《代数学》是第一部符号代数学译著，《代微积拾级》是第一部微积分译著，《植物学》是第一部生物学译著，《谈天》是

---

[1]《光绪二年十一月二十九日钦差北洋大臣直隶总督李鸿章等奏》，朱有瓛主编：《中国近代学制史料》（第一辑上册），华东师范大学出版社，1983 年，第 400 页。

[2] 本节以下内容主要参考：张剑：《中国近代科学与科学体制化》，四川人民出版社，2008 年；熊月之：《西学东渐与晚清社会》，上海人民出版社，1994 年；杜石然等：《洋务运动与中国近代科技》，辽宁教育出版社，1991 年；董光璧主编：《中国近现代科学技术史》，湖南教育出版社，1997 年。

第一部近代天文学译作，等等。[1]

墨海书馆中西学人合作翻译西方科学技术书籍的前期实践，为后来徐寿、华蘅芳等筹备建立江南制造局翻译馆翻译西书积累了经验；同时，徐寿、华蘅芳、徐建寅等人正是在墨海书馆的学术氛围与翻译出版的书籍的熏陶下走上了翻译西书的道路。同治七年（1868 年）成立的江南制造局翻译馆继墨海书馆之后很快就成为近代西方科学输入中国的中心，参与的中国人除徐寿、华蘅芳、徐建寅外，还有王韬这样开明的士人，舒高第这样的留美归国者，以及华蘅芳表弟赵元益，徐寿儿子徐华封，华蘅芳的弟弟华世芳，广方言馆学生钟天纬及自学成才的贾步纬等。[2]同治七年（1868 年）至 1912 年，翻译馆共译刊 180多种译著，此外还有已译未刊 50 种。统计宣统元年（1909 年）翻译馆译员所编《江南制造局译书提要》所收录的 160 种著作，数学方面有《代数术》《微积溯源》等 8 种，物理方面有《电学》《通物电光》等 5 种，化学方面有《化学鉴原》等 8 种，天文、地质学方面有《谈天》《地学浅释》《金石识别》等 4 种，其他大多数为相关应用科学类书籍，包括工艺 18 种、兵学 21 种、矿学 10 种、医学 11 种、农学 9 种等。[3]江南制造局翻译馆的译书，在长达 30 余年的时间内，是中国人探求学习近代科技知识的主要来源，代表了当时一般中国人所能了解的近代科技知识的最高水平。[4]1922 年，梁启超高度评价了江南制造局翻译馆的译书："这一时期，其中最可纪念的，是制造局里头译出几部科学书。这些现在看起来虽然很陈旧很肤浅，但那群翻译的人，有几位忠于学问的，他们在那个时代，能够有这样的作品，其实是亏他。因为那个时候读书人都不（会）说外国话，说外国话的人都不读书。所以，这几部书，实在是替那第二期的'不懂外国话的西学家'开出一条血路了。"[5]

同文馆的译书，有同治七年（1868 年）丁韪良（William A. P. Martin）出版的《格物入门》，包括水学、气学、火学、电学、力学、化学和算学 7 卷，采用问答体裁对上述学科加以阐述。[6]还有化学教习毕利干（Anatole Adrien

[1] 董光璧主编：《中国近现代科学技术史》，湖南教育出版社，1997 年，第 182 页。
[2] 熊月之、张敏：《上海通史·晚清文化》，上海人民出版社，1999 年，第 147-150 页。
[3] 熊月之：《西学东渐与晚清社会》，上海人民出版社，1994 年，第 500 页。
[4] 董光璧主编：《中国近现代科学技术史》，湖南教育出版社，1997 年，第 246 页。
[5] 梁启超：《五十年中国进化概论》，申报馆编：《最近之五十年》，1922 年。
[6] 赵匡华主编：《中国化学史》(近现代卷)，广西教育出版社，2003 年，第 14-16 页。

Billequin）与学生合译的《化学指南》《化学鉴原》，丁韪良与学生合译的《格物测算》等。

报刊也是晚清输入传播西学的重要媒介，无论是外商创办的《上海新报》《申报》《新闻报》，传教士创办的《六合丛谈》《教会新报》《中西闻见录》《益闻报》，还是中国人自己创办的《时务报》等，都介绍传播了不少西方科学技术知识，还出现了专门的科技期刊《格致汇编》等。

墨海书馆咸丰七年（1857 年）创刊的《六合丛谈》被誉为近代科技期刊的雏形，伟烈亚力在创刊号撰写的"小引"中说要传输化学、"察地之学"（地质学）、"鸟兽草木之学"（动植物学）、"测天之学"（天文学）、"电气之学"（电学）、"重学"（力学）、"听学"（声学）和"视学"（光学）等相关科学技术。同治十一年（1872 年）在北京创刊的《中西闻见录》，形式和内容上与科学期刊颇多相近。在其所发刊的 36 号 361 篇文章中，科技文章达 166 篇，新闻报道与杂记有 1/3 以上的篇幅与科技相关，零星地输入了天文学、地理学、物理学、化学、地震地质学、矿物学、解剖学、防疫学、药物学、动物学、植物学、农学等西方近代基础科学的常识，也零星地传播了高空探测、铁路修筑、钢铁冶炼、玻璃制造、火车、汽车、轮船、起重机、新式武器、最新天文望远镜及机器制造、电话电报发明等多方面的常识性技术知识，还介绍了度量衡的"国际标准化"。《中西闻见录》对自强运动起了推波助澜的作用，它广泛刊载京师同文馆师生的作品，积极关注自强活动，对操办洋务提出了不少建设性意见。《中西闻见录》在早期启蒙思想家和一般士子中也有广泛影响，停刊仅两年丁韪良就编辑《中西闻见录选编》发行，维新运动期间又以《闻见录新编》发行。在上海发行的《万国公报》也广泛转载该刊文字。[1]

真正的科学刊物是接续《中西闻见录》的《格致汇编》。对于《格致汇编》的创刊，徐寿说："傅（兰雅）先生常言，中华得此奇书（江南制造局所译西书——引者注），格致之学必可盛行，且中国地广人稠，才智迭兴，固不少深思好学之士尽读其书。所虑者，僻处远方，购书非易，则门径且难骤得，何论乎升堂入室！急宜先从浅近者起手，渐及而至见闻广远，自能融会贯通矣。"[2]

---

[1] 张剑：《〈中西闻见录〉述略——兼评其对西方科技的传播》，《复旦学报（社会科学版）》1995 年第 4 期，第 57-62 页。
[2]（清）徐寿：《格致汇编·序》，《格致汇编》第 1 年第 1 卷，1876 年 2 月。

《格致汇编》的创刊为西方科技在中国的输入传播开辟了新路，以专门科技期刊宣扬传播科学。从光绪二年（1876 年）二月正式创刊到光绪十八年（1892 年）终刊，《格致汇编》广泛传播了自然科学基础知识、工程技术知识，并辟有专门的"互相问答"专栏。该刊销售地域广泛，销量可观，影响很大。[1]

　　除专门的科技刊物以外，其他一些报刊也传输了大量的科技知识，例如《万国公报》连载丁韪良《格物入门》；同治十年（1871 年）刊载艾约瑟《格致新学提要》，列举了 300 年来重要的科学技术发现与发明；同治十二年（1873 年）到同治十三年（1874 年）刊载韦廉臣《格物探源》；还刊载有《化学初阶》《化学鉴原》《格致新法》（培根《新工具》）、《格致新学》等。对最新科技发明也介绍很多，如电灯、电话、电报、照相、轮船、火车、铁路、自行车、显微镜等，并能比较及时地报道西方最新的科学发现。比如光绪二十二年（1896 年）三月开始的对于光绪二十一年（1895 年）十一月德国物理学家伦琴（W. C. Rontgen）发现 X 射线的跟踪报道。此外，《益闻录》《时务报》《知新报》《集成报》等也都有相关报道。[2]

　　比诸译书和报刊，新学堂的科学教育对近代科学输入传播影响更为深远。新学堂的学生具备一定的科技素养，并在洋务企业及相关产业中显露身手，为晚清新政废除科举建立新学制起了一定的示范作用。自强运动期间新学堂主要有语言学堂、工业技术学堂、军事学堂。这些学堂，无论类型如何，相关西方科技科目和课程的学习都反映了自强运动富国强兵的实际需要。这为后来晚清新政时期科学教育的初创和普及提供了一定的基础。

　　就京师同文馆而言，同治九年（1870 年）以前主要学习外文与中文，光绪二年（1876 年）总教习丁韪良订立新的课程标准，科学教育趋于正规化。学习外文者，科学课程从第四学年开始，至第八学年，每年课程依次为：数理启蒙、代数学；讲求格致、几何原本、平三角、弧三角；讲求机器、微分积分、航海测算；讲求化学、天文测算；天文测算、地理金石。不习外文，仅通过译本学习者，科学课程从第一年至第五年依次为：数理启蒙、九章算术、代数学；四元解、几何原本、平三角、弧三角；格物入门、兼讲化学、重学测算；微分积

---

[1] 关于《格致汇编》传播的相关科学技术知识及其影响等方面的具体情况，参阅熊月之的《西学东渐与晚清社会》相关章节。

[2] 王民、邓绍根：《〈万国公报〉与 X 射线知识的传播》，《中国科技史料》2001 年第 22 卷第 3 期，第 234-237 页。

分、航海测算、天文测算、讲求机器；天文测算、地理金石。[1]京师同文馆的科学课程包括了数学、物理（即格致，分力学、水学、声学、电学等7门）、化学、天文、地理及机器制造、矿物学等，难度不高，介于后来的小学到中学之间，但却在当时中国的政治文化中心开启了学习西方科技的风气。

此外，新学堂当中的教会学校，也是传输西方科学的重要途径与窗口。据统计，到光绪三年（1877年），仅基督教在各地设立的教会学校就达462所，有学生8 500余人；到光绪十六年（1890）年，学生人数达16 800余人，[2]学校和学生的数量都远远超过清政府所办的各类新学堂。这些教会学校普遍开设科学课程，而且随着不断发展，科学课程的分量不断加大。如光绪十年（1884年）在镇江设立的镇江女塾学制为十二年，从第一年到最后一年一直有科学课程，第一年有算法，第二年有算法、全体入门问答，第三年有心算初学上、动植物浅说，第四年有心算初学下、数学、植物口传、动物浅说，第五年有数学、植物图说、动物新编，第六年有数学、植物图说、动物新编，第七年有数学、植物学、动物，第八年有数学、植物学、动物，第九年有代数备旨、地学指略，第十年有代数备旨、形学，第十一年有形学、格物入门，第十二年有格物入门。其科学课程比较重视数学与动植物学,也有物理学和卫生学等方面的知识传授。登州文会馆五年制正斋科学课程有代数备旨、形学备旨、圆锥曲线、八线备旨、测绘学、格物、量地学、航海法、物理测算、化学、动植物学、微积分、化学辨质、天文揭要，内容更加全面，不仅有自然科学数学、物理、化学、生物学、天文等学科，也有技术方面的测绘、量地与航海法等。[3]

自强运动时期的留学教育主要由政府主导，有从同治十一年（1872年）开始的留美幼童和光绪二年（1876年）开始的船政局留欧学生。留美幼童中的杰出分子，回国之后在工程技术方面做出了很大贡献，在矿冶工程、铁路修筑与电信事业方面都具有开拓之功。他们作为西方科学的示范代表，对输入传播科学所具有的影响应该是其他各类学堂学生所不具备的。

与留美幼童相比，留欧船政学生基本上是洋务学堂毕业生或在校学生，在国内已有一定的科学知识基础。其主旨为提高海军技能和造船技术，为中国新

[1] 朱有瓛主编：《中国近代学制史料》（第一辑上册），华东师范大学出版社，1989年，第71-73页。
[2] 熊月之：《西学东渐与晚清社会》，上海人民出版社，1994年，第290-291页。
[3] 相关课程目录见熊月之：《西学东渐与晚清社会》，上海人民出版社，1994年，第298-299页。

式海军提供第一批军官，"他们中的许多人能够成为十九世纪最后若干年里在中国的土地上发展起来的矿山采掘、工业企业、土木工程等新式企业的技术骨干"。[1]

除政府派遣留学外，还有一些民间留学人员或短期考察者，他们也传输了西方科学知识。如出生舆地世家的邹代均，光绪十二年（1886 年）作为随员出使英、俄等国，潜心学习和研究西方测绘地图新法。光绪十五年（1889 年）归国，带回大量欧美各种地理图册书籍，出任湖北舆图局总纂，完成湖北全省地图测绘，成为近代中国地图学的倡导者和奠基人之一。

自强运动时期创办的大量新式工业企业，不仅传输了大量的西方科学技术知识，而且直接体现了西方科学技术知识的威力，是西方科学在中国传播与发展不可或缺的重要内容。当时的新式工业企业主要有军工企业和民用企业两类。从咸丰十一年（1861 年）曾国藩在安庆创立内军械所，仿制枪炮轮船开始，到光绪十六年（1890 年），共创建近代军工企业近 30 个。比较著名的有江南制造局（同治四年，即 1865 年创立）、金陵机器局（同治四年，即 1865 年创立）、福州船政局（同治五年，即 1866 年创立）、天津机器局（同治六年，即 1867 年创立）、西安机器局（同治八年，即 1869 年创立）、福州机器局（同治八年，即 1869 年创立）、兰州机器局（同治十一年，即 1872 年创立）、广州机器局（同治十三年，即 1874 年创立）、广州火药局（光绪元年，即 1875 年创立）、山东机器局（光绪元年，即 1875 年创立）、湖南机器局（光绪元年，即 1875 年创立）、四川机器局（光绪三年，即 1877 年创立）、吉林机器局（光绪七年，即 1881 年创立）、金陵制造洋火药局（光绪七年，即 1881 年创立）、神机营机器局（光绪九年，即 1883 年创立）、浙江机器局（光绪九年，即 1883 年创立）、云南机器局（光绪十年，即 1884 年创立）、山西机器局（光绪十年，即 1884 年创立）、广东机器局（光绪十一年，即 1885 年创立）、台湾机器局（光绪十一年，即 1885 年创立）、湖北枪炮厂（光绪十六年，即 1890 年创立）等。从地域分布来看，最初仅仅建立在沿海口岸，后来几乎各个行省都设立了机器局。这些军工企业主要生产洋枪、洋炮、子弹、炮弹、火药，并制造船舰。江南制造局和福州船政局所制造的轮船并不比同期日本研制的轮船落后，而且制造能力

[1]［法］巴斯蒂：《清末留欧学生——福州船政局对近代技术的输入》，陈学恂等编：《中国近代教育史资料汇编·留学教育》，上海教育出版社，1991 年，第 271 页。

还超过日本。

民用工业企业，交通运输方面主要有轮船招商局、电报总局、铁路公司，矿业方面有开平矿务局、漠河矿务局、汉冶萍公司等，纺织业有继昌隆缫丝厂、上海机器织布局、湖北织布局等，机器制造和电力业有上海发昌机器厂、上海电光公司、广州电灯公司等。

就这样，通过种种方式，近代西方科技开始直接、缓慢，但却将是永久地改变了农业文明基础之上的中国的生产和生活。当然，这是一个长达百余年的充满曲折变化的进程，直到民国、新中国，源自近代西方的科学技术才第一次在中国历史上实现了与中国社会的全面耦合。

二、传统的人与自然观念的科学进路

晚清"科学"概念纷繁复杂，有各种各样的词语指称"科学"或"科学"的某一门类，但对西方科学自身的意思却不甚明了。这些词语中最重要的是"格致"，但"格致"一词在不同的时期指称不同的内容，也有不同的内涵。"科学"一词的兴起后逐渐取代"格致"，而"科学"的内涵也在不断地演化，尤其是通过中国科学社机关刊物《科学》对"科学"概念的反复阐述，才于民国初期界定了其内涵外延。[1]

"格致"是中国固有的说法，其意义在历史上也有变化。《礼记·大学》中的"格物致知"即"格致"，被程朱理学赋予了浓厚的道德意义，涵盖穷理和经世，因此儒家求知所达到的知识体系也分为两个部分，一为通过穷理达到对宇宙秩序和万物普遍之理的认识，即广义的理论知识；一为与实用相关的种种知识，通过经世致用与儒家伦理相联系。当道德意识形态需要重构时，穷理需求空前高涨，主要指向理论知识；一旦道德目标明确，实用技术便成为主要需要对象。穷理和经世构成两种性质不尽相同的建立知识系统的动力，它们各自亲和于西方科学和技术。

将格致与西方科学联系在一起的是晚明的大科学家徐光启。他将"格物穷

---

[1] 关于"格致"向"科学"的转化研究，代表性成果有：樊洪业：《从"格致"到"科学"》，《自然辩证法通讯》1988年第10卷第3期，第39-50页，80页；李双璧：《从"格致"到"科学"：中国近代科学观的演变轨迹》，《贵州社会科学》1995年第5期，第102-107页；汪晖：《"赛先生"在中国的命运——中国近现代思想中的"科学"概念及其使命》，《学人》（第1辑），江苏文艺出版社，1991年。

理"对应于西方科学，包括逻辑学、形而上学、物理学、数学乃至化学等。徐光启格物穷理之学对应西方自然哲学的思想，在观念上搭了一座引渡西学的桥梁。近代以来，西方科学再次输入中国。这次首先用以指称"科学"的并不是"格致"一词，而是"分科之学"。咸丰三年（1853 年）创刊于香港的《遐迩贯珍》月刊，其间有篇名直接为《火轮机制造略述》，将轮船名曰"火轮机"；《地质略论》径称"地质"，《生物总论》直接用"生物"。传教士合信于道光二十九年（1849 年）在广州出版的《天文略论》介绍西方天文学；咸丰元年（1851年）出版的《全体新论》是卫生学著作，主要与解剖学相关；咸丰五年（1855年）出版的《博物新编》更是介绍物理学、天文学和动物学的知识。其"博物"一词与此后清末民初一再出现的"博物"（主要指代动植物学）有很大的差异。咸丰十年（1860 年）以前，作为中国传播西学重镇的墨海书馆，其出版的著作中也没有专门命名为"格致"的，数学著作主要有《数学启蒙》《续几何原本》《代数学》《代微积拾级》，物理学方面为《重学》《重学浅说》，天文学著作《谈天》，生物学著作《植物学》。

　　咸丰元年（1851 年），慕维廉编译《格物穷理问答》，系节译自一本英文著作，内容为自然科学，共 23 个问题。这是目前发现的近代最早以"格致"指称自然科学的翻译书籍。

　　"格致"一词在晚清流行起来并指称西方科学是在自强运动开始以后，与洋务派学习西学必须考虑传统学问的背景有关。咸丰十一年（1861 年），冯桂芬在《采西学议》中指出，明末和鸦片战争以后传入中国的西学中，"如算学、重学、视学、光学、化学等，皆得格物至理"。这样，西方科学作为"格物至理"的学问重新获得传统"格致"所具有的道德与学问上的地位。冯桂芬此一论调为洋务大臣们所接受，西方科学作为一种外来文化在传统学问中取得一席之地，为洋务派利用西方科学富国强兵打通了道路，也为西方科学技术在中国的传播打开了方便之门。伟烈亚力、傅兰雅与李善兰于咸丰十一年（1861 年）前后将牛顿的《自然哲学的数学原理》一书节译为《数理格致》。这样，在学术界和官场，"格致"取得了指称西方科学的地位。

　　京师同文馆总教习丁韪良同治五年（1866 年）出版了一本影响深远的著作《格物入门》，英文名为 *Natural Philosophy*，完全对等于自然哲学，内容包括力学、水学、气学、火学、电学、化学、测算等内容。同治九年（1870 年），江南机器制造局总办冯竣光、郑藻如在《再拟开办学馆事宜章程十六条》中说："泰西之学入我中国，自明天启中利玛窦始，继踵而至者如汤若望……诸辈，各有撰述，所阐格致之学，略有端倪。近年墨海书馆译有几何、重学、谈天、代数诸书，海内传观，大约信疑参半。而京师同文馆丁君韪良近刻《格物入门》，分水学、气学、火学、电学、力学、化学、算学七卷，亦已各举其纲，尚待实征诸用。夫西士究心，惟在实学，既不同世之自矜独得者驰骛元虚，而我中国之亟当讲求者，又在乎确有实济，立见施行。"[1]

确定了格致之学的大致范围为今天的科学技术，但更强调其实用性。从此，格致之学作为西方科学的代名词，广泛应用于教育、文化、社会、经济诸领域。以"格致"命名的书院、类书、丛书、刊物、学会，林林总总，不一而足。光绪二年（1876 年）中外人士在上海合办的"格致书院"，英文名为 the Shanghai Polytechnic College，直译为"上海综合工学院"。同年，傅兰雅创办的《格致汇编》，英文名为 The Chinese Scientific Magazine，直译为"中国科学杂志"。

"格致"指称西方科学在晚清流行时，国人对"格致"与西方科学的区别有比较清晰的认知。同治十三年（1874 年）三月《申报》发表《拟创建格致书院论》中说："惟是设教之法，古今各异，中外不同，而格致之学则一。然中国之所谓格致，所以诚正治平也；外国之所谓格致，所以变化制造也。中国之格致，功近于虚，虚则常伪；外国之格致，功征诸实，实则皆真也。"[2]阐明了传统术语"格致"与"西方科学"的本质区别所在：传统格致在于"正心、诚意、修身、齐家、治国、平天下"，是脱离实际的玄虚，因此常常作伪；而西方科学目标是研究自然界的万事万物以求得规律和创造发明，因此实实在在，所得为真。光绪十五年（1889 年），上海格致书院有考生如是阐述中西"格致"之不同："（儒家所谓之格致）乃义理之格致，而非物理之格致也。中国重道轻艺，凡纲常法度、礼乐教化，无不阐发精微，不留余蕴，虽圣人复起，亦不能有加。惟物理之精粗，诚有相形见绌者。""格致之学，中西不同。自形而上言之，则中国先儒阐发已无余蕴；自形而下言之，则泰西新理方且日出不穷。盖中国重道而轻艺，故其格致专以义理为重；西国重艺而轻道，故其格致偏于物理为多。

---

[1] 朱有瓛主编：《中国近代学制史料》（第一辑上册），华东师范大学出版社，1989 年，第 229 页。
[2]《申报》同治甲戌正月二十日（1874 年 3 月 16 日）。

此中西之所由分也。"[1]也指出中国之"格致"与西方之"格致"是完全不同的概念，中国向来重义理而轻技艺，西方重艺而轻道，这是中西分道扬镳之所在。如此一来，中国科学与西方科学相比自然"诚有相形见绌者"。

自强运动时期，"格致"一词的含义可谓五花八门，大致有四种意思：第一，泛指科学技术。格致书院前期主持人徐寿给李鸿章信中称书院将"轮流讲论格致一切，如天文、算法、制造、舆图、化学、地质等事"[2]。傅兰雅也为书院设计了包括矿务、电务、测绘、工程、汽机、制造等6类课程。如电务一类开设有数学、代数学、几何、三角、重学略法、水重学、气学、热学、运规图画法、汽机学、材料坚固学、机器重学、锅炉学、电气学等课程。《格致汇编》的英译从第二期改名为 *The Chinese Scientific and Industrial Magazine*。第二，泛指自然科学。如丁韪良《格物入门》包括了数学、物理、化学等；"格致如化学、光学、重学、声学、电学、植物学、测算学，所包者广"。第三，仅包括物理、化学。第四，专指物理学。如京师同文馆所设之格致馆。《清会典》则说"格致之学有七"，分别为力学、水学、声学、气学、火学、光学、电学。[3]

其实，在自强运动时期，"格致"一词用以指称西方科学，最为广泛流传的含义应是指"西方实用技术"，及其这些技术之学理基础，这是与当时输入西学主要以技术为特色相适应的。刘锡鸿在上海参观格致书院后批评格致书院假借"格致"美名："大学之言格致，所以为道也，非所以为器也……自西洋各国以富强称，论者不察其政治之根柢，乃谓富强实由制造，于是慕西学者如蚁慕膻，建书院以藏机器，而以'格致'名之，殆假大学条目以美其号。"认为所谓"西学""盖工匠技艺之事也"，要求格致书院改名为"艺林堂"。[4]格致书院招生广告也说"专为招收生徒究心实学"。由于自强运动所需要的西方科技主要是与坚船利炮有关的制造技术原理和知识，"格致"的内容大多也限于弹道计算、重学、化学反应等和制造有关的物理和化学原理。

甲午战争后，"格致"一词的含义发生巨大的变化，将"格致"含义泛化，

---

[1] "王佐才答卷""钟天纬答卷"，《格致书院课艺》（第4册），转引自熊月之：《西学东渐与晚清社会》，上海人民出版社，1994年，第371-372页。

[2] 《徐雪村先生为上海设格致书院上李爵相禀并条陈》，朱有瓛主编：《中国近代学制史料》（第一辑下册），华东师范大学出版社，1986年，第169页。

[3] 樊洪业：《从"格致"到"科学"》，《自然辩证法通讯》第10卷第3期（1988年），第39-50、第80页。

[4] 刘锡鸿：《英轺私记》，岳麓书社，1986年，第50页。

泛指一切学问或者将"格致"与西学等量齐观。光绪二十四年（1898年）创刊的《格致新报》这样说："格致二字，包括甚宏，浅之在日用饮食之间，深之实富国强兵之本……一曰性理，探道之大原，辨理之真伪者也。一曰治术，论公法律例，条约税则者也。一曰象数，究恒星天文，测量制造者也。一曰形性，分为四项，声光气电水热力重诸事，隶于物性；金银木炭鸟兽血肉诸事，隶于物理；质点凝动变化分合诸事，隶于化学；药性病状人体骨架诸事，隶于医学，至于史传地志，户口风俗，足以见世故之得失，政教之成败者，另归纪事一门，条分缕析，包举靡遗，特科六事，尽在于斯，夫岂见囿一端，学拘一得也哉。"[1]

格致包罗了世间的万事万物，不仅是富国强兵之本，也是日常生活之基，探究真理、制定律法、天文数学、物理化学、生物医学、历史地理都是应有之义，不仅包括自然科学与社会科学，还有人文科学。《格致新报》与《益闻报》合并而成的《格致益闻汇报》将格致与西学等量齐观，认为西学分为天人两类。"天学者，超乎物性之理，渊妙不能穷，终身读之而不竟"，"人学者，人力能致之学，种类纷繁，难于悉举"，"揭其要则有格物学焉，论性理之原委；有天文学焉，考天象之运行；有气候学焉，察大气之变更；有地理焉，记万国之形势；有地学焉，探土壤之蕴积；有形性学焉，究形物之功用；有化学焉，验物体之变化；有艺学焉，讲制造之精巧。外此则有算学以计数，测学以探数，量学以推巨体之形，博物学以审飞潜动植之性，医学以治病，律学以施政，兵学以行军，文学以讲词章，史学以专掌故……若夫矿学归地学，光电声磁热气水等学皆归形性学；农与商，西国从无专学，乃近今维新之徒，以光电等各列一学，而加以农学、商学名目，强作解人，图眩俗目，亦不思之甚矣！"[2]

同时除了强调"格致"的实用功能，也开始注意到其穷理的功能。光绪二十二年（1896年），严复在《天演论》中说："西国近二百年学术之盛，远迈前古，其所得于格致而著为精理公例者，在在见极。"光绪二十六年（1900年），他在《原富》按语中说："格致之事，一公例既立，必无往而不融涣消释。"把"格致"与"公例"连用。梁启超也论述了"穷理"与"格致"的关系。

正是在格致含义的变化过程中，"科学"一词开始出现，并在与"格致"

[1] 郭正昭：《社会达尔文主义与晚清学会运动（1895—1911）——近代科学思潮社会冲击研究之一》，《"中央研究院"近代史研究所集刊》第3期下册，1972年12月，第557-625页。
[2] 郭正昭：《社会达尔文主义与晚清学会运动（1895—1911）——近代科学思潮社会冲击研究之一》，《"中央研究院"近代史研究所集刊》第3期下册，1972年12月，第557-625页。

共存一段时间以后最终取代"格致"。据樊洪业考证，康有为在《日本书目志》第一册卷二"理学门"下列有《科学入门》《科学原理》这样两本书，梁启超在光绪二十三年（1897年）十一月十五日《时务报》上曾以《读〈日本书目志〉后》介绍乃师这本著作。因此，康有为是中国从日本引用"科学"第一人，而且也是最早使用"科学"的人。康有为光绪二十四年（1898年）六月进呈光绪皇帝的《请废八股试帖楷法试士改用策论折》中三处用了"科学"："夫以总角至壮至老，实为最有用之年华，最可用之精力，假以从事科学，讲究政艺，则三百万之人才，足以当荷兰、瑞典、丹麦、瑞士之民数矣。""从此内讲中国文学，以研经义、国闻、掌故、名物，则为有用之才；外求各国科学，以研工艺、物理、政教、法律，则为通方之学。""宏开校舍，教以科学，俟学校尽开，徐废科举。"[1]第一处，与政艺相对，似乎指科学技术；第二、第三处，与传统学问或科举相对，似指西学（包括自然科学、工程技术和社会科学）。

严复也是较早使用"科学"这一词语的启蒙思想家。光绪二十年至二十二年（1894—1896年）翻译、光绪二十四年（1898年）出版的《天演论》使用的都是"格致"，相当于"自然哲学"（Nature Philosophy）。光绪二十三年（1897年）开始翻译、光绪二十七年至二十八年（1901—1902年）出版的《原富》中"格致""科学"并用，"格致"指物理或物理化学；而《天演论》中的"格致"概念被"科学"取代，指包括自然科学和社会科学在内的理论科学。如"科学中一新理之出，其有裨益于民生日用者无穷"；"科学中所立名义大抵出于二文（希腊文和拉丁文），若动植之学、化学、生学、人身体用和医学等所用尤夥"。基于这样的认识，针对"中学为体、西学为用"和"西政为本、西艺为末"的论调，他在光绪二十八年（1902年）《与〈外交报〉主人论教育书》说："其曰政本而艺末者，愈所谓颠倒错乱者矣。且所谓艺者，非指科学乎？名、数、力、质，四者皆科学也。其通理公例，经纬万端，而西政之善者，即本斯而立。……中国之政，所以日形其绌，不足争存者，亦坐不本科学，而与通理公例违行故耳。是故以科学为艺，则西艺实西政之本。设谓艺非科学，则政艺二者，乃并出于科学，若左右手然，未闻之相为本末也。"[2]

自严复以后，"科学"迅速在知识界普及，与"格致"处于并用时代。但

---

[1] 康有为：《戊戌奏稿》，清宣统三年（1911年）铅印本，第4-8页。

[2] 刘梦溪主编：《中国现代学术经典·严复卷》，河北教育出版社，1996年，第622-623页。

格致的内容已经发生了相当程度的变化，如梁启超光绪二十八年（1902 年）发表《格致学沿革考略》，对格致学范围有所申论："学问之种类极繁，要可分为二端。……其二，形而下学，即质学、化学、天文学、地质学、全体学、动物学、植物学等是也。吾因近人通行名义，举凡属于形而下学者皆谓之格致。"[1]清廷颁布的新学制中，以"格致科"区别于社会科学与工程技术，下设算学、物理学、星学（天文学）、化学、动植物学、地质学 6 门，等同于自然科学。[2]据研究，"科学"取代"格致"以光绪三十一年（1905 年）为分界线，此前两个词使用的频率相差无几，此后"科学"迅速取代"格致"，进入民国以后"格致"基本消失。

当然，"科学"一词的内涵在晚清也有演化。光绪二十八年（1902 年）制定的《震旦学院章程》中，规定震旦学院分文学和质学两科，并注明质学为Science，日本名为"科学"。可见，在这里，科学名为质学，按规定质学课程有物理学（Nature Philosophy，自然哲学）、化学（Chemistry）、象数学（Mathematics，数学）。[3]《科学世界》能分别即物穷理之学理与应用之术，批评只重视应用之术的社会潮流，指出学理即科学是应用的基础与本源："世之论者，多主张应用之术，为社会所必不可少，而蔑视纯正学理为无足轻重，殆所谓知其一而不知其二者乎。夫学理本源也，应用末流也，二者不过比较上对待之名词耳。今日之学理，即明日之应用。今日涸其源泉，而求流水之涓涓，岂可得耶？试观彼诸先哲，在生物学上研究所争论，断断而不已者，其起源莫不由学理之争执，而其结果也，庸讵知为农工商三者所必要之学科乎？"[4]

光绪三十二年（1906 年）创刊的《理学杂志》以"理学"概括"科学"，"理者，人物之枢，万汇之主，宇宙之真宰也。人得其理而生存世界，驱遣万物，使万物悉为我利用不敢抗，人亦不敢物我而人我，或且神我，此理之果也"。被指认为"科学万能论"东方版，开中国唯科学主义之滥觞。[5]光绪三十三年（1907年）创刊的《科学一斑》发刊词则以社会达尔文主义的眼光检讨中国衰败的原

---

[1] 中国之新民：《格致学沿革考略》，《新民丛报》，1902 年第 10 号。

[2] 这里关于"科学"的早期运用与"格致"在晚清的演化，主要参考了前揭樊洪业的《从"格致"到"科学"》。

[3]《震旦学院章程》，复旦大学校史编写组编：《复旦大学志》（第 1 卷），复旦大学出版社，1995 年，第 36-38 页。

[4] 王本祥：《论动物学之效用》，《辛亥革命时期期刊介绍》（第 1 集），人民出版社，1983 年，第 297 页。

[5] 郭正昭：《社会达尔文主义与晚清学会运动（1895—1911）——近代科学思潮社会冲击研究之一》，《"中央研究院"近代史研究所集刊》第 3 期下册，1972 年 12 月，第 613 页。

因，说："二十世纪之中国，颓然自一等国之地位而坠落于四等国之地位矣。……学术之衰落，乃使我国势堕落之大原因也。……我国劣败之点，正坐文学盛而科学衰耳。……盖科学者，文明发生之原动力也……"刊物设置有数学、理科（包括物理、化学、生物、生理等学科）、博物等门类，还有诸如教育、历史、地理、图画、音乐、小说等栏目。可见，数学已单独分列，理科概念与今天亦相差无几。[1]

不过，直到民国初年，基本上还是将科学等同于技术，这是承续自强运动思想的结果："吾国学界之轻视天然科学久矣，意谓各国之强，强于器械工艺尔。苟能学其器械工艺者，则富强可立至。"[2]

真正对科学概念、科学方法、科学精神进行全方位解说，并对国人形成比较完整而正确的科学观念产生巨大影响的是民国初年的中国科学社。与此前对科学的传播相比，中国科学社的成员们认为全面地理解科学应包括五个方面：第一，科学不仅仅是物质的、功利的，更是学问，是认识理解自然、有系统的知识。第二，科学有独特的方法，即演绎法和归纳法，以及实验。第三，科学具有独特的以求真为鹄的的"理性精神"。第四，科学能扩展物质生活，更能提升精神境界，完善人格。第五，要完整地理解科学必须将科学与社会联系起来，特别是科学的体制化。

在科学救国思潮的影响下，一批批青年才俊迈入真正的科学殿堂，全面阐述科学概念、科学方法、科学精神、科学与社会的关系，使国人对科学有了系统、准确的理解，开始将科学的本土化同体制化结合起来，为科学事业在民国时期的进一步开展奠定了基础。

三、早期工业化阶段的人与自然

面对近代工业化的西方，晚清时期的中国开始从农业时代的自然节律走向机械时代的人为节律。在"科学"思想的影响下，在内忧外患的强烈刺激下，在西方科学技术的推动下，一批在传统中国并不存在的行业涌现出来，原有的手工业缓慢地转变为近代工业。铁路、电报等快捷、高效的交通交流方式提高

---

[1] 卫石：《科学一斑发刊词》，《广益丛报·中编　学问门：理科》1907年第24期，第1页。
[2] 钱崇澍：《评博物学杂志》，《科学》（第1卷）1915年第5期。

了人们利用自然资源的能力，煤炭开采技术、钢铁冶炼技术的变革为近代工业的发展提供了条件，水泥的发展成为大规模工程建设的支撑，纺织、造纸等行业工艺的进步大大提高了生产效率，创造了更为丰富的物质产品……此后，对中国生态环境产生影响或改变的最重要的形式由农业逐步向工业转变，人们对资源的利用、大地景观的改变、污染物的排放等都进入了一个新的时期。

1. 以铁路为主干的交通变革

晚清时代交通方式上的新变化，铁路的引入、建设和影响最为突出。铁路是近代工业革命最伟大的创举之一。1830年（道光十年）利物浦—曼彻斯特铁路开通，标志着铁路时代的来临。铁路成为连接世界的工具，深刻地促进了工业革命以来的现代化进程。铁路使得商品、人力在城市之间高效流通，加速了资本运转，又可谓大国崛起的利器。[1]

有关铁路信息和知识开始传入中国，大约是在道光二十年（1840年）鸦片战争前后。当时中国的爱国有识之士，如林则徐、魏源、徐继畬等人先后著书立说，介绍铁路知识。

光绪二年（1876年），为了改善上海至附近吴淞港码头之间的运输条件，上海英商怡和洋行修建了中国第一条铁路。但这条16千米长的路线在当时引起了巨大争议。政府方面强烈抵制，担心铁路会使众多拖车拉船的役夫和苦力们失业，加剧社会的动荡，也担心如此挥霍燃煤会导致煤田枯竭。此外，鸦片战争以来帝国主义的军事威胁始终存在，在这样的大背景下，吴淞铁路的建设从来没有得到政府的正式批准。通车仅一年后，两江总督沈葆桢即勒令关停铁路，并将相关设备运往台湾。中国土地上的第一条铁路就这样荒废在台湾的海港岸边。

为了解决开平煤矿的煤炭运输问题，清政府决定在唐山至胥各庄之间修建一段由骡马拉行的铁路。英国人金达受聘负责项目建设和"中国火箭"号（中国首列火车）的调试工作。光绪七年（1881年），全长10千米的标准轨距铁路建成通车。然而，铁路革命的序幕并未就此拉开，清政府并没有意识到铁路已经成为全世界都在推进的革命性交通方式。

---

[1] ［英］克里斯蒂安·沃尔玛尔：《钢铁之路：技术、资本、战略的200年铁路史》前言，中信出版社，2017年。

光绪十年至十一年（1884—1885 年），在与法国的战争中，中国虽胜犹败，使清政府意识到工业化的重要性，而铁路又是工业化进程的催化剂。于是，唐胥铁路又往北京方向延伸了 32 千米。然而，紫禁城里突发的一场大火被清政府认作是对修铁路的天谴，更多的筑路计划就此搁浅。

光绪二十年（1894 年）中日甲午战争时期，中国铁路总长度仅为 500 千米，而同期美国的铁路已达 28 万千米。甲午之惨败终于激发了中国改革的决心和热情，兴起筑路热潮。首都北京成为铁道网络的枢纽，工矿地区则修建了许多运煤线路。

光绪二十六年（1900 年）庚子之役以后，八国联军吞噬和瓜分了一万多千米的中国路权，这是帝国主义掠夺中国路权的第一次高潮。随后，他们按照各自的需要，分别设计和修建了一批铁路，标准不一，装备杂乱，造成了中国铁路的混乱和落后局面。

京张铁路，自北京丰台经居庸关、沙城、宣化至河北张家口，全长约 201.2 千米，于宣统元年（1909 年）建成，是中国首条不使用外国资金及人员，由中国人自行完成，投入营运的铁路（京张铁路建成之前中国曾有新城至高碑店之新易铁路，亦由詹天佑建成，但只供慈禧太后祭祖使用）。詹天佑是建设铁路的总工程师，后兼任京张铁路局总办。

宣统三年（1911 年）爆发的辛亥革命推翻了清政府的统治，建立了民主共和国，彼时中国境内已建成铁路 9 500 余千米，较之以往有了质的飞跃。对于一个人口大国来说，这个数字依然处于较低水平。其中西方列强直接修建经营的约占 41%；列强通过贷款控制的约占 39%；国有铁路，包括中国自力更生修建的京张铁路和商办铁路及赎回的京汉、广三等铁路仅占 20%左右。[1]

从光绪二年（1876 年）7 月英商自行修建的吴淞铁路开始部分通车公开营业到宣统三年（1911 年）清朝结束，清政府共计修建铁路 9 100 千米。其中，东三省约为 3 400 千米，几乎占了全国铁路里程的 30%。主要有中东铁路、南满铁路和京奉铁路三条干线以及吉长路、新奉路、安奉路和齐昂线几条支线。几条干支线的完成，初步构成了整个东北地区的铁路骨架。清末东三省地区铁路修筑较多，主要是东北地区战略位置重要，沙俄、日本纷纷在此扩张势力，

[1] Percy Horace Kent, Railway Enterprise in China: an Account of Its Origin and Development, Edward Arnold, 1908. 该书有中译本，［英］肯特著，李抱宏译：《中国铁路发展史》，生活·读书·新知三联书店，1958 年。

加紧侵略。清政府面对沙俄、日本的侵略，也积极改变对东北地区实施封禁、限制汉人移民进入的政策，而改为对东三省实行开放政策，鼓励移民垦殖，积极兴修铁路。

华北地区以北京为中心的京奉、京汉、津浦、京张4条干线以及与这些干线相连的正太、沛洛、胶济、道清4条支线初步构成了一个华北铁路网。华北地区铁路的发展，最主要的就是清政府的政治中心北京，4条干线都是以北京为中心而修建的。铁路的修建便利了北京与关外、西北和南方的联系，有利于控制，京汉路、京张路和京奉路都主要是为了政治上的利益而修筑。同时在经济方面，北方河流少，急需发展铁路改善交通，津浦路的修筑一开始目的就是为了发挥和大运河同样的经济作用。加之北方矿产资源丰富，自强运动已有一批近代化开采的煤矿，也为铁路的发展提供了大宗货源。

整个长江以南地区修筑的铁路里程都较少，在华东地区主要是以上海为中心修建的淞沪、沪宁、沪杭两几条铁路。上海经济的发达使得铁路的修筑可以带来极大的利润。同时上海开放最早，西方列强都纷纷在此扩张势力，以图加强控制，另外修筑的铁路还有宁省、南得、漳厦。在中南只有广九、潮汕、漳厦、粤汉、株萍、滇越等短线，这些铁路的修筑或者是列强攫取权益而直接修建的，如滇越铁路，或者是商办铁路，如潮汕铁路、漳厦铁路、南得铁路、粤汉铁路。这些铁路的修筑大部分因为是商办铁路，多半缺少规划，在资金、技术方面都存在制约，因此修筑的铁路里程大部分都较短，只是零星、点状似的分布在经济较发达地区，相互之间没有联系，而没有像北方一样，形成铁路网络。[1]

交通方式变革的同时，交流方式也发生了变化，传统的驿递系统转型为近代的邮政电信系统。人类社会的出现和发展，离不开人类所独有的信息交流体系。

近代邮政一般具有三个主要特点：一是政府专营；二是向公众普遍开放；三是实行邮资制度。近代邮政是相对于古代邮政而言的，它们最主要的区别是：古代邮政为官方服务，而近代邮政既为官方服务，又为公众服务。[2]

晚清的邮政始于各国开办的"客邮"。在19世纪后半期，英、法、美、日、德、俄等国先后在中国沿海口岸及一些大中城市设立邮局，开办邮政业务。当

[1] 朱树森：《近代中国铁路的修筑及其地理分部》，硕士学位论文，福建师范大学，2009年，第23-24页。
[2] 此处关于晚清通信的内容，参见朱维清：《中国通信小史》，学习出版社，2011年。

时，从这些国家派遣来中国的机关代理人被称为"客卿"，因此，这样的邮政机构就按习惯称为"客邮"。例如，日本在光绪二年（1876 年）四月十五日，首先在上海设置邮政局，它发售的邮票，在原日本邮票的下部，分别用红黑两色加印隶书"支那"两字。这种邮票，人们称它是"客邮邮票"。

最早的"客邮"可以追溯到鸦片贸易进入中国时。一开始，英国商人在运输鸦片的趸船上挂起信箱，以供来中国做买卖的英商通信之用。到了道光十四年（1834 年），英国商务监督律劳卑（Lord Napier）在其广州城外驻所开创英国邮局，直属伦敦的英国邮政总局，为鸦片贸易的快艇传递信息，这是最早在中国出现的"客邮"。鸦片战争后，各国对邮件信息的争夺日趋激烈。为此，道光二十二年（1842 年）四月十五日，英国在香港的行政官、驻华商务总监及英方全权代表璞鼎查就以"香港英国总督"名义发出通告：开办"香港英国邮局"。《南京条约》签订后，英国便以香港为基地，五口为前哨，在中国领土上任意开办英国邮局，英国政府决定以派驻各通商口岸的英国领事为英国邮局代理人，设立"领事邮政代办所"由伦敦英国邮政总局直接领导。英国之所以把邮局设在领事馆内，是因为国际惯例规定外交文书可由专差递送。清政府对此毫无异议，而且在后来的《天津条约》中允许各国的外交文书"由沿海无论何处皆可送交"。此后，法、美、日、德、俄等国竞相借口"利益均沾"先后于咸丰十一年（1861 年）、同治六年（1867 年）、光绪二年（1876 年）、光绪十二年（1886 年）、光绪二十三年（1897 年），在上海设立了自己的邮局。

据不完全统计，到 1918 年第一次世界大战末期，这类"客邮局"、野战邮局、代办所共达 344 处，其中以日本和俄国的数量最多，分别是 140 处和 119 处。它们不仅设在中国沿海沿江通商口岸，还推进到内地及边疆如新疆、西藏、云南、黑龙江等地。

这些"客邮"局不仅收寄国际邮件，而且还收寄中国国内互寄邮件，并在收寄的邮件上贴用外国邮票，盖用他们本国文字所写的中国地名邮戳，按照他们的"国内邮资"收寄国际邮件在中国的领土上行使各国本国的邮政章程。"客邮"的入侵及泛滥，排挤和压制了中国原有的邮政，并从事毒品贩卖和贵重物资走私等活动，渐渐遭到我国人民的强烈反对。

中国人正式开办的近代邮政，始于光绪四年（1878 年）。当年三月九日，大清王朝在英国人罗伯特·赫德（Robert Hard，曾担任晚清海关总税务司整整半个世纪）的劝说下，决定由海关在天津、上海、北京、烟台、牛庄（实为营口）等 5 个通商口岸试办邮政，中国近代第一批邮局也就在这 5 个口岸孕育而生。

第二次鸦片战争后，天津成了北方自强运动的中心，天津也因此成为中国近代邮政的发源地。光绪六年（1880 年）一月十一日，海关书信馆改名为海关拨驷达（即英语 Post 的音译，意为"邮政"）局。不久，海关拨驷达局因业务的扩大，迁到了法国租界紫竹林一座欧式的楼房里（今天津解放北路与营口道交口处）。光绪二十二年（1896 年）三月二十日，光绪皇帝批准在全国推广海关邮政，并成立大清邮政官局。随后，天津海关拨驷达局于光绪二十三年（1897 年）二月二日改名为天津大清邮政局，简称"大清邮政津局"，设在拨驷达局原址，即法国租界紫竹林，仍由天津海关税务司负责管理。大清邮政津局成立后，开始厘定邮政制度，开辟陆上骑差邮路，组建海上邮路，并发行了中国第一套邮票——大龙邮票，为中国近代邮政做出了重要贡献。

上海最初办理邮政事务的是江海关邮务处，海关于光绪四年（1878 年）试办邮政后，将原来的邮务处扩建为对外经营的江海关书信馆，设在外滩海关大院内，专门收外文信件，投递则委托工部局书信馆代办；同时筹建民间代理机构——华洋书信馆，专门收寄、投递中文信件。上海华洋书信馆于光绪四年（1878 年）六月二十五日成立，设在汉口路福德里内。光绪五年（1879 年）十一月三十日，江海关书信馆改称江海关拨驷达局（Customs Post Office）。光绪十八年（1892 年）八月，总税务司赫德下令割断江海关拨驷达局与华洋书信馆的联系，该馆遂于九月停业，其业务由江海关拨驷达局全部接办。光绪二十三年（1897 年）正月初一，江海关拨驷达局改组成上海大清邮政局，设在江海关大楼后院拨驷达局原址，由江海关税务司雷乐石（Ls . Rocher）兼任邮政司。同年十月初六，上海大清邮政局接管公共租界工部局书信馆，收寄和投递全部中外公众邮件。光绪二十五年（1899 年）正月初六，上海邮政局更名为上海邮政总局。光绪三十三年（1907 年）九月二十九日，上海邮政总局租赁北京路 9 号怡和洋行建造的大厦，自海关后院迁入新址，宣统三年（1911 年）六月更名为上海邮政局。

北京海关，光绪四年（1878 年）以"华洋书信馆"作为邮务代理机构，专门经营中文信件，后改为"拨驷达局"，地址设在总税务司总署。光绪二十三年（1897 年）二月二十日，北京拨驷达局改称北京邮政官局，受管辖全国邮政事务的海关总署领导，局址设在东交民巷台基厂海关附近的一座庙内。光绪三十一年（1905 年），因业务量猛增，原有场所不敷使用，于是搬到小报房胡同办公。鉴于北京邮政事务发展迅速，总局于宣统元年（1909 年）再次动迁，前往东长安街中间路北办公。北京邮政脱离海关后，邮界总局迁至天津，北京邮政总局便于宣统三年（1911 年）六月改称北京邮政局。

清朝的邮政服务系统仿自欧洲模式，由邮政总监赫德爵士领导。服务分为两个等级，政府公文和急件为第一级，普通旅客的行李、信件和军队需要转运的战争物资属于第二级。这第二级邮政服务其实就是人所共知的"普通邮政服务"。由于驿站、驿道的四通八达，第二级服务遍布当时全国各地，总部机关设在北京，但凡有城墙的市镇都会设有一个分局，凡用于邮政的房屋都归政府所有。每个分局里的邮差必须从其站点转寄或技递邮品到离他们最近的站点，两个站点之间的平均距离不超过 100 里，约相当于 50 千米的路程。每个站点都有人负责登记收到和转寄出的所有信件。其业务包括寄送信件、征收信资、汇寄银钞、寄送包裹、专款。

光绪三十二年（1906 年）十一月六日，清政府批准成立邮传部，它是清代国家机关中统辖铁路、轮船、电政、邮政的机构。从此，清代邮政有了专门管理单位。邮传部的设立被认为是清朝加强中央集权的举措，以推动交通发展为目的，跟从前各个朝代一样，其最终目的，当然也是为了维护本朝统治的需要，使信息传递更加高效。

在邮传部成立之前，交通行政没有专门机构管理：船政招商局隶属北洋大臣；内地商船隶属工部；邮政隶属总税务司；铁路、电政另派大臣主管。设部后，一切并入，设置尚书（后期改称大臣、正首领）及左右侍郎（后期改称副大臣）为主管，分设船政、路政、电政、邮政、庶务 5 司，各有郎中、员外郎、主事等官。所辖有邮政总局、电政总快速及各省分局、电话局、交通银行（包括北京总行及上海、汉口、广州分行）、铁路总局及京汉、京奉、京张、沪宁、吉长、广长、正太等各路局。宣统元年（1909 年），省庶务司，增承政、参议 2 厅。宣统三年（1911 年），改尚书为大臣，侍郎为副大臣。辛亥革命后，北洋政府改为交通部。

驿传制度是我国古代交通的重要组成部分和重要的通信手段，是在政府的掌管下，利用固有道路或开辟专门要道并设置馆舍、驿站、人员、车马，并以法律的形式加以规定，使信息传递更为高效，政令上下通达。随着国门的打开、新的交通工具和信息技术的传入，驿传驿站制度，到了晚清维新运动时成了被裁撤的对象。由于邮驿体系极为庞大，盘根错节，牵一发而动全身，弄不好会危及王朝的统治，裁撤经历了从"先置邮，后裁驿"到"驿站由渐裁撤，邮局由渐加增"的重要变化，分如下若干阶段进行：①同治五年至光绪三年（1866—1877年），海关兼办邮递时期，利用邮驿完成"邮递公文"任务。②光绪四年至二十四年（1878—1898年），前期海关试办邮政时，由海关总税务司赫德主持，先在北京及五口岸试办近代邮政，自辟邮路，自设骑差班，自设海关邮务处，完全不触动驿传体系。后来建立国家邮政头几年，也是渐次扩大"置邮"范围和规模，没有借助或裁撤驿站。③光绪二十四年（1898年）十一月，赫德正式提出了"裁驿"的试办期"惟鄙意莫若未裁之先，即照以上所拟将国家一切公文正本由邮政局来往寄送，试办一年，此一年内仍将一切公文副本交驿站照旧寄送，以防遗失之虞。候一年后，若见邮局之法既妥且建，彼时再定裁留驿站之法，亦不为迟"。后来，因"近年国内顿起风波，民心不靖，大约于邮政一节，仍系迹近生疏"，"裁驿"一事又搁在一边，但在全国各地扩大"置邮"却一直进行着。④延至光绪三十年（1904年）三月十五日，当时的邮政总办帛黎（法国人）向外务部提出"裁驿"的可行性计划。至宣统三年（1911年）七月一日，驿站和文报局归邮传部管理。民国成立后，北洋政府接管邮传部，改称交通部。1912年5月30日交通总长施肇基下令，将原由北京捷报处改组的邮报处撤销，并发出通告，规定自6月1日起各衙署公文均交北京邮政总局寄递，驿站随即全部裁撤。1912年11月15日，邮政总办发布322号通告，颁布《裁驿归邮暂行章程》，使"裁驿"以后的官书公文的寄递完全实现邮政寄递。至此，在中国历史上服务了众多朝代的驿递系统完全退出了舞台，让位于近代邮政系统。

　　与此同时，电报电话无线电的出现，使得信息传输的速度大大加快，缩短了信息的时空跨度。所谓电报，就是用电信号传递文字信息。作为通信业务的一种，电报是最早使用电进行通信的方法，它利用电流（有线）或电磁波（无线）作为载体，通过编码和相应的电处理技术实现人类远距离传输与交换信息。

　　随着八国联军进入中国，跟要求信件传递而开办各种"客邮"一样，由于中国商机纵横，来自电报密布的欧洲大陆的洋商人们对更快捷的电报业务充满渴望。当时远东的电报事业刚刚起步，只有新加坡—长崎、新加坡—香港两路电报，他们想跟欧洲大陆联系的话，要么还是走传统的邮船，要么就托人把消息捎去香港或者日本，再转发国内，既贵又麻烦。

当时，清政府对电报这玩意毫无兴趣，明令禁止外国将通信电缆引入中国，其理由现在看来稀奇古怪。有人曾上奏折说："铜线之害不可枚举，臣仅就其最大者言之。夫华洋风俗不同，天为之也也。洋人知有天主、耶稣，不知有祖先，故凡入其教者，必先自毁其家木主。中国视死如生，千万年未之有改，而体魄所藏为尤重。电线之设，深入海底，横冲直贯，四通八达，地脉既绝，风侵水灌，势所不必至，为子孙者心何以安……籍使中国之民肯不顾祖宗丘基，听其设立铜线，尚安望遵君亲上乎？"[1]朝廷的态度是这样，更有离谱的民间谣言说，架设电报线路的电杆一根一根地戳在地上，专门吸地气和死人魂魄，然后顺着线传到英吉利、法兰西之类的地方去，供洋人吸食。洋人之食地气，如我民之吸鸦片，是上瘾的。

尽管清政府明示不准外国将通信电缆引入中国，英国、俄罗斯、丹麦还是在同治十年（1871年）私自敷设了香港至上海、长崎至上海全长2 237海里[2]的水线。同时，由丹麦大北电报公司出面，从海上将海缆引出，沿扬子江、黄浦江敷设到上海市内登陆，并在南京路12号设立报房。同治十年（1871年）六月三日开始通报，成为在上海租界设立的最早的电报局。尽管这项新技术是由洋人最先违反清政府的规定引入我国的，但无论如何，电报这种前所未有的快捷的信息传递方式在中国开始走入公众的视野。光绪八年（1882年），顺天乡试发榜，《申报》记者以快马将两江地区（江苏、江西、安徽）的名单送到天津，再用电报传到上海，次日见报，江南士子仅隔24小时就获知考试的结果。这在驿传时代，即便快马加鞭，考试结果也要很多天之后才能由京师传到江南。

同治十二年（1873年），法国驻华人员威基杰（S. A. Viguer）参照《康熙字典》的部首排列方法，挑选了常用汉字6 800多个，以"四码法"编成了第一部汉字电码本，名为《电报新书》。后由我国的郑观应把这本书改编了一下，增加了更多汉字，使之更适用于中文，改名叫《中国电报新编》，这是中国最早

[1] 中国史学会主编：《洋务运动》（六），上海人民出版社，1961年，第330-331页。
[2] 1海里等于1.852千米。

的汉字电码本，并从此成为中国电报长期以来一直采用的"郑码"系统。

清政府方面，有不少洋务派的官员以及外交官员对西方新式发明很敏感，他们在电报发明之初，就意识到其重要性，并且随后把电报的种种好处也都看在眼里。洋务派著名人士郑观应于光绪元年（1875 年）在他所著的《易言》中写道"电报利国利民，为当务之急。"船政大臣沈葆桢奏请设置福州到台湾的电报线，他在给同治皇帝的奏折中说"欲消息常通，断不可无电报。"

光绪元年（1875 年），福建巡抚丁日昌积极倡导创办电报。他一到任，就从海外礼聘了专业技师，在福建船政学堂附设电报学堂，培训相关电报技术人员。这是中国第一所培养电报专门人才的学堂，虽然只是个非正式的训练班，但影响很大。

两年后，丁日昌又利用去台湾视事的机会向朝廷提上设立台湾电报局的奏折，拟定了修建电报线路的方案，并派电报学堂学生苏汝灼、陈平国等主持设计，由武官沈国先负责施工，自光绪三年（1877 年）七月初十正式开始建设，到九月初五完工。一共设立了两条电线，一路是从台南府城出去，到安平镇海口；一路从台南府城到旗后（也就是今天的高雄），全长 40 多千米，共设了 3 个电报局，分别位于台南府城内右营埔、安平镇鲤身和旗后。这是中国第一条自行设计、施工并掌管的电报线，建成的地点不在大陆，却在台湾，不能不说是一件奇妙的事情。唯一可惜的是，受制于顽固派的阻力和财力的限制，当时尚不能把台湾与大陆以电报相连，丁日昌对此颇为遗憾。他的遗憾一直到 10 年以后的光绪十三年（1887 年）才被台湾巡抚实现：在刘铭传的筹划下，花费重金敷设了福州川石岛直通台湾淡水的电报水线——闽台海缆，全长达 433 里，当年竣工，使台湾与大陆联通起来，对台湾的开发起了重要作用。这是中国自主建设的第一条海底电缆，从此台湾与大陆联系日益紧密起来。

为了说服顽固派和获取建设电报线的经验，洋务派首领李鸿章于光绪三年（1877 年）六月十五日自行建成从上海行辕（旧时高级官吏行馆或办事处所）到江南机器制造局的我国第一条专用电报线，通过这里发出的第一份电报内容为"行辕正午一刻"，同年六月二十七日建成从天津督辕街门至天津机器制造局的电报专线。

光绪五年（1879 年），沙皇俄国乘机强占我国伊犁，并派军舰窜入我国领海，中俄边境局势紧张，对外交涉上消息迟缓的难题迫切需要解决。当时，办理中俄外交事务的大臣曾纪泽竭力主张修建北京至上海的电报线，以李鸿章为首的一批大臣乘势上书陈言电报之利，奏请设立津沪电报，以沟通南北联系。慈禧太后在两天后恩准了申请。之后，李鸿章多次与在我国开设电报局的丹麦大北电报公司交涉，由中国出钱，委托其修建大沽（炮台）、北塘（炮台）至天津以及从天津兵工厂至李鸿章衙门的电报线路。这是中国大陆上自主建设的第一条军用电报线路。光绪六年（1880 年）十月电报总局在天津成立，派盛宣怀为总办，配备使用的是莫尔斯电报机，并在天津设立电报学堂，聘请丹麦人博尔森和克利钦生为教师，委托大北电报公司向国外订购电信器材，为建设津沪电报线路做准备。天津电报局的成立标志着中国近代电信业的诞生。

光绪七年（1881 年），上海电报局成立，郑观应为总办，地址在二洋泾桥北堍（今延安东路和四川路口北侧）。当年十二月，津沪电报线路从上海、天津两端同时开工，至十二月二十四日竣工，全长 3 075 里。南京路外滩竖立起的第一根电线杆跟津沪线连通，十二月二十八日正式开放营业，收发公私电报，全线在紫竹林、大沽口、清江浦、济宁、镇江、苏州、上海 7 处设立了电报分局，成为我国自主建设的第一条长途公众电报线路。

除了以上通过电缆线的电报通信，早在光绪二十五年（1899 年），广州就开始使用无线电通信，在广州督署、马口、前山、威远等要塞以及广海、宝壁、龙骧、江大、江巩等江防军舰上设立无线电机。光绪三十一年（1905 年）七月，北洋大臣袁世凯在天津开办了无线电训练班，聘请意大利人葛拉斯为教师，并委托葛拉斯代购马可尼猝灭火花式无线电机，在南苑、保定、天津等处行营及部分军舰上装用，用无线电进行相互联系。

中国民用无线电通信始于光绪三十二年（1906 年），开始只是在琼州和徐闻（属湛江市）两地开通民用无线电通信。光绪三十四年（1908 年），英商在上海英租界的汇中旅馆私设了一部无线电台，与海上船舶通报。后由清政府收买，移装到上海电报总局内，这是上海地区最早的无线电台。宣统三年（1911 年），德商西门子德律风公司向清政府申请在北京、南京进行远距离无线电通信试验，电台分设在北京东便门和南京狮子山，通报试验结果良好。辛亥革命时，南北有线通信阻断，通信就靠这两地的试验电台沟通。

电话方面，光绪八年（1882 年）二月二十一日，丹高大北电报公司在上海外滩设立了电话交换所。当时有用户 20 多家，每个话机年租金为银圆 150 元。从此以后，电话由达官贵人的奢侈品到大众手里的实用工具，经历了一个不短的过程。无论是自行制造通信设备还是电话业务的运营，国人在这条路上越走越有信心。

光绪十五年（1889 年），在安徽主管安庆电报业务的彭名保设计制造了我国第一部电话机，名为"传声器"，通话距离可达 300 里。光绪二十六年（1900 年），南京首先自行开办了磁石式电话局，上海、南京电报局开办市内电话，当时只有 16 部电话；以后苏州、武汉、广州、北京、天津、上海、太原、沈阳等城市，在光绪二十六年到三十二年（1900—1906 年）也先后自行开办了市内电话局，使用的都是磁石式电话交换机。

光绪二十七年（1901 年），丹麦人濮尔生趁八国联军进入中国之机，在天津私设电话所，称为"电铃公司"。光绪二十七年（1901 年），该公司将电话线从天津伸展到北京，在北京城内私设电话，发展市内用户不到百户，都是使馆、街署等，并开通了北京和天津之间的长途电话。光绪三十年至三十一年（1904—1905 年），俄国在烟台至牛庄架设了无线电台。光绪三十三年（1907 年），北京市内电话改为共电式（由电话交换局集中供给信号和通话电源），月租费墙机由 4 元改为 5 元，桌机由 5 元改为 6 元，通话质量改善，用户已发展到 2 000 户以上。同年五月十五日，英商上海华洋德律风公司的万门共电式交换设备投入使用。自此，中国古老的邮驿制度和民间通信被先进的邮政和电信逐步取代。

2. 煤炭开采

如前所述，铁路的兴建，很大程度上是出于开采煤炭的需要。蒸汽机需要煤炭，而煤炭的开采运输需要铁路。就这样，地下煤炭的开采和利用和地上的铁路交通系统联系在了一起。

中国对于煤炭的利用，古已有之，一度领先世界。因此，近代遭遇西方的时候，煤炭这种既有之物，同时又是近代工业革命的基本能源，得到了优先的地质勘探和开采。

关于采煤的最早记载，《山海经》有"女床之山，其阳多赤铜，其阴多石涅。"《史记》有"传十余家,至宜阳,为其主入山作炭。"《水经注》则记叙了煤炭的开采、贮存和使用,还翔实生动地记载了平城,即今大同地区的风物地貌和煤炭自燃的景观。

我国古代煤炭开采的技术体系包括八项内容[1]:一是进入煤层的方式,即井田开拓;二是采煤方法;三是煤炭的提升和运输方式;四是矿井通风;五是矿井排水;六是矿井照明;七是矿井管理;八是煤炭加工。这一手工工业时代的采煤技术,随着晚清新式煤矿的建立,逐渐采用了近代西方的采煤技术。

从19世纪60年代开始,晚清煤炭开采技术经历了50余年较为迅速的发展。这一时期,新式煤矿的采煤技术本身变革很大,有力推进了近代工业、交通运输和社会思想的发展[2]。

近代煤炭开采在部分环节实现了半机械化。经过詹姆斯·瓦特的一系列改良,蒸汽机的热效率与可靠性有了极大提高,晚清的近代煤矿将这种蒸汽机引入其中,作为新的开采动力,在一定程度上取代了手工劳动以及简单的风力、水力开采设备。蒸汽机最初出现在煤矿开采中,是为了解决排水问题,但后来蒸汽机却成为支撑整个煤炭开采的动力。煤炭的开采方式由于蒸汽机的使用实现了掘进与回采的分离,煤炭开采产量的增加要求与之相应的煤炭安全生产系统的革新,矿井的排水、通风利用蒸汽动力实现了一定程度的机械化;煤矿的井下运输与提升环节,在很多新式煤矿中,出现了蒸汽动力的小火车、提升机。至于煤炭辅助技术体系当中的勘探、煤炭加工,也因此达到了半机械化水平。采煤、运煤、通风、排水系统都在蒸汽机的带动下按照各自的规律运行。这种以蒸汽为动力的煤炭开采技术体系形成了一定的机械化模式,同时极大地增加了煤炭的产量,在某种程度上保证了晚清工业部门对能源的需求,促进了新的用煤产业的兴起和发展。反过来,新型用煤产业的发展以及原有用煤工业的发展壮大,对煤炭有了更高的需求,从而进一步刺激了煤炭开采技术的发展,为煤炭开采技术和设备的革新提供了物质准备。蒸汽动力在其中起到了不可替代的基础性作用。这种革命性的生产力发展对煤炭工业、其他近代工业部门乃至整个社会经济、思想的影响都是巨大的。

---

[1] 李月:《晚清时期中国煤炭开采技术变革研究(1840—1911)》,硕士学位论文,南京信息工程大学,2015年,第12-13页。

[2] 煤炭开采部分内容参见李月《晚清时期中国煤炭开采技术变革研究(1840—1911)》第五章第一节、第二节,硕士学位论文,南京信息工程大学,2015年,第51-61页。

19 世纪 60 年代开始的自强运动在晚清中国刮起了技术引进革新的东风，特别是八九十年代煤炭开采技术的革新，更是整个近代工业技术革新体系的重要一环，而这种煤炭开采技术本身参与并且推动了技术进步的活动。煤炭是工业发展的重要能源，它为近代中国工业的发展、经济的进步创造了令人瞩目的成就。

煤炭开采技术变革与近代工业采煤技术的变革为自强运动中建立起的近代工业的发展提供了条件，而其影响最直接最深远的领域要数煤炭工业。煤炭开采技术的变革带来的最直接结果即是煤炭产量的增大和质量的提升。如基隆煤矿，在机器开采之前，煤炭开采产量很小，同治三年（1864 年）全台输出的煤炭只有 4 315 吨，日产量只有几十吨。光绪二年（1876 年）以后，基隆煤矿开始引进新式采矿设备，革新开采技术，该矿的日生产能力达到 300 吨，而后由于经营不善，产量只达到 100 万吨，但这较之前手工开采阶段，其产量也是陡增的。开平煤矿在使用机器开采之前，日开采量只有四十几吨，而且有些窿内产出的多半是末煤，其炼焦熔铁的利用率极低，基本是被弃置不用的，而自新式煤矿建立以来，引进西方先进开采机器、技术，煤炭产量每日达 300 吨，并且呈上升趋势。萍乡煤矿自 19 世纪 90 年代建立以来，其掘进、排水、照明还有煤炭加工等方面的机器、设备，甚至开采工程师与工匠在各个新式煤矿之中都是处于领先位置的。在其采用机器开采之前，只有一些小煤窑，产量低下，煤炭燃烧率极低，而煤炭开采技术的革新与应用推动了萍乡煤矿的建立，其"现在窿口除废弃外，尚有七处。每昼夜可出煤一千三百吨。……炼焦洋炉三十六座，每日可炼焦炭六百吨，每煤百分，可得净焦六十五分……"[1] "采煤业兴起的最初阶段里，技术上的革新成为增加产量的重要方式；煤炭工业则在需求的增长和产量的上升这两个积极因素的刺激下逐渐成长并完善。"[2]煤炭开采技术的革新推动了煤炭工业的发展，而煤炭工业的发展，又进一步刺激开采技术的革新完善，使得技术的变革进入一个新的相应的高度。

除了煤炭工业，开采技术的变革对其他近代用煤工业也产生了巨大的影响，二者也存在着相辅相成的内在推动机制。煤炭产量的增加和蒸汽机的应用促进了自强运动时期开展的各种军用工业的发展，使得煤炭的利用范围扩大，

---

[1] 江西省社会科学院历史研究所：《江西近代工矿史资料选编》，江西人民出版社，1989 年，第 443 页。
[2] 吴云霞：《论近代英国采煤技术的发展》，硕士学位论文，陕西师范大学，2011 年，第 63 页。

煤炭的需求量进一步增加，刺激采煤技术的进一步革新；而这些军用工业的发展又为采煤技术、设备的革新提供了物质、经济基础。安庆内军械所于咸丰十一年（1861 年）建立，这是洋务派兴办近代军事企业的开端。起初军械所内生产枪炮弹药的煤炭主要来自洋煤，偶有土窑所产的煤炭，而煤炭开采技术的进步大大提高了煤炭质量，使军械所用煤实现了独立，枪炮质量有所保证。同治四年（1865 年），由丁日昌、韩殿甲于沪开办的两炮局合并，成立为江南制造总局，是自强运动中开办的最具规模的兵工厂。"主要产品有后膛炮、新式大炮、弹药、地雷与水雷，并建造船只，生产机器。从 1867 年（同治六年）到 1885 年（光绪十一年），先后共制造大小轮船 15 艘，生产机器设备 289 台（座）。该局于 1880 年（光绪六年）建炼钢厂，除炼钢外，还压轧钢板、钢轴、钢坯、炮坯等。"[1]生产这些需要大量熔铁，需要高质量的焦炭才能完成，而这些焦炭主要是开平矿务局所生产的。同样，天津制造局、金陵制造局在建立之后的一定时期生产的枪炮、弹药等也是以来自开平煤矿所产的煤炭作为能源支撑的，福州船政局制造轮船所需的煤炭主要来自利用机器开采的基隆煤矿，汉阳铁厂、大冶铁厂熔铁所需的焦炭主要来自萍乡煤矿。

总而言之，煤炭开采技术的革新对煤炭工业以及整个近代工业的发展都有着不可替代的影响，特别是在晚清时期，这项近代工业发展的伊始，日益革新的开采技术为整个工业的发展提供了源源不断的能源动力，对整个社会经济的推动作用不可小觑。

煤炭开采技术的革新促进了近代交通运输业的发展。采煤技术日益发展，煤炭产量也不断提高，而这些煤炭则亟需外运到各省制造局、轮船招商局、军械所中，于是，在水路已无法完全满足大大增加的煤炭产量的运输要求的时候，以李鸿章为首的洋务派开始宣扬修筑铁路。因此，这里所提及的交通运输业的发展主要是指晚清中国铁路的修建和通行。光绪二年（1876 年）开平矿务局成立，总办唐廷枢为了解决煤炭运输的问题，明确提出："开煤必须筑铁路，筑铁路必须采铁。煤与铁相为表里，自应一齐举办。"[2]同年九月，唐廷枢再次向李鸿章提出修筑铁路的必要性："如有铁路运煤，便可多开一井，况且从运费和修

[1] 高庆节：《论洋务派科技观对中国近代科技发展的影响》，硕士学位论文，哈尔滨工业大学，2008 年，第 12 页。

[2] 杨居斗、高金山主编：《唐山市路北区志》，中华书局，1999 年，第 819 页。

理车辆等各种费用通盘核算，行走火车肯定是有盈无亏。"[1]而后，在洋务派与顽固派激烈的斗争中，于光绪七年（1881年），中国第一条自己的铁路——唐胥铁路建成，承担了运送开平煤炭至全国的运输任务。李鸿章对此大加赞扬："今则成效确有可观，转瞬运煤销售，实足与轮船招商、机器、制造各局互为表里，开煤既旺，则炼铁可以渐图。"[2]可见，开采技术的革新、新式煤矿的建立推动了铁路的修筑，而铁路的修筑反过来又刺激了煤铁技术的进一步革新。

随后，李鸿章创办的开平铁路局又从天津海防支应局借债十六万两，于德国华泰银行借债约四十四万两，修筑了天津到塘沽的铁路——津沽铁路。光绪十八年（1892年），为对抗沙俄，保护东北路权，清政府又抢先修筑了从滦州林西一直向东北延伸的关东铁路。林西煤矿是开滦矿务局的一个分矿，关东铁路的修筑显然是将煤炭运往煤炭需求量巨大的东北地区，用于军事与居民生活。之前光绪二年（1876年）基隆煤矿开始利用机器开采之后，丁日昌又与清政府交涉，针对台湾地理、军事防御和矿务开发等问题提出在台湾修筑铁路的问题。引入开采机器设备后，基隆煤矿的出煤量大增，大量的煤炭要及时运销各地需要修筑铁路，由清政府修筑更能免于外国侵略者的垂涎。在几番周折和积极筹措资本的努力下，清政府终于于光绪十三年（1887年）开始修建从基隆到台南的一段铁路。随着近代煤炭工业及相关军事工业的不断发展，晚清更掀起了自筑铁路的热潮。芦汉铁路、粤汉铁路的兴建，关东铁路的续筑，沪宁铁路、津浦铁路的建造……这些铁路无一不连接着新式煤矿与煤炭需求量大、军事防御要求高的省市，足见铁路的修筑与煤炭的大量运输有着重要的关系。采煤技术的革新大大提高了煤炭的产量，而煤炭产量的大增又进一步刺激了铁路交通运输业的发展，铁路交通的发展不仅能促进煤炭业的发展，同时也推动了整个社会经济的进步。

煤炭开采技术变革与社会思想教育科学技术的进步必然会对社会有识之士的哲学思想、社会价值观念产生积极的影响，有时"新知识甚至成了他们主张政治改革的一种理论依据。"[3]

煤炭开采技术的变革，带来了西方先进的地质学、开采技术方面的著作，

[1] 刘秉忠：《唐山文史资料》（第15辑），唐山工程技术学院印刷厂印刷，1991年，第76页。
[2] （清）李鸿章：《李鸿章全集》，时代文艺出版社，1998年，第1598页。
[3] 叶小青：《近代西方科技的引进及其影响》，《历史研究》1982年第1期，第3-17页。

如《几何原本》《石菊影庐笔识》《论电灯之益》等。被梁启超称为"晚清思想界彗星"的谭嗣同对这些地质方面的著作都有所了解和涉猎，对其思想也产生了巨大的影响。"谭嗣同 1898 年（光绪二十四年）在南学会的讲义中提出了'学问救国'，强调科学技术与国家存亡的关系：'鄙人深愿诸君都讲究学问，则我国必赖以不亡。所谓学问者，政治、法律、农、矿、工、商、医、兵、声、光、化、电、图、算皆是也。'"[1]煤炭开采技术体系涉及许多地质学知识，这些对当时的思想界产生了巨大的现实影响，如当时江南制造局译制的《地质浅学》8本、《金石识别》6本以及美华书店发售的《地球说略》等，自西方引进的科学书籍，特别是古地质学中的科学知识，为戊戌思想家们，包括谭嗣同、康有为、唐才常、梁启超等人所进行的维新变法提供了有力的科学思想和基础理论。这些思想家将不同的知识概念相融合，并将其与他们的政治主张结合在一起，如康有为将进化论深刻地运用到社会改革中来，"古地质学又告诉了他：'荒古以前生草木，远古生鸟兽，近古生人'的进化知识。"[2]这些地质学、天文学等方面的科学知识的传入，对有识之士乃至整个社会思想进步的影响是巨大而深远的，对晚清时期人们突破封建思想的桎梏充当了思想的导航。

技术的引进对晚清人们尤其是各个阶层的有识之士的价值观念也产生了巨大的影响。传统价值观中崇尚义理，而将这些技术，包括煤炭开采技术视为"奇技淫巧""末技"。然而随着自强运动的开展，新式煤矿的建立，煤炭开采技术的革新对煤炭产量增加、煤炭工业及相关军用工业的巨大推动作用使得人们不得不正视科学技术的巨大价值。左宗棠曾指出："正是中国传统的'义理之学'，不复以艺事为重，束缚了科学技术的发展。"[3]作为洋务派的重要地方代表之一，左宗棠的科技思想已经逐渐形成，并认识到中国科技落后的原因，在于只重视礼义道德，缺乏科技思想和科技实践。这也代表在兴办煤矿、引进机器、科技的过程中洋务派的器物科技观、知识科技观逐渐深化，意识到"自强""求富"的根本在于中国自身的科技发展与创新。

除了上述广泛的思想影响，近代开采技术的革新更为深刻的影响产生于社会教育、采煤技术人才培养方面。人才教育和培养既是煤炭开采技术体系中煤

---

[1]（清）谭嗣同：《谭嗣同集》，岳麓书社，2012 年，第 441 页。
[2] 中国社会科学院哲学研究所中国哲学史研究室、《中国哲学史研究》编辑部编：《中国近代哲学史论文集》，天津人民出版社，1984 年，第 130 页。
[3]（清）左宗棠：《左宗棠全集·书信 2》，岳麓书社，2009 年，第 57 页。

矿管理的一个方面，又是煤炭开采技术革新产生的深远影响之一。煤炭开采技术的革新对人才培养更直接的方式则是在新式煤矿中，直接由洋矿师作为总教习培训中国的矿工。如萍乡煤矿就聘请了德国人赖伦为总矿师，与大量西方的技术专家共同负责教习中方人员，提供技术指导，培养其操作机器设备的专业能力。

3. 其他工业

除交通与煤炭开采外，晚清时期，钢铁、纺织印染、造纸等众多行业也开始从手工业向机器工业转变，一些新兴行业如水泥业也开始发展。这一时期，传统与现代并存，传统手工业受现代工业的影响，在原料、生产工具等方面发生了很多变化；大机器生产的现代工业受资金、技术能力等因素影响正艰难前行。

钢铁是受工业革命影响最大，同时也对工业化产生重大影响的金属材料。工业革命后，西方钢铁生产技术日新月异，人类历史进入"钢铁时代"，社会生产、生活以及军事国防等方方面面无不与钢铁材料密切相连，钢铁产量成为当时衡量国家实力强弱的重要指标。[1]

中国至迟在战国初期已用生铁制造生产和生活用具，公元前 5 世纪就已发明将脆硬白口铸铁经退火转变为脱碳铸铁、韧性铸铁的技术，块炼渗碳钢、固体脱碳钢、炒钢、百炼钢、灌钢的出现也很早。[2]经过 2 000 多年的发展，明清时期中国冶铁业达到发展顶峰，17 世纪以前，无论是炼铁、炼钢、钢铁加工技术还是钢铁产量均不逊于西方国家。[3]但是，19 世纪中叶以来，随着转炉、平炉炼钢技术的发明，西方资本主义国家钢铁实现了大规模标准化生产，大量质优价廉的钢材被生产和广泛运用，而中国的冶铁业在传统手工作业方式与管理模式下，迅速落后于西方。此时中国的钢铁生产仍主要以人力和畜力为动力源，从铁矿石勘探、开采到燃料、鼓风技术、冶炉构造、熔炼技术等各个生产环节都凭借工匠的经验来掌握，产出效率、产品品质均不高。[4]

自强运动以来军事工业的发展以及城市基础设施建设和生产生活方式的

---

[1] 李海涛：《近代中国第一次全国铁矿调查活动初探》，《中国矿业大学学报》2011 年第 3 期，第 116 页。

[2] 韩汝芬、柯俊主编：《中国科学技术史：矿冶卷》，科学出版社，2007 年，第 7-9、第 601、第 609、第 612、第 618、第 627 页。

[3] 黄启臣：《十四—十七世纪中国钢铁生产史》，中州古籍出版社，1989 年，第 1-46 页。

[4] 华觉明等编、译：《世界冶金发展史》，科学技术文献出版社，1985 年，第 565-598 页。

改变，使得钢铁在社会经济当中扮演了越来越重要的角色，外国钢铁输入量不断增长。为了改变新式军工企业完全仰赖外洋的局面，从19世纪70年代初开始，中国钢铁工业开始了艰难的探索旅程。同治十年（1871年）建成的福州船政局所属铁厂成为近代中国第一家钢铁企业，标志着中国钢铁工业的诞生。福州船政局最初规定的生产任务：一是为中国制造作战和运输的船舶；二是训练制造和驾驶近代兵商轮船的人员；三是利用福建资源，开采煤、铁，供应船政局需要。[1]然而，开采福建铁矿的计划迟迟未能成功，冶炼钢铁的计划也自始至终未能实现。但是福州船政局建立了锤铁厂（锻造车间）和拉铁厂（轧材车间），利用进口的钢铁材料，使用蒸汽动力，采用机器进行钢铁压延加工，诞生了第一批操作机器的钢铁技术工人和最早的钢铁冶炼加工技术人员。[2]此后，近20年，虽进行了多次建设钢铁企业的尝试，但都以失败告终，如湖北开采煤铁总局炼铁厂建设计划、开平矿务局炼铁计划等纷纷夭折。直至光绪十六年（1890年）才建成了近代中国第一家相对完备的钢铁联合企业——贵州青溪铁厂。

贵州青溪铁厂的建设可谓一波三折。光绪十一年（1885年），署贵州巡抚潘霨上奏清廷，奏请调查开采贵州煤铁。[3]在得到朝廷批准后，于光绪十二年（1886年）年底向英国厂商订购了炼铁、炼钢、轧钢的机器[4]，铁厂设备的运输与安装过程颇为曲折，直至光绪十六年（1890年）青溪铁厂才建成。青溪铁厂分炼铁、炼钢和轧钢三部分，包含了从采矿到轧制的全部钢铁生产环节，一昼夜产铁约24吨，不过产品质量难以让人满意，经天津机器局化验，生铁不合用，熟铁较好。[5]并且，青溪铁厂建成后不久，总理建厂及生产事宜的潘霨病故，青溪铁厂处于"无人督理"的状态。此后虽有人接办，但由于亏空过大，难以为继，光绪十七年（1891年）青溪铁厂完全停产。中国第一次钢铁工业的尝试以失败而告终。与青溪铁厂基本同时，19世纪90年代初，江南制造局炼钢厂、天津机器局炼钢厂、湖北钢药厂也都进行了少量的钢料生产，但它们都不具备

[1] 林庆元：《福建船政局史稿》（增订本），福建人民出版社，1999年，第85页。
[2] 林庆元：《福建船政局史稿》（增订本），福建人民出版社，1999年，第94页。
[3]《光绪十一年十一月初一日署贵州巡抚潘霨片》，中国史学会主编：《洋务运动》（七），上海人民出版社，1961年，第169页。
[4] 孙毓棠编：《中国近代工业史资料》（第一辑下），科学出版社，1957年，第684页。
[5]《李鸿章致张之洞函》（1892年12月22日），《汉冶萍公司》（一），上海人民出版社，1984年，第42页。

炼铁能力，产量低、规模小，对全国经济而言，影响有限。

在经历了多次失败的尝试后，汉阳铁厂以及后来汉冶萍煤铁厂矿有限股份公司以其规模和历史影响，代表着近代中国钢铁工业终于迎来了全面起步。汉阳铁厂和汉冶萍煤铁厂矿有限股份公司的发展历经艰难曲折，先后经历了官办、官督商办、商办几个时期，经营 30 余年，最终以衰落而告终。

光绪二十年（1894 年），汉阳铁厂竣工，主要包括炼生铁厂、炼熟铁厂、贝色麻钢厂、马丁钢厂、造钢轨厂、造铁货厂 6 个大厂，以及机器厂、铸铁厂、打铁厂、鱼片钩钉厂 4 个小厂。二月十五日，汉阳铁厂开炉试炼，六月二十八日，举行试产典礼，炼铁炉、熟铁炉、炼钢和轧钢同时开工。汉阳铁厂的矿石主要来源于光绪十八年（1892 年）投产的大冶铁矿，大冶铁矿自投产后矿石产量增长较快[1]，基本可以满足汉阳铁厂的需求。但汉阳铁厂初建时经常停炉维修，加上铁厂附近没有适合炼铁的煤炭资源，燃料不济，汉阳铁厂正式开炼后的两年里，仅炼出生铁约 1.2 万吨。[2]

甲午战争以后，清政府既耗费了庞大的军费，又需支付巨额赔款，财政困窘万分，再无力向各省官办企业提供财政拨款。光绪二十二年（1896 年）盛宣怀督办汉阳铁厂，汉阳铁厂进入官督商办时期。这一时期，查清了铁厂主要产品钢铁质量不合格的根本原因，进而对铁厂的重要设备进行了改建和扩充，优化了生产结构，并且全力开发了江西省萍乡煤矿，解决了汉阳铁厂此前燃料不足的问题。经过这些调整，汉阳铁厂的生产能力得到了很大提高，每日可产生铁 200 余吨，能够生产供造船、建筑及桥梁工程所需的各种结构钢材，还能够生产铁轨和铁钉。[3]

光绪三十三年（1907 年），鉴于汉阳铁厂、大冶铁矿、萍乡煤矿在发展过程中早已结成相互依存的整体，遂计划成立一个"真是完全公司"，第二年三月，汉冶萍煤铁厂矿有限股份公司（以下简称汉冶萍公司）正式成立。伴随着晚清大规模铁路建设涌现出的钢铁市场需求，汉冶萍公司得到了快速发展。光绪三

[1]《大冶铁矿志》（第一卷上册），湖北省汉川县印刷厂，1986 年，第 209-210 页。
[2]《1894 年 6 月至 1898 年 11 月汉阳铁厂出铁清单》（1899 年 3—4 月），《汉冶萍公司》（二），上海人民出版社，1986 年，第 105 页。
[3] 张国辉：《论汉冶萍公司的创建、发展和历史结局》，《中国经济史研究》1991 年第 2 期，第 1-28 页；湖北省冶金志编纂委员会：《汉冶萍公司志》，华中科技大学出版社，2017 年，第 50-51 页；Wright. A. Twentieth Century Impressions of Hong Kong, Shanghai and other Treaty Ports of China, Lloyd's Greater Britain Pub. , 1908,pp 707-708.

十四年至宣统二年（1908—1910年），汉冶萍公司终于实现了盈利。[1]但是汉冶萍公司规模扩张的过程，也是债务不断增加的过程，特别是由于日本借款数额递增，至20世纪20年代，日本已牢牢控制了汉冶萍公司。并且，受国际铁价低落、战争导致燃料运输困难等多方面因素影响，至1927年，整个汉冶萍公司只有大冶铁矿开工生产，且矿石全部输往日本，汉冶萍公司已名存实亡。

晚清时期钢铁工业仅仅处于艰难起步阶段，受思想观念、管理方式、资金缺乏等限制，各钢铁厂的发展均不顺利，受此影响，传统的土铁生产与钢铁工业长期并存。1915年以前，土铁产量一直高于新式钢铁企业的产量[2]，特别是在新式钢铁发展缓慢的内地省份，如山西、四川等，土铁生产仍然有很大的市场。土铁生产简便、灵活，对资金、技术的要求都远低于新式钢铁企业，并且近代工业的发展也从一定程度上增加了土铁的市场需求，土铁可以用于制造一些技术含量相对较低的机器零件，这些都为传统冶铁业的长期存在创造了条件。但洋铁所到之处，土铁生产受到冲击，传统冶铁业日渐萎缩。[3]例如佛山传统的铁器生产闻名全国，洋铁输入后，迅速衰败。据民国《佛山忠义乡志》记载："铁砖行，用生铁炼成熟铁，作为砖形，售诸铸铁器者，亦乡之特产品。谚称：（虫雷）冈银，佛山铁。言其多也。前有十余家，今则洋铁输入，遂无业此者矣。""铁线行，亦佛山特产……道、咸时为最盛，工人多至千余，后以洋铁线输入，仅存数家。""土针行，亦本乡特产。……咸、同以前最盛，家数约二三十，多在鹤园社、花衫街、莺岗等处，后以洋针输入，销路渐减，今仅存数家。"[4]

近代钢铁工业的发展，促使国人以更加科学的态度认识中国的资源禀赋。譬如在矿产资源方面，晚清国人始终怀有一种优越感，认为中国铁矿随处皆有，"中国金银煤铁各矿胜于西洋诸国"[5]，"中国产铁之处不可胜计，盖矿中有煤则必有铁。"[6]但实际上中国铁矿资源的储藏量并不丰富，正如后来翁文灏等人所批评的："言吾国铁矿者，动辄以地大物博自侈，外人倡之，国人和之。然未

[1] 湖北省冶金志编纂委员会：《汉冶萍公司志》，华中科技大学出版社，2017年，第50-51页。

[2] 严中平：《中国近代经济史统计资料选辑》，中国社会科学院出版社，2012年，第102-104页。

[3] 彭泽益：《中国近代手工业史资料》（第2卷），中华书局，1962年，第164页。

[4] 民国《佛山忠义乡志》卷6，民国十三年（1924年）刊本。

[5] 《直境开办矿务折》（光绪七年（1881年）四月二十三日），《李鸿章全集》⑨，安徽教育出版社，2008年，第339页。

[6] 王韬：《弢园文录外编》，上海书店出版社，2002年，第36页。

尝知地究若何大，物究若何博也。"[1]这种对铁资源储量、品位盲目的自信影响了早期钢铁工业的发展。譬如汉阳铁厂选用的酸性贝色麻炉并不适用于含磷量较高的矿石，而大冶铁矿石的磷质含量极不均匀，虽然早期的化验结果表明矿石适用于酸性贝色麻炉[2]，但更多矿体被开发后，开采出了大量高磷矿石，以致钢材含磷过高，生产出的钢轨质量不合要求。[3]直至20世纪20年代，随着多次地质勘探结果的公布，才使得国人对铁矿资源分布状况有了比较客观的认识，即中国铁矿资源较为贫乏，且分布极为分散，许多成矿区的铁矿总量不是很大，并且贫矿多、富矿少。[4]

无论是传统还是现代的钢铁生产都会对环境产生很大影响，早在《汉书·禹贡》中就有"今汉家铸钱，及诸铁官皆置吏卒徒，攻山取铜铁……凿地数百丈，销阴气之精，地藏空虚，不能含气出云，斩伐林木亡有时禁，水旱之灾未必不鲧此也"的记载，提出了剥土开矿、伐木烧炭冶炼导致自然植物被毁损和水土大量流失破坏生态平衡的精辟见解。到近代，由于炸药、大机器的使用使得矿石的开采规模、效率都得到了很大提高，水土流失、地面沉降、大量消耗木材、尾矿渣等问题更加严重。

钢铁冶炼过程需要大量燃料，近代钢铁冶金企业的消耗量更是远远高于传统的钢铁生产。汉阳铁厂成立之初就长期存在燃料供应问题，铁厂开炉之前囤积了大约5 000吨焦炭，在国人看来，"可以用至十余年之久"，及至开炉冶炼后，"华人始知化铁炉用炭之多，而炼炭又必须有合用之煤，异常慌张，毫无主见"[5]。冶炼过程对环境的影响不仅仅是对煤炭资源的消耗，同时煤炭燃烧会产生烟尘和二氧化硫、氮氧化物等有毒有害气体。冶炼的过程中还会产生炉渣等固体废物和悬浮物含量较高的废水。这些污染问题无论是在传统的冶铁业还是近代的钢铁工业中都存在，但由于钢铁工业的生产规模大，在短时间内会产生大量污染物，对周边环境的干扰更大，极易引发各类环境问题。

水泥是建筑用凝胶材料，被戏称为建筑的"粮食"，是现代社会不可或缺

[1] 翁文灏、丁文江：《矿政管见》，著者刊，1920年，第21页。
[2] 湖北省冶金志编纂委员会编：《汉冶萍公司志》，华中科技大学出版社，2017年，第42页。
[3] 汪敬虞主编：《中国近代经济史（1895—1927）》，人民出版社，2000年，第1710-1711页。
[4] [瑞典]丁格兰著，谢家荣译：《中国铁矿志》，农商部地质调查所刊，1923年；姚培慧主编：《中国铁矿志》，冶金工业出版社，1993年。
[5] 《吕柏致比公司函》（光绪二十五年（1899年）二月），《汉冶萍公司》（二），上海人民出版社，1986年，第101页。

的大宗产品。我国古代广泛使用的白灰面、黄泥浆、石灰等也都是建筑凝胶，南北朝时出现了一种由石灰、黏土和细砂组成，名为"三合土"的建筑凝胶材料，此后，我国建筑凝胶材料似乎就停滞不前了。而近代以来，欧洲国家的建筑凝胶材料在罗马砂浆的基础上不断提高，1756年（乾隆二十一年）发现水硬性石灰，1796年（嘉庆元年）发明"罗马水泥"以及与其类似的天然水泥，1822年（道光二年）出现"英国水泥"，1824年（道光四年）发布了波特兰水泥（硅酸盐水泥）专利。[1]波特兰水泥具有优良的建筑性能，具有划时代的意义。

鸦片战争之前，水泥便随着西方传教士在中国建设教堂而传入。口岸通商后，外国使节进驻中国，随着使领馆的建设及日后创办新式工厂、开采煤矿、修建铁路等各项工程的拉动，水泥开始在中国大量使用。由于最先是从英国进口，所以当时称其为"英泥"或"英坭"，后来翻译成"细绵土"或"士敏土"。由于是从外国传入，也称为"洋灰"。光绪十二年（1886年）英国商人和中国广东香山县士绅共同出资，在澳门青洲岛开办了青洲英坭厂，第二年又在香港九龙开设了香港青洲英坭厂，用立窑生产"翡翠牌"水泥，产品在澳门、香港和广东市场销售。[2]由此开始了中国自己制造水泥的历史。

此后，中国的水泥工业逐渐兴起，光绪十五年到三十三年（1889—1907年），先后诞生了三个水泥厂，即唐山细棉土厂（启新洋灰有限公司）、广东士敏土厂和湖北水泥厂。

光绪十八年（1892年）建成投产的唐山细棉土厂最初的目的是解决开平煤矿工程建设过程中的水泥原料问题。但投产后由于是立窑生产，窑磨规格小、工艺落后，且制灰不得法，特别是因原料需要进行长途运输（黏土从广州香山开采，由水路运至塘沽再转运到唐山），导致生产成本太高，生产的水泥质量较差，甚至还不如当地的石灰，销售困难。仅一年后，唐山细绵土厂就因亏损不得不停产并宣告关闭。此后开平矿务局总办周学熙曾于光绪二十六年（1900年）奏请重办细棉土厂，但因庚子事变后，英商通过一系列威逼利诱占有了开平矿务局，重办细棉土厂一事因此搁浅。经过几番周折，终于在光绪三十二年（1906年）清政府收回了细棉土厂，开始重办工作。周学熙通过发行股票募集了资金，

[1] 王燕谋编著：《中国水泥发展史》，中国建材工业出版社，2005年，第1-10页。
[2] 王燕谋编著：《中国水泥发展史》，中国建材工业出版社，2005年，第37-50页；周醉天、韩长凯：《中国水泥史话（1）》，《水泥技术》2011年第1期，第20-25页。

恢复了生产，更名为唐山洋灰公司，后又更名为启新洋灰有限公司。

启新洋灰有限公司吸取了之前因技术落后、原料供应和产品质量低下导致失败的教训，抛弃了立窑生产方式，采用当时世界上最先进的干法回转窑技术，进口了丹麦史密斯公司先进的回转窑（卧式旋转钢窑）、球磨机（钢磨）等设备，在唐山附近马家沟、胥各庄等地开采土石原料，光绪三十四年（1908 年）一月正式投产并生产出高质量的水泥。每天能生产水泥 700 桶（每桶 170 千克），年产 24 万桶，当年盈利 100 余万元。启新洋灰有限公司还经历了两次扩建，达到日产水泥 4 700 桶，行销全国，1919 年，启新水泥的销售量占全国水泥销售总量的 92.02%。可以说，启新洋灰有限公司是中国水泥工业的"摇篮"和"支柱"，成就了中国水泥工业的蓬勃发展。[1]

广东士敏土厂建成于宣统元年（1909 年），是完全官办的工厂，由于窑炉通风存在问题，其产量一直较低，直至宣统三年（1911 年）经一系列技术改良后，其日产量由 100 余桶增至 400～500 桶，才达到了设计产能。广东士敏土厂生产的威凤祥麟牌水泥在广东市场上能够与进口水泥抗衡，取得了一定份额。但是第一次世界大战后，外商洋行采用降价倾销的策略打击广东士敏土厂，广东士敏土厂渐显颓势，至 20 世纪 20 年代，基本处于停产状态。[2]

光绪三十三年（1907 年），湖广总督张之洞根据修粤汉铁路需要大量水泥的情况，招商兴办水泥厂。宣统元年（1909 年）湖北水泥厂建成投产，该厂采用干法回转窑工艺，日产水泥 180～200 吨。由于其水泥质量优良，宣统二年（1910 年），清政府农工商部送该厂生产的宝塔牌水泥参加南洋劝业会，分别获南洋劝业会头等金、银奖牌各 1 枚。宝塔牌水泥的优良品质为中外人士所称赞。但其经营过程中仍遭遇了资金危机，并因曾向日本三菱公司借款，险些被其吞并。最后启新洋灰有限公司获得了湖北水泥厂的经营管理权，将厂名改为华记湖北水泥厂，民族产业没有落入日本人手中。[3]

宣统三年（1911 年），启新洋灰有限公司、广东士敏土厂和湖北水泥厂三家的水泥总年产量为 10 万多吨，接近晚清有据可查的水泥最高年进口量，中

[1] 周醉天、韩长凯：《中国水泥史话（1）》，《水泥技术》2011 年第 1 期，第 20-25 页。
[2] 周醉天、韩长凯：《中国水泥史话（2）》，《水泥技术》2011 年第 2 期，第 21-25 页。
[3] 周醉天、韩长凯：《中国水泥史话（3）》，《水泥技术》2011 年第 3 期，第 23-27 页。

国民族水泥工业已经兴起，并为日后的发展打下了基础。[1]但与此同时，外国水泥资本也进入了中国，陆续开办了一大批外资水泥企业，如日本的小野田洋灰制造株式会社大连支社、德国的山东洋灰公司等，加剧了在经济上对中国的侵略。[2]

水泥这种新型的建筑凝胶材料展现出自然资源经过人为改造可以获得更优良的性能。水泥的生产过程可以概括为"二磨一烧"，即按一定比例配合的原料，先经粉磨制成生料，再在窑内烧成熟料，最后通过粉磨制成水泥。在这个过程中，窑是核心设备，水泥窑先后经历了仓窑、立窑、干法回转窑、湿法回转窑、新型干法回转窑、预分解窑新型干法等发展阶段。晚清的水泥厂主要采用干法回转窑工艺，同日后的工艺相比有着能耗高、污染重的缺点。从水泥的生产过程可以看出，从原料粉碎直至包装的过程中都会有粉尘问题，而这些早期水泥厂大多缺少收尘设备，粉尘污染的问题更为突出，启新水泥厂直到1960年上半年每天从烟囱飞扬出去的粉尘还有200多吨。[3]粉尘导致工人要在很恶劣的条件下劳动，增加了罹患尘肺、肺癌、皮肤病等疾病的风险，而且对周边居民、动植物都存在影响。[4]

中国的纺织历史至少可上溯到新石器时代晚期，源远流长的纺织生产活动是历代社会经济生活的重要支柱之一。17世纪前后，丝、绵、毛、麻纺织品仍是我国主要的出口商品之一。中国手工纺织工艺技术和产品的输出，对世界纺织工业技术的发展产生了深远影响。然而，鸦片战争以后，进口的大量便宜耐用的"洋纱""洋布"充斥了国内市场，我国原有的传统手工纺织业受到很大冲击，"衣大布者十之二三，衣洋布者十之八九"[5]。为了挽救民族纺织业，19世纪80年代以来，民族资本建设了一批应用国外纺织机械的纺织厂，近代纺织工业在20世纪初已经具有了一定基础和规模，采用机器生产的棉纺织业、麻纺织业、毛纺织业、丝织业都有所发展，其中从事棉纺织业的厂商最多，还形成

---

[1] 王燕谋编著：《中国水泥发展史》，中国建材工业出版社，2005年，第60页。

[2] 周醉天、韩长凯：《中国水泥史话（3）》，《水泥技术》2011年第4期，第23-26页。

[3] 尹惠卿：《依靠群众 实现文明生产》，《建筑材料工业》1962年第5期，第16、第17页。

[4] 余德新：《旧中国水泥工人的悲惨境遇（水泥史话之五）》，《中国建材》1984年第2期，第59-61页；周仲衡：《水泥工人尘肺调查分析报告》，《人民保健》1959年第8期，第747-750页；吴觉苏：《水泥工人职业性皮肤病调查报告》，《中华卫生杂志》1964年第6期，第389页；《水泥灰尘污染大气对儿童生理机能之影响》，《医学文摘（第四分册 卫生学）》1966年第1-7期，第276页。

[5] 郑观应：《郑观应集》（上册），上海人民出版社，1982年，第715页。

了上海、苏南、武汉等多个纺织业中心。

　　纺织业中最早应用机器生产的是缲丝，咸丰十一年（1861 年），英商怡和洋行在上海创办了怡和纺丝局，采用蒸汽锅炉产生的蒸汽煮茧，提高了生产效率。光绪六年（1880 年）在兰州兴办的甘肃织呢局是中国除缲丝以外第一家采用全套动力机器的纺织厂，标志着中国纺织工业大生产的开端。但是由于其产品质量差、成本高，加上当地购买力过低，如运至外埠销售，运费较贵，缺乏竞争力。至光绪九年（1883 年）甘肃织呢局不得不停工歇业。此后，毛纺织厂陆续增多，但发展极为缓慢，国产毛料市场销路一直未能打开，毛纺织厂时开时停。[1]

　　此外，19 世纪 80 年代，上海机器织布局（华盛纺织总厂）、湖北四局（织布、纺纱、缲丝、制麻）、华新纺织新局也相继开工投产。上海织布局的兴建过程很不顺利，从提出到动工兴建历经十余年，光绪十五年（1889 年）在厂房尚未完全完工的情况下开始生产，生意颇为兴隆，尤其以纺纱利润最好。但光绪十九年（1893 年）因清花车间起火，厂房、设备与货物全部焚毁，损失惨重，第二年重建后改名为华盛纺织总厂，后由于经营失当，连年亏损。同为官办的湖北织布局、纺纱厂也因经营不善造成连年亏损。湖北制麻局初期也因成本高而滞销，后来改织粗麻袋、麻布和帆布，经营状况才有所改善，尚可盈利。华新纺织新局也位于上海，光绪十七年（1891 年）创立投产，初为官商合办，后改组为复泰纱厂，宣统元年（1909 年）有大股东收买，更名为恒丰纺织新局。

　　19 世纪末 20 世纪初，几乎每年都有一些规模较大的纺织企业开工生产。光绪二十一年（1895 年）上海大纯纺织厂开工。光绪二十二年（1896 年）宁波通久源纺织厂、无锡业勤纺织厂开工。光绪二十三年（1897 年）苏州纶纱厂、杭州通益公纱厂开工。光绪二十五年（1899 年）萧山通惠公纱厂、南通大生纱厂开工。光绪三十一年（1905 年）中英合办的振华纱厂开工。光绪三十二年（1906 年）太仓济泰纱厂、宁波和丰纱厂开工。光绪三十三年（1907 年）上海日晖制呢厂、北京清河溥利呢革有限公司、无锡振新纱厂开工。光绪三十四年（1908 年）江西利用制呢厂、上海同昌制呢厂、湖北制呢厂开工。[2]这一批纺织企业大都遭受挫折，特别是《马关条约》签订后，允许外商在华设厂，外资纺织厂

[1] 赵承泽主编：《中国科学技术史：纺织卷》，科学出版社，2002 年，第 428-430 页。
[2] 赵承泽主编：《中国科学技术史：纺织卷》，科学出版社，2002 年，第 421 页。

大量增加。外资纺织厂从资本、技术等方面对中国纺织企业进行倾轧和压迫，中国近代纺织工业在一条非常坎坷的路上艰难前行。[1]

纺织生产包括纺织原料的加工、缫、纺、络、并、捻、织造、染整等多个技术环节，其中诸如原料脱胶、染色加工等都极易引发不同程度的水污染。例如，从植物和矿物中提炼出色素制作染料的生产过程中，有叶、茎、皮、根、壳和一些渣滓排出，容易淤塞河道，《奉宪勒石永禁虎丘染坊碑记》就反映了苏州丝织业和棉织业排放的废水废渣"渐致壅河滨，流害匪浅"。同时为了提高染色的牢固度，在染作过程中，常常要添加助剂和媒染剂，这些助剂和媒染剂中的大量有机杂质，如纤维素、脂肪、果胶类含氮物以及残存的色素和金属盐类，会随着漂染洗涤废水排入河道，从而污染水质，一方面使水体细菌繁殖，"概且毒（害）肠胃"；另一方面会进行生物氧化分解，产生腐败发酵的现象，导致水质恶化，同时染坊废水中还夹杂着带有深色的污染物，这些有色的废水妨碍日光在水中的透射，不利于水生植物的光合作用，水生动物的食饵减少，降低了水体中的溶解氧，也使水质恶化，为此虎丘傍山河中"满河青红黑紫（臭味）溢洋"。[2]

近代纺织业兴起后，对原料的处理过程（退浆、煮练、丝光、漂白）由于可以采用廉价酸和氯气作为漂白剂[3]，生产时长大大缩短，生产效率得到了极大的提高，同时污染物产生量也急剧增长，对环境的影响日趋严重。纺织原料中含有的半纤维素、果胶质、油脂、蜡质等会融入废水中，排入水体后会大量消耗水中的氧气，破坏水生态平衡，沉入水底的有机物还会生成硫化氢等有害气体，污染周边的环境。这些问题虽然在传统纺织业中同样存在，但采用传统生产方式时，由于生产周期长，污染物的累积相对较慢，生产周期缩短后，污染物的积累也就明显加快了。近代纺织业还采用化学合成染料[4]，合成染料与天然染料相比具有色泽鲜艳、耐洗、耐晒、能大量生产的优点，但合成染料的生产过程中会产生许多致癌物质，并且在染色过程中，不是全部染料都能染到

---

[1]《中国近代纺织史》编委会：《中国近代纺织史》（上卷），中国纺织出版社，1997年，第9-22页。

[2] 黄锡之：《〈永禁虎丘染坊碑记〉与河流、农作污染的保护》，《农业考古》2003年第1期，第34-37页。

[3]［英］查尔斯·辛格、E. J. 霍姆亚德、A. R. 霍尔、特雷弗·I. 威廉斯主编：《技术史》（第4卷 工业革命月1750年至约1850年），上海科技教育出版社，2004年，第168页。

[4]［英］查尔斯·辛格、E. J. 霍姆亚德、A. R. 霍尔、特雷弗·I. 威廉斯主编：《技术史》（第4卷 工业革命月1750年至约1850年），上海科技教育出版社，2004年，第169页。

纤维上，部分染料会留在残液中，成为有色废水，其中还有可能含有一些有毒染料。[1]此外，采用机器生产的近代纺织业由于采用蒸汽动力[2]，煤炭燃烧排放出二氧化硫、氮氧化物和烟尘等都会污染大气；机器生产时噪声不仅直接危害生产工人，对附近居民的影响也很大。[3]

造纸是我国四大发明之一，造纸技术在汉代就已经发展成熟，但中国纸一直停留在手工生产阶段，在造纸工艺过程和设备方面虽不断有革新和改进，却缺乏本质性的技术突破。反之，欧洲在新的科学技术武装下，在造纸业中出现了机器大生产的格局，机制纸纸面光洁，薄厚均匀平整，相对于手工生产的土纸在机器印刷上具有很大优势。[4]

清朝末年，西方机器造纸技术传入我国，大规模的机器造纸厂开始出现，其技术、原料、资金、生产规模、产品种类等都与传统手工造纸有很大区别。同时，在机器造纸业的影响下，传统手工造纸也有了一定程度上的技术进步，化学药品应用到了传统手工造纸的制浆程序中，部分工序采用机械来进行。

光绪十年（1884 年）投产的上海机器造纸厂、光绪十三年（1887 年）投产的大成造纸公司和光绪十六年（1890 年）投产的广州宏远堂机器造纸公司是中国最早的几家近代机器造纸厂，它们的发展道路都异常坎坷。上海机器造纸厂主要机器设备包括多烘缸长网造纸机 1 台、锅炉 4 座、蒸锅 4 座，另有切布机、轧竹机等设备，制造漂白施胶的洋式纸张，日产 2 吨。[5]但由于洋式纸张不适宜毛笔书写，业务难以展开，后虽转为生产洋式土纸，但也难以打开销路，不得已该厂数次易主、停工。广州宏远堂机器造纸公司也由于经营不善，陷于停顿。早期的机器造纸厂中，仅有刘猷鲍在香港创办的大成造纸公司经营状况稍好，但也因盲目扩大规模而致失败。[6]

甲午战争以后，机器造纸业有了初步成长，资本总额和年生产能力都有大幅增长。光绪三十三年（1907 年）投产的龙章机器造纸公司是最早的一家官商合办造纸厂，该厂在设备方面是比较完备的，但由于从筹建到投产耗费资金众

[1] 邓一民主编：《天然纺织纤维加工化学》，西南师范大学出版社，2010 年，第 46-81 页。

[2] Edward Baines, History of the Cotton Manufacture in Great Britain, Thoemmes Press, 1835, pp.226.

[3] 赵丽丹：《纺织业环境污染问题及解决措施》，《山东纺织科技》2009 年第 3 期，第 31-32 页。

[4] 潘吉星：《中国科学技术史：造纸与印刷卷》，科学出版社，1998 年，第 281 页。

[5]《捷报》1884 年 12 月 17 日；《申报》1984 年 12 月 25 日。

[6] 谢英明：《私营广州纸厂始末》，《广东文史资料》第 20 辑，1965 年，第 22-32 页。

多，开业后又值洋纸大量进口，亏损严重。宣统元年（1909 年）投产的济南滦源造纸厂是华北地区最早的机器造纸厂，投产后经营情况不好，很难维持开支。宣统二年（1910 年）投产的武昌白沙洲造纸厂是一家官办企业，清政府给予该厂"只纳正税一道，概免重征"[1]的优惠待遇，但该厂仍因亏损而长期停工。大体同时，内陆地区也有了一些机器造纸厂，如四川的富川造纸厂、乐利造纸公司，吉林的志强造纸厂，这几家造纸厂大多资料不齐，生产情况不能确定。可以看到，这些机器造纸厂生产状况依然不容乐观，多半开办不久便已停歇。[2]

晚清时期机器造纸的发展并不顺利，在手工纸和洋纸的竞争下，机器造纸业出现了"洋机器，土产品；大型工业，低级产品"[3]的畸形发展。并且由于机器造纸的器材如铜网、毛布，化学原料如烧碱、漂白粉甚至木浆原料等都依赖外国产品，在当时的社会环境下更难以发展。

与此同时，手工纸仍然处于优势地位，1913 年全国手工纸产量约 28 万吨，比同年 7 家机制纸厂的产量多 40 倍。[4]手工纸多产于农村，销于城市，适合于书写、书画用纸，包裹、裱糊用纸和迷信用纸，拥有很大的市场。并且，在机器造纸业的影响下，手工造纸也有很多进步，主要体现在化学药品的使用和生产工具的改良上。

传统手工纸制造的手续极为烦琐，"一纸之成，恒在半年以上，甚有多至八九个月而成者"[5]，其制作方法虽因原料与制品精细程度而异，但无论竹纸、皮纸、稿纸都大同小异，需先将植物纤维经过沤制、蒸煮和春捣以去除木素、果胶等杂质，之后与水混合成为纸浆，然后让纸浆通过纸帘形成薄片，干燥后就成纸张。[6]其中，制浆过程最为耗时，传统手工造纸要将纤维原料在用石灰或草木灰制成的碱性溶液中蒸煮，去除木素，由于这种方法取得的是弱碱溶液，蒸煮的时间很长，一般为一周左右。此后还要将经蒸煮后的原料摊放在山坡或

[1]《湖北通志》卷 54《新政二》，京华书局，1967 年。
[2] 上海社会科学院经济研究所轻工业发展战略研究中心：《中国近代造纸工业史》，上海社会科学院出版社，1989年，第 74-91 页。
[3] 上海社会科学院经济研究所轻工业发展战略研究中心：《中国近代造纸工业史》，上海社会科学院出版社，1989年，第 59 页。
[4] 上海社会科学院经济研究所轻工业发展战略研究中心：《中国近代造纸工业史》，上海社会科学院出版社，1989年，第 3 页。
[5] 费哲民：《发展中国造纸工业刍议》，《新经济》1943 年第 10 卷第 8 期，第 142 页。
[6] 上海社会科学院经济研究所轻工业发展战略研究中心：《中国近代造纸工业史》，上海社会科学院出版社，1989年，第 17-22 页。

平地上，进行自然漂白，任其受日晒雨淋，时间长达几十天之久。[1]之后才是春捣和与水混合成为纸浆。

随着机器造纸业的传入，新式的制浆方法影响了手工造纸业，制浆所用的化学试剂如纯碱和苛性钠由于价格较低，使用方法简单，在手工造纸业中迅速得到了推广。它们的使用，提高了手工造纸的生产效率，达到了"既速且洁"[2]的效果。与此类似，漂白粉的使用也大大缩短了手工造纸的生产周期，从几十天之久变为了一天就可完成，"用漂白粉液均匀浇入料内，……逾一二时，再加适量稀硫酸，隔五六时之后，始洁白"[3]。

部分资金雄厚的手工造纸业主也开始采用制浆机来缩短制浆周期、扩大原料范围，如成立于光绪三十二年（1906年）的江苏南汇利南造纸厂采用机器打浆手工抄纸的方法进行生产。[4]

这样，近代中国的造纸业这一跨手工业和民族机器工业的"两栖"行业，呈现出了二元模式。一方面，手工造纸业经过改良，进一步提高了自身的竞争力，能够适应时代和市场的需要。另一方面，机器造纸业采用大型机器设备，生产规模和产品质量都较手工造纸有很大提高，但由于技术水平和设备老化等问题，制约了机器造纸业发展。由于造纸业产品种类多样，各种种类的产品都有特定的性质和用途，手工造纸与机器造纸既有竞争也有互补，当然，在手工纸、洋纸的激烈竞争下，民族机器造纸业长期处于劣势地位，占有的市场份额相对较小。但机器造纸还是造纸发展的主流，20世纪30年代以后，手工纸逐渐被机器造纸所取代。[5]

造纸业是化学污染工业，造纸在蒸煮去除木素的过程中，锅内溶液会呈黑褐色，纸的洁白是以河水污染为代价，中外都是如此。[6]近代无论是机器造纸业还是手工造纸业都开始采用纯碱、苛性钠等强碱应用于蒸煮过程，缩短了生产周期，产生的污染量显然也会增多。同时，为造纸还要砍伐大量竹、木植物，有时会将整片地区的植物砍光，对生物多样性、生态平衡都会产生影响。手工

---

[1] 潘吉星：《中国科学技术史：造纸与印刷卷》，科学出版社，1998年，第17页。
[2] 《造纸述略》，《广益丛报》1905年第64期，第11-12页。
[3] 浙江省政府设计会：《浙江之纸业》，启智印务公司，1930年，第25-255页。
[4] 鲍永康：《我国抗战前后之机器造纸工业概况》，《造纸印刷季刊》1941年第2期，第33页。
[5] 潘吉星：《中国科学技术史：造纸与印刷卷》，科学出版社，1998年，第29页。
[6] 潘吉星：《中国科学技术史：造纸与印刷卷》，科学出版社，1998年，第17页。

造纸工场相对分散，都设在乡间河流岸边或山区近水源处，靠近原料和水源，又由于单个工厂的生产量相对较小，对环境的压力也较小。近代机器造纸厂受当时社会环境影响，多设在城市，特别是沿海地区。在城市设厂，不仅会增加成本费用，而且将污染严重的纸浆废液排入人口集中的城市区域，对环境的压力可想而知。[1]

晚清时期，随着经济—社会危机的加重，国人开始主动寻找"自强""求富"之道，从盲目排斥西方科技将其斥之为奇技淫巧，转为"师夷长技""西学为用"，大量西方科学书籍被翻译出版，最新的西方科学发现得以在报刊中刊载，新学堂更是培养了一批具备科学素养的学生，科学的观念开始深入人心。在西方科学技术被大量传播和接受的基础上，仿照西方构建了包括交通运输、采矿、冶炼、轻纺等行业的大机器生产体系，初步建立起了近代工业体系。虽然这一时期建立的工业体系十分弱小，对大部分国民而言影响微弱，但这些许工业化的微光却代表着中国从农业时代开始走向工业时代，人们利用自然资源的广度和深度在不断拓展。同时，各项生产活动排放的污染物的种类愈加繁复，数量愈加庞大，对自然的干预能力显著增强，为各项现代意义上的环境问题的出现埋下了隐患，人与自然的关系正发生着缓慢而又深刻的变革。

[1] 上海社会科学院经济研究所轻工业发展战略研究中心：《中国近代造纸工业史》，上海社会科学院出版社，1989年，第65-66页。

第四章
民国时期社会经济现代化加速的
环境影响与社会应对

民国时期，中国社会经济发展进入了一个新的阶段，其最主要的特征就是现代化加速。所谓现代化在近代中国社会经济条件下实际上首先是指工业化，即中国经济由农业经济为主向工业为主的方向转化。而这个工业化的进程在中国历史进入民国时期后，由于各种因素的作用，明显地加速了。随着工业的发展和自然经济的解体，大量农民进入城市谋生，城市人口增加，城市经济膨大。到民国时期，中国城市化加速，不但城市数量增多，城市规模扩大，更重要的是城市越来越成为经济发展的中心和带动力量。与此同时，农业也在工业化的带动下发展起来，并因工业化的影响而嬗变。

第一节　工业化加速进程中环境问题的凸显与解决问题的努力

民国时期工业化的加速始于民国初年，并持续了 10 年左右，成为后人津津乐道的"黄金"发展时期。此后，中国工业遭遇了短暂的低潮期，在南京国民政府成立后再次出现发展高潮。又经过 10 年的发展，至 1937 年日寇入侵前，中国社会经济已经有了比较大的发展，工业化进程加速，并取得了比较大的成效。不过，随着工业化的发展，环境问题也开始凸显。由于发展是彼时社会经济领域的首要任务，人们对此一问题还没有给予足够的重视。当然，在这一时期，无论政府还是民间，无论工人、企业主还是科学家，各方都以自己理解的方式为问题的解决做出了探索和努力。

一、工业化的加速及其带来的环境问题

1. 辛亥革命后中国社会经济发展高潮的出现与工业化的加速

"革命就是解放生产力，革命就是促进生产力的发展"[1]，这是一句尽人皆知的名言，而这句蕴含深邃哲思的名言，在辛亥革命对我国社会经济的推动作用上体现得淋漓尽致。

1911年10月10日，武昌起义爆发。随后，在不到半年的时间里，清政府就在各省的起义浪潮中土崩瓦解。中国历史上第一个民主共和国——中华民国诞生，标志着辛亥革命获得成功。革命成功给备受封建专制束缚的人们带来了极大的喜悦，人们以极大的热情投入到发展工业、建设共和国的伟业之中。"政治革命，丕焕新猷，自必首重民生，为更始之要义；尤必首重工业，为经国之宏图。……往者忧世之士，亦尝鼓吹工业主义以挽救时艰，则以专制之政毒未除，障害我工业之发达，为绝对的关系，明达者当自知之。今兹共和政体成立，喁喁望治之民，可共此运会，建设我新社会，以竞胜争寸，而所谓产业革命者，今也其时矣。"[2]这段话典型地代表了那个时代人们的心声，反映了人民对新生的共和国的殷切期望，以及借助新制度的力量发展工业以自立于世界民族之林的迫切要求。

在这样的思想和心态的导引下，人们大力鼓吹发展实业，提倡实业建设的社会团体纷纷建立，提倡工业建设的杂志、刊物也纷纷出版。据不完全统计，仅1912年宣告成立的实业团体就有40余个。这些实业团体的共同宗旨就是振兴实业，强国富民。中华民国工业建设会宣布："本会以群策群力，建设工业社会，企图工业发达为宗旨。"[3]中华实业团宣称："本团提倡实业，厚利民生，以普及全国为宗旨"[4]。与此同时，人们还创办各种提倡工业建设的杂志、刊

[1]［苏］列宁：《全俄社会教育第一次代表大会》，《列宁全集》，人民出版社，1984年，第29卷，第327页。
[2]《中国工业建设会发起旨趣》，《民声日报》，1912年2月28日，收入汪敬虞编：《中国近代工业史资料》（第二辑下），科学出版社，1957年，第861-862页。
[3]《中华民国工业建设会草章》，《民声日报》，1912年2月29日，收入汪敬虞编：《中国近代工业史资料》（第二辑下），科学出版社，1957年，第860-861页。
[4]《中华实业团简章》，《太平洋报》，1912年10月1日，收入汪敬虞编《中国近代工业史资料》（第二辑下），科学出版社，1957年，第863页。

物，大力鼓吹发展实业，建设民生。1912 年至 1915 年出现的各类实业报刊如《中华实业界》等多达 50 余种，分布于全国 18 个省区，影响十分广泛。一些原有的报刊如《东方杂志》《大公报》等也新增报道实业建设情况的栏目，刊载了大量实业文论和时评报道，广泛宣称实业救国、实业建国，努力唤起民众的意识，普及实业知识，推进实业发展，并探讨和敦促政府厉行实业政策。

作为社会领导者的资产阶级也利用各种场合大力宣传和鼓吹实业救国，唤起人们努力发展工业的决心。孙中山在武昌起义后的回国途中致电国民军政府，指出："此后社会当一工商实业为竞点，为新中国开一新局面。"[1]就任临时大总统后，孙中山也多次指出："中华民国缔造之始……建设之事，更不容缓。"[2]"实业为民国将来生存命脉，今虽兵战未息，不能不切实经营，已成者当竭力保存，未成者宜先事筹划。"[3]不再担任临时大总统后，孙中山依然热心于从事各种促进实业的活动，仅 1912 年就身兼全国铁路督办、中华民国铁道协会会长、上海中华实业联合会会长、中华实业银行名义总董、永年保险公司董事长等多项社会职务。他在中华实业联合会的演讲中说："余观列强致富之源，在于实业。今共和新成，兴实业实为救贫之药剂，为当今莫要之政策。"[4]在该会的欢迎会上，孙中山又重申，"仆之宗旨，在提倡实业，实行民生主义。"一同到会的江苏都督陈其美也表示，"工商之发达必须鼓吹实业"[5]。同一时期颇有影响的立宪派头领、多次担任北洋政府农商总长的张謇也说："今欲巩固民国，非振兴工商各项实业不可。"[6]由日本返国的另一资产阶级代表人物梁启超也在北京总商会的欢迎会上说："在今日尤为一国存亡之所关者，则莫如经济之战争。"[7]此时，民间创办的各种提倡实业的社会团体也利用诸如演讲、办报等各种机会，大力宣传举办实业、发展工业的重要性。

政府的政策对于工业化的加速发挥了重要作用。南京临时政府在孙中山的领导下，以促进社会经济发展为目的，颁布了一系列政策法令。这些政策法令

---

[1]《孙中山全集》，中华书局，1981 年，第 1 卷，第 547 页。

[2]《临时政府公报》第 1 号。

[3]《临时政府公报》第 27 号。

[4]《孙中山全集》，中华书局，1982 年，第 2 卷，第 340 页。

[5] 本埠新闻，《申报》1912 年 4 月 18 日。

[6]《实业联合会欢迎孙中山记事》，《民立报》，1912 年 9 月 27 日。

[7]《梁任公先生演讲集》（第一辑），第 37 页。以上有关人物情况的叙述参考了汪敬虞主编的《中国近代经济史（1895—1927）》第十一章第二节的内容（人民出版社，2000 年）。

包括：第一，保护工商业者的私有财产不受侵犯，有经营工商、矿物、交通运输等业的自由。为此，除《临时约法》有明文规定以外，内政部还专门颁发了《保护人民财产令》，规定"凡在民国势力范围之人民，所有一切财产，均应归人民享有"。并且命令京内外各级官署切实遵行照办，"以安民心而维大局"。第二，厘定商业注册章程，鼓励创办各类公司和实业。第三，交还被强行没收的商产，为发展实业创造条件。第四，倡导兴农垦殖，鼓励开垦荒地。第五，制定银行条例，倡导兴办银行，为工业发展提供融通资金的方便。除这些主要的政策以外，临时政府还颁布了禁止买卖人口、恢复市场秩序、支持成立民间实业团体等一系列有利于恢复和发展经济的政策和措施。

虽然南京临时政府存在时间不长，但是它为民国初年经济的恢复和再兴，提供了观念的和政策的有力依据和条件。这些思想和政策与实业救国、实业建国的热潮相互激荡，相互促进，形成了发展民族经济的浩荡潮流和社会环境，对此后历届政府制定经济政策和法规，产生了一定的示范作用和导向作用。

北洋政府上台以后，为了尽快恢复和发展社会经济，加强政府的经济管理能力，以便稳固政权维护统治，也先后制定和颁布了一系列的政策法规。据统计，到 1921 年一共制定发布了 40 余项经济法规，涉及工商、农林、矿冶、金融、利用外资和侨资等社会经济的方方面面。具体包括提倡和鼓励设立公司、扶植保护工商业；提倡和鼓励开采矿产，保护矿主利益——农商部在 1914 年先后颁布了《矿业条例》及实行细则、《矿业注册条例》及实行细则；提倡和鼓励开垦荒地，奖励农副业生产；鼓励设立发展新式银行，积极改革币制，聚集社会闲散资金，为工业的发展提供资金方便；鼓励和提倡国货，减免土货税收，鼓励出口，为工业发展开拓市场，努力推进中国自己的民族工业的发展。

政策的改变和不断完善给予工业发展以制度的保障，加之社会对于发展工业的渴望，这些都给予工业发展以极大的推动。更重要的是，中国工业经过自强运动时期的起步和清末 10 年的发展，已积累了一定的经验和必要的资金，并培养了必要的技术人才，为进一步的发展奠定了基础，由此中国工业化的加速就成为必然。

工业化的加速，首要特征就是新企业的不断出现，民国肇始的最初几年，几乎每天都有新公司注册，令实业部应接不暇。据农商部统计，辛亥革命前后历年设立的资本额在 1 万元及以上的民用工矿企业 1911 年为 40 家，资本额 576 万元；1912 年为 85 家，资本额 1 038 元；1913 年为 79 家，资本额 1 358.7 万元；1914 年 102 家，资本额 1 486.8 万元。革命后的设厂数为革命前的 2.5 倍。[1]

1914 年以后，由于第一次世界大战的爆发，中国民族工业获得了宝贵的发展时机。抵制外货运动在此一时期也显著高涨，为工业发展提供了良好的产品市场，工业化浪潮因缘于此时机继续以相当快的速度发展。棉纺织、面粉等民族工业的支柱行业皆因进口锐减而获得快速发展。棉纺织业在大战期间出现了一个扩大生产、更新设备的热潮。据统计，全国华商纱厂拥有纱锭数量 1914 年为 50.2 万枚，1921 年猛增到 123.8 万枚，布机数量 1914 年为 2 566 台，1921 年达到 6 675 台[2]，实收资本从 1913 年的 1 423 万余元，迅速上升到 1921 年的 9 842 万元，增加了 6 倍之多[3]。在利润积累较快、资本较为充裕的条件下，不少纱厂对厂房和技术设备进行了更新改造，其中最重要的是改蒸汽引擎为电力马达，不但节省了燃料费用，还使原来使用人力的工序改用机器动力。经过大战及其后几年的发展，棉纺织行业的面貌发生了比较大的变化。民族工业的另一支柱行业机器面粉业也获得了显著发展。大战爆发前，中国为面粉入超国，1915 年起开始出超，出超 1.92 万担，1918 年猛增至 200 万担，1920 年达到 344.98 万担，总计 1920 年出口面粉 396 万余担，是 1913 年出口量的 33.14 倍。[4]面粉价格也呈上升趋势，而小麦价格由于产量稳定增长，市场供应充足，反而呈下降趋势。这给面粉业带来了高利润，面粉业由此迅速发展起来，新的机器面粉厂不断出现。1914 年至 1921 年累计新创办面粉厂 100 家，资本总额 2 341.3 万元，日产能力为 2 294.53 包[5]。老厂亦不断增添设备，扩大生产。截至 1921 年，全国实存面粉厂总计 137 家，资本总额 3 286.9 万元，日产能力为 312 643 包[6]，形成了中国机器面粉业发展的最好时期。此外，火柴、机器制造、榨油、锑钨开采、化工、烟草等行业都获得了快速发展。1914 年至 1920 年工业产业资本的平

[1] 杜恂诚：《民族资本主义与旧中国政府》，上海社会科学院出版社，1991 年，第 31、第 107 页。

[2] 许涤新、吴承明主编：《中国资本主义发展史》（第二卷），人民出版社，1990 年，第 860 页。

[3] 丁昶贤：《中国近代棉纺工业设备、资本、产量、产值的统计和估量》，《中国近代经济史研究资料》（6），上海社会科学院出版社，1986 年，第 95 页。

[4] 许涤新、吴承明主编：《中国资本主义发展史》（第二卷），人民出版社，1990 年，第 868 页。

[5] 上海市粮食局等编：《中国近代面粉工业史》，中华书局，1987 年，第 41、第 46 页。

[6] 上海市粮食局等编：《中国近代面粉工业史》，中华书局，1987 年，第 48 页。

均年增长率为 10.54%[1]。一些主要行业的增长率更高，面粉业为 22.8%，卷烟业为 36.7%，棉纺织业为 17.4%[2]。从投资额看，1914 年至 1921 年棉纺织业的年均增长率为 27.35%，由 1913 年的 1 423 万元增长到 1921 年的 9 842 万元，增长速度为 691.6%[3]；面粉业年均增长率为 17.69%，由 1913 年的 884.7 万元增长到 1921 年的 3 256.9 万元，增长速度为 368%[4]；卷烟业年均增长率为 36.7%，由 1913 年的 138 万元增长到 1921 年的 1 680 万元，增长速度为 1 219.4%[5]。

经过这一时期的发展，中国的工业特别是私人资本主义工业获得长足进步，中国社会经济的面貌已经发生了不小的变化。至 20 世纪 20 年代初，近代工业已经成为中国社会经济中具有重要影响的组成部分，其产值占到工农业总产值的 4.87%。其后，再经过十余年的快速发展，中国的近代工业资本增长了一倍以上，其产值占到了工农业总产值的 10.8%[6]。国内生产总值也从晚期的负增长变成了正增长，年均增长率为 0.16%[7]。

随着工业的高速发展，环境问题逐渐显现，一方面体现为工人生产、生活环境的恶劣，另一方面体现为对自然环境的干扰和破坏。

2. 工业经济发展中的环境问题

在近代中国备受屈辱的大环境下，工业生产中民族企业生存的压力很大。这主要是由于强大的外资在华企业的存在，以及民族企业资金困难和由此带来的生产条件落后等问题造成的。为了生存，在观念上，资方的注意力主要集中于生产效率的提高和利润的增加，对于生产中的环境问题、安全生产问题以及由于这些问题的存在给工人带来的痛苦则很少关注，“厂主每偏重资本之筹集，原料之采置，销场之扩充，而于工厂设备、劳资关系漠然视之”，“劳工工作陷于悲惨之境”[8]。因此，工业生产中工人的生产环境之恶劣，从世界的情况来看，称其最为恶劣并不为过。

---

[1] 许涤新、吴承明主编：《资本主义发展史》（第二卷），人民出版社，1990 年，第 1047 页。
[2] 吴承明：《中国资本主义与国内市场》，中国社会科学出版社，1985 年，第 125 页。
[3] 丁昶贤：《中国近代棉纺工业设备、资本、产量、产值的统计和估量》，《中国近代经济史研究资料》（6），上海社会科学院出版社，1986 年，第 95 页。
[4] 上海市粮食局等编：《中国近代面粉工业史》，中华书局，1987 年，第 33-34、第 43-44 页。
[5] 许涤新、吴承明主编：《中国资本主义发展史》（第二卷），人民出版社，1990 年，第 879-880 页。
[6] 吴承明：《中国资本主义与国内市场》，中国社会科学出版社，1985 年，第 127-132 页。
[7] ［英］安格斯·麦迪森：《中国经济的长期表现》，上海人民出版社，2008 年，第 46 页。
[8] 刘巨壑：《工厂检查概论》，朱序、自序，商务印书馆（上海），1934 年。

　　这种工业生产中的环境问题突出地表现在空气质量低下、有害物质危害工人健康和生产事故频繁等方面。

　　（1）生产场所空气质量低下以及由此给工人健康带来的危害

　　民国时期的工业生产普遍存在生产场所空气质量差的问题，特别是在一些对温度要求高又易产生粉尘的行业，问题就更明显。

　　例如民族工业的支柱行业棉纺织业，其空气质量低下的问题就非常突出。棉纺织厂最主要的生产原料是棉花，棉花这种植物对于空气的湿度非常敏感，湿度过高或者过低都不利于棉花的加工，从而最终影响产品的质量，"空气湿度，对于纺织工程极关重要……就棉之范围而言，大概都知道纺宜干，织宜湿"[1]。具体而言，纺织厂各工序要求的湿度：混打棉部为 34%，梳棉部为 48%，粗纺部为 44%～55%，精纺部为 52%～60%，摇纱成包部为 69%，经纬纱包部为 63%～70%，织布部为 80%～95%[2]。上述部门中，混打棉部的湿度要求最低，织布部门的要求最高。然而，在常态下要达到这样的湿度并非易事。因此，棉纺织厂都采取了相应的措施，"在织布间，每部织机的头上就有一个不断地放射蒸汽的喷口，伸手不见五指，对面不见他人！"[3]如此高度湿气的环境，显然不利于人类的活动。从人体健康的角度出发，最适宜人类生存的湿度为 30%～50%，过高或者过低都会影响人体健康。当时，棉纺织厂的工人每天需要工作 10～12 小时，"如果碰上日夜班调班，则连续要做十八小时"[4]。他们整日在这种异于常态、充斥着湿气的环境中工作，其难受程度可以想象。当年乔装混进纱厂的夏衍曾经对工人的悲惨境遇有详细的描述；他写道："湿气的压迫，也是纱厂工人——尤其是织布间工人最大的威胁。她们每天裹着黄霉，每天接触着一种饱和着水蒸气的热气。按照棉纱的特性，张力和湿度是成正比例的。说得平直一点，棉纱在潮湿状态比较不容易扯断，所以车间里必须有喷雾器的装置。……身上有一点被蚊虱咬开或者机器碰伤而破皮的时候，很快就会引起溃烂。盛夏一百十五六摄氏度下面工作的情景，那绝不是'外面人'所能想象的了。"[5]这种高潮湿的环境在高温的夏季会变得更加严重，为了保持湿度，生产车间往往密闭不通风，于是就

---

[1] 朱公权：《棉纺织厂之标准湿度》，《纺织周刊》1932 年第 2 卷第 25 期，第 658 页。
[2] 朱公权：《棉纺织厂之标准湿度》，《纺织周刊》1932 年第 2 卷第 25 期，第 658 页。
[3] 夏衍：《包身工》，解放军文艺出版社，2000 年，第 10 页。
[4] 上海社会科学院经济研究所编：《荣家企业史料》（上册），上海人民出版社，1980 年，第 126 页。
[5] 夏衍：《包身工》，解放军文艺出版社，2000 年，第 10 页。

形成了湿度极高同时温度又极高的环境。在这种环境下从事生产活动，对工人的身体健康极为不利，除了上述夏衍提到的皮肤溃烂，最常见的病患就是感冒。"因厂内温度较厂外相差太高，每一出入，易受寒气之侵袭"，因而极易外感风寒而罹患感冒。尤其是夜班工人罹患疾病的概率更大，夜间室内外温差更大，工人就更易罹患感冒，"因出厂入厂间空气冷然之不均，致多病感冒"[1]。更有甚者，因温度过高和湿度过大，还导致体弱的工人晕倒甚至死亡，"昨晨一时许，本邑（无锡）申新第三纱厂机间工人名小和尚（年三十余岁）因受闷热不支，突然昏厥倒地，未几即不治而死。"[2]另外，由于湿热的原因，痱子、热疖、疥癣等因高温、高湿引起的疾患更是工人中常见的疾病。

　　除了高湿，棉纺织业的生产环境还存在严重的空气浑浊问题。棉纺织厂要将原棉最终织成面向市场销售的布匹，中间要经过多道工序，每一道工序都要跟含有大量粉尘和纤维的棉花打交道。因此，纺织厂的空气中常充盈着大量尘埃和棉纤维。夏衍当年调查包身工的情况后对此也曾经有过极其细致的描述："精纺粗纺间的空间，肉眼也可看出飞扬着无数的'棉絮'"，"一个人在一条'弄堂'（两部纺机的中间）中间反复地走着，细雪一般的棉絮依旧可以看出积在地上。弹花间、拆包间和钢丝车间更可不必讲了。……在那种车间里，不论你穿什么衣服，一刻会儿就一律变成灰白。爱作弄人的小恶魔一般的在室中飞舞着花絮，'无孔不入'地向着她们的五官钻进，头发、鼻孔、睫毛和每一个毛孔，都是这些纱花寄托的场所；……做十二小时的工，据调查每人平均要吸入〇·一五克的花絮！"[3]除了棉絮，充斥在生产车间空中的还有裹挟在棉花中的棉叶碎片等杂质，"清花车间是工厂里最嘈杂、灰尘最多的部门之一，将棉花纺成纱的第一步将在这里进行。杂乱的棉花被打碎、抖松、洗净。"[4]在工人工作的过程中，这些杂物会飞扬起来，并加入棉絮的行列飘浮在空气中。另外，有些纺织厂的厕所就建在车间旁边，仅以木门隔开，厕内空间狭小，致使臭气进入

[1] 吴鸥主编：《天津市纺纱业调查报告》，收入李文海主编：《民国时期社会调查丛编二编》（近代工业卷中），福建教育出版社，2010年，第751、第575页。

[2]《申报》1935年7月15日，转引自上海社会科学院经济研究所编：《荣家企业史料》（上册），上海人民出版社，1980年，第567页。

[3] 夏衍：《包身工》，解放军文艺出版社，2000年，第9-10页。

[4] ［美］艾米莉·洪尼格：《姐妹们与陌生人——上海棉纱厂女工，1919—1949》，江苏人民出版社，2011年，第35页。

车间[1]，就使得车间的空气质量更加糟糕，不但混杂有大量漂浮物，使气味更加难闻，工人的生产条件由此更加恶劣。

在这样恶劣的空气条件下长久工作，对工人身体的危害是显而易见的。最普遍和最明显的疾患是眼疾，"空气中飞絮迷目，日久则引起各种目疾"，患目疾后必然眼部不舒服，工人就常用手揉摸眼部，则更加重眼疾，"司机之工人，于工作时间常摸眼，则害眼病者多。"[2]工人患眼疾之多，在工人职业病中居第三位，前两位则为由于卫生和饮食条件太差引起的疟疾和痢疾，而这两种疾病为当时社会条件下比较普遍的疾病，排在前两位并不令人奇怪，而眼疾紧随其后，成为纺织厂工人的职业病之一，则反映了纺织厂空气质量低下带来的独特问题。另外还有一种严重危害工人健康的疾病常常被忽略，因为这种的疾病不积累到一定程度是不容易被发现的，这就是空气混浊引起的肺病，"尚有一种工人表面视之似若无病，而察其内部，受病实深，如清粗二部之工人，飞花吸入腹中，所染之肺病"[3]。由于肺病的不易察觉，所以当时的许多调查报告中往往不提及，提到最多的是最明显的妇科疾病、因饮食不规律引起的胃病等，但上述文字显然泄露了端倪。灰尘还是各类病菌、病毒寄生的有利场所，在灰尘密布的地方，必然充斥大量有害菌类，从而易导致传染病的发生。加之某些纺织厂并不注重厂房的合理规划，厕所距离厂房过近，又导致厕所滋生各类有害菌进入生产车间，从而加大传染病发生的概率。根据吴鸥等人的调查，天津地区纺纱业中排在前两位的疾病是疟疾和痢疾，此两病均为传染病，为病菌流行引起。由于条件的恶劣和病菌的流行，甚至霍乱这种烈性传染病也时有发生，从而严重危害工人的健康乃至生命安全。

恶劣的工作环境对女工和童工的危害更大。根据国民政府实业部中央工厂检查处1934年的调查，申新第三纱厂女工中患有月经痛、月经不准、白带过多等妇科疾病的人很多，其中患有月经痛病的女工在纱厂各部门分别占27.8%至58.8%，罹患此类疾病百分比最高的是织布部，最低的是粗纱布。这种情况显然与纱厂生产对湿度的要求有正对应关系，湿度要求最高的织布部门的女工患

[1] 吴鸥主编：《天津市纺纱业调查报告》，收入李文海主编：《民国时期社会调查丛编二编》（近代工业卷中），福建教育出版社，2010年，第642页。
[2] 吴鸥主编：《天津市纺纱业调查报告》，收入李文海主编：《民国时期社会调查丛编二编》（近代工业卷中），福建教育出版社，2010年，第674页。
[3] 吴鸥主编：《天津市纺纱业调查报告》，收入李文海主编：《民国时期社会调查丛编二编》（近代工业卷中），福建教育出版社，2010年，第751页。

病率最高。另外，罹患各类湿病如关节炎等疾病的工人也很多。高温工作环境还过度消耗了工人的体能，加之工人工资的微薄和饮食的窳漏，又使得工人患贫血病的概率增加，国民政府实业部中央工厂检查处 1934 年的调查显示，贫血为此次被检查工人之通病，"但在温度较高处工作者，如纺织厂之细纱、织布……等处工人较重。"[1]至于童工，除罹患上述疾病外，恶劣的工作环境还影响了他们的生长发育。根据王子建、王镇中等人的调查，20 世纪 30 年代，纺织业招募工人的身高最低限女工和童工为 4 英尺 6 英寸[2]，折合公制为 137.16 厘米。从现代的标准来看，这个最低标准显然过于低矮了，虽然高于这个尺寸的工人会有不少，但是人们普遍身高矮小显然是造成这样一个准入标准的重要原因。如果说童工适用于这个标准还情有可原的话，那么作为成年人的女工也适用这个标准则表明成年人的身高过于矮小，这充分说明由于多年恶劣环境的折磨，童工的身体没有获得充分的发育，因而造成了身材发育的迟缓和停顿。

棉纺织厂中的这种空气质量问题还在同为纺织业的丝织业、毛纺业、地毯业等行业中广泛存在，其他如烟草、矿山、水泥、制药、造纸等诸多行业中也是如此。例如卷烟业的生产也普遍存在高温高湿和空气混浊问题，"烟叶部的室内温度很高，为了保证烟叶不破损，还要保持很大的湿度。冬天，室内室外的温度相差达 80 摄氏度，许多工人都患有慢性支气管炎。当烟叶被抽梗、撕成小片时，空气中充满了尘粒。黄色的蒸汽迷茫在车间里，使得工人们的汗和痰都现出一种浅黄色。不少工人因为要与湿热的烟叶长时间接触，他们的衣服往往湿透，手上起泡。"[3]有些卷烟厂设在经济发达的江南，这些地区水资源丰富，空气湿度相对较大，特别是每年的梅雨季节，空气湿度就更大，厂房为了保证产品质量，"天气愈是闷热，窗门愈是要关紧，不许打开，避免香烟发霉。""厂里的地板，总是一两个月才洗一次，勤的半个月洗一次，扫地的时候也不洒水，所以空气中充满了烟草的碎屑，吸到鼻子里，说不出的难过。"[4]在英美烟公司，资方"规定许昌路烤烟厂黄叶子间维持高温高湿，温度维持 80° 以上。并且还

[1] 实业部中央工厂检查处编：《民国二十三年中国工厂检查年报》，转引自上海社会科学院经济研究所编：《荣家企业史料》（上册），上海人民出版社，1980 年，第 569 页。

[2] 王子建、王镇中：《七省华商纱厂调查报告》，收入李文海主编：《民国时期社会调查丛编二编》（近代工业卷中），福建教育出版社，2010 年，第 61 页。1 英尺约等于 0.305 米。

[3] ［美］裴宜理著，刘平译：《上海罢工——上海工人政治研究》，上海人民出版社，2001 年，第 193-194 页。

[4] 中国科学院上海经济研究所上海社会科学院经济研究所编：《南洋兄弟烟草公司史料》，上海人民出版社，1960 年，第 293-294 页。

用喷雾风扇喷水汀或水气，工人在这种条件下劳动苦不堪言……夏天高温高湿，工人操作片刻，就汗流浃背，周身贴满了烟末烟灰，连出的汗吐出的痰都变成了黄的。冬天因车间与外界温差大，以及空气中烟灰的刺激，工人极易罹感冒或生关节炎，并且常因无力医疗或怕被洋资方借词开除，所以常常拖成更严重的疾病，如鼻炎、急性慢性气管炎，甚至是肺病等。"[1]

烟草业的生产环境非常恶劣，所以许多工人都把自己在这种杂乱、肮脏的环境下的劳动称为"垃圾生活"[2]。这一方面固然与生产场所的肮脏不堪、难以忍受有关，另一方面又与恶劣的环境给工人的身体健康带来的严重危害有关，而这种危害显然超过了纺织业，因为烟草生产环境中的空气混浊的问题不但与尘屑有关，还与烟草中含有的尼古丁有关。"香烟中含有"尼可丁"一类毒质，厂里不清洁，吸到鼻子里日子多了，鼻腔就会溃烂发炎，轻的发头痛，流鼻涕；重的鼻子常常要失掉作用，不能嗅味，不能呼吸，最后鼻孔一点不通，完全要用嘴呼吸。我们只要到烟厂里去看看工人用的痰盂，里面都是浓鼻涕，这就可以证明鼻炎病的普遍和严重性了。鼻子是人的主要呼吸器官，鼻子有病，直接会影响到肺部，加上饮食不好和时常受饿受气，所以生肺病和干血痨的人非常之多。"[3]也就是说，烟草厂的空气质量问题更加严重，工人的疾患因尼古丁的毒素问题的存在更加严重，比之纺织业又多了一层危害。

在煤矿等采掘业中，由于大量长期接触粉尘，工人罹患硅肺病的非常多。从煤矿的情况看，无论是开掘巷道还是采煤，一般没有防尘措施，也没有防尘用的护体设备。在开凿的时候为了节约成本一般采用旱锤，也即没有喷水装备的凿岩工具打眼。用这样的工作方法开凿巷道，"致使巷道中矽尘弥漫，象在浓雾中一样，伸手不见五指。镀灯被石尘笼罩，迷迷蒙蒙，远看象香火头一样，工人在这里做窑，呛得上气不接下气。风锤虽然紧手锤效力高，因为是干打眼，开起钻来矽尘飞扬，比使用手钻更加厉害。风锤嘴有二百毫米，打眼时人离巷道断面的石壁也只有二百毫米，开钻打眼时矽尘扑面，眼睛简直没法睁开。特别是放炮之后，巷道中石烟密布，对面不见人。往里开凿巷道，因为都是死洞，掌子头上进不去多少风，烟尘更难消散，而包工头为了多进尺，多赚钱，只要

[1] 上海社会科学院经济研究所编：《英美烟公司在华企业资料汇编》（第三册），中华书局，1983年，第1051-1052页。
[2] 上海社会科学院经济研究所编：《英美烟公司在华企业资料汇编》（第三册），中华书局，1983年，第1052页。
[3] 中国科学院上海经济研究所上海社会科学院经济研究所编：《南洋兄弟烟草公司史料》，上海人民出版社，1960年，第294页。

炮声一响，不等石尘消散，就立即逼着工人钻进烟雾中继续干活，工人被呛得大气不敢出。"那时一班五个工人，"经常让烟尘薰倒两三个，昏过去后，被拽出掌子头来，喷点水，苏醒以后，又得进去干活。这样一班做完以后，工人浑身上下都盖满了一层白色粉面，一个个都成了白面人，嘴里、耳朵里、鼻孔里都被矽尘糊住，吐口唾沫，咳口痰，里面也都是矸子面。因此在白掌中劳动的绝大多数工人都得了矽肺病。据调查，解放前在白掌工作的工人，工作十年左右，就有百分之七八十患有矽肺病，有的掌子甚至达到百分之百。"[1]上面所述是开滦煤矿的情况，其他煤矿的情况应当不会更好，只能更差，因为开滦煤矿是英帝国主义窃取后控制的煤矿，其资本是民国时期中国煤矿中最雄厚的，生产技术和设备也是最先进的。此外，在黑掌中工作的工人即直接采煤的工人也不能逃脱厄运。"由于井下没有通风设备，用干打眼的办法，所以空气里充满了煤尘、碳酸气，使工人得了很多痛苦而危险的肺部疾病；如哮喘病，特别是矽肺病（即黑痰病）。它是由细微的煤屑侵入人肺的各个部分所引起的。这种病症是全身衰弱，面黄肌瘦，呼吸困难，吐黑色的浓痰。"[2]也就是说，工人无论是在开凿巷道时还是在采煤时，都面临着由于大量粉尘的充溢而十分恶劣的空气环境。由于防护措施的缺失，最终造成了矿工大量罹患硅肺病。

李大钊言："他们终日在炭坑里做工，面目都成漆黑的颜色，人世间的空气阳光，他们都不能十分享受。这个炭坑仿佛是一座地狱。这些工人仿佛是一群饿鬼。有时炭坑颓塌，他们不幸就活活压死，也是常有的事情。"[3]

总之，工业生产中的空气质量问题，一方面是与生产的特性有关，如纺织业生产中棉絮、细毛等飘浮物充斥空气中，煤矿空气中充斥大量粉尘等；另一方面则与工厂的卫生不洁有关，如缺乏打扫而产生的尘埃等。上述不洁物一方面不利于呼吸，另一方面有利于病菌的寄生和传播，加之工人劳动强度过大和劳动时间过长等问题的存在，导致了大量的职业病的发生。

（2）生产环境中的有毒物质对工人身体健康的危害

工厂生产中产生有害物质并带来的各种问题，最突出地表现在化学工业中。化学工业包括众多行业，涵盖了硫酸工业、纯碱工业、火药军工业、电化

[1] 郭士浩主编：《旧中国开滦煤矿工人状况》，人民出版社，1985年，第163-164页。

[2] 北京师范大学历史系三年级、研究班编写：《门头沟煤矿史稿》，人民出版社，1958年，第15页。

[3] 明明（即李大钊）：《唐山煤厂的工人生活》，原载《每周评论》，1919年3月9日，转引自《北方地区工人运动资料选编1921—1923》，北京出版社，1981年，第96页。

学工业、化肥工业、医药工业、火柴工业、皂烛工业、制革工业、造纸工业、橡胶工业、水泥工业、玻璃工业、油漆工业、酒精工业、燃料工业、日化工业、食用化学工业等。在上述化学工业行业中，除极少数行业外，绝大多数行业在生产过程中都会产生有毒物质，如果防御措施不到位，必然会给人体带来危害。不幸的是，大多数行业和工厂对此问题并不重视，更加重了问题的严重性。

　　以化学行业中产生比较早且发展比较快的火柴业和橡胶业为例。中国的火柴业早在19世纪70年代就产生了，至光绪二十六年（1900年）已有火柴厂16家。到清王朝覆亡，又增加到30余家[1]。进入民国以后，借资本主义黄金发展时期、"五四运动"和人民群众抵制外货之力，民族火柴制造业进入快速发展轨道，到1927年已有华资火柴厂113家。1937年日寇全面侵华前，又新开设75家火柴厂[2]。至此，除去倒闭以及合并的厂家，中国国内实存华资火柴厂99家，年产火柴1 827 000箱[3]。外资在中国办厂生产火柴始于光绪六年（1880年），为英国人美查在上海开办的燧昌自来火局。甲午战争后，"日本获得在华设厂之权，更复大肆活跃，先后在我国各地设厂制造"[4]，至第一次世界大战前共计设厂4家。第一次世界大战后，日资火柴厂迅速扩张，从1915年到1926年又开设16家，年产火柴22万多箱[5]。到20世纪30年代上半期，又增加到23家[6]。与此同时，瑞典火柴托拉斯大举进入中国，除倾销本国产品外，还大肆在中国设厂，先是控制了日本的火柴工业，然后又通过日本在华火柴厂达到在中国设厂的目的。"在1926年，瑞典火柴公司与东北的吉林、日清两家日本火柴厂合作，控制了60%的股权，接着又收买了大连燐寸株式会社。……1928年它又收买了上海、镇江的日商燧生火柴厂"[7]。通过收买各大火柴工厂，瑞典火柴商

[1] 中国科学院经济研究所中央工商行政管理局资本主义经济改造研究室主编，青岛市工商行政管理局史料组编：《中国民族火柴工业》，中华书局，1963年，第5-6页；陈歆文：《中国近代化学工业史》，化学工业出版社，2006年，第103页。
[2] 中国科学院经济研究所中央工商行政管理局资本主义经济改造研究室主编，青岛市工商行政管理局史料组编：《中国民族火柴工业》，中华书局，1963年，第21、第36-37页。
[3] 国民政府经济委员会：《火柴工业报告》，收入陈真等编：《中国近代工业史资料》（第四辑），生活·读书·新知三联书店，1961年，第630-640页。
[4] 国民政府经济委员会：《火柴工业报告》，收入陈真等编：《中国近代工业史资料》（第四辑），生活·读书·新知三联书店，1961年，第628页。
[5] 中国科学院经济研究所中央工商行政管理局资本主义经济改造研究室主编，青岛市工商行政管理局史料组编：《中国民族火柴工业》，中华书局，1963年，第24页。
[6] 邹鲁：《日本对华经济侵略》，国立中山大学出版部，1935年，第285-286页。
[7] 中国科学院经济研究所中央工商行政管理局资本主义经济改造研究室主编，青岛市工商行政管理局史料组编：《中国民族火柴工业》，中华书局，1963年，第26页。

巩固了地盘，"又乘中国内乱广东火柴工业大半破产，乃侵入华南一带，至斯瑞典火柴势力已布满中国全境。"[1]

上述数量庞大的中外火柴厂都在中国境内生产，一方面带来了就地采购原材料的竞争，并因此对自然环境产生了影响。另一方面由于生产装备的落后，生产条件的恶劣，又带来了生产、生活环境的污染问题。

火柴生产主要由火柴头和火柴梗的制造两部分构成，有毒物质毒害问题主要存在于火柴头生产这一环节。早期的火柴药料主要有黄磷、赤磷、硫化磷等几种不同的药料配制。受资本和技术力量的限制，中国民族企业最初只能生产技术含量低的黄磷火柴，如光绪五年（1879 年）创办的广东巧明火柴厂生产的就是黄磷火柴。即使是清末民初华资火柴业中规模最大、资本力量最强的燮昌火柴厂也不断生产黄磷火柴。"这个厂制造的黄磷火柴，有毒性，又容易自燃，使用不安全，在国外早被淘汰，可是生产过程简单，成本低廉，适合当时农村需要，所以我外祖父靠它发了家。"[2]至 1926 年，中国生产黄磷火柴的厂家仍然有 80 余家之多[3]。

黄磷火柴主要用氯酸钾和黄磷制成药头，然后用树胶粘在火柴梗上，用于引火。其生产工序主要有混合工序、浸渍工序、干燥工序和装匣工序四道。在混合工序阶段，主要是将黄磷以及其他物质放在水中，然后搅拌，使之溶化，以利于火柴头的制作。这道生产工序的"屋子都很小，也没有特种的换气设备。磷蒸气从混合液的表面上放出来，空气里就充满了好像大蒜那种的臭气。从没有防止工人吸入这种蒸气的方法。"[4]在这道工序中，工人是直接接触有害气体的，但却没有任何防护措施。

混合工序完成后是浸渍工序。这道工序主要是将准备好了的轴木浸入已混合好的药液中，需要工人手工操作将轴木放到用火烧热的药液中。这些药液事先被放置在一个扁平的槽中，工人待轴木放入后将药液刮开，使之均匀地敷于火柴头上。"工人在每次浸渍后，去刮平浆液的时候，向着槽上伛着，简直不去管他的嘴离槽很近。手上也因为时时接触槽中的浆液，粘着少许而发出同样的烟雾。"在这道工序中，工人不但要在有害气体中生产，还要直接接触有害物质。

[1] 陈真等编：《中国近代工业史资料》（第二辑），生活·读书·新知三联书店，1961 年，第 831 页。
[2] 刘念智：《实业家刘鸿生传略 ——回忆我的父亲》，文史资料出版社，1982 年，第 14 页。
[3] 孙居里：《中国火柴厂的概况及磷毒》，《自然界》1926 年第 1 期，第 57 页。
[4] 孙居里：《中国火柴厂的概况及磷毒》，《自然界》1926 年第 1 期，第 57-58 页。

浸渍之后，生产工序进入干燥阶段，就是将已经浸渍的火柴烘干。这道工序的生产车间"空气很热很热，磷的臭味也特别强烈"。在烘干的过程中，工人并不留在室内，而是等到烘干后才进入，因此这道工序对工人身体的危害稍稍小一些。但是，在有的工厂"这种房间与其他正在工作的地方相通连，也没有别种换气的方法。"因此，烘干过程中产生的大量有害气体会直接进入其他生产车间，污染其他车间的空气，从而危害工人的健康。

最后一道工序是装匣，也就是将生产成品装入火柴盒中。在这道工序中，生产工人大部分是女工和童工。"童工年龄都在五六岁以上，都是用手去装的，工作很敏捷。做工若干时后，在手上就觉着有很强烈的磷臭。在他们洗手的水里，可以收回多量的磷；当然至少还有一部分，常在用没有洗过的手吃东西的时候，送入口中。空气中也充满了磷的臭味，这个，一部分是因为干燥的火柴，仍继续的蒸发出磷蒸气的缘故，但大部分还有别的原因。装匣的时候，因摩擦而其自燃的事，也不是不常见的，这个时候，全匣的火柴都烧去，烧后就生出重沉的磷氧化物的白色烟雾，全室的空气于是就成朦朦胧胧的了。"[1]

纵观火柴头生产的各个环节可以看出，每一道工序都会产生大量危害工人身体健康的有害气体和剧毒物质，长期多量接触这些有毒物质"会使诱发一种疾病，叫做磷质骨疽，就是人们的上颚或下颚骨之腐坏。这种病症颇多发生在厂工作之人，尤其不健康的工人，患者更多。"[2]在火柴大王刘鸿生的厂中，"火柴工人生活的痛苦，并不在他们的待遇，而是在一种硫磺、硝酸、磷的气味，这种气味，不仅是难闻，而且是大有害于身体的健康。而火柴的原料，就是硫磺、硝酸、磷几种。火柴工厂里工人，除了梗片科而外，谁也免不了这一种'浩劫'。因此，火柴工厂里工人，大都是有肉无血，黄皮骨瘦的。"[3]天津社会局1930年的调查显示，丹华火柴厂成立"将近念载，而因齿病伤害之工友已不下20余人。"[4]有的工人甚至因此丧失了生命[5]。

磷毒带来的更为严重的危害是给童工和女工的身体健康造成的损害。由于资方追求高利润以及火柴生产的非重体力性，火柴厂雇有大量女工和童工。根

[1] 孙居里：《中国火柴厂的概况及磷毒》，《自然界》1926年第1期，第57-61页。

[2] 周萃礼：《火柴工业》，商务印书馆，1951年，第8页。

[3] 上海社会科学院经济研究所编：《刘鸿生企业史料》（中册），上海人民出版社，1981年，第295页。

[4] 天津市社会局编印：《天津市火柴业调查报告》，1931年，第14页。

[5] 上海社会科学院经济研究所编：《刘鸿生企业史料》（中册），上海人民出版社，1981年，第296、第322页。

据国民政府 1933 年的统计，在火柴厂中，童工、女工常常占到工人总数的 50%
以上，江南地区的火柴厂的比例更高，可以达到 70% 以上[1]。许多童工都是十
几岁的未成年人，有的甚至是未满十岁的幼童。这些童工身体发育尚未成熟，
对于有害物质的抵抗力相对较差，更加容易受到有害物质的侵害，并影响其进
一步的身体发育乃至今后的生育。女工的情况更糟糕，不但政府法定的例假经
常被克扣掉，还被迫不断加班，加重了身体的负担。女工有抚育孩子的使命，
但厂中根本没有托儿所和哺乳室，"如果家中有人照顾还好一些，否则就要把孩
子锁在屋里或关在门外；有的女工把孩子带进厂里，年龄稍长的帮着母亲干活，
褓褓中的婴孩则用个箩筐盛着，放在满布灰尘的桌案下面。"[2]将孩子带进工作
场所的做法，使得本不是生产工人的孩子同母亲一道整日生活在有害环境下，
孩子幼小的身体因此受到侵害。同时，由于母亲长期在有害环境下生产，其乳
汁也必然会带有有毒物质，以此哺乳又给孩子的身体带来不良影响。

　　火柴生产过程中的有毒物质问题固然是由生产性质本身决定的，但并非没
有解决的办法，或者说在一定程度上减轻危害，因此，磷毒问题的严重还与资方
的态度有关；"资方过去对工人的死活是毫不顾怜的，在多灰尘、尼古丁剧烈刺
激的条件下工人仍旧没有戴口罩，有些工人就这样被夺去了生命。"[3]可以看出，
磷毒的危害并非完全来自技术水平低等客观因素，厂方的制度不健全、措施不
到位是重要原因之一。对于工人在生产中受到的危害，厂方一般没有具体的防
护措施。1920 年有人调查天津丹华火柴厂时写道："该厂房屋不大，空气不甚流
通，毒气弥漫全室，容易致病，又未加相当预防之法，殊非卫生之道。"[4]在大
中华火柴厂，厂方"甚至连一个口罩也不肯发"[5]，工人只能裸露在有害气体
中劳动。厂方对于工人的生产不但没有起码的防护，甚至无视基本的安全生产
规则。"工人们最感困难的是吃饭问题，不论天冷天热只好在露天地里吃冷
饭，甚至有的连热水都喝不到。许多工厂更实行连续上班制度，中午不休息，

[1] 中国科学院经济研究所中央工商行政管理局资本主义经济改造研究室主编，青岛市工商行政管理局史料组编：
《中国民族火柴工业》，中华书局，1963 年，第 160 页。
[2] 中国科学院经济研究所中央工商行政管理局资本主义经济改造研究室主编，青岛市工商行政管理局史料组编：
《中国民族火柴工业》，中华书局，1963 年，第 162 页。
[3] 上海社会科学院经济研究所编：《英美烟公司在华企业资料汇编》（第三册），中华书局，1983 年，第 1051-1052 页。
[4]《劝业丛报》，第 1 卷第 1 期，1920 年 7 月，转引自刘明逵：《中国工人阶级历史状况》（第一卷第一册），中共
中央党校出版社，1985 年，第 293 页。
[5] 上海社会科学院经济研究所编：《刘鸿生企业史料》（中册），上海人民出版社，1981 年，第 206 页。

工人们只好在工作中抽空隙匆忙地把饭吃掉。如果工资是计件的，他们为了多干活，只好把饭放在一边，装盒的女工就把干粮放在满布散乱火柴和灰尘的案板上，干一起活，咬一口干粮。"[1]干粮随便放在车间中，不但会落上灰尘，同时还会落上布满车间的有害物质，工人一边干活一边吃饭自然也会把粘在手上、落在食物上的有毒物质一同送入口中，这样势必加剧工人受害的程度。

橡胶工业是民国时期新兴的产业，出现于民国初年，是随着外国橡胶制品大量涌入中国而产生的。第一家橡胶厂出现于广州，为1915年设立于广州河南鳌州的兄弟树胶公司，开办之后"一二年间大获巨利"，在其影响下，至1921年，广州全市已经有橡胶厂二十余家[2]。广州的橡胶工业出现后，很快就传到了当时中国的工业中心上海，1919年冬，上海第一家橡胶厂——中华制造橡皮有限公司正式开工生产。此后，上海的橡胶工业逐步发展起来。1925年以后，在抵制外货运动的直接影响下，中国橡胶工业发展速度加快，上海的橡胶工厂发展到48家，资本总额达400余万元，职工总数13 000余人，年产胶鞋2 000余万双[3]。

橡胶制品的生产过程主要是将生橡胶加上化学品剂（锌养粉、碳酸钙、碳酸镁、硫黄等），用碾胶机混合，轧制成型；再用溶剂（汽油、二硫化碳等）将成型之各胶片黏合，纤维材料（胶鞋布面或轮胎帘布）亦同时黏合（或缝纫）；最后放入硫化罐用高压高温加硫，最终形成无黏性而有拉力和摩擦力的橡胶制品。生产橡胶的场所一般会存在一种令人不愉快的气味，"我们每跑到厂中，常常感到不愉快的印象，便是处处都充满着尘埃和气体来刺激你，侵袭你。"[4]而这种令人不愉快的气味的产生，除了大量灰尘的存在，主要原因就是橡胶生产过程中会涉及多种有害的化学品，这些化学品往往具有很强的挥发性，它们弥漫在空气中，使人感到不快，给人体带来危害。

如橡胶生产中使用的溶剂，包含的种类很多，有"苯（Benzene denzol）、二硫化碳、醚（ether）、哥罗仿（chloroform，三氯一碳烷）、松脂油（oil of

[1] 中国科学院经济研究所中央工商行政管理局资本主义经济改造研究室主编，青岛市工商行政管理局史料组编：《中国民族火柴工业》，中华书局，1963年，第162页。
[2]《中国橡胶工业概况》，《工商半月刊》，1932年第4卷第18期，第3-7页。
[3] 上海工商行政管理局、上海市橡胶工业公司史料组编：《上海民族橡胶工业》，中华书局，1979年，第14页。
[4] 李崇樸：《橡皮工业中溶剂的灾害防止》，《工业安全》1933年第1卷第3期，第271页。

turpentine）、酮（Acetone）及石油精（Naphtha）。石油精取自石油（Petroleum）或煤膏中，因沸点及比重之不同，可分为立哥林（Rhi-golene）、汽油（Gasoline），及本晶（Benzine）三种"[1]。上述溶剂中均含有不利于人体健康的毒素，如苯为一种碳氢化合物，具有强烈的芳香气味，是一种致癌物质；二硫化碳（carbon disulfide）为无色易挥发的液体，经呼吸道进入人体，也可经皮肤和胃肠道吸收。进入体内后，重者脑水肿出现兴奋、谵妄、昏迷，可因呼吸中枢麻痹死亡，个别可留有中枢及周围神经损害。再如醚，多数为易挥发、易燃的液体，主要侵害人的神经系统。危害最大的是汽油，因为汽油在橡胶生产中的使用非常广泛，几乎橡胶厂的各个生产环节都要涉及。"如涂光漆之稀薄液，粘底括浆时所用之橡胶浆等，而在各同时工厂中，除动力间、滚筒车间以外，其余涂油部、涂光部、加硫蒸缸部、打浆部、女工上鞋部，无处不有汽油之溶液，其中尤以混油、涂光、蒸缸等部为最。"[2]由于汽油在普通温度时即易挥发，因此，生产工人无时无刻不处于汽油的包围中，通过呼吸，空气中挥发的汽油毒素就进入工人肺部，汽油还可以通过皮肤接触侵入肌肉内。工人长期接触这些毒素就会中毒，带来昏迷、呕吐、咳嗽、消化不良、肌肉颤动、心脏衰弱、眼花耳鸣等病症。由于防护措施不利甚至缺乏，"汽油慢性中毒成为橡胶工人最常见的职业病。……汽油慢性中毒是由头痛、头晕渐至关节痛，手脚麻木，下肢浮肿，肌肉萎缩。以大中华厂的成型车间为例，由于受汽油中毒，女工患头痛的占车间人数四分之三，患关节痛、手脚麻木的占一半以上。工人为了生活，不敢请假，只能带病上班，听任折磨。中毒日久，会在工作中晕倒。这在大中华厂曾一年发生过四次，在正泰厂曾在一个月里就发生了三次。其最严重的则发生神经症状。""日伪统治时期，资本家还大量使用苯代替汽油，苯的毒性比汽油更大，这在资本家是不管的。"[3]

上述汽油中毒问题，由于管理方的不重视又变得更加严重。一是工人工作时间长，厂方一般要求工人每天做工 13～15 小时，旺季产品需求量大的时候，甚至可以达到 18～20 小时，如此长期地处于有害环境下，有毒物质对工人的危害必然会加重。二是生产场地狭小密闭，"以雨鞋涂油工序为例，工人是挤在一

---

[1] 田和卿：《橡胶工业中之化学中毒》，《工业安全》1933 年第 1 卷第 3 期，第 243 页。

[2] 田和卿：《橡胶工业中之化学中毒》，《工业安全》1933 年第 1 卷第 3 期，第 241 页。

[3] 上海工商行政管理局、上海市橡胶工业公司史料组编：《上海民族橡胶工业》，中华书局，1979 年，第 155 页。

间充满汽油味的斗室里，终日站在汽油桶旁"。如此狭小的场地汽油的浓度可想而知，自然需要良好的通风条件，但"资本家一向对此置之不问。大中华厂有个工人因车间汽油味太重，要求开窗通风，资本家不答应，因为开窗作业会多耗汽油，总是把门窗紧闭。"[1]

综上可以看出，工业生产中的有毒物质问题确实给工人的身体健康带来了严重危害，其危害程度远远超过了空气质量问题。然而，这并非说此类工业生产中不存在空气质量问题，相反，生产环境脏乱差的问题在这类工厂也大量存在，如"上海橡胶工业的劳动条件极其恶劣。作业工场，一般都十分狭小，肮脏，空气混浊。既无防暑降温措施，又无御寒保暖设备。工人说：'夏天进蒸笼，冬天住冷宫'"[2]。火柴业的情况同样如此，"厂房建筑都很老式，而又并不注意清洁、换气等方法。屋子里又暗又龌龊，窗户上终年是不清洁的，有的地方玻璃破了，就用纸糊上，纸上积着很厚的灰尘和污渍，更不堪的，用旧麻布遮上，从不想修理。……屋里拥挤不堪，尤其是装匣间，各处空气里充满着灰土，地面上散着火柴头所用的松香和各种干燥粉"[3]。空气肮脏问题与有毒物质问题叠加，使得这类工厂的生产条件、生产场所的空气问题更加厉害，其危害也就更加严重。

（3）工业生产中频发的安全事故

近代工业生产的本质规定性是机器生产，即以蒸汽、电力等为动力，以机器为主要生产工具的生产，其显著特征是生产的高效率和效益的高增长。这种生产模式是人类文明进步的产物，体现了人类利用自然、改造自然的水平和能力。然而，"利之所在，害亦随之"[4]，大机器工业在给人类带来福祉的同时，又带来了大量的工厂安全问题。

安全事故依发生的源头而论有两种，一种是严重违背自然规律而引发的自然灾害形式的事故，如各种透水、冒顶、火灾和爆炸等事故。矿产的开采，以人类利用自然的赐予为目的，随着近代以来各种矿山机械的运用，人类开采地下矿藏的能力大大提高了，地下宝藏服务于人类的规模也越来越大了。但人类

[1] 上海工商行政管理局、上海市橡胶工业公司史料组编：《上海民族橡胶工业》，中华书局，1979年，第155页。
[2] 上海工商行政管理局、上海市橡胶工业公司史料组编：《上海民族橡胶工业》，中华书局，1979年，第153页。
[3] 孙居里：《中国火柴厂的概况及磷毒》，《自然界》1926年第1期，第60页。
[4] 菊曾：《工厂检查问题》，《钱业月报》1933年第10期，第28页。

的力量依然是渺小的，在大自然面前人类并不能肆意妄为，一旦人类的行为违背了自然规律，必然自食恶果。纵观这一时期发生的各类矿山事故，其中很大一部分都与违背自然规律有关。

从矿山采掘来看，发生频率最高、危害最大的是瓦斯爆炸、透水、冒顶等事故。事故一旦发生就会带来严重后果。1935 年，山东鲁大煤矿发生严重透水事故，造成了数百工人死亡的惨剧。鲁大煤矿坐落在山东淄川洪山，系中日合办。1935 年 5 月 13 日 11 时许，该矿突然发生透水事故，大水冲垮了废旧矿井的孔盖，将堵塞之石块冲毁，夺孔而出，瞬间即冲刷了作业面的坑道，不出半小时大水就将各坑道灌满。事发后，虽厂方竭力施救，淄川县长张蕴藻赶到现场协同营救，当地驻军 64 旅旅长宁纯孝也调兵夫赶赴现场救援，但因矿局的抽水机爆炸，施救乏力，延至 26 日，大水仍在上涨，井底 10 层坑道全部被淹。井下作业的 800 余矿工仅 200 余人逃生，其余矿工全部丧生[1]，是为民国时期最大的煤矿水灾惨剧之一。

北京西郊的门头沟煤矿是透水事故常常发生的一座煤矿。由于地理条件的原因，该矿透水问题严重，工人常常需要站在水中劳作，为此矿方本应加强排水力度，防止大的事故发生。但矿方为了节约成本，在排水设备上极少投入，致使排水能力极低，最大排水能力只有每分钟 30 立方米，一般排水能力只有每分钟 17～18 立方米，根本不敷使用，一旦发生透水则基本不起作用。这样的事故本来是可以避免的，但是资方并不重视工人的生命安全，甚至傲慢地视工人的生命如蝼蚁，认为"三条腿的蛤蟆没有，两条腿的人有的是"，结果造成事故频发，工人死伤严重。更有甚者，1941 年井下发水，资方为了保护他的机器，不管井下八十多个工人的死活，把水闸门关上，淹死很多人[2]。可见，事故的多发与矿方不重视生产安全有重要关系。

上述事故的发生一方面与违背自然规律有关，另一方面与资方逐利的劣根性有关。如果两方面的原因叠加则会带来更严重的后果。1920 年 10 月 14 日中午 12 点，开滦唐山矿井发生了一场骇人听闻的瓦斯大爆炸。爆炸异常强烈，火焰很快扩散蔓延，凡有瓦斯和煤尘积存的角落，连续不断的爆炸，烟雾和有害气体迅速充满了整个矿井，大火一直持续了 6 个多小时，直到下午 6 点钟，整

---

[1]《山东淄川鲁大矿局惨剧之详情及社会一斑之舆论》，《工业安全》1935 年第 3 卷第 3 期，第 307 页。

[2] 北京师范大学历史系三年级、研究班编写：《门头沟煤矿史稿》，人民出版社，1958 年，第 13 页。

个矿井还在冒着浓烟。最终造成了死亡工人 420 人的大惨剧[1]。根据事后矿方公布的数据，此次事故共死亡 431 人，受伤 120 人。据英资矿方宣称，事故的原因有四点：①工人吸烟；②安全灯破裂，火苗溢出；③刨煤迸发火星；④煤层自燃。总之，英资矿方"无非想把这次重大事故说成是由于工人的疏忽或是其它客观原因所造成的"。其实，上述种种原因都只是事故发生的导火索而已，或者说至多是事故发生的充分条件而已，并非事故发生的必要条件，甚至充要条件。"如果井下通风条件良好，空气中没有大量的瓦斯气积存，即使有点火星又怎么会引起爆炸呢？事实上，造成这次重大事故的根本原因是当时通风设备不良引起的。当时全矿井下通风只有一个中央系统，用的是 150 马力的离心式主扇风车，每秒排风量不到一立方米，井下积存或涌出的大量瓦斯气体根本无非排除出去。再加上采用'串联通风法'，井下各巷道互相串通，所以一处瓦斯煤尘爆炸，就会发生一连串的连锁反应，以至大火一发遂不可收拾。"[2]可见，通风能力不够以及通风方式存在的缺陷是事故发生的根本原因。

火柴、橡胶等行业也是爆炸事故多发的行业，由于其产品的性质决定，爆炸一旦发生，其规模和危害都非常大。宣统元年（1909 年）五月，上海祥森火柴厂发生了大爆炸，此时在厂内工作的"男、女、童工 150 名，从研磨和调配化学药品药料间突然传来一声震耳欲聋的爆炸，震撼了厂房的每一扇窗户，冲破了几处墙壁，使工厂陷入半毁的状态。就在场外靠西边的药料间，里面工作的职员向来是 10 个人。爆炸时里面只有 6 人，究竟因何引起爆炸，恐怕永远不会知道，因为房间里每一个人当时都被炸死了。"[3]1932 年 2 月，上海正泰橡胶发生爆炸，当场死亡工人 81 人，伤 70 余人，酿成轰动一时的惨案，"当时《申报》报道的标题是'惊人惨剧，积尸遍地，脏腑毕露，哭声震天……'《时报》报道的标题是'塘山路空前浩劫，百余人烈焰中惨呼顷刻尽亡，正泰橡胶厂气缸爆裂酿成大火'"[4]。事隔不到一星期，"永和实业公司又发生了同样的硫化

[1]《唐山矿工惨剧之外论》，《晨报》，1920 年 10 月 20 日，转引自中国革命博物馆编：《北方地区工人运动资料选编 1921—1923》，北京出版社，1981 年，第 105 页。
[2] 郭士浩主编：《旧中国开滦煤矿工人状况》，人民出版社，1985 年，第 178 页。
[3]《捷报》，1909 年 5 月 22 日，转引自汪敬虞编：《中国近代工业史资料》（第二辑下），科学出版社，1957 年，第 1213 页。
[4] 上海工商行政管理局、上海市橡胶工业公司史料组编：《上海民族橡胶工业》，中华书局，1979 年，第 153 页。这次事故发生的真正原因是硫化罐爆炸，此报道有误。见该书同页。

罐爆炸的重大事故，死伤工人达四十余人"，《申报》报道，此次事故还"炸毁工房十七间，损失八万"。[1]

爆炸火灾等事故还常常发生于化工厂和纺织厂等易燃、易爆行业。同样是田和卿的统计，1934 年上海工业火灾中，发生于纺织业的占 33.83%，其次是化工业，占 23.53%，居第三位的是榨油业、酿酒业、面粉业等食品工业，为11.67%，紧随其后的还有印刷造纸、锯木等行业，但均在 5%左右[2]。上述行业，特别是前三个行业均存在严重的火灾隐患，其行业生产的主要原材料以及生产过程均有易燃因素存在，若处理不好，非常容易发生火灾甚至爆炸。

从发生的源头来看，还有一种主要是由于机器操作不当带来的各种严重伤害工人身体的事故。这类事故并不像第一种事故那样多存在于对自然条件要求比较高的矿山采掘，或者原材料中蕴含了比较多危险因素的化工、纺织等行业，而是普遍存在于各个机器生产行业中，多表现为机器对人体的损害。光绪二十六年（1900）年一月，南京金陵机器局一周姓机器匠"偶因不慎，忽将身臂扎成薤粉，气息仅属，半日而亡。"[3]1921 年 8 月，上海闸北大效机器厂发生多起安全事故，"机工俞宜昌于深夜开引擎，突遇油火铁屑迸出，满面焦黑，火泡如连珠，两目都被火烧伤。……又一星期后……机工一名被车盘铁坠下，打伤下体，顿时仆地。翻砂小工被红铁水烙伤下体，亦即仆地，二人先后用门板扛入医院。后又一星期，翻砂小工于深更工作，因括灯泡触电而死。……十日下午四时半，又压伤小工一名，顿时不省人事，经扛至仁济医院诊治，然胸腹腰脐及颈项都受重伤，不识能否医治。而前次被烫伤之小工，则已于前数日死去。"1939 年 4 月，大华铁厂工人周永福"因工作忙碌，偶一不慎，身体触碰机器，人被皮带拖住，卷上机器。在房工人睹状，立将马达总门关闭，设法救下，右手臂已被碾去，鲜血淋漓，昏迷不醒。"[4]"工厂灾害最普遍的是机器轧断手指、手臂。申新一厂有 8 个门警，7 个都只有一支手，他们原来是厂里的工人，轧断手后，向厂方交涉才得到这个职务。上海福源五金厂雇工不过 150 人，前后

[1] 上海工商行政管理局、上海市橡胶工业公司史料组编：《上海民族橡胶工业》，中华书局，1979 年，第 154 页。

[2] 田和卿：《一年来上海工业灾害的回顾》，《工业安全》1934 年第 2 卷第 1-2 期，第 46-47 页。

[3] 《中外日报》，1900 年 1 月 18 日，转引自汪敬虞编：《中国近代工业史资料》（第二辑下），科学出版社，1957年，第 1212-1213 页。

[4] 上海市工商行政管理局、上海市第一机电工业局机器工业史料组编：《上海民族机器工业》（下册），中华书局，1966 年，第 800 页。

有 130 多人被机器轧断指头。天津三合成铁工厂工人王福元，不到四年的时间，4 个指头轧坏，6 个指头轧断。……1936 年，启新洋灰公司工人王振林被窑磨绞成肉泥。"[1]其悲惨之状令人发指。

　　这类工伤事故并非偶发现象，而是发生频率非常高、伤害非常大的生产安全事故。1942 年 10 月至 1943 年 9 月启新洋灰公司的工伤事故调查显示，该厂这一年死亡工人 22 人，轻重伤工人 150 人，合计伤亡 172 人[2]。而这一时期，该厂雇佣的工人大约为 1 800 人[3]，死伤人数的比例高达 9%。又据 1926 年对上海、杭州、芜湖、汉口的 26 家工厂（不含纱厂）的调查，因事故死亡的工人 80 人，伤 927 人，占到工人总数的 5.3%。至于纱厂，全国每年有灾害事故约一万次[4]。可见这类工伤事故的比例是非常高的。而这类事故的发生与透水、瓦斯爆炸等事故的发生原因还不太一样，人为的原因是主要因素。在这些工厂中，"没有防护设施，车床上最起码的皮带、齿轮罩壳、栏板都不装置。"[5]"就是有，损坏了以后，资本家亦不修理。"[6]前宝铝汽车材料厂老工人在 1960 年 8 月 16 日接受访问时说："我在宝铝厂工作时，有一同事孙喜祯，他是一个铣工，有一天他在工作的时候，不幸被车轴轧去一个食指，但资本家闻讯赶到车间，首先就问：'机床坏了没有'，而亲眼看到这位工人手上断下来的食指在地上，却无动于衷。"[7]可以说，如果资方能够稍稍改进一些工作态度，在安全生产方面多投入一些精力和资本，局面就会完全不一样。

[1]《旧中国的资本主义生产关系》编写组：《旧中国的资本主义生产关系》，人民出版社，1977 年，第 355 页。

[2] 南开大学经济研究所、南开大学经济系编：《启新洋灰公司史料》，生活·读书·新知三联书店，1963 年，第 279 页。

[3] 南开大学经济研究所、南开大学经济系编：《启新洋灰公司史料》，生活·读书·新知三联书店，1963 年，第 277 页。

[4]《旧中国的资本主义生产关系》编写组：《旧中国的资本主义生产关系》，人民出版社，1977 年，第 355 页。

[5]《旧中国的资本主义生产关系》编写组：《旧中国的资本主义生产关系》，人民出版社，1977 年，第 355 页。

[6] 上海市工商行政管理局、上海市第一机电工业局机器工业史料组编：《上海民族机器工业》（下册），中华书局，1966 年，第 799 页。

[7] 上海市工商行政管理局、上海市第一机电工业局机器工业史料组编：《上海民族机器工业》（下册），中华书局，1966 年，第 800 页。

二、社会各界为解决工业化带来的环境问题所作的努力

1. 中国共产党及其领导下的工人阶级斗争在解决工业环境问题中的作用

工业化过程中产生的环境恶化问题的直接受害者是工人阶级，不但他们的身体健康会受到危害，甚至他们的生命安全会直接受到威胁，有的工人因此失去了宝贵的生命。为此，最先和最早觉察到环境问题并起而反抗的是工人阶级。在早期工人的斗争中常有因工资低，工作条件恶劣而罢工的，如早在光绪十七年（1891 年），上海机器织布机匠就为争取改善劳动和生活条件举行罢工[1]，1914 年至 1919 年五四运动期间约 200 次的罢工中，工人明确提出了增加工资、减少工时、改善劳动条件等要求，实际上已向当局提出了在法律上保护自己劳动利益的强烈愿望。此后随着中国共产党的诞生，工人阶级作为自为阶级登上历史舞台，工人罢工的政治性增加。

当时刚刚诞生的中国共产党深知，要建立消灭阶级的社会，必须从最基础的争取工人权利开始。1921 年 8 月，中国劳动组合书记部成立，宣布要"把一个产业底下的，不分地域，不分男女老少，都组织起来，做成一个产业组合"，"做奋斗事业，谋改良他们的地位"[2]，其工作除致力于组织工会联合工人、组建劳工补习学校和劳工组织讲习所启发工人觉悟、领导多场争取工人权利的罢工外，还致力于推动政府的劳动立法，改善工厂环境卫生。1922 年 5 月 1 日至 6 日，第一次全国劳动大会在广州召开，会议通过 10 项提案，其中除《罢工援助案》《全国总工会组织原则案》等重要政治议案外，还包括了《八小时工作制案》《中国在相当时期内的劳动运动，只做经济运动，不与闻政治案》等提案，提出了诸多保护工人权利的问题。同月，中国社会主义青年团第一次全国代表大会召开，会议文件明确提出了改良工厂环境的问题，"改良工人卫生，禁止十六岁以下的青年做有妨害健康的工作"，"改良工厂及店铺有害童工或学徒卫生

---

[1]《中国近代纺织史》编辑委员会编著：《中国近代纺织史》，中国纺织出版社，1997 年，第 21 页；张国辉：《洋务运动与中国近代企业》，中国社会科学出版社，1979 年，第 386 页。
[2]《中国劳动组合书记部宣言》，《建党以来重要文献选编》（第一册），中央文献出版社，2011 年，第 45 页。

之事"[1]。1922 年 7 月，中国共产党第二次全国代表大会召开，会议宣言中除了提出"消除内乱，打倒军阀，建设国内和平"，"推翻国际帝国主义的压迫，达到中华民族完全独立"等政治要求外，再次提出了制定关于工人和农人以及妇女的法律问题，其中改良工人待遇的要求包括以下几点："八小时工作制""工厂设立工人医院及其他卫生设备""工厂保险""保护女工和童工"[2]。

在中国共产党的领导下，1922 年下半年中国劳动组合书记部领导开展了全国范围的劳动立法运动，提出"近年国会制定新宪法运动，进行颇速，但对于劳动立法之制定，尚未闻有提倡者，幸吾劳动界之奋斗精神与组织能力，尚能坚持不渝，此吾人所可庆幸者。……倘能乘此制宪运动之机会，将劳动者应有之权力以宪法规定之，则将来万事均易进行矣。"[3]是年 8 月，中国劳动组合书记部公布了拟定的《劳动法案大纲》十九条，并发表于其机关报《劳动周刊》。其中第 10、第 11、第 12、第 13、第 17、第 18 条涉及工厂的环境卫生和工人的休息健康等问题，明确提出禁止雇佣十六岁以下之男女童工，如果使用十八岁以下青年男女工人工作或者干吃力的工作，工作时间不能超过"六小时"。对于十八岁以下的男女工人干吃力的或有碍于卫生的工作，"绝对禁止超过法定时间"，并且还"绝对禁止女工及十八岁以下男工作夜工"，"各种工人和雇佣人，一年工作中有一月之休息，半年有两星期之休息，并领薪"[4]。8 月 17 日，《劳动法案大纲》十九条在北京《晨报》上发表，劳动组合书记部号召全国劳动团体"非要国会都要通过不可……如有认为要增加或更改的请快快来函示知，以便修改。这是关于我们劳动阶级切身的利害，我们不可忽视呀"[5]。对于中国劳动组合书记部的号召，"各处工厂纷纷响应，有复电该部表示绝对赞成誓作后盾者，有致请愿书或电文于国会为该部声援者。有通电全国要求各项援助者，大有如火如荼之势"。到 8 月底，劳动组合书记部收到武汉工团联络会、京汉长

---

[1]《中国社会主义青年团第一次全国代表大会文件》，《建党以来重要文献选编》（第一册），中央文献出版社，2011 年，第 75、第 81 页。

[2]《中国共产党第二次全国大会宣言》，《中国现代史资料选辑》（第一、二册补编），中国人民大学出版社，1991 年，第 153-154 页。

[3]《中国劳动组合书记部关于开展劳动立法运动的通告》，《中国现代史参考资料》（上），北京师范大学出版社，1992 年，第 116 页。

[4]《中国劳动组合书记部拟定的劳动立法大纲》，《建党以来重要文献选编》（第一册），中央文献出版社，2011 年，第 170、第 171 页。

[5]《先驱》，1922 年第 11 期附白。

辛店等 20 余处的电文[1]。唐山铁路、煤矿等工会成立了"唐山劳动立法大同盟",举行了大规模的游行示威,并通电全国各团体和国会,"誓必达到劳动法已列入宪法了,劳动法已完全采纳劳动组合书记部所提出的劳动法案了,我们才能休止。"上海、长沙、广州、济南等工会团体,"亦正着手组织'劳动立法运动大同盟'以期贯彻其目的"[2]。京汉路长辛店工人俱乐部致电中国劳动组合书记部:"贵部所拟劳动法案建议,本部工友详加讨论,条条皆是保护劳动者最紧要最切要最低限度之要求。闻讯之余,异常感激。但你们既倡之于先安得不继之于后?所以我等当万众一心,一致主张,誓不达到目的不止。"各地派代表到京与中国劳动组合书记部接洽此事"并催促该书记部赶速召集全国各工会来京会议,以便结队请愿并游行示威",中国劳动组合书记部对此回答说"时机一到,即可照办"[3]。邓中夏联合中国劳动组合书记部上海分部、武汉分部、湖南分部、山东分部、广东分部向国会递交了《请愿书》,表达了工人的要求,并说:"国内工人,亦当受法律保护了,不得任意歧视,且以全国人民而论,工人实占绝对的多数。依据最大多数最大幸福的原则。直能舍弃工人而不顾。况立国基础,全凭国内生产者之柱石",因而对劳工的保护,"应规诸根本大法之刻不容缓者也"[4]。为进一步推动劳动立法运动在全国的展开,1922 年 8 月 31 日,中国劳动组合书记部在北京大学第三院开会招待新闻记者。到会有各大新闻媒体及各地工会代表,会议由邓中夏主持,他向新闻媒体解释了要求劳动立法的理由,希望记者们从"文字的鼓吹""宣传关于劳动立法的消息",对国会中提出的"似是而非欺骗工人的劳动法案""严正驳斥"三个方面援助劳动立法运动。会上,各地来京工人代表纷纷发言,表达对中国劳动组合书记部组织劳动立法的感谢,现身说明工人的疾苦和劳动立法的必要性。最后,邓中夏宣布下一阶段计划:"(一)由本书记部各工会递请愿书于国会;(二)发通电告知全国;(三)当国会讨论此案时,召集全国工人来京请愿",如果不能实现,则"增加代表,先游街示威,再向国会质问"[5]。

1922 年 9 月 3 日下午,中国劳动组合书记部就劳动立法事宜又在北京大学

[1]《先驱》,1922 年第 11 期附白。
[2]《劳动立法运动之推行》,长沙《大公报》,1922 年 8 月 31 日。
[3]《劳动立法运动之推行》,长沙《大公报》,1922 年 8 月 31 日。
[4]《劳动立法运动之推行》,长沙《大公报》,1922 年 8 月 31 日。
[5]《劳动组合书记部招待新闻界》,长沙《大公报》,1922 年 9 月 5 日。

第三院开会招待国会议员，有 30 多位国会议员参加。会议开始后，邓中夏首先阐述了劳动立法的必要性，提出"我们希望并相信议员先生，肯本良心的主张，达到我们的期望"。工人代表对议员李庆芳的《保护劳工法案》提出了强烈的批评。到会的议员也相继发言，李庆芳的代表龚震还代表李发言，表示李的提案实乃"仓卒所为"。对李庆芳能够承认错误，邓中夏当即表示称赞，并"希望其取消原案，以证其诚意"[1]。通过这次活动，争取了国会议员中同情工人运动的议员，对于推动北洋政府的劳动立法意义重大。9 月 6 日，中国劳动组合书记部湖南分部、新河粤汉铁路工人俱乐部、岳州粤沪铁路工人俱乐部、安源路矿工人俱乐部向参众两院发出通电，要求国会议员"一秉正谊，举其天职，从速通过劳动法案。俾我劳动者不致沦为无法之人民，致酿法外之行动"，否则"诸君不啻自绝于民众，我全国劳动者不得不夺其神圣之威权"[2]，把劳动立法运动进一步推向高潮。

　　总之，劳动立法运动得到了全国工人的积极响应，他们纷纷要求组织劳动立法大同盟，一致要求国会通过《劳动法案大纲》。《劳动法案大纲》虽然未被政府接纳，但它所提出的一系列劳动立法要求，日益深入人心，成为全国工人罢工的斗争纲领。劳动立法的展开，对于其后北洋政府的劳动立法和国民政府的劳动立法，以及工厂检查制度的确立都具有重要的推动作用。

2. 社会各界对改善工厂环境的呼吁

　　对于工厂生产环境中存在的种种问题，不少有识之士也不断呼吁政府重视，建议政府采取措施加以改进，有的企业主还在自己经营的工厂中主动开始了实验。

　　早在 1911 年 11 月工商部召集的临时工商会议上，华侨代表白苹洲就指出："此次工商会议所提出之议案，均系为资本家之设施，而于劳动家不甚注意。兄弟特为劳动家请命，务求资本家设法免除其困苦。"[3]他在《改良工商习惯》案中提出，请工商部颁布法令，规定全国实行星期日休息；男子做工每日 8 小时，女子做工每日 7 小时，以体恤伙计工人。四川代表王国辅提出了《请颁矿业暂

[1]《劳动界招待议员界之盛举》，长沙《大公报》，1922 年 9 月 10 日。
[2]《劳动各团体致参众两院电》，长沙《大公报》，1922 年 9 月 10 日。
[3]《工商会议报告录》（第 1 编），工商部 1912 年编印，第 40 页。

行条例案》，他认为矿工如因开矿负伤致得残废及死亡者，矿商当酌量轻重从优给予恤金。1922年，国会的议员在北京商订宪法时，许多议员提出应在新修的宪法中增设劳动法。1923年的"二七"罢工发生后，一些国会议员向政府提出质问，主张"保护劳工，尊重约法"，给予劳工集会结社之权。

舆论和知识界对于劳动立法问题也给予了极大的关注。五四运动前后，中国谈论劳动问题的报刊纷纷涌现，支持或同情劳动立法成为论者议论的热门话题。他们不厌其烦地介绍近代法律和欧美各国的劳动法规，有的还具体拟定了《劳动法规草案大纲》，对劳动契约之限制、工人之待遇、工人之权利、劳动争执之仲裁、幼工女工之限制、工人之抚恤等问题提出了详尽的意见。有的针对怀疑劳动立法运动的种种荒谬言论予以批驳，逐一论证了劳动立法并不妨碍实业发展，认为必须在宪法上明文规定保护劳动。各党派、团体、新旧人物也在不同场合呼吁政府制订劳动法规。1922年8月，李大钊、李石曾、胡鄂公等发起并组织中国民权大同盟，就将争取劳动立法作为其四大目标之一。同年，北京72个社团发起声势浩大的废除《治安警察条例》运动，反对当局对工人的严酷统治。

基督教组织也从教义出发，在推进劳动立法运动中发挥了作用。1919年1月，上海的基督教组织从人道主义立场出发，呼吁改良劳动状况。1922年5月，中华全国基督教协进会在上海开会，通过并承认"中国应有劳工标准，且当以国际劳工大会的劳工标准为最后目标"[1]。会议认为，国际劳工大会之规则一时不易在中国实施，因而特意制定了三条措施：幼童不满12岁不准被雇作工；每星期休息1天；保全工人之健康设备，须筹避险方法。此后各地基督教组织采取了多种形式鼓吹劳动方法，或调查研究工人的劳动状况，讨论制定劳动法规的草案，广泛宣传其对待工人的三项标准。基督教会对劳动立法问题的倡导，虽具有一定的宗教因素，但对于推动劳动立法运动的高涨，显然是有一定作用的。

学术界在学术研究的同时也不断涉及工厂生产中的环境问题，在给予关注的同时予以深度研究，并呼吁政府加以重视。在经济史研究中，不少经济史学家都关注了工业发展带来的环境危害特别是对工人生产环境的危害，"在大工

---

[1] 许闻天：《中国工人运动史初稿》，国民党中央社会部刊印，1940年，第201页。

厂林立的地方，如英国之曼且斯特市，空气水流不免恶浊化，以致鸟类减少，害虫增加，树木多死亡，一般居民的健康便受到不良影响。而工厂劳动者，更终日被关闭于不卫生之房屋中工作，以致健康非常恶化，肺病及各种传染病蔓延各处；于是工人之死亡率大增，此外，更以工钱低落，物价腾贵，对于疾病，更缺乏抵抗能力。"[1]也就是说，工业生产的发展带来了自然环境的污染问题，环境污染的危害一方面是对自然生态的破坏，另一方面是对人的健康的危害。在这个问题上，不少学者展现了具有现代特征的环境观，即他们看到了环境问题并非单纯的生态问题，它首先是人与环境的关系问题。正是由于人类非理性的破坏行为，给环境带来了严重的负面影响。有的学者还特别指出了资方草率设备的做法，指出资本家为节省成本而提供的简陋的生产场所，导致工厂生产场所卫生条件十分恶劣。"盖工场[2]生活，微特不合于卫生，且因雇主所定条件之苛酷，为工人者，常须为过度之劳动，于是体魄遂大受其损坏；其损害之程度，重则至于夭折，轻亦常成废疾，此工场中数见不鲜之事也。日本曾调查其东京炮兵工厂及大阪造币局之职工，谓每人寿命常不过三十四岁零四月，则工厂之劳动其能缩短□寿，信而有征矣。"[3]"工厂之中，人数众多，空气污浊，其环境本较厂外者为恶，而工厂内一切布置，复多疏于卫生上之设备……其所受之影响，当更不堪设想。"[4]

　　在指出问题的同时，有的经济史学者注意探寻解决方法，关注西方国家解决工厂环境问题时的改进措施和立法情况。林子英以"劳动立法之编制"为题，专门叙述了因工人阶级斗争而引起的西方国家的劳动立法情况，这些立法大部分涉及了工厂环境问题。伍纯武以"社会立法之发生"为题，专门叙述了西方国家特别是英国的劳动立法情况，"盖自工厂制度成立后，引起劳动者的过激劳动；又因卫生设备的不完全，又助长了劳动者的困惫状态。妇女劳动及儿童劳动的出现，便促进了妇女和儿童的悲惨境遇；为了对抗此等情状，故有两种运动之发生。其一，为劳动者自己起来组织的劳动运动；其二，为谋救济劳动者的社会立法。"[5]上述二人均认为，世界上第一部劳动立法是英国于1802年（嘉

[1] 伍纯武：《现代世界经济史纲要》，商务印书馆（上海），1937年，第45页。
[2] 从上下文看，此处之"工场"的含义即为采用机器进行生产的现代工厂。
[3] 吴贯因：《中国经济史眼》，上海联合书店，1930年，第115页。
[4] 林子英：《实业革命史》，商务印书馆（上海），1928年，第153页。
[5] 伍纯武：《现代世界经济史纲要》，商务印书馆（上海），1937年，第47页。

庆七年）颁布的 *Health and Morals Acts*，林子英将其称为《健康道德条例》[1]，伍纯武将其称为《工厂法》。"此法律目的则在'木棉及其它纺织工厂中学徒及其它被雇者的健康及道德'，法案通过的原因盖在于曼且斯特工厂地带发生流行病，而经考察结果，知病源乃由于过劳，由于饮食的粗劣，由于衣服的破烂，由于劳动时间之过长，由于通风之恶劣，由于住宅之不卫生的群居，等等。故此时通过之法律，遂将儿童之劳动时间限为每天十二小时。"[2]第一部有关工厂环境卫生与工人健康的法律颁布后，英国又颁布了多项工厂劳动立法，并且影响到了许多欧洲国家。林子英特制一表，命名为"欧洲各国劳动之主要事实"，包括立法国家、立法年份和立法的主要内容，总共有各国劳动立法35条，涉及英、法、德、奥、比、荷、意、匈牙利、瑞士、挪威、瑞典、丹麦等国家，时间段起 1802 年（嘉庆七年），迄 1907 年（光绪三十三年），囊括了长达一百余年欧洲各国的劳动立法。显然，作者认为此类立法对于欧洲经济的发展、工人运动的走向、工厂主的经营管理以及工厂生产环境的影响都是十分重要的，对于中国今后改进工业生产环境有积极的参考价值，故而不厌其烦地详细列举。

经过此类立法的限制，欧美各国工人的生产、生活环境确实得到了一定程度的改善，进而使遭到破坏的工厂环境有所改善。因此，有的经济史著作侧重于介绍西方国家工厂经营管理改善后的情况。如叶建柏所著《美国工商发达史》以增进工商人群幸福法为题，单列一篇，下辖十二章，详细介绍 19 世纪以来美国各工厂在卫生、平安避险、救伤恤死、工人居处以及工人教育等方面的改进情况，"最新式之工厂，必有最上等之卫生施设。光线、空气、清水、食物、运动、消遣与休息乃人生之七要，工厂或事务所应如此设备，使工人或职员不觉脑力困乏或身体劳苦。"他认为，因为大工业的发展而带来的各类弊端，完全可以因此种改良方法的实施而泯灭，"工商业各公司于营业制造外，有莫可比拟之感化力与职任，而其影响且由各方面以及全国人群社会。"[3]虽然作者关注的是大工业发展弊端的消除问题，却也不乏人与环境和谐相处的思想闪光，其背后的实质是对中国现实问题的关心。

---

[1] 林子英：《实业革命史》，商务印书馆（上海），1928 年，第 173 页。
[2] 伍纯武：《现代世界经济史纲要》，商务印书馆（上海），1937 年，第 48-49 页。
[3] 叶建柏：《美国工商发达史》，商务印书馆（上海），1918 年，第 228-303 页。

工业管理学是 20 世纪初传入中国的一门崭新的学科，随着中国工业特别是民族工业的不断发展而逐渐成长起来，在工业管理学引进和借鉴外国工业管理理论并逐渐结合中国的国情形成中国工业管理理论的过程中，其研究不但关注了管理的效率和生产的提高，而且关注了工厂生产环境问题。在这些著作中，一般都设有专章讨论环境问题，或冠之以"工业劳动者之保护"的题目，或冠之以"劳工的福利事业"的名目，有的则直接以"工人之安全问题"出现，认为"吾国工厂除少数资本雄厚规模较大者外，大抵设备简陋，于工人之安全及卫生方面之防护，尤付阙如。考其原因，不外缺乏科学知识，昧于工作之效能及意外之危险。"[1]为此，工业管理学者或翻译国外著作或著书立说，以普及工业安全常识。

在工厂的建设问题上，工业管理学者认为，除生产设备的安装外，还应注意安全防护措施，"工厂中之机械，以动力转变之部分最须加以防护。例如飞动之机轮及皮带之四周均应加以铁丝网"、废屑罩等，"工人并需架避尘眼镜"，以防意外发生。此外，在梯子、地板的安装上也尤应注意其安全性问题[2]。总之，"对于工人防遏伤害，维持康健，应为相当的设备，并宜讲求通气、采光，及调节寒暑的方法。"不但生产设备，就是涉及工人身心健康的生活设备也须加以注意，应不断增进工厂的福利设施，"增进福利的设施者，雇主并无法律或契约上的义务，而以增进被雇者福利为目的而行的施设也。其动机虽有时不无出于博爱的精神者，然其大概则以使劳动者提高能率，继续服务，以其其他营利的打算而行之。本设施之最普通者：①饭厅之整备；②运动场及娱乐场之设置；③病院之设立；④住宅之改良；⑤留职之年久者之给予津贴等是。"[3]"工人之更衣室、食堂、盥洗等处，应设于便利的位置，且与工作场所隔离为宜。"[4]

在管理部门的设置上，工业管理学者认为，工厂还应设安全科，以便统筹工厂的安全工作。安全科的作用"实甚重要。安全科之地位须与厂中其他部分同样被重视也。主安全科者，必须为一有训练之安全工程师，其职务为列席一切委员会，会计书安全工作，收集一切关于安全之报告、建议，以及种种必要之统计材料。渠需助工厂总工程师以规划一切安全防御品，安排危险标志，设

[1] 孙洵侯：《现代工业管理》，商务印书馆（上海），1936 年，第 54 页。
[2] 孙洵侯：《现代工业管理》，商务印书馆（上海），1936 年，第 55-57 页。
[3] 黄通：《工业政策纲要》，上海中华书局，1931 年，第 48 页。
[4] 黄通：《工业政策纲要》，上海中华书局，1931 年，第 37 页。

置建议箱等。"[1]

对于改善工厂环境问题，工业管理学者认为，国家应在立法层面予以法律地位，他们翻译解释外国特别是西方国家的劳动立法情况，系统介绍西方的劳动立法，主张制定工业劳动者保护法，包括"保护妇孺劳动者的工厂法""救济业务伤害的劳动者赔偿法及保险制度""救济疾病衰落等的保险制度""救济失业者的职业介绍及保险制度等"等[2]。

有的企业家在看到问题的同时，也不断鼓吹改善工厂环境。将科学管理学说介绍进中国的棉业大王穆藕初虽然坚决反对共产主义，但是他从调和劳资矛盾的角度提出了改善劳工生活的问题，认为"以增进智识技能，发达生产，与改善生活，对等并举，实为扶助劳工之唯一方法。"[3]这里提到的改善生活，实际上包括了改善工人和工厂的劳动条件。他认为，"注意劳工福利，促进劳资合作，为同时必须注意之重要条件。如资本家方面，而忽于此种应尽之责任，则政府可以正当方法，为适法之制裁。"[4]也就是说，在改善工厂环境方面，政府必须有所作为。

范旭东创办的永久黄集团对企业发展中的安全生产问题尤为重视，该企业内刊《海王》常刊文介绍有关常识，并讨论相关问题。彼时，国人还没有形成明确、完整的工业安全概念，安全问题还淹没在卫生概念之内[5]，谈及的工业卫生问题一般包括两个方面：工业生产安全与工厂的环境卫生。《海王》刊载的有关工业卫生的文章，有的是介绍国外工业安全的经验，有的是讨论本国、本集团的工业安全问题，有的短小精悍的文章是介绍生产安全常识，有的还探讨如何改善工厂环境卫生。关于工业安全问题的产生，《海王》刊文认为是"由手工业进于机器工业时代以后，集团工作兴盛之结果"，虽"灾害之发生，本为难免之事，惟在尽最善之努力，务求其减少而已。"可见，范旭东企业的人士已认识到，工业安全问题与机器的普遍使用有关，是机器生产的产物，完全避免是

[1] 孙洵侯：《现代工业管理》，商务印书馆（上海），1936 年，第 58 页。
[2] 黄通：《工业政策纲要》，上海中华书局，1931 年，第 80 页。
[3] 穆藕初：《劳资协调与生产》，《穆藕初文集》（增订本），上海古籍出版社，2011 年，第 228 页。
[4] 穆藕初：《全国工商会议之回顾及其希望》，《穆藕初文集》（增订本），上海古籍出版社，2011 年，第 235 页。
[5] 美国学者罗芙芸的研究证明，中文卫生一词的含义有一个转变过程。最初，卫生是与养生联系在一起的。近代以来"随着武装的帝国主义的到来，中国及中国人开始紧密围绕着这一词语而展开如何实现现代化生活方式的争论。它的含义偏离了中国的宇宙观并转而包含了国家权力、进步的科学标准、身体的情况以及种族健康。"见
[美] 罗芙芸著，向磊译：《卫生的现代性——中国通商口岸卫生与疾病的含义》，凤凰出版传媒集团、江苏人民出版社，2007 年，第 1 页。

不可能的。但是不应当以此为借口，忽视问题的解决，应当尽最大努力去减少工业事故。"故产业界人头脑中，须时常有一 Saftey First 安全为先之观念，以期劳苦大众少牺牲若干生命与健康。"[1]他们还认为，在关注工人的生命安全的同时，还应关注工人的身体健康问题，要考虑生产效率和生产质量问题，更考虑保证工人的生命安全与健康，"工业与卫生关系，可以说十二分的密切，讲求工厂环境卫生的结果，可以使厂内工人工作效率在无形中增加，因而在质量上，出品都可得充分的进展。"[2]

在社会各阶层的大力呼吁和推动下，特别是工人阶级的斗争推动下，北洋政府开始着手劳动立法。1923 年 3 月 29 日，北洋政府农商部公布《暂行工厂通则令》，对于工厂的生产管理做了规定。则令全文共 28 条，除规定了工厂的工资报酬、工人的职业教育、工人的休假、解雇及死伤的抚恤原则外，还特别对工厂的安全生产做了规定：对于"工厂内于工人卫生及危险预防，应为相当之设备，行政官署得随时派员检查之"，"工厂及附设建筑物并其设备，行政官署认为易发生危险，或于卫生即其他公益上有妨害之虞时，该厂主应即遵照官署命令，速施相当改革。"同时还规定，凡"有害卫生或危险处所，以及尘埃、粉末或他种有害气体散布最烈处所，均不得令幼年工从事工作。"[3]1923 年 5 月 5 日和 17 日，农商部又先后颁布了《矿业保安规则》和《煤矿爆发预防规则》，对于采矿生产的通风、粉尘处置、炸药、灯火管理等涉及安全生产的问题做了规定，从法律层面为预防安全事故、保护工人的身体健康提供了保障。

然而，由于疏于宣传教育和相关监督管理，上述法律成了具文。1926 年，北洋政府《暂行工厂通则令》颁布三周年的时候，"农商部特派唐进为调查工厂专员，调查天津、无锡、南通、上海、汉口等地的工厂，总计调查本国工厂一百六十四家，外国工厂三十家，以业别之，达八十种以上。各厂系就工人满百人者以上调查之。"[4] "案本部所定之工厂暂行通则，各地工厂不但并未遵守，且不知此项通则为何事，通则内容如何，彼且置之不问，始终漫不经心。实欲叩以理由，彼即以窒碍难行及我国工业尚不发达，此时不可偏重工人诸理由为

[1] 纯汉：《南京工业安全卫生展览会一瞥》，《海王》第八年第 15 期，第 248-249 页。

[2] 游连福：《工厂环境卫生》，《海王》第九年第 7 期，第 107-109 页。

[3] 中国第二历史档案馆编：《中华民国史档案资料汇编》（第三辑工矿业），江苏古籍出版社，1991 年，第 38-39 页。

[4]《唐进论我国工业概况与劳动情形》，转引自中国第二历史档案馆编：《中华民国史档案资料汇编》（第三辑工矿业），江苏古籍出版社，1991 年，第 185 页。

答语。一言以蔽之，即为通则自通则，工厂自工厂，直若秦人之视越之肥瘠耳。至于外国工厂，则均先叩我国工厂对于此项通则业已实行至如何程度。且云如我国工厂实行遵照，彼等亦当遵守，惟现时则尚说做不到也。"[1]

3. 民国政府的劳动立法与企业劳动保护的实施

南京国民政府建立后，鉴于工厂安全事故的多发和民间的呼声，在修订完善的基础上，于 1929 年年底和 1930 年年初分别公布了《工厂法》和《工厂法施行条例》。《工厂法》全文共 13 章 77 条，仅从条文数量看，这部法律就已经比北洋政府的《暂行工厂通则令》完善细致了。在整治工厂环境方面，它专门设置了一章，即"工厂安全与卫生设备"。其中规定，工厂的建筑设备、机器设备、与工人身体有关的设备以及预防水、火灾的设备均属于法律规定的安全设备之列，这些设备的安装必须以保障生产单位和工人的身体健康为目的。"空气流通之设备、饮料清洁之设备、盥洗所及厕所之设备、光线之设备、防卫毒质之设备"均属于卫生设备的范围。上述安全卫生设备"主管官署如查得工厂之安全或卫生设备有不完善时，得限期令其改善。于必要时，并得停止其一部之使用。"[2]可以看出，这个有关工厂环境安全卫生的法律规定很详细，不但列举了安全设备的种类，而且规定了工厂必备的卫生设备，也就是说，工厂主不能再只关注工厂的生产设备而不为工人的健康和工厂的环境考虑了。如果工厂主再我行我素，政府则有权限期令其改正，甚至有权停止其生产。这样的规定显然比北洋政府含糊的所谓改革要明确得多，具有了一定的可操作性。

对于童工和女工，这部工厂法不但把童工的年龄界限从北洋时期的 10～12 岁提高到了 14 岁，而且对于童工女工不能从事的工作做了明确界定，"一、处理有爆发性、引火性或有毒性之物品。二、有尘埃、粉末或有毒气体散布场所之工作。三、运转中机器或动力传导装置危险部分之扫除、上油、检查修理及上卸皮带绳索之事。四、高压电线之衔接。五、已溶矿物及矿渣处理。六、锅炉之烧火。七、其他有毒风纪或有危险性之工作。"[3]这样的规定在一定程度上

[1]《唐进论我国工业概况与劳动情形》，转引自中国第二历史档案馆编：《中华民国史档案资料汇编》（第三辑工矿业），江苏古籍出版社，1991 年，第 187 页。

[2] 中国第二历史档案馆编：《中华民国史档案资料汇编》（第五辑第一编财政经济五），江苏古籍出版社，1991年，第 43-44 页。

[3] 中国第二历史档案馆编：《中华民国史档案资料汇编》（第五辑第一编财政经济五），江苏古籍出版社，1991年，第 40 页。

保护了童工和女工的权利，限制了工厂主为所欲为的行径。对于《工厂法》没有详细规定的条目，《工厂法施行条例》则进一步加以细化，比如对于童工和女工的雇佣特别规定要在身体健康检查之后才能确定，也就是不能雇佣身体不健康的童工和女工，以免影响治疗和疗养。该条例还规定，工厂的建筑必须由注册工程师设计，以保证建筑质量以及工厂生产的安全等。

在国民政府的法律法规的导引下，不少工厂开始按照法律规定改进工厂的安全生产，改善工厂的卫生条件，并取得了一定成效。以范旭东的永久黄集团为例。早在范旭东企业的第一个工厂——久大精盐公司建立时，厂方就把工人的健康和环境卫生问题放在了重要位置。厂内建有大厨房、大饭厅，工人理发、洗澡完全免费，还建有"俱乐部、图书馆、合作社、武术、球队、戏剧社"等，聘有专人指导，以便丰富工人的业余生活，保证工人的精神健康。同时建设了医院，聘请"医师、药剂师、助产等人员专负其责。"[1]民国时期，范旭东于20世纪30年代初在南京卸甲甸筹建硫酸铔厂，更加重视职工的健康问题。厂内专门设立了卫生室，负责全厂人员的医疗保健和环境卫生的管理。卫生室制订了详细的工作计划，并要按月汇报工作，在《海王》上刊载，接受公众的监督。工作月报内容极其详细，包括卫生室的人员安排，各种规章制度及其执行情况，各种传染病的防治，新进厂工人的体检，生病工人的诊疗、病假休养，环境卫生的整治，等等。

下面是1936年6月永利化学工业公司硫酸铔厂卫生室工作月报中有关环境卫生的汇报：

本厂地处乡村，一切环境均较城市为良，并请有专任卫生稽查员指导之。全厂面积一千五百三十二亩，共有员工一千七百余人，雇佣清洁夫十八人，全厂面积除稻田等约七百亩外，平均清洁夫一人管理地亩四十六亩，员工百人有清洁夫一人负担清洁事项，此种比例数，较津厂卫生队为佳，但本厂正在建设，废物产生比任何处为多，且各处厕所之清洁，工人饭厅地面之扫除，与工作地饮水之供给，均由清洁夫负责，故工作繁多，颇紧张也。全厂有关卫生环境之设备，列表于后：

---

[1] 范旭东：《久大三十年》，收入赵津主编：《范旭东企业集团历史资料汇编——久大精盐公司专辑》，天津人民出版社，2006年，第269页。

名称	种类	数目	备考
饮水井	深 300 呎	1	以抽水机汲水现饮此井水
饮水井	深 600 呎	2	
饮水井	深 900 呎	1	
公共饭堂	长方形	1	职员用
公共饭堂	长方形	1	工人用
公共饭堂	方形	1	工人用
公共厨房	普通式	1	职员用
公共厨房	欧西式	1	外籍职员用
公共厨房	普通式	1	工人用
公共饮水处	白铁龙头式	10	各固定工作地用
公共饮水处	瓦缸式	6	临时外工工人用
公共厕所	自来水长坑式	2	共 62 个坑位，工人用
公共厕所	普通长坑式	6	共 53 个坑位，工人用
公共厕所	抽水马桶	5	共 54 座，职员用
公共浴堂	混合方池	1	工人用
公共浴堂	喷水式	12	工人用
公共浴堂	浴盆式	20	职员用
公共浴堂	喷水式	16	职员用
公共宿舍	楼式	200	每职员一间
公共宿舍	平式	84	每间 6 人或 8 人共住，大间每间三四十人共住
农场储粪池	圆形式	18	面积每个 50 尺，容量每个 56.16 加仑
农场储粪池	长方式	1	面积 200 尺，容量 135 加仑
公共理发室		2	职员用 1，工人用 1
牛乳场	建筑中	1	农场办理 2
豆汁点		1	厂外商人办理
公共娱乐室		1	工人
贩卖室	饮食商店	1	
盥洗室		3	职员用
各工作场地		16	废物垃圾污水清除地
码头道路		11	马桶 2 道路 9 短路半里长路 5 里
池塘沟渠		27	池 19 沟 8，共占地 200 亩
灭蝇工作			日日工作
卫生设备			视需要建议改良
卫生演讲			每星期一次
卫生训练			训练厨役挤牛乳夫

本月环境卫生工作可分项述之

1. 地面清洁——本厂地面清洁，由清洁夫十一，名扫除之。其扫除区域共分四区：大纬路之北各地为一区，大纬路以南、大经路之东为二区，在该二路西南之地，以南一路分三四两区。清洁夫之分配：计一区三人，二区二人，三区三人，四区四人，全厂逐日产生垃圾，自本月十六日起至二十日止，共计一四七五六立方呎，平均每日九八四立方呎，垃圾之处置，因其物质不一而异，可分填坑，掩埋两种，其它可利用之垃圾，如碎路、锯木、煤屑等物，则另堆聚，以待机利用。

2. 饭水——本厂饮水来源，可分江与深水两种，深水井共有四座，其深度由三百立方呎至九百立方呎不等，水质多矿物质，水之细菌测验，经京市卫生事务所数次检查，均无大肠菌发现，但因井水含矿物质太多，厂内员工多喜欢饮用江水，本室为安全起见，用漂白粉液消毒之。

3. 厕所管理——本厕所分职员、工友二种。职员厕所均为抽水马桶。工人厕所则有永久临时之别，永久者为长坑水冲式。临时者为旧式粪坑，二者共有粪坑一一五个。现在内外工人共一千六百余人，平均每十三人应用粪坑一处，适合标准数量也。工人厕所每日由本室清洁夫洗刷四次。

4. 灭蚊工作——本厂地址，原为水田，池塘特多，又加附件村落环境不佳，最易孳生蚊子。本室成立以来，灭蚊工作每日派员分别散油，平均每池每周有二次散油之机会。现时厂内蚊虫比城内为少，据一般观察，均谓本年厂内蚊子实较往年为少，足证灭蚊成效也。

5. 灭蝇工作——厂内共有储粪处十九处，均为产蝇之地。本室前采用氰化钠消毒，现厂中石灰甚多，改用石灰消毒，经过甚佳。[1]

从上面这个汇报中可以看出，硫酸铔厂对职工的卫生健康可谓关怀备至。从饮食到饮水，都有严格周到的安排。为了职工的身体健康，甚至专门饲养奶牛供应牛奶，还有豆浆供应。对防病消毒、粪便垃圾、道路清洁等事务的管理也十分严格，体现了精密的管理思想和高标准的环境卫生要求。

范旭东企业对于生产场地环境卫生的要求同样十分严格，"不论工厂的大

---

[1]《永利化学工业公司铔厂卫生室六月份工作月报》，《海王》第八年第33期，第567-569页。

小，对于卫生上最低限量的设置，厂屋必须要有充足的光线，上下对流新鲜的空气，无灰尘的飞扬，有煤火炉的烟筒通户外的装置"[1]。这说明，范旭东企业的人员已经认识到，工厂生产场地存在空气污染问题，会给工人的健康带来的危害，必须在行动上采取相应的措施予以应对。1936 年 1 月，在南京开幕的工业安全卫生展览会之第四部分有关生产安全的展览中，有永利硫酸铔厂翻砂工厂关于通风、排烟及工人宿舍与健康检查等照片多幅。由此可知，范旭东企业集团在直接涉及生产的环境安全方面采取了众多措施，并在全国范围内达到了比较高的水平。

除关注自身的生产环境外，范旭东企业还特别注意工厂生产与周围环境的协调问题。筹建硫酸铔厂时，在工厂如何选址的问题上，《海王》专门辟文进行研讨。其中的文章一致认为，化学工厂厂址选择最重要的"厥为五大要点：即原料、市场、运输、人工、及动力问题"[2]。或者是"六种最重要因素：1 原料；2 市场；3 运输；4 工人；5 水；6 动力"。需要顾及的次要因素为"7 土地；8 居民；9 地方建设；10 公共事业；11 与他业关系；12 废料处理；13 气候。"[3]因为"提起化学工厂，世人多不愿为邻，因认为系一危险源泉，或有爆炸，则身家性命，均会牺牲，且若残废气体，喷射天空，对于卫生及农作物，均认为有害"。因此，化工厂的设立必须顾及工厂周围居民的居住和生活情况，"有许多城市，分为若干不同区域，如住宅区、游览区、及旷野区等，并有分为轻制造业、重制造业地带者。化学工厂，普通设在重制造业地带，或旷野区。惟设厂之前，对于地域界线，及限制条例，要充分审查，对于地域将来之趋演，亦应先期推测。因有许多旷地，日后会因居民增多，而变为住宅区、公园或市民之其它扩张地带。"也就是说，化工厂的设立不但要照顾到目前居民的居住情况，还要预见到未来城市的发展，不能影响未来城市的扩张。因此，"假使一种化学工业带有危险性，或有毒烟，及其他讨厌气味发出，则选择地址，最好在离民房或公共会社很远的地方。"[4]化工厂的生产会产生一些工业废物，范旭东企业的科研人员认为对这些废物不能置若罔闻，必须恰当安排，这也是工厂选址时必须考虑的因素之一。"关于化学工厂废液处置事件，常成为一个大问题，故在

[1] 游连福：《工厂环境卫生》，《海王》第九年第 7 期，第 107 页。
[2] 瑾：《化学工厂设立地点问题》，《海王》第九年第 22 期，第 360 页。
[3] 燕：《化学工厂设计》，《海王》第九年第 28 期，第 459 页。
[4] 瑾：《化学工厂设立地点问题》，《海王》第九年第 22 期，第 360 页。

选址之前，必须充分研究。如在附近街中有废水沟者，则应计算厂中所放出者，水沟是否全能容受，如液中含有固体，或呈酸碱性者，宜征询市当局，是否允许放入沟中。有些工厂，将废液放入川及海中者，如附件无浴场，及其他限制，以放入海中者为善。至于河川，则因沿岸居民取用关系，诸多不便，事先如用化学方法处理或滤过，当可免除居民反对。""另法处置废液，系放入广大空地，使其自行渗至地下。欲施此法，事先应将土壤，试其是否多孔，能够容渗多少，并应查视渗到何处，以免与邻居工厂或市政当局，起些纠纷。"[1]"至于污水，就要装设阴沟，或相当坡度暗沟，通于相当深的地面下，于工厂内房屋街道建筑时，更应建筑地下水道。"[2]这样，范旭东企业在选择厂址时，一方面考虑了生产的便利和生产效益问题，另一方面也考虑了与周围环境的协调问题，不愿因为工厂的存在和生产给周围居民的生活带来不便，使民众的健康受到危害。最终，范旭东将硫酸铔厂选址在南京郊外的荒旷之地卸甲甸。

另外还有一些大企业例如民生实业股份有限公司、厚生纱厂等，也在企业的环境改善方面做了很大努力并取得了显著成效。而总体上看，虽然在国民政府的法律约束下，不少工厂不得不添设卫生室、厕所等设施，但是大部分是徒有虚名，并没有发挥应有的作用。前述关于工厂环境的诸多问题，大多数发生于国民政府统治时期，即是明证。

第二节　城市化加速条件下的环境问题与解决问题的努力

所谓城市化，指的是在空间地域上社会人口向城市或者城镇的集中，城市数量不断增加、城市规模不断扩大、城市功能不断完善，以及人们的生活方式和思想观念的转型。据此，可以说，19世纪中期以后，中国城市化的进程开始加速；进入民国后，随着社会经济的发展特别是工业的发展，中国城市化进程不断提速。

推动一个社会发生城市化转变的根本动力，是工业化的发生与加速。古代中国社会是以农业经济为主体的农业社会。鸦片战争后，外国资本主义的入侵带来了近代机器工业，随后中国自己的民族工业也发展起来。机器工业除了对

---

[1] 瑾：《化学工厂设立地点问题》，《海王》第九年第22期，第361页。
[2] 游连福：《工厂环境卫生》，《海王》第九年第7期，第108页。

原料和燃料有着巨大的需求，还要求交通运输的便利、商品交易的便利以及市场的扩大与统一，这一切都必然要求空间的集中，于是城市的扩张与增多成为工业化发展的必然结果。工业化的机器又是需要众多劳动力集中在一定空间内操作开动的，虽然与手工业相比机器的生产效率有巨大的提高，但是其不断扩张的规模对劳动力需要不是减少了，而是大大扩张了，这就又造成了人口的集中，人口开始大量流向城市。规模庞大的城市和数量巨大而集中的人口是工业化的显著特征。空间的集中和人口的集中必然产生不同于农业社会的环境问题。

一、近代以来城市的发展和城市人口的增加

城市化的主要标志之一是城市的发展，包括城市规模的扩大和城市数量的增加等[1]。中国自古就存在众多的城镇，有学者认为，在近代以前漫长的历史进程中，中国人口城市化的规模和人口数量均居于世界领先地位[2]。但是，古代城市在性质上与近代工业化以后发展起来的城市并不一样。古代城市从本质上来讲是消费性的，住在城市里的人消费的主要是他们从农村也就是农业生产中得来的收入，用他们在农业生产中获得的地租等收入购买手工业消费品。正是由于城市并不是生产的主要场所，所以它不可能吸引大量人口，也很难调动农民离土离乡，城市的规模就很难扩张，人口的增加也不太可能很快。另外，由于城市的消费主要来自农村，只有农业生产正常，城市才能有所发展，如果农业生产出现波动，城市的发展也会受到影响。囿于小农经济的狭小规模，古代农业很难抗拒各种天灾人祸的打击，出现波动是常有的事，因此城市的发展难免受到影响，在不断波动中城市也很难有所发展，处于一种停滞不前甚至衰退的状况。

工业化以后的城市就不一样了，由于这种城市的出现主要是适应了工业发展的需要，而近代工业又是以其规模庞大和不断扩张为特征的，所以城市的规模就适应工业发展的需要不断扩大。又由于近代机器工业需要大量的劳动力，大量农村人口被吸引进城市，于是城市的人口就越来越多。人口的增加推动了城市规模的扩大，城市规模的扩大又带动了相关产业、商业贸易和服务业的出

[1] 本节并非专门研究城市化问题，所以对于城市化带来的一系列问题并不做全面的研究，例如城市化过程中的教育、文化等问题并不涉及或者涉及很少，但这并不等于笔者否认城市化过程中包含这类问题。本节主要探讨的是城市化带来的环境问题，所以研究的指向主要在于城市规模的扩大、城市数量的增多和城市人口的增加。
[2] 行龙：《略论中国近代人口的城市化问题》，《近代史研究》1989年第1期，第27-28页。

现，于是人口就继续增加。而由于地缘的不同和资源禀赋的不同，不同地区城市的发展适应了不同工业行业和商业贸易发展的需要，城市的数量也不断增加，甚至出现密集的城市群。

上述古代城市和近代工业化城市的不同可以从近代以来保定和天津的城市发展轨迹中清楚地看到。近代以前，由于保定系直隶总督的治所，因而是华北地区重要的政治中心。保定城内居住着大量官员及其家眷、幕僚、仆役，还有大量驻军，因而有旺盛的消费需求。又由于保定有广阔的农业腹地和大清河的运输条件，使其成为一定范围内的贸易中心。到乾隆年间，保定共有人丁 418 499 人[1]，其规模已经颇大了。步入近代后，特别是天津开埠后，天津的地位开始上升，直隶总督开始了天津和保定之间的轮住制，且住天津的时间长于住保定的时间，仅于每年冬令封河后返回保定驻扎并处理政务。因此，保定的政治地位明显下降。

天津的情况刚好与保定相反。近代以前，天津"地处偏僻"[2]，仅是一个以军事拱卫为主要功能的城市，其政治地位远远不如保定，如果它仅仅按照政治军事功能的路径发展，其结果可想而知。但是天津有着优越的地理条件，位于华北平原的东北部，东临渤海，背负九河，是华北地区的交通枢纽和京畿门户。依靠这样的地理条件，清中叶以后，天津开始从漕运、盐运和军事拱卫重镇向经济、军事重镇转化，至开埠前，天津已成为中国北方的物资交汇中心和商贸重镇。开埠通商以后，在原有商贸经济的基础上，天津成为外国侵略势力向中国广大北方地区倾销洋货和搜刮土产的基地。外国人在此强行划定租界，在租界大肆建屋架舍，设立领事馆，建立洋行、银行、教堂、医院等。外国侵略势力还控制了天津海关，为其对中国贸易服务。天津的商贸开始向外贸型转化，截至光绪二十年（1894 年），天津的进出口总额已经由同治四年（1865 年）的 13 557 353 海关两猛增到 44 277 054 海关两[3]。

在外国侵略势力大肆侵占天津的同时，地主阶级洋务派也在"自强"的旗帜下开始在这个京畿门户兴办近代机器工业。同治六年（1867 年），三口通商大臣崇后奉命举办天津机器局，先后在城南三里海光寺和城东十八里贾家沽购地筹集设厂，并初具规模。同治九年（1870 年），李鸿章接办机器局，自同治

[1]（清）李培祜、（清）朱靖旬、（清）张豫垲等修纂：《保定府志》卷 1，光绪十二年（1886 年）刻本，第 35 页，户口表。
[2] 金钺：《天津政俗沿革记序》，《民国天津县新志》，1938 年刻本，序一。
[3] 来新夏主编：《天津近代史》，南开大学出版社，1987 年，第 78 页。

十二年至光绪十七年（1873—1891 年）先后五次大肆扩建，致使机器局的规模大大扩张，仅第一次扩建就增购土地 59 亩[1]，光绪十七年（1891 年）已经扩大到 400 余亩[2]。扩建还使得机器局的功能大大增强，成为能够从事机器制造、金属冶炼、铸造、热加工、各种枪炮和弹药制造的规模可观的军火工业。它常年雇佣工人 2 700 余人，还附设水雷学堂和电报学堂，培养布雷、通信技术方面的人才。无论从规模看还是从生产能力看，天津机器局都是晚清官办工业中规模仅次于上海江南机器局的一个近代军工企业，在光绪二十六年（1900 年）被八国联军毁坏之前也一直是北方最大的工业企业。天津的城外突然冒出这么一个庞然大物，其中又活动着数千人，无异于在天津城外又建了一座新城，大大扩张了天津的城市地域和空间，带动了天津的工业、交通和教育等方面的发展。

如此众多的人聚在一起，必然产生涉及生活各方面的众多需求，这又会带动其周边的商业、服务业的发展，从而继续扩张其空间范围，增加其周边的人口数量，进一步扩大城市规模，并促进天津的城市近代化进程。继官办工业之后，中国的民族工业也发展起来了，涉及航运、采矿、邮政、电报、铁路等多行业。到 1933 年，天津的工厂已有 1 224 个，工人总数达 34 769 人，资本总额24 201 390 元，产品总值高达 74 500 587 元[3]。在工业发展的同时，适应进出口贸易的需要，为出口业服务的打包业、农副产品加工业、冷冻业、金融业在天津迅速发展。天津的市政建设也发展起来，市内铺设了柏油马路、自来水管道，建设了煤气公司和电灯公司，修建了电车线路。市政建设的发展又促进了相关行业的发展，并且增加了对劳动力的需要。于是，天津的人口膨胀式地迅猛增加。在"1846（道光二十六年）到 1949 年的 103 年间，天津的人口增长了 8倍，建成区面积扩大了 5.2 倍，真可谓罕见的大爆发。"[4]

以上两个城市的变化非常典型而又鲜明地显示了古代城市和近代工业化后发展起来的城市的性质不同。前一种城市依靠的是非经济的力量的支撑，一旦支撑力量消失，又没有工业化的及时跟进，其衰落就不可避免。后一种城市的发展乃至膨胀都与工业化的发生有密切关系。当然，由于经济的整体进展，

---

[1] 来新夏主编：《天津近代史》，南开大学出版社，1987 年，第 105 页。

[2] 上海社会科学院经济研究所：《江南造船厂厂史》，江苏人民出版社，1983 年，第 30 页。

[3] 刘大钧：《中国工业调查报告》，收入李文海主编：《民国时期社会调查丛编二编》（近代工业卷上），福建教育出版社，2010 年，第 842-843 页。

[4] 胡光明：《开埠前天津城市化过程及内贸型商业市场的形成》，《天津社会科学》1987 年第 2 期，第 85 页。

第一种城市其实也在转变，只不过其变化有的快有的慢而已，否则在工业化浪潮的裹挟下，作为一个传统城市是很难生存的。

总体而言，从形成和发展路径看，近代中国的城市可以分为两类，一类是由原来的乡村转化而来，另一类则是在原有城市的基础上转型发展而来。

由乡村发展而来的大多集中在沿江沿海的通商口岸地区，大部分是被迫开放口岸的结果。截至 1922 年，对外开放的口岸已经将近 80 个。这些城市大都集中在沿海各地和黄金水道长江沿线，包括上海、天津、大连、青岛、烟台、福州、厦门、广州、汉口、重庆等。这些城市皆因被迫开放而受到西方资本主义的侵袭，有的甚至被列强强行建立了租界。西方资本主义的侵略行为严重侵犯了中国的主权，但同时也引发了中国社会内部资本主义工业的发生和发展，从而使得这些城市的社会经济开始转型，并迅速发展膨胀起来，成了规模巨大的城市。

其实，有的城市在开放前连城市都算不上，而是村庄甚至小村庄，其发展完全是由农村转化而来。这类城市中最典型的是青岛，在被迫开放为口岸前，青岛所在的地方只不过是黄河胶州湾沿岸的五个村庄，人口不过七八万人，经济以农业和渔业为主，半农半渔，完全是一幅传统乡村的景象。光绪二十三年（1897 年）德国强占青岛后，大肆兴修军事设施，修建铁路，并开辟港口，青岛于是开始了向现代大都市的转变。1914 年，青岛又被日本占领，日本人又继续不断开设工厂、银行等工商金融机构，刺激了民族工业的发展，加之有胶济铁路通向内地，使得物流十分方便，商业也获得了发展。青岛的工业化由此迅速启动，到 1933 年，青岛共有各类工厂 140 家，资本总额 17 649 712 元，总产值达 27 097 848 元[1]。由于工业的发展，青岛从一个小渔村迅速向现代城市转变，城市规模不断扩大，人口持续增长。1922 年，青岛回归，城市化进入全面整合时期，到 1927 年青岛的人口已经从开埠前的七八万人猛增到 32.2 万余人[2]。所以，刘大钧等人在 20 世纪 30 年代初从事工业调查谈到青岛时感叹地说："自开埠迄今，不过 30 余年，而工商业之发达，实有一日千里之势。"[3]

石家庄是由乡村发展为城市的特例，即是说，它并非被迫开放的口岸，而

---

[1] 刘大钧：《中国工业调查报告》，收入李文海主编：《民国时期社会调查丛编二编》（近代工业卷上），福建教育出版社，2010 年，第 731-732 页。

[2] 袁荣叟：《胶澳志·食货志工业》，文海出版社，1969 年，第 231 页。

[3] 刘大钧：《中国工业调查报告》，收入李文海主编：《民国时期社会调查丛编二编》（近代工业卷上），福建教育出版社，2010 年，第 105 页。

是由于现代交通的因缘际会发展起来的。清代，石家庄位于直隶获鹿县境内，同治二年（1863 年）的保甲登记有 94 户人家，人口 308 人[1]。由于缺少工业化发展的刺激，石家庄在中国近代早期并没有发展迹象，光绪二十四年（1898 年）的人口调查显示，石家庄共有 93 户人家，男女老幼 532 人[2]。可见，尽管中国已步入近代近一个甲子，石家庄却无显著变化，相反，还减少了一户。石家庄的转机出现于芦汉路的修筑。光绪十五年（1889 年）在清统治阶级关于修铁路的大讨论中，湖广总督张之洞正式提出修建芦汉铁路的主张，之后经过讨论张之洞的建议被清廷认可，下旨修建。光绪二十八年（1902 年），铁路修到石家庄，光绪二十九年（1903 年）建成石家庄火车站。光绪二十九年（1903 年），石家庄被确定为正太路的东端起点站，光绪三十三年（1907 年）全线建成。从此，石家庄成为京汉铁路（光绪二十六年，即 1900 年改称）和正太路的交汇点，从而成为彼时全国少有的交通转运枢纽，并迎来了大发展的契机。此后，石家庄的工商业迅速发展，人口不断增加，大踏步开始了城市化的进程。到 1933年，商会统计的石家庄商户已由宣统二年（1910 年）的 70 家猛增到 2 249 家，涉及包括制造、银行、运输商贸、服务等在内的 60 余个行业[3]。石家庄人口呈跳跃式增长，1925 年达到 33 000 余人，1937 年又增长到 63 000 余人[4]。其城市规模也由光绪二十七年（1901 年）的 0.5 平方千米，拓展到 1937 年的 11 平方千米[5]。1949 年又扩展到 15.13 平方千米，行政市域管辖空间为 121.8 平方千米，1947 年的人口密度已经达到平均每平方千米 1 784.21 人，人口密度最大的一区甚至高达 8 285.49 人[6]。可以看出，石家庄作为一个城市的出现，特别是作为一个重要城市的出现，主要是由于交通枢纽的形成的作用，虽然 20 世纪 20 年代以后其军政功能日益强化，但铁路带来的决定性影响是确定无疑的。

从经济发展的角度看，这类完全由乡村转化来的城市，其转化原因和路径

---

[1]　河北省档案馆档案：《同治二年九月石家庄保甲册》，转引自李惠民著：《近代石家庄城市化研究（1901—1949）》，中华书局，2010 年，第 34-35 页。

[2]　河北省档案馆编：《中国档案精粹（河北卷）》；河北省档案馆档案：《正定府转催光绪二十三年分民数、谷数册》（655-3-1689）。转引自李惠民：《近代石家庄城市化研究（1901—1949）》，第 36 页。

[3]　李惠民：《近代石家庄城市化研究（1901—1949）》，中华书局，2010 年，第 94 页。

[4]　李惠民：《近代石家庄城市化研究（1901—1949）》，中华书局，2010 年，第 280-284 页。

[5]　李惠民：《近代石家庄城市化研究（1901—1949）》，中华书局，2010 年，第 332 页。

[6]　河北省档案馆档案：《为检同本市面积及人口数字区域图说等项暨本市改称一案电请鉴核由》（615-2-1190），转引自李惠民：《近代石家庄城市化研究（1901—1949）》，中华书局，2010 年，第 336 页。

明白无误地宣示了工业化在城市转型中的作用，说明了工业化带给城乡关系转化的决定性影响。

另一类近代城市是从原有的城市发展而来的，也就是说，在中国古代社会，这类城市已经存在，虽然已经获得了一定程度的发展，城市也具备了一定规模，但是其性质仍然是古代的，即政治的军事的因素决定着其存在的必要性。其城市样式也还是古代的，即规模有限，封闭性强，主要是防御性质的，而不是利于发展工商业的开放性城市。工业化对于这类城市的发展的作用虽然不像上一类城市那样直接，但是追根溯源，其转型的原因仍然在于工业化。

这类在原有城市基础上发展起来的近代城市又有两种，一种是作为原有的政治军事中心的城市，如北京、西安、南京等，这类城市在工业化发生后开始了艰难的转型，并向综合性的政治军事和工、商、贸城市发展。另一种则并非重要的政治军事中心，清末被迫开放为通商口岸或者自开为商埠后开始了转型历程，如上海、重庆等。这些城市从对外通商的性质看虽然不太一样，但实质是一样的，因为清廷自开商埠并非真正的主动举措，而是应付危局的一种无奈之举。清廷自开商埠的上谕明白地宣示了这一点，"现当海禁洞开，强邻环伺，欲图商务流通，隐杜觊觎，惟有广开口岸之一法。"[1]也就是说，清廷企图通过自开商埠达到既开埠、又避免列强要挟，自主管理口岸的目的。所以，其无论约开还是自开的商埠，皆因其对外人开放而具有了一定的共同性。

前一种城市的典型是北京、西安、南京等古城。以北京的城市发展为例，北京地区人类活动已经有 60 万年以上的历史，正式建城始于公元前 1045 年[2]，至今已经有 3 000 多年的建城史。建都史如果从成为辽南京（又称燕京）算起[3]，已经有 1 074 年的历史，如果从贞元元年（1153 年）金营建中都算起[4]，则也已有将近 860 年的历史了。在长期的建城特别是建都的过程中，北京作为一座政治、军事中心城市逐渐发展起来，成为古代中国规模最大也最宏伟的城市之一。发展至

---

[1] 朱寿朋编：《光绪朝东华录》，中华书局，1958 年，总 4158 页。

[2] 方彪：《北京简史》，北京燕山出版社，1995 年，第 4 页。

[3] 苏仲湘：《北京建都始于北辽》，《社会科学战线》1996 年第 6 期，第 226 页。

[4] 侯仁之：《北京建都记》，《建筑创作》2003 年第 12 期，第 2 页。此说法目前为学术界的主流说法，又见王毓蔺、尹钧科：《北京建都发端：金海陵王迁都燕京》，《城市问题》2008 年第 11 期，第 2-5 页；曹子西主编：《北京通史》（第四卷）第三章，中国书店，1994 年；方彪：《北京简史》，北京燕山出版社，1995 年。

清咸丰年间，北京的人口已经从金中都时期的 30 余万人[1]增长到将近 50 万人[2]，城区面积由金中都的 22 平方千米发展到清代的 62 平方千米[3]，商业、手工业和金融业发达，为了满足京城众多官吏和市民的需要，驿道和水路运输发达，是一座典型的消费型城市。步入近代后，北京的近代工商银各业发展起来，至 1949 年有重工业和冶金工业工厂共计 831 家，资本额高达 3.6 亿元[4]，各类轻工业工厂 2 248 家，工人一万余人[5]。由于北京政治经济地位的特殊性，金融业十分发达，是北方的金融中心，为北方地区的资金融通提供方便。另外，北京的教育业也十分发达，聚集了众多的学生和教师。

由于工商银、教育各业的发展，北京地区的人口激增，由咸丰年间的将近 50 万人，增长到 1948 年的 191 万余人[6]。图 4-1 是 1912—1942 年北京的人口增长。

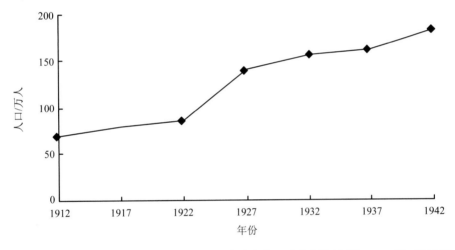

资料来源：史明正：《走向近代化的北京城：城市建设与社会变革》，北京大学出版社，1995 年，第 17 页。

图 4-1　1912—1942 年北京人口增长图

随着人口的增加，北京城市面积突破原有的皇城建制，不断向城外扩张。特别是城门外的关厢地区发展尤快，人口聚集、店铺林立，另外，石景山地区形成了钢铁工业中心，燕京大学、清华学校所在的北郊地区也繁华起来。此类

[1] 方彪：《北京简史》，北京燕山出版社，1995 年，第 292 页。

[2] 吴建雍撰：《北京通史》（第七卷），中国书店，1994 年，第 373 页。

[3] 方彪：《北京简史》，北京燕山出版社，1995 年，第 292 页。

[4] 习五一、邓亦兵撰著：《北京通史》（第九卷），中国书店，1994 年，第 188 页。

[5] 习五一、邓亦兵撰著：《北京通史》（第九卷），中国书店，1994 年，第 190 页。

[6] 习五一、邓亦兵撰著：《北京通史》（第九卷），中国书店，1994 年，第 397 页。

城市的特点是，建城历史悠久，城市基础好，但是受到政治军事中心的限制，经济发展相对缓慢，因而带动其近代城市化的步履较慢。例如北京虽然在近代以来获得了比较大的发展，但是与上海等城市相比，发展仍然比较缓慢，刘大钧 1933 年的调查显示，无论是工厂数、工人数，还是资本与生产净值等，北京（北平）均落后于上海和天津[1]。西安、南京等古城也经历了类似北京的城市化发展道路。

上述城市的特点是，城市建设已有一定的基础，近代以来少部分衰落了，大部分还是有一定的发展，但发展相对比较缓慢。尽管如此，其城市规模、城市人口与古代相比仍然有了比较大的扩张，从环境影响的角度看，其城市扩张及人口的拥挤带来的问题并不亚于新兴的城市。

后一种城市的典型是上海。早在商末周初，上海就有村落出现，至唐天宝年间，上海境内出现了青龙镇和上海镇。明清时期，上海地区的社会经济有了很大的发展，其中棉纺织业和航运业的发展尤大，这主要得益于当地棉花产量大和地缘优势。明嘉靖三十二年（1553 年），为抵御倭寇的侵扰，上海开始修筑城墙，从此上海真正成为中国传统意义上的县城。到鸦片战争前夕，上海人口已经有 52 万人之多[2]。鸦片战争后，上海成为五口通商的口岸之一，道光二十三年（1843 年）正式开埠，并于年底划定英人租地范围。道光二十五年（1845 年）《上海租地章程》订立，列强正式开始建立租界。以后，列强使用各种手段扩张租界，到 1914 年上海的租界总面积已经达到 48 653 亩，约合 32.435 平方千米，为英、法租界最初面积的 24 倍，上海县城面积的 10 余倍，成为全国最大的租界[3]。租界带给上海的影响是多方面的，一方面租界严重侵犯了中国的主权，另一方面，由于外人在租界的各种建设活动，带给中国人一个生动的直观的样板，刺激了中国人去兴办各种近代工业和市政设施。而上海优越的地理位置和运输条件，及其背后广阔而富庶的江南地区的巨大消费市场，则给予上海经济的发展以巨大动力，上海的工商银业很快发展起来。在高速发展中，上海迅速成长为近代中国最大的现代都市。至 1933 年，上海已经有各类工厂 3 485 个，

---

[1] 严中平等编：《中国近代经济史统计资料选辑》，科学出版社，1955 年，第 106 页。1928 年 6 月，国民政府设立北平特别市，1949 年 9 月中国人民政治协商会议第一届全体会议通过《关于中华人民共和国国都、纪年、国歌、国旗的决议》，北平更名为北京，因此，1928 年 6 月—1949 年 9 月应使用"北平"一词。但由于书中大部分"北京"缺乏明确的时间范围，所以除明确记录有此时间段内时间的语句中称北京（北平），此一时期的文件名称保留原文中的"北平"，明确的北平特别市政府、北平市政府等机构名称保留"北平"外，一律写为北京。
[2] 张仲礼主编：《东南沿海城市与中国近代化》，上海人民出版社，1996 年，第 40 页。
[3] 费成康：《中国租界史》，上海社会科学院出版社，1991 年，第 63 页。

资本总额高达 190 870 310 元，产品总值高达 727 725 779 元[1]。在工业快速发展的条件下，大批农村人口不断涌现上海，1933 年，上海的产业工人总数达 245 948 人[2]，1947 年又增长到 367 433 人，占同期全国工人总量的 53.8%[3]，加之商业、服务贸易业的人口以及有闲、有钱阶层的涌入，上海的人口呈现了几何级数增长的态势。鸦片战争前夕，上海县有人口 60 余万，县城及附近的人口约 20 万。上海开埠后，外来移民急剧增加，到 1948 年上海的人口已达 540 万以上[4]，成为全国最大的城市。上海的城市面积也急剧扩大，从一个一般规模的县城发展为上海特别市，1927 年的辖区面积为 557.85 平方千米。到 1945 年又扩展到 618 平方千米。尽管如此，上海的人口密度依然十分稠密，市区的人口密度达每平方千米超过 10 万人，即使郊区也已增加到近千人[5]。

重庆也是一个有着一定的城市基础，在被迫开商埠后逐渐发展起来的城市。早在秦代，重庆就出现了，以后历经发展，至宋代开始向商业繁荣、人口众多的城市渐进。清代，川江运输和贸易发展起来，重庆因处于长江东西贸易的起点，又是长江上游商品集散的中心，因而大大增加了城市经济吸引力和辐射能力。人口也不断增加，由于商业的发展是重庆城市扩张的原因，因此新增人口中商业人口的数量增加很快，有的区域已经超过了官僚、军人、居城地主等人口的数量。可以说，古代的重庆就是一个商业城市。重庆的变化开始于光绪二年（1876 年）的中英《烟台条约》，该条约规定英国可派官查看川省英商事宜。光绪十六年（1890 年），中英《烟台续增专条》签订，重庆被迫于次年正式开口通商。自此，重庆传统贸易开始向外贸型商业发展，进出口值不断上升。清末，重庆开始出现近代工业，到抗日战争前，重庆的工业部门涉及制造业、钢铁工业、化学工业以及水泥制造业等重工业和火柴、纺织等轻工业，此外还有航运业。到 1933 年，重庆共有近代工厂和手工业工厂 415 家，资本总额 7 344 739 元，工业生产总产值达 10 496 360 元[6]。为适应工商业发展和城市经济发展的需要，重庆城区面积一扩再扩，到 1938 年已经扩大到将近 30 平方千

[1] 刘大钧：《中国工业调查报告》，收入李文海主编：《民国时期社会调查丛编二编》（近代工业卷上），福建教育出版社，2010 年，第 721—723 页。

[2] 刘大钧：《中国工业调查报告》，收入李文海主编：《民国时期社会调查丛编二编》（近代工业卷上），福建教育出版社，2010 年，第 721 页。

[3] 陈真编：《中国近代工业史资料》（第四辑），生活·读书·新知三联书店，1961 年，第 98 页。

[4] 张仲礼主编：《东南沿海城市与中国近代化》，上海人民出版社，1996 年，第 663 页。

[5] 张仲礼主编：《东南沿海城市与中国近代化》，上海人民出版社，1996 年，第 667 页。

[6] 刘大钧：《中国工业调查报告》，收入李文海主编：《民国时期社会调查丛编二编》（近代工业卷上），福建教育出版社，2010 年，第 830 页。

米[1]。抗战时期国民政府迁都重庆后，将周围 80 千米的范围划归进来，使得重庆城市面积经历了又一次的扩大过程。这次城市扩容直接有赖于政治权力的行使，但是战争带来的工业内迁，也还是充实了重庆的社会经济，使得城市空间的扩大并未仅仅停留在行政命令发布的纸面上。城市规模的扩大与人口的增加相伴随，重庆的城市人口在道光二十年（1840 年）为 8.4 万人，光绪二十六年（1900 年）达到 21.4 万人，到抗战爆发前的 1936 年已经增长到 47 万余人，到 1941 年又增加到 70 余万人[2]。抗战时期人口的增加并非完全是城市化的结果，新增人口中包括了不少战争难民和战争移民，但是，重庆人口增长的格局实际上早已奠定，清末开埠后其人口就已急剧增长，这显然是由于开埠后的经济变化引起的。

总之，民国时期中国城市化的速度加快，表现为城市规模的不断扩大和城市数量的不断增加。不少乡村剧变为城市，不少古代城市发展为近代化的大城市。根据李蓓蓓、徐峰的研究，至 1949 年，中国的城市化率已经由光绪十九年（1893 年）的 8.2%上升到 1936 年的 10.6%[3]。从人口看，"截止到 1936 年的统计，全国 20 万～50 万的中等城市 18 个，城市人口占全国人口的 18.6%。50 万～200 万的中等城市 9 个，超过 200 万人的城市 1 个，这 10 个城市人口占全国城市人口总数的 35.5%。"[4]城市化的加速是中国社会面临的前所未有的新问题，如何管理城市，如何营造一个和谐的城市环境，是近代中国城市化面临的重要问题之一。

二、新旧叠加的城市环境问题

随着城市空间的扩大和人口的快速增加，环境问题显现出来。由于扩张的速度过于猛烈，无论是从旧式城池发展来的城市还是近代新涌现的城市，均面临严重的环境问题。老城市由于历史包袱的积累和新问题的叠加，环境问题尤显突出。新城市大部分是因工业和商贸的发展而起，其在城市化进程中由于工业发展带来的环境问题并不逊于老城市。

---

[1] 隗瀛涛主编：《近代重庆城市史》，四川大学出版社，1991 年，第 470 页。
[2] 隗瀛涛主编：《近代重庆城市史》，四川大学出版社，1991 年，第 396-399 页。
[3] 李蓓蓓、徐峰：《中国近代城市化率及分期研究》，《华东师范大学学报（哲学社会科学版）》2008 年第 3 期，第 38 页。
[4] 涂文学：《中国近代城市化与城市近代化论略》，《江汉论坛》1996 年第 1 期，第 57-61 页。

1. 城市发展中的水环境问题

水是人类生存的基本物质，没有洁净的水，人类将无法生存。水上运输又是古代运输的主要方式，因此，中国古代的城池一般都建立在水资源丰富且易于利用的地区。

以北京为例，从历史上看，由于国都的缘故，近代以前，北京无论是给水排水还是水上运输，都已经有了比较完善的建设。从供水的角度看，北京水资源比较丰富。北京位于华北平原的西北边缘，西部、北部及东北部都是山区，东南部则是一片平原。西部的山脉属太行山脉，北部和东北部山脉属燕山山脉，由西北向东南，地势逐渐变得低缓。北京城区位于永定河和潮白河洪积扇脊部，惠通河、凉水河、清河、坝河 4 条主要河流和 30 多条较大支流流经北京城，在地势较低的地方，有清泉自然涌出，汇聚成河流和湖泊，三海（南海、北海和中海）以及后海、西海是其主要代表，另外北京的海淀地区也是因历史上曾存在众多湖淀而得名。历史上的北京，地下水位很高，一般掘地 3 尺就有水，民间俗称"井窝子"即是生动的诠释[1]，因此，北京的水井非常多，至光绪时期，北京内外城共有水井将近 1 300 眼[2]，民间百姓都以井水为饮水的来源。20 世纪 60 年代，仍然有居民不使用自来水而使用自家院中的井水。皇室则饮用玉泉山的泉水，这水从玉泉山流出，水质优良，清澈如璧，被乾隆帝誉为"天下第一泉"，每天有专用水车为皇室运水。

然而，至明清之际，京师的水质开始恶化。清初，谈迁写道："京师天坛城河水甘，余多苦"[3]。因此城市中出现了专售百姓饮用甜水的人，至于苦水任凭挑取。康熙年间，黄越曾赋诗咏道："城中有井味皆苦，汲取远致河之浒。"[4]至清中叶，震钧犹说："京师井水多苦，而居人率饮之。茗具三日不拭，则满积水碱。"[5]至于北京水质变苦的原因，有学者认为这与地形因素有关，是土壤盐分过高导致。"据现代地质调查，华北因为气候干燥，在地下水位较浅、土壤毛细孔上升作用较强的地区，盐渍化土壤和盐土分布颇广。华北平原的盐渍土，

---

[1] 于德源：《北京农业经济史》，京华出版社，1998 年，第 36 页。

[2] （清）朱一新：《京师坊巷志稿》，北京古籍出版社，1982 年，根据其记载统计。

[3] （清）谈迁：《北游录·纪闻上》，"甘水"条，中华书局，1960 年，第 312 页。

[4] （清）黄越：《刘学士旧井行》，《退谷文集》，《四库全书存目丛书》，集部第 264 册，卷 2，页 2b。

[5] （清）震钧：《天咫偶闻》卷 10《琐记》，北京古籍出版社，1982 年，第 216 页。

由于地势平坦，排水不畅，低地受到弱矿化地下水渗入，盐分因蒸发积累于土壤中，地下水水线愈浅，土壤的盐渍化越严重，直隶河间洼地、豫直鲁黄河大堤两岸以及直鲁滨海地区更是如此"[1]。不过，北京的地形在明清时期并未发生大的变化，何以水质问题到明清时期会不断凸显？这显然不是地形能够解释的，比较合理的解释应当是与明清时期北京地区人口的增长特别是满洲亲贵入住北京带来的人口不断增加有关。进入近代后，随着城市化加剧和人口剧增，更加剧了用水问题，水质恶化的问题自然日益凸显。

再从排水的角度看，北京的排水沟渠究竟始于何时尚无考，但至少元代在建设大都时就按照北京西北高东南低的地形特点，开凿了明渠并修建了暗渠。至明代，北京的城市排污系统得到了很大发展，建成了基本遍布全城的地下沟渠，这些沟渠的污水最终都汇入"大明壕"和"御河"，然后再进入护城河，由护城河将污水全部带走（见图4-2）。明廷还责成五城兵马司和惜薪司专门负责排水沟渠的管护，并重治沟渠淤塞罪。清廷基本上继承了明代的做法，同时注重加强沟渠的管护，不但每年疏浚，还定期大修，并根据需要修建新的沟渠。

进入近代后，北京的人口大量增加，近代工业出现，城市结构的变化不但带来了城市生活污水的增加，还带来了大量工业废水，使得原有的排水系统不堪重负。北京原本的污水全部泄入护城河内，靠河水冲刷实现水质的洁净。但城市用水量的增加使得河水的污秽冲刷动力减弱，洁净水质的能力下降。民国以后，北京西郊稻田日益增多，"多为非法私辟，致使玉泉山水不能再大量入城。"[2]而这之前，"大量的玉泉山水都流入城内，护城河可以通航船只，一直连到平津的运河中，当然冲刷是不成问题的"[3]。另外，政府统治的腐败也加剧了排水系统功能的衰减，这个问题其实在前清时期就存在了，到了近代，随着清政府统治的日益腐败，问题日益严重。本来，北京的排水系统有严格的淘挖和检查制度，明清两代向例在农历二月初开始疏浚排水沟渠，三月末完工。开挖时先开左边的沟，后开右边的沟。此时街道上堆满了挖出来的污秽和淤泥，往往秽气四溢，臭不堪闻。完工后有严格的验收制度，一般是由左右翼总兵或者巡城御史亲自负责，派一小工从沟这头的洞口进入，然后官员乘轿到另一洞口等待，

[1] 任美锷主编：《中国自然地理纲要》，商务印书馆，1985年，第164-165页。
[2] 杨曾艺：《北平市沟渠之沿革与现状》，《市政评论》，1948年，第10卷第9-10期。
[3] 杨曾艺：《北平市沟渠之沿革与现状》，《市政评论》，1948年，第10卷第9-10期。

当小工从另一洞口走出时，官员上前查看小工的身上、鞋上是否粘有泥土，从而判断沟中污秽是否掏挖干净了。但是，随着统治的腐败，这项检查工作也成为具文和官员谋利的工具。实际上沟渠并未全部清挖，开挖时"掏挖者只将所开洞口左近之泥起出，其余一概不动……官长验收时，亦眼看小工入洞，但官长上车之后，小工即退出，由街上跑至彼洞，跳入沟内等候。……移时，小工出洞，由官长稍微一验衣鞋便算了事。"[1]有时，钻入洞中和出洞的甚至不是一个人，明眼人一看便知。这样简单的把戏难道清政府的官吏看不出来吗？实际情况是，小工的把戏检验官吏完全清楚，官吏们自装糊涂，皆因开沟之款已经上下分肥，"盖官吏已由承揽工程者得到充分之报酬矣"[2]。这样的掏挖纯粹是走形式，必然给北京的排水系统带来严重危害，不但严重污染护城河的水质，而且导致污水宣泄不畅，最终严重影响城市的水生态。

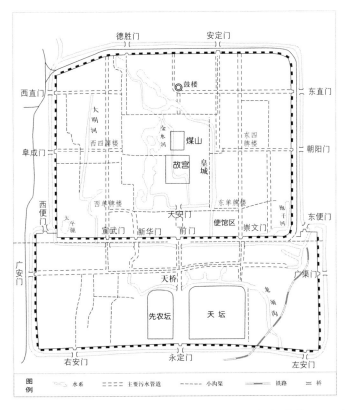

资料来源：史明正：《走向近代化的北京城：城市建设与社会变革》，北京大学出版社，1995年，第107页。

图 4-2 北京沟渠走向图

[1] 齐如山：《古都三百六十行》，书目文献出版社，1993年，第77页。
[2] 果鸿孝：《昔日北京大观》，中国建材工业出版社，1992年，第83页。

　　水环境的恶化现象在近代崛起的上海同样存在。正如前文所述，上海在近代以前已经具备一定的规模，近代后迅速崛起。由于上海地处河网交错的江南地区，近代以前上海的水资源更新主要利用自然动力实现，加之古代运输主要是水路运输，因而人们十分注意利用河渠的功能实现城市水资源的更新。

　　在上海及其附近地区，人们习惯上把那些与人们日常生活和农业生产有关的小河流称为河浜，而正是这些纵横交错的小河以及黄浦江、苏州河等河流的顺畅支撑了上海的水生态平衡。但是，进入近代，由于城市空间的急剧扩张、工业的急速发展和人口的膨胀，这种平衡被破坏了。破坏力量首先来自城市空间的扩张。上海近代城市空间的扩张最早从租界的建设开始，外人在建设租界的过程中为了交通和工业发展需要大力修建马路，其建造马路的主要手段就是最便捷地填埋河浜，这样就不必因为影响其他建筑和农田而大伤脑筋。继租界之后，华界也开始了大规模的填浜造路。在这些造路活动中，被填埋掉的既有大批分支河汊，也有区域性小干河。"1900 年后，城区内的河道已经因填浜筑路而支离破碎，断头浜、死水浜随处可见；1900—1920 年间成为填浜的高峰期……1930 年后，大规模填浜造成的各种负面效应集中体现出来。"[1]河浜被填埋后，河道自净的能力就大大下降了。因为这些河浜多依赖黄浦江和苏州河的进潮并相互沟通来实现正常的水循环，进而实现水的生态平衡。上海河网属于平原感潮型河网，因地势稍高而成。但这种地理特点使得河流下泄缓慢，水量补充和水质更新缓慢，对潮汐的依赖很大。一旦潮汐的洗刷功能下降，必然带来水流不畅，河水更新换代减缓，造成水质下降。由于部分河浜被填埋，不少河浜成了死水，有的虽未成死水，也因水循环系统被打乱，潮汐进路梗阻，严重影响了原本就能力不强的水循环，带来了严重的水净化问题。1914 年上海公共租界西区主干河浜被马路网络分割情况见图 4-3。

[1] 吴俊范：《城市空间扩展视野下的近代上海河浜资源利用与环境问题》，《中国历史地理论丛》2007 年第 3 辑，第 68 页。

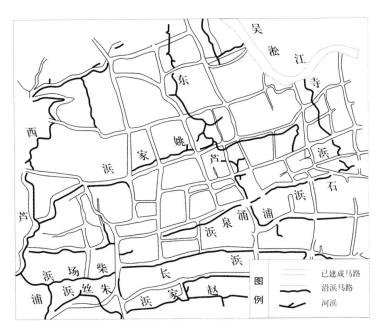

资料来源：根据《1914年上海市区域北市图》绘制，原图载民国三年（1914年）版《上海自治志》，转引自吴俊范：《城市空间扩展视野下的近代上海河浜资源利用与环境问题》，《中国历史地理论丛》第22卷第3辑，2007年7月。

图4-3　1914年上海公共租界西区主干河浜被马路网络分割示意图

进入20世纪，上海的工业化提速，又进一步加剧了水质的恶化。以工业最集中的苏州河区域为例。苏州河是上海的主要干流河道之一，又名吴淞江，古名松江，是太湖的泄水河道。历史上，在上海的城市发展中苏州河甚至比黄浦江更重要，因为宋代至明代，黄浦江一直是吴淞江的支流。黄浦江的入海口至今仍被称为吴淞口，便是因为其原来为吴淞江的入海口。只是因为泥沙淤塞，吴淞江后来才成了黄浦江的支流。鸦片战争后，外国人因从上海顺着吴淞江上行可通往苏州，于是将其下游河段称为苏州河。苏州河源自太湖瓜泾口，经吴江、吴县、昆山、青浦、嘉定等县后流入上海市区，全长125千米，其中上海市区段长达53.2千米。由于吴淞江的河道性能及其相对黄浦江而具有更多的重要性，自古以来就是上海地区航运的主要通道。由于有便利的航运条件，吴淞江沿岸（即苏州河沿岸）在近代迅速聚焦了一批近代工业成为上海乃至中国近代工业的发祥地。

上海开埠通商后，租界逐渐发展，上海城市中心北移，由于靠近苏州河的缘故，苏州河运送的物资逐渐增长，沿岸的人口逐步增长，工商业随之逐步发展起来。20世纪初至20世纪30年代期间，苏州河沿岸工业快速发展，逐渐形成了西部以工业企业为主、中部以仓库堆栈业为主、东部则以商业和服务性设施为主的分布结构。工业企业以棉纺织业、面粉业为主。棉纺织业中，日商纱厂与华商申新纺织系列企业规模最大。截至1931年，日本内外棉纺织公司共在上海设立8家纺织厂和1个纺织机械厂，全部位于苏州河沿岸的沪西工业区，此外还有日本富士纺织株式会社、日本棉花株式会社和伊藤忠商联合设立的日华纱厂，丰田纺织会设立的丰田一厂、二厂。合计日商共在苏州河沿岸设立与纺织相关的企业共23家。华商方面，申新纺织公司共有9家棉纺织厂，其中4家直接设于苏州河沿岸。此外，还有永安等大型私营棉纺织厂，公益、华阳等中小型纱厂。面粉业的情况更加典型，苏州河沿岸几乎集中了上海所有的机器面粉工厂，苏州河沿岸最早形成规模的工业行业也是面粉业。截至1920年，整个上海共有20家机器面粉厂，占全国机器面粉工业的15%，其中苏州河沿岸有18家[1]。

除了棉纺织业和面粉业，苏州河沿岸还汇集了其他许多工业行业，包括化学工业、日化工业、造纸工业等。其中化学工业最为突出。早在同治十三年（1874年），《申报》创办者美查兄弟便在沪西小沙渡苏州河畔设立了硫酸制造厂，命名为美查制酸厂，后来更名为江苏药水厂。进入民国后，苏州河沿岸还先后出现了天字号系列企业中的天原化工厂、天利氮气厂、天盛陶器厂等化工厂，另外还有上海火柴厂、中国颜料厂、江南造纸厂、上海牙膏厂等日化企业。到1933年，上海全市工业产值排位最靠前的是棉纺织、卷烟、面粉、丝纺织、印刷、机器、橡胶、制革、针织等9个行业。苏州河沿岸拥有除卷烟业外的8个行业，其中棉纺织业、面粉业和化工行业是上海地区的集中生产区。

上述行业中，除面粉业外，棉纺织业、化学工业的生产均会产生大量有毒物质，若不加以控制，都会给环境带来严重影响，特别是给水环境带来严重影响。例如，在棉纺织业中有印染环节，即给原棉着色的环节，中国传统的印染一般采用植物等天然材料，但有着色不牢、色泽不够艳丽的弊端。近代以来，西方的化学染织法传入中国，由于其工艺克服了中国传统染色技术的弊端，产品广受欢迎，于是机器棉纺织厂纷纷采用化学印染法。来自西方的这种化学染

---

[1] 上海市粮食局、上海市工商行政管理局、上海社会科学院经济研究所经济史研究室编：《中国近代面粉工业史》，中华书局，1987年，第48-49页。

料，以炼焦时产生的煤焦油为主要原料，经化学加工而成。这样的人工染料中含苯、胺等有毒成分，这些毒素在染织生产的过程中通过高温溶于水，最后再被企业当作废水排入河中，从而对水体造成污染。

现代化学工业也是水体污染的重要来源之一。中国古代本无化学工业，只是采用天然材料从事一些冶金、酿酒、炼丹、染料制造以及制漆、制皂、制蜡等方面的生产，以满足社会生产生活的需要。开埠以后，西方化学技术涌入，与天然植物原料相比，西方化学工艺价格便宜且快速便捷，所以西方化学工业迅速进入各个工业领域，中国近代化学工业逐步建立。但是西方化学工业所用原料及产物对环境的破坏也逐渐显现。早在同治末年，美查兄弟在苏州河畔设立硫酸制造厂生产硫酸、硝酸、盐酸时就因产生废水、废气污染苏州河环境而被租界当局限令搬迁，于是美查兄弟把厂子搬到租界无权管辖的苏州河北岸，也即华界，依然污染苏州河环境。化工企业陆续出现后，这些企业的生产原料均以酸碱为主，在生产过程中产生的大量污水，也都直接向苏州河里排放，从而进一步加重了苏州河的污染。

生活垃圾的堆积是造成上海水质恶化的又一重要原因。随着工业迅速发展，苏州河沿岸的人口越来越多。特别是"一·二八""八一三"事变爆发后，虹口、闸北一带的大量难民逃难到苏州河沿岸搭棚盖舍，并在此定居，形成了连片环境恶劣的贫民区，进一步扩张了苏州河沿岸的人口。人口的增加，带来了越来越多的生活垃圾。人们和过往船只随意将垃圾抛入河中，或者堆积在河边，因此苏州河上经常漂浮着大量垃圾。虽然自光绪二十三年（1897 年）上海市政府就开始设置垃圾容器，规定垃圾必须倾倒入容器内，但沿岸居民和来往船只并不遵守规定，行为照旧，造成了河水污浊状况的持续和扩大。1945 年年底，上海市市长曾令上海市警察局调查黄浦江和苏州河沿岸卫生情况，上海市警察局行政处人员乘小艇调查时发现，"所见不惟两岸满布垃圾，水面亦多漂浮，殊有碍卫生市容。" 1946 年 5 月，上海工部进行苏州河两岸各水管出口疏浚工程时，发现"两岸居民常在管口附近倾倒垃圾，且有任意抛掷破砖碎瓦"[1]，由此可见，垃圾乱倒的情况是非常严重的。

由于上述诸种因素的共同作用，苏州河的水质在近代以后开始恶化。同治

---

[1] 上海市警察局行政处：《关于市长手谕关于苏州河两岸不清洁情形》，上海档案馆藏档案（以下简称上档），Q131-4-2317。

九年（1870年）春，为了解决上海租界的供水问题，公共租界工部局委托卫生官爱德华·亨德生（A. Henderson）对上海黄浦江及邻近河、湖进行了一次比较全面的水质、水源调查。调查获取的水样送往伦敦检验，结果表明：苏州河上、中、下游水质都好，属于基本上无污染或极轻污染的水[1]。正是这一次调查最终促成闸北水厂在苏州河边的建立。这表明，此时苏州河并未出现较明显的污染，水质尚好。

　　苏州河的污染显现始于清末，并在民国时期不断恶化。20世纪20年代，苏州河开始出现"黑臭"现象。1936年，署名为番草的人在《今代文艺》上发表诗歌《苏州河的歌》，诗中有如下诗句："正如苏州河老是蠕动这黑色的水，正如像苏州河淤满着垃圾的煤灰。"[2]由此可知，苏州河此时已经受到了较为明显的污染，水质已经比较恶劣了。

　　最能反映苏州河水质污染的是闸北水厂的搬迁事件。上海闸北水电公司水厂于宣统三年（1911年）十月二十七日建成，位于在苏州河畔叉袋角（今苏州河恒丰路底秣陵路），水源取自苏州河，说明当时苏州河的水质尚好，可以用作饮用水。但是，不到10年，苏州河的水质就发生了极大的逆转。1926年，闸北地区发生霍乱，发病3 140例，死亡366人。同年7月，在苏州河取水口、滤池出水及用户龙头均发现霍乱弧菌，由此可以断定霍乱产生的直接原因是苏州河水质污染的问题。有人在《申报》上发表评论说："虎列剌[3]的传染媒介大半为水，尤以河水为甚，故用河水为饮料者不时发生，虎列拉之原因既在饮用有微菌之水而来，一来则死亡枕籍"[4]。1928年，程瀚章发表《论防疫之先决问题》一文，认为"今上海之时疫，最先发生且患病之处，莫不知（止）在闸北一带。而闸北自来水之污秽浑浊，水中含有病菌之多，亦为全世界之冠。则时疫之与自来水不洁之关系，从可知矣。"[5]从而直接阐明了霍乱与苏州河水质的关系。于是，上海市卫生局乃责令闸北水电公司整顿。公司开始对闸北水厂供水实施严格消毒，但是无济于事，水质问题依然未能得到有效的解决。1928年，闸北水厂搬迁至殷行乡鹅馋河口剪淞桥（今闸殷路66号），改取水于黄浦江。由此

---

[1] 上海市公用事业管理局编：《上海公用事业（1840—1986）》，上海人民出版社，1991年，第111-115页。

[2] 番草：《苏州河的歌》，《今代文艺》1936年第1期。

[3] 虎列剌，也作虎列拉，虎利拉，英文cholera的音译，急性传染病霍乱的旧称。

[4] 江俊孙：《何谓虎列拉》，《申报》1926年9月7日。

[5] 程瀚章：《论防疫之先决问题》，《新医与社会汇刊》1928年第1集，第16-17页。

可见，苏州河闸北地区河段的水质已然遭受了较为严重的污染，不适宜饮用了。

1938 年，许多人写信给上海市特别市政府，要求整治黑臭的河流。1938
年 5 月，有一名叫 H. J. Hontor 的租界外国人请求当局"处理临近我们房屋的，
极其不健康的、糟糕的，满是污物、臭气熏天的河流（即苏州河）"[1]。苏州河
沿岸的京江中学也致信当局说："治下新闸路 1536 街 B130 号校舍两侧有臭水
阴沟三处，时发恶臭，有时横溢，阻碍交通……敝校员生众多，对此腐恶空气
之重现已感不适，设至夏令，蚊蝇肆虐，不仅疫病传播，危险且街内人烟稠密，
除敝校外，尚有震公小学、新知小学、苏州小学及工厂多家，居民数百户人繁
地，促生命堪虞"。1938—1939 年，美亚第四绸厂也曾恳请卫生局及工部局对
整饬苏州河沿岸小水沟："胶州路 934 敝厂对面小浜，每到夏令，污气四溢、蚊
蝇均由斯产生，实为疾病之媒介，且行人往来众多，于卫生上大有妨碍。"[2]
这表明，苏州河的恶臭问题已经比较严重，严重影响了周边居民的生活。与苏
州河一样，随着城市的空间增长、人口的增加和工业的发展，上海其他河流的
水环境问题也不断恶化，只是程度有所不同而已。

城市空间的扩张和人口暴涨带来的水体恶化问题在其他许多城市同样存
在。在天津，由于地势的特殊性，水环境问题更加突出。天津是"一片由泥滩
和盐碱滩组成的平原。海河水一路蜿蜒迂回着流经这片平原，就像一条巨蛇在
找寻着自己往日的洞穴"，"有多条水道在这个容易搁浅的内陆港交汇"[3]。它
"坐落在九条河流入海口的一块平地上，天津是一个坑的城市，坑指的是地上聚
水的凹陷：一个池塘，一块沼泽或者一个污水池。"[4]显然，多水是天津的生态
特点，天津就位于多条沟渠河汊构成的一片水网上，这个水网自成一体，有一
个完整的水循环系统。虽然数个世纪以来这里的居民一直习惯将垃圾污水等倒
入河内，但是污染并不严重，因为循环系统的完整性，保证了城市水系的自净
能力。近代以来，特别是开埠后，天津遭遇了和上海一样的问题，也即外国人
强租土地，建立租界后盖河修路的问题。为了满足城市扩张的需要，保证交通
的便利，天津的许多河流被填埋或者掩入地下。英国人布莱恩·鲍尔 1918 年出

---

[1] 上海租界工部局：《关于麦克利克路居民要求改进公共场所卫生等的文件》，上档，U1-16-2391。

[2] 上海公共租界工部局卫生处：《关于解决苏州河等河流污染问题的文件》，上档，U1-16-2391。

[3] ［英］布莱恩·鲍尔：《租界生活——一个英国人在天津的童年》，天津人民出版社，2007 年，第 10 页。

[4] ［美］罗芙芸著，向磊译：《卫生的现代性：中国通商口岸卫生与疾病的含义》，凤凰出版传媒集团、江苏人民
出版社，2007 年，第 229 页。

生在天津，自幼在天津生活，他在回忆录中提到了盖河筑路的事："我家那座灰砖房坐落在咪哆士道[1]上，这条街向北大约四百码就是河边儿。……一条窄窄的小河从运河缓缓地流向海河。在距我家房子后门约一百码的地方，小河在一座老石桥下面消失不见了。开始我以为这条小河流到这儿就到头了，但后来我却发现，这条小河在地下继续流淌着，一直流入海河。这条小河被叫做'隐溪'。就像天津的另外几条小河一样，当外国租界建设时，这些小河被盖上了。"[2]"人们说，这条小河的更多部分要被填平，这座桥也要拆掉，这片野地上要盖房子。"[3]也就是说，如同上海租界的建设一样，天津地面流淌的河流被人为地埋掉，或者盖入地下了。这样做的结果一方面是影响了水的循环，另一方面就是形成了许多断头河，最终形成"坑"，所以罗芙芸才会说天津有许多坑。由于水循环受阻，在20世纪的二三十年代，天津的水环境就已经很恶劣了，从布莱恩·鲍尔详细描述的家门口小河的情形可以清楚地看出来："污秽的小河仿佛一潭死水。此时已经差不多是高潮时分了，两岸边水面以上留下一英尺左右的淤泥和污物。我站在那座灰石桥上向下望着，小河就是在这儿消失在了地下。扑通！在水的中间，漂浮着瓜皮和白菜叶子旁边，冒出一两个气泡……一只肥大的蟾蜍在泥浆里跳着，或许是因为它太重跳不动了，在死寂的水边蹲了下来。……我再次凝视着这条小河。看上去，污浊的水面会使你误以为它会一直处于高潮期，就像一个傲慢的入侵者打算永久地待下去。这时，漂浮在离那只蟾蜍不远处的水面上的一些垃圾开始渐渐地转动起来，我由此知道，水面下的水其实并不是一动不动的。尽管很难想象，但这条令人作呕的小河确实是与大海连在一起的，并且通过大海与全世界的海洋和河流连在了一起。海河以其神奇而独特的方式，在这座桥下涌出，然后慢慢地，非常缓慢地退去，等到了傍晚时分，那只蟾蜍停留的地方就将是高高的黑泥浆，还有漂浮在上面的厚厚的垃圾。"[4]通过这段描述至少可以看出两个问题，一是河水的污染程度已经比较严重，二是河水与其他河流相连，污秽可以到处传播，或者说其他河流的污秽之物也可以流动进来，也就是说，全流域的水相互联通同时也都被污染了。这可以从天津多次爆发烈性传染病得到证明，光绪二十一年（1895年）、光绪

[1] 今泰安道。
[2] ［英］布莱恩·鲍尔：《租界生活——一个英国人在天津的童年》，天津人民出版社，2007年，第4页。
[3] ［英］布莱恩·鲍尔：《租界生活——一个英国人在天津的童年》，天津人民出版社，2007年，第141页。
[4] ［英］布莱恩·鲍尔：《租界生活——一个英国人在天津的童年》，天津人民出版社，2007年，第140页。

二十八年（1902 年）、光绪三十三年（1907 年）和宣统元年（1909 年）霍乱爆发，宣统三年（1911 年）又爆发了大瘟疫，1917 年由于洪水的发生再度发生霍乱、天花和痢疾，研究者认为，发生烈性传染病与水质的不洁有关。"天津靠海，是一个主要的产盐区，所以井水都是咸而涩的。这个城市周围有几条河流，但是大多数被这里的百万人口用作垃圾倾倒之所。大运河的南端没有流经城市及其污水沟，所以南运河取水比海河更合适。全城都需要运河的水，而大多数街区距运河有数英里之遥。"[1]天津居民主要饮用运河的水，认为运河的水比较清洁，但实际上，布莱恩·鲍尔的叙述已表明，污染了的河水是与大运河相连的，这正是瘟疫能够大面积爆发的原因。

　　上述情况，即河流被截断、被污染的情况在建有租界的汉口、苏州、杭州、广州等城市都存在，其水质都在近代以来不断下降。一些没有租界的城市甚至比较小的城市也出现了水质恶化的问题。例如浙江省永嘉县"城内河道纵横交错，年久失修，淤塞严重，河水污浊，秽气熏蒸，夏秋之间，三溪水发灌入城中，仅恃沿大街之一小河宣泄，而该小河又浅狭不堪，以至水流拥挤，水流不退。"[2]永嘉河的情况虽然没有更详细的材料予以证明，但是，其河水质量之差、河道之淤塞及河水宣泄不畅是显而易见的，而河道之不畅、河水之污染则与河道的阻塞、河水自净能力下降有关。

2. 城市空气质量的下降

　　城市环境恶化的又一表现是空气质量的下降以及由此带来的疾患。近代工业革命以来的工业生产，以无机矿石材料的使用为其主要特征，主要运用煤为生产的主要燃料，以钢铁为生产的主要材料。煤作为燃料的运用，主要是以煤的燃烧产生动力推动蒸汽机实现的，钢铁的运用则必须经过冶炼，这个冶炼过程也需要煤燃烧中产生的热能来实现。于是，在煤燃烧的过程中产生大量二氧化碳，从而对空气造成污染。与此同时，工业生产产生的各种污浊气体也大多排向天空，又加重了空气的污染程度。

　　光绪二十五年（1899 年），《申报》曾以赞叹的口吻，记述了苏州河口上轮

[1]［美］罗芙芸著，向磊译：《卫生的现代性：中国通商口岸卫生与疾病的含义》，凤凰出版传媒集团、江苏人民出版社，2007 年，第 223 页。
[2]《永嘉城河之整理》，《政治成绩统计》1934 年第 4 期，第 225 页。

船运输的景象："每日小轮船之来往苏、杭、嘉、湖等处者，遥望苏州河一带，气管鸣雷，煤烟骤黑，盖无一不在谷满谷，在坑满坑焉。"[1]这里作者赞美的是轮船运输的繁忙，歌颂的是现代轮船运输业带给古老河流的新气象。然而，其中也透露了蒸汽轮船的煤烟带来的空气污染，煤燃烧后产生的浓烟已经填满了河流的上空，使得河流上空变成黑色的了。轮船之外，在蒸汽机车的时代，铁路运输也带来了大量烟尘，特别是靠近铁路的城市，这种烟尘的数量就更多。石家庄是其中的一个典型例证。上文述及，石家庄是因铁路而兴的一个城市，整个城市围绕铁路而建，京汉、石太、石德三条铁路穿越城区，并都在市中心汇集，整个城市即是以铁路为中心分成东西两个部分的。铁路在市中心的存在，给被切割的市区空间带来了一系列突出的环境问题，"在铁路使用蒸汽机车为牵引的时代，火车运行中产生的废气、废水以及丢弃的各种废弃物，还有铁轮与铁轨撞击产生的震动，列车进出车站、过道口、拐弯道等处鸣笛产生的巨大噪音，都对市区沿线环境和居民生活健康构成了不良影响。……诸如此类的环境影响给附近居民和住户增添了无尽的烦恼，当情绪由烦恼转化为怨恨，或情绪积蓄到一定程度便要宣泄，于是石家庄周围时常出现一些骚扰铁路列车的所谓'报复行动'，例如向正在运行的列车投掷石块，砸坏车灯、玻璃等事件曾频频发生。"[2]砸火车事件是环境改变带来的显性事件，因废气、废水、废弃物增加带来的生态改变则一时难以被人们察觉到，实际上，这样的改变才是最重要和最关键的。

　　除轮船、铁路运输外，工业生产是有害气体的又一来源。19世纪中叶后，中国的近代工业产生，机器和蒸汽动力大量运用于生产中。蒸汽机带来生产效率的极大提高，使得人们对于蒸汽动力趋之若鹜，在工业化启动的地区出现了烟囱林立的情况。罗芙芸在形容天津比利时租界的工业之发达状况时就饶有兴味地说，"比利时租界的烟囱比居民还多"[3]。烟囱林立象征了工业的发达，同时也表明大量有害气体和烟尘已源源不断地排入大气层，污染了原本清洁的空气。在这众多的烟尘中，有因使用蒸汽机作为动力而产生的废气，也有其他的工业烟尘。

　　例如火柴制造在生产过程中会排出的大量含有磷毒的有害气体，还有梗枝

[1] 《防内河小轮船失事说》，《申报》1899年5月4日。
[2] 李惠民：《近代石家庄城市化研究》，中华书局，2010年，第349页。
[3] ［美］罗芙芸著，向磊译：《卫生的现代性：中国通商口岸卫生与疾病的含义》，凤凰出版传媒集团、江苏人民出版社，2007年，第212页。

处理过程中产生的大量木粉尘。对于这些气体，火柴工厂一般不经过任何处理直接排入大气，从而加重了大气的污染。如果火柴厂设在居民区附近，则其有害气体就会给附近居民的身体健康带来影响。特别是中国的火柴厂大都设在北京、上海、天津、广州、重庆、苏州、青岛、厦门、太原、南京等城市附近，并不远离居民区。以火柴业比较集中的青岛为例，至 20 世纪 20 年代末，青岛共有华资、日资火柴厂各 5 家[1]。可以考察到具体厂址的有日商青岛磷寸公司，位于曹县路；日商山东火柴工厂，位于华阳路；日商华祥磷寸公司，位于诸城路；华商明华火柴公司，位于沧口[2]。这 4 家火柴厂均位于青岛市核心区北部，其中明华火柴公司位置比较偏僻，其余 3 家均距离居民聚居的东镇区非常近，其生产过程中产生的有毒气体难免对周围居民的生活和身体健康产生影响。如果遇到北风盛行，则处于其下游的青岛市核心区也会受到影响。由于彼时尚乏环境意识，有关有害气体对居民区居民健康影响的史料记载很少，但可以从相关记录中一窥端倪。据《胶澳志·政治志·卫生》记载，1924 年、1925 年、1926 年和 1927 年青岛全市齿疾患和口腔疾患的患者分别为 1 515 人、945 人、839 人和 884 人[3]，患呼吸道疾病的人数分别为 6 132 人、3 874 人、3 520 人和 3 811 人[4]。上述两种疾患的就诊人数，除 1924 年外，其余三年均大大高于由于卫生条件差，而在当时十分常见的肠道寄生虫的患病就诊人数[5]，其问题的严重性显而易见。当然，这些患有齿疾、口腔疾患以及呼吸道疾患的人未必完全是由于火柴生产过程中产生的有害气体的影响所致，但与此有害气体应当不无关联。

在卷烟业中，由于整理烟叶会产生大量的含有细碎烟叶末的烟尘，又因产品质量要求，工厂生产车间一般门窗紧闭，工人的身体因此遭到极大摧残。烟

[1] 中国科学院经济研究所中央工商行政管理局资本主义经济改造研究室主编，青岛市工商行政管理局史料组编：《中国民族火柴工业》，中华书局，1963 年，第 295-301 页。
[2] 袁荣叟：《胶澳志·食货志工业》，文海出版社，1969 年，第 94 页。
[3] 口腔和呼吸道疾患的就诊人数 1924 年最高，以后三年基本持平的数字，并不表明患病人数下降。因为从就诊总人数看，后三年也是呈下降并持平的态势。也就是说，就诊总人数下降，患齿疾和口腔疾患的总人数也随之下降。然总人数的下降并非完全可信。《胶澳志》的编者承认，表中的数字有统计不全之虞，并特别提出普济医院的统计不完整，故而未统计在内。编者还征引了《青岛概观》的就诊人数以为佐证：1924 年 4 月至 1925 年 3 月就诊和住院的人数总计为 12 万人，1926 年全年就诊和住院的人数总计为 13.7 万余人。这表明患病的总人数并未大幅下降，明显是《胶澳志》的统计存在问题。《胶澳志》统计数据之间问题还有一明证，即所有疾患的女性患者均低于男性患者。这显然与社会常态不符。由于女性身体的特殊性，女性就医率一般都高于男性。而此时女性就医率低，则显然与女性的社会地位低，经济不独立而无法就医有关。
[4] 袁荣叟：《胶澳志·政治志卫生》，文海出版社，1969 年，第 623-624 页。
[5] 四年的就诊人数分别为 1 440 人、510 人、506 人和 393 人。参见袁荣叟：《胶澳志·政治志卫生》，文海出版社，1969 年，第 627 页。

叶生产是对环境要求非常高的一种生产，生产车间既不能太干燥也不能太潮湿，既不能温度太高也不能温度太低，当环境条件不能满足生产要求时，必须开窗换气，满足生产的需要。这样，大量的烟尘在为害工人身体后又会进入空中，增加空气中的污染颗粒物。如果卷烟厂大量开设并密集位于相近地区的话，则这种颗粒物污染就会加重，并给人体带来危害。民国时期是中国卷烟业飞速发展时期，大量的卷烟厂涌现出来，其中上海是中国卷烟业的重镇。20 世纪 30 年代，上海地区集中了 34 家民族卷烟厂[1]，另外还有英美烟公司的两个生产基地。如此众多的卷烟厂集中在一地，其生产过程中产生的各种烟尘必定会给当地的空气质量带来严重影响。

采矿业也是废气和烟尘产生的重要源泉。在采矿过程中，不但地表的生态平衡会遭到破坏，引发水土流失等灾害，在开采过程中还会产生大量粉尘，向空中释放大量污染物。以北京门头沟地区为例，这一地区蕴含大量的煤矿资源，其采煤业发轫于金末元初。明代以后由于北京成为帝都的缘故，采煤业获得快速发展。步入近代，由于门头沟的煤品质优良和开埠后工业发展的需要，门头沟的煤矿成为外来侵略势力觊觎和争夺的对象。自同治初年，英国驻京使馆官员和商人就不断到门头沟一带调查。光绪二十四年（1898 年）美国人开始染指门头沟煤矿的机械化开采，之后，德国、比利时和日本资本也先后插足煤矿的开采，最终在民国初年形成英国资本垄断煤矿的局面。到 1934 年，英国控制的中英门头沟煤矿的年产量已经达到 35 万吨[2]。在开矿的过程中，外来侵略者为了提高效率，更多地获取中国的资源，采用野蛮开采的方法，不但为了开采方便乱砍滥伐，而且采用火药爆破的方法炸开煤层，然后利用炸开的通道进一步开采。爆破后产生的浓烟包含有大量煤灰粉尘颗粒，以及一氧化碳、二氧化氯等有毒物质，这些浓烟弥漫在空中，一方面使得门头沟地区灰尘非常多，树叶、草叶、房屋上以及街道地面常常布满灰尘，另一方面就污染了空气。由于门头沟是一个山谷盆地，大气扩散效果较差，产生出来的煤矿废气常常难以扩散或者扩散很慢，于是就形成了一个厚厚的废气层，像锅盖一样扣在上空，形成逆温层，严重影响了空气质量，造成了疾患丛生的局面。

上述种种因素叠加，带来了城市空气质量的下降，有人这样描写当时的上

---

[1] 上海市社会局编：《上海之机制工业》，中华书局，1933 年，第 254 页。

[2] 谭列飞：《中英门头沟煤矿》，《门头沟文史》（第一辑），门头沟区印刷厂印刷，1993 年，第 102 页。

0 0 0 0 0 0 50

海："我们如果到闸北、江湾或南市龙华等处的乡村里望着上海，只见半空中烟雾弥漫，十里洋场，完全埋在烟雾丛中，分不出什么是高楼，什么是矮屋，试想数百万住在上海的人们，整天整夜在烟雾弥漫中过活，生命是多么危险！纵使不被烟雾熏死，至少要减少阳寿十年。"[1]

3. 垃圾粪便等秽物处理失序带来的环境污染

垃圾粪便处理无序是近代城市化过程中又一突出的环境问题。中国古代的官府缺乏或者说没有对公众卫生行为的管控制度，也没有相应的管理措施。如果说有的话，也仅限于道路沟渠的维护、修理和清洁。不过，由于古代的城市规模一般不太大，城市卫生问题虽然存在，但并不十分突出。近代以来，随着人口的大量增加，粪便、垃圾的产生量也急剧增加，由于管理措施没有相应跟上，就严重影响了城市环境，并成为突出的社会问题。

在北京等北方城市，并不建公共厕所。一般而言是富贵人家建有自己专门的厕所，并有专人清掏处理。普通穷困百姓没有此一条件，于是就任意解决如厕之需要。那时，北京"满街皆是厕所"[2]，"即妇女过之，了无作容，煞是怪事"[3]。外来人，特别是习惯于家家自备厕所、以利积肥的农村人，对此往往不能适应，但是时间一长，也就渐渐麻木不仁了，"乡下新来之人，以羞耻关系，往往不能在胡同中出恭，盖无此习惯也。久居北京者，必群笑其怯……"[4]除厕所外，北京也没有垃圾处理场所，"各家庖厨等废弃物，无可丢弃的特别场所，亦无处理此物的清洁公司，故皆丢弃于道路。"[5]

从南方各城市看，居民大都习惯于户厕，家家置备马桶，在自家解决如厕问题。每天早上，家家户户刷马桶亦为居民必行之事。然马桶的刷洗一般并无特别选择和特别场合，一般均就近在门前小河或者池塘刷洗。至于家家户户产生的垃圾，则习惯倾倒于江湖等水流之中。江河之中行驶的船只以及在水上生活的船家产生的垃圾也倒入江河之中。例如在杭州，居民习惯于在沿河和井边

[1] 鼎鼎：《上海的繁荣是如此》，《上海周报》1933年第1卷第15期，第29页。
[2] 张宗平、吕永和：《清末北京志资料》，北京燕山出版社，1994年，第460页。
[3]（明）史玄、（清）夏仁虎等：《旧京遗事　旧京琐记　燕京杂记》，北京古籍出版社，1986年，第144页。
[4] 齐如山著，鲍瞰埠编：《故都三百六十行》，书目文献出版社，1993年，第90页。
[5] 张宗平、吕永和：《清末北京志资料》，北京燕山出版社，1994年，第460页。

洗涤，并随意抛弃废弃物，"致有不少废弃物漂流河面"[1]，上海等南方多水城市的居民均有此抛撒垃圾的习惯。近代以后，粪便垃圾等废弃物随着人口的膨胀而增加，城市中向江河等水域抛撒垃圾的规模也不断扩大，甚至出现了使用轮船抛撒垃圾的现象。1930 年 1 月，上海升仁煤号呈函上海特别市政府港务局，请求彻查船只向苏州河中偷倒大量垃圾、妨碍公共卫生及交通的行为，"商号开设闸北光复路六〇七号，面临苏州河，为靠泊船只利……雇陈庆生挖泥机器将码头门口对出河面，计长一百尺澜，五十尺浚深七尺，当时吨船只已可靠泊码头，距西面相隔数丈，有垃圾码头一座，装载垃圾之船每于深夜在河中偷倒垃圾，以致浚掘未久之河日就淤积，商号货船今不能泊，靠码头船只，装卸之际不特有碍船只之往来。（江中船只素极拥挤）妨碍交通抑且上船起岸，工役时有不测之虞。"上海市特别市市政府港务局对此事进行了调查，升仁煤号上潘姓工人"称因见该码头日就淤积，从前常有小工将垃圾倒入河中情事"[2]。1938 年，上海公共租界垃圾运卸工人会员金凤生、张冠春举报"公共租界垃圾运商不遂工部局完章，将垃圾倾入苏州河沿岸一带，有碍卫生交通。"上海警察局派人调查后发现，租界运营商本该按规定将垃圾运至黄浦江龙华泰山窑厂北面指定地方，由工人搬卸上岸后堆积起来集体处理。但是承运商竟然让收垃圾船运到指定地方，逼着船上的工人将垃圾撬倒入黄浦江。黄浦江沿岸河滩"潮都退去后，许多垃圾堆积有小山的模样。近来更加大胆地不顾一切趁着涨水小讯黑夜的时候，他们竟敢把已经装上了船的垃圾都从船上撬倒苏州河里。……那里的河底将要给垃圾填平了，所以现在的军用和民营的船只进出非常困难，常有搁浅的事情。对于卫生方面也有许多影响。"[3]

垃圾、粪便等废弃物的随意丢弃给城市环境带来了严重危害。首先是对城市空气的污染，由于粪便和垃圾的堆砌，使得城市中整日秽气冲天，臭味难耐。在武汉，行人随地便溺、乱扔垃圾习以为常，"摊贩之皮壳仁核腐烂果物，及挑炉卖熟食者之炉灰，随地抛弃"，"住家各户无渣箱，将渣滓倒倾路旁，经行人踢散"，"商户不自清洁，当街开拆货箱，将箱内之稻草碎纸，随地抛置"[4]。武汉夏季高温，冬秋季多雨，随意抛弃的垃圾常腐败并散发臭气，加之随地便

[1] 杭州市政府秘书处编印：《杭州市政府十周年纪念特刊》，1937 年 5 月，第 57 页。
[2] 上海港务局：《关于清除苏州河及沿岸垃圾的文件》，上档，Q211-1-12。
[3] 上海警察局：《关于取缔租借垃圾倒入苏州河》，上档，R36-13-180。
[4] 信丙：《举行清洁运动，公安局规定简章》，《汉口民国日报》，1927 年 7 月 24 日。

溺的粪便，使得城市的气味十分难闻，"不观乎小街屋隅之便迹乎？行人皆掩鼻而过之。"[1]

北京的城市情况同样如此。1915 年，毛泽东在北京求学，收到湖南第一师范老师黎锦熙的来信，老师在信中催促他回湖南从事"至崇之业"，并提到了北京的居住环境，"北京如冶炉，所过必化。……并言北京臭腐，不可久居"，认为北京环境恶劣不宜久居，所以召唤学生毛泽东回湖南讲学。最终毛泽东也以"此非读书之地，意志不自由为由"[2]，答应了老师的召唤而出京。虽然黎锦熙召唤毛泽东的基本理由并不是北京的环境问题，根本目的也不在于令毛泽东换一个更好的环境来生活学习，但言语之间，北京随地便溺、随地倾倒垃圾带来的环境恶劣问题却也跃然纸上，从一个侧面生动地反映了北京空气质量的恶劣和民众的厌恶心理。然为何用"臭腐"而不用臭气形容之？如果仔细揣摩，则臭腐二字包含意思很多，臭自然是指气味而言，包括随地大小便带来的不雅气味，还包括随地丢弃的垃圾产生的气味，此类污秽汇聚在一起其气味不可不大，不可不令人窒息。腐字则显然从物质的层面有所指，指到处堆积的污秽之物，在天气炎热的时候必然腐败发酵，带来更多的难闻气味，加重本已存在的臭气，使得空间更加不可忍受。所以，仅仅臭腐两个字已经十分鲜活地给人们展现了北京因垃圾和粪便放置的无序带来的严重问题。北京地处半湿润半干旱地区，属于季风性大陆气候，极易刮风。北京的土质又为黄土，松散易干。每当大风起时，往往"黄土飞扬，天空会忽然变成黄色，真有所谓'黄尘千丈'之景观。"[3]与此同时，垃圾和粪便散发的臭味也随风扩散，将臭味散满全城。

其次是水质的污染，大量垃圾粪便进入河流，势必污染河流，从而给水源带来危害。北京等北方城市一般习惯饮用井水，然垃圾、粪便等污物往往因下雨等契机进入河中，或者渗入地下，从而影响水质。1920 年学者武干侯发表了北京水质检验的论文，他通过检验证明，北京的井水却完全不达卫生标准，"在井水中一立方生的米突水内，就有一千六百至三千个微生物细菌在内"[4]。

空气和水质的污染使得疾病丛生，危及城市居民的健康。1922 年 7 月北京

[1] 陈方之：《汉口之卫生》，《市声周刊》第 2 期，1923 年 9 月 23 日。
[2] 毛泽东：《致黎锦熙信，1915 年 11 月 9 日》，《毛泽东早期文稿》，湖南出版社，1990 年，第 30 页。
[3] 张宗平、吕永和：《清末北京志资料》，北京燕山出版社，1994 年，第 20 页。
[4] 武干侯：《水：怎么样才叫做干净水呢？喝凉水有危险吗？》，《通俗医事月刊》第 4 号，1920 年 1 月，第 15 页。

西城皮库胡同一带的住户患了腹泻肚胀之病,后经调查发现,"住户所饮水之水系水夫取之于西口外二龙坑地方之官井内的水,原来该井久未掏修,复被儿童时往井内投弃瓦砾等项秽物,以致食者患病"[1]。显然,这场疾患的发生,与井水质量的下降和含有致病菌有关。北京地区水质的污染还危及了自来水。本来北京的自来水质量还是不错的,1920 年武干侯对北京自来水水质的检验证明,北京的自来水完全达标,在"一立方生的米突中,只有三十余个非病原菌,也没有做我们病原的微生物在内,所以这种自来水,可以算得是适当的饮料水了"[2]。1925 年一场流行性瘟疫席卷北京城。这年 7 月,北京阴雨及旬,周边河流均涨,"自来水源之孙河同一涨发,间接影响饮料"[3],自来水厂的过滤未能消除水中所有有害的细菌,医生发现"病因系自来水之不洁(因患者均属自来水用户)"[4]。此事引起市民对水卫生的前所未有的重视,纷纷致信《晨报》,抨击自来水公司,要求京师警察厅、京都市政公所及中央防疫处三机关联合对自来水公司进行检验。京师警察厅试办公共卫生事务所派人调查后发现,自来水厂问题在于水源本甚浑浊,需时必久,该公司没有历时沉淀,同时对于非肉眼观测细菌,有待进一步检验[5]。中央防疫处对北京自来水进行化验,发现水中"含有微菌"[6]。京都市政公所又派传染病医院会同中央医院化验自来水水质,并甄选专家、传染病医院药剂师李振声前往东直门外及孙河自来水厂实地调查。调查结果显示:一是该公司清理水质方法过于简单;二是自来水公司没有专门化验人员,缺少化验设备[7]。这种事件的发生与上海自来水公司搬迁的事件在本质上是一样的,都反映了水质的变化给市民饮水和身体健康带来的影响。

综上可知,由于近代以来城市生态环境的持续恶化,甚至利用现代科学技术也无法避免因生态恶化带来的影响。

---

[1]《水夫有害卫生》,《顺天时报》1922 年 7 月 7 日。

[2] 武干侯:《水:怎么样才叫做干净水呢？喝凉水有危险吗？》,《通俗医事月刊》第 4 号,1920 年 1 月,第 15 页。

[3] 北京市档案馆编:《北京自来水公司档案史料(1908 年—1949 年)》,北京燕山出版社,1986 年,第 130 页。

[4]《告公共卫生事务所长》,《晨报》1925 年 8 月 1 日。

[5]《警厅昨始训令自来水公司改良》,《晨报》1925 年 8 月 8 日。

[6]《中央防疫处发表自来水确有大肠菌》,《晨报》1925 年 8 月 7 日

[7] 李振声:《北京市民饮料问题(二)》,《晨报》1927 年 8 月 20 日。

三、市政建设的兴起与改善城市环境的努力

近代以来，外国的公共卫生和市政管理观念传入中国，国人开始大力介绍国外的卫生观念、市政[1]管理观念和城市生态观念，从而推动了改善城市环境的努力。

城市面貌改进的努力体现在市政行为的实施。市政机构的产生是城市规模扩大和城市功能多样化的产物，为了管理城市、满足城市居民不同需要就产生了市政管理。政即管理的意思，市政就是"管理众人的事，就是政治"。[2]从中国的历史看，"市政"一词出现很早，《周礼·地官》云："凡会同师役司市帅贾师而从，治其市政。"此处"市政"的意思当然与城市的治理有关，但远非现代意义上的"市政"，仅指对集市的管理。现代含义的"市政"二字来自英文Municipal Administration一词，其中Municipal的字义为"属于城市地方自治的"，Administration的字义为"行政"，两字合用的意思就是城市地方自治的行政。有人认为，市政就是"自治团体所办的事务，若列举来说，凡关于一市市民生命财产的保卫、卫生的讲求，教育的设施、道德的维持、贫穷的救济、交通的布置皆包含在内。换言之，在市政范围内所办的事，全是为一般市民生活求安适、求快乐、求进步。"[3] "市政者，改良吾人衣食住行之事业，与吾人有切身之关系。"[4]也就是说，所谓市政是民间自治团体的行为，是与每个市民的生活相关的管理行为。因此，市政行为的发生最初是与地方自治联系在一起的。

---

[1] 当代市政学学者认为，市政是一个内涵非常广泛的概念，"指城市的党政组织、国家政权机关、各类非政府公共组织以及广大市民，为实现移动价值目标和管理目标，依助一定的市政体制和运行机制，对城市的政治、经济、文化和社会发展等各项事务进行的管理活动及其过程。"（见张永桃主编：《市政学》，高等教育出版社，2006年，第3页）这个定义非常广泛，几乎涵盖了城市事务的各方面。另有学者强调市政的公共性，认为"所谓市政，是指城市的公共权力机关为解决各种问题，有效管理城市公共事务，实现城市公共利益而进行的各种形式的公共政策的制定、执行、监督、评估过程，以及城市公民、利益群体等对公共政策的各种影响活动。"[见张旭霞编著：《市政学》，中国人民大学出版社，2012年，第23页，又见王佃利张莉萍高原主编：《现代市政学》（第三版），中国人民大学出版社，2011年，第4页] 台湾方面张丽堂、唐学斌认为，市政的概念可以从政治的、政府的和行政的三个方面来理解（见张丽堂、唐学斌等：《市政学》，五南图书出版公司，1983年，第9-10页），也是一个内涵广泛的定义。然上述学者的研究均侧重或者包含了都市空间成长与发展——诸如都市规划、土地、住宅、交通、卫生等方面的研究。本研究更倾向市政的公共性方面，在此含义上使用市政一词，侧重点是市政行为与环境有关的方面。

[2] 张丽堂、唐学斌等：《市政学》，五南图书出版公司，1983年，第9页。

[3] 臧启芳：《市政和促进市政之方法》，陆丹林总纂：《市政全书》（第一编），道路月刊社，1931年，第29页。

[4] 董修甲：《市政研究论文集·序》，青年协会书局，1929年，第1页。

从近代中国的情况看，所谓市政确实与城市地方自治有渊源关系。光绪三十四年十二月二十七日（1909 年 1 月 18 日）宪政编查馆向清廷奏呈的地方自治章程中，规定了地方自治事宜，一共八款，其中第一款为"本城镇乡之学务"；第二款为"本城镇乡之卫生：清洁道路、蠲除污秽、施医药局、医院医学堂、公园、戒烟会、其他关于本城镇乡卫生之事"；第三款为"本城镇乡之道路工程：改正道路、修缮道路、建筑桥梁、疏通沟渠、建筑公共用房、路灯，其他关于本城镇乡道路工程之事"；第四款为本城镇乡农工商务；第五款为本城镇乡善举；第六款为"本城镇乡之公营事业：电车、电灯、自来水，其他关于本城镇乡公共营业之事" [1]。可以看出，在八款中有六款自治事项中包含了卫生、公营事业等事项，而这些事项中的清洁道路、蠲除污秽、疏通沟渠等事务与后来的市政事务有直接关联。正是这些事项的实施为后来的市政建设奠定了基础。

此一时期的这些事务除民间自治团体参与并实施外，还存在大量政府行为，即政府对地方自治市政事务的统一监督和监理。也就是说，最初清政府实施新政时，是把市政事务的性质理解为民间自治事务的，但又认为政府有管理的权力，因此将这一事务的权力赋予了民间自治团体和政府有关职能部门两个方面。

然中国古代并无专门的市政机构，与市政有关的沟渠、卫生等城市事务是涵括在治安事务内的，也就是说，市政事务是由负责警卫和治安事务的衙门负责的。在京师，清廷设置步军统领衙门和五城兵马司，负责京师地区的卫戍、警备治安等事务，同时负责管理内城的街道沟渠。同时，工部也负有京城桥梁、道路整饬维护的职责。在地方各省，上述事务则由负有治安、警卫职责的绿营承担。由于这样一种管理体制，当清末国家机构改革建立警察制度后，有关市政的事务就自然而然地交归了警察管理。

光绪二十六年（1900 年）夏，八国联军攻入京师，为了控制北京，同时为了自身的安全，八国联军占领北京后实施分区占领，并且依照租界管理办法分别成立了"军事警察衙门"。但是，由于语言不通、民情不解以及兵力单薄等问题，侵略者的措施并不能有效地控制北京的局势。于是，一些留在北京的官员开始出面维持秩序，清政府也颁发上谕，令军机大臣荣禄、大学士徐桐等人留

[1]《宪政编查馆奏核城镇乡地方自治章程并令拟选举章程折》，故宫博物院明清档案部编：《清末筹备立宪档案史料》（下册），中华书局，1979 年，第 728-729 页。

京办事，并加派庆亲王奕劻和大学士李鸿章回京办理谈判事宜。地方士绅出于自身利益的考虑也积极奔走，企图恢复京城的正常秩序。于是，在占领军允许、清政府批准的情况下，由留京官员和当地士绅共同组织了临时管理机构——安民公所。安民公所除了要维持社会治安、恢复和维持正常的商业贸易，还有整顿和维护市容卫生，督管道路的维修及设施维修等职责[1]。为了预防因环境恶劣而带来的传染病等疾患，占领者开始按照自己的习惯管理北京的市政卫生，安民公所也仿效外人的做法开始了相应的管理。例如，对于人们随地便溺和随处倾倒垃圾的习惯，占领军严加管制。在各国管理的范围内，禁止随地大小便。为了方便人们出恭，占领军和安民公所一道，通过向各家各户敛钱的方式筹集修建公厕的经费，并修建了许多公厕，"尚称方便。德界并无人倡率此举，凡出大小恭，或往别界，或在家中，偶有在街上出恭，一经洋人撞见，百般毒打，近日受此凌辱者，不堪计数。"[2]这样，随地大小便不但被禁止，而且还有遭受殴打的风险。此外，各家各户的垃圾不允许随便倾倒，住户须将垃圾存积院中，等待"公捐土车，挨门装运"，然后统一运往城外。如遇大风天，"尘沙败叶吹满门，必须时刻清扫干净，否则偶遇洋人巡查，即遭威吓"[3]，于是，每户居民都有维持本院清洁的责任。城市道路养护和维护方面，居民有养护自家附近之道路的责任，占领军令居民将街道修垫平坦，并打扫干净[4]。日本人甚至令各住户在门前摆设土筐和木桶，木桶须装满水，以备清扫街道之用[5]。

　　侵略者的上述举措虽然是从自身安全以及维持统治秩序的角度出发而为，但却给中国人带来了先进的现代卫生理念，并启动了中国市政建设的制度建设闸门。八国联军撤出北京后，安民公所先后经历了善后协巡总局、内外城工巡局的机构变化，市政管理机构开始朝着融入巡警机构的方向发展。善后协巡总局和内外城工巡局这两个机构的职责首先是维护社会治安，保证社会的正常秩序，但同时都要负责管理和维持京师的环境卫生。如善后协巡总局虽然只是一个临时的权益机构，且只能协助巡查，但其职责内仍然包含了协助维持街道卫

[1] 中国社会科学院近代史研究所近代史资料室编：《庚子记事》，中华书局，1978年，第56页。

[2] 中国社会科学院近代史研究所近代史资料室编：《庚子记事》，中华书局，1978年，第67页。

[3] 中国社会科学院近代史研究所近代史资料室编：《庚子记事》，中华书局，1978年，第69页。

[4] 中国社会科学院近代史研究所近代史资料室编：《庚子记事》，中华书局，1978年，第25页。

[5] 中国社会科学院近代史研究所近代史资料编辑组编：《义和团史料》（下），中国社会科学出版社，1982年，第575页。

生的工作。

庚子之变后，清王朝难以照旧统治下去，人民群众难以照旧生活下去。于是社会上和统治阶级内部的改革呼声不断高涨，清廷被迫寻求变通，进行统治方法的改革。光绪二十七年七月三十日（1901 年 9 月 12 日）清廷正式下诏编练新军，"著各省将军督抚，将原有各营严行裁汰，精选若干营，分为常备、续备、巡警等军，一律操练新式枪炮，认真训练，以成劲旅。"[1]这一上谕历来被学界看成是清政府编练新式军队的开始，其实这道上谕的含义远远不止于此，它要编练的新式军队固然是使用新式枪炮的现代武装力量，但这样的军队已经不是中古式的军警不分的军队了，而是既包括了肩负保卫国家、对外御敌之责的常备军，也包括了主要担负对内维持社会治安的巡警，既包括了正式役部队，也包括了预备役部队，这样的军队已经是各司其职、分工明确的现代武装力量了。这种对军队的整顿已经包含了比较多的现代转变，正是这种转变，产生了中国最早的警察部队。

清政府的上谕下达后，已经有了一定的警政基础的京师地区首先开始了警察制度的建设。光绪二十八年（1902 年）五月，内城工巡局成立，五月十九日，清政府正式责令肃亲王善耆以步军统领"督修街道工程，并管理巡警事务"[2]，总理工巡局事务。光绪三十一年（1905 年）八月五日，清廷又责令"所有五城练勇，著改为巡警，均按内城办理"[3]，于是京师又出现了外城工巡局，合称内外城工巡总局。工巡局的职责除了维持治安、缉拿盗贼、案件审理等典型的警务工作外，还包括修治街道、经营土木和管理交通卫生等职责[4]，即除管理与治安有关警政外，警政的职权仍然包含了不少市政的职责。而且工巡局确实尽职尽责，做了不少有利于京师卫生环境的事。下面是工巡局的告示：

行人铺户不准当街便溺。
各户秽土经官备车逐日运取，其秽水须置桶存储，挑运僻处倾倒，不准泼路上。

[1] 朱寿朋编：《光绪朝东华录》，中华书局，1958 年，总 4718-4719 页。
[2] 朱寿朋编：《光绪朝东华录》，中华书局，1958 年，总 4866-4867 页。
[3] 朱寿朋编：《光绪朝东华录》，中华书局，1958 年，总 5380 页。
[4] 韩延龙、苏亦工等著：《中国近代警察史》（上），社会科学文献出版社，2000 年，第 96 页。

各铺户每日须将门前洒扫洁净，不准任意抛弃秽物。[1]

上述措施显然是继承了占领军时期的措施，是向西人学习的结果，并可明显看出工巡局并不是一个单纯的内保治安机构。

由于直隶试办警政效果明显，清政府乃于光绪二十八年九月十六日（1902年10月17日）明发上谕，令各省举办警政，"前据袁世凯奏定警务章程，于保卫地方一切，甚属妥善。著各直省督抚仿照直隶章程，奏明办理。不准视为缓图，因循不办。"[2] "从此，广西、福建、上海、福建等地纷纷效仿，在省城或市政要地办理地方警政，《直隶警务处试办章程》被层层搬用……警察制度逐步推行全国，完成了各省自办警政的规划。"[3]

1912年中华民国建立，共和体制取代了帝制。国家管理体制的现代化因为辛亥革命的胜利而大大推进了一步，管理机构的混沌状态进一步分解，朝着分工精细、分工专业化的方向发展。北洋政府取消民政部建立内务部，下设总务厅、民政司、职方司、警政司、土木司、礼俗司、卫生司等共八个司厅，负责内政方面的事物。其中的警政司的职责有三："（一）行政警察；（二）高等警察；（三）著作、出版"，已经不再负责卫生等与城市环境有关的事物。与城市环境有关的事物，分别由土木司和卫生司负责。土木司的职责有六，其中第四条是"道路、桥梁的修缮和调查"，第五条是"河堤、海港和其他水道工程"；卫生司的职责有五，其中第一条就是"传染病、地方病的预防，种痘、公共卫生"[4]，从此，与环境有关的市政事务从治安事务中分离出来，有了专门的管理机构。相应地各省也按照中央机构的模式建立内务司，办理相关事务。北京由于是首都，仍然保持京师警察厅的建制，直接隶属于内务部，管理北京的城市事务。但由于警察厅的事务过于繁杂、难以全面顾及的缘故，最后还是在1914年正式成立了"京都市政公所"，与京师警察厅分别管理城市公共事务的不同方面。

国民政府成立后，于1928年8月出台《国民政府组织法》，并在组织法的框架导引下于10月出台了《行政院法》，12月20日正式公布实施。《行政院法》

---

[1] 内外城总厅送违警律章程以及有关文书，中国第一历史档案馆档案藏档案号一五零一，第107号。

[2] 朱寿朋编：《光绪朝东华录》，中华书局，1958年，总4935页。

[3] 梁翠：《论清末政府的警政建设及其得失》，《辽宁警专学报》2010年第3期，第76页。

[4] 钱实甫：《北洋政府时期的政治制度》，中华书局，1984年，第108页。

规定，行政院以内政、外交、军政、财政、农矿、工商、教育、交通、铁道、卫生各部，及建设、蒙藏等五委员会组织之。但仅仅一个月后，国民党三届四中全会决定将卫生部并入内政部，在行政组织机构的架构上，国民政府依然延续了北洋政府的传统。根据《国民政府内政部组织法》规定，内政部的职责主要是管理地方行政，以及土地、水利、人口、警察、选举、国籍、宗教、公共卫生、社会救济等事务，下设民政、土地、警政、总务、卫生、礼俗、统计 7个司。显然，其中卫生司主管涉及城市环境的卫生环境工作，土地司的职责则在一定程度上涉及此类问题。各省的机构设置相应地对应中央政府行政运作的要求，设立民政、财政、建设、教育、司法、军事各厅，履行各自的职责。

有了专门的管理机构，政府就能利用政权的力量，通过规划、立法等手段推动城市环境的改善。国民政府成立后，为了解决日益严重的城市病问题，促进社会经济的发展，乃按照孙中山《建国方略》的思想，开始了大规模的城市建设活动。这个活动是通过制定城市规划，调查问题，制订方案，然后再辅之以具体法规、进而治理的模式展开的。

城市规划运动的出现，除了政府的顶层设计，还与各类学者的竭力鼓吹有关。清末，大量留学生和官员走出国门学习近代的科学技术和西方文化，他们惊异于西方的城市规划和城市建设，羡慕西方城市的规划整齐和环境优美。四川留美学生白敦庸，1919 年负笈美国，"见彼邦城市之治理，迥异中土，市民熙熙攘攘，共享太平，心羡而乐之。……遂变更出国前之志趣，弃工厂管理之学而攻市政管理。意欲为大多数人谋幸福，莫如致力于市政，因城市为多数人民聚集之所。一城治理，则能享福利之人自较工厂享受福利之人为多。推而广之，全国城市都能治理，则能享受福利之人自必更多。"[1]有的学者、官员虽未得出国留洋，但通过书报、游记等途径了解了西方城市建设的情况，也明了了中国城市建设的落后，"目前欧美各国，对于都市计划，建筑改良，不遗余力；反顾吾国，如汉沪津各处，素以繁盛著称者，其里巷之湫隘，市井之尘嚣，相去为何如也？而内地各市，更无论矣！"[2]在鲜明的对照面前，他们都急于学习西方，改变中国城市的落后面貌。

[1] 白敦庸：《市政举要·自序》，上海大东书局，1931 年，第 111-112 页。
[2] 顾在埏：《都市建设学·自序》，收入孙燕、张研编：《民国史科丛刊续编》，第 791 种，大象出版社，2012 年，第 1 页。

　　早在 1917 年，《科学》杂志就刊文全面介绍西方的城市规划和各种城市建设理论，包括城市功能分区、城市道路和铁路建设规划、城市公园和美化，等等[1]。不久，张謇抛出了一个《吴淞开埠计划》，主张全面规划吴淞的建设，提出要仿照美国华盛顿建一新吴淞，"华盛顿在美国第一次国会时，就一片平地上计划都市。其后依其计划，逐渐建设，竟成世界一最整齐之都市。"[2]张謇的这一计划中提出了全面规划、建设新城市的思想。而著名市政学学者、美国加州大学市政学硕士董修甲，先后连续著书多部，有《市政学纲要》《市政新论》《市政学论文集》等，系统介绍西方的市政和城市建设情况，研究中国城市建设的理论，在社会上产生了重要影响。至 20 世纪 20—30 年代，介绍和研究西方城市建设与城市规划的学者越来越多，出版的相关著作也越来越多，如世界书局出版的《ABC 丛书》中就含有不少关于城市建设、城市规划和城市管理方面的书籍。这些学者都十分推崇城市规划，"考东西各国名城巨埠，足为举世称道者，无论为创造，为改建，其设置与建筑之臻备，必先有一详细计划，举凡道路桥梁公园房屋，甚至一树一木，莫不柏地之宜，因事之利，预定其计划，更陆续视经济之情形，市民之需要，依次实行。"[3]学者们还指出了市政建设的急迫性："文化发源于城市，万物亦苍萃于城市。创办良好市政，既可振兴一国物质与精神上之文化，使之发扬光大，以崇尚国家，而耀民族。复可改良恶劣不健之社会，使市民居其中者，得可安居乐业，共享太平。故市政为二十世纪各国之急务，尤我国当今唯一之要图。"[4]正是这些学者的介绍和鼓噪，在市政建设领域形成了一股鼓吹通过城市规划，建设田园城市的思潮。正是这些学者的研究和宣传鼓吹，为国民政府大规模开展城市规划和城市建设运动奠定了思想的和理论的基础。

　　下面以上海、北京、武汉、南京等城市为例进行分析。

　　上海是近代中国最重要的经济城市之一，加之临近国民政府的首都南京的缘故，决定国民政府必然高度重视上海的建设和发展。1927 年国民政府建立后，鉴于上海行政管理的混乱性，决心改变清末以来上海行政管理机构杂乱无章、

[1] 苏锱：《兴筑及改建市镇论》，《科学》1917 年第 3 卷第 5、第 9 期。
[2] 张謇：《吴淞开埠计划》，陆丹林总纂《市政全书》（第四编），道路月刊社，1931 年，第 64 页。
[3] 马轶群、李宗侃、唐英、徐百揆、濮良筹：《首都城市建设计画》，陆丹林总纂：《市政全书》（第四编），道路月刊社，1931 年，第 37 页。
[4]《市政全书·董序》，陆丹林总纂：《市政全书》，道路月刊社，1931 年，第 1-2 页。

支离破碎的权力分割局面，决定成立上海特别市，于 1927 年 7 月 4 日公布《上海特别市暂行条例》。《条例》规定，上海特别市行政机构设市长一人，由中央政府直接任命，下设市参事会（1928 年改为参事会），秘书处、财政局、公务局、公安局、卫生局、公用局、教育局等专门管理机构，各负其责。上海特别市第一任市长黄郛甫经就职，就将建设上海作为了政府的首要任务，他提出"革命事业，其目的原在建设……所谓全国第一巨大之上海埠，其精华悉在租界……故所谓大上海市者，细细分析，实属有名无实。……上海市责任之重，关系之巨，影响之大，而有望各方当事之互相策勉者也。" [1] 在这样的思想指导下，上海特别市成立后，就致力于上海的改造和建设，于 1929 年 7 月在上海特别市政府第 123 次会议上通过了建设大上海市中心区域的决议，开始了全面建设上海的"大上海计划"。根据上海市中心区域建设委员会向土地、社会、公安、卫生、港务、公用六个局发出的《为拟编大上海计划一书函送目录草案供给材料由》，这个计划共 10 编，包括上海史地概略、上海统计及调查、市中心区域计划、交通运输计划、建筑计划、空地园林布置计划、公用事业计划、卫生设备计划、建筑市政计划和法规共十个部分[2]。虽然这十个部分计划的编制并没有全部完成，但是观察这个目录草案可以看出，上海特别市政府企图在建设新的大上海的同时，全面整治上海的城市环境，目录的十个方面基本上都包括市政府的环境关怀。例如第一部分专设地理一章，包括上海的面积、地质、气候、物产等，了解上海这方面的历史，显然是要为大上海计划提供历史依据；再如第四部分包括对旧有道路的改造；第六、第七、第八部分直接涉及了城市环境的改造问题，第六部分空地园林布置计划包括公园、森林、林荫大道，第七部分公共事业计划包括了自来水、电灯电话和煤气的建设，第八部分卫生设备计划包括沟渠系统和污水处理、垃圾处理、整理不卫生区域计划、公共卫生设备（卫生实验所、医院、海港检疫所、公厕等）。如果计划编制完成并且全面实施的话，上海市的环境必然会得到一定程度的改善。

与计划的编制配合，上海特别市政府各局自 1927 年 7 月至 1928 年 6 月，短短的一年时间里先后出台了大量专项法规。与城市环境有关的法规有：《清道

---

[1]《黄市长就职演说》，《申报》，1927 年 7 月 8 日。

[2] 上海市档案馆档案：《为编印大上海计划致市府各局函》，上海市市中心区域建设委员会档案，Q213-1-62。转引自魏枢：《"大上海"计划启示录——近代上海市中心区域的规划变迁与空间演进》，东南大学出版社，2011 年，第 59-60 页。

办法》《清道清洁违章惩罚规则》《拟订公坑管理规则》《取缔垃圾清洁规则》《暂订冲洗小菜场规则》《自来水厂任用化验员资格规则》《私有弄巷整理清洁规则》《粪车章程》和《暂定稽查粪车罚则》等[1]。

北京于 1928 年 6 月成为特别市，改称北平特别市，并依市组织法规定设立工务局，接管市政公所事务，成为统辖城市建设和市政管理的机构。1934 年，根据形势发展的需要，又成立卫生局，管理公共卫生等与城市环境有关的事务。北平特别市的城市环境治理走的是规划与法规规范相结合的路径。1928 年，留洋归来的青年学者张武抛出了一个庞大的《整理北平市计划书》，主张以"正阳门内外东西长安街三殿三海及故宫"[2]为中心向外扩张，全面改造北京（北平）城，通过完全拆除城墙，把北京（北平）建成美术区域、商业区域、工业区域和住宅区域等四个各具功能的区域。计划书还包括城市水源改造、街道建设、医药卫生等，涉及城市环境的诸多方面，为北京建设史上首次提出的城市规划书。这个规划书充满了年轻人建设新城市的热情，但是其规划脱离现实，欲大拆大建，不但实施经费难以解决，而且破坏了北京的古都风貌，无法被人们接受，因而未能实行。1933 年以后，北平市政府先后出台了《北平游览区建设计划》《北平市沟渠建设计划》《北平市河道整理计划》等专项城市建设计划，力图以此指导北京（北平）的城市建设，把北京（北平）建设成一个优美、康乐的花园都市。

武汉是中国中部腹地最重要的城市，由于有长江和汉江交通之便，自古就有九省通衢之美誉。近代以来，由于汉口商业贸易的迅速发展，武汉的华中政治经济中心地位更加凸显。1926 年 9 月，国民革命军北伐占领汉口，10 月，成立直接隶属于湖北省的汉口市，并公布《汉口市暂行条例》。12 月，设武昌市和汉口市，次年 1 月，国民政府从广州迁到武汉，将武昌和汉口两市合并为武汉特别市，直隶武汉国民政府。1929 年 6 月，武昌划出改隶湖北省政府，武汉特别市更名为汉口特别市。1926 年年底至 1927 年年初，孙科代表财政部、交通部向国民党武汉临时中央党政联席会议提交了《计划武汉三镇市政报告》，提出了合并武汉三镇市政机关，建立统一的武汉市的若干设想。1927 年 3 月 15日，汉口英租界正式收回，汉口第三特别管理局成立，管理原英租界，原武汉市市长黄昌谷任该特别区市政局长，直属国民政府外交部，从此，武汉市政府

[1] 张仲礼主编：《近代上海城市研究》，上海文艺出版社，2008 年，第 523 页。
[2] 张武：《整理北平市计划书》，陆丹林总纂：《市政全书》（第四编），道路月刊社，1931 年，第 2 页。

取得了管理武汉市的完整权力。

武汉市政管理的最大特点是专家治市。国民政府占领汉口后的第一任汉口市市长、随后又任武汉特别市市长的刘文岛，毕业于法国巴黎大学，获得博士学位。虽然他学习的是法律专业，但是西方留学的经历使得他十分重视市政建设，强调市政建设和市政管理的专业性，"市政为重要建设事业，所有职员及各项工程人员，应有专门之技术；故本府各局处绝对以用人唯材为主旨，不分省界、性别，凡学识经验有一己之特长者，无不尽量延用。"[1]在此一用人方针指导下，大量专家进入市府各部门。毕业于美国普林斯顿大学并获得博士学位的吴国桢，先后任武汉市土地局局长和财政局局长，后又任汉口市市长；市政学专家董修甲于1928年年底出任武汉市市政委员会秘书长，以后又先后担任过武汉市工务局局长和公用局局长；毕业于英国格拉斯哥大学的陈克明继董修甲任工务局局长；毕业于英国伯明翰大学、先后在北京大学、武汉大学任教并曾担任武汉大学校长的石瑛任武汉市政工程委员会主席。除高位官员外，武汉特别市市政管理各部门的中低级职员中有一大批人是留学欧美和留学日本的毕业生，他们参与到武汉的市政管理中来，对于推动先进的市政管理理念的传播和城市的环境建设，都发挥了积极的推动作用。

在专家的主导下，1929年《武汉特别市设计方针》和《武汉特别市工务计划大纲》先后出台。1930年，专门针对汉口情况的《汉口市分区计划》出台，到1936年，《汉口市都市计划书》由第63次市政会议通过，并转呈内务部，再转行政院，得到批准并准予立案。这几个规划书的核心点都是武汉的城市空间规划，它们贯彻了分区功能的主旨。正是这种主旨体现了鲜明的环境意识，如《汉口市分区计划》将未来的汉口划分为工业区、商业区、行政区、住宅区、高等教育区和小工商业区几个部分，"分区则土地之使用、建筑之高及其建筑之面积均有一定之规定，使市民得享受充分之日光与空气，增加卫生之功效。" 为此，工业区的设计"须在市区内水陆交通便利之处，以便起卸原料及出品，且须位于下风口，俾商业区及住宅区不致受煤烟之害。"住宅区要选在"园林幽秀清净不烦"之处，且不能"与工业区直接相连，以保证居民生活的健康"。[2]此外，几个规划都涉及了城市沟渠的改造、道路的建设与改造、公共厕所的修

[1] 刘文岛：《汉市之现在与将来》，《中国建设》1930年第2卷第5期，第3页。
[2] 工务局：《汉口市分区计划》，《新汉口：汉市市政公报》1930年第1卷第12期，第166-167页。

建等与城市环境直接有关的问题。

为了贯彻规划，1929 年之后武汉市政府当局出台了多项法规，如《掘路暂行规则》《市行道树保护规则》《武汉特别市奖励捐助修筑道路公园暂行规则》《武汉特别市工务局监理商办公用事业规则》《整理清洁章程》《湖北省各市县实施整洁办法汉口市实施细则》《取缔饮食店卫生暂行规则》《街道清洁暂行规则》《取缔旅馆客栈卫生暂行规则》《私有里巷清洁暂行规则》《街市清洁暂行规则》《取缔厕所粪窖暂行规则》《管理公共厕所暂行规则》《污物大扫除条例》和《卫生运动大会实施纲要》等，细化了规划的内容，并跟进了具体的实施措施。

南京是国民政府的首都，也是孙中山选定的首都，1927 年 4 月，国民政府定都南京，随即命令办理国都设计事宜，并成立了首都建议委员会，由孙科负责。同时聘请美国著名建筑设计师墨菲及其助手担任国民政府建筑顾问。1929 年 12 月，由墨菲主持的第一部南京城市规划——《首都计划》出炉。与此同时，南京特别市工务局的马轶群、李宗侃、唐英、徐百揆、濮良筹也拿出了中国官员学者的规划——《首都城市建筑计画》。这两个规划虽然有所不同，但是都以城市分区为主旨，将整个城市划分为不同功能的几个区域，每个区域都根据其不同功能确定不同的建设标准。比如行政区要"地势平坦，处境幽静"；工商业区位于下关，"远隔他区，地处西北。江南天气，东南风多，工商业区所不能免者，喧繁烟雾耳。此规划不独喧繁无扰与内地，即烟雾亦恒放之于大江"；学校区"必择地点旷阔，空气清鲜，而又风景优美，市嚣不侵"[1]之地。可见，分区规划的设计都考虑了环境问题，既包括不同区域的特殊需要，也为未来防治城市环境问题奠定了基础。此外，同上述城市规划一样，南京的城市规划也都考虑了道路建设、排供水问题、垃圾和排泄物处理等问题。

除了上述城市，其他许多城市包括中小城市也都在 20 世纪 20—30 年代兴起了城市建设的热潮，"年来首都以次，逮夫各省埠间，改造旧城市，建以进步之新市政，后先相望，如火如荼"[2]，青岛、烟台、蚌埠、汕头、厦门、奉天、大连、长春、天津、济南、重庆、无锡、宁波、郑州等城市都制定了程度不等

[1] 马轶群、李宗侃、唐英、徐百揆、濮良筹：《首都城市建设计画》，陆丹林总纂：《市政全书》（第四编），道路月刊社，1931 年，第 38-42 页。
[2]《市政全书·张序》，陆丹林总纂：《市政全书》，道路月刊社，1931 年，第 1 页。

的城市建设规划，并有相关法规配套。上述城市规划由于经费、战乱、外敌入侵以及空想成分比较多等因素的影响并没有完成，即便是《首都计划》《大上海计划》等重点城市的规划也没有完成。但是，相关城市还是在尽可能的条件下勉励推行，也取得了一定成效，对于城市环境的改善起到了一定的作用。主要体现在以下几个方面：

第一，对水环境问题的关注和治理的努力。

水环境问题是近代以来中国城市化加快后凸显的重要问题之一，为此，各城市在规划城市建设时都会予以注意，并出台配套的法规，以图整治。

以北京为例，如前所述，民国时期北京虽然最终没有制定完整的城市规划，但是仍然出台了相关法规，力图通过规范相关行为来遏制城市病的进展。1916年9月，市政公所规划处派员实地勘查全市旧有沟渠，对北京城的沟渠进行全面调查。调查历时七个月，1917年3月，勘察事竣，绘制了全城沟渠系统表，详载各区沟渠起点终点、长度、沟身状况，"计制成沟线分图十八张，履勘表二十册，全市沟线系统图两大张"[1]，编成《沟渠履堪图》，为以后的治理奠定了基础。调查表明，北京沟渠的运转情况相当糟，只有不到10%的沟渠能够正常运转，另外85%的沟渠已经部分或者完全淤塞[2]，绝大多数沟渠已丧失排污功能，成了污水池，停滞在城内的污水带来了冲天的臭气，还是污染饮用水的隐患，严重威胁着城市居民的身体健康。

为了解决污水的排泄问题，民国时期的历届北京市市政府都付出了相当大的努力。北洋政府于1915年起拨专款开展了对护城河、大明濠和龙须沟的专项治理。治理举措包括几个方面：修复河堤和沟堤，避免污水外溢；疏浚河道和沟道，铲除污泥，去除淤塞隐患；大明濠和龙须沟的北段改为暗沟，避免臭气外泄。护城河的治理于1917年完成，大明濠和龙须沟的治理延续到1930年才完成。1924年市工务局又开展了改造御河的工程。御河是东城一条泄水沟，常年失修。御河中段经过东交民巷使馆区，早已改为暗沟，在上面填土种植花木成为林荫道路。这使御河上下段的颓圮脏乱与中段形成明显对照，修整改造成为必然。工程开工后将崇文门、宣武门月墙拆下的城砖砌成御河暗沟，于1930

[1] 三元：《北平市沟渠行政之沿革》，《市政评论》1934年第1卷合订本，第139页。
[2] 《北平特别市工务局工务特刊》，第88-119页，转引自史明正：《近代化的北京城——城市建设与社会变革》，北京大学出版社，1995年，第117页。

年完工。除以上三项大工程之外，市政公所每年还拨巨款维修小型沟渠，自 1916 年至 1930 年，共维修了 243 条沟渠[1]，再加上此前维修的沟渠，北京（北平）城将近 80% 的污水排放管道恢复了正常运转。

维修之后就是保持问题，如何让市民改掉胡乱倾倒垃圾的坏习惯、改变雨污不分的排污习惯和有效规范工业污水的排放，都是北京市政府面临的重要问题，如果解决不好，沟渠维修的效果将前功尽弃。为此，北平市政府于 1936 年出台了《北平市沟渠取缔规则》。1948 年 5 月 19 日，市长何思源又废止《北平市沟渠取缔规则》，公布《北平市沟渠管理规则》。这两个规则都对市民和企业的排污行为做了明确规范。在市民排污方面，规定"凡厕所浴室及厨房等家常污水私沟在通公沟以前，须酌设蓖子存水湾及臭气管等"[2]，"凡雨水及家庭秽水在通入公沟前，应先经过截流井或秽水池，厨房秽水含有大量油脂者，应先经过避油井，厕所污水应先经过消污池。其构造均须经工务局核定之"[3]。对于工业废水则规定"如系工业耗水或其他含有损害公沟物质过多之污水，私沟得由工务局斟酌实情，令其添设避油井消污池或其他有效设备。"[4] "凡工业废水应经过处理后，报由工务局检查其水质水量确属无碍，方准接入公沟"[5]。这种鉴于居民生活污水和工业废水的不同而做出的相应规定，显然已经具备了比较先进的理念，包含了污水处理的思想，对于维护城市水环境有重要意义。

上述规则出台后，对于规范人们的污水排放习惯确实起到了一定效果。但是不合规范的行为仍不断发生。为此，1947 年 9 月，北平市政府所属卫生、警察、民政、工务四局联合公布："查本市各干路雨水沟井及探井，原为宣泄路面雨水及勘察公沟是否淤塞而设，本工务局随时调查掏修以利宣泄，惟该附近居民时有向各雨水沟井及探井倾倒秽水、秽物情形，不但有碍公沟清洁，抑且有害公众卫生，除已由本卫生、警察、民政局分别饬属注意，遇有不服劝道，故意破坏公益者，应予随时查禁外，合再布告商民人等，切实遵守，不得再向雨水

---

[1]《工务特刊》，第 89-119 页，转引自史明正：《近代化的北京城——城市建设与社会变革》，北京大学出版社，1995 年，第 123 页。

[2]《北平市沟渠取缔规则》，《北平市市政公报》1936 年第 367 期，第 4 页。

[3]《北平市工务局关于保送北平市沟渠管理规则草案的呈及市政府公布该项规则的令（附规则）》，北京市档案馆藏，J017-001-03407。

[4]《北平市沟渠取缔规则》，《北平市市政公报》1936 年第 367 期，第 4 页。

[5]《北平市工务局关于保送北平市沟渠管理规则草案的呈及市政府公布该项规则的令（附规则）》，北京市档案馆藏，J017-001-03407。

沟井及探井倾倒秽水秽物，以重卫生而维清洁，倘仍故违，定行罚办不贷。"[1]
与此配套，工务局公布了《北平市民保护雨水沟口办法》[2]和《市民维护雨水
沟口清洁办法》[3]，不但规定明确了市民的行为规范和罚则，而且规定"每一
雨水沟口，由市政府就附近商户、依左列方法，选定一户为保护人，负责保护
之责"[4]，保护人采取志愿、指定和轮流相结合的办法产生，力图做到责任到
人，保证规则的实施。除保护人外，雨水口附近的居民都有协助的责任，平时
要负责监督附近住户不得向雨水沟口中倾倒秽水，劝阻堵塞沟口的行为，如不
听劝阻，可向警察报告。降雨时居民有责任清洁沟口，必要时还有义务通知工
务局前来掏挖沟口。

　　上海地势低平，过去的排水系统主要依靠河浜，虽然在城市发展过程中修
筑了一些下水管道，但是大多管道狭窄，不能满足排水的需要，一遇淫雨，就
成泽国，并数日不退。结果，不但给居民出行和道路交通带来诸多困难，还恶
化了空气，助长了蚊蝇的滋生。再加之城市扩展中填埋了一些河浜，更加剧了
排水系统的梗阻。为此，上海绅商各界从清末就仿照租界的办法开始整治排水
系统。负责市政管理的上海市总工程局整理沟渠，凡是城厢内外各河浜，需要
疏浚的就加以疏浚，淤浅秽臭的就填平改路，并修筑阴沟。国民政府建立后，
在实施《大上海计划》的过程中，修筑城市道路的同时整治了排水系统，铺设
了综合管线，修筑了排水沟渠。

　　武汉建市以前，三镇街道基本没有排污系统，包括租界在内的市区均靠江
河排泄污水，致使江水污秽不堪。市区内的排污水道均为明沟，污水终年流淌，
污浊恶臭，令人不堪忍受。仅在汉口旧市区有一些老式暗沟，即盖铁板的明沟，
仍然无法阻止恶臭外泄。最重要的是武汉的排污没有系统，污水无处泄出，经
常留存在污水沟内，散发恶臭，严重污染环境，威胁居民身体健康。1929年出
台的《武汉特别市工务计划大纲》为改变此一现状做出了规划，决定改明沟为

[1]《北平市工务局、卫生局等关于禁止向马路沟口倾倒秽水的布告及工务局的报送》，北京市档案馆藏，J017-001-03056。
[2]《北平市工务局、卫生局等关于禁止向马路沟口倾倒秽水的布告及工务局的报送》，北京市档案馆藏，J017-001-03056。
[3]《北平市工务局、卫生局等关于禁止向马路沟口倾倒秽水的布告及工务局的报送》，北京市档案馆藏，J017-001-03056。
[4]《北平市工务局、卫生局等关于禁止向马路沟口倾倒秽水的布告及工务局的报送》，北京市档案馆藏，J017-001-03056。

阴沟，疏通污水排泄的渠道。自 1930 年起，汉口特别市[1]政府整治了汉口的下水系统，修筑砖砌暗沟，马路下的暗沟还以钢筋水泥三合土做顶盖，保证其坚固耐用。有的地方则使用水泥管做排污暗沟。此外，通过这番整治，汉口的水环境有了很大改观。

　　南京是当时的首都，自然是政府关注和整治的重点。在改善水环境方面，除了将工业区规划在远离城市中心区域的长江两岸和下关港口，南京特别市政府还于 1930 年在工务局内设立水道工程处，专门负责下水道改造的管理。此前南京的污水排泄同样依靠明沟，带来了水环境的恶化问题，对此，南京的改造思路是改明沟为暗沟，铺设水泥混凝土圆形下水管道。为了破解阻力，也为了给市民以示范，先从政府机关和政要居所开始，然后逐步扩大建设。1932 年，鉴于下关江堤于上年被洪水摧毁，又启动下关江堤的修筑工程，由工务局组织施工并在当年完成。1934 年，又启动东西水关闸门的修缮工程，以利调节水量。上述工程对于防止江水倒灌、保证秦淮河水质发挥了作用，是尚在饮用江水和井水市民的福音。

　　重庆是西南的经济中心，历史悠久，近代以来发展为西南最重要的城市。国民政府执掌中央政权后，与 1928 年 2 月提出了《江巴城市测量计划书》，次年 7 月又提出了《开辟重庆新市区说明书》，基本确定了城市发展的总体规划。抗战时期，重庆成为陪都，地位日益重要，国民政府因此又出台了《陪都十年建设计划草案》，强化重庆的整体规划和建设。从水环境建设的角度看，重庆本身就是一座临水城市，整个城市依山势而建，因而排水问题至关重要，如不能妥善解决，则低洼地区不但有内渍的危险，还会面临生态灾难。重庆的排水系统虽然早在明初洪武年间就已开始建设，但其后多年并未全面改造，只以修修补补临时应付，因而不能适应城市发展的需要。至民国年间，其排水系统已经紊乱，"时有淤塞，雨时则溢流街面有之，积潴成河者有之"[2]。1935 年年底始，重庆市政府开始疏浚城区和新市区的排水系统，同时修了一些新的排水沟渠。但是，此次整修的规模不够大，也缺乏整体规划，因而效果不是很明显。抗战期间，市政当局又在此基础上陆续添建了一些下水道。但是由于战争的影响，

[1] 1929 年 6 月，国民政府行政院改武汉特别市为汉口特别市，管辖汉口、汉阳两镇，武昌则改为普通市，划归湖北省领导。
[2]《九年来之重庆市政》第一编《总纲》，转引自隗瀛涛主编：《近代重庆城市史》，四川大学出版社，1999 年，第 477 页。

下水道的修建依然没有全盘规划，且保养和维修疏浚也不及时，加之敌机轰炸，使得不少排水系统坍塌，造成出口堵塞，宣泄不畅，严重影响市容和卫生。1945年1月，重庆市政府会同国民政府卫生署等组成重庆市卫生工程委员会，聘请美国卫生工程专家毛理尔（Colonei A B Morrill）为顾问，开始对全市的排水系统做全面调查，最终的结论是：全市共有沟道40千米，流经104条街道，有16个主要出口[1]。1946年6月，重庆市成立下水道工程处，陪都建设委员会拟订了下水道工程实施方案，还编制了工程款概算，最后由市政府交市参议会审议通过。10月，工程正式开始，最终共完成沟道55千米。施工过程中注意结合重庆的城市特点，考虑了城市沟渠的状况和污水性质，还考虑了江水的稀释能力等，最终效果比较好，多年来污水泛滥的地区，大雨后已无污水横流问题，特别是低洼地区的环境有了比较明显的改善。

一些规模较小的城市也不同程度地开始了水环境的治理。例如宁波，一座历史悠久的古城，有悠久的建城史。近代以来，宁波以接近上海的地利，得风气之先，兼之宁波人惯常做生意的灵活头脑，近代工业迅速发展起来，至日寇侵华前，已经发展了纺织业、食品业、制造业等工业行业，还有门类齐全的手工业，其中纺织业的规模在全国居于领先地位。宁波经济的这种特点，使得其水环境除了同其他城市一样的排污设备陈旧带来的问题，还有工业发展带来的水污染问题，对此，宁波的城市规划给予了特别的关注。1925年，宁波市政筹备处出台《宁波市工程计划书》，规定将污染水质的屠宰场、洗涤厂、制革厂等搬出城外，新建的同类企业也必须建在城外。1929年，市民王图南呈请市政府，欲在江东潜龙槽地方设立恒丰机器染织厂，并具图说明请准予注册。市政府驳回其请求，并明确表示："查设置于城市殷阗之地各染坊，迭奉省令转饬迁移等因，奉经严令遵照在案，里潜龙槽地方系江东市集繁盛之区，旧有染坊尚须克速迁移，岂容再行新设？"市府令其再"就道土堰、红门、大碶、北斗河尽头处附近各地觅定相当地点，再行绘图呈核可也。"[2]1932年，宁波市政府又"传知各染坊，嗣后须将污水备船装出外江倾倒，免再流入河中，以清洁水源而维卫生。"[3]

[1]《九年来之重庆市政》第一编《总纲》，转引自隗瀛涛主编：《近代重庆城市史》，四川大学出版社，1999年，第477页。

[2]《宁波市政月刊》，1929年第2卷第11号，第45-46页，转引自苏利冕主编：《近代宁波城市变迁与发展》，宁波出版社，2010，第408页。

[3]《时事公报》，1932年4月7日，转引自傅璇琮主编：《宁波通史》（民国卷），宁波出版社，2009年，第423页。

第二，通过整修道路、城市绿化等措施改善城市空气环境的努力。

国民政府统治时期各地的市政规划中多有修筑城市交通道路的内容，目的是改善日益增长的城市交通的需要，同时也有改善城市环境的考虑。中国古代城市的马路多为土路或石板路。封建社会后期，统治阶层腐败加剧，社会经济恶化，城市交通大多年久失修，被百姓讥为"晴天一身土，雨天一身泥""晴则灰飞，雨则泥泞"[1]。例如上海，每当下雨天"道路化为泥泞的海洋，除了踏高跷外几乎不能通行"[2]。有人描写20世纪初北京前门外的"街道崎岖不平，难以行走。由于石板路年久失修，附近的鱼市每天都将脏水倾倒到大街上，石缝里又脏又臭，盛夏酷暑季节，行人不得不捂上鼻子，快步行走。甚至前门大街都是这么一个样子，更不用说其他大街如崇文大街和宣武大街了。土路中间经常高出地面几尺，高得让人无法看到街对面的店铺。骡车也在土路上行走。然而，每到下雨时，大街上便布满了一坑坑积水。车辆在布满污泥的街道上行驶之困难根本无法用言语来描述。而且，车辆行驶所溅起的积水经常溅在走过的行人身上。"[3]

为此，国民政府上台后，在城市规划的指导下，大部分城市都开展了整修城市道路的工程。在上海，道路计划是《大上海计划》的重要专项计划。1928年，上海工务局制定了《全市干道系统》，统一规划了全市范围的干道。2月，开始环租界路即后来的中山路的修建，拉开了大规模整修道路的序幕。1928年年底，工务局又公布了《闸北区道路系统》和《沪南区道路系统》两个规划，开始了对旧市区道路的系统整理。随后，又先后公布了《沪西区道路系统》《沪南区东部小路系统》《吴淞镇道路系统》《浦东区道路系统》《江湾区道路系统》，系统全面地做出了华界道路系统的规划。上海华界原有道路大多以土路和煤渣路为主，比较简陋。工部局根据道路计划，主要实施了改造路面的工作，比较重要的主干道大多采用柏油路面，次干道采用弹石路面，其余道路也有所改善，根据情况分别采用砂石、小方石、煤屑等。在编制道路计划时充分考虑

[1] 杭州市工程局：《改造杭州市街道计划意见书》，《民国杭州史料辑刊》（五），国家图书馆出版社，2011年，第611页。

[2] ［英］阿利国：《大君之都》，收入上海社会科学院历史研究所编：《上海小刀会起义史料汇编》，上海人民出版社，1980年，第587页。

[3] 《谈丛：30年前之北京》，民国年间出版，第24页，转引自史明正：《近代化的北京城——城市建设与社会变革》，北京大学出版社，1995年，第73页。

侧石、人行道、行道树、路牌、交通信号灯等的设置，进一步推进了华界道路系统的现代化进程。

北京的道路修建始于清末，主要是整修了东四、西四、前门大街、东西长安街、王府井大街、户部大街和东直门大街等主要街道。工程的重点是削平道路，用条石和水泥筑路，初步改善了道路状况。1915 年，北京的使馆区出现第一条柏油路，随后京都市政公所开始了重点道路的整修，1920 年，西长安街的一段首先铺上了柏油，1927 年 10 月开始铺装王府井大街和东长安街。1928 年，王府井大街的道路铺装完成，成为北京市内第一条由中国人自行修建的沥青道路。此后，国民政府继续铺装柏油路的工程，逐步实现了从局部到整体的干线柏油化，支线石子沥青混合路的更新，只有胡同和城市的边缘地带仍保持清代的土路。到 1949 年，北京内外城的沥青路、水泥混凝土路、石渣和水泥浇灌的石渣路面总计已达 255.4 千米[1]。

再如济南，道路多用青石铺就，原因是济南近郊南山多产石灰石，俗称青石，取材方便，乃多取青石铺路。但青石质软，不耐磨损，一般道路铺就五六年就需要重新修理。如不及时修理，路面就会变得凹凸不平，石板活动，不但影响交通，还会带来诸如扬尘、威胁行人安全等问题。为此，开埠后，济南当局就开始改造道路，用从德国进口的蒸汽压路机修筑土路，物料依然采用青石，人为压碎成青石粉末，铺好粉末后再用压路机碾实。这样的道路平整程度大大高于石板路，极大地方便了交通。但这样的路依然不能维持长久，修好的道路往往使用几年就尘土飞扬，遇到雨季就变成了泥泞坎坷的水塘，既不利于交通，也有损城市空气。于是，济南市政府借鉴天津、青岛的经验，开始修筑沥青路，截至 1948 年 9 月济南解放，济南共有沥青路 2.368 7 千米，石板路 5.547 7 千米，碎石路 7.276 8 千米，土路尚存 5.28 千米[2]。

古代武汉的城市道路亦为石板路，一般以石条铺路。但街道狭窄，不利于城市现代化的进展。1927 年年初，汉口市政府成立伊始就制定了《拓宽街道办法》，以后又将该办法的规定纳入《市建筑暂行规则》予以规范。这个办法着眼于街道的拓宽整治和建设新式城市道路。到 1938 年日寇占领武汉前，共建设了现代化柏油路 6 条，总长 4.7 千米；改造碎石路加铺柏油路面 19 条；碎石路改

[1] 习五一、邓亦兵：《北京通史》（第九卷），中国书店，1994 年，第 170 页。
[2] 党德明主编：《济南通史》（五近代卷），齐鲁书社，2008 年，第 390-391 页。

铺水泥路 4 条；新辟和改煤渣路、土路为碎石路 6 条；新建马路路基和临时马路 16 条。此外，还翻造修补了各类马路多条[1]。

南京的道路主要是砂石路，"车过则砂石飞腾，路行则尘埃蔽目"[2]。1912年，南京成立"马路工程处"同时南通也成立了"南通路工处"，主要从事道路的修建和改造。国民政府建立，南京成为首都，其城市道路的建设更是加快了步伐。1928 年 8 月，南京第一条柏油马路——中山路破土动工，次年 4 月完工，全长 20 千米，成为南京城市发展的主线。此后，南京城市道路建设持续不断，多条道路竣工，主干道最宽的路幅达 40 米，且纵横交错，四通八达。截至抗战前夕，南京共修建、改造、扩建道路 35~40 条，是民国史上南京道路建设最快的时期[3]。

国民革命军北伐克复浙江之后，1927 年 4 月 28 日国民党决议筹备杭州市市政厅，旋又改市政厅为市政府，直属于浙江省，为浙江省省会。杭州建市后就成立专管城市建设的工务局，开始了系统的城市规划和建设。杭州的城市建设首重道路建设，因过去杭州的城市道路多用砂石和黄泥建成，常年尘土飞扬，而且路面凹凸不平，不但有碍市容，而且影响居民生活。自 1928 年起，杭州市政当局决定在重要的街道建柏油路，以改善交通和市容。至 1936 年，江墅路、大学路、东河坊路等重要街道均建成柏油路，共计 10.04 万余平方米；原有的碎石路有的加铺了柏油，共计 15.24 万余平方米；在一些非主要干道还新筑了碎石路，共计 4.96 万余平方米。有的街道整修铺设了弹石路，共计 3.73 万余平方米[4]。之所以仍然要铺设一些碎石路，主要是财力的限制，另外还考虑了地下管线的配套修建问题，以防"将来兴建地下工程时，又须掘毁，损失过巨"[5]。

宁波的城市道路在清末民初以石板路为主。1925 年起开始拆城墙筑路，1927 年正式建市后加快了铺设柏油路的步伐。截至 1949 年，宁波城区共有道路 469 条，其中水泥、沥青路面占了 10.8%，石质路面占 51.6%，泥结、土质和煤砖路面占 37.6%[6]。

[1] 涂学文：《城市早期现代化的黄金时代》，中国社会科学出版社，2009 年，第 181 页。

[2] 陈植：《都市与公园论》，商务印书馆（上海），1930 年，第 161 页。

[3] 杨颖奇、经盛鸿、孙宅巍、蒋顺兴、叶杨兵编著：《南京通史》（民国卷），南京出版社，2011 年，第 215 页。

[4] 金普林、陈剩勇主编：《浙江通史》（民国卷下），浙江人民出版社，2005 年，第 93 页。

[5] 杭州市工程局：《改造杭州市街道计划意见书》，《民国杭州史料辑刊》（五），国家图书馆出版社，2011 年，第 611 页。

[6] 傅璇琮主编：《宁波通史》（民国卷），宁波出版社，2009 年，第 399 页。

　　除上述城市外，还有不少城市也在市政建设的框架下实施了道路建设。沈阳着力拓展街道，并铺装柏油路；在财力不及的情况下，有些路面则改沙土路为石子路或石块路。天津自清末开始拓宽道路，进入民国后，租界出现柏油路，城区其他地区也开始仿效，建设柏油路。江苏地区作为全国经济最繁盛的地区，也在民国建立后开始了道路建设。

　　尽管不少大中城市都开展了道路建设，但是一些比较小的城市比如县城则较少开展城市道路建设，其原因主要是政府财力不济，加之时局的动荡和国民政府的统治重点的关系，县城类的小城市一般仍然依靠破败不堪的土路或碎石路维持城市交通。当然，由于城市规模比较小，人口也不是特别多，所以交通问题并不是十分突出。但其带来的环境影响，特别是对城市空气的影响却是客观存在的。

　　值得注意的是，近代以来城市道路建设一般都伴随着道路绿化，主要是通过种植行道树的方式来实现。清末北京的道路整修中就注意栽树，一般是在道路两侧栽种杨柳，城市的主要街道如王府井大街、崇文门大街、东西长安街、前门大街等都实现了道路绿化。

　　进入民国后，人们对行道树在改善城市环境中的作用之认识已十分清晰，"行道树或称马路树（英名 Avenue of tree）即沿道路两旁依一定之距离而栽植树木之谓也。查此举创始于法国，盛行于伦敦，今各国都市，无不相率从事"[1]。"行道树，日本谓之并木。德人曰 alleebanm。通常分为两种，即市街行道树及地方行道树是也，考其功用，不独做道路之庇阴，增社会之风致。且于公共卫生、木材需用，两有裨益，未可忽视"[2]。"若夫街市之行道树，何啻臻美风致，庇荫行人，其于清新空气，缓和风力，制尘埃之飞腾，节气候之剧变，功效之大，久为世人所公认。故吾人厕身欧美都会，见其道路广阔，市肆整洁，树木繁茂，绿荫缤纷，不觉心旷神怡，尘嚣顿忘，几不辨其为山林城市，与城市山林也。顾环视吾国所谓大都会也者，乃闾巷污秽，房舍狭隘，人语马嘶，叫嚣终日，藏垢纳污，触目皆是，而病菌滋乳，乃为疠疫之媒，较之欧美之街市现象，岂可同日而语哉。夫相人者入其室，见其衾褥不整，椅榻乱错，书案狼藉，知其人之必惰，升其堂见桌椅尘封，窗棂不全，童遗遍地，鼠矢盈寸，知其家

[1] 梁冠：《对于福州市行道树之商榷》，《福建建设银行月刊》1931 年第 5 卷第 3 期，第 1 页。

[2] 朱燕年：《市街行道树之研究》，《国立北京农业专门学校校友会杂志》1917 年第 2 期，第 72 页。

之必败，见国者入其境，见房屋倒塌，道路不治，闾巷秽浊，知其国之必衰。呜呼，吾国之所谓都会者，其景象乃如彼，宁非国家之羞辱耶。"[1]可见，时人不但对行道树的由来、分类有了比较清晰的认识，而且对其作用特别是有利于调节气候、保护环境的认识也已经相当深刻了。

民国历届政府皆重视行道树的种植，北洋政府和国民政府颁布的《森林法》均有相关规定。例如，1914 年出台的《森林法》就规定关于公共卫生的公私林均属于保安林的范畴，受森林法的保护，损坏或者盗伐保安林者，必须予以补偿并受到相应的处罚。这实际上就是将行道树纳入了保安林的范畴，并从法律上予以规范和保护。1929 年，国民政府卫生部召开了《市卫生行政会议》，会议第 20 号提案专门就行道植树问题做出规定。提案认为，通衢行道树有六大好处，调节空气、调节湿度、消解污质、抑制沙尘、荫及行人和增城市之美观。提案还针对当下存在的问题就种树时间的选择、树种的选择、保护行道树等问题展开讨论并做了详细规定[2]。这是民国以来以中央政府负责部门名义发出的首份文件，可见政府对行道树作用之重视。在中央政府的领导下，各地先后出台了相关规定。例如青岛出台了《青岛特别市行道树保护规则》，汉口出台了《市街行道树保护规则》，河南出台了《河南省会保护马路行道树办法》，广西出台了《广西省城市行道树保护规则》，陕西出台了《陕西省行道树植护及奖惩暂行办法》，上海出台了《上海市工务局行道树管理规则》，广州出台了《保护人行路树木规则》。上述城市及其他城市均根据中央政府的要求并结合本地特点，对行道树的种植和维护做出了具体规定。

各级政府从制度层面和政策层面对行道树的栽种和保护的制度化，推动了各地的城市绿化。上海在修筑市区道路时，从美化市区出发，一般都规定道路两旁必须种植行道树。1927 年年底，上海市政府开始规划环租界路（即后来的中山路），一方面是为了建设市区中心的道路，另一方面则有限制租界扩张、伸张主权的意图。因此，这条路的规划和建设格外精心，道路全长 13 千米，道路的剖面设计拟定中部行驶双轨电车，宽 7.5 米，两旁植树，左右为车道，各宽 6.75 米，以便往来车辆分道而驰，车道旁为人行道，各宽 3 米，并植树木。同时还规定道路两旁的房屋必须留出 5 米作为花圃，既增加了市容的美观，同时

[1] 张福仁：《行道树》，商务印书馆（上海），1928 年，第 2-3 页。
[2] 张子彝：《从行道树裨益卫生上——说到市民应合作保护》，《新汉口》1931 年第 2 卷第 10 期，第 6 页。

为将来道路拓宽留下了余地。[1]从这个规划可以看出，除了车辆和行人的出行，行道树在道路建设中扮演了重要角色。中山路的建设开启了上海市城区道路建设的大幕，此后各区道路建设伊始，均充分考虑了行道树的栽种。随着道路建设的展开，上海的城市面貌逐渐变化，道路两旁绿树成行。

汉口则在新老街道栽种行道树，截至1929年，汉口各街道已植树4 180株[2]。武昌的行道树始于1929年，1935年成立武昌市政处后，每年都开展道旁植树工作。南京的道路建设亦伴随道路绿化，道路两旁多栽植高大的悬铃木（俗称法国梧桐），常年郁郁葱葱，遮天蔽日，大大改善了城市面貌。青岛的行道树种植管理最为出色，时人认为"青岛称为东方公园，大半是因行道树栽植尽善之故"[3]。

种植行道树后各地还注意维护，除了加强管理，还注意补栽补种。1930年，南京市政府鉴于中山路等道路的行道树损毁严重，枯槁不少，决定补栽树木，责令工务局加意修植管理，同时令警厅布告市民严禁毁伤，以重路政[4]。广州白云路的建设最为精致，"路宽定为一百五十尺，为市中马路之最阔者。工务局规定该路划两旁各五十尺为人行路。路旁各栽树二行，马路中央划四十尺为草地，植树三行，绿荫之下，多置座椅，以备行人休息。左右路面共八十尺，以供车马往来。计全路面共植树五行，现已植树五千株云。盖系我国自营公园街道之最美者也。所谓公园道，该道庶几近之"[5]。

城市绿化还包括开辟公园，在园内广栽花木等。公园是近代社会发展的产物，在美国，公园的开放和建设在一定程度上是为了对抗城市环境恶化的境况。近代以来，随着城市的发展，特别是民主思想的传播以及经济思想的作用，不少私人园林、皇家园林被开放，同时政府还主持新建了不少城市公园和中心绿地。

中国的公园建设始于清末北京万牲园的创建与开放。万牲园的前身是亲贵三贝子的私人园邸，俗称三贝子花园。五大臣出洋考察归来后带回了各种各样的动物，并呈送给慈禧太后。慈禧令将这些动物供养在三贝子花园，并改称万

---

[1] 参见上海特别市工务局业务报告第二、第三期合刊，第46页。

[2] 吴焕炎：《汉口各街市行道树报告书》，《新汉口：汉市市政公报》1929年第1卷第2期，第97-110页。

[3] 凌道扬：《对于广州行道树及公园等观感》，《市政评论》1936年第4卷第11期，第28页。

[4] 《补植各路行道树》，《首都市政公报》1930年第73期，第9页。

[5] 陈植：《都市与公园论》，商务印书馆（上海），1930年，第157页。

牲园。两年后正式向公众开放，是为中国公园之滥觞。民国建立后，北京的大量皇家园禁陆续向市民开放。1914年，颐和园率先向公众开放。随后，京都市政公所成立中央公园管理局，主持将社稷坛改建为中央公园，1915年年底，中央公园向公众开放。随后，先农坛、天坛、地坛、北海、中南海等先后开辟为公园。即使是被逊清帝溥仪占用的故宫，其前半部分武英殿、文华殿和太和、中和、保和三大殿也于1914年陆续开放。1924年"北京政变"后，废帝溥仪被逐出宫，皇家宫殿更名为故宫博物院，于1925年10月10日正式开幕。此外，市政当局还在繁华的市区中修建较小的公园，同时修建街心花园。这些公园的修建均秉承建立"都市肺腑"的宗旨，认为"盖市民之赖有公共园林，犹之吾人之赖有肺腑，借以呼吸空气而得免于窒息也。"[1]除维护好公园原有的古树古柏外，还在公园内大量种植果树和各类树木，栽种花草，等等。在美化了公园环境，替市民提供了幽静的休闲之处的同时，还使得公园成为了真正意义上的都市之肺。

杭州因西湖而名闻天下，杭州建市后亦十分重视保持城市的园林面貌。除了积极改造西湖的自然环境，通过挖湖泥、疏浚水道、铲除水草等措施不断改善西湖的水质，还整理、新建了不少公园。整理了中山公园和湖滨各公园，除增补了路灯、椅凳等公园设施，以利游人游览休息外，还规划了花坛苑路，栽植了不少花草树木，完善了公园环境。1929年，在圣塘路附近开辟了20亩地，建成了湖滨第六公园，在城东区利用铁路车站的隙地新开辟了一个公园。

南京在成为国都后，在国民政府的领导下大兴土木，新建了不少建筑，其中不少具有纪念和公园的双重性质。如中山陵、国民革命军阵亡将士公墓纪念建筑群、航空烈士公墓等。这些建筑不但本身雄伟壮观，而且多群树掩映，成为绿树成荫的公众纪念场所。又将玄武湖开辟为水上公园，水面多植芙蕖，岸边多栽各类花木，特别是栽种了很多樱桃树，成了彼时玄武湖公园的一大特色。此外，在秦淮河沿岸也栽种树木，建设秦淮小公园，供市民休憩，还适当添置运动器材，以利市民锻炼。

上海近代意义的公园最早出现于外国人控制的租界。他们从自身的需求和西方的城市理念出发，在建立租界及其以后的岁月中建设了不少公园。租界管

---

[1]《论公园与市民之关系》，《市政通告》1917—1918年卷，第3页。

理公园事务的机构是隶属于工部局董事会的公园和开放空间委员会，同时设有公共事业基金会，负责公园建设的财政支持。进入 20 世纪后，工部局先后规划和建设了虹口公园、西区公园、顾家宅花园、兆平花园等公众活动场所，这些公园均树木茂密，花草鲜艳，环境优美。租界公园的建设刺激和启发了华界的建设。《大上海计划》注重公园、广场、运动场和绿带等公共空间的设计。市中心区域除规划设计了比较完整的绿地系统外，还在"市政府周围设置园林广场，以点缀市政府之建筑也。"[1]1931 年年底，上海市政府开工建设吴淞公园，公园面临黄浦，舟桨相望，水天一色，树木花草众多。可惜建成后不久，公园就毁于"一·二八事变"的炮火。1932 年 1 月，位于上海市中心区域的《上海市立第一公园》开工，占地 340 亩，超过了租界最大的公园——面积达 300 亩的兆平花园。该公园里"虬江横贯其中，支河索带左右，地势起伏，天然形胜也！……全园可大别分为五区：曰大门区，在园之西南角，为园出入之总枢，设景宏伟，并设浪木沙池等，供儿童游戏之用。曰花坛区，在园之西部，有国色天香，雕栏玉阶，具整齐富丽之致。中部为森林区，面积最广，幽邃深远，有乡村山野之意象。东部为运动场，一切制度均照标准制度，即无看台亦足容纳七八千人。""东南部为池岛区，登岭一望，四时风景，一望全收；下则可以回舟荡桨，垂钓采莲，风雅宜人，别具景色者也。"[2]一年后，公园建成投入使用。除公园外，"大上海计划"还规划了大量绿地，其面积和比例都大大超过了租界，并且达到了比较高的水平。

广州建市后，市政当局注重保护白云山的古迹，并意识到保护古迹周边森林的重要性，"都市森林公园"是建设优美城市不可或缺的要素，与环境美、生态美和市民健康息息相关，乃决定建设白云山森林公园，并且制定了详细的林地经营、花木种植等措施。

武汉的第一座现代意义的公园是 1923 年由武昌首义人士夏道南筹建的首义公园。国民政府建立后，武汉政府在市政建设中特别重视公园的建设。1929年出台的《武汉特别市工务计划大纲》中就包含了关于建设公园的设想，其后公园的建设进入高潮。首先建成的是在没收的基础上建成的中山公园，公园在

[1] 上海市市中心区域建设委员会：《上海市市中心区域建设委员会业务报告》，1930 年 8 月，转引自魏枢：《"大上海"计划启示录——近代上海中心区域的规划变迁与空间演进》，东南大学出版社，2011 年，第 89 页。
[2] 上海市档案馆藏上海市中心区域建设委员会档案 Q213-1-3，设立公园并附设运动场卷，转引自魏枢：《"大上海"计划启示录——近代上海中心区域的规划变迁与空间演进》，东南大学出版社，2011 年，第 90 页。

建设中除建有亭台楼阁、总理纪念馆、运动场、教育馆等设施外，还栽植了各种花木两万余株。随后，府前公园、湖北水灾纪念公园、龙王庙花园等公园相继建成。园内不但栽植花木，还密植绿叶冬青作为绿篱，同时栽种大量竹木，既美化了环境，又助益公园的空气清新。

镇江是一座历史悠久的古城，进入民国后，不少原有的私人园林开放为公园。国民政府的统治建立后，又筹建以纪念辛亥先烈赵声[1]为主题的公园，该公园本着建城市之肺的宗旨，设计了大量树木花草的栽植。公园划分为四个区：草皮区、纪念区、森林区和花坛区，其中"森林区面积最广"[2]，栽有乔木灌木、常青落叶、针叶阔叶、观叶观花、果木竹子等各类树木，以使公园四季常青，野芳幽香，佳木繁荫，显示了设计者的用心。四区中三个区直接与公园绿化有关，即使是纪念区，赵声铜像周围也要以花坛围绕，并配植树木。这样的公园建设完成后，显然会给城市空气带来良好影响。

上述措施以外，各城市还实施城外荒山绿化、居民区绿化、种植草坪、花圃，广泛宣传植树的重要性，吸引市民参与植树等活动，加强城市的绿化。

总之，民国时期，在各方面的努力下，城市环境有所改善。通过修筑和改建城市道路，减少了道路扬尘；通过栽植行道树、开辟公园以及城市植树等措施，为城市输送了新鲜空气，改善和调节了城市，抑制了扬尘的扩散，这意味着从加和减两个向度为改善城市空气质量助力。然而，由于管理的疏漏和战争的破坏，城市绿化的进行并不能持续，因此，其改善效果究竟如何并不能确定。而且，从问题的程度看，上述措施并不能从根本上扭转局面。一些中小城市由于经费的缺乏和政府管制力度的减弱，问题的改善并不明显。

---

[1] 赵声（1881—1911年）原名毓声，字伯先，号百先，汉族，江苏丹徒（今镇江）大港镇人。1903年2月，东渡日本考察，与黄兴结识，同年夏回国，任南京两江师范教员和长沙实业学堂监督，积极宣传革命思想，策动反清武装斗争。1906年春，在南京加入同盟会，1909年参与策划指挥广州新军起义。1910年11月，应孙中山之召，与黄兴等再次筹划广州起义，并被推举为统筹部副部长。1911年，南方各省同盟会会员汇集广州，发动辛亥广州起义，赵为起义军总指挥。由于广州两次起义均遭失败，他忧愤成疾，于1911年5月18日在香港病逝。1912年被南京临时政府追赠为陆军上将。著有《保国歌》。

[2] 陈植：《都市与公园论》，商务印书馆（上海），1930年，第60页。

第三节　农林业的近代嬗变及其环境影响

一、农产品商品化及其生态影响

近代以降，随着帝国主义经济侵略的加深和中国农业自身的演变，中国的自然经济逐步瓦解，农业生产开始朝着商品化、市场化的方向发展。

进入民国后，越来越多农产品进入商品化的行列。铁路、公路的修建使得农产品的运输更加便捷、快速和便宜，新式工业和科学技术的发展使得某些农产品的工业用途和市场销售都进一步扩大。西方第二次工业革命的发生使得西方诸国社会经济的发展加速，对中国农产品的需要加大，从而进一步加强了对中国农产品的掠夺。上述诸种因素都刺激了中国本已存在的农业生产商品化的趋势，推进了有关农产品的种植。

棉花是鸦片战争前后有相当程度发展的一项重要经济作物。进入民国后，其种植面积进一步扩大，产量迅速提高。光绪三十二年至宣统二年（1906—1910年），五年平均棉花年产量为 871.6 万担，到 1911—1915 年五年平均棉花年产量已经达到 1 125.6 万担[1]。1919 年，全国有棉田 3 059 万亩，到日寇全面侵华前夕的 1936 年，棉田已达 5 205 万亩。皮棉产量 1919 年为 1 056 万担，到 1936 年已经达到 1 698 万担[2]。棉花种植的区域主要集中在江苏、浙江、安徽、江西、湖北、河北、山东、河南、山西、陕西等 10 省，也就是说棉花的主产区已经开始了从南方向北方的扩张，在南方植棉面积进一步扩大的同时，北方的棉花生产也加快了步伐，并且都呈现了集中化的趋势。例如南方植棉大省江苏，共有棉田 829 万亩，占了上述 10 省棉田面积的 28.2%，产量 217 万余担，占 29.3%[3]。江苏本省内，又主要集中在上海周围和沪宁、沪杭沿线地区，这些地区的棉产量占了全省产量的 70%[4]。北方地区的植棉业发展更快，主要集中在京汉、正

[1] 章楷：《中国植棉简史》，中国三峡出版社，2009 年，第 20 页。

[2] 章楷：《中国植棉简史》，中国三峡出版社，2009 年，第 21-22 页。

[3] 华商纱厂联合会棉产统计部：《中国棉产统计》，第 1-5 页，转引自汪敬虞主编：《中国近代经济史 1895—1927》，人民出版社，2000 年，第 640 页。

[4] 督辉：《中国棉业概况》，《钱业月报》第 3 卷第 10 号，1923 年 11 月，第 14 页。

太、陇海、胶济、津浦等铁路沿线。例如河南，原先产棉区主要集中在豫北诸县，以后不断向南扩张。在陕县，棉花种植"倍于五谷"，在孟县出现了棉花专业区，该县西乡岭坡地专种棉花，叫作"花地"。20世纪20年代前后，新乡地区的棉花种植快速扩张，形成了新乡—郑州铁路沿线的棉花种植区，成为河南最重要的产棉区[1]。河北是民国前后发展起来的重要产棉区之一，20世纪20年代以后，棉花销路扩张，棉价陡涨，农家于是热心种植棉花，达到了一顷地之一半有百分之五六十种棉的程度[2]。同时，东北、新疆等地的植棉业也发展起来了。

　　花生、大豆、芝麻等油料作物原本主要是自给性作物，随着用途的改变，特别是油料用途的凸显，其商品化程度迅速加深，种植面积迅速扩张，产量不断攀升。以大豆为例，大豆主产地的东北三省，1914年的种植面积为25 290 000亩，到1927年已经达到46 269 000亩，占东三省七种主要农作物（大豆、小麦、大麦、玉米、小米、高粱、稻子）总耕种面积的31.3%[3]。大豆产量也增加迅速，宣统元年（1909年）东三省大豆产量为3 304万石，到1927年已经增加到5 770万石[4]。此外，在古代社会后期已经有商品化趋势，并在近代最早也最大规模地走上商品化道路的桑蚕业、植茶制茶业也在这一时期有所发展。以桑蚕业为例，进入20世纪后，不但原有的湖州、珠江三角洲等老产区不断扩大，而且发展出了安徽、湖北、河南等新产区，无论新老产区均沿着运输方便的铁路交通线扩展。植桑面积不断扩大，蚕丝产量因机器缫丝业的发展而不断提高，质量也有所提升，外贸出口繁盛。在广东，生丝出口量1912年为44 326包，到1929年已经增加到65 581包，在该省出口贸易中的价值比重由47.53%提升到65.02%[5]。从全国的情况看，1907年丝及丝织品的出口额为84 000 000海关两，到1927年，已经飙升到165 000 000海关两[6]。茶业自19世纪末叶即遭遇了国际上多国的竞争，特别是遭到了斯里兰卡制茶业的竞争，但是出口额仍然有不小幅度的攀升，光绪三十三年（1907年）为26 000 000海关两，1927年达31 600 000海关两[7]。

[1] 张锡昌：《河南农村经济调查》，冯和法：《中国农村经济资料续编》，黎明书局，1935年，第175-176页。
[2] 《定县之棉花与土布》，《中外经济周刊》1926年第192号，第29页。
[3] 汪敬虞主编：《中国近代经济史1895—1927》，人民出版社，2000年，第871-872页。
[4] 谞公：《东三省经济统计概略》，《中东经济月刊》第7卷第4-5期合刊，第216-217页。
[5] 陈真：《中国近代工业史资料》（第四辑），生活・读书・新知三联书店，1961年，第191页。
[6] 沈文纬：《中国蚕丝业与社会化经营》，生活・读书・新知三联书店，1937年出版，2012年再版，第140-141页。
[7] 沈文纬：《中国蚕丝业与社会化经营》，生活・读书・新知三联书店，1937年出版，2012年再版，第140-141页。

　　随着经济作物的大面积种植，挤占了本地粮食作物的生产空间，因而粮食引进的需求加大，这就促使其他地区粮食作物生产不断朝商品化方向发展。根据 1929 年的调查，在山东，被花生排挤的作物为小麦和大豆；在直隶、河南是高粱和小米；在两湖是稻米、棉花和红薯。"根据河南一个地区的报告，编篓子的柳条，也被花生替代了。"[1]当一个地区的经济、园艺作物的种植面积超过耕地的一半或者三分之一时，就会出现地区性缺粮，所占比重越高，缺粮越严重。城市化进程加快，城市人口增加也是造成商品粮需求扩大的一个重要原因。上述缺粮因素的出现，刺激了某些地区粮食生产商品化的发展。"以长江流域各省为主要产地的稻米是华南和华中的主要粮食。据直隶实业杂志最近刊载，中国稻米总产量为三九五，九一〇，〇〇〇担。所有产米省区，只有湖南、安徽和江西有余米输出，这三省输往中国其他地区的余米估计每年有五百万至一千万担。""中国每一省都产小麦，但是主要产地则为满洲、山西、河南与四川。满洲是把小麦当作商品作物种植的，并且把它输出到西伯利亚和日本；山西出产着大量上等品级的小麦，输出到邻省甘肃和陕西；河南与四川在原先种鸦片的土地上栽植小麦。上海的面粉厂主要是从附近江、浙两省取得小麦供应。"[2]

　　经济作物和粮食作物的商品化带来了某种农作物的大片种植，甚至是连片种植，从而引发了生态问题。最典型的体现就是农业病虫害的多发与频发，而病虫害的发生往往又与气候、水文、森林、草木的异动有密切联系，是生态恶化的典型和敏感反映。下面以烟虫和蝗虫灾害的发生为例加以详细解析。

　　烟虫是发生于烟草种植过程中的虫害。而烟草的种植在甲午战争前已经有了一定程度的商品化发展，进入 20 世纪，烟草的种植开始迅速扩张，这主要与美种烟草的引进有关。美种烟草特指产于美国弗吉尼亚等地，清末引进中国的红花烟草。这种烟草"植株有时高达七英尺，外表相当粗壮。它的叶片有时长两英尺，上面布满腺毛，轻微揿压，就占裂开来，有一种粘液流到外面，手上则留下一股难闻的气味。它的花朵成束地长在作物顶部，常呈淡红色，虽然也有白色和深红色的花朵。"[3]也就是说，即使仅仅从外表看，20 世纪初引进中国

[1] 章有义编：《中国近代农业史资料》（第二辑），生活·读书·新知三联书店，1957 年，第 213 页。
[2] 章有义编：《中国近代农业史资料》（第二辑），生活·读书·新知三联书店，1957 年，第 228 页。
[3] 陈翰笙著，陈绛译，江熙校：《帝国主义工业资本与中国农民》，复旦大学出版社，1983 年单行本，第 2 页。

的红花烟草与已经在中国栽培了将近三百年的土种烟草也很不一样，至于其品性当然也存在显著差异。其实，无论美种烟草还是中国原有的土烟，最初都是原产于中美洲和南美洲的烟草植物，它们之间的显著差异是环境条件改变的结果。"没有一种作物像烟草那样容易因气候、土壤和不同的栽培方法而发生变异。"[1]于17世纪初引进中国的美洲烟草，在中国农民近300年的栽培中，逐渐适应了中国的气候和土壤条件，并且由于中国农事习惯的影响而发生了变异。这种经过中国农民栽培而变异的烟草，"烟叶小，质非上等，干燥方法亦粗简欠讲求"[2]，并不适合制造卷烟。随着卷烟工业的兴起，美种烟草乘机进入中国。

光绪十六年（1890年），美国卷烟首次输入中国，由于其自身气味的馥郁芬芳和携带吸食的方便，很快便赢得了中国消费者的青睐。其后，在外资烟草公司、华资烟草公司的积极推销和激烈竞争下，卷烟市场迅速扩大。光绪二十六年（1900年）中国卷烟的消费量为0.3亿支，两年后即光绪二十八年（1902年）就剧增到1.25亿支，到宣统二年（1910年）已经达到7.5亿支[3]。从进口值来看，卷烟最初进入中国时"仅数十万元，旋即进为百万元，当1902年，输入价额计二百万海关两。"[4]

随着卷烟进口量的激增，外商看到了中国卷烟市场的巨大潜力。为了攫取更大、更多的利益，他们开始试探利用中国的人力、物力直接在中国制造卷烟。19世纪末叶，已有美资、俄资等外资卷烟制造厂出现，在中国就地制造并销售卷烟。20世纪以后，外商企业朝着垄断中国卷烟制造业的方向发展。光绪二十八年（1902年），由六家英资和美资烟草公司联合组成的英美烟公司在伦敦注册成立，同年即进入中国，力图开拓中国市场。次年，英美烟公司在浦东设立烟厂，开始了在中国的土地上制造卷烟的历程。

为了解决卷烟生产的原料来源，英美烟公司派人在中国产烟省份展开了广泛调查，企图用中国本土的烟叶生产卷烟。但是，调查的结果并不理想。各种调查和检测都表明，中国本土的烟叶并不适合制造卷烟。这些烟叶不是属于烈性烟叶，就是属于级别很差的烟叶，"土种烟草，无论色和味，对于制造卷烟都

[1] 陈翰笙著，陈绛译，汪熙校：《帝国主义工业资本与中国农民》，复旦大学出版社，1983年单行本，第3页。
[2] 《山东种植美国烟草》，《中外经济周刊》1925年第95期，第11页。
[3] 汪敬虞主编：《中国近代经济史1895—1927》，人民出版社，2000年，第2115页。
[4] 张纬明：《国产烟叶概述》，《商业月报》1936年第10期，第1页。

不适宜。"[1]英美烟公司等外资公司不得不靠进口美种烟叶来维持生产。

在英美烟公司利用中国的资源制造卷烟的时候，中国的民族卷烟业也诞生了。光绪二十八年（1902 年），北洋烟草厂在直隶总督袁世凯的授意下建立，是为中国第一家民族卷烟厂。光绪三十一年（1905 年），抵制美货运动爆发，在"不用美国货，不吸美国烟"口号的激励下，国产卷烟销路大增。民族卷烟工业发展出现高潮，仅上海一地便新设卷烟厂 10 家，至光绪三十二年（1906 年）除 1 家倒闭外，仍然有 9 家[2]。第一次世界大战期间，民族卷烟业再次迎来发展高潮，到 1921 年，上海已有华商卷烟厂 13 家，卷烟机从光绪三十二年（1906 年）的 16 台剧增到 104 台，职工人数则从 480 人猛增到 5 512 人；上海出口的卷烟价值达 1 100 万海关两，运销国内各地的卷烟价值达 5 000 万海关两[3]。

外资和民族卷烟制造业共同在中国的土地上从事卷烟生产，当然使得中国市场上美种烟叶的需求不断膨胀。光绪二十六年（1900 年），中国每年进口的美种烟叶只有 217 000 磅，价值 21 000 美元。到 1919 年，这两个数字已经分别攀升到 13 009 000 磅和 4 635 000 美元，占到了中国进口烟叶的一半以上。到 1922 年，这两个数字又分别攀升到 32 418 000 磅和 10 721 000 美元，已经占了中国进口烟叶的 92%[4]。

大量进口生产所需的主要原料，对于企业来说当然并不划算。于是，英美烟公司在谋求利用中国本土烟叶生产卷烟失败后，又转而谋求利用中国的土地和人力种植美种烟草。他们在最有可能种植美烟的中国烟草产区进行了广泛调查，希望找到气候和土壤条件都合适的地区开展试种。最初，英美烟公司选择了有悠久烟草栽种历史的湖北光化和老河口，山东威海卫、潍县和坊子等地试种美烟。湖北地区是由于湖广总督张之洞的积极推动引起了英美烟公司的兴趣。山东的威海卫、潍县和坊子地区被选中则是因为气候和雨量都非常适宜种植烟草，从土壤的性质看，"这地区由于土地系沙土底层带有黏土，因而将有可能种植优质烟叶"[5]。

[1] 陈翰笙著，陈绛译，汪熙校：《帝国主义工业资本与中国农民》，复旦大学出版社，1983 年单行本，第 6 页。
[2] 中国社会科学院上海经济研究所上海社会科学院经济研究所编：《南洋兄弟烟草公司史料》，上海人民出版社，1960 年，第 254 页。
[3] 徐雪筠等译编：《上海近代社会经济发展概况——海关十年报告译编》，上海社会科学出版社，1985 年，第 215 页。
[4] 上海社会科学院经济研究所编：《英美烟公司在华企业资料汇编》（第一册），中华书局，1983 年，第 240 页。
[5] 上海社会科学院经济研究所编：《英美烟公司在华企业资料汇编》（第一册），中华书局，1983 年，第 261 页。

　　试种的结果表明，"湖北雨量过多，证明对烟叶质量不利"[1]，"所产烟叶不堪制烟"[2]，于是湖北被弃用。威海卫地区也不适于种植优质烟叶，主要原因是"离海近，烟叶受海风潮气侵袭，不易生长"。威海卫的试种在坚持了两年之后，最终也宣告失败，"全部人员并入坊子试种站"[3]。而潍县和坊子地区的试种效果很好，"这里的土壤和一般的植物与威海卫的相似"，但没有威海卫因靠海过近而影响烟叶生长的问题，"而在这一地段建立农场具有优于威海卫的以下有利条件——可以种植的数量是无限的，沿铁路线种植烟叶的田地有50哩[4]长，生产区宽约为20哩"。同时，这里还"是德国人开办的煤矿所在地，而且位于最好的烟叶种植地的中心"[5]。也就是说，潍县和坊子地区不但有着有利于美种烟叶生长的自然条件，还具备了使用煤炭烤制烟叶的有利条件，这可以大大节省烟叶烤制燃料的运费。于是，坊子试验所成为英美烟公司推广新烟种的中心。

　　与此同时，英美烟公司还在河南的许昌地区、安徽的凤阳地区展开了试种。河南许昌周围的土壤含氮、磷、钾等天然肥料，气候也适宜，是种植烟草的理想之地，"河南土质比山东、安徽都适宜于种植烤烟，那里种的烟叶纤维细，色彩黄的比例高，适合种烟的地区广，附近煤矿保证了烤烟用的燃料。自然条件甚为有利。"[6]相比而言，安徽的自然和社会条件都要差一些。从土壤性质看，该省是黏性土壤，"黏结性土质使烟叶易于受雨量大的危害。黏土排水不及山东、河南松砂土迅速，其结果在雨水大的年份，几乎全无收成。"[7]另外，当地的烟农也并不那么顺从英美烟公司的指导，他们在种植烟草的时候，将美种烟和当地土种烟混合了起来，实际上是将两种烟草杂交了。这样生长出来的烟草就会发生变异，从而影响烟草质量，使得"烟叶味劣"[8]。因此，在这三个地区中，安徽的重要性远远逊于山东和河南，种植面积和产量

[1] 陈翰笙著，陈绛译，汪熙校：《帝国主义工业资本与中国农民》，复旦大学出版社，1983年单行本，第6页。
[2] 《国产烟叶之危机》，《经济旬刊》1934年第15期，第339页。
[3] 上海社会科学院经济研究所编：《英美烟公司在华企业资料汇编》（第一册），中华书局，1983年，第263页。
[4] 1哩约等于1.609千米。
[5] 上海社会科学院经济研究所编：《英美烟公司在华企业资料汇编》（第一册），中华书局，1983年，第260页。
[6] 上海社会科学院经济研究所编：《英美烟公司在华企业资料汇编》（第一册），中华书局，1983年，第272页。
[7] 上海社会科学院经济研究所编：《英美烟公司在华企业资料汇编》（第一册），中华书局，1983年，第272页。
[8] 陈翰笙：《帝国主义工业资本与中国农民》，复旦大学出版社，1983年单行本，第19页。

都增加得比较缓慢[1]。

在英美烟公司大力推广美种烟草的时候，中国的民族卷烟厂也开始大力收购中国本土生产的美种烟叶。然美种烟叶价格较高，平均每 100 磅比土种烟叶高 20～30 美元。因此，民族卷烟厂的原料"以美国烟叶为本，以国产烟叶调和之。闻国产烟叶，味道甚浓，只以种植欠研究，故较之美产者相形见绌也。"[2]即民族卷烟厂在生产过程中是美烟、土烟混合使用的，但由于产量巨大，民族卷烟业对于美种烟叶的需求量并不少。为了降低生产成本，民族卷烟业也开始寻求在山东等地推广种植美种烟草。1926 年，南洋兄弟烟草公司先后在山东坊子、河南许昌和安徽凤阳附近的刘府建立了收烟厂，当年就收烟 100 万磅；1933年已经增加到 1 000 万磅[3]。另外，华成、中南、三兴等民族卷烟厂也在美种烟产区设立了收烟机构[4]。除英美烟公司和众多的民族卷烟厂外，日本东亚烟草公司也是华北地区美种烟草种植的积极推动者。

为了让更多的农民种植美种烟草，卷烟制造厂特别是英美烟公司采用了种种手段施小惠于农民，引诱农民种植美烟。其中"最为重要的事实也许是，不论外商还是华商烟草公司，收购烟叶时都经常付给现金。这对于农民是巨大的刺激。在这些地区，和在中国其他任何地区一样，农民感到自己迫切需要难以得到的现金。""备受贫困煎迫的农民看到种植美种烟草价格诱人，而且售出时立即以现金付款，他们自然就放弃土种，很快改种美种烟草。"[5]美种烟草远远高于其他农作物的收益和立得现金的好处，刺激了农民种植美烟的积极性。于是，美种烟草的种植很快推广开来，种植面积逐年增加。至 20 世纪 30 年代初，山东、河南两省的美种烟草种植面积已逾 70 万亩[6]。安徽、浙江、湖北、江西、广东等省的种植面积也不断扩张。此外，东北的"关东烟"种植业发展起来，

---

[1] 到 1933 年，鲁、豫、皖三省的美种烟产量分别为 7 亿磅、8 亿磅和 2 亿磅，种植面积分别为 21.4 万亩、37 万亩和 14 万亩。安徽发展之逊色可见一斑，参见章有义编：《中国近代农业史资料》（第三辑），生活·读书·新知三联书店，1957 年，第 454 页。

[2] 中国社会科学院上海经济研究所、上海社会科学院经济研究所编：《南洋兄弟烟草公司史料》，上海人民出版社，1960 年，第 190 页。此处的国产烟叶指国产土烟。

[3] 中国社会科学院上海经济研究所、上海社会科学院经济研究所编：《南洋兄弟烟草公司史料》，上海人民出版社，1960 年，第 191 页。

[4]《上海华商卷烟工业现状》，《工商半月刊》1933 年第 1 期，第 86 页。

[5] 陈翰笙著，陈绛译，汪熙校：《帝国主义工业资本与中国农民》，复旦大学出版社，1983 年单行本，第 7-8 页。

[6]《我国烟叶产销之近状》，《工商半月刊》1935 年第 7 卷第 2 号；陈翰笙的统计为 50 余万亩，其中山东为 13.8 万亩，河南为 37 万亩，见《帝国主义工业资本与中国农民》，复旦大学出版社，1983 年单行本，第 20 页。本书取前一种说法，因为 1933 年山东大学化学社的调查显示，仅山东几个主要产烟县的种植面积就已达 40 余万亩。

到 1928 年，烟草种植面积已经占耕地面积的 18.2%[1]，据满铁 20 年代中叶的估计，东北三省的烟叶产量已达 4 875 万斤[2]。

美种烟草的种植大大扩张了华北地区烟草种植的面积。美种烟草引进后，土种烟草的消费仍然有一定的市场，民间乃继续种植，其种植总面积并不小。从全国来看，其种植面积为美种烟草的六倍[3]。两种烟草种植相加，形成了烟草大面积单一种植的局面。

无论是山东还是河南，烟草的种植都呈现了高度的集中性，人们在最适宜种烟的地区集中连片栽种了大量烟草。在山东，仅安丘、潍县、寿光、益都、临淄、临朐、章丘 7 个主要产烟县的烟叶种植面积就高达 40 余万亩[4]，占山东烟草种植面积的 90% 以上，占到其耕地总面积的将近 5%[5]。在河南，美烟的种植主要集中在许昌周围的十几个县里，20 世纪 40 年代后期，许昌的烟草种植面积每年都在 100 万亩以上，烟叶种植面积占总土地量的 25% 以上[6]。

这种种植的集中性还体现在单个农户的种植面积上。根据陈翰笙先生的调查，1933—1934 年，山东潍县和河南襄城的 4 个美烟种植典型村中，种烟农户占农户的比重分别是 59.1% 和 63.7%[7]。也就是说，无论是富裕农民还是贫苦农民都积极参与了烟草的种植，农户中的大部分人都在种植烟草。其中种植比例最高的是贫苦农民，他们将仅有或者租来的大部分土地都用于种植能够换得更多现金收入的烟草，出售烟草的所得占全部售出作物总值的 87.1%[8]。

现代农学研究证明，大面积单一种植某种作物对于环境的影响很大，因为这种种植模式打破了多种生物共存的生态平衡，易引发或轻或重的生态问题。烟草的大面积单一种植带来的最主要问题就是病害虫的频发。自从美烟介入烟草生产，烟草面积因此不断扩大后，产烟区就不断有病虫害发生，并呈频率不断加密、程度不断加重的趋势。到 20 世纪三四十年代，烟草病虫害已经

[1] 民国《桦甸县志》卷 7《经制》，第 18 页，转引自汪敬虞主编：《中国近代经济史 1895—1927》，人民出版社，2000 年，第 867 页。

[2] 南满兴业部农务课：《东省之农业》，第 29 页，转引自汪敬虞主编：《中国近代经济史 1895—1927》，第 867 页。

[3] 陈翰笙著，陈绛译，汪熙校：《帝国主义工业资本与中国农民》，复旦大学出版社，1983 年单行本，第 21 页。

[4] 国立山东大学化学社：《科学的山东》（第五章农业），1935 年，第 21 页。此书内容均为山东大学化学社调查的结果，考虑到调查的过程以及烟草的成熟期，此耕种面积和产量应当是 1934 年的数据。

[5] 上述各县耕地总面积统计来自国立山东大学化学社编《科学的山东》，第五章农业第 2-3 页数据的综合统计。

[6] 李耕五：《英美烟公司和许昌烟区史》，《中国烟草》1989 年第 2 期，第 35 页。

[7] 陈翰笙著，陈绛译，汪熙校：《帝国主义工业资本与中国农民》，复旦大学出版社，1983 年单行本，第 22 页。

[8] 陈翰笙著，陈绛译，汪熙校：《帝国主义工业资本与中国农民》，复旦大学出版社，1983 年单行本，第 23 页。

发展到十分严重的地步。"河南的烟虫……以烟青虫、蚜虫、蝼蛄、地老虎、金针虫，为害最烈，金龟子、象鼻虫、叶跳虫、椿象等亦有发现，总计不下二十余种。"[1]可以说，烟草田中所有的害虫在河南的烟田中基本都有了。从病虫害的发生频率和密度看，一年之中"一亩烟田须捉虫二十七次"[2]。烟草一般谷雨时节下种，白露收获完毕，生长期140天左右，按捉虫27次算，平均每个月需捉虫6次以上，此外还要辅之以火攻灭虫、农药灭虫等。由此可见虫害发生频率之高，密度之大。

1934年，"山东各地烟草苗床发生一种害虫，势甚猖獗"，时任山东大学农学院院长的曾省"派遣该院讲师林德一君驰赴各地考察。据考察报告所述，害虫是一种隐翅虫 Staphylinids 为害。"[3]这次虫灾过后不久，由于山东的烟草害虫问题过于严重，山东省立烟草改良场在临淄成立，其中专门设立了烟草害虫研究部，从事烟草害虫的防治工作。改良场技术股的马世骏等人开展了食烟昆虫种类的调查，"调查发现，苗床食烟昆虫有烟草星花蝇、东方蝼蛄 Gryllotalpa orientalis Burmeister、日本蚤蝼 Tridactylus japonicus De Haan、红腹隐翅虫 Philonthus rutiliventris Sharp、桦色扁埋葬甲 Sipha subrufa Lewis、叶螨 Tetranychus spp.等等。烟田主要食烟昆虫有小地老虎 Agrotis ipsilon（Hufnagel）、八字地老虎 Xestia cnigrum（Linnaeus）、长恶负蝗 Atractomorpha lata（Motschulsky）、实夜蛾类 Heliothis/Helicoverpa spp.、烟蚜等。"[4]可以看出，山东的烟草害虫种类也非常多，其严重程度并不亚于河南。

日寇侵华后，为着经济掠夺的需要，在东北、华北等的产烟区做过广泛的调查。关于华北的调查称，华北的烟草害虫计有12种（类）。又称山东烟草生长期害虫有57种，其中53种属于昆虫纲，其他4种分属蛛形纲、倍足纲（Diploplda，多足纲的一个亚纲）、甲壳纲、寡毛纲[5]。日本人的调查也说明了华北植烟区病虫害的严重性。

其实，自然界本无虫害，各种生物在长期进化过程中形成了共处、平衡的关系，它们相辅相成，相克相生。只有当平衡状态被打破，形成只有利于某一

[1] 沈宗瀚、章锡昌：《一年来之烟产改进》，《农业推广通讯》1948年第1-2期合刊。
[2] 《三十六年河南烟草虫害及防治成效之检讨》，《农报》1948年第2期，第12页。
[3] 曾省：《烟虫问题》，《农林新报》1930年第21期，第3页。
[4] 马继盛、罗梅浩、郭线茹、蒋金炜、杨效文等：《中国烟草昆虫》，科学出版社，2007年，第4页。
[5] 山东省农业科学研究所编：《烟草病虫害防治法》，山东人民出版社，1956年，第6页。

种生物生存的条件时，才会带来特定生物的大量增长，从而发生人类所称的灾
害。在农业生产中，如果长时期单一种植某种作物，就会破坏植物群落的多样
性，使生物间的食物链断裂，造成某一种生物的天敌减少，带来特定生物的大
量繁殖。在美烟推广种植过程中，本已栽种面积不小的烟草种植进一步大幅扩
张，又由于其经济收益的显著和小农的贫困，带来了烟草的大面积单一种植，
这显然是食烟虫大量出现的最根本原因。

　　烟草害虫加剧带来了灭虫问题。自 20 世纪 30 年代中期，农技人员开始不
断提倡使用药剂防治虫害，烟农则除手工捉虫、火攻害虫外，还采用套种法防
治虫害。山东等地早就有烟麦套种的习惯，一般是先在俗称"畦子"的种床中
育苗，俟种子发芽并长至五寸时起苗，此时大田中的小麦已经收割完毕，乃将
种苗移栽于田内生长，白露前后收割完毕[1]。之后就又可以平整田地，准备播
种小麦了。现代科学研究表明，小麦、甘薯、高粱等作物与烟草套种对于烟田
虫害的发生有显著的抑制作用[2]，如烟田套种甘薯的害虫防治效果可以达到
78.86%～100%[3]。

　　然而，仅仅套种并不能有效地解决问题。因为有些烟虫是多食性昆虫，
比如分布甚广、俗称腻虫的烟蚜就是既以烟草为食，又可以小麦、棉花、蔬
菜等为食，甚至有些观赏花草也可滋生蚜虫，所以，烟麦套种并不能破坏蚜
虫的食物来源。烟蚜和烟青虫等为害最重的烟草昆虫还是典型的越冬昆虫，
冬季来临时它们一般以蛹或卵的形态藏入地下躲避严寒，待春暖花开再苏醒
繁殖。但由于冬季种麦的缘故，土地无法得到深耕，因而不能真正使这些昆
虫受到致命打击。这样，套种必须和轮作相结合才能真正发挥作用。一般来
讲，"烟草种植集中的地区，可实行四年或五年两栽，但最好实行 3 年种一
次烟的轮栽制"[4]，唯有如此才能真正破坏烟草害虫赖以生存的食物来源和
环境，最终减少其生存数量。另外，合理规划使用土地对害虫防治也有积极
意义。例如，"将烟田选在地势高燥、排水良好的地方，就可以有效抑制烟

---

[1] 济行、陈隽人：《山东烟草产销调查》，《中行月刊》1932 年第 4 卷第 3 期，第 117 页。

[2] 黄光荣：《不同轮作方式对烤烟病虫害及产量品质的影响》，《河南农业科学》2009 年第 5 期，第 40-42、第 52
页；唐世凯、刘丽芳、李永梅：《烤烟套种甘薯对持续控制烟草病虫害的影响》，《广东农业科学》2008 年第 9 期，
第 209 页。

[3] 向青松、钟亚霖、彭军、谢春凤、罗俊：《农业生物多样性控制烟草病虫害》，《中国农学通报》2010 年第 2
期，第 209 页。

[4] 山东省农业科学研究所编：《烟草病虫害防治法》，山东人民出版社，1956 年，第 25 页。

蚜等害虫的滋生"[1]。但是"小农经济，实行轮栽制有很大困难"[2]；小农经济规模狭小[3]，农家无法科学规划土地的使用，生活的窘迫也使得他们无法实施轮栽。最重要的原因还是种植烟草收入较多，这对于十分贫困的小农来说诱惑力很大，如果因为轮作就无法果腹，小农当然不能接受。而无法轮作，也就无法有效抑制害虫的繁殖。

　　长期大面积、单一连续种植烟草给自然环境带来了严重危害。20 世纪 30 年代初，山东"二十里堡一带烟种地土已发生病态，所产叶多长斑点"[4]。到 20 世纪三四十年代，烟草害虫已经发展到十分猖獗的地步。1935 年，山东省建设厅烟草改良场技术人员的调查显示，"鲁东烟草，历年受蚜虫损失极巨，虽未数字之统计，但依作者今夏赴各产烟区视察所得，则烟区十之八九，均受其害，有数区之烟株，密生蚜虫，叶面呈灰黑色，其危害面积之广，烟株受害之甚，可想而知。"[5]1947—1948 年，烟草昆虫工作者在河南许昌、襄城，安徽等地进行烟草昆虫调查，"调查发现，在河南许昌、襄城的华北蝼蛄 *Gryllotalpa unispina* Saussure 为害期长且严重，有的苗床烟苗甚至全部被毁掉。移栽和还苗期间，沟口头虫 *Pleonomus canaliculatus*（Faldermann）为害严重，高 30～65 cm 的烟株有时也被其为害的。5—6 月，多见小地老虎，黑绒鳃金龟 *Maladera orientalis*（Motschulsy）、黑带长颚象、小卵象 *Calomycterus obconicus* Chao 等为害。6—7 月烟夜蛾为害早烟甚烈⋯⋯1947 年，在河南许昌、襄城两县的调查结果表明，尽管当年烟夜蛾、蝼蛄、叩头虫等发生偏轻，但烤烟因其损失仍达 650 t，其中，烟蚜为害损失 335 t，人工捕捉后烟夜蛾的为害损失仍达 159 t。"[6]

[1] 徐树云：《烟蚜消长与气象因素》，《植物保护》1982 年第 5 期，第 39 页。

[2] 山东省农业科学研究所编：《烟草病虫害防治法》，山东人民出版社，1956 年，第 25 页。

[3] 近代以来，中国社会经济急剧恶化，农民破产加剧，个体农业经济的规模不断缩小。从全国的情况来看，占农村总人口 52.37%的贫雇农仅占有 14.28%的耕地，平均每户占有耕地 3.55 亩；占人口 33.13%的中农占 30.94%的耕地，平均每户占有耕地 15.12 亩（见陈争平兰日旭主编：《中国近现代经济史教程》，清华大学出版社，2009 年，第 123 页）。二者相加，占了农村中人口 80%以上的农户仅占有 45.22%的耕地，平均每户占有耕地不足 10 亩。华北产烟区的情况就更严重，"在潍县产烟区，一家农户要维持生计，通常必须种六亩烟田，但那里的贫困农民每户占有的土地平均没有超过二亩半的。⋯⋯襄城产烟区的情况甚至更差。维持一个农户的生计，需要二十五亩地，而该地贫困农民每户平均占地大约五亩左右。"（见陈翰笙著，陈绛译，汪熙校：《帝国主义工业资本与中国农民》，复旦大学出版社，1983 年单行本，第 76 页。）这样细小的农村经济规模显然无法适应农业生产商品化的需要，无法全面规划农业生产，他们生产的目的首先是满足糊口的需要，至于科学种田等问题是无暇考虑的。

[4] 济行陈俊人：《山东烟草产销调查》，《中行月刊》1932 年第 4 卷第 3 期，第 122 页。

[5] 余茂勋、李心田：《山东省建设厅烟草改良场民国二十五年烟草蚜虫防治之经过》，《农报》1936 年第 35 期，第 1833 页。

[6] 马继盛、罗梅浩、郭线茹等：《中国烟草昆虫》，科学出版社，2007 年，第 7 页。

可以看出，经过多年的大面积、单一连续种植，山东、河南等华北主要产烟区的生态已经严重失衡，不但烟虫活动面积广、程度深，而且种类齐全，活动期长，几乎烟草生长的每一个阶段都有相应的烟虫活动。

害虫的发生在其他连片种植的农作物中也有相应体现，这里以自古就大量发生至今仍为害严重的蝗灾为例。蝗虫是世界性的农业害虫，全世界将近 100 个国家和地区都不同程度遭受过蝗灾的影响和破坏。中国遭受蝗灾的影响历史悠久，早在先秦时期《诗经》中就已经有关于蝗虫的记载，以后蝗灾屡有发生，仅《春秋》中关于蝗灾的记载就有 12 次。从鲁桓公十三年（公元前 699 年）到中华人民共和国成立前的 2 600 多年中，有记载的蝗灾共 800 多年次[1]。明清以来，蝗灾的发生愈加严重。根据《明史·五行志》记载，明代共发生蝗灾 50 次，平均约五年一次。到清代，蝗灾发生的频率明显提高，《清史稿·灾异志》记载，清代共发生蝗灾 94 次，平均三年一次。到了民国年间，蝗灾发生频率的提高更加明显。据赵艳萍的统计，民国期间共有 2 100 余县次的蝗害记录，几乎年年有蝗，全国平均每年有 55 个县有蝗虫发生[2]。再以山东为例做一区域性阐释。张学珍等人的研究表明，山东省成化六年（1470 年）至 1949 年共有蝗灾记录 1 174 条。其中，明代（1470—1644 年）共 469 条，清代（1644—1911 年）共 559 条，民国（1912—1949 年）共 146 条[3]。明代平均每年发生 1.71 次蝗灾，清代平均每年发生 2.10 次蝗灾，民国时期平均每年发生 2.98 次蝗灾[4]。山西的情况同样如此，明代的 276 年发生蝗灾 59 年次，平均每 4.7 年就有 1 次蝗灾。清代的 267 年发生蝗灾 59 年次，平均每 4.5 年就发生一次，同样高于明代[5]。虽然缺乏民国时期的具体数据，但是这一时期蝗灾加剧的趋势也是明显的。

关于中国蝗灾大量、密集发生的原因，学界认为与气候变化特别是气候变暖、战乱频仍、耕作方式粗放、旱灾频发、政府和民间消极治蝗乃至不治蝗等

---

[1] 赵艳萍：《民国时期蝗灾与社会应对》，世界图书出版公司，2010 年，第 1 页。

[2] 赵艳萍：《民国时期蝗灾与社会应对》，世界图书出版公司，2010 年，第 15 页。胡惠芳认为，民国蝗灾续发性强，几乎连年不断，在民国持续的 38 年中，除 1924 年、1937 年和 1948 年没有发现蝗灾的记录外，其余年份是无年不蝗，见胡惠芳：《民国时期蝗灾初探》，《河北大学学报（哲学社会科学版）》2005 年第 1 期，第 17-19 页。

[3] 张学珍、郑景云、方修琦、萧凌波：《1470～1949 年山东蝗灾的韵律性及其与气候变化的关系》，《气候与环境研究》2007 年第 12 卷第 6 期，第 789 页。

[4] 张学珍、郑景云、方修琦、萧凌波：《1470～1949 年山东蝗灾的韵律性及其与气候变化的关系》，《气候与环境研究》2007 年第 12 卷第 6 期，第 789 页。

[5] 王宏宇：《山西历史蝗灾发生规律及灾情分析》，《科学之友》2012 年 7 月，第 160 页。

因素有密切关系[1]。上述说法并没什么问题，但是这些原因并不能很好地解释民国以来蝗灾加剧的情形。在同样的原因条件下，蝗灾为什么加剧了？其背后必有其特殊的原因。

譬如关于气候变化对于蝗灾发生的影响，学界普遍认为温暖的气候是蝗灾发生的重要支撑条件之一。一般来讲，温暖的气候条件下，特别容易发生蝗灾。竺可桢的研究证明，最近 500 年来，温暖的冬季出现在嘉靖二十九年至万历二十八年（1550—1600 年）和康熙五十九年至道光十年（1720—1830 年），寒冷的冬季则出现在成化六年至正德十五年（1470—1520 年）和泰昌元年至康熙五十九年（1620—1720 年）。其研究还证明，20 世纪以后我国冬季的温度显著温暖[2]。也就是说，民国时期是气候显著温暖的时期，其时蝗灾发生频率提高与温暖气候作祟有重要的因果关系。张学珍等人的研究结论也是如此，他们认为，气候的相对温暖，是民国时期蝗灾次数明显高于明清两代的重要原因，并认为温暖气候是蝗灾大爆发的必要条件，而寒冷气候则会限制蝗灾规模。

然而，从前述所列举的数据来看，无论是总体规模还是发展趋势，无论是全国还是山东一个地区的蝗灾发生频率，都呈现逐渐增加的趋势的。也就是说，明、清、民国这三代[3]相比，蝗灾的发生是呈现逐渐加剧的态势，尽管中间有寒冷年代，但蝗灾的发生并没有因为气候条件的变化而减少。譬如从明清两代寒冷气候的比例来看，根据竺可桢的研究，明代寒冷气候占到了其统治年限的 26.81%，清代寒冷气候占到其统治年代的 37.59%，且在 1400—1900 年的 500 年间，最寒冷的冬季出现在顺治七年至康熙三十九年（1650—1700 年），"例如唐朝以来每年向政府进贡的江西省的橘园和柑园，在公元 1654 和 1676 年（顺治十一年、康熙十五年）的两次寒潮中，完全毁灭了。在这五十年期间，太湖、汉江和淮河均结冰四次，洞庭湖也结冰三次。鄱阳湖面积广大，位置靠南，也曾经结了冰。我国的热带地区，在这半世纪中，雪冰也极为频繁。"[4]也就是说，总体上，清代的寒冷气候无论是比例还是程度都远远高于明代。但是，无论从全国来看还是从某一蝗灾高发地区看，明代的蝗灾发生率并不因此高于清代。

[1] 赵艳萍：《民国时期蝗灾与社会应对》，世界图书出版公司，2010；胡惠芳：《民国时期蝗灾初探》，《河北大学学报（哲学社会科学版）》2005 年第 1 期，第 17-19 页。
[2] 竺可桢：《中国近五千年来气候变迁的初步研究》，《考古学报》1972 年第 1 期，第 28-29 页。
[3] 中华民国并不是一个朝代，但是为了叙述方便，还是这样表述。
[4] 竺可桢：《中国近五千年来气候变迁的初步研究》，《考古学报》1972 年第 1 期，第 30 页。

所以，气候原因固然是蝗灾发生的充分条件之一，但并非必要条件。民国时期的气候固然显著温暖，但是蝗灾发生频率的异常提高，显然并不能仅用寻常条件来解释，必须找寻其内在的独特原因。

民国时期是中国历史上变化最剧烈的时期，无论是社会政治还是社会经济乃至文化等方面都发生了巨大变化，正是这些变化构成了民国时期独特的社会条件，从而影响了社会生活的方方面面。而这一时期蝗灾的加剧，显然与农作方式和社会条件的变化有着密切的关系。

农作方式的改变，带来了适宜于蝗虫生长的环境。而所谓适宜于其生长，则首先与食物有关，也就是说，食物的丰盈，使其有了大量发展的机会。至于蝗虫的食物，民国时期的学者就已经注意到，蝗虫食物种类非常多，"蝗虫食料，本甚广泛，玉黍，高粱，稻类，麦类，甘蔗，杨柳，麻，蔬菜，以至果木花卉，几无不食。但若以诸种食物陈列于前，则亦有选择。反之，诸种食料缺乏时，则虽树皮枯木之属，亦不辞尝试，桥梁屋宇，亦啮食无遗。"[1] "华北农事实验场调查飞蝗嗜好的作物，程度排序如下，上：玉米、水稻、粟、陆稻、黍、高粱、大麦、小麦、苇。中：马铃薯、大豆、烟草。下：棉、蔬菜、大麻、青麻、绿豆、豌豆、芝麻、芋、桑、甘薯。"[2] 也就是说，虽然蝗虫的食物品种十分广泛，但是其喜欢程度并不一样，喜好程度最高的食物是禾本类植物。如果其喜好程度不同的植物同生一处，则它宁可只食其最喜好的植物而弃其他植物于不顾。譬如1928年江南蝗灾，"江南受害之区，玉米与高粱同植一田，往往有玉米自顶迄根，尽为所食，而高粱孑然独存者，在在可见"[3]，由此可见蝗虫食性之顽固，它只是在其最喜好的食物不能得到的时候才退而求其次，即蝗虫啮食多种植物其实是其食源不足的条件下才发生的情况。蝗虫最喜食的禾本类植物——玉米、水稻、粟、麦恰恰是最主要的粮食作物，而在自然经济条件下，农民种植这些作物的目的是自我需要，一般不面向市场，这样也就形不成大面积栽种。近代以来，随着自然经济的解体，粮食作物逐渐商品化，农民对于市场需要的农业作物趋之若鹜，对于盈利大的作物纷起效仿，这样就形成了大面积栽种某种农作物的局面。例如，水稻的种植虽然主要集中于江南数省，但是

[1] 吴福桢：《蝗虫问题》，《中华农学会报》1928年第64-65期合刊，第132页。
[2] 张同乐：《1940年代前期的华北蝗灾与社会动员——以晋冀鲁豫、晋察冀边区与沦陷区为例》，《抗日战争研究》2008年第1期，第158页。
[3] 吴福桢：《蝗虫问题》，《中华农学会报》1928年第64-65期合刊，第132页。

区域发生了变化，如随着广东经济作物的发展，广西的水稻种植发展起来，成了广东稻谷的主要供应地。华北的河北是小麦的集中栽培地，全省有 36 个县小麦外销，主要供给北京、天津和唐山等城市。湖南、四川、安徽、苏北、江西、广西、山西、绥远、东北部分地区均发展成为主要的商品粮食供应地。而粮食作物的大面积种植无疑给蝗虫的生长发育提供了丰富的食源，成为蝗灾发生的重要诱因之一。

　　蝗灾的发生还与近代以来战乱频仍引起的环境恶化有关。蝗虫喜栖息于荒野地区，而民国时期军事活动频繁，造成了荒野面积的扩张，加剧了生态环境的恶化。无论是北洋政府统治时期，还是南京政府统治时期，军阀都是连年征战不断。从 1912 年到 1928 年的 17 年间，年年有军阀内战，在 1 300 余个大大小小的军阀之间发生战争 140 余场。1924 年之前，每年战区所及平均达七省；而 1925 年到 1930 年期间，每年战火平均波及十四省[1]。在频繁的战乱中，各地植被和森林遭到严重破坏，严重恶化了生态环境。树木和森林本身具有多重的生态功能，可以调节气温和水分，阻挡风沙，保护农田，同时还具有抵御虫灾等自然灾害的功效。1928 年江南蝗灾期间，"林场苗圃，久旱之下，艰于松土杂草丛生，蝗至而尽食其草，树苗则反无恙。"[2]这一例证再鲜明不过地证实了树木和森林在防御蝗虫特别是飞蝗上的巨大作用。

　　战乱和社会失范还使得土匪横行。研究表明，民国时期是中国历史上土匪最多的时期，保守估计，到 1930 年，中国全国的土匪高达 2 000 万人之多，据现代学者何西亚的调查，中国仅 20 世纪 20 年代 11 省的土匪就高达 113 500 人，美国学者菲尔·比林斯利认为 20 年代 11 省的土匪人数约为 601 458 人[3]。虽然学界的研究结论不一，但是民国时期土匪众多，且气焰嚣张却是学界的共识。土匪的栖居地一般都是易守难攻的高山荒岭，或者飘忽不定的湖泊和海面。这些地区本来就地形复杂，难以纳入社会秩序之中，民国时期的政府由于其自身的腐败和统治力弱就更难以控制，政府颁布的法律也就失去了效率，土匪们在自己控制的地区恣意而为，使得荒凉的地区更加破败荒芜，从而给蝗虫的滋生提供了有利条件。民国时期的著名昆虫学家吴福桢认为："蝗虫产于荒芜之区，

[1] 朱汉国主编：《中国社会通史》（民国卷），山西教育出版社，1996 年，第 587 页。
[2] 吴福桢：《蝗虫问题》，《中华农学会报》1928 年第 64-65 期合刊，第 132 页。
[3] 朱汉国主编：《中国社会通史》（民国卷），山西教育出版社，1996 年，第 584 页。

荒芜之区，亦即土匪巢穴之所在，捕蝗人员，无从深入，蝗虫受土匪之保护，遂得繁殖成群，飞出为害。"[1]《申报》也刊文表达了同样的观点："蝗虫产生之处，即为土匪出没之所，除虫会无从深入指导，故土匪一日不清，蝗患一日不绝。"[2]1936年，江西大庾县发生竹蝗，江西农业院立即调派驻南康蔗虫防治区张指导员前往除治，但抵达大庾县城却不能进入蝗区，"因患虫之区，僻处边隅，近日发生匪患，该区区长许献箴亦在县城，坚劝勿往。"[3]显然，匪患的严重阻碍了防治蝗虫工作的进展。

综上可知，民国时期蝗灾的高发有其特有原因，这一方面与自然条件的改变特别是气候的变暖有关，另一方面则与社会条件的变化有关。而上述两个条件变化的后果都指向生态恶化，从而为蝗虫的高发、频发、大面积发生提供了有利条件。

除烟虫、蝗虫的滋生和为害外，其他多发、易发和普发的各种农业病虫害——棉虫、桑虫、稻虫、麦虫等，也无一不与农产品商品化带来的生态危机有关。

二、社会各界应对农业环境问题的举措

生态的恶化严重影响了社会生产，带来了生产减产甚至绝产，进而给人们的生活带来了严重影响。为此，无论政府还是民间都奋起应对。应对的路径无非两条：治标、治本。所谓治标，在防治农作物病虫害问题上就是针对病虫害采取措施；所谓治本，则应当在引发病虫害的生态环境上下功夫。但是，民国时期动荡的社会环境导致无论政府还是民间都很难在不能立竿见影的生态改善上下大功夫。

民间的防治力量主要来自科技界。对于农业病虫害，中国古代的农学早已有相当细致的观察和精深的研判。但近代以来，随着农产品商品化的发展和新作物品种的引进，以及人口大量增加带来的食品需求的大幅度增长和自然灾害的频发，传统农学已经无法适应农业发展的需要，也无法解释许多新现象和新

[1] 吴福桢：《蝗虫问题》，《中华农学会报》1928年第64-65期合刊，第135页。
[2] 吴福桢：《蝗虫问题》，《申报》1924年7月24日。
[3]《农报》1936年第3卷第18期，第8页，转引自赵艳萍：《民国时蝗灾与社会应对》，世界图书出版公司，2010年，第35页。

问题。清末以降，梁启超、罗振玉等改良派思想家开始鼓吹引进西方农学。张謇等有识之士则主张各省立农会，以普及现代农学知识，"考之泰西各国，近百年来，讲求农学，务臻便利，亦日新月异而岁不同，谓以中国今日所有之田土，行西国农学所得之新法，岁增入款可六十九万一千二百万两。……中国有志农学者，颇不乏人。近日上海设立农学会，专译东西洋农报农书，未始非中国农政大兴之兆。臣拟请皇上各省专派一人，主持其事。设立学堂，讲求土宜物性，该一省之闲地荒滩，悉归经划，分别兴办树艺畜牧制造诸事，以为乡民倡。"[1]封疆大吏刘坤一、张之洞等则在著名的江楚会奏三折中上奏清廷主张举办农学："近年工商皆间有进益，惟农事最疲，有退无边。大凡农家率皆谨愿愚拙、不读书识字之人。其所种之物，种植之法，止系本乡所见，故老所传，断不能考究物产，别语新理新法，惰陋自甘，积成贫困。今日欲图本富，首在修农政。欲修农政，必先兴农学。"[2]他们还提出了兴农学的具体措施：一是翻译农书，传播农业知识，"查外国讲求农学者，以法美为优，然译本尚少。近年译出日本农务诸书数十种，明白易晓。且其土宜风俗与中国相近，可仿行者最多，其间即有转译西国农书。一切土宜物性之利弊，推广肥料之新法，劝导奖励之功效，皆备其中。"二是建立专门机构，推广现代农学。"查光绪二十四年（1898年）九月曾奉旨令各省设农务局。拟请再降明谕，切饬各省认真举办。……并请在京专设一农政大臣，掌考求督课农务之事宜。"三是劝导农学，鼓励留学学农。"学生有愿赴日本农务学堂学习，学成领有凭照者，视其学业等差，分别奖给官职。赴欧洲美洲农务学堂者，路远日久，给奖较优。自备资斧者，又加优焉，令其充各省农务局办事人员。"[3]

新政开始以后，清政府又颁布了一系列农业政策和农业教育政策。光绪二十八年（1902年），张百熙、荣庆、张之洞拟定的壬寅学制出台，要求各省速设"农工商各项实业学堂，以学成后各得治生计为主，最有益于邦本。"规定实业学堂的宗旨是"振兴农工商各项实业，为富国裕民之本计"[4]。次年，癸卯学制经清政府审定正式颁布，规定农学堂分为初、中、高三等，所学课程由浅入深，以适应不同层次的需要。三层次的农学堂课程均涉及了有关虫害的课程，

[1] 张謇：《请兴农会奏》，《张謇全集》（第二卷），江苏古籍出版社，1994年，第13-14页。
[2] 朱寿朋编：《光绪朝东华录》（四），中华书局，1958年，总4758-4759页。
[3] 朱寿朋编：《光绪朝东华录》（四），中华书局，1958年，总4759页。
[4] 舒新城：《中国近代教育史资料》（中册），人民教育出版社，1961年，第203页。

如初等学堂的课程包括农业、蚕业、林业、兽医四大类，其中农业课程明确规定有"虫害"一项。中等和高等学堂的相关课程均列入农学系列，以昆虫学的名目出现。此后，在此学制指导下，各农学堂都重视防治病虫害的教学，着力培养相关人才。例如，光绪二十八年（1902 年）两江总督张之洞创办了三江师范学堂，是为东南大学的前身，其农科中就设有病虫害系，开设病虫害课程。张謇等有识之士则主张办农会，以普及现代农学知识。

到 20 世纪 20 年代，早年遣派出国的留学生渐次归国效力，形成了一个昆虫学的科学家群体。这些科学家多数留学美国，少部分留学日本，个别人自英国学成归国。在国外，他们一般就学于昆虫学、动物学、微生物学等专业，少部分就学于农学专业，获得了学士或硕士学位。学成之后有的还有在国外相关机构从事科研或者考察相关事项的经历，在昆虫学特别是农作物病虫害领域有精深的造诣。他们的到来提升了中国人对农业病虫害的认识程度，同时给农民的灭虫活动提供了科学指导。

科学家主要通过下列活动助力中国的病虫害防治工作：一是开展农作物病虫害情况的普查，对烟虫、棉虫、蝗虫、蔗虫、菜虫以及稻田害虫、枯萎病、黄萎病等为害巨大的农田病虫害展开了调查，以掌握病虫害的基本情况，并探明中国的具体情况和各地区的不同情况。

二是在调查的基础上结合试验观察开展科学研究，通过试验观察了解害虫的生活特性，对不同环境的适应情况，害虫生长发育不同阶段的形态和生活习性、食性偏好、产卵率、孵化率、寄生特性、种群变异以及对药物的适应情况等，还通过试验观察，研究病害的发生情况、发生特点、发展趋势等情况。通过研究，科学家们掌握了病虫害发生、发展的路径特性，为防治工作提供了科学依据。在研究的基础上科学家们发表了大量研究论文。为了同行交流的需要还创办了《昆虫问题》《昆虫与植病》《中华昆虫学会通讯》《自然界》等学术刊物，开展学术交流，提升学术水平，同时还利用信息交流，有目的地开展调查研究和试验观察。

三是探究防治病虫害的有效方法。在观察中国农作病虫害并掌握全面情况的同时，科学家们还积极投入防治病虫害的探究和实践工作。中国农作有传统的治虫方法，主要是用手捉虫，但是效率低，当面对大面积的虫害时其效果特别有限，对于病害则基本无效。为此，科学家一方面介绍西方的农药治虫方法，另一方面探索适合中国国情的其他方法。在农药推广方面，先后引进了各种化学药剂。这些药剂有的针对成虫，有的针对幼虫，有的用于浸泡种子，有的用于拌入土壤消灭藏于地下、专门侵害植物根茎的害虫。有的药剂是液体，专门用于喷雾，有的是粉剂，用于播撒。但是农药使用久了，病虫害就会产生抗药性，使得农药的效力降低，同时对环境也有破坏作用。最重要的是中国农民普遍贫困，很多人无力负担昂贵的药物费用。于是科学家在引进化学药物的同时还探索了其他物理的、生物的防治方法。例如，著名昆虫学家曾省总结了防治烟虫的方法 11 种，除使用农药杀死害虫外，还有在幼虫时期的手捕捉法，用辣椒水、除虫菊肥皂液灌浇法，灌水淹蛹法，用灯火引诱成虫然后消灭法，提前打顶让幼虫失去食源法，采卵法，用蚂蚁、寄生蜂、蜘蛛、壁虎、蜻蜓、蚯蚓等天敌消灭法，捕捉病菌的寄生虫法等[1]。易希陶则总结了防治虫害的各种方法：①农业防除法，包括冬耕、轮栽、品种选择、收获后处理、灌溉浸渍等；②人工防除法，包括捕杀法、诱杀法、遮断法、烧杀法等；③自然防除法，包括利用天敌和寄生昆虫；④药剂防除法，包括毒杀剂、接触剂、烟熏剂等。这些药剂并非单纯西方传来的化学药剂，而是结合中国的情况，使用了中药的理念，如用雷公藤根皮、巴豆浸水杀虫，或研成粉末杀虫等，其效果显著[2]。此外，陈世灿研究了为害水稻的螟虫的情况，并从害虫发育的不同阶段总结了生物防治的四种方法：捕食成虫的天敌有燕、蛙、蜘蛛等；寄生卵有螟虫赤卵蜂、螟虫暗卵蜂等；杀幼虫的有寄生蜂和白僵菌等；捕食幼虫的有掠鸟等鸟类、步行虫等[3]。有的科学家还发明、制作各种害虫捕捉器、引诱灯，以提高捕捉效率。

四是开展大众科普工作，指导农民扑灭害虫。中国民众普遍文化水平低，科学知识很少，农民情况则更甚。近代以来，农业衰败，农村经济凋敝，农民生活贫困，普遍难以就学，文盲很多，由此又导致他们无法学习现代农业科学知识，因而缺乏现代农业常识。为了在农民和一般民众中普及现代农业科学知识，提高中国农作的水平，不少科学家、农学家致力于以浅显易懂的方式在农民和民众中普及农业常识。南通学院的"昆虫工作人员及有志专习昆虫

---

[1] 曾省：《烟草青虫之初步报告》，《农林新报》1924 年第 10 期，第 17-20 页。
[2] 易希陶：《虫害问题及其防除办法》，《农村合作》1934 年第 61-62 期合刊，第 68-70 页。
[3] 陈世灿：《二化螟虫和三化螟的预防驱除法》，《自然界》1929 年第 4 卷第 2 期。

学者，谋感情之联络，智识之交换，特设昆虫趣味会。……刊行《趣味的昆虫》月刊。"[1]这个月刊以研究昆虫特别是害虫、普及防治害虫为职志，会员多达 70余人，分布于苏、浙、闽、粤、桂、湘、川、冀及上海、广州等省市，这些人在从事昆虫学的科学研究的同时，还撰写了大量相关普及文章，刊载在刊物上，同时通过办展览、演讲会、讨论会等方式向民众普及防治虫害的科学知识。有的学者则致力于研制易于农民掌握的防虫治虫办法，便于向农民推广。如上所述，著名昆虫学家曾省就总结了防治烟虫的 11 种方法，效果很好，且费用低廉，农民称便。20 世纪 30 年代中期，有科学家研制了利用煤油筒做机身的简易喷雾器，简便易操作，且价格低廉，很快在民间推广。1941 年，吴福桢研制成功"七七"喷雾器，用南方乡村广泛种植的竹管代替喷杆和橡皮管，材料易取，降低了成本，从而降低了价格。钱浩声则研制双管喷雾器和自动喷雾器，使用轻便省力，药量经济，作业迅速，价格低廉[2]。这种喷雾器一问世就广受欢迎，从 1935 年到 1943 年，民国药械厂生产自动式喷雾器 1 448 具、双管喷雾器 2 432具、七七喷雾器 208 具、单管喷雾器 1 592 具、手提喷雾器 135 具、吹激喷雾器 100 具，合计 5 915 具，行销 23 个省市[3]。

相对民间的应对主要体现在学术支持和宣传民众上，政府的应对主要反映在通过权力运作而实施的政策以及建立制度保障上。

一是建立专门的防治病虫害机构。民国伊始，中央政府设立农商部农林司负责农事，农林司第四科职掌农作物及蚕桑的天灾、病虫害等事项。但是，各地方并无专门机构负责病虫害的有关事项，统由各省农业机关负责。此后，上海等江南产棉区棉虫猖獗，1919 年，南汇、奉贤等县遭遇造桥虫侵袭，本应每亩产籽棉百斤左右，降到了只有二三十斤，给社会经济和农民生活都带来严重影响。次年，造桥虫卷土重来，为害更加猖獗。上海社会各方奋起抗击，县政府和县农会鼓励农民捕杀，并给价收购。上海纺织大王穆藕初捐资助东南大学农科派员前往灾区调查研究，并协助棉农防治虫害。上海银行界亦捐资助东南大学农科学者前往盐垦区调查研究，帮助盐垦公司杀灭虫害。在棉虫猖獗的同时，稻虫等其他农作物害虫亦非常严重，截至 1922 年，"苏省农业所受虫害每

[1]《南通学院农科棉虫研究室过去三年棉虫研究报告》，《趣味的昆虫》1936 年第 2 卷第 5-6 期，第 9-42 页。

[2] 吴福桢：《重要杀虫剂及国产喷雾器之应用》，《农报》1936 年第 3 卷第 1 期。

[3] 工红谊、章楷、王思明：《中国近代农业改进史略》，中国农业科技出版社，2001 年，第 124-125 页。

年损失不下万万元，前年稻受螟害损失至一千万元，去年棉受虫害较螟害禾稼尤甚，即如南汇、奉贤两县，据东南大学教授张君巨伯调查，损失在二百万元以上，又如通泰各垦牧公司举公司之报告，损失亦不下二百万元。"[1]在上海及江苏各界大力灭虫的过程中，人们深切感受到了协调各方力量的重要性和必要性，于是，东南大学农科主任邹秉文乃向江苏省当局和上海银团建议，设立专事防治研究各类虫害的昆虫局。1922年1月1日，江苏省昆虫局正式成立，聘请世界著名昆虫专家、美国加州农科大学昆虫主任、教授吴伟士博士担任局长兼主任技师，以留美康奈尔农科大学农学博士胡经甫先生及留美奥海奥农科大学农学硕士、东南大学昆虫学主任教授张巨伯先生为副技师，担负全省及各垦牧公司虫害问题之责[2]，局址设在东南大学。1928年又改由江苏省政府与第四中山大学合办。常年经费两万元，省政府于国家捕蝗经费项下指拨一万元，银团拨付一万元，以防治蝗虫、棉虫、蚊蝇和稻田害虫为主要工作。

江苏省昆虫局的设立，开政府设立防治害虫专门机构之先河，使农业害虫的防治工作有了专门机构，并有稳定的经费保障，为此后防治害虫工作提供了制度保障。江苏省昆虫局设立后，各省纷起仿效。1924年，浙江省昆虫局成立，局址设在嘉兴天宁寺街。初时，全局工作人员仅有7人，工作能力有限，仅关注嘉属各县的螟虫防治工作。1928年，扩大规模，迁址于省城杭州西湖李公祠，隶属省政府建设厅，常年经费34 784元，临时经费7 300元，负责全省的治虫工作。至1937年日寇全面侵华前夕，全国已有苏、浙、赣、湘、粤、冀等省成立昆虫局，或植物病虫害防治局[3]，运用行政的力量加强病虫害防治工作。这些昆虫局虽然人员、经费都有限，但是经过努力工作，还是取得了不小成效。这些昆虫局均一边开展调查，一边展开研究，同时指导农民防治虫害。以浙江省昆虫局为例，1928年共收到捕捉的虫卵60 322 227块，1929年增长到73 182 434块，1930年为52 563 551块[4]。1930年数字有所下降，其中的原因并不十分清楚，但虫害并非年年都能达到猖獗的地步则是正常的，防治虫害产生了效果因而虫卵减少也是不无可能的。

二是运用行政力量推动病虫害防治。为了应对全国不断发生的农作物病虫

[1]《江苏省设立昆虫局之经过》，《科学》1922年第7卷第2期，第202页。
[2]《江苏省设立昆虫局之经过》，《科学》1922年第7卷第2期，第203页。
[3] 封昌远：《为冀省病虫害防治局试拟昆虫调查计划》，《农学月刊》1937年第3卷第5期。
[4]《这件事昆虫局十年来大事记——浙江省昆虫局时期》，《昆虫与植物》1934年第2卷第18期。

害，1914 年，北洋政府农商部发布训令，令各省征集植物病害即害虫。该训令明示，"我国以农立国，农作丰歉，系民休戚。比年各省灾祲流行，收成奇绌，综核被灾情况，水旱虽多数原因，厥非一端，或病菌流传，或害虫肆虐，肇端纤微，种祸洪大，临时不图匡救，为患甚于旱潦。"[1]从预为防范的目的出发，农商部发出征集令，要求各农事机构、农会、农业公共团体详细调查，并采集标本，"包装送部，一凭检查。"广泛征集之后，在掌握各地农作物病虫害详情的基础上，北洋政府于 1923 年 5 月公布了《农作物病虫害防除规则》（以下简称《规则》）[2]。《规则》全文共十四条，第一条首先明确了条例的适应范围："本规则所称之病虫害，指为害农作物之各种病菌及虫类而言。"这表明，此规则专为防治农作物的病虫害而制定。第二、第四、第六、第七、第八条明确了权力行使主体，即防治农作物病虫害事务应当由各省农业机关负责，地方长官有批准农业机关行动的权力，同时地方长官要领导农业机关组织农民开展防治病虫害的活动，如果病虫害发生地跨两省，则各该地方长官有联合防除之责。第五条和第七条规定了防治经费的来源，由公款、募集之款以及必要时两省分摊的款项三部分组成。第二、第十一条规定了农业机构的主要职责：负责调查虫害发生的情况；研制适合需要的药剂；繁殖和保护益虫、益鸟，制作病虫、病菌和益虫标本；通过"演讲、刊发浅说，广为传布"防治病虫害的相关知识。第十条规定了引进外来物种的检查和消毒规则。第十二条规定了奖励有功人员的办法。通观整个规则可以看出，其制定还是比较完善的：一是明确规定了权力主体和实施主体，这就使得病虫害的防治有了责任人，从而为避免推诿和扯皮提供了保证，同时还明确了实施主体的职责，为其开展工作指明了目标；二是明确了经费来源，使得防治有了经费保障；三是注重宣传普及，为未来提升防治水平做奠基工作。最值得注意的是《规则》显现的现代性，即环保意识的显现。在防除病虫害方面，已经并不单纯依靠药剂的作用，开始重视利用生物手段，注重益虫、益鸟的作用，这样的做法显然是更先进的做法，是谋求人与环境和谐的诉求。在对待外来物种方面也已不是单纯的引进，而是注重其与本地环境的和谐，要首先做防治外来物种入侵的检测和消毒，然后才可引进。这样

---

[1] 中国第二历史档案馆沈家五编：《张謇农商总长任期经济资料选编》，南京大学出版社，1987 年，第 310 页。
[2] 《农作物病虫害防除规则》，中国第二历史档案馆编：《中华民国史档案资料汇编》（第三辑农商一），江苏古籍出版社，1986 年，第 124 页。

的理念首先是防患于未然的理念，是着眼于病虫害的防治，而其深层的理念则体现了现代的环保意识。

20世纪30年代，全国的蝗灾多发，严重影响农业生产和市面稳定。国民政府乃采取众多举措加强防治，多次就治蝗问题发出电令，要求各省首脑积极开展治蝗工作，并逐月据实上报。治蝗工作情况还要与官员的政绩考核挂钩。1935年6月，发专电令各省强化职责："查我国蝗虫为患至巨，比年以来，受害尤深，苏浙皖冀鲁豫各省农作，受蝗虫之损失，岁达千万元以上。现又届夏蝻发生之期，若不先事预防，则滋长蔓延，为患不堪设想。各省防治事宜，应由各主管机关责成各县县长积极办理。惟各县县长，每多奉行不力，敷衍从事，遂至酿成灾患，挽救不及。言念及此，殊堪惕虑。兹为思患预防惩前毖后起见，着由各该省政府迅速酌量当地情形，拟具治蝗实施办法颁发。一面从严督饬所属县长，以后对于蝗卵蝗蝻飞蝗，务须随时切实防治，临近各县亦应互相联络，同时并举，于必要时，可由各县随时征工办理，并准商请当地驻军或团队协助，总期迅速扑灭，俾不为灾。仍由各该省政府随时考核各县治蝗成绩，倘各县长仍蹈故辙，因循延误，致成灾害情事，应即分别轻重，加以惩处，以昭儆戒。"[1]同年，针对蝗灾严重的情况，又电令出台《治蝗冬令除卵办法》（以下简称《办法》），"查治蝗关系民生甚巨，前经本行营以世酉行济农电知各省政府饬属防治，逐月详报等由，并选据先后呈报在案。际兹冬令，蝗虫多已产卵，翌年孵化，即成夏蝗，若不及早除去，后患仍难减免。特制就治蝗冬令除卵办法十条。"[2]该《办法》要求本年内曾经发现秋蝗的各省务必全面开展冬令除卵活动。各省主席要严饬各县长暨治虫和农事切实会同办理。首先要调查秋蝗情况，凡秋蝗降落之地都应挖掘或犁耕，并将土块打碎，深度不应少于三寸。耕掘工作有县长严饬各区保甲认真督率业主施行。除卵工作于第二年一月三十一日以前办竣，并详报各省府查核汇转。各级负责人如果匿报或者推行不力，上级主管机关可以先行严惩，然后呈报。可以看出，这个向所有相关干部发出的文件，语气十分严厉，"严饬"字眼两次出现，不但没有奖励规定，还规定了严厉的惩罚办法。这表明，彼时各地蝗灾已经到了十分严重的程度，必须

[1]《蒋委员长电令治蝗》，《昆虫与植病》1935年第3卷第18期，第369页。

[2]《奉委员长蒋电示治蝗冬令除卵办法十条饬即遵照认真办理等因令仰遵办具报，江西省政府训令建一第五二六号》，《江西农讯》1936年第2卷第4期。

由中央政府出面来强调其紧迫性，并动用行政权力协调和督促各级行政机构率领民众与蝗灾作斗争。

三是在农民中宣传普及防虫治虫科学知识，推广科学治虫，培养人才。在农民中普及现代防治病虫害知识的工作，不仅有许多科技工作者参与，也是政府主办的各级农业机关的重要任务之一。比如，1928 年制定的浙江省昆虫局暂行规程第四条规定了昆虫局的职责："本局职权如左：一　关于农林蚕桑牲畜及其他一切害虫之防治事项；一　关于益虫益鸟之保护事项；一　关于除虫药品器具之制造及检定事项；一　关于防治害虫之宣传督促及指导事项；一　关于昆虫之陈列展览及讲演事项；一　关于益虫益鸟之调查研究统计编辑事项。"[1]在六条职责中有两条与宣传民众、普及科学知识有关，即通过宣传督促和讲演、办展览的方式，向民众介绍有关病虫害的知识，普及防治病虫害的方法。1933 年，浙江省昆虫局规程正式出台，其中第二条规定了昆虫局的职责，仍然共六条："一　关于各种害虫之研究及防治事项；一　关于各种植物病害之研究及防治事项；一　关于益虫益鸟之研究及培养事项；一　关于各种虫害及植物病害应用药品器械之制造及检定事项；一　关于防治各种虫害及植物病害之督促及视察事项；一　关于一切昆虫之学术上之研究事项。"[2]这次正式出台的规程没有明确规定昆虫局的科普职责，更加强调了其学术研究性。但是督促视察一项显然仍有宣传民众的含义在内。再如江苏省昆虫局的组织章程同样规定了宣传普及的职责："第三条　省昆虫局掌理左列事项：一　关于农作物虫害之研究、防治事项；一　关于农作物虫害之调查、统计、编辑事项；一　关于防治之宣传、督促、指导事项；一　关于防治器械药品之制造、检定事项；一　关于益虫、益鸟之繁殖、保护事项；一　关于农作物病害之防治、研究事项。"[3]江苏省昆虫局的职责也有与浙江省昆虫局相同的宣传、督促、指导项目，这也表明修改后的浙江省昆虫局规程虽然没有宣传的字样出现，但是督促一词显然包含了宣传的含义，表明启蒙民众、普及科学知识是昆虫局重要的工作之一。

在实际工作中，昆虫局也确实花费大量人力、物力做了普及推广工作。如浙江省昆虫局的组织机构设为推广、研究、总务三部门，专设推广部以利于普

[1]《修正浙江省昆虫局暂行规程案》，《浙江建设厅月刊》1928 年第 14 期，第 36 页。
[2]《浙江省昆虫局规程》，《浙江省建设月刊》1933 年第 6 卷第 9 期，第 19 页。
[3]《江苏省昆虫局组织章程》，《江苏省政府公报》1932 年第 987 期。

及工作。推广部主任徐国栋在总结 1933 年的工作时说："推广与研究并重，为本省防治病虫害事业之方针，本局自十九年始，一切设备与组织，均依此为准则，并设专部以主持其事，作者任推广事务，悠忽四年，虽惭力薄，然始终以全力赴之。凡推广工作，事无大小……本部同人，刻苦相助，而本局各部室竭诚赞助。"[1]从人员设置来看也确实如此，专事负责宣传普及工作的推广部人员最多，全局共有工作人员 32 人，推广部就占了 17 人，达全部人员的一半以上[2]。推广部本身又分防治指导室、编纂室、制图室、模型室和防治室五部门。其中，具体实施宣传民众工作防治指导室的规模又最大，由 9 人组成，而编纂室仅有 4 人，制图室有 2 人，模型室、摄影室各 1 人，而编纂室中有 2 人还要兼任与各县防治人员的文件往来。

从徐国栋的总结来看，1933 年，推广部的主要工作是分三期在民众中推广灭虫工作，一是厉行冬耕毁灭稻根工作，二是拟定浙江省第二期治虫特别注意事项督促各县治虫，三是指导各县防治螟害。全省分八区，每区派一人前往调查并指导防治。此外，倘各县发生严重虫害时，再临时派员前往，共派出七批次 9 人。同时，推广部还继续办理稻虫防治实施区，1931 年，浙江省昆虫局开始在杭、嘉、吴、鄞、绍五县办理稻虫防治实施区，集中治虫力量，实施有效防治，颇著成效。1932 年增至 16 县，这一年又增加到 34 县，发展迅速。除指导各县防治虫害外，浙江省昆虫局推广部分别于 1933 年 7 月和 10 月利用六天的时间召开推广会，派人赴农业人员推广养成所讲授治虫达 58 小时，派人出席永嘉县暑期讲习会，绍兴治虫讲习会，讲授防虫治虫知识。协助 23 个县建立了植物病虫害标本陈列室。在八个县建立了特约合作小学，"乡村小学为农村社会之中心，小学学生为将来之农民，使小学注意治虫，小学生了解治虫，则治虫可渐入自动途径"[3]。诚勉培训各县治虫人员；解答各方来函请教的治虫问题，共计 29 项。编辑各类研究普及刊物 54 种，共 29 716 册，还为中国科学史主办的《科学画报》编辑昆虫与植病专栏，为建设厅年刊编缮推广办理相关事务的报告。

从以上的简单叙述看，浙江省昆虫局确实做了大量普及推广工作，这还是

---

[1] 徐国栋：《民国二十二年浙江省昆虫局推广部工作概述》，《浙江省昆虫局年刊》1934 年第 3 期，第 220 页。
[2] 其人员数字系根据毛应孝的《调查浙江省昆虫局办理情形报告书》（载《浙江建设厅月刊》1929 年第 31 期）和徐国栋的《民国二十二年浙江省昆虫局推广部工作概述》中人员表达推算而来，二者的年限不太一样，人员可能有所差别，但是不会有太大出入。在没有别的办法核实的条件下，只能如此，退而求其次。
[3] 徐国栋：《民国二十二年浙江省昆虫局推广部工作概述》，《浙江省昆虫局年刊》1934 年第 3 期，第 227 页。

一年的工作，如果考虑浙江省昆虫局多年的工作，则其在民众中的影响、协助农民灭虫的工作还是很有成效的。另外其他各省特别是江苏省昆虫局也做了多年的推广普及工作，对于提高农民的防虫治虫水平应当发挥过相当大的作用。

总体而言，面对单一农作物的大片种植，甚至是连片种植引发的生态问题，特别是农业病虫害的多发与频发现象，社会各界包括农技人员、政府以及农民自身都较为积极地应对，并采取了不少解决措施，也在一定程度上普及了现代农业科技知识和现代农业科技措施。但是，应对的效果并不明显，对于生态问题的缓解作用不大。其原因是多方面的，如社会的科技力量、财力、人力都有限，因而各项应对措施不能有效实施。例如，益虫益鸟的培养和利用，这是一项应对农作物病虫害十分先进的做法，相对农药等灭虫手段更有利于生态的恢复和保持，在中国的科技水平十分落后的条件下能提出这样的理念已经是难能可贵了，但其落实的条件要求很高，需要科技水平、财力等多方面的配合，如果缺乏相应条件，则很难奏效。例如浙江省昆虫局，在其先后出台的两个规程中都提到了益虫益鸟的繁殖与培养问题，但实际上浙江省昆虫局并未做到，1929的一份调查报告显示"该局对于益虫向鲜调查研究"[1]，从浙江省昆虫局的工作报告[2]来看，此类工作的分量不大，推广更是甚少成效。因此可以肯定，对于此项工作，浙江省昆虫局的开展确实不力。最根本的原因来自中国社会制度和小农经济的弊端，在这种制度下，农民拥有少量土地，其种植的首要目的是糊口，因此很难开展科学规划和轮耕，也很少有财力购买现代科技的防治器具和药品，因而难以有效遏制虫害。从政府的角度来看，政府的防治病虫害措施有着眼于农业生产，巩固其统治基础的目的，虽然在客观上对于遏制病虫害的发生发挥了一定重要的作用，但是，不能从根本上解决问题，加之政府官员的敷衍了事，则更削弱了治虫工作的效果，只能任虫害年年发生，严重程度呈加深之势，也就难以改善生态环境。

[1] 毛应孝：《调查浙江省昆虫局办理情形报告书》，《浙江建设厅月刊》1929年第31期，第3页。
[2] 徐国栋：《民国二十二年浙江省昆虫局推广部工作概述》，《浙江省昆虫局年刊》1934年第3期；张巨伯：《民国二十三年浙江省昆虫局研究部工作概述》；王启虞唐叔封：《民国二十三年浙江省昆虫局推广部工作概述》，《浙江省昆虫局年刊》1935年第4期；《浙江省昆虫局十年大事记》，《昆虫与植病》1934年第2卷第18期。

三、森林资源的破坏与森林保护和植树造林

中国幅员辽阔，地形地貌丰富，土壤类型多样，适合各类树木生长，因此历史上中国的国土上曾经布满森林，有丰富的森林资源。但是经过数千年的文明演化，木材被用作盖房、薪火、家具等方面，特别是中国的砖木结构造房传统，消耗了大量森林资源，森林资源呈逐渐减少的态势。但农业社会的生产效率毕竟较为低下，对于木材的消耗速度还是较为有限。进入近代，随着工业化进程的加快和人们生活欲望的提高，特别是帝国主义的掠夺，森林破坏的速度加快了。

近代机器工业生产是消耗大量原材料的生产，由于生产效率的大大提高，其生产消耗的原材料远远超过古代的手工业生产。这些生产在创造了大量产品、给人类的生活带来了福祉的同时，也给自然的生态平衡带来了灾难。因为近代工业生产使用的原材料大部分取自自然界，一部分是来自地下的矿藏，一部分则是自然界中生长着的各种动植物。近代工业生产是规模不断扩大的生产，这个不断扩大包括资本规模的不断扩大、生产规模的不断扩大、产品供给的不断扩大，而所有这些扩大的基础都建立在原材料供应的不断扩大上，如果没有原材料的不断扩大，则资本供给的扩大会成为无米之炊。因此，自西方资本主义发生后，才有资产阶级奔走全球、发现新大陆、开辟新的市场和原料供应地的活动。马克思和恩格斯曾经十分形象地形容了资本主义这种规模不断扩大的生产，"资产阶级在它的不到一百年的阶级统治中所创造的生产力，比过去一切世代创造的全部生产力还要多，还要大。自然力的征服，机器的采用，化学在工业和农业中的应用，轮船的行驶，铁路的通行，电报的使用，整个整个大陆的开垦，河川的通航，仿佛用法术从地下呼唤出来的大量人口——过去哪一个世纪能够料想到在社会劳动中蕴藏有这样的生产力呢？"[1]这种生产加速的态势导致了向大自然的过多索取，其速度之快大大超过了大自然的承受能力，从而破坏了原有的生态平衡，加之人类的贪欲和环境意识的缺乏，这种破坏就更加严重。

---

[1] ［德］马克思、恩格斯：《共产党宣言》，人民出版社，1997 年单行本，第 32 页。

　　木材是近代以来机器工业生产中广泛使用的原材料之一，古代的手工业生产中就已经广泛使用木材作原材料。中国古代文明孕育出了独特的中华古代农业文化，即农具基本是木结构样式，只在关键部位使用少量的铁材料。这是由中国独特的小农业的承受能力所决定的，小农业生产规模小，收益规模自然也小，因而不可能承受费用过高的大农具和金属农具，必然会选择费用低廉的木制农具。木质农具的广泛使用又开拓了广泛的市场，从而使木制农具不断获得发展，不但使用方便，而且广泛应用于农业生产的各个环节，形成了一整套木制农具系统。尽管如此，由于手工生产效率的低下、农具的坚实耐用，以及中国人物尽其用的思想的主导，这种木材消耗的规模不是特别大，带来的影响也不是致命的，因此给森林资源带来的影响也是有限的。中国古代社会森林资源的破坏主要是由于发展农业以及人地矛盾带来的毁林开荒造成的。步入近代以后，情况发生了变化。由于机器工业的发展和效率的极大提高，对于木材的需求量大大上升，木材的采伐速度也大大加快，于是森林资源遭到了严重破坏，严重影响了大自然的自我修补能力，从而影响了生态平衡，带来了灾难性的后果。

　　这方面，东北森林的近代命运最为典型。东北是中国森林覆盖面积最多的地区。由于具有得天独厚的地质和气候条件，东北地区十分适宜树木等温寒带植物群落的生长，在自然界的长期演化中形成了浩瀚的原始森林。有清一代，清廷对东北地区实施封禁政策，又进一步修筑了柳条边，形成了"禁中之禁"。清廷实施这些措施的本意是保护满族的利益，但在客观上保护了东北地区的森林，使得东北地区成为著名的"树海"，森林面积占了东北地区总面积的31%。

　　东北又是晚清以来近代机器工业发展比较早、工业行业比较齐全的地区。到民国初年，东北地区已经有了机械化矿山开采、铁路运输、机械加工、火柴制造、木材加工、面粉加工等门类比较齐全的近代工业行业。这些行业都在不同程度上消耗各种森林资源特别是木材，其中，铁路铺设和火柴制造业是重要而典型的两个行业。

　　火柴制造中火柴梗、火柴盒的生产都需要大量木材，特别是火柴梗的制造消耗木材量很大。制造火柴梗的最佳木料为产于高纬度地区的白杨木，因其色白而纹顺、不易折断而为上佳材选。中国"东三省、陕西北部、甘肃中部、四川嘉定及河南观音堂等地均产之。"[1]除白杨木外，尚可用于火柴梗制造的还有榀木、椴木、槿木、美杨等木材。因此，位于高纬度的东北地区就成了制造火柴梗原料的最佳产地。

最初，中国厂商没有生产火柴轴木[2]的技术和能力，使用的均为日本进口产品。"火柴上所需用的木材……都赖日货接济。"[3]"闻我国火柴业，其与制造原料上，如木材均向日本购入"[4]，在华外商火柴厂特别是日商火柴厂使用的也是日本的产品。但是，进口日产轴木并不意味着其原材料均来自日本。日本北海道属于高纬度地区，盛产白杨。最初，日产轴木确有一部分产自日本。清末民初，日本政府为了鼓励本国林木加工业的发展，曾一度限制木材进口，并提高了外材进口税。但日本人很快意识到日本"土地狭隘，木材需要甚多"，"由此观之，日本之木材及林业问题，前途有不堪设想者。"[5]为了满足本国的木材需要，同时又保护本国的森林资源，日本政府改变了林业方针，严格限制木材出口，并大力进口木材。为运输方便，日本将木材生产的重点转向中国，特别是与日本隔海相望的中国东北。

铁路是近代工业发展的产物，是最先发展起来的近代交通运输方式，由于其便捷、快速、载货量大，以及可以直达过去不能到达的地区的特点[6]，一经问世就以极快的速度在世界各地蔓延，并在19世纪70年代进入中国。中国自建铁路始于19世纪洋务派举办民用工业。清末，随着收回利权运动的高涨，中国出现了第一次铁路修建高潮，至清廷覆亡，中国共有铁路里程9 000余千米，其中一半为外国人修建。正是这些外国人修建的铁路，对破坏中国的森林资源起了极其恶劣的作用。

最典型的就是中东铁路的修建。光绪二十二年（1896年），为了掠夺中国的方便，沙俄强迫清政府与之签订了《合办东省铁路公司合同章程》，企图借助铁路的修建控制中国东北。这条铁路贯穿大兴安岭森林地带、松花江、牡丹江

---

[1] 国民政府经济委员会：《火柴工业报告》，陈真等编：《中国近代工业史资料》（第四辑），生活·读书·新知三联书店，1961年，第641页。
[2] 即火柴梗，是火柴生产中的专业术语。
[3] 徐雪寒：《徐雪寒文集》（增订版），生活·读书·新知三联书店，2006年，第6页。
[4] 沧水：《我国输入之日本火柴》，《银行周报》1919年第26期，第32页。
[5] 南满铁路调查课编，汤尔和译：《吉林省之林业》，商务印书馆，1930年，第1、第285页。
[6] 古代的运输主要是水路运输和陆路运输，其中水路运输受水系的影响，运输范围有很大局限性。陆路运输则由于运输工具的落后，运输量很有限，在一些地形复杂和险峻的地区则难以到达。上述两种运输方式的运输速度都非常缓慢。铁路则可以在近代建筑模式下直达过去不能到达的崇山峻岭地区。

密林地带和四合川拉林河流域森林地带，是世界上最长的森林铁路。修建铁路无疑需要大量木材作为枕木，为了方便铁路的修建，沙俄又强迫清政府准许自行在官地树林内采伐树木，并于光绪三十年（1904 年）与清政府签订了《伐木合同》，规定铁路附近各处森林沙俄可以自由采伐，中国政府概不过问。沙俄之所以要在东北林区修建铁路，显然是看重了东北丰富的森林资源带给铁路修建的方便条件，以及森林资源丰富带来的成本低廉优势。

随着铁路的修建和火柴制造等加工业的发展，东北林区开始遭到破坏。光绪三十年（1904 年）三月，沙俄利用修建中东铁路的机会，强迫清政府签订了《黑龙江省铁路公司订立伐木原合同》[1]，强迫清政府赋予其在东北地区开采木材的权力，并借此控制了黑龙江、吉林等地的森林资源，为沙俄砍伐中国东北的森林取得了条约根据。其后，沙俄组建了森林公司，开始大规模公开采伐。光绪三十一年（1905 年）后，沙俄在日俄战争中失败，势力退出南满，但仍然保有巨大的森林采伐力量。直至 1921 年，沙俄在东北地区仍有林场 16 家，占有森林面积 13 995 平方俄里[2]。

参与大规模砍伐东北林木的还有日本。早在日俄战争期间，日本人左腾精一就随军到达东北，并于光绪三十二年（1906 年）以日金 3 万元在长春设立广仁津火柴公司，开始利用中国东北的森林资源生产火柴[3]。日俄战争后，日本在胁迫清政府签订的《中日会议东三省事宜条约》中特别规定："中国政府允许设一中日木植公司在鸭绿江右岸地方采伐木植。"[4]随后，日本即挟战胜之威大举进入东北林区，占领了沙俄的木材采伐中心安东，开始大肆采伐东北的林木。日本还以《中日会议东三省事宜条约》为依据，于光绪三十四年（1908 年）五月强迫中国政府订立了《中日合办鸭绿江采木公司章程》，"划定鸭绿江右岸，自帽儿山起至二十四道沟止，距鸭绿江江面干流六十华里内为界（另由奉天省派员会同日本委员勘划立标为界），界内木植归中日两国合资，经理采伐事业。"[5]第一次世界大战后，日本对中国东北地区林业资源的控制和采伐变本加厉。根据 1928—1929 年的调查，日本总计在东三省有林业公司 180 家，控制了

---

[1] 王铁崖：《中外旧约章汇编》（第二册），生活·读书·新知三联书店，1957 年，第 235 页。
[2] 辽宁省林学会、吉林省林学会、黑龙江省林学会编著：《东北的林业》，中国林业出版社，1982 年，第 120 页，1 俄里约等于 1.0668 千米。
[3] 蔡明博等：《中国火柴工业史》，中国轻工业出版社，2001 年，第 27-28 页。
[4] 王铁崖：《中外旧约章汇编》（第二册），生活·读书·新知三联书店，1957 年，第 341 页。
[5] 王铁崖：《中外旧约章汇编》（第二册），生活·读书·新知三联书店，1957 年，第 499 页。

辽东半岛森林资源的 75%[1]，"不但东三省一带所需用之木材，全归其支配，即我国内地乃至日本所需要之一部分木材亦无不受其支配。"[2]这样，日本每年从中国出口的木材，至 1926 年已高达 498 万元之多[3]。

由上可知，虽然表面观之，中国民族企业生产火柴所需的轴木自日本进口，但由于"东三省之森林及锯木厂皆为日人所有"，因此"木之本身并非产于日本"[4]。而所谓进口的日本轴木，完全是日本利用中国森林资源进行深加工的结果。

沙俄和日本对东北森林资源的采伐完全是掠夺式、破坏式的，根本不顾及森林资源的再生和发展问题。俄国人自己承认"最初三年，每年采伐数量与计划数量大致相符，计划数字与树木自然生长率接近，但是后来每年采伐的数量远远超过规定的数量，例如木杆超过 7 倍之多，枕木超过 7.1 倍，原木生产超过 7.4 倍。"[5]在这样的乱砍滥伐下，中东铁路沿线 50～100 千米内昔日郁郁葱葱的森林转眼间砍伐殆尽。除此之外，中俄国境线上还有大量沙俄私人盗伐者，每年所获利润大约在一亿银圆以上[6]。

日本人在采伐过程中全采鲜树，并无任何规程约束。看中哪棵就伐哪棵，架挂不倒放弃再伐，材质稍差放弃不要。梢头木不利用，伐树站着拉锯，伐根有的超 1 米。采伐后的山场倒木横躺竖卧，架挂歪斜，狼狈不堪，甚至黑熊走路都费劲[7]。采伐中的浪费也极其严重，日本人要求原木的材身和断面上都不许带一点腐朽，小头直径必须达到日本尺寸十足尺寸 7 寸以上（约等于现行公制 22 厘米）。有一点腐朽和小于这个尺寸的木材一律扔在伐区里不往外运[8]。在交通便利的铁路沿线和河川两岸则采取"剃光头""拔大毛"[9]式的"清扫采伐"，使得原本植被茂密的山林在不长的时间内就变成了荒山秃岭。

没有任何顾忌的侵略式采伐的速度是非常快的。所以，日本在东北的森林

[1] 邹鲁：《日本对华经济侵略》，国立中山大学出版部，1935 年，第 255-257 页。

[2] 侯厚培、吴觉农：《日本帝国主义对华经济侵略》，黎明书局，1931 年，第 173 页。

[3] 陈经：《日本势力下二十年来之满蒙》，上海华通，1931 年，第 36 页。

[4] 《中国之火柴工业》，《工商半月刊》1931 年第 3 卷第 19 期。

[5] 辽宁省林学会、吉林省林学会、黑龙江省林学会编著：《东北的林业》，中国林业出版社，1982 年，第 118 页。

[6] 辽宁省林学会、吉林省林学会、黑龙江省林学会编著：《东北的林业》，中国林业出版社，1982 年，第 122-123 页。

[7] 曹静波：《伪满时期勃利县林业概况》，孙邦主编：《伪满史料丛书·经济掠夺》，吉林人民出版社，1993 年，第 311 页。

[8] 吴俊侠：《汤旺河流域森林遭受日伪掠夺》，孙邦主编：《伪满史料丛书·经济掠夺》，吉林人民出版社，1993 年，第 298 页。

[9] 万永奎：《日本对森林资源的掠夺》，孙邦主编：《伪满史料丛书·经济掠夺》，吉林人民出版社，1993 年，第 301 页。

采伐量非常大，仅 1923 年日本从东北地区掠夺出口的木材就高达 100 万石[1]。"另据统计，在日伪统治的 14 年间，日本从东北掠夺优良木材 1 亿立方米，平均每年掠夺 700 万立方米。破坏森林面积 600 多万公顷，平均每年破坏 43 万公顷。"[2]

日本掠夺的这些木材，除用于造纸和建筑的用材外，很大一部分用于制造修建铁路的枕木和火柴轴木的制造。因为轴木主要用白杨、椴木、椴木、槿木、美杨等阔叶木生产，而日本人砍伐最多的就是阔叶木，"经过采伐之后减少了阔叶树"，有的地区甚至只存在着针叶树的纯林了[3]。

华资火柴制造厂也是造成东北地区森林蓄积量不断下降的力量之一。为了抵制日本火柴工业对木材原料的垄断，中国民族火柴工业奋起自给。最早动议自己生产火柴梗片的是丹华火柴公司，"于民国五年（1916 年）在奉天安东开设分厂……并在吉林设立林业事务所，以为采木之准备。"[4]随后，其他华资火柴厂纷起效仿，"自日人提出二十一条，全国高唱抵制日货，于是上海燮昌火柴公司经理邵尔康氏因发起设立华昌梗片厂于上海董家渡，所用原料梗子皆白杨、椴木、美杨。"[5]"广东的东山、昆明的丽日、沈阳的惠临，都是在设厂的同时就设有制梗设备"[6]，"梗片业鼎盛之时，全国共有二十余厂。"[7]这些梗片厂使用的木料，均以"我国安东一带所产之白杨、白松、椴木为佳。故尚不假外求。"[8]有的亦使用本地原料，如直隶荣昌火柴公司使用的木料，"分为椴木、杨木、松木三种，椴木产于日本，松木产于奉天，杨木产于本省各地。"[9]但华资火柴厂的生产原料主要还是来自东北。

华资火柴厂采自东北的原料，多来自民人承领的国有林场。民间进入东北林区采伐林木早在清中期就已出现，至光绪初年已形成一定规模。为了控制东北的森林资源，清政府在不得已的情况下开始允许民人承领国有林场。踵清政

[1] 陈经：《日本势力下二十年来之满蒙》，上海华通，1931 年，第 50 页。
[2] 刘壮飞、孙素衡、张锐、王正文编著：《长白山森林资源开发与管理》，中国林业出版社，1985 年，第 41 页。
[3] 陈经：《日本势力下二十年来之满蒙》，上海华通，1931 年，第 51 页。
[4] 《天津市火柴业调查报告》，天津市社会局，1931 年编印，第 8 页。
[5] 《中国之火柴工业》，《工商半月刊》1931 年第 3 卷第 19 期，第 6-7 页。
[6] 中国科学院经济研究所中央工商行政管理局资本主义经济改造研究室主编，青岛市工商行政管理局史料组编：《中国民族火柴工业》，中华书局，1963 年，第 20 页。
[7] 《中国之火柴工业》，《工商半月刊》1931 年第 3 卷第 19 期，第 7 页。
[8] 《天津市火柴业调查报告》，天津市社会局，1931 年编印，，第 4 页。
[9] 《天津市火柴业调查报告》，天津市社会局，1931 年编印，第 8 页。

府之后上台的北洋政府继承了清政府的管理传统，于 1912 年 12 月公布了《东三省国有森林发放暂行规则令》，以后又于 1914 年 8 月和 1920 年 6 月两次修订并公布。这个规则规定，"东三省国有山林，除国家直接经营外，得发放之。""承领森林以中华民国人民，或依中华民国法律成立之法人为限。"根据规定，承领人承领森林时只要缴纳勘测费 100 元，执照费 200 元，即可领到为期 20 年、最大 200 方里的森林，之后每年仅需缴纳验照费 10 元，即可持续开采承领的森林。这些承领人在领到的林地上并没有植树的义务，只要"每地一亩存留树木二株至三株"[1] 即可。从后来发放的承领报告书看，承领人在林地上从事的基本上都是伐木及运销。如 1920 年由李芳、杨毓峰写具的承领书就明确写道，其采伐计划为"采伐木桦、火柴、大方板片等类"[2]，说明此类伐木组织中相当部分是为火柴工业提供原料的。至 1919 年，此类伐木组织已由 1914 年的 456 个增加到 675 个，占有的林场面积由 1914 年的 2 158 496 亩增加到 16 998 746 亩[3]。

由于不断采伐，特别是沙俄、日本等侵略者的掠夺性开采，东北地区森林积蓄量下降非常快。1929 年以前，东北地区尚有森林面积 36 461 128 公顷，森林蓄积量 4 204 100 000 立方米，到 1942 年森林面积下降到 30 471 000 公顷，蓄积量下降到 3 736 000 000 立方米[4]，仅仅十几年的时间，森林面积和森林蓄积量就分别下降了 17% 和 12%，其速度之快令人瞠目。上述 1929 年的数据还是东北森林已经遭到破坏的数据，如果从侵略者涉猎森林采伐起算起，则东北森林资源的损失就更大了。

森林资源的过度消耗，使得东北地区的景观发生了很大变化，"蛟河县的近山变成了荒山秃岭，生态环境日益恶化，原始森林濒临绝迹的边缘，昔日'红松之乡'、'白山林海'的蛟河县已是名存实亡了。"[5] 长白山的"许多地方成了

[1]《农商部关于公布修正东三省国有林发放规则令》，《中华民国史档案资料汇编》（第三辑农商一），江苏古籍出版社，1986 年，第 422-423 页。

[2] 中国第二历史档案馆编：《中华民国史档案资料汇编》（第三辑农商一），江苏古籍出版社，1986 年，第 470 页。

[3] 南满铁路调查课编，汤尔和译：《吉林省之林业》，商务印书馆（上海），1930 年，第 66 页。

[4] 辽宁省林学会、吉林省林学会、黑龙江省林学会编著：《东北的林业》，中国林业出版社，1982 年，第 128 页。又见《长白山森林资源开发与管理》，中国林业出版社，1985 年，第 41 页。

[5] 曹建民、刘惠：《日伪统治时期的蛟河林业》，《蛟河文史资料》（第 2 辑），转引自李秉刚、高嵩峰、权芳敏：《日本在东北奴役劳工调查研究》，社会科学文献出版社，2009 年，第 379 页。

树木绝迹、岩石裸露的荒凉之地"[1]。

地貌的改变带来了生态的失衡。由于林地面积迅速缩小，森林涵养水分、调节气候的功能不断减弱，灾害性天气出现的频率加快。以吉林省为例[2]，"吉林省在 1800 年以前洪水灾情比较小，平均 5 年 1 次水灾；1801—1900 年间不仅水灾频次增加，而且水灾量级也加大了，平均 3.5 年发生 1 次；1901—1990 年平均达到 2.8 年发生一次。"显然，水灾在 20 世纪大大增加了。从旱灾看，有清一代，"有据可查的旱灾有 27 年。……民国时期的旱灾记载有 19 年。"清朝一共存续 200 余年，而民国仅存续了 30 余年，旱灾密度的加大显而易见。再从病虫灾害看，从金大定元年（1161 年）至清末，有文献记载的虫害共 6 次，而民国时期短短的 30 余年则高达 10 次，病虫害频次的增加也十分显著[3]。总体而言，19 世纪以后，吉林的水旱灾害呈现了快速增加的态势，同时伴随以前很少出现的病虫害，呈各种灾害叠加在一起不断出现并且加剧的态势。这种态势的出现显然不是偶然现象，而是生态恶化的表现。当然，这些灾害的频发并非仅仅是火柴制造业的木材消耗所致，但火柴业的快速发展及对森林资源的大量消耗显然是重要诱因之一。

再以中国南方的福建为例。福建是中国南方森林资源丰富的地区，同时又是近代最早开口通商的地区，在《南京条约》规定的五口通商中，福建就占了两个，即福州和厦门。因而福建近代经济发展比较早，对于森林资源的影响也比较典型。

福建是典型的亚热带气候，大部分地区冬多温暖，夏少酷暑，雨量充沛。从地形看，其地形复杂，山地高矮交错，平原丘陵相连，复杂的地形使该区域内成多种多样的地方性小气候，从而造就不同的生态环境。暖湿的气候特别有利于多种亚热带作物的生长，更有利于林木的速生，复杂的地形又为各种生物的生息繁衍、特别是林木的生长提供了有利条件。如闽江流域上游的谷地，气候暖湿，阳光不太强烈，风力较小，十分有利于喜温喜湿、怕风怕旱的杉木生长。又如樟树，喜光喜湿，需要温暖的气候，福建的生态环境条件也恰好能够满足其要求，故福建能够成为樟树的重要产地。从土壤的构成来看，福建分布

[1] 刘壮飞、孙秉衡、张锐、王正文编著：《长白山森林资源开发与管理》，中国林业出版社，1985 年，第 41 页。
[2] 吉林是近代森林采伐业比较典型的地区。
[3] 秦元明主编：《中国气象灾害大典》（吉林卷），气象出版社，2008 年，第 13、第 160-161、第 335-336 页。

最广的土壤是红壤和黄壤。其中红壤的分布最广泛，占全省土地面积的 63.41%。红壤的土层较深厚，有机质含量较高，钾素含量较高，铁铝富集较明显；黄壤则在成土过程中表现出强烈的腐殖质积累，故其有机质含量也较高。因此，红壤和黄壤都是肥沃的土地，能够帮助树木更好地生长，有利于其周围生态圈的稳定。

上述气候、地形和土壤条件的优厚，为林木的生长提供了有利条件，从而使福建历来森林广袤，有充足的森林储备资源。在民国及其以前的方志中，不乏福建森林茂密的记载，如"漳泉介潮赣汀延，林箐绵密。民生长不识吏，不可以指计"[1]，"自县城至此，凡百里……葱茜万状，林木蒙密，一望浅幨，有仆坏而樵柯不及者，萝蔓交加，猕猴跳伏"[2]，建安县"之产杉木也，比于楚材，岁中所伐，以亿万计"[3]……诸如此类的对于各地森林的描述在有关福建的志书和其他书籍中数不胜数。

在福建森林资源丰富的地区中，森林蕴含量最高的是闽江流域。清末，农商部的奏报称，闽江流域所在的福建省"地方界皖、浙、赣、粤之间，襟海负岭，土壤沃饶，地处炎维，气候温和，出产物品以茶、糖、果、木、鱼盐为大宗，向称农产繁富之区。"[4] 1926 年出版的《福建近代民生地理志》中，作者陈文涛在描述闽江流域内几个县时，称闽清"私山环绕"[5]，屏南"四面皆山，双溪环抱"[6]，将乐县城"东南临河，西北据山，号称形胜"[7]，建阳县城"邑治山环水抱，秀丽天成"[8]等，由此可见，闽江流域广阔的山地条件为其林木的生长奠定了良好的基础，并且也确实覆盖着茂密的森林。

在大工业机器时代到来之前，福建就有发达的木材加工业，主要是用作建造房屋和制作车船、工具乃至家具，主要目的是满足自己的生产生活之需求。

鸦片战争后，由于福州被开放为通商口岸，福建的木材加工业更加繁盛。木材等产品出口呈迅速上升趋势，闽江上到处都是从事出口贸易的帆船。"成千

---

[1]（清）林俊：《平寇记》，嘉靖《安溪县志》卷 7，国际华文出版社，2002 年，第 215 页。

[2]（清）罗荣：《水口街修理石路记》，乾隆《古田县志》卷 2《城池志》，古田方志办点校本，1987 年，第 69 页。

[3]（明）李默：《群玉楼稿》卷 7，明万历元年李培刻本，北京大学图书馆藏。

[4]《本部具奏福建省城设立农务总会援案请给关防摺》，北京农工商部署内商务官报局编：《商务官报》，宣统纪元第三十三期，台北故宫博物院，1982 年影印本，第 4 册，第 640 页。

[5] 陈文涛：《福建近代民生地理志》，远东印书局，1929 年，第 53 页。

[6] 陈文涛：《福建近代民生地理志》，远东印书局，1929 年，第 53 页。

[7] 陈文涛：《福建近代民生地理志》，远东印书局，1929 年，第 69 页。

[8] 陈文涛：《福建近代民生地理志》，远东印书局，1929 年，第 73 页。

的木帆船来自厦门、宁波、乍浦，有的甚至来自北方的山东及渤海湾，都是经营木材贸易的。"[1]这表明，此时的闽江流域拥有丰富的木材储备资源。闽江下游的福州则为福建木材贸易的最主要集散中心，省内大部分初级市场的木材都要先集中到福州，然后向全国各地输出。其后的很长时间，闽江流域的木材贸易十分繁盛，与清末民初的福建木材贸易规模相比有了较大的发展。这主要是因为外国经济势力的入侵和社会转型，带来了木材的新用途和新的加工方式，导致木材生产大幅度提高。

　　一是咸同年间迅猛发展起来的茶叶加工业加大了市场对木材的需求量。当时大多数的茶叶都是装箱出口的，而制作茶箱的原料大多依赖木材，所以茶叶出口贸易增长的同时也加大了对木材的需求量。现存的洋行买办深入福建茶区购买加工茶叶的明细账中，便列有购置茶箱的开销项目[2]。据海关报告所载，同治十二年（1873年）厦门口岸便向台湾的淡水和基隆输出了83 022只茶箱，值11 160元。咸丰三年至同治十三年（1853—1874年）由福州、厦门两个口岸输出的茶叶总计达957万担[3]。若按每担4箱计，合3 828万箱，即需要3 828万只茶箱[4]。二是城市化进程的加快导致房屋需求增高，房屋建筑业不断发展。而中国的房屋主要是砖木结构，对木材的需求量很大。福建的房屋建筑传统就更典型，由于气候潮湿等特点的因素，福建建筑房屋更喜用木材，甚至主要用木材。早在明谢肇淛的《五杂俎》中就提及福州的宫室之制，"一片架木所成，无复砖石"[5]，"房屋多用板障，地平之下，常空尺许，数间相通，以妨湿气。上则瓦，下布板"[6]。台江区大部分地区多搭盖简陋低矮的棚屋，甚至到新中国成立后，木构屋仍占总体房屋的多数。由于木质建筑易燃，故福州地区也多发火，火灾后重建房屋仍然需要大量木材。

　　新的加工方式主要体现在火锯、电锯等近代工业生产工具的运用。晚清，福建的木材贸易已经有了南帮和北帮之分，都从事木材加工和木材贸易。南帮

---

[1] Robert Fortune, Three Years' wanderings in the Northern Provinces of China, London: John Murray, Albemare Street, 1847, pp. 342.

[2] ［美］郝延平著，李荣昌、沈祖炜译：《十九世纪的中国买办——东西间桥梁》，中国社会科学院出版社，1988年，第92页。

[3] ［美］马士：《中华帝国对外关系史》（第一卷），商务印书馆，1963年，第413页。

[4] 李伯重：《明清时期江南地区的木材问题》，《中国社会经济史研究》1986年第1期。

[5] （明）谢肇淛：《五杂俎》卷4《地部二》，上海书店，2001年，第72页。

[6] （明）谢肇淛：《五杂俎》卷9《物部一》，上海书店，2001年，第174页。

主要与台湾、兴化、福清、厦门等地贸易，北帮主要与上海、天津、牛庄等地区贸易[1]。至清末，福建出现蒸汽机和电力锯木厂。洋商首先在福州设立十余家锯木厂[2]，均采用蒸汽机代大排锯化解木材、支撑板材。宣统二年（1910年）福州望族刘氏子弟刘崇伟、刘崇伦与陈之麟、林长民等人创建福州电气有限公司。该公司最初主要向福州城内和万寿桥两岸供电，短短几年之内迅速发展，尤其是1919—1927年这十年，公司股本增加九倍[3]，初步满足了整个福州城的照明和动力用电，这为当时的锯木业提供了电力燃料、电力供销等条件。由于获得了电力的支持，进入民国后，福州锯木厂的数量迅速增多，据调查，至1920年，福州新式木材加工业已有14家机器锯木厂[4]。1926年，福州电气公司还买下了当时福州最大的锯木厂——建兴锯木厂，收购后的建兴锯木厂就采用大型电动机代替蒸汽机操作，大大提高了工作效率，福建锯木业的生产额因此不断被刷新。光绪三十二年（1906年），福州出口的木材贸易额尚为766 419海关两，到1915年，仅仅10年的时间，已经飙升到1 983 347海关两[5]，提高至两倍半之多。此后，受第一次世界大战及其后经济萧条的影响，福建木材出口出现下滑，但在1919年出现转机。根据《二十八年来福建海关贸易统计》，1919年的出口贸易值是1918年的两倍，到了1920年又翻一番，突破千万元，达到了1 030多万元[6]。

　　木材大量出口的背后显然是森林的惨遭屠戮，本来森林苍郁的福建已经变得"童山濯濯"，"倘你旅行在闽江流域，自福州溯流而上，见两岸童山濯濯，会不相信这鬼地方会是全国三大林区之一。是的，今日的福建是否还可以称上一大林区是值得怀疑的，几经变乱，砍树烧山的结果，全省尚未利用的荒地达到百分之八十四，林区的面积已逐渐地在缩小。"[7]这是1947年《西北农报》上所载《福建的森林》中的一段话，是时人对于福建闽江流域自然景观的描述。通过这段话可以看出，昔日苍翠碧绿的群山已经不见，剩下的只是荒山秃岭。

---

[1] ［日］东亚同文会编：《支那省别全志》，第十四卷福建省，东亚同文会发行，1920年，第950-951页。
[2] 翁绍耳：《福建省松木产销调查报告》，福州协和大学农经系印本，1941年，第41页；李益清：《解放前台江区的工业》，福州市台江区委员会文史资料委员会：《台江文史资料》（1-12辑合订本），第六辑，1990年，第222页。
[3] 福州市文史资料工作委员会：《福州刘家企业兴衰史》，《福州文史资料选辑》（第13辑），1994年，第37、第38页。
[4] ［日］东亚同文会编：《支那省别全志》（第十四卷福建省），东亚同文会发行，1920年，第804页。
[5] ［日］东亚同文会编：《支那省别全志》（第十四卷福建省），东亚同文会发行，1920年，第632页。
[6] 周浩等：《二十八年来福建海关贸易统计》，中华印书局沙县分局，1931年，第84页。
[7] 潘贤模：《福建的森林》，《西北农报》1947年第2卷第5期，第203页。

只有"连城县梅花十八洞与邵武县桐树关两处地方"尚有少数原始天然林[1]，正是繁盛的木材贸易给福建的森林带来了灭顶之灾。

森林覆盖的大面积减少，严重影响了福建的生态平衡，其直接表现就是灾害的频发。据《福建省志》记载，自唐代以来，福建共发生全省性洪涝灾害27次，其中民国时期10次[2]。短短的37年民国发生的水灾，竟然在长达1300余年中占了水灾总数的将近百分之三十，此前平均每76年发生一次全省性洪涝灾害，而民国时期平均每三年就发生一次，其频次发生之悬殊，令人瞠目。而这样高密度的洪涝灾害的发生显然不能仅仅用气候的变化来解释，洪涝来临的背后与生态危机的发生有关，而生态危机的发生又与森林植被的破坏，大地失去了保护其皮肤——土壤——的衣被有关。

以上是关于东北和东南地区的典型分析，从全国的情况看，各地特别是北方各省均在近代以来遭遇了森林植被减少的祸端。在华北地区，由于农作文明的发展，森林经过长期的砍伐，山岭早已裸露，再经过近代以来的工业化和城市化的碾压，以及军阀战争的践踏，森林资源几乎消耗殆尽。根据实业部1934年的调查，位于华北平原的河北、河南和山东三省的森林面积分别仅占全省面积的0.9%、0.6%和0.7%，远低于全国的8.15%，与华北接壤的察哈尔、绥远两省也低于1%。从林地面积与宜林面积的比例来看，全国的宜林面积为79.28%，华北三省则将近90%，比全国高了一成[3]，这又从另一个方面反映了华北地区森林植被的稀少。在西北地区，清末民初尚有不少森林，至20世纪30年代中期，也被不断的砍伐而致怪石林立。"据山西省府之案卷所载，晋东平定一带原有森林甚多，又据县志记载太原之西北两方，亦有大面积之森林，久居山西之老者，犹忆及昔日森林较今日为多。……但今已荡然无存。据云：陕西北部榆林县附近，发现沙丘自西北移来，覆没良田，如沙漠之南移，其势日甚一日，未可忽视之。"[4]森林植被的减少已经严重危害了西北的生态环境，沙化已如影相随，就在眼前了。

除华北、西北外，其他地区情况也很不妙，"我国林业的荒废，差不多已

[1] 潘贤模：《福建的森林》，《西北农报》1947年第2卷第5期，第203页。

[2] 福建省地方志编纂委员会：《福建省志·地理志》，方志出版社，2001年，第253页。

[3] 侯嘉星：《1930年代国民政府的造林事业——以华北平原为个案研究》，台北国史馆，2011年，第76-77页。

[4] 黄瑞采译（无著者）：《中国北部森林之摧残与气候变为沙漠状况之关系》，《江苏月报》1935年第3卷第4期，第26页。

陷于第四期的状态了。比较森林较多的东四省，又为强邻武力所侵占，而内地各省，大都童山濯濯，怪岩毕露，所以夏季多雨，容易引起诺大的水灾，民国二十年（1931年）的大水灾，几遍全国，是为显例。假使夏季亢旱时间较长，又引起赤地千里的大旱灾，民国二十三年（1934年）几遍江南各省的大旱灾，是为佳例。如果国内富于涵养水源的森林很多，那么雨量由它调节，我想水旱灾害虽然不能说完全免除，至少可以减轻许多。"[1]这段话是林业学者向政府进言时说的一段话，从中可以看出，不仅北方各省，全国其他地区的森林消失问题也已经非常严重，时人也已意识到森林缺失给生态带来的问题。1917年凌道扬撰文指出，当年粤直湘鲁豫等省暴雨为灾，虽有各种原因促成，但"缺乏森林，实为最大之原因也。"[2]1920年华北又发生大旱，凌道扬于是年冬考察华北，感慨良多，乃再次撰文指出，旱灾亦与森林缺乏有重要关系[3]。为此，许多有识之士大力呼吁植树造林，特别是一些留学归国的林业学者用外国的经验来论证植树造林的重要性。有的介绍外国植树造林的经验，有的则提出了植树造林的具体意见。

在社会各界的大力推动下，民国时期的历届政府均采取了一定措施来推动民间的植树造林。1914年5月1日，北洋政府农商部正式发布了《为禁止采伐森林给各省区训令》，将森林的采伐权收归中央，"本部为整顿国有山林起见，所有各地方关于山林发放事项，无论发票换票，均应呈明本部，或呈由部辖；林务局转呈核夺，不得任意发放"[4]。两天后，农商部又呈文大总统，规划全国山林办法，提出设保安林[5]、勘测林区、森林采伐官营、奖励植树造林等意见[6]。同年11月，北洋政府正式公布了《森林法》，是为中国历史上的第一部森林法，正式将森林问题纳入了法制的轨道。这部森林法全文共六章三十二条，条文还很少，所做规定也不完善，但还是从森林性质、森林管理、造林奖励、毁林惩罚、保护森林的监督等诸多方面做了规定，初步建立了森林保护的法律规范。为了推动植树造林的开展，次年春，北洋政府又正式规定每年清明节为

---

[1] 贡伯范：《振兴我国林业之途径》，《江苏月报》1935年第3卷第4期，第23页。

[2] 凌道扬：《论近日各省水灾之剧烈缺乏森林实为一大原因》，《东方杂志》1917年第14卷第11期，第183页。

[3] 凌道扬：《森林与旱灾之关系》，《江苏实业杂志》1921年第22期。

[4] 农商部：《为禁止采伐森林给各省区训令》，收入中国第二历史档案馆沈家五编：《张謇农商总长任期经济资料选编》，南京大学出版社，1987年，第336页。

[5] 即生态林。

[6] 农商部：《规划全国山林办法给大总统呈文》，收入中国第二历史档案馆沈家五编：《张謇农商总长任期经济资料选编》，南京大学出版社，1987年，第336-341页。

植树节。为了保障《森林法》的实施，1915 年 6 月 30 日，农商部又公布了《森林法实施细则》和《造林奖励条例》，进一步细化了《森林法》的规定。

南京国民政府执政后，继续重视森林保护和植树造林。1928 年 4 月 7 日，国民政府发布训令，改植树节为每年 3 月 12 日的总理逝世纪念日，"嗣后旧历清明植树节，应即改为总理逝世纪念植树式，所有植树节应及废止等因。"次年 2 月 9 日，农矿部正式颁布了《总理逝世纪念植树式各省植树暂行条例》，规定各省、县、市每处至少植树 500 株或十亩，政府各机关长官和职员、各学校师生以及地方团体民众都必须参加，植树造林经费由各地方长官筹措，所植林木由各地方政府公安局和林业机关负责保护和管理。此后，国民政府还出台了《造林运动实施方案》，细化了各项管理规章。

1931 年 5 月，国民政府实业部发布《关于管理国有林公有林暂行规则的训令》[1]，实施更加严格的森林保护，规定从即日起严禁发放国有林和公有林，实际上也就是关闭了民间采伐国有林和公有林的大门。训令还规定，对于已经发放的民众承领的国有林和公有林，必须监督其在采伐地造林，并负责保护母树和新植幼树，如有违反，立即撤销承领权。1932 年 9 月 15 日，国民政府正式出台《森林法》[2]，这个法律是在北洋政府 1914 版《森林法》的基础上制定的，它总结以往的经验教训，更加系统完善。全文共十章 77 条，仅从条目看就已经比北洋版的《森林法》增加了近一倍。从具体内容看，除森林性质、森林管理、造林奖励、毁林惩罚、保护森林的监督等方面有详细规定外，还特别增加了关于组织林业合作社的相关规定。这一规定显然是想集合民间的分散力量，更加有力地保护森林并植树造林。为了保障《森林法》的实施，国民政府又于 1935 年 2 月 4 日公布了《森林法实施细则》，进一步明晰了某些概念，界定了范围，明确了各方的职责和相互关系，以利于《森林法》的有效实施。1945 年 2 月，抗战胜利前夕，国民政府再次修订颁布《森林法》，宣布森林以国有为原则，森林的砍伐必须有计划。此一法律的显著特点是惩罚力度加重，显然是想借此遏制乱砍滥伐的行为。同时删去了林业合作社一章，这又与多年的实践证明其实施效果不大甚至无效有关。

---

[1] 实业部：《关于管理国有林公有林暂行规则的训令》，《中华民国史档案资料汇编》（第五辑第一编财政经济七），江苏古籍出版社，1991 年，第 613-614 页。
[2] 《森林法》，《中华民国史档案资料汇编》（第五辑第一编财政经济七），江苏古籍出版社，1991 年，第 613-624 页。

　　在各方力量的积极推动下，植树造林取得了一定效果。1929—1934年，重度缺乏林木的华北冀、鲁、豫三省植树效果明显，河南省共植树16 668 153株，山东省共植树33 210 859株，河北省共植树3 444 052株，全国合计植树362 316 098株，冀、鲁、豫三省占了14.72%[1]。抗战爆发后，有条件的地区依然继续植树造林，特别是在黄河沿岸，为了保护河堤，依然大量营造保安林。1939年，陕西省黄河沿岸的平民县划拨滩地二万亩，成立平朝林区，当年植树321 000株，第二年植树528 000株，1941年植树52万余株。其余黄河上游各县也开展了培育树苗、繁殖草籽等工作[2]。尽管如此，与面积广大的荒山秃岭相比，植树造林的效果并不明显，中国台湾地区学者侯嘉星认为，"华北平原的林地面积依旧是极为缺乏的……除了胶东、豫西等少数地区外，整体而言仍然是森林资源严重缺乏的状况。"[3]南方的情况也不乐观，"政府时时都在提倡造林、护林，但记者旅行了林区中的几个县份，看见每县都有一块荒秃的公有林场，只有城区的马路上一例垂着白杨，临风婀娜，点缀城市的风光而已。"[4]

　　中国森林资源缺乏的状况并没有得到根本改变，自然也就不能对改善生态环境产生重要影响，水旱频仍依旧不断困扰着中国经济和中国社会。

[1]《十年来之中国经济建设（1927—1937）》，南京扶轮日报社，1947年，第132页。
[2]《近代中国经济丛编》，京华书局，1967年，第23页。
[3] 侯嘉星：《1930年代国民政府的造林事业——以华北平原为个案研究》，国史馆，2011年，第113页。
[4] 潘贤模：《福建的森林》，《西北农报》1947年第2卷第5期，第203-204页。

第五章

明末以来美洲外来作物对我国环境的影响

　　明清之际至民国时期整个世界正发生着前所未有的改变，全球交流网络逐步形成，世界渐渐融为了一体，东西半球相互隔绝的时代结束，人类可以突破海洋的阻隔，借助海洋通道将原本分散隔离的各大洲逐渐联系为一体，"历史也就在愈来愈大的程度上成为全世界的历史"[1]。中国虽非主动参与，但也不可避免地通过海洋和陆地通道与世界上的各个角落在农作物、人口、制度等方面展开了史无前例的"哥伦布大交换"。这一过程中，农作物的交流深刻地改变了中国大地的面貌，是这一时期环境史研究不可回避的话题。

　　"美洲对旧世界做出的真正正面贡献，是它的植物大军"[2]，当中国被卷入全球性的海洋、陆地交流网之时，并没有迅速普遍接受许多外来的东西，如宗教、科学思想等，但原产于美洲的许多作物却迅速地完成了传入、传播、本土化的过程。这一次的农业交流使时人认识、栽培、利用了大量前所未知、前所未有的农作物，以致原来的边际土地也可以进行农业生产，改善了我国可利用的生产资源，对充分利用耕地资源、缓解人地矛盾、提高农业生产率发挥了积极作用。[3]美洲作物的传播与发展丰富了我国的食品种类，支撑了我国日益增长的人口，缓解了人口增长带来的粮食压力。这些美洲新作物所提供的热量，突破了以往单位可耕地所能供养的人口上限，在耕地面积无法大规模增加时，

[1]〔德〕马克思、〔德〕恩格斯：《费尔巴哈》，《马克思恩格斯选集》（第1卷），人民出版社，1972年，第51页。

[2]〔美〕艾尔弗雷德 W.克罗斯比著，郑明萱译：《哥伦布大交换——1942年以后的生物影响和文化冲击》，中国环境科学出版社，2010年，第124页。

[3] 王思明：《诱致性技术与制度变迁——论明清以来的中国农业》，《古今农业》2002年第1期，第35-43页。

美洲新作物的推广种植使耕地单位面积所能养活的人口数量得以增加。[1]并且，美洲作物普遍具有的抗灾性，为气候变化引起的农业生产周期提供了平滑作用。[2]同时，不可否认的是，外来作物也引发了诸多环境问题，其中最为引人关注的就是美洲作物为山区开发提供了方便，而不合理的山区开发又引发了各类环境问题。

这些美洲作物包括玉米、甘薯、马铃薯等粮食作物，烟草等嗜好作物，花生、向日葵等油料作物，南瓜、辣椒、番茄、菜豆等蔬菜瓜果，陆地棉等原料作物，总数近 30 种。[3]以下将选取几个种植面积大、影响范围广、在我们今天的餐桌上占据重要地位的美洲作物进行具体研究，分析它们各自独特的传入过程和引种之后的影响；也将选取几个不同的省份，考察拥有不同资源禀赋的各地农民在面对美洲作物时的取舍；最后还将分析美洲作物所带来的生态压力以及时人的应对办法。

第一节　玉米：自发传播的外来作物

玉米（*Zea mays* L.）是禾本科玉米属一年生草本植物，是现今全世界产量最高的谷物，占全世界谷物总产量的三分之一强。距今 10 000～7 000 年前，墨西哥南部至中美洲北部的美洲人驯化了玉米，1492 年（弘治五年）哥伦布船队到达美洲时，玉米已经扩散到了整个美洲，北至加拿大，南到智利都可以看到玉米的踪影。[4]哥伦布对这一谷物十分重视，将玉米以及当地人食用玉米的方法都报告给了西班牙国王，并在 1494 年（弘治七年）第二次航海归来时将玉米果穗进献给了西班牙国王。[5]欧洲对于这一新奇作物的接受较快，半个世纪后，玉米已经从种植在庭院中的珍稀植物变为南欧地区的主要粮食、饲料作物。玉米传入我国后，同样得到了大面积的推广种植，特别是在山区，玉米成为不可缺少的主要粮食作物。

[1] ［美］威廉 H.麦克尼尔著，余新忠等译：《瘟疫与人》，中国环境科学出版社，2010 年，第 130 页。
[2] A. Warman, Corn and Capitalism: How a Botanical Bastard Grew to Global Dominance, Chapel Hill: The University of North Carolina Press, 2007.
[3] 王思明：《美洲原产作物的引种栽培及其对中国农业生产结构的影响》，《中国农史》2004 年第 2 期，第 16-27 页。
[4] 唐祈林、荣廷昭：《玉米的起源与演化》，《玉米科学》2017 年第 4 期，第 1-5 页。
[5] 郑南：《美洲原产作物的传入及其对中国社会影响问题的研究》，博士学位论文，浙江大学，2010 年，第 18 页。

一、玉米的传入路线

玉米传入我国的时间和路径均缺乏明确的记载，目前的研究多是基于对方志材料的解读，可能存在一定的滞后性。玉米的别称众多，方志中关于玉米的记载虽然多，却大多很简单，只是在物产中提到有玉蜀黍、玉麦、御麦等，这些名称是否都对应玉米还有争议。[1]但16世纪中叶，玉米已经传入我国并有了小规模种植应当是符合实际情况的，这一时期的古籍中已经可以看到较多有关玉米的记述。例如，李时珍《本草纲目》中称"玉蜀黍种出西土，种者亦罕。其苗叶俱似蜀黍而肥矮，亦似薏苡。苗高三四尺，六七月开花成穗，如秕麦状，苗心别出一苞，如棕鱼形，苞上出白须垂垂，久则苞拆子出，颗颗攒簇，子亦大如棕子，黄白色"[2]，不仅记录了玉米的来源、种植情况还记录了玉米的形态。《本草纲目》的编撰终于万历六年（1578年），李时珍为了撰写此书游历了湖北、湖南、安徽、江西、江苏等地，可见这时的长江中下游地区应当已经有了少量的玉米种植。

结合当时我国与外界沟通的主要交通路线来分析，玉米传入我国的路径大致可以划分为三条。[3]

1. 由南洋群岛入福建、广东的东南海路

早在20世纪50年代，罗尔纲就提出玉米是由福建传入中国[4]，此后的学者也多支持这一观点，并进一步扩充为从南洋群岛传入福建、广东等东南沿海各省。这一观点的主要证据包括：万历七年（1579年）广东《龙川县志·物产》中记载："粟、大米、珍珠、小黄"，其中"珍珠"指玉米。万历四十年（1612年）福建《泉州府志·物产·麦之属》中记载："郁麦，壳薄易脱，故名"，其

[1] 曹树基：《玉米和番薯传入中国路线新探》，《中国社会经济史研究》1988年第4期，第62-67页。
[2] 李时珍：《本草纲目》卷23《谷部二》，人民卫生出版社，1982年，第1478页。
[3] 万国鼎：《五谷史话》，中华书局，1961年，第29-34页；[美]何炳棣：《美洲作物的引进、传播及其对中国粮食生产的影响》，《世界农业》1979年第5期，第21-31页；陈树平：《玉米和番薯在中国传播情况研究》，《中国社会科学》1980年第3期，第187-204页；郭松义：《玉米、番薯在中国传播中的一些问题》，《清史论丛》（第7辑），中华书局，1986年，第80-110页；曹树基：《玉米和番薯传入中国路线新探》，《中国社会经济史研究》1988年第4期，第62-67页；向安强：《中国玉米的早期栽培与引种》，《自然科学史研究》1995年第3期，第239-248页；韩茂莉：《近五百年来玉米在中国境内的传播》，《中国文化研究》2007年第1期，第44-56页。
[4] 罗尔纲：《玉蜀黍传入中国》，《历史研究》1956年第3期，第70页。

中"郁麦"指玉米。以及杨钦章转述的万历三年（1575年）奥斯定会士对泉州一带农村"田地里种植着稻谷、大麦、玉米、腰子豆、扁豆"的描述。[1]东南海路是玉米实现全国性传播最为重要的一条路线，玉米对东南地区广泛分布的丘陵山地有良好的适应性，成为闽粤山区贫民颇为倚重的作物，并随着闽、粤移民传播到了湘、赣、川、陕等地山区。[2]

东南沿海是我国明清时期对外交流的重要通道，有多条航线与欧洲、美洲进行贸易，主要包括由葡萄牙人开辟的澳门—马六甲—印度果阿—好望角—里斯本航线，这条航线将中国与欧洲联系在一起；由西班牙人开辟的厦门、广州—菲律宾马尼拉—墨西哥阿卡普尔科航线，这条航线是中国对美洲的贸易航线，也是著名的"大帆船贸易"航线。并且，在我国原有的朝贡贸易体系中，进贡使团要按指定的贡道进京，东南亚、东北亚的许多国家也须通过海陆到达东南沿海的广西、广东、山东等省，从而开展贸易，泉州、宁波、广州还设有市舶司，负责管理朝贡贸易。以下，简要介绍一下澳门—马六甲—印度果阿—好望角—里斯本航线和厦门、广州—菲律宾马尼拉—墨西哥阿卡普尔科航线的开通过程，以辨别这两条航线是否具有传播玉米的条件。

澳门—马六甲—印度果阿—好望角—里斯本航线的开通可以追溯到弘治十年至十二年（1497—1499年），彼时，达·伽马船队经过好望角到达印度开辟了欧亚新航路，葡萄牙人还没能和我国建立直接的贸易关系。正德六年（1511年），葡萄牙人攻占马六甲，并以此为基地，展开了和我国的直接贸易。16世纪上半叶，葡萄牙人辗转在广东、福建、浙江进行走私贸易，规模有限。此后，葡萄牙人改变了贸易策略，融入明朝朝贡贸易体系中。嘉靖三十三年（1554年）葡萄牙人取得了在澳门贸易活动的合法性，嘉靖三十六年（1557年）澳门正式开埠[3]，葡萄牙人和我国展开了稳定、持久的贸易关系，商船把波斯地毯运往印度，把印度棉花运往东南亚，再把东南亚的香料运往印度和中国，把中国的丝绸运往日本，把日本的银和铜运往中国和印度。[4]这一时期，玉米已经在欧洲得到了普及，这条航线上的很多地点是葡萄牙人的居住地，葡萄牙人很可能

[1] 杨钦章：《十六世纪西班牙人在泉州的所见所闻》，《福建论坛》1985年第1期，第74页。

[2] 韩茂莉：《近五百年来玉米在中国境内的传播》，《中国文化研究》2007年第1期，第44-56页。

[3] 金国平、吴志良：《过十字门》，澳门成人教育学会出版社，2004年，第1-15页。

[4] 鱼宏亮：《超越与重构——亚欧大陆和海洋秩序的变迁》，《南京大学学报（哲学·人文科学·社会科学）》2017年第2期，第76-92页。

将玉米带到此处进行种植，并通过频繁的贸易使得我国民众，特别是广东地区的民众熟悉玉米，并加以引种。

厦门、广州—菲律宾马尼拉—墨西哥阿卡普尔科航线的建立稍晚于澳门—马六甲—印度果阿—好望角—里斯本航线。嘉靖三十八年（1559 年），西班牙国王菲利普二世下令征服菲律宾群岛，到隆庆五年（1571 年）时菲律宾当地族群已经臣服于西班牙人。根据西葡两国协议，我国是葡萄牙的"势力范围"，西班牙人不能与我国进行直接贸易，因此在这条航线上，中国人的参与度更高，需要有中国商人将货品运送到马尼拉，随后再由西班牙商船将货品运至墨西哥。虽然此时被中国政府默认的贸易门户仅有澳门，与马尼拉距离较近的福建、浙江等省并没有正式的贸易门户，但民间海商的私人贸易活动却很活跃，福建的漳州、泉州附近岛屿，浙江舟山群岛等地诞生了许多走私贸易基地，万历二十四年（1596 年）定居菲律宾的中国人达 1.2 万，每年有二三十艘商船到马尼拉。[1]中国商人运送到马尼拉的商品包括粮食、牲畜、生丝、纺织品、火药、金属、陶瓷器、家具等，这些货物大部分用于当地人和西班牙人的日常消费，生丝、丝织品则用于远洋贸易[2]，可见我国与马尼拉贸易的频率之大和深度之强。这些美洲作物极易随着我国东南沿海各省份与菲律宾的贸易传入我国。

2. 由印度、缅甸入云南的西南陆路

明中叶，云南地志中出现与玉米相关的条目较多，嘉靖四十二年（1563 年）的《大理府志》记载了"大麦、小麦、玉麦、燕麦、秃麦"。万历四年（1576 年）的《云南通志》中云南府、姚安府、顺宁府、北胜州、鹤庆府、永昌府、蒙化府、景东府条下均有"玉麦"。这些都是地志中较早出现的有关玉米的记载。

明代云南与缅甸、印度间的商贸活动往来频繁，无论朝贡贸易还是民间商贸往来规模都很大。缅甸出产的宝石、棉花，印度的宝石，中国出产的食盐、丝织品是这条道路上的大宗交易商品，跨国贸易已经成为边境人民生活中不可或缺的部分。滇缅交通的通衢大道又称"蜀身毒道"，东起曲靖、昆明，经大理、保山、腾冲、古永，可达缅甸、印度。贡物多为奢侈品，供宫廷使用，但也不

---

[1] 张国刚：《明清之际中欧贸易格局的演变》，《天津社会科学》2003 年第 6 期，第 125-129 页。
[2] 江道源：《大帆船贸易与华侨华人》，《八桂桥史》1996 年第 1 期，第 50-54 页。

乏民间交易的日常用品。在这样的背景下，已在印度、缅甸种植的玉米传入云南也不足为奇。

3. 由波斯、中亚入甘肃的西北陆路

反映这条路线最为主要的文献为嘉靖三十九年（1560年）甘肃《平凉府志》中的记载："番麦，一曰西天麦，苗叶如蜀秫而肥短，末有穗如稻，而非实；实如塔，如桐子大，生节间，花垂红绒在塔末，长五六寸，三月种，八月收。"[1]这是迄今发现的最早的关于玉米植物学形态翔实的记载。《本草纲目》中"玉蜀黍种出西土"，《留青日扎》中"御麦，出于西番"等记载也常被认为是西北陆路说的佐证。

大约在16世纪30年代，玉米通过陆路从土耳其经伊朗、阿富汗传入东亚[2]，因此，有条件在16世纪中期经西北陆路传入我国。但包括今新疆、甘肃在内的西北一线不是玉米的最佳种植地点，西北地区受水资源短缺的制约，农业生产只能局限在绿洲地带，绿洲上有限的土地中小麦、谷子始终占据着主导地位，玉米因自然条件无法拓展新的空间，其种植量不大。[3]可能正因此，虽然玉米通过西北陆路传入的时间较早，但影响远不及东南海路。

中国疆域广大且自然环境复杂，这一切决定了玉米的传播路径多条并存、各成体系。虽然从时间上三条传播路径形成略有早晚之别，但由于东南、西南、西北地区之间的地理阻隔，差异显著的人文与自然环境，故三条传播路径中，无论哪条最先介入传播过程，都很难在一二十年内将新作物带到其他地区，因此这三个区域都有各自独立的传播过程。[4]这样的多路径传入现象不仅出现在玉米上，其他的美洲作物也都曾通过不止一条路径传入我国。

---

[1] 嘉靖《平凉府志》卷4《物产》，明万历年间刻本。

[2] 佟屏亚编著：《中国玉米科技史——关于玉米传播、发展和科研的历史》，中国农业科技出版社，2000年，第11页。

[3] 韩茂莉：《近五百年来玉米在中国境内的传播》，《中国文化研究》2007年第1期，第44-56页。

[4] 韩茂莉：《近五百年来玉米在中国境内的传播》，《中国文化研究》2007年第1期，第44-56页。

二、玉米在我国的传播

1．初传时期的零星种植

总体而言，玉米传入初期其在文献中的记录还是十分模糊的，明中期至清前期，玉米逐步出现在了多个省份的地志中。康熙六十一年（1722 年），福建、广东、广西、浙江、河南、山东、江苏、陕西、河北、云南、贵州、甘肃、辽宁等省份均出现了有关玉米的记载。[1]但除少数省份种植面积较大以外，大部分省份仅在零星地点有玉米种植，各地的种植情况也并不平衡，大致上北方种植规模小于南方，南方又主要集中在山区种植。此阶段的玉米尚处在被大众认识的阶段，玉米多作为新奇的玩意儿栽种在园圃中。[2]如安徽霍山县乾隆年间的县志中指出，四十年前，人们只在菜圃里偶然种一二株玉米，给儿童食。[3]作为玉米早期传入地的广东，屈大均的《广东新语・食语》中有"玉膏黍一名玉高粱，岭南少以为食"[4]的记载。可见，直到清前期，玉米仍处于环境适应和文化适应的过程中，只有当人们认识到玉米耐瘠、耐旱、省人力、宜山区的特质后，玉米才有可能从园圃作物变为大地作物，从果蔬作物变为粮食作物。

2．乾嘉时期的大规模推广

乾隆年间，玉米进入了大规模推广阶段，省间移民在很大程度上推动了玉米的传播。通过移民，玉米从闽粤一带传入江西丘陵山地。其原因在于，从事经济作物种植的山民同时需要种植部分粮食作物以供日常饮食，而玉米因自身特质适宜在山区种植，并且闽粤山民早有种植玉米的习惯。[5]乾隆初年湖广地区的土地开垦逐渐从滨湖低地转向山区，湘鄂西山地开始了大规模的土地开发，玉米在此波山区开发浪潮中得到了迅速推广。[6]四川与云南相连，但通过云南

[1]　［美］何炳棣：《美洲作物的引进、传播及其对中国粮食生产的影响》，《世界农业》1979 年第 5 期，第 21-31 页。
[2]　陈树平：《玉米和番薯在中国传播情况研究》，《中国社会科学》1980 年第 3 期，第 187-204 页。
[3]　乾隆《霍山县志》卷 7，清光绪三十一年（1905 年）刊本。
[4]　（清）屈大均：《广东新语・食语》，中华书局，1985 年，第 377 页。
[5]　施由民：《论清代江西农业的发展》，《农业考古》1995 年第 1 期，第 141-149 页。
[6]　龚胜生：《清代两湖农业地理》，华中师范大学出版社，1996 年，第 93-94 页。

传入的玉米种植区基本偏于盆地西部与南部，影响力度比较弱。而湖、广移民大量流入四川后，实现了玉米在整个四川的传播。[1]西北的陕西、甘肃两省虽然玉米种植较早，但一直发展不快，直到乾隆年间川、楚移民大量进入陕南山区后，因玉米被陕南垦山棚民视为正粮，陕南山区一跃成为从玉米传入以来种植比例最大的地区。[2]道光年间陕西《石泉县志》记载"山农生九谷，山内不然。乾隆三十年（1765年）以前，秋收以粟谷为大庄，与山外无异。其后，川楚人多，遍山漫谷皆包谷矣。"[3]

这一时期开始出现官方引领的玉米推广，乾隆年间福建福宁府知府李拔撰写了《请种包谷议》[4]，认为福宁山多田少，玉米却种植较少，大力推广玉米种植，但效果很有限。[5]乾隆年间陕西《延长县志》中记载了玉米的"十便五利"[6]，安徽《黟县志》中有"谕乡保劝导山民布种包芦"[7]的记载。与此同时，山区民众开始以玉米作为主粮，乾隆年间河南《嵩县志》记载"今嵩民日用，近城者以麦、粟为主，菽辅之；其山民玉黍为主，麦、粟辅之。"但此时玉米在平原地区的种植仍不普遍，以玉米传入最早的广东为例，珠三角地区的玉米多作为酿酒的原料，并不作为主粮食用[8]。这与玉米的产量和人们的习惯有关，在南方，玉米的产量不如水稻，所以在能种水稻的地方玉米并不具备优势；在北方，玉米的产量较其他作物稍高，但并没有显著差别，不足以吸引农民改种玉米。

根据吴慧估计，嘉庆十七年（1812年），全国玉米种植面积约47.34万顷，占全国耕地面积的6%。[9]道光年间，玉米已经发展到与五谷并列为"六谷"的地位，在丘陵山区更是成为主要粮食作物，中部的陕鄂川湘桂山区、西南的黔滇山区、东南的皖浙赣部分山区已经成为玉米的集中产区。湖南龙山县同治时期县志中谷属下仅载有玉米与甘薯[10]，湖北山区"至收成关系则包谷常占十

[1] 郭生波：《四川历史农业地理》，四川人民出版社，1993年，第178-184页。

[2] 韩茂莉：《近五百年来玉米在中国境内的传播》，《中国文化研究》2007年第1期，第44-56页。

[3] 乾隆《东川府志》卷18，乾隆二十六年（1761年）刊本。

[4] 乾隆《福宁府志》卷12，乾隆二十七年（1762年）刊本。

[5] 曹玲：《美洲粮食作物的传入、传播及其影响》，硕士学位论文，南京农业大学，2003年，第18页。

[6] 乾隆《延长县志》卷10，民国补抄本。

[7] 乾隆《黟县志·补遗》乾隆三十一年（1766年）刊本。

[8] 吴建新、江慰祖：《明清时期主要外来作物在广东的传播》，《广东史志》1998年第2期，第27-30页。

[9] 吴慧：《中国历代粮食亩产研究》，农业出版社，1985年。

[10] 同治《龙山县志》卷12，光绪四年（1878年）刊本。

之六，稻谷只占十之四"[1]，云南顺宁府"府属山多田少，多种荞与玉米，以此为天"[2]，贵州遵义府"岁视此（玉米）为丰歉，此丰稻不大熟亦无损，价视米贱而耐食，食之又省便，富人所唾弃，农家之性命也"[3]，浙江境内山地玉米"随处俱有"[4]，玉米在山区的重要性不言而喻。

3. 清末以来玉米地位的持续提升

19 世纪中叶以后玉米逐渐由山区向平原发展，四川平原、渭水平原、河西走廊、南疆农业区、华北和东北平原也逐渐形成玉米集中区。四川不仅山区遍布玉米，平原的玉米种植也逐步发展，至民国，玉米的地位甚至与稻谷大略相当，"川中秋收谷实以此为大宗，不亚稻米"[5]。有的地区玉米已经发展为外销商品，"玉蜀黍，除为本地人大宗食粮外，多运销于康定"[6]。关中地区还形成了"棉花进了关，玉米下了山"的俗语。光绪时期河北《遵化通志》有这样的记载："玉黍秫，一名玉蜀黍，一名包谷，州境初无是种，有山左种薯者于嘉庆中携来数粒，植园圃中，土人始得其种，而分种之后，则愈种愈多，居然大田之稼矣。"[7]平原地区玉米种植面积的扩大可能与花生、大豆、烟草、棉花等经济作物种植占用耕地，需要单产较高且适应贫瘠土地的玉米弥补粮食不足有关。[8]除空间上的扩展外，在山区玉米种植还从刀耕火种的畲田向常年耕作的熟田发展，从一年一熟的独茬作物向轮作或接茬作物发展。[9]玉米参与轮作复种对提升粮食亩产量有非常明显的作用，北方可增产 23.75%，南方可增产 28.33%。[10]

20 世纪初，一批有识之士开展了科技兴农运动，积极介绍西方先进的农学知识、实施农政新法。各省相继兴办了农业学校，设立了农事试验场，保定、

[1] 民国《咸丰县志》卷 4，民国三年（1914 年）印本。
[2] 光绪《顺宁府志》卷 13，光绪三十年（1904 年）刊本。
[3] 道光《遵义府志》卷 17，道光二十一年（1841 年）刊本。
[4] 道光《四明谈助》卷 43，宁波出版社，2003 年，第 1495-1496 页。
[5] 民国《四川通志》卷 40《食货篇》，民国二十五年（1936 年）铅印本。
[6] 杨仲华：《西康纪要》，商务印书馆（上海），1937 年，第 522 页。
[7] 光绪《遵化通志》卷 15《舆地志》，光绪十二年（1886 年）刊本。
[8] 章楷、李根蟠：《玉米在我国粮食作物中地位的变化——兼论我国玉米生产的发展和人口增长的关系》，《农业考古》1983 年第 2 期，第 94-99 页。
[9] 龚胜生：《清代两湖农业地理》，华中师范大学出版社，1996 年，第 133 页。
[10] 吴慧：《中国历代粮食亩产研究》，农业出版社，1985 年，第 185-187 页。

吉林、北京、黑龙江等地的农事试验场分别从日本、欧美引进玉米良种、新式农具和推广新技术，玉米生产有了较快发展，种植面积和单产都有显著增加。[1]晚清至民国时期，玉米成为中国仅次于水稻和小麦的第三大作物，据估计，民国初年玉米种植面积约1亿亩，占全国耕地总面积的7.6%[2]，1936年中国玉米种植面积达693万公顷，总产量1 010万吨。[3]

玉米的传播大致经历了"先边疆后内地，先丘陵山地后平原地区"[4]的过程，在玉米种植的扩散过程中，其先后顺序不仅取决于地理距离，而且取决于各地种植玉米的比较优势。例如广西，虽然在地理位置上靠近玉米的传入地之一——云南，但由于其在水稻栽培上拥有太强的比较优势，因此成规模种植玉米的时间较晚。[5]这也就是玉米最先在山区成为主要粮食作物，此后才向平原扩张的原因之一。

三、玉米的影响

玉米传入我国后，虽然没有像甘薯一样受到官方的广泛重视，但耐旱、耐瘠、省人力等特质使玉米在全国范围内得到了推广，培育了各具特色的多个品种，并且熬糖、酿酒等多种加工利用方式，让玉米具备了提供副食的能力，也推动了农业商品化的发展。

1. 山区开发

玉米较我国原有的山区作物，如大麦和高粱产量高5%～15%，其传入为针对丘陵山地的大规模垦殖创造了条件，特别是云、贵、川、陕、两湖等省份的丘陵荒地得到了大规模利用。顺治十八年（1661年）云南省耕地面积为52 115顷，至乾隆三十一年（1766年）增长至92 537顷，增加了将近一倍，这自然包括社会稳定，战时抛荒地复垦的贡献，但新开垦的丘陵山地也应不少。与此类

[1] 佟屏亚编著：《中国玉米科技史》，中国农业科技出版社，2000年，第60-63页。
[2] 赵冈：《清代粮食亩产量研究》，中国农业出版社，1995年，第128-153页。
[3] 王思明：《美洲原产作物的引种栽培及其对中国农业生产结构的影响》，《中国农史》2004年第2期，第16-27页。
[4] 王思明：《美洲原产作物的引种栽培及其对中国农业生产结构的影响》，《中国农史》2004年第2期，第16-27页。
[5] 陈永伟、黄英伟、周羿：《"哥伦布大交换"终结了"气候—治乱循环"吗？——对玉米在中国引种和农民起义发生率的一项历史考察》，《经济学》（季刊）2014年第3期，第1215-1238页。

似，贵州的耕地面积从 10 743 顷增加到 26 731 顷，四川的耕地面积从 11 884
顷增加到 46 071 顷，增加数额、比例都很大。[1]

山区的开发消纳了大量的人口，我国西汉时人口已接近 6 000 万，此后的
1 500 年中人口数量多有起伏，增长一直保持在比较低的水平。从明朝中期开始，
人口出现了快速、稳定的增长，几乎每百年增加 1 亿人，19 世纪中叶达到了
4.4 亿人。长江中下游等人口密集区不得不通过人口外迁的方式缓解人地矛盾、
生存压力。清初，这些移民的目的地是明末战争造成人口大量死亡的地区，尚
可以在平原等农业条件较好的区域找到新的居所。到清代中期，大量可耕地和
潜在可耕地已经开垦完毕，传统条件下资源利用接近饱和，而人口的增长仍在
继续。此时，如果没有新的资源可供开发，就难免进入战争、瘟疫、饥荒等"人
地关系的恶性宽松"之中。[2]而玉米等美洲作物的传入拓宽了资源边界，特别
是使得原本难以利用的山区丘陵地带成为宜农地，缓解或者说推后了这些问题
的爆发。

玉米的大规模种植也带了种植结构的变化和一定的生态压力。各地引种玉
米之初是种在不宜稻、麦的丘陵旱地或新垦荒地，在很大程度上替代了原本丘
陵山区种植的产量不高的谷子、高粱的地位。曾一度在陕南山区占据优势地位
的粟，至 19 世纪已经让位给了玉米。[3]"数十年前，山内秋收以粟谷为大庄，
粟利不及包谷，近日遍山漫谷皆包谷矣"。[4]部分地区玉米的种植量很大，在满
足自身粮食需求外，还可专门用来出售，如湖南永顺府的玉米种植较多，"垦山
为陇，列植相望，舟运出粜为利甚溥"[5]。如此大量的玉米不仅产自原种谷子、
高粱的农田，更多的应该是开垦了原本的山林。种植结构的改变使得山民形成
了独特的饮食生活习惯，玉米作为主食形成了各种食用方法，可炒食、磨粉为
饼、炸、煮、烧食和做糕、糜、粥等。"山民言：大米不及包谷耐饷，蒸饭、作
馍、酿酒、饲猪均取于此，与大麦之用相当。"[6]

但山区有着其特殊的生态条件，打破原有的生态系统，强行大面积更改为

---

[1] 李文治：《中国农业近代史资料》，生活·读书·新知三联书店，1957 年，第 858-895 页。

[2] 曹树基：《中国人口史》（第 5 卷），复旦大学出版社，2005 年，第 861-873 页。

[3] 郑南：《美洲原产作物的传入及其对中国社会影响问题的研究》，博士学位论文，浙江大学，2010 年，第 140 页。

[4] 嘉庆《汉南续修府志》卷 21，嘉庆十九年（1814 年）刊本。

[5] 乾隆《沅州府志·物产》，乾隆五十五年（1790 年）刊本。

[6] 嘉庆《汉南续修府志》卷 20，嘉庆十九年（1814 年）刊本。

人工的农田生态系统很容易引发各种各样的问题。山区在玉米大规模种植三五十年后，大多爆发了一些环境问题，如安徽、浙江等地山区 "玉蜀黍，多种山中，山经垦善崩，良田多被害"[1]。闽浙赣皖山区"于潜、临安、余杭三县，棚民租山垦种，阡陌相连，将山土刨松，一遇淫霖，沙随水落倾注而下，溪河日淀月淤，不能容纳，与湖郡之孝丰、安吉、武康三县，长兴之西南境，乌程之西境为害同，惟积难返，扫除不易云"[2]。

2．救荒作物

明清时期自然灾害频发，仅《清史稿·灾异志》记载的因水旱灾害受灾的州县就达 3 871 个，年均 19.85 个。[3]因此，政府和民间都十分重视救荒作物的种植和培育。玉米本身具有良好的抗灾性，由于植株较高，对水的需求量相对较小，短期的洪涝灾害对其影响不大，"涝水之患弗及""旱蝗俱不能灾"[4]，在面对水旱灾害时产量波动较小。并且，遇到大饥之年时，玉米可在没有完全成熟之前就采摘食用，玉米芯、玉米秸等也能食用，应急作用十分明显。

玉米的品种较多，播种期、成熟期的时间范围较宽。记述豫北地区玉米种植的《救荒简易书》中记载了从 1 月至 12 月可以播种的各类玉米，最早熟者"快包谷"仅需 60 天。[5]这样，玉米不仅可以做到春播夏收，缓解青黄不接的问题，遇到灾年，玉米还可以作为补种作物，迅速播种以减少损失。救荒作物的完善可以减少灾荒之年的人口损失，玉米作为救荒作物肯定也为明清时期人口的高速增长提供了助力。但是，玉米的耐储存能力较弱，大多仅供收获当年食用，无法成为长期的备荒食品。

3．副业开发

玉米的传播和发展繁荣了社会经济，不仅可以为人们提供粮食，而且间接地对手工业、畜牧业发展产生着影响。玉米用途广泛，除了作为主食，还可熬糖、酿酒。玉米也是高产优质的饲料作物，玉米籽粒是上等的精饲料，茎叶是

[1] 道光《丽水县志》卷 13，道光二十六年（1846 年）刊本。
[2] 光绪《孝丰县志》卷 3《水利志》，光绪二十九年（1903 年）刊本。
[3] 倪玉平：《清代水旱灾害原因初探》，《学海》2002 年第 5 期，第 126-129 页。
[4] （清）郭云陞：《救荒简易书》卷 1《救荒月令》，光绪二十二年（1896 年）刻本。
[5] （清）郭云陞：《救荒简易书》卷 1《救荒月令》，光绪二十二年（1896 年）刻本。

多汁的青饲料，"玉蜀黍……其汁浓厚，饲猪易肥"[1]。玉米秸可做燃料，"其皮与秸可供爨，其穰可塞酒瓶，亦可燃火，农家收存之，冬月用以代炭。"[2]其余部位还可编为生活用具，"梢可为帚，织箔作席及柴薪、肥料之用"[3]"其皮可编为坐具"。[4]

特别是用玉米酿酒，酒糟养猪是清代玉米种植农户常见的副业，川、陕、两湖等地以玉米养猪酿酒为业者十分普遍。"山中多包谷之家，取包谷煮酒，其糟味猪，一户中喂猪十余口，卖之客贩，或赶赴市集。"[5]

由于玉米可以进行多种利用，特别是成了手工业作坊的原料，其丰歉甚至成为左右当地经济的重要因素，"商人操奇赢厚货，必山内丰登，包谷值贱，则厂开愈大，人聚益众；如值包谷清风（歉收），价值大贵，则歇厂停工"[6]。

副业的经营可以提升农民的生活水平，也能促进人口的增长。玉米的大范围种植从多个方向推动了人口增长，而人口增长则进一步导致了人类对环境的干扰增多，自然资源的消耗增多，乃至引发很多环境问题。

第二节　甘薯：官方指引下传播的外来作物

甘薯（*Ipomoea batatas* Lam.）是旋花科越年蔓生草本植物，原产地是以墨西哥为中心的热带美洲，在美洲有着数千年的种植史。哥伦布到达美洲时，中南美洲各地及附近岛屿多以甘薯为主食，哥伦布的第一次航海日记中多次提到这种作物。[7]哥伦布从美洲返航时也将甘薯带到了西班牙，从此甘薯开始了在全球范围内的扩张。16世纪，甘薯作为运送奴隶船只中人员的粮食传播到了非洲、南亚、东南亚等地，并进一步传至我国。

---

[1] 乾隆《辰州府志》卷15《物产考上》，乾隆二十年（1755年）刻本。
[2] 光绪《遵化州志》卷15《舆地志》，光绪十七年（1891年）刊本。
[3] （清）何刚德：《抚郡农产考略》卷上，《谷类》5，续修四库全书本。
[4] 嘉庆《郫县志》卷40《物产》，嘉庆十八年（1813年）刊本。
[5] （清）严如熤：《三省边防备览》卷8《民食》，道光十年（1830年）刻本。
[6] 嘉庆《汉南续修府志》卷20，嘉庆十九年（1814年）刊本。
[7] 郑南：《美洲原产作物的传入及其对中国社会影响问题的研究》，博士学位论文，浙江大学，2010年，第57页。

一、甘薯的传入路线

甘薯传入我国的时间可能略晚于玉米，同玉米一样，有关甘薯传入我国的时间和途径也存在多种说法，但不同于玉米的是，其传播过程中流传着很多生动的故事，传入时间、地点较为明确。甘薯一经传入就受到重视，而且在向内地推广的过程中也有很多名士、政府官员参与其中。甘薯进入我国的路径主要有以下两条。

1．东南海路传入闽粤地区

这一线路又可细分为万历十年（1582年）陈益从越南引种至广东东莞，万历年间林怀兰从越南引种至广东电白，万历二十一年（1593年）陈振龙从菲律宾引种至福建福州长乐县和几次没有明确人物的引种，分别引入了南澳、泉州、漳州等地。

《凤岗陈氏族谱·素讷公小传》详细记载了陈益引种甘薯一事，陈益在越南受到当地酋长款待，宴会上供应了甘薯，陈益觉得味美，向酋奴行贿取得了甘薯种。[1]《凤岗陈氏族谱》成书年代在万历四十一年（1613年）以前，距离陈益万历十年（1582年）将薯种带回年代较近，可信性较强。[2]

林怀兰薯种的获得更具戏剧性，光绪十四年（1888年）《电白县志》记载，林怀兰善医，因治愈了交趾国王之女而赐食熟甘薯，"一日，赐食熟番薯，林求生者，怀半截而出，亟辞，归中国。"过关时还遇到了阻碍，"关将曰：今日之事，我食君禄，纵之不忠；然感先生之德，背之不义。遂赴水死。林乃归，种遍于粤。"[3]此后光绪年间的《吴川县志》《粟香随笔四集》和民国时期的《桂平县志》《考城县志》中也记有此事。不过，这一记载过于离奇，记载此事的文献均以"相传"为开始，记载此事的文献离事件发生时的年代相距较远，其真实性有待考证。[4]

陈振龙引种甘薯一事主要见于其六世孙陈世元的《金薯传习录》，其中记

[1]《凤岗陈氏族谱》卷7，同治八年（1869年）刻本。
[2] 郑南：《美洲原产作物的传入及其对中国社会影响问题的研究》，博士学位论文，浙江大学，2010年，第63页。
[3] 光绪《电白县志》卷20《杂录》，光绪十八年（1892年）刊本。
[4] 郑南：《美洲原产作物的传入及其对中国社会影响问题的研究》，博士学位论文，浙江大学，2010年，第64页。

载陈振龙常年与吕宋（菲律宾）贸易，见到在此种植的甘薯，有"六益八利，功同五谷，乃伊国之宝，民生所赖"，于是经多方努力，将薯藤苗和种法带回了闽地。万历二十一年（1593 年），陈振龙之子陈经纶将"薯藤苗种及法则"献给了当时的福建巡抚金学曾。试种成功后，在金学曾的支持下，甘薯得到广泛推广。[1]

此外，万历年间的监察御史苏琰的《朱薯书》中记载万历十二年至十三年（1584—1585 年），甘薯经"温陵洋舶"传入南澳、泉州。[2]清初福建按察使周亮工在《闽小记·番薯》记载"番薯，万历中，闽人得之外国"[3]。

从明万历年间开始，多条路线、多人将甘薯引入闽粤各地，这和这一时期我国东南沿海存在的多条航线、商路也是相合的。其中陈振龙引入的番薯因为得到了巡抚金学曾的支持，成为诸多引进路线中影响最大的一条，被称为"嘉植传南亩，垂闽第一功"[4]。

2. 西南陆路传入云南、广西

与记载颇为丰富的东南线不同，通过西南陆路传入云南、广西的甘薯没有明确的代表人物。嘉靖四十一年（1562 年）《大理府志》列举薯蓣之属五"山药、山薯、紫蓣、白蓣、红蓣"[5]，其中"紫蓣、白蓣、红蓣"多被认为指甘薯。万历二年（1574 年）的《云南通志中》记有"红薯"并指出云南 6 个府州都有种植。从这些地志材料可见，云南应是甘薯较早传入的地区，可能与玉米的传入一致，同明代滇缅之间的贸易有关。

二、甘薯在我国的传播

甘薯传入后局限于闽、粤、滇近一个世纪，直至清初开始向内地扩展，乾隆时期，政府极力推广甘薯，出现了大量推广甘薯的公文和介绍甘薯特性的书籍，甘薯很快传播至黄河流域，并最终在全国范围内得到普及。甘薯传入和推

[1]（清）陈世元，[朝鲜]徐有榘：《金薯传习录》，农业出版社，1982 年，第 17 页。
[2]（清）龚显曾《亦园脞牍》卷 6 援引苏琰《朱薯疏》的记载，光绪辛巳（1881 年）刊本。
[3]（清）周亮工：《闽小记》卷 3《番薯》，上海古籍出版社，1985 年，第 123 页。
[4]（清）陈世元，[朝鲜]徐有榘：《金薯传习录》，农业出版社，1982 年，第 135 页。
[5] 嘉靖《大理府志》卷 2，万历五年（1577 年）刻本。

广后迅速取代了蔓菁和传统薯类如芋、山药（薯蓣）等的粮食功用，使它们退居蔬类行列。

1. 乾隆以前的推广传播

甘薯传入闽广后迅速得到了政府官员和知名人士的推崇，包括福建巡抚金学曾、著名农学家徐光启等。金学曾于万历二十一年（1593年）就任福建巡抚，第二年福建发生了非常严重的干旱，甚至出现了不同程度的动乱，所以当陈经纶将薯种进献给金学增并取得试种成功后，金学曾通过政治手段大力推广甘薯种植。甘薯在福建从"初时富者请客，食盒装数片以为奇品"，变为了顺治时"兴、泉、漳遍处皆种，物多价贱"。[1]

明代士大夫徐光启也特别注意甘薯，他提出了"甘薯十三胜"的说法，认为甘薯产量大、味道佳、易繁殖、抗灾害、省农时等，鼓励种植甘薯[2]。他在甘薯传种上也做出了很多努力，万历三十六年（1608年）江南地区大水，农作物受损严重，此时丁忧在家的徐光启十分忧心，他从福建客商处得到了薯种，立即带动民众种植，首次将甘薯引入长江流域。万历四十四年（1616年）前后，徐光启在天津经营田事，这时他仍未忘记甘薯，在苗圃中也种植有甘薯，但此时他尚未解决薯种越冬的问题，在当年的家书中他曾提及"要薯种，只是难传"[3]。到他写作《甘薯疏》的时候（1624年以前）[4]，他已经找到了在北方越冬传种的办法，即"若北方地高，掘土丈余，未受水湿，但入地窖，即免冰冻，仍得发生"[5]。

在以上名人的推广下，甘薯初传入就在闽、广大规模种植，《群芳谱》记载甘薯"闽广人以当米谷"[6]。但明末清初，除闽、粤外，其余地区引种的甘薯多是作为临时救灾，并没有引入当地的种植结构，灾荒过后当地民众也就不再继续种植甘薯。例如，上文提到万历年间江南大水后徐光启曾引种甘薯至此，而康熙年间《古今图书集成》和江南各府的物产考中都不见甘薯。[7]此时的甘

---

[1] 郭松义：《玉米、番薯在中国传播中的一些问题》，《清史论丛》（第7辑），中华书局，1986年，第80-110页。
[2] （明）徐光启：《农政全书校注》卷27《树艺·蓏部·甘薯》，上海古籍出版社，1979年，第694页。
[3] （明）徐光启：《徐光启集》卷11，上海古籍出版社，1989年，第493页。
[4] 王国忠：《徐光启的〈甘薯疏〉》，《中国农史》1983年第3期，第71-74页。
[5] （明）徐光启：《农政全书校注》卷27《树艺·蓏部·甘薯》，上海古籍出版社，1979年，第693页。
[6] （明）王象晋：《二如亭群芳谱·亨部·蔬谱·甘薯》，两仪堂藏本。
[7] 曹玲：《美洲粮食作物的传入、传播及其影响》，硕士学位论文，南京农业大学，2003年，第35页。

薯还处在被大众认识的阶段，众多农书中都宣传它高产、抗旱的能力，提倡多加种植。但因薯种在北方过冬问题没有得到普遍有效解决，且甘薯生长期不能很好地融入北方原有的耕作制度中，这一时期甘薯的种植主要集中在闽广地区。

2. 乾隆年间的大力推广

乾隆年间，一方面由于人口增长带来粮食需求量的增加，另一方面因为旱、虫灾害的频发，甘薯受到了朝廷的特别重视，由上至下，各级政府多大力推广甘薯种植。这一时期薯种越冬的技术限制已经得到了解决，例如河北无极县知县黄可润借鉴山东农民做法，改进了窖藏的薯种越冬技术，说明此时山东、河北的农民都已掌握了该技术，为甘薯在北方的广泛种植提供了技术保障。

乾隆皇帝在甘薯传种上起了巨大的推动作用，他曾令闽浙总督雅德将番薯藤种采寄河南[1]。除乾隆皇帝以外，由上至下的各级官员，特别是闽广籍的北方各省官员，多号召民众种植甘薯，直隶总督方观成曾寻种薯能手二十余人来直隶，并将番薯分配至所属各州县。陕西巡抚陈宏谋也曾购买薯种，并雇佣善种之人来陕西，推广番薯[2]。湖南《平江县志》记载了知县谢仲坑的《劝种杂粮示》，其中提到"两粤农家多种番薯一物，青黄不接，借以济荒……本县业分头遣差买备薯苗，发交乡耆保甲领出散给"[3]。贵州《开泰县志》记载"红薯出海上，粤西船通古州，带有此种。训导陈（文政）欲兴此利，详悉察藩宪温、道宪朱，通行贵州一十二府"[4]。在以后各朝中，政府仍在大力推广甘薯，如道光年间山东布政使刘斯嵋曾发布《饬劝种薯蓣札》，明确提出要"劝谕乡民，务将番薯一项，广为栽种"，还告诫官府"毋得视为具文"[5]。

陈经纶的后人在甘薯传种过程中也发挥了巨大的作用。康熙初年，陈氏曾将甘薯传种于浙江鄞县。乾隆年间的陈世元、陈云父子更是甘薯的重要推广者，陈世元曾将其编著的《金薯传习录》一书寄给四川黔江县令翁若梅，翁若梅收到后当即"爱进里老于庭，出是书示之，告以种植之法与种植之利"[6]。河南

[1]《清高宗实录》卷1234，乾隆五十年（1785年）七月辛酉，中华书局，1985年。
[2] 谢志成：《甘薯在河北的传种》，《中国农史》1992年第1期，第18-19页。
[3] 同治《平江县志》卷53，同治十三年（1874年）刻本。
[4] 乾隆《开泰县志·艺文杂记》，乾隆十七年（1752年）刻本。
[5] 道光《高唐州志》卷3《田赋考·物产》，道光十六年（1836年）刊本。
[6] 光绪《黔江县志》卷3，光绪二十年（1894年）刊本。

巡抚毕沅曾聘请陈世元至河南教种甘薯。陈云等人"由胶州运种至京师齐化门外通州一带，俱各教以按法布种，地纵屡迁，效皆不爽"[1]，"十八年，元命长男云移种于胶州州治，时有本籍举人纪在谱等阖庄传种受法"[2]。

除了政府推广，这一时期的移民也带动了甘薯种植，四川什邡县县志记载，其地所种的甘薯是由福建人带来的，"红苕，闽人商西洋带来"[3]。甘薯刚传入四川时，只是移民种植，后来，四川本地居民也多栽种甘薯，"薯蓣，先是资民由闽粤来者始嗜之，今则土人多种以备荒。"[4]这一时期，甘薯传播的速度和广度似乎已经超过了玉米，除西北、东北边疆地区外，各省都有种植。

3. 清末，甘薯种植范围稳定

清末，甘薯在东部地区有了较大规模的种植。福建甘薯的地位有时甚至比稻谷还高，民国《霞浦县志》记载"清初食薯少，今民间食米十之二食薯十之八，虽曰杂粮其效用过之，因改列谷属"[5]。但在西部地区，甘薯在农作物中所占比例仍然较小。例如，甘薯在云南方志中一般都作为蔬类，民国时期《宣威县志》记载"甘薯，未尝不可救荒，自宣人视之殊不若芋之为重耳"[6]。这一情况可能与玉米在云南种植普遍有关，甘薯的优势与玉米有很多重合，不具替代性。同样的情况在贵州等地也多有出现，虽然政府大力号召种植甘薯，但甘薯在西南地区仍不占优势。不过，同为西南地区的四川却是清末甘薯种植集中区。可见，外来作物在我国的传播和本土化是一个复杂的过程，不仅与该种作物本身的生物学特性有关，也与传入地原本的饮食习惯、新物种的比较优势等方面有关。

三、甘薯的影响

甘薯传入后，得到了官方、士人的广泛重视，其传播速度、范围相对来说

---

[1]（清）陈世元，[朝鲜]徐有榘：《金薯传习录》，农业出版社，1982年，第27页。
[2]（清）陈世元，[朝鲜]徐有榘：《金薯传习录》，农业出版社，1982年，第26页。
[3] 乾隆《什邡县志》卷13，乾隆十三年（1748年）刊本。
[4] 乾隆《石泉县志》卷1，乾隆三十三年（1768年）刻本。
[5] 民国《霞浦县志》卷1，民国十八年（1929年）铅印本。
[6] 民国《宣威县志》卷3，民国二十三年（1934年）铅印本。

还是很快的。官府、士人重视甘薯的一个重要原因就是其具有优越的抗灾性。同玉米一样，甘薯除作为主食外还具备多种利用方式，如制粉、酿酒等。甘薯也可以作为饲料，具备了提供副食的能力，也推动了农业商品化的发展。

1. 救荒作物

甘薯是单位面积产量很高的粮食作物，有高产、稳产、多用途的特点，传入我国后不久就成了重要的救荒作物，徐光启在《农政全书》中介绍甘薯时就提及了其救荒作用，"无患不熟，闽广人赖以救饥"[1]。有甘薯参与轮作复种的耕地，北方亩产增产50%，南方亩产增产86.33%。[2]甘薯适应性强，耐旱、耐瘠，尤其适合于山田沙地，"沙瘠倍收"[3]。甘薯种植后不怕蝗灾，遭受蝗灾后可再生，"至于蝗蝻为害，草木荡尽，惟薯根在地，荐食不及，纵令茎叶皆尽，尚能发生。若蝗倍到时，急令人拔土遍壅，蝗去之后，滋生更易。是天灾物害，皆不能为之损。"[4]由于甘薯植株较低，抵御风灾的能力也比较强，"此种扑地成蔓，风无所施其威也"[5]。同玉米类似，甘薯未完全成熟时就可食用，"卵八、九月始生，冬至乃至，始生便可食"[6]。以上特性使得甘薯在灾害时期的减产不至于太多，又可迅速补充粮食不足。

甘薯对季节的适应性较强，从春天到夏天都可以栽种，南方一些地区甚至一年四季都可种，便于和其他作物连作，解决青黄不接之际的粮食供应，更便于灾荒时常规作物失败后的补救栽种，对抗灾救荒起着十分重要的作用。《救荒简易书》中也记录了从2月到8月播种的多个甘薯品种，并记录了如整薯栽种等灾荒之际特殊的救荒方式。[7]

甘薯耐储藏，可制成薯干保存，"泉地不给多贩载自他郡……故而为干，藏以待乏者"[8]，从这一点来看，甘薯的救荒性更优于玉米。

[1]（明）徐光启：《农政全书校注》卷27《树艺·蓏部·甘薯》，上海古籍出版社，1979年，第692页。
[2] 吴慧：《中国历代粮食亩产研究》，农业出版社，1985年，第185-187页。
[3] 光绪《日照县志》卷3《食货》，光绪十二年（1886年）刊本。
[4]（明）王象晋：《二如亭群芳谱·亨部·蔬谱·甘薯》，两仪堂藏本。
[5]（明）徐光启：《农政全书校注》卷27《树艺·蓏部·甘薯》，上海古籍出版社，1979年，第694页。
[6]（明）王象晋：《二如亭群芳谱·亨部·蔬谱·甘薯》，两仪堂藏本。
[7]（清）郭云陞：《救荒简易书》卷4《救荒种植》，续修四库全书本。
[8] 乾隆《泉州府志》卷19，乾隆二十八年（1763年）刊本。

2．副业开发

甘薯"可生食，可蒸食，可煮食，可煨食，可切米晒干收做粥饭，可晒干磨粉做饼饵。其粉可作粳子、炒媒子食。取粉可作丸，似珍珠米。可造酒，但忌与醋同用。"[1]具备多种利用方式，可以提高生活水平。

在盛产甘薯的地区，很多农民以其制粉，用以出售牟利，推动当地商品经济发展。清人赵学敏《本草纲目拾遗》中提到甘薯粉"俱有土人造以售客，贩行远方，近日宁波及乍浦多有贩客市粉，价贱于面粉"。[2]

甘薯酒在福建最为普遍，"此酒福建最多，土人名土瓜酒、烧酒，曰土瓜烧，其酒味微带苦，峻烈不醇，不善饮者食之，头目微有昏眩，亦无大害。闽中绍酒价贵，此酒值廉，土人相率饮此，亦以飨客"[3]。湖南《巴陵县志》中还记载甘薯可以用来"熬糖"。[4]

甘薯的茎叶还是上好的饲料，薯渣也可以用来喂养家畜，"及掘根时卷去藤蔓，俱可饲牛羊猪，或晒干冬月喂，皆能令肥腯"[5]。将甘薯用作饲料能够推动家庭养殖的发展，光绪元年（1875 年）湖南《兴宁县志》记载："邑人多以（番薯）喂猪，其利甚溥"[6]。

甘薯的这些用途不仅满足了农民的粮食需求，还提供了丰富的副产品，提升了人们的生活水平。这些生产出的副产品的一部分可以拿到市场上进行交换，推动了农业商品化的发展。

第三节　烟草：扩张最为迅速的外来作物

烟草（*Nicotiana tabacum* L.）是茄科烟草属作物，产于美洲、大洋洲及南太平洋的一些岛屿，而被人吸用的烟草原产于厄瓜多尔附近。公元前 5 世纪，安第斯山脉的美洲人已普遍种植烟草。哥伦布到达美洲时，看到当地人把干烟

[1]（明）王象晋：《二如亭群芳谱·亨部·蔬谱·甘薯》，两仪堂藏本。
[2]（清）赵学敏：《本草纲目拾遗》卷8《诸蔬部·甘储》，光绪十年（1884 年）合肥张氏味古斋刻本。
[3]（清）赵学敏：《本草纲目拾遗》卷8《诸蔬部·甘储》，光绪十年（1884 年）合肥张氏味古斋刻本。
[4]乾隆《漳州府志》卷6，嘉庆十一年（1806 年）补刻本。
[5]（明）王象晋：《二如亭群芳谱·亨部·蔬谱·甘薯》，两仪堂藏本。
[6]光绪《兴宁县志》卷5《风土志·物产》，光绪元年（1875 年）刻本。

叶卷着吸用。哥伦布返航时将烟叶和吸烟习惯带回了西班牙，大约 1559 年（嘉靖三十八年），水手们将烟叶和烟草种子带回了西班牙。后来人们发现烟草有麻醉和其他药用功能，并且由于烟草有成瘾性，便在全世界迅速地传播开来。[1]

一、烟草的传入路线

烟草于 16 世纪中后期和 17 世纪初传入我国，作为一种嗜好作物，烟草一经传入就在我国形成了抽烟风气，并因其种植利润大于种粮而在全国范围内迅速普及。400 年来，烟草对我国政治、经济、文化等都产生了深刻的影响。同其他美洲作物一样，烟草的传入不是一次完成的，而是经多条线路先后传入我国，主要包括以下几条。

1. 由菲律宾传入闽粤，再传入江浙、两湖、西南各省

文献中关于烟草的最早记载来源于万历年间的《露书》，"吕宋国出一草淡把姑，一名'醺'，以火烧一头，以一头向口，烟气从管中入喉，能令人醉。且可避瘴气。有人携漳州种之，今反多于吕宋，载入其国售之。"[2]明确记载了烟草是从菲律宾传入福建的。此外《物理小识》[3]《中华帝国对外关系史》[4]中列出的烟草最早传入地点是泉州、厦门等地。这样的传入路线与玉米、甘薯是一致的，这行西班牙人在菲律宾的经营有关。

2. 由南洋经越南传入广东

这条路线的主要依据是《粤志》和崇祯《恩平县志》中关于烟草的记载，《粤志》中记载："粤中有'仁草'……其种得之大西洋，一名淡巴孤、相思草。"[5]《恩平县志》记有："烟叶，出自交趾，今所在有之，茎高三四尺，叶多细毛，采叶晒干如金丝色，性最酷烈，取一二厘熏竹管内以口吸之，口鼻出烟"。[6]

[1] 许旭明：《烟草的起源与进化》，《三明农业科技》2007 年第 3 期，第 25-27 页。
[2]（明）姚旅：《露书》卷 10《错篇下》，《续修四库全书》第 1132 册，上海古籍出版社，1995 年，第 704 页。
[3]（清）方以智：《物理小识·草木类》卷 9，《文渊阁四库全书》第 867 册，商务印书馆（台北），1984 年，第 939 页。
[4]［美］马士：《中华帝国对外关系史》（第一卷），商务印书馆，1963 年，第 196-197 页。
[5] 吴晗：《谈烟草》，《光明日报》1959 年 10 月 28 日。
[6] 崇祯《恩平县志》卷 7《地理志·物产》，清抄本。

对烟草的外部形态、吸食方式都有了明确的记录。

此外，广西合浦县一座明代龙窑遗址中曾发现一件烟斗也可作为烟草早期传入两广的佐证。[1]这条传入路线与上一条从广义上来说都是从东南沿海传入的，可能更多地与葡萄牙人在亚欧航线的经营有关。

3. 经朝鲜传入东北、内蒙古

烟草在万历四十四年（1616 年）左右由日本传至朝鲜，到了天启元年（1621 年）在朝鲜就达到了"无人不服"的程度，此后朝鲜曾"潜以南灵草入送沈阳为清将所觉，大肆诘责"，并有赠送烟草给建州官员的记载。[2]可见，辽宁很早就有了烟草输入，皇太极曾以烟草非土产、耗财货而禁烟，似乎此时烟草的种植并不普遍，多依靠从朝鲜进口。崇祯十四年（1641 年）烟草解禁令中称"凡欲用烟者，惟许人自种而用之，若出边货买者处死"[3]，这一解禁令在一定程度上会促进东北地区烟草的种植。

从这几条路线传入中国的烟草并不是同一品种，传入闽广一带的是红花烟草，传入东北地区的是更加耐寒的黄花烟草。20 世纪以后，用于制作烤烟的"美种烟草"传入我国，烟草生产从晾晒型转为了烘烤型，完成了几大烟草品种向我国的传播。

二、烟草在我国的传播

烟草在我国的传播呈现出了与其他美洲作物不同的特点，即跟随人口迁移呈现跳跃式的发展。烟草具有成瘾性，其传入初期又多被当作疗效显著的中药，"用以治表，善逐一切阴邪寒毒，山岚瘴气风湿，邪闭腠理，筋骨疼痛，诚顷刻取效之神剂；用以治里，善壮胃气，进饮食，祛寒滞阴浊，消膨胀宿食，止呕吐霍乱，除积诸虫，解郁结，止疼痛"[4]，是以一种正面的形象出现在大家面

---

[1] 郑超雄：《从广西合浦明代窑址内发现瓷烟斗谈及烟草传入我国的时间问题》，《农业考古》1986 年第 2 期，第 383-391 页。

[2]《李朝实录·仁祖实录》卷 37 "戊寅八月朔辛卯"，（东京）学习院东洋文化研究所刊，昭和三十七年（1962 年），第 285 页。

[3]《清太宗实录》卷 54，崇德六年（1641 年）二月戊申，中华书局，1985 年。

[4]（明）张介宾：《景岳全书》，第二军医大学出版社，2006 年，第 1128 页。

前的。并且，烟草的价格远高于粮食作物，"一亩之收可以敌田十亩"[1]，光绪十四年（1888年）一美国牧师对山东栽烟与种谷植桑的收益做过具体的调查和比较，临朐一带每亩耕地种植粮食每年可收益12元，植桑养蚕每年收益21元，种烟每年收益50元。[2]因此烟草在我国的传播、种植发展得异常迅速。

1. 跳跃式传播阶段

福建、广东、辽宁是明代烟草种植的三个中心，也是烟草向内地传播的三处关键地点。康熙年间，我国绝大部分地区都已有烟草种植，康熙平定吴三桂时，湖南就有20州县征收烟税以助军饷。[3]与粮食作物不同，烟草常有跳跃式的发展，如《物理小识》中记载："万历末……渐传至九边。"万历末距离烟草最早传入的时间不过几十年，已经从东部传到了西部的甘肃，这很可能与频繁的军队调动有关。此外，《景岳全书》中记载："烟草求其服习之始，则向以征滇之役"[4]，直接指出烟草跟随征滇将士由闽粤直传云南。

2. 普通种植阶段

乾隆年间已经有了《金丝录》《烟谱》等专门书籍，对烟草传入的历史、各地烟叶特色、吸烟工具类别等进行了详细介绍。烟民群体的数量已经很大，"通邑之田，既去其半不树谷，而聚千百锉烟之人。"[5]因市场需求旺盛，烟草种植与加工技术也不断发展，18世纪中后期形成了一些誉满神州的土特名产，如湖南的"衡烟"、北京的"油丝烟"、山西的"青烟"、云南的"兰花烟"、浙江的"奇品烟"等。[6]

至清末，烟草种植的发展更加迅速，几乎每个省份中都有较大规模的烟草种植区。

山东全省有56州县种有烟草，占全省州县的一半以上，鲁西南形成了包括济宁、兖州、泰安府几乎所有州县在内的种植区，其出产的烟草不仅供本区

[1]（明）杨士聪：《玉堂荟记》，中华书局，1985年，第69页。

[2] 李文实：《中国近代农业史资料》（第一辑），生活·读书·新知三联书店，1957年，第648页。

[3]《康熙起居注》，康熙二十二年（1683年）十月二十九日。

[4]（明）张介宾：《景岳全书》，第二军医大学出版社，2006年，第1128页。

[5] 乾隆《瑞金县志》卷2，乾隆十八年（1753年）刊本。

[6] 王思明：《美洲原产作物的引种栽培及其对中国农业生产结构的影响》，《中国农史》2004年第2期，第16-27页。

消费，还通过运河大量供应直隶、京津、鲁北地区；胶东半岛产烟区随烟台开埠从黄县东移到了福山、栖霞一带；鲁中南山地的东北地带普遍"有十分之一（的耕地）种植烟草，收入甚丰"[1]；鲁中南山地西部的烟草生产也很可观，但由于交通不便，多只作为内部消费，输出额较少；鲁西北平原是山东产烟最少的地区，其所需多要从鲁西南输入。[2]

豫中地区是全国闻名的晒烟产区，清末，襄城县每年烟草种植面积占耕地面积的15%～20%，种植烟草最为密集的村庄，烟草种植面积更是占到耕地面积的30%左右。豫西的邓县烟草种植面积也很广，此处生产的"邓片"驰名中外。同时，豫东、豫北地区也都有广泛的烟草种植。[3]

清末，四川盆地及其周围山区几乎无处不种烟，川西成都平原成为四川省内烟草种植最为集中的地区，川东、川中、川南地区的烟草种植也有所增多，但分布较为分散。金堂县赵家渡是沱江的起点口岸，是川西向川北、川东各地水路运输的交通枢纽，是四川省最大的烟叶集散中心，清末民初，每年从赵家渡输出的烟叶达5 000～8 000吨。[4]1934年四川省的烟田面积达180万市亩，占全国烟田总面积的23%，产烟大县什邡县的烟田占耕地面积的34%，烟叶年产量310万余市担，占全国总产量的26%。[5]

东北地区虽然烟草种植时间较早，但种烟规模不大，种烟基本上只能满足自身吸食之用，专门从事烟叶种植的烟农很少。但由于东北地区土壤肥沃、降雨充分，其出产的烟草质量较好，"烟，东三省俱产，惟吉林省者最佳"[6]，东北地区所产的多种晒烟都曾一度作为贡品入朝[7]。清末，烟草贸易在东北地区还只是零星出现，如阿城县从同治六年至光绪二年（1867—1876年）平均收购黄烟1.7万千克，1913年，该县烟草总产量为26.68万千克，虽然民国初期的烟草产量并不能完全等同于清末，但仍可以推测，清末东北地区作为商品的烟

[1] 李文实：《中国近代农业史资料》（第一辑），生活·读书·新知三联书店，1957年，第646页。

[2] 李令福：《烟草、罂粟在清代山东的扩种及影响》，《中国历史地理论丛》1997年第3辑，第77-88页。

[3] 张玲：《清代河南烟草的种植与分布》，《赤峰学院学报（科学教育版）》2011年第11期，第167-169页。

[4] 杨新刚：《清代民国时期四川烟草产业地理研究》，硕士学位论文，西南大学，2016年，第20-28、第47-50页。

[5] 实业部中国经济年鉴编纂委员会：《中国经济年鉴》（第三编），（E）三五，（E）四七，商务印书馆（上海），1936年。

[6] 李澎田：《吉林外纪》，吉林文史出版社，1986年，第110页。

[7] 中国烟草总公司黑龙江省公司：《黑龙江烟草志》，黑龙江省公司史志办内部发行，转引自杨永芳：《清末民初黑龙江烟草业发展探析》，硕士学位论文，哈尔滨师范大学，2013年，第8页。

草数量并不多。[1]到了 1920 年，仅哈尔滨转运至苏联中部、西部的烟草就达 200 吨[2]，东北地区的烟草生产和贸易在民国时期有了极大的发展。

　　湖南的衡烟在雍正时期已经成为衡州府的地方特产，衡州府周边区域的烟草种植也十分兴盛，湘潭县在嘉庆年间不仅山地种烟，甚至水田也种烟[3]，醴陵县光绪年间"几乎无家不种"[4]。除衡州府及其周围地区，湘西山区、湘东北的烟草中叶也不少，洞庭湖湖区和西北山地的烟草种植则较少，每年要从其他地方进口烟叶。[5]湖北的烟草种植规模不大，只在鄂西北的均州、鄂东南的黄冈等县有比较集中的种植。[6]

　　明清时期种植的烟草多为晒晾型，种植相当分散，进入 20 世纪后，英美烟草公司、南洋兄弟烟草公司等引进烤烟型的美种烟草，山东潍县、安徽凤阳、河南襄城成为三大烟草产区。

三、烟草的影响

　　烟草是纯粹为满足人的嗜好而生产的，且具有成瘾性，康熙年间福建《漳州府志》就记载："其烟令人醉，片时不食辄思"[7]。由于成瘾性，烟草在我国的传播速度、范围均高于其他美洲原产作物。如果从生存需求角度讲，烟草并没有意义，但烟草满足了一部分人的消费需求，具有药用、消遣、提神、解乏、社交等功能，随着吸烟文化的繁盛，这部分人群的数量在明、清两代不断扩大，也就导致烟草市场需求量增大，商品率、种植获益提高，烟草成为一类特殊的经济作物。但种烟占用耕地，影响粮食生产；吸烟耗费钱财、危害身体健康，对社会生活产生了不良影响；甚至抽烟风气的盛行使得人们容易接受吸食鸦片，进一步将近代中国推向了积贫积弱的境地。

---

[1] 黑龙江省地方志编纂委员会：《黑龙江省·烟草志》，黑龙江人民出版社，1994 年，第 7 页。
[2] 中国烟草总公司黑龙江省公司：《黑龙江烟草志》，黑龙江省公司史志办内部发行，转引自杨永芳：《清末民初黑龙江烟草业发展探析》，硕士学位论文，哈尔滨师范大学，2013 年，第 11 页。
[3] 嘉庆《湘潭县志》卷 39《土产》嘉庆二十二年（1817 年）刊本。
[4] 民国《醴陵县志》卷 5《食货》，民国三十七年（1948 年）刊本。
[5] 龚胜生：《清代两湖地区茶、烟的种植与分布》，《古今农业》1993 年第 3 期，第 17-23 页。
[6] 李文治编：《中国近代农业史资料》（第一辑），生活·读书·新知三联书店，1957 年，第 442、第 443 页。
[7] 康熙《漳州府志》卷 27《物产》，康熙五十六年（1717 年）刊本。

1. 商品经济的发展

烟草传入后，很快便同酒、茶并列成为人们不可或缺的嗜好之物。全祖望在《淡巴菰赋》里说道："将以解忧则有酒，将以消渴则有茶。鼎足者谁？菰材（即烟草）最嘉。"[1]因此诞生了巨大的消费市场，烟草的生产与流通也就成了明清以来农业商品化发展的一个重要代表。

此时，烟草生产大多还是农民自种自食或在地方小市场销售，但在产烟区附近已经形成了烟草集散和加工的城镇，由这些城镇完成长距离的运销，并促进了名烟的产生。湖南衡阳设有九堂十三号，专门贩卖烟草，其中每堂的交易资本都达到了十万金的水平，还兼营汇兑业务。[2]

大型烟商还进入了生产流程，不仅收购烟草，更是出资建厂，发展成为手工工场主，据乾隆《瑞金县志》记载：瑞金盛产烟草，福建漳州、泉州的烟商"糜至骈集，开设烟厂"，从城镇到乡村"不下数百处，每厂五六十人，皆自闽粤来"[3]。

2. 与粮争地的后果

由于吸烟人数众多和烟草价值相对较高等因素，烟草的种植面积逐步扩大，早在康熙年间，福建汀州府已经达到"八邑之膏腴田地，种烟者十之三四"[4]。乾隆年间，赣州附近出现了烟田挤占粮田，影响粮食生产的现象，"属邑遍植之，甚者改良田为烟舍，至妨谷收，以获厚利"[5]。江西瑞金由于烟草种植面积大，本地生产的粮食已经无法满足需求，"引领仰食于数百里外下流之米……因之，米价日涌，为害滋甚"[6]。

据方苞估计，黄河流域五省，每年酿酒费谷千数百万石，而"至于种烟所减之粟米，较之烧酒所耗，亦十分之六七"[7]，种烟占用了大约相当于生产千

[1]（清）全祖望：《鲒埼亭集内编》卷3《赋2·淡巴菰赋》，《全祖望集汇校集注》，上海古籍出版社，2000年，第79页。

[2] 刘翔：《明清两代的烟草生产》，《农业考古》1993年第1期，第168-176页。

[3] 乾隆《瑞金县志》卷2，乾隆十八年（1753年）刊本。

[4] 杨安国编著：《中国烟叶史汇典》，光明日报出版社，2002年，第170页。

[5] 乾隆《赣州府志》卷2，嘉庆十一年（1806年）补刻本。

[6] 乾隆《瑞金县志》卷2，乾隆十八年（1753年）刊本。

[7]（清）方苞：《请禁烧酒种烟第三蔚子》，《方苞集》（下）《集外文》卷1，上海古籍出版社，1983年，第551页。

万石粮食的土地。方苞此说虽有夸张之嫌，但种烟占据耕地导致粮食产量减少的现象应是当时不争的事实。

烟草种植需要肥沃的土地，否则出产的烟叶品质不高，很难取得高价，因此各省都是在良田肥壤中精心培植烟草，"大约膏腴之地尽为烟所占，而五谷反皆瘠土"[1]。种烟对后继肥力和田间管理的要求很高，耗费了大量人力、肥力。以上种种都可以说明种烟对粮食生产乃至农业生产环境、自然生态产生了许多消极影响，也因此，有清一代不断有有识之士提出禁烟。

3. 历代禁烟措施及禁烟原因

明末清初的统治者基于多种原因曾多次禁烟，皇太极因烟叶来自朝鲜，费用较高而禁烟[2]，康熙皇帝因吸烟容易引起火灾，对身体不利而禁烟[3]，雍正皇帝更是因烟草占据良田而禁烟[4]。但是到乾隆皇帝以后，朝廷不再进行严厉的禁烟措施。乾隆元年（1736 年），方苞曾上书力主禁烟，但遭到了户部的反对[5]。至乾隆八年（1743 年）更是议准民间种烟，但因考虑到种烟侵占良田，对种烟区域进行了限制，"向来原有例禁，且种烟之地多系肥饶，自应通行禁止。惟城堡以内闲隙之地可以听其种植。畿外则近城奇零菜圃，愿分种者，亦可不必示禁。其野外山隰，土田阡陌相连，宜于蔬谷之处，概不许种烟"[6]。到嘉庆帝时，对烟草的认识已经发生了根本性的改变，认为呼吁禁烟是"不切时要"[7]的。烟草生产确实有侵占良田，破坏粮食生产的现象，但从清廷禁烟到认为禁烟"不切时要"，反映出随着人们对烟草依赖的加强，烟草种植利润增大，在高利润的驱使下，农民显然不会放弃种烟，与此同时，烟草作为典型的经济作物，其种植更多的是为了买卖，烟草对区域经济结构的调整作用颇大，形成了巨大的利益链条，禁烟的举措注定无法实现。

---

[1]（清）王培荀：《乡园忆旧录》卷 3，道光二十五年（1845 年）刻本。

[2]（清）王先谦：《东华录》，太宗天聪八年（1634 年），光绪年间刊本。

[3]（清）李调元：《谈墨录》，《丛书集成初编》，商务印书馆（上海），1939 年；（清）俞正燮：《癸巳存稿》卷 11《吃烟事述》，商务印书馆，1957 年。

[4]（清）陈琮：《烟草谱》卷 2《烟禁》，清嘉庆二十年（1815 年）刻本。

[5]（清）全祖望：《鲒琦亭集·前侍郎桐城方公神道碑铭》，商务印书馆（上海），1936 年。

[6]（清）陈琮：《烟草谱》卷 2《烟禁》，清嘉庆二十年（1815 年）刻本。

[7]（清）王先谦：《东华录》，仁宗嘉庆四年（1799 年），光绪年间刊本。

第四节　其他美洲外来作物

一、马铃薯

马铃薯（*Solanum tuberosum* L.）是茄科一年生草本植物，原产于南美洲安第斯山区，野生马铃薯块茎中含有大量生物碱，对人畜有毒，美洲先民经过不断地栽种才成功驯化了马铃薯，将其中的生物碱降低到了对人类无害的水平，最新的研究认为马铃薯已有 7 000 年的栽培史。[1]马铃薯在印加人的生活中占据重要地位，印加人将其制成马铃薯干作为越冬食物，用马铃薯治疗骨折、头疼等疾病，尊奉马铃薯为丰收之神。[2]16 世纪 30 年代，西班牙征服者到达印加帝国，发现了马铃薯，并将其带回了西班牙，[3]16 世纪末，欧洲的大部分国家都有了马铃薯的踪迹，但还局限于园圃种植。16 世纪末、17 世纪初，荷兰人、西班牙人将马铃薯传入爪哇、新加坡、日本、印度、菲律宾等地，并进一步传至我国。

1. 马铃薯的传入路线

①经朝贡贸易传入京、津。这一路线的主要依据是万历年间《长安客话》中的记载"土豆绝似吴中落花生及香芋，亦似芋，而此差松甘"[4]。此外，崇祯年间太监刘若愚也曾提到"土豆"，"辽东之松子，蓟北之黄花金针，都中之山药、土豆，南都之苔菜"[5]，这部分文字叙述了"百种珍味"，马铃薯仅出现在北京出产的食品中，似乎此时只有北京有少量马铃薯。文献中虽未论及京中土豆的来源，但考虑到周边各省均没有出现相同时期有关马铃薯的记载，所以马铃薯很可能是随朝贡使团传入北京的。

[1] 张箭：《马铃薯的主粮化进程——它在世界上的发展与传播》，《自然辩证法通讯》2018 年第 4 期，第 81-88 页。
[2] 佟屏亚、赵国磐：《马铃薯史略》，中国农业科技出版社，1991 年，第 7-13 页。
[3] 张箭：《新大陆农作物的传播和意义》，科学出版社，2014 年，第 22 页。
[4]（明）蒋一葵：《长安客话》，古籍出版社，1982 年，第 39 页。
[5]（明）刘若愚：《酌中志》卷 20，古籍出版社，1994 年，第 177-178 页。

②由东南亚引入中国台湾地区，由此传入闽粤。[1]荷兰人在顺治七年（1650年）访问中国台湾地区时看到当地人种植马铃薯，认为是从爪哇引入的，称为爪哇薯或荷兰豆、荷兰薯。闽粤与中国台湾地区一向交往频繁，可能马铃薯引入中国台湾地区后很快就进入了闽粤地区。康熙三十九年（1700年）福建《松溪县志》记载了康熙十八年（1679年）县府发布公告，晓谕民众种植马铃薯。[2]这是除北京外见到的关于种植马铃薯的最早记载。

③由晋商自俄国或哈萨克斯坦引入我国。马铃薯在18世纪初传入俄国，因俄国气候寒冷，马铃薯很快受到了青睐，18世纪下半叶，俄国的大部分地区已经种植了马铃薯。[3]而18世纪开始，山西几大商号专门从事对俄国、哈萨克汗国的贸易。道光年间的《马首农言》中称"回回山药花白，回回白菜花黄。此二种近年始种"[4]。有人考证，这里的"回回山药"就是晋商从俄国或哈萨克汗国带回的马铃薯。[5]这条路线颇为重要，由于我国西北地区适宜马铃薯生长，因此，经此条路线传入我国的马铃薯得到了大范围的传播，对后来我国马铃薯种植范围的分布产生了重要影响。19世纪末，在山西北部的山区和靠近内蒙古边界的马铃薯已成为一种主要的田野作物。[6]

2. 马铃薯在我国的传播

马铃薯传入我国的时间虽与玉米、甘薯相差不远，但其发展速度、种植面积以及对社会经济的影响远逊于玉米、甘薯。马铃薯的一些生物学特性，如无性繁殖病害积累、容易退化、保种不易等问题，使得其容易被淘汰和取代，也使得它的传播链较短，且容易出现传播线路中断，这些都影响了马铃薯在我国的传播。在气温较高的地方，马铃薯会因温度导致退化，严重时会全部坏死，因此马铃薯在我国的早期栽种区域集中在气候适宜，利于生长发育和种性保存的海拔1 200米以上，气温较低的西南、西北各省高寒地区。

[1] ［美］何炳棣：《美洲作物的引进、传播及其对中国粮食生产的影响（三）》，《世界农业》1979年第6期，第25-29页。
[2] 佟屏亚、赵国磐：《马铃薯史略》，中国农业科技出版社，1991年，第13页。
[3] ［苏］B.B.赫沃斯托娃、［苏］N.M.雅什娜主编，唐洪明、李克来译，郑德林校：《马铃薯遗传学》，农业出版社，1981年，第10-12页。
[4] 王毓瑚：《秦晋农言·马首农言》，中华书局，1957年，第118页。
[5] 尹二苟：《〈马首农言〉中"回回山药"的名实考订——兼及山西马铃薯引种史的研究》，《中国农史》1995年第3期，第105-109页。
[6] 谷茂等：《中国马铃薯栽培史略》，《西北农业大学学报》1999年第2期，第79页。

19 世纪中期以后,我国大部分省区才开始种植马铃薯。道光二十七年（1847年）完稿的《植物名实图考》中对马铃薯的外形、味道等都有比较详细的记述,并绘有马铃薯素描图。[1]其中,记录了云南、贵州、山西、陕西、甘肃已有马铃薯种植。此外,四川、湖南、湖北等省也开始出现马铃薯的种植记录,且多为"贫民悉以为食"[2]。

20 世纪初,在政府大力推广和新农业技术的利用下,马铃薯的栽种面积才有了比较大的增长。并且随着西方传教士、探险家、旅行者的蜂拥而入,又有许多新的马铃薯品种传入我国[3],针对马铃薯的栽培试验、品种改良工作也先后开展起来。在随后的抗战期间,马铃薯在解决粮食匮乏、民食军需方面发挥了巨大作用。[4]至今,山西已有"五谷不收也无患,还有咱的二亩山药蛋"的俗语,可见此时马铃薯已经成了重要的备荒粮食。

二、花生

花生（*Arachis hypogaea* L.）是豆科落花生属的一年生草本植物,原产于南美洲玻利维亚,传入我国的花生有小花生和大花生两种,传入的时间不同,路径也有多条。小花生首先传入东南沿海各省,关于其来源缺乏明确的记录,但明中晚期东南沿海的江苏、浙江、福建等省的地志中已可以看到当地种植小花生的记载;大花生在 19 世纪中后期由美国传教士带入山东。

1. 花生的传入路线及在我国的传播

我国有关小花生最早的记录见于弘治十六年（1503 年）的江苏《常熟县志》,"落花生,三月栽,引蔓不甚长。俗云花落在地,而子生土中,故名"[5]。《学圃杂疏》中也有"香芋落花生产嘉定"[6]的记载,可见浙江嘉定应是小花生传入我国最早的一处传播中心。同时,福建省也应是小花生传入较早的一个区域,

---

[1]（清）吴其濬:《植物名实图考》（上册）,中华书局,1963 年,第 144-145 页。

[2] 道光《城口厅志》卷 18,道光二十四（1844 年）刻本。

[3] 黑龙江科学院马铃薯研究所:《中国马铃薯栽培学》,中国农业出版社,1994 年,第 13 页。

[4] 佟屏亚、赵国磐:《马铃薯史略》,中国农业科技出版社,1991 年,第 42-66 页。

[5] 弘治《常熟县志》卷 1,弘治十六年（1503 年）刊本。

[6]（明）王世懋:《学圃杂疏·蔬疏》,中华书局,1985 年,第 12 页。

万历年间浙江《仙居县志》记载"落花生原出福建，近得其种植之"[1]。

小花生传入东南沿海一带后，先是向内地传播到了长江一线，安徽、江西的花生种植时间均较早。19世纪，花生栽培向北推广至山东、山西、河南、河北等地，19世纪末，花生在全国已经很普遍，除西藏、青海外，各省均有栽培。[2]

19世纪中后期，大花生传入山东省，"山东蓬莱县之有大粒种，始于光绪年间，是年大美国圣公会副主席汤卜逊（Archdeaco Thomson）自美国输入十瓜得（quarter）大粒种至沪，分一半于长老会牧师密尔司（Bharle Mill），经其传种于蓬莱，该县至今成为大粒花生之著名产地。"[3]此后，山东一直是花生的主产区之一，20世纪20年代，山东烟台等地约有三分之一的耕地用于种植花生。

大花生在山东东部试种成功后，逐渐向中西部传播。清末、民国大量地志中都记载了大花生与小花生的比较，大花生虽然含油量稍少，但颗粒大、产量高，于是逐渐取代了小花生，目前我国花生的主导品种也是大花生。[4]光绪山西《南郑县志》记载"落花生，在光绪二十年（1894年）前，所种者纯为小花生，后大花生种输入，以收获量富。至宣统间，小花生竟绝种"[5]。

2. 花生的影响

花生对土壤要求不高，除盐碱地外，几乎所有土壤都可种植，特别适宜在干旱多风少雨的地区种植。同时，作为豆科植物，花生可以固氮，有利于恢复地力，改良土壤环境。花生既可以长时间连作，也可作为谷物的前作作物。

花生作为油料作物，社会需求量大，获利丰厚，晚清以降更是成了主要的商品经济作物。因此，花生的种植面积扩大，许多作物受到了排挤，如山东的小麦，河北、河南的高粱、小麦，湖南、湖北的稻米、棉花等种植面积都曾因花生种植而减少。20世纪20年代濮阳一个村庄的调查显示，因花生栽培，五谷种植减少了二分之一。[6]花生还改变了各地原有的种植结构，例如华北地区原本典型的两年三熟是冬小麦与大豆的复合结构，种植花生后改变为了麦—花

[1] 罗尔纲：《落花生传入中国》，《历史研究》1956年第2期。
[2] 王宝卿、王思明：《花生的传入、传播及其影响研究》，《中国农史》2005年第1期，第35-44页。
[3] 毛文兴：《山东花生栽培历史及大花生传入考》，《农业考古》1990年第2期，第317-318页。
[4] 陈凤良、李令福：《清代花生在山东省的引种与发展》，《中国农史》1994年第2期，第55-58页。
[5] 民国《续修南郑县志》卷5，民国十年（1921年）刊本。
[6] 纪彬：《农村破产声中冀南一个繁荣的村庄》，《天津益世报》，1935年8月17日。

生—甘薯，在一定程度上提高了轮作率，河北有的村庄出现了以花生为中心的农业生产结构。

三、辣椒、南瓜等蔬菜

今天我们饭桌上的 150 余种主要蔬菜中，源自我国本土的蔬菜很少，仅有白菜、萝卜、水芹、芥菜、韭菜、茭白、竹笋、莲藕等，其中严重缺乏夏季蔬菜。[1]虽从西汉开始我国不断从域外引进夏季蔬菜，但数量仍相对较少，每到夏季常出现"园枯"现象。明清时期，随着大量美洲蔬菜的传入，形成了以茄果瓜豆为主的夏季蔬菜结构，清代《农学合编》记载了 57 种栽培蔬菜，其中夏季蔬菜 17 种，基本改善了我国夏季蔬菜匮乏的局面。辣椒、南瓜、番茄、菜豆等美洲作物已经成为了今天我们普遍食用的蔬菜，在完善我国居民营养结构上发挥了重要作用。美洲原产的蔬菜经过近 400 年的引种，最终成为我国餐桌上的主角，甚至替代了部分本土蔬菜，成为我国饮食文化的重要特色。[2]

1. 辣椒

辣椒（*Cap-sicum*）是茄科辣椒属作物，原产于南美洲亚马孙丛林，至少在 8 000 年前，辣椒在南美洲文明中已经被用作食材，公元前 6200 年左右的秘鲁古墓中，辣椒已经作为经常性食材来陪葬。[3]哥伦布在其日记中也记录了辣椒，并记录了当地居民将辣椒作为作料放入任意食物中。[4]1493 年（弘治六年）哥伦布返航时将辣椒带回了西班牙，16 世纪中叶，辣椒已经传遍中欧各国。同时西班牙人、葡萄牙人还在 16 世纪中叶将辣椒传入印度、日本，17 世纪传入东南亚各国。[5]哥伦布探索通往印度航线的一个重要原因就是寻找昂贵的胡椒，但辣椒发现后作为也能产生辣味的香料却没有迅速在欧洲产生追捧，而是长期被作为园艺观赏植物，倒是在非洲，辣椒较早应用到了食品中，并随着奴隶贸

[1] 丁晓蕾、王思明：《美洲原产蔬菜作物在中国的传播及其本土化发展》，《中国农史》2013 年第 5 期，第 26-36 页。
[2] 丁晓蕾、王思明：《美洲原产蔬菜作物在中国的传播及其本土化发展》，《中国农史》2013 年第 5 期，第 26-36 页。
[3] 胡义尹：《明清民国时期辣椒在中国的引种传播研究》，硕士学位论文，南京农业大学，2014 年。
[4] 张志善编译：《哥伦布首航美洲——历史文献与现代研究》，商务印书馆，1994 年，第 100 页；[意] 克里斯托弗·哥伦布：《哥伦布日记》，远方出版社，2003 年，第 167 页。
[5] [日] 星川清亲：《栽培植物的起源与传播》，河南科学技术出版社，1981 年，第 137 页。

易传到了北美。

明代《遵生八笺》中"番椒丛生，白花，果俨似秃笔头，味辣，色红，甚可观，子种"[1]一句是我国迄今可见最早的关于辣椒的记载。辣椒传入之初主要用作观赏植物，如《遵生八笺》中将辣椒归为花类，属于观赏植物，《二如亭群芳谱》《农政全书》《致富全书》等农书中也多强调其观赏性，将其列入花类。不过，《致富全书》虽仍将辣椒列入花部，但已记录"味辣，可充花椒用"[2]，是迄今可见最早的辣椒食用方法。后来人们发现辣椒有温胃和脾、化毒解瘴的功效，渐入蔬菜。18 世纪中期以后，在长江中上游及西南、西北的许多省区辣椒甚至成为蔬中要品、每食必备。和其他外来物种一样，辣椒也不是一次性引入我国的，而是存在多地区、多路径、多时间的多次引种，主要路线有以下四种：

①从菲律宾等东南亚国家传入东南沿海地区。现存文献中，浙江是最早有辣椒记载的地区，从《遵生八笺》《牡丹亭》的记载来看，辣椒在 16 世纪 90 年代的浙江并不罕见。但辣椒并不见于明代方志中，方志中最早出现辣椒记载的是康熙十年（1671 年）浙江《山阴县志》："辣茄，红色，状如菱，可以代椒"[3]。

②从日本、朝鲜传入东北地区。明中后期的辽宁方志缺失，但康熙时期的《盖平县志》《辽载前集》《盛京通志》中均有辣椒记载，《盖平县志》中还记载了当地辣椒的两种来源，分别是由北京传入和由朝鲜传入。考虑到朝鲜 17 世纪初开始种植和使用辣椒，而朝鲜又是后金的属国，辣椒从朝鲜传入东北是很容易的。

③从印度传至云南。这条路线主要源于道光时期湖南《永州府志》的记载："番椒之入中国盖未久也，由西南而东北，习染所移，与淡八菰等，是亦可谓妖物也与（湘侨闻见偶记）"[4]。但云南地志中有关辣椒的记载出现较晚，乾隆时期的《广西府志》《云南通志》《景东直隶厅志》中才见有辣椒，其中也没有关于辣椒来历的记载。

④沿丝绸之路传入西北地区。这条路线的依据主要是光绪时期的《耒阳县

[1]（明）高濂：《遵生八笺》，巴蜀书社，1988 年，第 598 页。
[2] 孙芝斋校勘点注：《致富全书》，河南科学技术出版社，1987 年，第 113 页。
[3] 康熙《山阴县志》卷 8，康熙二十二年（1683 年）刻本。
[4] 道光《永州府志》卷 7 上《食货志·物产》，道光八年（1828 年）刻本。

志》中记载："番椒（种出西域……）"[1]，并且辣椒多有"秦椒"的别称，也可能与由西北地区传入有关。不过，新疆、甘肃、宁夏、陕西等丝绸之路沿线省份有关辣椒的记载出现均较晚，而陕西又是这些省份中最早出现辣椒记载的，与该路线的传播方向并不相符。因此，目前并没有明确的证据能证明此条路线的存在。

16世纪中期辣椒传入我国后，其向内地继续传播的路线还十分模糊，直到康熙年间，各地地志中才逐渐出现辣椒。东南沿海的浙江、江苏、福建、广东、广西虽然康熙年间地志中就出现了辣椒，但普遍出现辣椒记载要到乾隆、嘉庆时期。华中地区的安徽、江西、湖南、湖北地志中多是乾隆年间开始出现辣椒，其中湖南出现的较早，有可能是这一地区辣椒传播的中心，并向西南地区传播，但直至嘉庆年间，还没有明显的湖南当地人嗜辣的记载。西南地区中贵州辣椒食用较早，康熙年间贵州《思州府志》记载"土苗用（辣椒）代盐"[2]，说明辣椒作为调味品已经进入当时人们的饮食生活了，而且辣椒缓解了这些山区贫民对盐的需求。至乾隆年间，贵州地区开始大量食用辣椒。随即，紧邻贵州的云南镇雄也开始食用辣椒。四川辣椒种植和食用范围迅猛发展当在嘉庆年间。华北地区的河北、山东关于辣椒的记载较早，康熙年间河北《深州志》中就有"秦椒""花椒"相对的记载，但并不多，直到光绪时期，地志中才比较普遍出现了辣椒。而山东乾隆年间关于辣椒的记载是各省份中最多的。河南、山西的辣椒记载出现要晚至道光时期。陕西辣椒的记载最早见于雍正时期，其后记载数量增加较多，但多集中在陕南地区。甘肃地志中乾隆年间的《肃州新志》中就出现了辣椒，但直至清末，甘肃的大部分地志中并没有辣椒记载。辽宁的辣椒记载早且多，但吉林、黑龙江地志中出现辣椒却是在清末，这与这两地清早中期地志不发达有关，其开始辣椒种植的时间应比地志中出现的时间早很多。

随着辣椒食用范围的扩大，辣椒贸易也繁荣起来，清末《蜀游闻见录》记载："昔先君在雅安厘次，见辣椒一项，每年运入滨省者，价值近数十万"[3]。民国时期，辣椒外销已成为某些县的经济支柱，还形成了像河北望都县这样的"辣都"。

[1] 光绪《耒阳县志》卷7，光绪十一年（1885年）刻本。
[2] 康熙《思州府志》卷4《赋役志·物产》，康熙六十一年（1722年）刊本。
[3]（清）徐私余：《蜀游闻见录》，四川人民出版社，1985年，第98页。

辣椒传入后我国辛辣用料发生了明显的变化，传统的花椒、姜、茱萸等辛辣用料地位被辣椒抢占，花椒被压缩到四川盆地内，姜已不再作为主要的辛辣来源，茱萸则逐渐退出了餐桌。同时，辣椒缓解了我国夏季蔬菜的不足，以其丰富的营养价值、突出的口感，成为人们的嗜食之物。辣椒食法多样，可生食、炒食或干制、腌制和酱制，由于有了辣椒的支撑，才形成了如今驰名中外的川、湘菜系。

2. 南瓜

南瓜（*Cucurbita maschata* Duch.）是葫芦科南瓜属一年生蔓生性草本植物，是中国重要的蔬菜作物和菜粮兼用作物。根据现有材料，南瓜起源中心是墨西哥和中南美洲，公元前 3000 年的秘鲁发现有栽培南瓜遗存。[1]美洲印第安人一般在溪流沿岸地带种植南瓜、菜豆、玉米，三者形成了稳定的栽培传统，16 世纪的欧洲旅行者报告中就记述了印第安农田中到处种植南瓜、菜豆、玉米。[2]南瓜从美洲向其他大陆的传播并没有明确的记载，但哥伦布发现新大陆后，欧洲探险队迅速涌向新大陆，可能正是在这一过程中，南瓜被带出了美洲。日本学者星川清亲认为东南亚是欧亚大陆较早种植南瓜的地点，嘉靖二十年（1541年），葡萄牙船只从柬埔寨将南瓜传入日本丰后或长崎。[3]

南瓜主要通过东南海路，可能由葡萄牙人、西班牙人带来了中国，南瓜与甘薯一样，可长时间储存，适合远洋航行，可经海路直接由美洲传播至中国。《本草纲目》中对南瓜已经有了比较详细的记载，"南瓜种出南番，转入闽、浙，今燕京诸处亦有之矣"[4]，并且对南瓜的形态特征、栽培技术、食用方法等都有所记述。《本草纲目》成书于万历六年（1578 年），可见，在 16 世纪末，人们对南瓜已经比较熟悉了。从地志文献来看，南瓜多出现于 16 世纪中后期，东南沿海的福建、广东、浙江等省出现较早，崇祯年间的《肇庆府志》中记载"南瓜如冬瓜不甚大，肉甚坚实，产于南中"，似乎指向南瓜引种自南洋。

经缅甸传入云南也应是南瓜传入我国的一条路线，嘉靖三十五年（1556 年）

---

[1] 李昕生：《中国南瓜史》，中国农业科学技术出版社，2017 年，第 21-24 页。

[2] Mac Callum, Anne Copeland, ed: Pumpkin, Pumpkin: Lore, History, Outlandish Facts, and Good Eating, Heather Foundation, 1986, pp. 31.

[3] ［日］星川清亲：《栽培植物的起源与传播》，河南科学技术出版社，1981 年，第 68 页。

[4] （明）李时珍：《本草纲目》卷 28《菜部》，人民卫生出版社，1982 年，第 1029 页。

的《滇南本草图说》中有"南瓜，味甘，性温。主治补中气而宽利，多食发脚疾及瘟病"[1]的记载，也是较早出现的有关南瓜的记载。南瓜在云南素有"缅瓜"之称[2]，此称呼未见于他省。

南瓜引入我国后，传播较快，16世纪记载南瓜的省份就有15个，[3]这些种植南瓜的省份很大程度上与明代的几条交通线有关。一是京杭运河，南瓜在浙江推广之后，通过京杭运河向北推广，宿迁、宝应、江都、沛县等运河沿岸各地先后在万历年间栽种南瓜。二是云南土司向北京进贡的路线，四川、湖北西北部、河南西南部都在这条路线上，明代，这里都只有零星的南瓜种植，且有明一代一直局限于这些地区。清初，南瓜在各省迅速普及，这与移民的关系密切，南瓜在江西、湖南等地的推广就是随着闽粤移民而来。四川虽在万历年间就记载有南瓜种植，但直到康熙年间仅有零星栽培。乾隆时期，随着湖广移民进入四川，四川山区南瓜种植异军突起，普及速度、栽培面积具有实质性提升。华北地区也在清初成为南瓜主产区之一。

南瓜不与粮棉等大宗农作物争地，"宜园圃宜篱边屋角"[4]，无碍农忙，提高了土地和劳动力的利用率，增加了食物供给。南瓜的果实可作为菜肴，茎、叶、蔓可作为粗饲料，种子含油量高，可作为零食，特定情况下还可果腹充饥。因为这些特性，南瓜的救荒性一直受到明清学人的推崇。《救荒简易书》中提到了人为缩短南瓜生长期的"快南瓜"，可解救荒之急。[5]经过储藏的南瓜还可以成为越冬粮食，缓解冬春粮食不足。

3. 番茄

番茄（*Lycopersicon esculentum* Mill.）是茄科番茄属一年生草本植物，原产于南美洲安第斯山脉。16世纪，番茄作为观赏植物由墨西哥传到了葡萄牙并进一步传播到了整个欧洲，18世纪中叶在欧洲开始进行食用栽培。17世纪，番茄传到菲律宾、爪哇等东南亚国家，亚洲其他国家在此后也出现了有关番

---

[1]（明）兰茂：《滇南本草图说》卷8，汤溪范行准藏本。

[2] 雍正《顺宁府志》卷7《土产》，雍正三年（1725年）刊本；光绪《丽江府志》卷3《物产》，光绪二十一年（1895年）刊本。

[3] 李昕生：《中国南瓜史》，中国农业科学技术出版社，2017年，第46-48页。

[4]（清）何刚德：《抚郡农产考略》草类三《金瓜》，光绪三十三年（1907年）刻本。

[5]（清）郭云陞：《救荒简易书》卷1《救荒月令》，光绪二十二年（1896年）刻本。

茄的记载。

我国最早有关番茄的记载出现在万历年间，《群芳谱》中称番茄"来自西蕃，故名"[1]，《植品》一书中也记载有万历年间西方传教士引入"西蕃柿"[2]，应是从欧洲或东南亚传入我国。20 世纪初，番茄还曾从俄罗斯再次传入我国，民国黑龙江《呼兰县志》记载"洋柿：草本俄种也"[3]。

番茄传入我国后，同欧洲一样，长期被作为观赏植物。清初，华北地区、福建的地志中出现了有关番茄的记载，但多出现在花属里，如康熙时期山东《莱阳县志》、河北《迁安县志》等。清末，大部分地区的地志文献中都出现了有关番茄的记载，且已用于食用，如光绪年间云南《普洱府志》载："西番柿（芦志）一名五子登科，味香甘可食，四属皆产"[4]，但这种食用应该还没有得到广泛推广，光绪上海《崇明县志》仍载"别有番柿非柿也，实不可食红艳可玩"[5]，认为番茄有毒不可食用。我国正式将番茄列为蔬菜是在 20 世纪初，20 世纪 50 年代番茄的栽培食用和各种利用才得到大规模地推广和普及。

4. 菜豆

菜豆（*Phaseolus vulgaris* L.）是豆科菜豆属一年生草本植物，原产于中南美洲，是中南美洲印第安人农业中的主要粮菜作物之一，与玉米、南瓜一起构成了美洲农作物体系。16 世纪初，菜豆由西班牙人传入了欧洲[6]。

菜豆是中国传播最广的豆类蔬菜之一，最早见于嘉靖四十二年（1563 年）的云南《大理府志》，其中记载的"羊角豆"应是菜豆的一种地方名称。明代除云南外，天启年间河北《永清县志》中也见有关于"菜豆"的记载。清中叶，山西、四川、辽宁、湖北、湖南、贵州、陕西、河南等省地志中均出现有关菜豆的记载，有些对菜豆的描述十分细致准确，如《植物名实图考》中记载"似扁豆而细长，似豇豆而短扁，嫩时并荚为蔬，脆美，老则煮豆食之，色紫小儿所嗜，河南呼四季豆或亦呼龙爪豆"[7]，所描述的生物学特性与后世菜豆栽培

---

[1]（明）王象晋：《二如亭群芳谱》，两仪堂刻本。

[2] 丁晓蕾、王思明：《美洲原产蔬菜作物在中国的传播及其本土化发展》，《中国农史》2013 年第 5 期，第 26-36 页。

[3] 民国《呼兰县志》卷 6，民国十九年（1930 年）刊本。

[4] 光绪《普洱府志》卷 4，光绪二十一年（1895 年）刊本。

[5] 光绪《崇明县志》卷 4，光绪七年（1881 年）刊本。

[6]［日］星川清亲：《栽培植物的起源与传播》，河南科学技术出版社，1981 年，第 55 页。

[7]（清）吴其濬：《植物名实图考》，中华书局，1963 年，第 41、第 42 页。

种完全一致。但是，菜豆作为蔬菜在全国的大范围推广应始于 20 世纪初。

从以上几节内容我们可以看出，美洲作物在传入我国的过程中既有共性又各具特色，大多经历了不同路线和先后几次的传入，传入路线集中在东南海陆、西南陆路、西北陆路、东北陆路上，与这一时期我国对外交往的交通线是统一的。美洲作物传入我国后，其进一步传播的情况比较复杂，与作物的自然特性、人口的迁移、人们对该种作物的认识、国内主要的交通路线等都有关系，传播速度、传播范围均有所不同。玉米先在山区取得优势，如中部的陕鄂川湘桂山区、西南的黔滇山区、东南的皖浙赣部分山区等地，在清末才开始向平原扩散。玉米的传播过程与从东南向西部流动的移民有很大关系，由于山区开发易引发一系列问题，所以政府、士人多强调玉米不利的一面。甘薯主要的种植区域与玉米形成互补，二者在优势方面有很多共同性，如耐旱、耐瘠等，所以当一种作物融入某地的种植体系之中后，另一种作物则很难取代。甘薯在官方出现时通常都是正面的、赞扬的，这与甘薯优越的救荒性有关。烟草作为成瘾性的嗜食作物，最快完成了大距离跨度的引种，烟草广泛种植后，由于与粮食作物抢夺耕地、人力，引发了许多争论，但烟草的种植面积是一直上升的。马铃薯作为现今十分重要的粮食作物，却受自身生物特性的影响，直至清末才在我国形成比较大面积的种植区。花生作为重要的油料作物，传入我国后改变了我国食用油的种类，山东作为大花生的第一传入地，也成为一直以来我国重要的花生产区。美洲蔬菜的传入丰富了我们的餐桌，但他们传播的速度明显要慢于粮食作物和经济作物，许多蔬菜都曾长期被当作观赏植物，如番茄直到 20 世纪才开始摆脱有毒的标签，成为了食物。

第五节　美洲外来作物对我国农业的影响

明清时期传入我国的美洲作物有近 30 种，它们在传入我国后的不长时间里，就有了相当快的发展，不少在今天我国的作物构成中占据了举足轻重的地位。这一方面是由于美洲作物传入的时期正是我国人口高速增长、人地矛盾突出、食物供给紧张的时期，美洲耐瘠且高产的粮食作物对满足日益增长的粮食需求起到了重要作用。另一方面，商品经济的发展、交通条件的改善，使得农民越来越愿意种植经济作物以获得更多的经济利益，传入的美洲作物如烟草、花生等本身就是经济作物，而像玉米、甘薯等作物又不与这些经济作物争地，可以满足在种植经济作物时的粮食需求。在这两方面的影响下，美洲作物在不长的时间内就有了迅速的发展。[1]这些作物的传入丰富了我国作物的种类，扩大了我国农业生产的地域范围，在我国的土地利用和农业生产上引起了一个长期的革命。[2]

外来作物到中国都经历了"引种"和"本土化"两个过程[3]，"引种"可具体细化为引种的时间、路径、过程，即前文主要论述的内容；"本土化"包含着各类作物在我国的推广和总结出的生产技术体系和加工、利用体系。在外来作物"本土化"的过程中，我们可以更好地开发、利用我们已有的自然资源，让资源的边界得以拓宽；丰富我们的自然知识，更好地去平衡可能出现的问题；调整已有的种植结构，进一步提高单位面积耕地的产出，以支撑更多的人口。

一、丰富了我国的自然知识

我国是世界农业起源中心之一，拥有悠久的农学传统，在长期的生产实践中，积累了丰富的农业知识和生产经验，两汉时期就形成了以抗旱保墒为主要内容的北方旱地农业技术，唐宋时期又形成了以防旱、排涝为内容的南方水田农业技术。明清以来，在巨大的人口压力下，为提高农作物产量，一方面开垦新的宜农土地，另一方面想尽办法来提高单位面积产量，精耕细作和复种套种更加充实丰富。在此基础上，人们对于自然资源的认识和利用有了新的深度和广度，对美洲新作物的认识和利用就是其中特别重要的一个方面。

1. 对新作物特性的认识

美洲外来作物引种能否成功是由多种生态条件综合决定的，气候和土壤条件是其中最基本的。这些外来作物的原生环境，有些与中国环境相差甚远，如果对这些域外引种作物的特殊习性没有给予充分的认识，照搬本土原有经验，是无法引种成功的。因此，认识每种作物的习性对于物种能否成功引种有重要

---

[1] 王思明：《美洲原产作物的引种栽培及其对中国农业生产结构的影响》，《中国农史》2004 年第 2 期，第 16-27 页。
[2] ［美］何炳棣：《美洲作物的引进、传播及其对中国粮食生产的影响》，《世界农业》1979 年第 5 期，第 21-31 页。
[3] 李昕升：《中国南瓜史·前言》，中国农业科学技术出版社，2017 年。

意义。美洲新作物传入后，不同作物的特性被迅速认识，如《本草纲目》成书于万历六年（1578 年），距离美洲新作物传入的时间并不远，却已经形成了对这些作物较为细致的记录。各类饮食书籍中也可以看到对这些作物的寒热特性、食用价值、药用价值进行辨识，将其充分融入中国的饮食习惯，加以利用。

这些记录不仅仅是关于作物本身形状的描述，对栽培技术、加工利用等也进行了总结。明清时期的农书、本草书、医书、饮食书中大量记录了关于美洲新作物选地播种、育苗、定植、田间管理、病虫害防治、采收等栽培技术；对储藏、食用方式、药用方式、加工方式等也有比较全面的记录。这些都建立在我国已有的、强大的农业实践和系统记录的基础上。对每一种新传入的作物都总结了一套行之有效的栽培技术。

例如，得益于我国长期的种薯实践，甘薯传入、传开后，很快人们就提出了"深耕厚壅""起垄作畦"等基本栽培技术和"传卵""传藤""窖藏法"等留种、藏种技术[1]。山东德州的农民不仅在实践中解决了番薯薯种的越冬难题，同时还创造了番薯春、夏、秋三季栽培的技术，可以使番薯在北方地区一年两获至三获。[2]

在烟草种植上，人们灵活选择种收季节，南方冬季温度相对较高，烟草种植可以利用多熟制谷物收获后的空档期，选择在冬季播种冬烟。烟草原是热带、亚热带作物，如果温度过低，生长缓慢，难有收成，中国北方冬季寒冷，烟草难以过冬。在北进过程中，烟草育苗时间逐步推后，山东、湖北、四川等省份选择春季播种春烟；纬度更北的地区还有夏天播种的夏烟，并在此种植耐寒的黄花烟品种。在烟草种植技术的保障下，各地通过选择不同的宜播期巧妙规避了烟草的过冬问题，满足了烟草成熟期喜光、喜热的特性，保障了烟草在更大范围地区的生存。

这些认识还经历了不断发展的过程。花生初传中国时医家对其毁誉参半，未给予充分的重视，对其著述多依附于山药、香芋等种植技术的著作内，对花生产生了颇多误会，认为不宜多吃，甚至一度认为其有毒。如《滇南本草》中称花生"小儿不宜多食，生虫变为疳积"[3]。随着花生在我国本土化程度的加

[1]（明）徐光启：《农政全书校注》卷27《树艺·蔬部·甘薯》，上海古籍出版社，1979 年，第688-695 页。
[2] 陈冬生：《甘薯在山东传播种植史略》，《农业考古》1991 年1 期，第220 页。
[3]（明）兰茂：《滇南本草》卷1，汤溪范行准藏本。

深，人们认为花生有毒的观念逐渐消失，并开始称之为"长生果"。

对新作物栽培技术的总结，一方面得益于我国早已成熟的传统栽培技术，如花生的"压枝技术"较独特，可能是在传统桑树压条技术的基础上发展而来的。《郡县农政》《归绥识略》中涉及南瓜栽种时往往引用《齐民要术》中的瓜类栽培技术，使南瓜套用了我国传统的瓜类栽培技术，融入了我国瓜类生产体系。[1]另一方面也积极开展农业实践，培育了许多本地品种，如花生被引入中国后，在自然环境和本土种植加工技术的改造之下，其形态相应地发生了一些改变。花生在南美原产地长期炎热干燥、多风多沙土环境下，形成了匍匐蔓生以防风、在干燥沙土中结实等特点。从《常熟县志》等记载的花生初传的性状来看，花生"引蔓不甚长"，具有蔓生特点。但中国南方大多风力不大，夏季多雨，花生原有的节约水分和抗风特性变得没有必要。且蔓生使花生果实分散，不便于收获，用力颇多。人们通过园艺技术及域外再次引种，将蔓生、不便于收获的品种淘汰，着重培养半直立、直立丛生型和结荚集中型花生，以便收获时可以一把抓，但花生在原有环境下形成的最大特点——在地下黑暗环境下结实的生物特性难以改变。因此在新的环境之下，它仍然要求沙性土壤，人们多将其种植于沙地，就是为顺应这种特性。[2]

这些对新作物的认识还很注意与本地自然条件的配合，如注意到了生长习性与土质的配合（花生多种于沙地）。同时，基于海拔高低所致的不同的雨热等自然条件，一些山区形成了旱作垂直农业景观，"乡民居高者恃包谷为正粮，居下者恃甘薯为接济正粮……最高之山，地气苦寒，居民多种洋芋"[3]。

这些对美洲作物的认识，不仅出现在综合性、地方性的农书中，还出现了针对单一作物的专门性农书，如3部番薯著作，10部烟草著作。[4]马铃薯的大规模种植开始的较晚，所以直到19世纪末才出现了第1部系统阐述马铃薯的著作——《播种洋芋方法》。

2. 对传统农学的推进

风土理论是我国传统农学中的重要方面，"风土"说经由"天时"和"地

[1] 李昕生：《中国南瓜史》，中国农业科学技术出版社，2017年，第157-159页。
[2] 邓启刚：《域外经济作物的引种及本土化研究》，硕士学位论文，西北农林科技大学，2013年，第21页。
[3] 同治《施南府志》卷10《风俗》，同治十年（1871年）刻本。
[4] 闵宗殿：《试论清代农业的成就》，《中国农史》2005年第1期，第60-66页。

宜"等原则演变而来，"风"指空间条件，"土"指地理条件，概括了作物所需的生长条件。早在先秦时期就有关于风土适应问题的论断，"橘生淮南则为橘，生于淮北则为枳"就是这一观念的体现。风土理论强调作物与自然环境的配合，有其合理性，但后世出现了"唯风土论"，拘泥于农业的地域性，常以土地不宜，反对作物的传播。这种机械的看法限制了不同地区之间农作物的交流，不利于农业的发展。随着技术的发展，人们认识到了"唯风土论"是可以打破的，元代王祯在《农书》中已经提出要创造有利于作物生长的条件，实现引种本土化，同时作物本身的习性也是可以逐步改变的。

明清时期，随着美洲作物的大规模引入，农学家纷纷对"唯风土论"进行批判，认为通过技术手段可以突破风土的限制。徐光启《农政全书》认为"亦有不宜者，则是寒暖相违，天气所绝，无关于地。"[1]王象晋也明确提出了人力夺天工的农学思想。

甘薯的传种过程就体现了明清学人对我国传统"风土"农学思想的发展。甘薯传入后，由于种薯越冬问题无法解决，导致甘薯长期无法走出闽粤等省份，似乎正好验证了"唯风土论"的观点。但经过徐光启的农学实践证明，甘薯可以在长江流域甚至是华北平原进行栽种，作物的地区性差异，并不妨碍种植，批判了"风土"限制论，《甘薯疏》及后来《农政全书》中的《甘薯篇》就集中体现了他的这一农学思想。[2]

二、改变了部分地区的作物种植制度

作物种植制度是一个地区作物组成、配置、熟制与种植方式的综合，是根据自身环境从事农业生产的技术综合。[3]合理的种植制度是以区域内自然条件和社会经济条件为基础的，对农业发展有重要作用。通常情况下，一个区域的种植制度是相对稳定的，而随着新作物特别是明清时期美洲作物的推广种植，我国多地的种植制度都发生了很大程度上的改变，主要表现在：复种指数增加，亩产量得到提高和山地得到开垦，耕地总面积增加两方面。正是由于这些外来

---

[1]（明）徐光启：《农政全书校注》卷2《农本》，上海古籍出版社，1979年，第42页。

[2]李凤岐：《徐光启与风土说》，《中国农史》1983年第3期，第46页。

[3]曹敏建主编：《耕作学》，中国农业出版社，2002年，第1-2页。

物种的作用使得我国在生产工具、水利等技术改进不大，化肥、农业还未出现的情况下支撑明清时期人口的高速增长。

明清时期我国人口大增长，耕地面积虽也在增长却远远赶不上人口增长的速度，人均耕地面积不断下降。万历元年（1573年）全国共有人口6 079万人，人均耕地11.6亩；康熙元年（1662年）全国共有人口10 471万人，人均耕地5.3亩；乾隆三十一年（1766年）全国共有人口20 479万人，人均耕地3.6亩；道光三十年（1850年）全国人口已接近4亿人，人均耕地1.65亩。[1]人多地少、耕地不足的现象日益严峻，粮食供给存在极大压力。在如此众多的人口增长下，我国农业依然支撑了粮食需求，其原因是多方面的，美洲作物的引种、推广与多熟制、间作套种耕作制度的发展是其中的重要方面。

明清时期，华北地区已经确立了两年三熟制，最初主要是冬小麦与大豆的组合。[2]随着美洲作物的普遍推广，他们也都参与到了多熟制之中，北方的两年三熟制或一年两熟制出现了花生—玉米—小麦或小麦—花生的轮作，南方的水旱轮作制出现了春花生—晚稻—冬甘薯或早稻—秋花生—冬作大豆或蔬菜的轮作。由于每种作物需要的营养成分各有偏重，多种作物组合的轮作更有利于保持地力，让亩产量保持在较高水平。

同时，间作套种也有了很大程度的发展，各地都诞生了一些间作套种的方式，大量美洲作物也参与到了间作套种之中。如华北地区，晚清至民国时期与棉花间作的作物有甘薯、西瓜、甜瓜、向日葵等，玉米也常与大豆、马铃薯、蚕豆、油菜等间作；四川流行油菜与甘薯、玉米与花生、玉米与辣椒的间作；在华南地区盛行棉花与玉米、棉花与甘薯的间作；东北和华北的一些地区还普遍采用玉米或高粱与黄豆混种的方式。玉米与冬小麦的套作是中国北方平原灌溉地区的一种主要种植方式，其次有玉米与春小麦、大麦、豌豆等的套作，稻薯套种。晚清至民国时期我国花生栽培面积的扩大，除垦耕少量生荒、河滩外，主要依靠间作套种。19世纪70年代实行间作套种的花生，占花生种植总面积的50%，最多的湖北、四川等省，麦田套种花生占播种面积的80%。

美洲作物参与轮作、间作、套种的时间、范围都是不同的，构成的作物组

---

[1] 李文治：《中国农业近代史资料》，生活·读书·新知三联书店，1957年，第858-895页。

[2] 李令福：《论华北平原二年三熟轮作制的形成时间及其作物组合》，《陕西师大学报（哲学社会科学版）》1995年第4期，第119-124页。

合在各地也都有不同的表现形式，以下选取较有代表性的几个省份，着重考察清代这些省份在种植制度上的变迁，以及每种作物在农业生产上的参与程度。

1. 两湖

明清时期，两湖的农业开发进入了一个新的阶段，"湖广熟，天下足"的民谚从民间走入了宫廷，屡次出现在皇帝谕旨和大臣奏折之中。两湖平原因土地广沃且一年两熟，并借助四通五达的优越地理位置和地居长江大动脉中游转输便利的交通条件，成为重要的商品粮输出区。[1]

清代两湖总体上说以水稻生产为主，但由于自然条件差异，各地情况并不一致。洞庭湖平原和沿江平原是稻米的核心生产区；湘中丘岗盆地以水稻为主，甘薯、豆类为辅，玉米虽传入较早，但种植不多，这一区域还是两湖地区最为集中的烟草产区；两湖东缘和南岭山区由于山地较多，旱作农业比重也很大，旱作区在玉米、甘薯传入之前以种植豆类、粟谷、荞麦为主，玉米、甘薯传入后很快取代了这些作物，是以稻谷为主，甘薯、玉米为辅的区域；湘西山地在清前期以粟谷、荞麦为大宗，玉米传入后迅速跃居主要地位。美洲作物传入后影响最大的区域就是鄂西、湘西北的山区，这一区域山高林深，在清初改土归流之前农业开发水平较低，山民还停留在刀耕火种阶段，以粟谷、麦子、荞麦为主要粮食作物。改土归流以后，随着大批移民的到来，玉米在此区域内迅速推开，甘薯、马铃薯的种植也占相当比重，美洲新作物深刻改变了当地。总体上，两湖地区中部平原以水稻种植为主，西、北部玉米种植相对占优势，南部甘薯种植相对占优势。[2]

两湖大体上可分为水田和旱地两类不同的种植制度，水田种植中少见美洲作物参与；旱地则形成了玉米—甘薯、大豆—甘薯等一年多熟的耕作制度。旱地的作物轮种以有利于地力恢复为原则，湖南宁乡县就是"一岁种烟，再岁种薯、荞、粱、粟，三岁种芝麻"[3]，因为烟草耗肥多，不能连续栽种，必须轮作。

美洲作物在两湖的广泛利用主要发生在清中期以后。明末清初，两湖地区

[1] 张国雄：《"湖广熟、天下足"的经济地理特征》，《湖北大学学报》1993年第4期，第70-78页。
[2] 龚胜生：《清代两湖农业地理》，华中师范大学出版社，1996年，第153-157页。
[3] 同治《宁乡县志》卷24《风俗志》，同治六年（1867年）刊本。

因战争出现了 2 000 余万亩耕地抛荒的现象。自平定吴三桂后，两湖社会安定，抛荒田地得到了迅速复垦。康熙后期至乾隆前期，两湖地区进行了以垸田为主的原荒地开垦，洞庭湖区、江汉平原是这一时期的开荒重点，种植作物仍以水稻为主，美洲作物在水田种植中并不能占有优势。乾隆初年以后，不仅抛荒田地已经得到复垦，较易开垦的原荒地也已基本垦尽，并且，垸田带来的水患日益频繁，土地开垦集中到了湘鄂西山地。[1]受当时人力、技术的限制，水稻难以突破湘鄂西山地地形、降水、气温等自然条件的限制，绝大部分新开垦山地都不具备种植水稻的条件，湘鄂西山区多以种植玉米、甘薯等耐旱高产的美洲新作物为主。

2. 山东

山东省是我国北方典型的旱作区，一直以来都是种植业大省，种植的作物种类多而全，种植结构复杂，非常具有典型性。同时，由于黄河、京杭大运河、渤海等强大的运力，明清时期山东的交通运输十分发达，为新作物的种植传播、商品化都奠定了基础。

清代，山东的土地垦殖主要经历了三个阶段，一是顺治至康熙末年的复垦。二是雍正、乾隆时期因大规模水利工程修建和河道疏通，原本低洼之地可供耕种，从而增加了大量的耕地面积。三是清末，垦殖基本上处在停滞状态，近山丘地、沿海滩涂、山头地角等都已开垦殆尽，但是这一时期由于自然灾害和战乱频发，又产生了一些抛荒地，新一轮的复垦中很多土地质量下降严重，耕种难度大。如因黄河水患造成的荒地中有些"将黄淤翻上，流沙填下，遂成膏腴"。而有些"濒临黄河四五里之村庄，日浸月渗，尽成碱地。早春野望，一白无际，农民播种时或刮去浮面或持帚扫除始行耕种，迨甲拆勾萌，一遇微雨，咸质滋入，苗即枯萎。有种至三五次者"。[2]

与其他省份有所区别，清末是山东人口急速增长的时期，光绪十三年（1887年）山东人口达到 36 694 000 人，比同治十二年（1873 年）多出 150 多万，达到了清代山东人口的最高峰。而光绪时期的人均耕地面积却比同治时期的 2.79 亩还多了 0.64 亩，说明山东的垦荒进程一直没有停止。

---

[1] 龚胜生：《清代两湖农业地理》，华中师范大学出版社，1996 年，第 82-93 页。
[2] 民国《齐河县志》卷 12《户口·土壤》，民国二十二年（1933 年）铅印本。

元代以来山东形成了"五谷、棉麻"的种植结构，我国原产的五谷和后来传入的小麦对土地质量的要求较高，因此，丘陵、山地、盐碱地等大多不能用于农业生产。美洲作物传入以后，由于对这些土地的适应性好，因此新开垦的近山丘地、沿海滩涂、山头地角等多种植美洲作物，冲击了原有的种植结构，逐渐形成了"粮、棉、油"的新型种植结构，普及了两年三熟制，并开始出现一年两熟的复种轮作制。[1]

但新的种植结构形成的时间是漫长的，美洲作物长期都是作为救荒作物而存在，并没有完全融入原有的种植制度中，是在紧急状态下采取的救灾措施，长期处在引而未种的状态中，而且受气候波动的影响，其种植面积也常有波动。[2]

以甘薯为例，虽然从清中期开始就有政府的多次号召，但甘薯在山东的种植规模似乎并没有很大，乾隆四十一年（1776年），陆耀在《甘薯录》中称"今虽间有种者，而遗利尚多"[3]，还仅为"间有种"。这一现象的原因可能是山东大部分地区实行了以小麦为核心的种植制度。小麦的生长时期为第一年的9月中下旬至次年的6月初。在保证小麦种植的前提下，10月甘薯收获后就失去了小麦的最佳播种时期。所以在以小麦为主体的种植制度下，甘薯很难融入原有的种植制度。[4]只有在原本麦作不发达的地区，甘薯才有可能得到较为快速的发展，但这种发展又会受到其他条件的制约，如嘉庆初，甘薯已成为胶州半岛的主要粮食作物，但嘉庆二十一年（1816年）的降温，打断了甘薯扩种的进程。直到清末民国时期，由于建立了甘薯—花生的新的轮作方式，低山丘陵区的农民将这两种作物实现了很好的技术搭配，并且获得了较高的经济效益[5]。甘薯逐渐从个别年份的救荒作物，变为了长期种植的粮食作物。

3. 陕西

陕西是我国农业文明的发祥地之一，陕西省内部又可分为几个不同的自然

[1] 王宝卿：《明清以来山东种植结构变迁及其影响研究——以美洲作物引种推广为中心（1368—1949）》，博士学位论文，南京农业大学，2006年，第98页。
[2] 王保宁：《乾隆年间山东的灾害与番薯引种——对番薯种植史的再讨论》，《中国农史》2013年第3期，第9-26页。
[3] （清）陆耀：《甘薯录》，道光二十四年（1844年）刻本。
[4] 王保宁：《气候、市场与国家：山东耕作制度变迁研究》，博士学位论文，上海交通大学，2011年，第43-52页。
[5] 王保宁：《花生与番薯：民国年间山东低山丘陵区的耕作制度》，《中国农史》2012年第3期，第54-68页。

单元，陕北黄土高原黄土层深厚，地貌类型多样，有典型的塬、梁、峁和复杂的沟渠系统，中部的关中平原是农业起源早、持续时间久的传统农区，南部的秦巴山地多属山地、丘陵，但也有少量盆地、河谷地带如汉中盆地、安康盆地等。

清代，陕西的土地垦殖经历了前期的复垦，至乾隆、嘉庆时期耕地面积大增，尤其是秦巴山地和中部关中盆地北面、西面的山地中有大量土地被开垦，此后，耕地面积进入了平缓增长的阶段。清末，受"回变"影响，陕西土地抛荒现象普遍，人地关系的矛盾得到了一定程度上的缓解。

土地开垦状况和当地的人口状况呈正相关，清初，陕北黄土高原人口数量很少，一片萧条景象。"自宜君至延绥，南北千里，内有经行数日不见烟火者，惟满目蓬蒿，与虎狼而已"，"此方之民，半死于锋摘，半死于饥谨，今日存者，实百分之一，皆出万死而就一生者也，是以原野萧条，室庐荒废"[1]。这一时期以复垦原有耕地为主，种植的主要作物与前代没有明显区别，多是以荞麦、青稞为主。此时，关中平原也有大量抛荒地，至康熙二年（1663 年），仍有 700多万亩熟田荒置未垦。到乾隆初，垦种的地方已深入"田头地角""极边寒冷之地"，或咸卤的平地，可以说陕西的复垦工作至雍正时期已大体结束。[2]陕南在清初继续执行封禁秦岭的政策，"除武关、褒斜可通大路，余皆层峦叠嶂，密荫深林，居民鲜少"[3]，雍正十三年（1735 年），陕南每平方千米人口在 2.09～9.14人，人口密度较低。这一时期陕南的耕地主要集中在河谷盆地一带，山区多为森林覆盖。

乾嘉时期，陕北人口基本呈现自然增长，增长略缓于内地。咸丰以后，由于太平军、捻军的影响，大量战区人口迁入陕北，陕北土地的人口承载压力增大。这一时期，陕北的主要作物仍是抗旱能力强、成熟期短的荞麦、青稞等。乾隆二十二年（1757 年）延长县县令曾推广玉米[4]，但由于玉米在生长期内需水量较多，在陕北种植有一定的局限性，所以未能出现大规模种植。甘薯喜温暖，畏严寒，尽管这一时期官府大力宣传种植甘薯的好处，但在陕北高原并未见甘薯种植。与以上两种粮食作物不同，陕北宜川县的烟叶生产有较大发展，

[1]　雍正《山西通志》卷 82《艺文二》，雍正十二年（1734 年）刊本。
[2]　何凡能、田砚宇、葛全胜：《清代关中地区土地垦殖时空特征分析》，《地理研究》2003 年第 6 期，第 687-697 页。
[3]　李启良、李厚之：《安康碑版钩沉》，陕西人民出版社，1998 年，第 44 页。
[4]　《古今图书集成》职方典卷 548《物产考》。

晒烟成为贡品之一。[1]

关中地区在这一时期由于人多地少的矛盾加剧，宜农土地又已开垦完毕，遂将垦殖重点放到了原本并非耕地的其他可耕土地，如零星不成段的"山头地角"和不易垦殖的"硗薄之地"或"极边寒冷之地"，就是平原空地，也多为"淹浸不常"的河湖滩地和一些低洼的咸卤之地。关中平原西部、北部的山地成为垦殖重点。这一时期，平原区以小麦种植最为广泛，所谓"关中以麦为命"[2]，其中冬小麦为多，另有少量荞麦、燕麦、青稞等在山地种植。但玉米、马铃薯等高产作物传入山地后，以上麦类作物的种植面积日渐萎缩。关中平原渭河以南地区水资源比较丰富，水利设施兴修较多，种稻在这一区域也占据了比较重要的地位。

与此同时，川楚各省移民移入陕南山地渐多，"查陕省南山……从前本无居民，自乾隆三十三年（1768 年）以后，始有湖广游民潜入山内，砍树搭棚，私垦山地，嗣遂日聚日多，凡遇稍觉平坦之地，或三四家，或五六家至二三十家，遍种包谷度日，近涧处所间有稻"[3]。及至嘉庆年间，连深处秦岭腹地的骆灙二谷，老林也已开十之六七。[4]此后陕南山地垦殖的目的也由复耕抛荒地，恢复社会经济转为了满足区域内人口增长带来的粮食需求，生计、糊口几乎成为垦殖扩张的唯一目的。[5]此阶段，一年两熟制在陕南山区逐渐成熟，低山丘陵和河谷平原中夏收小麦，秋收玉米。[6]玉米得到了大面积种植，地位超过了传统的粟谷类作物，出现了象牙白、间子黄、火炕子等多个品种。[7]乾隆、道光年间，陕西各级官员还曾多次劝种甘薯，劝山地民众一半种玉米、一半种甘薯，玉米供本年食用，甘薯供储蓄备荒，以解决玉米产量高却不能长久储存的问题。[8]同时，汉中平原等平地多以稻田为主，稻—麦一年两熟制趋于成熟，"向之一岁一稔者，今竟一岁而再稔"[9]。这一时期的陕南山区主要粮食作物为玉米，平

[1] 乾隆《宜川县志》卷 9，乾隆十五年（1750 年）刊本。

[2] 乾隆《西安府志》卷首《天章》，乾隆四十四年（1779 年）刊本。

[3]（清）庆桂：《勦平三省邪教方略》卷 131，嘉庆武英殿刻本。

[4] 赵永翔：《从招垦到封禁：清代秦岭的人口与环境问题》，《干旱区资源与环境》2018 年第 7 期，第 49-52 页。

[5] 张建民：《明清长江流域山区资源开发与环境演变——以秦岭—大巴山为中心》，武汉大学出版社，2007 年，第 259-259 页。

[6] 萧正洪：《清代陕南种植业的兴衰及其原因》，《中国农史》1922 年第 4 期，第 69-84 页。

[7] 道光《紫阳县志》卷 3《树艺》，道光二十三年（1843 年）刊本。

[8] 道光《紫阳县志》卷 8《艺文》，道光二十三年（1843 年）刊本。

[9] 嘉庆《汉南续修府志》卷 27，嘉庆十九年（1814 年）刊本。

原区的主要粮食作物为水稻。汉中盆地烟草种植颇为兴盛，民众有田地数十亩者，必有多半种植烟草。[1]

同治、光绪年间，陕西又经历了新一轮的抛荒与复垦。接连的"回变""丁戊奇荒"使得陕北、关中平原人口大减，大量人口逃往外省，人地矛盾得到了一定程度上的缓解，耕地大面积抛荒。随着战乱和旱灾的结束，新一轮的垦荒浪潮又一次掀起。到清末，陕西的耕地面积仍没有达到道光、咸丰年间的峰值。这一时期，各地种植的主要作物并没有明显变化，只有马铃薯在陕南高寒山区和陕北风沙滩地得到了广泛种植，扩大了宜农土地面积。

4. 云南

云南地处山脉高原，山岭盘错，盆地和河谷地仅占百分之五，明中叶以前，云南人口稀疏且大都居住在小盆地和河谷地，虽然山区也有"居深山者，虽高岗硗贫，亦力垦之，以种甜、苦二荞自赡"。[2] 但荞的产量低，广种薄收，提供的食粮有限，山区人口自然不多。

明清以来，特别是"改土归流"之后，出于内地人口压力和稳定西南边防等多重考虑，中央政府加强了对云南的统治，支持了大批移民深入云南对其进行开发。[3]大量人口聚集后必然需要开垦农田以满足粮食需求，云南耕地面积迅速增加，康熙二十四年至嘉庆十七年（1685—1812 年），耕地面积就从 64 818 顷增加至 93 151 顷，扩大了 43.7%。并且，云南由于地处偏远，社会状况复杂，土地登记的困难大，遗漏也较多，免科、免丈、土司等地亩数量较多，因此实际开垦的田亩数量应远远多于载入册籍者。[4]

云南耕地的开发经历了康雍时期的复垦和乾嘉时期向边远地区零星开垦再到道光以后耕地面积下降的转变。雍正朝是云南土地开垦的高潮，新开征田赋的府州主要有丽江、元江、镇沅、普洱、东川、昭通等康熙时原土司控制区或未做统计的地区[5]，云贵总督高其倬在怒江河谷上的屯垦，鄂尔泰在滇东北乌蒙、镇雄、会泽、永善等地的垦殖就是对这些区域的开发。道光之后，咸同

[1]（清）严如煜：《三省边防备览》卷 8《民食》，道光十年（1830 年）刻本。

[2] 景泰《云南图经志书》卷 2《陆凉州·风俗》，景泰六年（1455 年）刊本。

[3] 马国君：《清代至民国云贵高原的人类活动与生态环境变迁》，贵州大学出版社，2012 年，第 63-66 页。

[4]［美］何炳棣：《中国古今土地数字的考释和评价》，中国社会科学出版社，1988 年，第 86-105 页。

[5] 杨伟兵：《云贵高原的土地利用与生态变迁》，上海人民出版社，2008 年，第 126-138 页。

战乱波及云南绝大多数地区，"自咸同回变户口逃窜，阡陌荒芜，征说俱无"[1]，社会生产遭受了极大的破坏。

受云南地形条件的限制，除少数新开垦的农田位于平整的坝区外，绝大多数都建在山地坡面或高原台地上。而且，这些山区还往往有矿产等其他资源，如滇东北的铜矿等，常常吸引大量人口聚集于此，有庞大的粮食需求。我国原有的粟、荞等作物在云南山区虽也可以种植，但生产成本过高，很难大规模普及，而美洲外来作物，如玉米、马铃薯等却由于耐旱、耐寒、无须引水灌溉等优点，成为云南山区新垦土地的首选作物。据民国初年统计，云南的玉米播种面积达 2 618 555 亩，占全省粮食种植面积的第二位，而此时全国玉米播种面积仅占总播种面积的 7.6%，玉米对云南的重要性可见一斑。[2]清中期以后，云南山区玉米排挤了其他作物，大部分地区出现了种植结构单一，传统农作物物种减少的发展趋势。[3]嘉道年间，马铃薯在云南山地已得到普遍种植。

从以上几个省区的情况来看，美洲作物在各地的接受度是不同的。新开辟的垦区如两湖西部山区、陕南山区、云南的丘陵山区等容易接受这些美洲作物，并以其为主，形成适合于自身条件的种植制度。而原本已建立有完善的种植制度的地区，如两湖中部平原、关中平原、山东的平原区等地美洲作物很难融入原有的体系中，这些地区种植制度的改变往往伴随着经济作物的发展，如棉花、烟叶、花生的大规模种植，这些经济作物也打破了原有的种植结构，但由于获利较高，会吸引农民做出改变，也就形成了新的种植结构。

第六节　美洲作物带来的生态压力与应对措施

明清以来，随着人口快速增值、种植经济作物占据耕地等原因，社会对耕地、粮食的需求大增，为满足这一需求，政府一直厉行垦荒，与水争地、与山争地的现象发展到了前所未见的水平，大量人口涌入中部、西南部山区。人口数量是人类活动强度的最重要示量指标，随着人口数量增长，人类活动对环境

[1] 民国《昭通县志》卷 2《食货志·户口》，民国二十五年（1936 年）印本。
[2] 周琼：《清代云南瘴气与生态变迁研究》，中国社会科学出版社，2007 年，第 300-317 页。
[3] 马国君：《清代至民国云贵高原的人类活动与生态环境变迁》，贵州大学出版社，2012 年，第 83-89 页。

施加的影响也会逐渐增强。[1]所以，在人口大量增长而生产力水平没有质的提升的情况下，不可避免地造成了环境的恶化。并且，在开垦过程中，美洲原产的粮食作物如玉米、甘薯、马铃薯往往有着高产、耐瘠、耐寒的特性，为山区、低洼等之前不易开发的土地开发提供了保证。清末，这些作物在我国粮食生产中的比重已超过20%。[2]但应用新作物对原本未开发的自然环境进行改造利用必然会引起自然环境对人类活动的反馈，也就存在一些负面的反馈，即环境问题。

一、山地开垦

从农业生产角度来说，可垦宜农地不是一成不变的概念，他与农作物种类有着密切关系，一种适应性较强的作物引进，必然会扩大宜农土地的垦殖范围。[3]美洲作物大多具有良好的适应性，能够生长于过去并不适合作物生长的砂砾瘠土和高岗坡地，使可垦宜农地范围得到了扩大。

"国家承平日久，生齿殷繁，地土所出，仅可赡给，偶遇荒歉，民食维艰，将来户口日滋，何以为业。惟开垦一事，于百姓最有裨益"[4]。清代由于人口空前增长，官方一直坚持鼓励开垦的政策，特别是乾隆五年（1740年）颁发上谕称"则壤成赋，固有常经；但各省生齿日繁，地不加广，穷民资生无策，亦当筹画变通之计。向闻山多田少之区，其山头地角闲土尚多，或宜禾稼，或宜杂植，即使科粮纳赋，亦属甚微，而民夷随所得之多寡，皆足以资口食……嗣后凡边省内地零星土地可以开垦着，悉听本地民夷垦种，免其升科"[5]。将原本一向被忽略，被认为不可垦辟的"山头地角"也列为垦殖重点，并给予了免除赋税的优惠，对农民是极具吸引力的，加速了各地贫民流移涌入山区。[6]

从明建文二年（1400年）到清嘉庆二十五年（1820年），我国耕地面积增

[1] 秦大河总主编，王绍武、董光荣主编：《中国西部环境演变评估·第一卷·中国西部环境特征及其演变》，科学出版社，2002年。

[2] 王思明：《如何看待明清时期的中国农业》，《中国农史》2014年第1期，第3-12页。

[3] 佟屏亚、赵国磐：《马铃薯史略》，中国农业科技出版社，1991年，第37页。

[4] 《清世宗实录》卷6，雍正元年（1723年）四月乙亥，中华书局，1985年。

[5] 光绪《大清会典事例》卷164。

[6] 张建民：《明清长江流域山区资源开发与环境演变——以秦岭—大巴山为中心》，武汉大学出版社，2007年，第255-259页。

长了 3 倍，其中有大量新垦耕地得益于美洲作物的引种和推广。玉米的栽种使得云、贵、川、陕、两湖等地的丘陵荒地被迅速利用，甘薯的推广使东南各省大量滨海沙地和南方山区的贫瘠丘陵山地得到开发，马铃薯更是连土壤贫瘠、气温较低的高寒山区都能种植。山区的开垦是耕地面积增长的最主要因素，但也是最容易出现环境问题的。山区初期的垦荒换得了一时温饱，然而垦山破坏了山区原有的环境，农耕的资源利用方式与山区的生态环境在极大的可能性上并不兼容，这时，垦荒对环境就造成了深刻而久远的负面影响。一方面，山区由于坡度较大、土层较薄等因素限制了农业开发，农业开发扰动了原本的生态系统后很可能带来一系列问题。另一方面，山区作为富含多种生物资源的宝库，是人类社会的涵养带，山区未被开发时，每当遭遇灾害，人们都可以进入山林，利用里面的资源度过灾荒，而山区开发后，遭遇灾害时，山区也同样会受到灾害困扰，无法提供与原本一样量的资源。并且，山区开发后，往往被改造为单一的农业生态系统，其原本丰富的生物资源锐减，其中原本已经被人利用，或以后有可能被人利用的多种资源可能会灭绝，降低了人类抵御未来不可知灾害的能力。

1. 森林破坏、水土流失

美洲作物中玉米等粮食作物的种植往往在山区更加有优势，这些丘陵山地多是之前未经开垦的土地，开垦就要打破原有植被，砍伐山林辟为农田。开垦原始山林时多采用烧畲法，初开垦时农田肥力颇好，"山中开荒之法，大树巅缚长缠，下绳巨石，就地斧锯并施，树即放倒，本干听其霉坏，砍旁干作薪，叶植晒干，纵火焚之成灰，故其地肥美，不需加粪"[1]。

事实上，流入这些山区的移民往往来自农业集约化程度较高的地区，具有精耕细作的经验，但到了山区却选择了粗放的耕作技术。其原因可能有：①畲田曾是山区原居民长期沿用的技术，初入山区的移民可能也借用了这样的技术；②当时山区土地易于获得且没有明确的产权关系，容易陷入"公用地灾难"；③畲田后的土地在短时间内会获得较大收益。[2]但畲田这种技术需要有足够长

---

[1]（清）严如煜：《三省边防备览》卷 11《策略》，道光十年（1830 年）刻本。
[2] 萧正洪：《清代中国西部地区的农业技术选择与自然生态环境》，李根蟠等编：《中国经济史上的天人关系》，中国农业出版社，2002 年，第 209-214 页。

的撂荒期，森林等植被才可以自行恢复，才不会带来严重的环境后果。这种技术只能适用于人口密度低且人口增长缓慢的情况下，明清时期大量移民的毁林开荒必然会导致严重的生态后果。

明清时期，特别是清中期以后山林的开垦速度是很快的，陕南山区垦殖过后凤县"跬步皆山，数十年前尽是老林，近已开空"，宁羌县"山内老林虽以开垦，只宜包谷杂粮"，西乡县"西南巴山老林高出重霄，流民迁徙其中，诛茅架屋，垦荒播种，开其大半"。[1]湖北竹山县"渐至人浮于土，木拔道通，虽高岩峻岭，皆成禾稼"[2]。这一方面是因为山区涌入了大量的人口，带来了大量的劳动力可以开垦田地。另一方面则是由于农作物在保持水土、涵养水源、调节气候等能力上要远远低于天然林草植被，所以，山区原有的植被破坏后极易导致严重的水土流失，而水土流失又会引起土壤瘠化，土壤瘠化导致耕种无法继续进行，农民常常废耕他迁，所以，在这些地区养活同等数量人口所需的耕地面积常常是平地的数倍。晚清各地志中普遍出现垦殖范围扩张而土壤瘠化进而废耕他迁的记载。鄂西北山区刀耕火种之地"三四年后辄成石骨，又必别觅新山，抛弃旧土"[3]，"老林初开，包谷不粪而获……追耕种日久，肥土雨潦洗净，粪种亦不能多获者"[4]。嘉庆年间《汉南续修府志》记载"山民伐林开荒，阴翳肥沃，一二年内杂粮必倍。至四五年后，土既挖松，山又陡峻，夏秋骤雨冲洗，水痕条条，只存石骨，又须寻地垦种"[5]。

森林破坏后短期对人们的影响就是薪柴短缺，道光湖北《建始县志》中记载："乾隆初城外尚多高林大木，虎狼窟藏其中……十余年来，居人日众，土尽辟，荒尽开，昔患林深，今苦薪贵"[6]。长期来看，垦种后抛荒的土地表土损失严重，岩石裸露，原有的植被短时间内也无法恢复，这样的土地已经是永久性的水土流失，会形成沙漠化或岩漠化，导致难以逆转的生态灾难。

[1]（清）卢坤：《秦疆治略·西乡县》，清刻本，第54页。
[2] 同治《竹山县志》卷7《风俗》，同治四年（1865年）刊本。
[3]（清）严如熤《乐园文钞》卷7，清道光刻本。
[4] 同治《宜昌府志》卷16《杂载》，同治三年（1864年）刊本。
[5] 嘉庆《汉南续修府志》，嘉庆十九年（1814年）刊本。
[6] 道光《建始县志》卷3《户口志》，道光二十一年（1841年）刊本。

2. 影响平地、河道淤积

山地水土流失不仅会造成在此开垦的农田肥力降低，更会殃及临近的平地良田，不仅造成本地"农田水利之患"[1]，而且"下流诸郡均受其害"[2]。山区原有的森林、草原系统其地上部分可直接抵御雨滴打击和径流的冲刷作用，地下根系可以固结土壤，改善土壤的物理性状，增强降水入渗和土壤的抗冲、抗蚀性能。而农作物在这些方面的能力较弱，且农作物收割后，地表有一段时间并没有植被覆盖。所以，农田开垦使得山区的自然水文状况发生显著改变，在林地和草地被开垦后，地表产流产沙量会明显增加，侵蚀的强度更有明显的增强。降雨时，山间溪流的流量、携带的泥沙量大增，还可能引起山洪，对下游河湖造成很大压力。降雨后，由于大部分降雨没能被吸收存储，又很快会出现缺水、溪流干涸的现象。

清代，有关开垦山地导致下游河道泛滥，侵占田地的记载越来越多，说明这类现象越发得突出、普遍。嘉庆年间安徽《宁国府志》记载："其山即垦，不留草木，每值霉雨，蛟龙四发，山土崩溃，沙石随之，河道为之壅塞，坝岸为之倾斜，桥梁为之堕圮，田亩为之淹涨"。[3]道光陕西《石泉县志》记载"山中开垦既遍，每当夏秋涨发之际，洪涛巨浪，甚于往日"[4]。"山土崩溃""洪涛巨浪"的水土流失应是达到了恶性的程度。

水文条件恶化导致水利设施极易受到破坏，已有堤坝年年需要修补，水利设施的建设难度被迫提升，耗费了大量的人力、物力，造成了社会资源的浪费。同治年间湖北《房县志》记载"山地之凝结者，以草树蒙密，宿根蟠绕则土坚石固，比年开垦过多，山渐为童，一经霖雨，浮石冲动，划然下流，沙石交淤，涧溪填溢，水无所归，旁啮平田。土人竭力堤防，工未竣而水又至，田半没于河洲，而膏腴之壤，竟为石田"[5]。竹山县"近因五方聚处，渐至人浮于土，木拔道通，虽高崖峻岭皆成禾稼，每秋收后必荷锄负笼，修治堤防，兴工累百，

---

[1] 嘉庆《余杭县志》卷 38《物产》，民国八年（1919 年）铅印本。
[2] 光绪《孝丰县志》卷 2《水利》，光绪二十九年（1903 年）刊本。
[3] 嘉庆《宁国府志》卷 9，嘉庆二十年（1815 年）刊本。
[4] 道光《石泉县志》卷 1，道光二十九年（1849 年）刊本。
[5] 同治《房县志》卷 4，同治四年（1865 年）刊本。

或值夏日霪雨，溪涧涨溢，则千日之劳，一时尽废"[1]。清末，许多山间小河也要投入大量人力物力修建堤坝，竭力提防水患。

山区大量开发导致森林等生态系统面积的缩小，水旱调节能力减弱，大旱大水，较之以往明显增多。同治十一年（1872年）贵州湄潭县发生大水"山崩田决无算"[2]，光绪年间陕西《沔县志》记载："县之饥馑，淫潦为多，从无旱灾，连年奇旱，虽七八十岁老翁有未经耳。"[3]当这些灾害烈度较弱，持续时间较短时，对种植、播种面积影响大而对耕地面积减损影响较小，但当大水带来泥沙淤积或大旱导致地下水位严重下降后，会使田地失去耕作条件，原本的宜农土地逐渐荒废。

3. 珍稀生态资源锐减，生物多样性降低

山地多为森林生态系统，是一个复杂的系统，具有生物种类丰富、层次结构较多、食物链较复杂、光合生产率较高、生物生产能力较高的特点。山地开垦后，原本的森林生态系统被人工的农田生态系统所代替，生物种类、层级结构等都会明显减少，生态平衡在短时间内会被打破。

山地开垦后，其中的珍稀树种、名贵草药等也多会一并消失。同治湖北《建始县志》中记载"建邑木植甚繁，惟香楠、屡木为上，从前人不知贵；今则峻岭丛林，剪伐殆尽，不特香楠、廖木甚少，而成材之古杉古柏亦不易观也"[4]。鄂西北郧阳山区本为著名的木耳香蕈产区，但到了清代后期，因"刀耕火种，尽成町畦，产耳较微，白者尤鲜"[5]。

以深林为依托的野生动物的生境也在发生很大变化，在大规模的垦殖浪潮中，短期内，这些动物会与人类发生冲突，鄂西南山区的建始县"向来未闻有狼，嘉庆十年（1805年）后忽有狼……或三五成群捕犬豕食之，夜半时一鸣俱应并害及小儿，莫能歼也"。长此以往，野生动物失去了其赖以生存的环境，难免灭绝的厄运，建始县在道光年间就"虎狼鹿豕不复其迹矣"[6]。类似的记载

---

[1] 同治《竹山县志》卷7《风俗》，同治四年（1865年）刊本。
[2] 光绪《湄潭县志》卷1《天文志》，光绪二十五年（1899年）刊本。
[3] 光绪《沔县志》卷4，光绪九年（1883年）刊本。
[4] 同治《建始县志·物产》，同治五年（1866年）刻本。
[5] 同治《郧阳府志》卷4，同治九年（1870年）刊本。
[6] 道光《建始县志》卷3《户口志》，道光二十一年（1841年）刊本。

还有很多，晚清时人已经注意到人类的活动造成了野生动物的减少，并且，很多地区在清初还有很多动物活动，野生动物的消失进程在明清时期大为加快。同治年间重庆《万县志》记载"虎、豹、熊、罴殆无常产，县境四面皆山，在昔荒芜，尚或藏纳，今则开垦殆尽，土沃民稠，唯见烟蓑雨笠，牛羊寝讹而已"。[1]道光时，《略阳县志》记载"闻诸父老曾言。乾隆间此山林茂盛，虎豹麋鹿，络绎不绝，惜乎土人喜招客民开垦取材以迄于今，非复牛山之美矣"。[2]

二、时人的应对措施

清代已有大量士人认识到山地丘陵区生态环境的破坏是由于垦殖过度，而山地丘陵的生态破坏特别是水土流失又会导致河流淤积，影响下游河段，并易引发山洪暴发等灾害。他们对这些问题有着深入的观察和认识，对其思考、讨论已经比较广泛。但限于当时的生产能力、技术水平和人口压力，虽然人们已经知道一系列问题的源头在于山区的开垦，但又无法将山区全面封禁，只能利用一些措施，尽量减少开垦造成的损害。

1. 对垦殖与灾害关系的认识

清中期以后，时人对于山区垦殖与水土流失、河道淤积的关系已经有了比较深入的理解，如严如熤历仕乾隆、嘉庆、道光几朝，曾在湖南、陕西、贵州等省，对秦巴山区颇多考察研究，对毁林开荒造成的生态后果也有较多认识，认为这样会造成水土流失，对水利设施也极为不利。这种认识不局限于小范围内，道光初年陶澍在《复奏江苏尚无阻遏沙洲折子》中提道："江洲之生，亦实因上游川、陕、滇、黔等省开垦太多……一遇暴雨，土石随流而下，以致停淤接涨"[3]，看到了毁林开荒在很大的地理范围内的环境影响。魏源、王凤生等实学家也对毁林开荒对下游河湖淤积、水患频仍的现象有所论述。[4]

地志材料中也多见有对几者关系的论述，光绪六年（1880年）浙江《乌程

---

[1] 同治《万县志·物产》，同治五年（1866年）刊本。

[2] 道光《略阳县志》卷4，道光十七年（1837年）刊本。

[3] （清）陶澍：《陶文毅公全集》卷10，道光二十年（1840年）刊本。

[4] 张建民：《明清秦巴山区生态环境变迁论略》，李根蟠等编：《中国经济史上的天人关系》，中国农业出版社，2002年，第205页。

县志》中记载，"湖州以西一带皆棚民，垦种尤多植包谷。孝丰人云：山多石体，石上浮土甚浅，包谷最耗地力，根入土深，使土不固，土松遇雨则泥沙随雨而下，种包谷三年，则石骨尽露，山头无复有土矣。山地无土，则不能蓄水，泥随而下，沟渠皆满，水去泥六，港底填高，五月间梅雨大至，山头则一泻靡遗，卑下之乡，泛滥成灾，为患殊不细"[1]。

　　基于这种认识，士人对政府的开垦计划多有指责。道光十一年（1831 年），广东计划垦荒以救济贫民，黄安涛就指出，这样的计划会造成生态灾害，危及山下农田的安全，"若今山溪涧谷之犁为田者，皆占水之利而壤之者。其上则重峦峻岭，纵有可辟之地，树蟠其根，草络其址，霪雨流潦，无冲注淤填之虞。溪涧之田，为众人之田耶，众人之所不欲辟者也；为一家之田耶，则一家之所不欲辟者也。若一旦为专利而有力者所有，锄之耖之，掘株剃莽，泥沙决壅，悬流崩压，其不为下界之田之害耶？"[2]

2．政府措施

　　针对这些问题，时人也提出了一些应对策略，但这些应对措施在实施上面临了很多问题。例如，在禁止垦种方面，清中叶以后，清廷屡次颁布诏令，严禁棚民盲目垦山，曾根据地方奏疏，对棚民入山垦殖进行严查，"俱不准再种包芦，致碍农田水利"。申令："如本地民人将公共山场不告知合业之人，私招异籍民人搭棚开垦，私招之人照子孙盗卖祀产例，承租之人照抢占官民山场律分别治罪。"[3]尤其针对浙西、皖南等漕粮区，清廷制定了特殊的棚民政策，如将已耕种数年的棚民入籍或编入保甲，在此基础上驱逐再次前来的棚民。"其原编各户棚民之外，不许再添一户"[4]。嘉庆二十年（1815 年）安徽的《宁国府志》中记有："流民赁垦包芦，有妨河道，嘉庆十二年（1807 年）奉旨查禁"[5]。徽州府"昔间有而今充斥者唯包芦……自皖民漫山种之，为河道之害，不可救止"[6]。

---

[1] 光绪《乌程县志》卷 18《风俗》，光绪七年（1881 年）刊本。

[2]（清）黄安涛：《真有益斋文编》卷 3《垦荒说》，《清代诗文集汇编》（第 521 册），上海古籍出版社，2009 年，第 629 页下。

[3] 光绪《钦定大清会典事例》卷 158《户部·户口》。

[4]《清仁宗实录》卷 316，嘉庆二十一年（1816 年）二月丙辰，中华书局，1985 年。

[5] 嘉庆《宁国府志》卷 18《食货志·物产》，民国八年（1919 年）重印本。

[6] 道光《徽州府志》卷 5，道光七年（1827 年）刊本。

但在强大的生存压力下，禁令并不能阻止棚民进入山区进行开垦。严如煜就曾指出"国家承平二百年于兹矣，各省生齿繁盛，浸有人满之虞，无业穷民，势难禁其入山开垦"。[1]并且棚民入山垦殖本身就是因为人地矛盾尖锐，在他处无法为生，如果完全禁止棚民入山垦殖，强行驱赶更容易引发社会动乱。

当然，对棚民的管理并不完全是出于生态保护的目的，棚民脱离了原来的乡里、家族也脱离了原来的地方政府，成为不受国家掌控的不安定因素。所以许多地方的政府承认了棚民的合法性，将棚民编入了当地户籍，重新纳入了政府管理之中，消解了不安定因素，但棚民仍可留居当地进行耕作，生态破坏的进程还在继续。

3. 民间措施

与常常成为具文的政府措施不同，民间的一些措施在个别或小范围内还是取得了保护生态环境、解决环境问题的成效。例如，嘉庆年间陕西定远厅绅民公请捐钱买下城东平溪山，因为"平溪山峻逼城垣，连年开垦，一遇暴雨，冲泻浮土，淤塞城壕，澶漫为患。"，所以他们买下平溪山后植树禁耕，防止水土流失，以减洪水灾害。至光绪四年（1878年），定远厅同知余修凤又以责无专司，林木废尽，捐收橡种，令八房六班划分五段经营栽蓄，"示禁樵牧，议章勒碑"[2]。此例明确为防止水土流失而植树禁耕，颇具维护生态环境的典型意义。[3]

包世臣还曾提出山区开垦的办法，想要用增长间歇期、精耕细作等方式保护山区开垦土地的肥力，减少水土流失。"凡山，除巉岩峭壑莫施人力及已标样柴薪外，其人众地狭之所，皆宜开种。开山法：择稍平地为棚。自山尖以下分为七层，五层以下乃可开种。就下层开起。凡山系土陇者，开如高田。其石骨诸山开种者，皆石七八，土二三，每大雨，山水发洪，刷土膏下流，故三年之后，不复可用。义山膏附皮而流，开通则膏内涸，常畏旱。先就地芟其柴草烧之，即用重尖锄一劚两敲开之。初开无论秋冬，先遍种萝卜一熟。此物最能松土，且保岁，根充蔬粮，叶可饲猪及为粪。凡棚须备二三间养猪，山谷之下者

[1]（清）严如煜：《三省山内风土杂识》，收入《陕西古代文献集成》（第4辑），陕西人民出版社，2017年，第548页。

[2] 光绪《定远厅志》卷4，光绪五年（1879年）刊本。

[3] 张建民：《明清秦巴山区生态环境变迁论略》，李根蟠等编：《中国经济史上的天人关系》，中国农业出版社，2002年，第206页。

饲之，岁出二槽，收利既重，又资其粪。鹅亦宜多。乃种玉黍、稗子，杂以芦
稷、粟。其土膏较重者，亦可种棉花。皆宜择稍平地掘坑种芋、山药，各瓜菜
十数畦以充蔬，且备谷。山棚人多，粪非所乏。故宜多备区种。两年则易一层，
以渐而上，土膏不竭。且土膏自上而下，至旱不枯。上半不开，泽自皮流，限
以下层，润足周到。又度涧壑与所开之层高下相当，委曲开沟于涧，以石沙截
水，淳满乃听溢出，既便汲用，旱急亦可拦入沟中，辗转沾溉也。至第五层，上
四层膏日下流下层，又可周而复始，收利无穷。"[1]这样的设计虽然无法全面避
免环境破坏与生态灾害，但对减轻灾害还是有效的。通过这样的设计可以在开垦
山地的同时减轻灾害，一定程度上维护了当地环境，是一种折中的选择。[2]

---

[1]（清）包世臣：《郡县农政·农一上·农政》，农业出版社，1962 年，第 11-12 页。

[2] 赵杏根：《中国古代生态思想史》，东南大学出版社，2014 年，第 324 页。

第六章

明清以降的环境治理与保护

第一节　资源环境保护意识及理论的发展

意识是行为的指导，理论是实践的根据。尽管不够系统和深入，但明清以降空前的环境破坏，仍引起了广泛的反思，同时，传统思想（如宗教、风水）和民俗习惯等传统框架内的知识体系，对于人们有意识地保护环境也起到了一定指导作用。进入近代以来，随着现代科学知识的传播（如博物学、地理学及其相关学科），环境保护的意识和理论也逐步现代化。

一、传统思想框架内环保意识、理论的发展

1. 资源环境保护意识的发展

晚明至道光二十年（1840 年）以前，中国仍处于传统社会时期。对大自然及其与人类关系的认识，以及对自然环境的保护思想基本来自对前代的继承，创新不多。

不过，由于晚明以降人口的空前发展，人类居住范围的空前扩大，生产生活对自然环境的干扰和影响也越来越大，特别是扩展耕地所带来的毁林开荒、与水争地，以及对自然资源（矿产、动植物）的利用，造成了空前的环境破坏。

在此背景下形成的环境保护意识，由于来自论述者的耳闻目睹，其思考相比前代更加具体和深刻。同时，它还具有两个特点：其一是丰富性，许多学者都发表了意见，各个时段、各个地区都有；其二是具体性，都针对十分具体的环境破坏问题，对后果和危害的论述也切合实际。这反映出生态破坏的广泛和严重。

（1）对水土保持重要性的认识

明清时期美洲作物（玉米、甘薯、土豆）的引进，使得山区开发进入高潮，出现大批入山垦殖、樵采、开矿的所谓"棚民"；与此同时，在平原地区，耕地扩展对河滩、湖荡、海滨、沼泽等水体的侵占也愈演愈烈，两者相加，造成空前严重的水土流失问题。对其危害，明清众多有识之士论述甚多，其中不乏真知灼见。

早在明末清初，部分省份的山区环境破坏已十分严重，顾炎武在《天下郡国利病书》中便提到广东从化地方滥伐山林的问题："流溪地方（今广东从化流溪河），深山绵亘，林木翳茂，居民以为润水山场，二百年斧斤不入。……万历之季（17 世纪初），有奸民戚之勋等，招集异方无赖烧炭市利。烟焰冲天，在在有之……不数年间，群山尽赭。"结果"山木既尽，无以缩水，溪源渐涸，田里多荒。奸民陷一时小利，贻不救之大灾若此"。因此，"是宜永为申禁以图安靖，斯地方赖之矣"[1]。

另一同时代的著名学者屈大均同样注意到了这一问题，其论述更为深入："西宁（属广东从化）在万山中，树木丛翳，数百里不见峰岫，广人皆薪蒸其中，以小车输载，自山巅盘回而下，编箥乘涨，出于罗旁水口，是曰罗旁柴。其古木数百年不见斤斧，买田者必连柴山，山近水者价倍之。西宁稻田所以美，以其多水，多水由于多林木也。凡水生于木，有木之所，其水为木所引，则溪涧长流。故《易》曰：'木上有水，井。'"这段话将森林对水源的涵养功能以及由此给当地农业生产带来的积极影响描述得十分精当。反之，当晚明以降当地森林遭到破坏时，水源随之枯竭，田地随之荒芜，"故知川竭由于山童，林木畅茂，斯可以言水利"[2]。

经过明清鼎革的大破坏，清初人地矛盾因人口的剧减有所缓解，人类生产

[1]（清）顾炎武：《天下郡国利病书·从化县志》，上海古籍出版社，2002年，第331页。
[2]（清）屈大均：《广东新语》卷25《木语·山木》，中华书局香港分局，1974年，第657-658页。

生活对自然环境的破坏进程也有所减慢，但随着清朝中叶人口达到历史上前所未有的高点，对粮食和耕地的需求激增，耕地"上山""下水"之势愈演愈烈，对其危害的论述也越来越深入。

18世纪晚期，鲁仕骥在《备荒管见》中，将"培山林"作为发展农业要务之一，"山多田少之地，其田多硗。况夫山无林木，濯濯成童山，则山中之泉脉不旺；而雨潦时降，泥沙石块，与之俱下，则田益硗矣。必也使民樵采以时，而广畜巨木，郁为茂林，则上承雨露，下滋泉脉，雨潦时降，甘泉奔注，而田以肥美矣。"[1]指出森林在"保水"之外的另一重要功能——"保土"。鲁仕骥一生大部时间生活在新城（今江西黎川），这里描述的"山多田少，其田多硗，泥沙俱下，田益硗矣"的情景正是当地清代以来山地开发的写照，毁林开荒的后果便是严重的水土流失。

进入19世纪，这一问题更加严峻。嘉道年间的学者梅曾亮对皖南山区棚民开垦的事例进行过一番调查："余来宣城，问诸乡人。皆言未开之山，土坚石固，草树茂密，腐叶积数年，可二三寸，每天雨从树至叶，从叶至土石，历石罅滴沥成泉，其下水也缓，又水下而土不随其下。水缓，故低田受之不为灾；而半月不雨，高田犹受其浸溉。今以斤斧童其山，而以锄犁疏其土，一雨未毕，沙石随下，奔流注壑涧中，皆填汙不可贮水，毕至洼田中乃止；及洼田竭，而山田之水无继者。是为开不毛之土，而病有谷之田；利无税之佣，而瘠有税之户也。余亦闻其说而是之。"[2]

这段话将山林的水土保持功能阐述得十分全面，与现代科学认识已然十分接近：第一，植物和枯枝落叶的被覆能使地表土壤免受雨滴的直接打击；第二，能增加地表粗糙程度，减弱地表径流的侵蚀冲刷能力；第三，植物的根系能固结沙土和改良土壤结构，提高土壤抗蚀性能[3]。同时，山地的开发获利有限，而水土流失导致山下原有良田大受其害，两者相权，弊大于利。

山林破坏的另一严重影响来自上游山区水土流失对下游防洪抗灾能力的威胁，明清以来长江流域各省为山地开发热点区，多有有识之士将山地开发与清代中晚期频繁的严重水灾联系在一起。如道光年间曾任湖北按察使的赵仁基，

[1]（清）贺长龄：《皇朝经世文编》卷41，文海出版社，1966年，第1461页。
[2]（清）梅曾亮：《柏枧山房全集》卷10《记棚民事》，《清代诗文集汇编552》，上海古籍出版社，2010年。
[3] 罗桂环、王耀先、杨朝飞等主编：《中国环境保护史稿》，中国环境科学出版社，1995年，第248-249页。

根据他对道光年间三次长江水灾（分别发生在道光三年、道光十一年、道光十三年，即 1823 年、1831 年、1833 年）的观察体会，于道光十四年（1834 年）写下《论江水十二篇》，科学地阐明了长江"水溢"与山林被开垦的密切关系："（山地）开垦种植，既秦蜀楚吴数千里皆是，一遇霖雨，则数千里在山之泥沙，皆归溪涧，而数千里溪涧之水又皆……达于江，江虽巨，其能使泥沙不积于江底哉？……未开山以前，入江岂无泥沙？江流浩瀚，其力足以运之入海，则不能为患也。既开山以后……泥沙之来，较甚于昔，江虽能运之入海，而不能无所积。其始于铢寸，其继遂成寻丈，于是洲地日见其增，而容水之地狭矣；江底日渐其高，而容水之地浅矣。"故结论是"水溢由于沙积，沙积由于山垦"[1]。

稍晚的魏源对此论述亦十分深刻："承平二百载，土满人满，湖北、湖南、江南各省沿江、沿汉、沿湖，向日受水之地，无不筑圩捍水，成阡陌、治庐舍其中，于是平地无遗利；且湖广无业之民，多迁黔、鄂、川、陕交界，刀耕火种，虽蚕丛峻岭，老林邃谷，无土不垦，无门不辟，于是山地无遗利。平地无遗利，则不受水，水必与人争地，而向日受水之区，十去五六矣；山无余利，则凡箐谷之中，浮沙壅泥，败叶陈根，历年壅积者，至是皆铲掘疏浮，随大雨倾泻而下，由山入溪，由溪达汉达江，由江、汉达湖，水去沙不去，遂为洲渚。洲渚日高，湖底日浅，近水居民，又从而圩之田之，而向日受水之区，十去其七八矣。……下游之湖面江面日狭一日，而上游之沙涨日甚一日，夏涨安得不怒？堤垸安得不破？田亩安得不灾？"[2]一方面，上游与山争地，导致严重的水土流失；另一方面，下游与水争地，严重削弱湖泊对洪水的调蓄能力，两者叠加，水灾必日盛一日。

明末清初以来由于人口的空前激增，人地矛盾加剧，山地、湖区的开发为人类对自然环境影响的首要方面；正是基于这一现实，学者们就水土流失的危害以及水土保持的重要性发表了大量见解，许多已经与现代科学认识相距不远。

（2）对自然资源可持续利用的认识

处于传统社会晚期的明清时期，人们尚不能从科学角度去充分认识自然资源可持续利用的意义。但通过长期生产生活实践，人们已经开始重视某些自然资源的不可再生（如矿产资源）或再生速度较慢（如生物资源）的特性，有意

---

[1] 中国水利水电科学研究院水利史研究室编校：《再续行水金鉴·长江卷》，湖北人民出版社，2004 年，第 977-983 页。
[2]（清）魏源：《魏源集》，中华书局，1976 年，第 388-390 页。

识地提出应对其加以保护。

其中，矿产资源首当其冲。出于各种目的，历代统治者对于矿产的开发均十分谨慎，雍正二年（1724 年），两广总督孔毓珣请求开矿，雍正批示："夫养民之道，惟在劝农务本，若皆舍本逐末，争趋目前之利，不肯尽力畎亩，殊非经常之道；且各省游手无赖之徒，望风而至，岂能辨其奸良而去留之？势必至于众聚难容。况矿砂乃天地自然之利，非人力种植可得，焉保其生生不息？今日有利，聚之甚易；他日利绝，则散之甚难。曷可不彻始终而计其利害耶？至于课税，朕富有四海，何藉于此？原因悯念穷黎起见，谕尔酌量令其开采，盖为一二实在无产之民，许于深山穷谷，觅微利以糊口资生耳。尔等揆情度势，必不致聚众生事，庶或可行；若招商开厂、设官征税，传闻远近，以致聚众藏奸，则断不可行也。"[1]

雍正的这段话，概括了历代统治者对于开矿的审慎，主要系源于对百姓"舍本（农）逐末（商）"及"聚众藏奸"的担忧；但其中谈到"矿砂乃天地自然之利，非人力种植可得，焉保其生生不息"，将矿产资源的不可再生性作为限制开发规模的理由之一，殊为难能可贵。

在清代中晚期环境破坏的高潮中，对生物资源的摧残也是一个重要方面。福建《德化县志》收录了一篇当地晚清解元郭尚品向地方官员反映鱼类资源急剧耗竭的报告："自来天地有好生之德，帝王以育物为心。是以宾祭必用，圣人钓而不网；数罟入池，三代悬为厉禁。近世人心不古，鱼网之设，细密非常，已失古人目必四寸之意；犹仍贪得无厌，于是有养鸬鹚以啄取者，有造鱼巢以诱取者，有作石梁以遮取者，种种设施，水族几无生理。更有一种取法，浓煎毒药，倾入溪涧，一二十里内大小鱼虾无有遗类，大伤天地好生之德，显悖帝王育物之心。其流之弊，必将有因毒物而至于害人者。……垦祈示禁四十社：无论溪涧池塘，俱不准施毒巧取，如敢故遗，依律惩治。此法果行，不特德邑一年之中令百万水族之命，且可免食鱼者因受毒而生疾病。……若再将毒药取鱼一事，出示严禁，则由仁民而推以爱物，以此鳞介得遂其生，鱼鳖不可胜食。富庶之休，未必不在此矣。"[2]

[1]《四库全书》硃批谕旨卷七之一《世宗宪皇帝朱批谕旨》雍正二年（1724 年）九月初八日。

[2] 方清芳、王光张编：《德化县志》卷 17《艺文志》，《上白邑侯希李请禁毒药取鱼禀》，民国二十九年（1940 年）刊本。

文中对"竭泽而渔"的种种做法提出了严厉批评，特别是毒鱼法，不仅将水生生物杀灭无遗，更对人体健康构成严重威胁；指出只有严禁滥捕，使"鳞介得遂其生"，才能有"鱼鳖不可胜食"的良性反馈。这一观点，是对中国自古以来"畋不掩群，不取麛夭；不竭泽而渔，不焚材而猎"的生物资源可持续利用思想的继承。

（3）对工矿业导致环境污染的认识

明代中后期手工业蓬勃发展，尽管其规模与现代尚不能相提并论，但对当地的环境已经造成一定的破坏和污染。在旅行者徐霞客眼中，手工业的发展不啻是对自然美景的一种亵渎。崇祯九年（1636年），徐霞客游历江西，经铅山、余江、南城、宜黄诸县，见居民多"以造粗纸为业"（粗纸指冥纸、包裹纸等），作坊临溪而建，造成水体污染，使清流为之不洁。南城县西南有名胜磁龟（今作磁圭），其下游有地名歪排，"歪排以上多坠峡奔崖之流，但为居民造粗纸，濯水如滓，失飞练悬珠之胜"[1]。江西永新有岩溶景观梅田洞，为徐霞客"夙慕"，但当地石灰业者已将其变为采石场和烧制作坊，"东向者三洞，北向者一洞，惟东北一角山石完好，而东南洞尽处与西北诸面，俱为烧灰者铁削火淬，玲珑之质，十去其七矣。……自是而南，凌空飞云之石，俱受大斧烈焰之剥肤矣。……既而下山，则山之西北隅，其焚削之惨，与东南无异矣"[2]。痛惜之情，溢于言表。

同时期的宋应星在其名著《天工开物》中还提到了工矿生产过程排出的有害物质对人体健康的损害，如采煤："凡取煤经历久者，从土面能辨有无之色，然后掘挖，深至五丈许方始得煤。初见煤端时，毒气灼人。有将巨竹凿去中节，尖锐其末，插入炭中，其毒烟从竹中透上，人从其下施镢拾取者。"又如制造砒霜："凡烧砒时，立者必于上风十余丈外，下风所近，草木皆死。烧砒之人经两载即改徙，否则须发尽落。"[3]

进入清代，工矿业规模更大，门类更多，对其污染危害的认识也在深入。康熙初年，郴州举人喻国人提出著名的"坑冶十害论"，列举了开采矿山的十大危害，其中多条与环境破坏有关："剪淘恶水一入，田畴竟成废壤，不但衣食无

[1]（明）徐弘祖：《徐霞客游记》卷2上《江右游日记》，上海古籍出版社，2010年，第46页。
[2]（明）徐弘祖：《徐霞客游记》卷2上《江右游日记》，上海古籍出版社，2010年，第52-53页。
[3]（明）宋应星：《天工开物》卷11《燔石》，中华书局，1978年，第289-290、第302-303页。

资，并国赋何办？害二（采矿及冶炼排放的废水污染农田）；……炉炭无出，即砍人禁山而不惜，伐人塚树而莫顾……害四（开矿导致滥伐森林）；……恶水一出，数十里沟涧溪河皆成秽浊，民间饮之辄生疾病，害七（水源污染损害人体健康）；……河道半被泥沙壅滞，时为迁改，乡民恐坏田苗，拼命力争，屡致争斗，害八（造成水土流失并进而激化社会矛盾）。"[1] 这是目前史料所载最为全面的对开矿所导致的环境破坏的论述，尽管环境影响并非决策者制定矿业政策的主要出发点，但仍反映了当时人类对此的认识水平[2]。

保存在苏州虎丘大门右侧墙壁内的石碑《奉宪勒石永禁虎丘染坊碑记》，集中反映了清代城市手工业的发展导致的水体污染问题[3]。清代苏州城内丝绸、棉布织造业极为发达，带动了印染业的发展，众多染坊蜂拥出现在苏州城中，从而导致了对水体的严重污染。根据这一立于乾隆二年（1737 年）的石碑所载，污染体现在如下方面：①"满河青红黑紫，（臭味）溢洋"，破坏了自然景观，苏州为皇帝南巡必经之地，见此必使其大为扫兴；②"渐致壅河滨，流害匪浅"，苏州河网密布，染坊排放废渣容易导致淤塞河道，妨害畅通；③"缘虎丘……河水清肥"，居民以此饮用，但于此大量开设染坊，废水污染水源，"毒（害）肠胃"，损害健康，虎丘本以名茶名泉著称，污染后茶水亦"不堪饮啜"；④污染农田作物，"环山四（周），（种植花木庄稼），（河水）灌溉，定伤苗（稼）……（关）系民生物命"。可见，对于工矿业污染的认识，清代已经十分全面。

2. 传统文化中的资源环境保护理论内涵

尽管对于环境保护的认识水平在提升，某些方面甚至已经接近了近代科学，但少数学者的认识尚无法有效地指导实践，这是由许多方面因素决定的，例如，缺乏统治者和施政者的支持；中国传统社会晚期"知""行"的分离，知识分子脱离生产实践；等等。更重要的是，传统社会时期的中国，由于愚民政策的执行，广大人民多处于蒙昧状态，文化素质较低，使其难以在一个较高的水平上认识环境破坏、资源耗竭的危害性以及开展资源环境保护的必要性，因此，执政者和社会精英阶层要想贯彻其环保意识，只能借助于百姓对于祖先和

[1]（清）陈邦器纂修：《（康熙）郴州总志》卷 7《风土志·坑冶附》，康熙五十八年（1719 年）刊本。
[2] 武奕成、沈玮玮：《试论清代以来的矿业环境保护》，《兰州学刊》2011 年第 1 期，第 120-127 页。
[3] 黄锡之：《〈永禁虎丘染坊碑记〉与河流、农作污染的保护》，《农业考古》2003 年第 1 期，第 34-37 页。

神灵的敬畏，从宗教和宗族观念的框架中寻找理论依据，并据此对百姓进行约束。

（1）宗教信仰与环境保护

中原地区的佛教（"戒杀生"）和道教（"上天有好生之德"），包括儒家（"天人合一"）中的一些思想，至明清时期，仍是指导环境保护活动的重要理论基础。边疆地区各少数民族的传统宗教，同样对环保起到重要作用，这在环境破坏显著的由中原扩展到边疆的明清时期，意义尤为突出。

以清代黔东南地区为例，这里聚居的少数民族普遍信奉万物有灵，特别是与他们生活休戚相关的山林[1]。例如岜沙苗族笃信每一棵树都被赋予了祖先的神性和人的灵魂，能够保佑家族平安，如果乱砍滥伐，就会亵渎和惹怒神灵；丧葬时，他们用伴随自己一生的树做成棺木，意思是从树中来，死后也要回树中去；掩埋后在死者墓土上重新种一棵树，表示死者的灵魂将进行新的生死轮回。"鼓藏节"是苗族传统节日，苗族认为自己的始祖是从枫树中出生的，人死后灵魂还会回到枫木中，枫木制成的鼓是祖先的归宿之所，只有敲击木鼓，才能唤起祖宗的灵魂，苗族禁忌规定，藏木鼓的山上一草一木都不得攀摘和砍伐。"招龙"是黔东南州台江、雷山、榕江、从江、剑河和凯里苗族的宗教活动之一，除祭龙外，一项重要内容就是植树、祭树，当地人认为，祭拜龙神是为了祈求保护树木，树木能够保存，村寨才会平安。

清代西南地区有汉族移民大量涌入，当地森林资源也因此遭受很大破坏，而黔东南地区森林资源却一直保持了较高的覆盖率和蓄积量，实现了可持续利用，其中，宗教信仰以及与之相关的禁忌和习俗，无疑在很大程度上促进了当地原住民及汉族移民对山林的自觉保护。

类似的由传统宗教信仰催发的生态环境保护观念，在边疆各少数民族聚居区都不同程度地存在，如藏民的神山崇拜、东北各少数民族普遍信仰的萨满教、西南地区其他少数民族与苗人类似的泛神崇拜，包括从西南到东北地区广泛传播的藏传佛教和伊斯兰教，均包含了大量敬畏自然、善待生物的内容，成为环境保护的主要依据。

---

[1] 刘珊、闵庆文：《清代黔东南地区森林资源变化及其社会区域响应的初步研究》，《资源科学》2010 年第 6 期，第 1065-1071 页。

（2）祖先崇拜、风水文化与环境保护

在宗教势力受到世俗政权强烈限制的汉族聚居区，至明清时期，更为重要的环境保护理论依据，是延续数千年的祖先崇拜传统，以及与之紧密联系的其他文化现象，特别是风水文化。明清时期的环境、资源保护活动，大多是在风水理论框架之内开展的，以敬畏祖先为出发点。这一现象，集中体现在"风水林"与森林资源保护、"龙脉"与矿产开发上。

在中国传统风水观念中，树木对于风水宝地的构成意义重大。良好的植被有利于"藏风""得水"，达到"聚气"之功[1]。"草木郁茂，吉气相随……或本来空缺通风，今有草木郁茂，遮其不足，不觉空缺，故生气自然。草木充塞，又自人为。"[2]"乡居宅基，以树木为衣毛。盖广陌局散，非林障不足以护生机；溪谷风重，非林障不足以御寒气。故乡野居址，树木兴则宅必发旺，树木败则宅必消乏；大栾林大兴，小栾林小兴。苟不栽植树木，如人无衣，鸟无毛，裸身露体，其能保温暖者安在欤？……惟其草茂木繁，则生气旺盛，护荫地脉，斯为富贵坦局。"[3]所谓风水宝地，如果不注意保护也会退化；反之，本来不佳的穴位，通过"培风脉""补风水"也能进行补救；其中的关键就在于树木。

无论阴宅、阳宅，通过"风水林"的培植来构建良好的风水位，进而求得天地及祖先的庇佑，是中国近代以前开展植树造林活动最重要的驱动因素之一；同时，对森林资源的保护行为，也就不可避免地带有强烈的风水色彩。在风水思想的熏陶影响之下，宅居、村落和坟墓周围的风水林木被视为宗族和后人兴旺的象征，如果肆意破坏，就会被视为大逆不道[4]。从明清时期留下的大量族谱、家法、民约、官府告示和朝廷法令中，可以看到风水理论中的护林思想已深入百姓的心灵深处，成为影响人们行为的约束力。

风水理论中的"龙脉"（简言之即山川走势脉络）为寻找判断风水穴位的要诀之一，绵延不绝的龙脉，代表了先祖源源不断的福泽，是护佑阴阳宅的根本；考虑到矿产开发多数集中于山区，这就无法避免地与居民保护风水的要求发生尖锐冲突。由于祖先崇拜在中国传统文化中至高无上的地位，每当这时，

[1] 关传友：《中国古代风水林探析》，《农业考古》2002年第3期，第239-243页。
[2] 引自《青乌先生葬经》，收入《古今图书集成·博物汇编》卷655《堪舆部汇考五》。
[3]（清）魏青江：《宅谱迩言》之"向阳宅树木"，康熙五十六年（1717年）刊本。
[4] 关传友：《风水意识对古代植树护林活动的影响》，《皖西学院学报》2002年第1期，第65-68页。

"利"便要让位于"义"。

明清时期，某一地区是否拥有矿藏是一问题，而从风水的角度是否允许开发又是另一问题，而且是能否进行开发的先决条件之一[1]。只有在勘查后认为是无碍风水龙脉的矿床，才有可能为朝廷和地方官府所批准，并被当地缙绅所接受。因此，在有关报请开矿的呈文或奏章中，无一例外地需要逐级声明，拟开采的矿址"与城池龙脉及古昔帝王圣贤陵墓并堤岸通衢并无关碍"，这在当时是被认为是绝不容忽视的必要前提。反之，许多可开之矿，因"有碍风水""有损龙脉"，而受到长期封闭。

浙江山阴县康熙十七年（1678 年）《严禁凿山碑记略》载："窃惟越郡龙脉，祖鹅鼻而宗朱华，由陈家岭茅阳、方前、应家、琶亭、鲍郎诸山，分枝舒干，迢递入城，形势蟠偃，因名卧龙。凡公署神庙以至绅士室庐，无不借其庇荫。真龙活脉，保护则福，戕损则凶，历来应验如响，先辈公同永禁。不意明崇祯年间，奸民将陈家岭开凿烧灰，府城旋遭火盗，当蒙府主王讳期升严行饬禁。"其后数十年间，当地在"开矿藏"与"保风水"之间多次反复，总计七开七禁，至康熙十七年（1678 年）立碑再次宣布封禁矿山[2]。

山阴县的例子在当时非常有代表性，反对者往往将开矿之后当地偶发的一些灾害、变乱事件解释为龙脉受损所致，向矿主和官府施压。乾隆初年，山东省登州府蓬莱县由于"米珠薪桂，火食颇艰"，当地民人刘继武等请求在县境内开办煤窑，该县缙绅闻讯纷纷上告府、县，申诉"蓬境环海负山，地势狭窄，非村落棋布，即坟墓重叠，若果开采煤窑，实与庐墓城池风水攸关"，最后由登州府和蓬莱县连署勒刻石碑，"出示严禁"了事[3]。

可见，祖先崇拜和风水文化的深入人心，使其成为传统社会时期环境保护活动最重要的理论依据之一。许多地区的自然资源，特别是森林和矿产资源都因此得到了保护，环境也因此免受污染。但必须指出的是，这一主要凭借经验积累及唯心解释的理论体系，对正常的生产和开发行为产生的负面影响也不容忽视，特别是进入近代之后。

---

[1] 韦庆远、鲁素：《清代前期矿业政策的演变（上）》，《中国社会经济史研究》1983 年第 3 期，第 1-17 页。

[2] （清）徐元梅：《（嘉庆）山阴县志》卷 3《山》附录。

[3] （清）王文焘：《（道光重修）蓬莱县志》卷 13《艺文志中·碑铭》，《禁开煤窑告示碑》。

二、科学的传播与环保意识、理论的近代化

进入近代（1840 年以来），随着国际国内局势的剧变，新思潮广泛兴起，特别是近代科学的引入和传播，使传统文化框架内的环保意识、理论得到全面更新。其中较有代表性的有以下几个方面。

1. 森林保护思想的深化

清代早期知识分子基于水土流失加剧的现实，对森林价值的论述更多从涵养水土方面立论，而进入近代，对森林生态、经济等方面价值认识更加全面，并提出通过综合利用来实现对森林资源有效保护的思想。

光绪年间的陕甘总督陶模曾制定《劝谕陕甘通省栽种树木示》[1]，对森林价值总结如下："盖树木蕃滋，有六利焉：山岗斜倚，坡陀回环，古时层层有树，根枝盘互，连络百草，天然成篱，凝留沙土，不随雨水而下；后世山木伐尽，泥沙塞川，不独黄流横溢，虽小川如灞浐诸水，亦多淤塞溃决；故种树于山坡，可以免沙压而减水害，一利也。平原旱地，大半荒废，生气毫无，泉源日窒，若有密树，则根深柢固，能收取山气，互相灌输，由近及远，土脉渐通，故种树于瘠土可以化硗为沃，引导泉流，二利也。炎日熏蒸，易成旱暵，惟树叶披拂空中，能呼吸上下之气，故塞外沙漠，无树不雨，终年树密之区，恒多时雨，衡以格致之理，种树于旷野，可以接洽霄壤，调和雨泽，三利也。赤地童山，阴阳隔阂，其民多病而弱，惟树木之性，收秽气，吐清气，扶疏匝地，润泽长滋，种树遍于僻壤荒村，可以上迓天和，驱疫疠而养民病，四利也。山峻地寒，阴障腾起，雨变为雹，伤败嘉禾，然雹随风至，势必斜行，凡田连阡陌者，每隔数亩，商同种树，成一长排，可以阻风势而御冰雹；机炮日奇，飞空悬炸，各国深知城郭无用，皆撤毁垣墙，掘沟种树，环绕数重，以代坚壁，丛林高矗，混目迷形，测准易乖，飞丸多阻，可以设险而御弹，五利也。安邑种枣，富比列侯，襄阳收橘，岁易多缣，试观《货殖》一书，大率羡称千树，与其博锱铢于异地，何若话桑麻于故乡，六利也。"

---

[1]（清）陈忠倚：《皇朝经世文三编》卷 35《户政十四·养民下》，文海出版社，1966 年，第 550-551 页。

陶模总结的"六利"（第五利实际上可分为两利，所以一共是"七利"）分别从保持水土、涵养水源、调节气候、净化空气、抵御风雹、军事屏障以及经济增收等方面论述森林的价值，相比前人更加全面和深入，已经可以看到不少近代色彩（特别如对造林的军事意义的阐述），可谓承上启下。进入民国，森林保护思想进一步深化。特别是海外归来的林学家们，以近代科学思想为基础，提出了许多精辟见解。

对于森林价值的认识，集大成者为郝景盛的《森林万能论》（1947 年）[1]："一、森林是水旱灾的制裁者：森林可增加雨量，减少旱灾；一片树叶，一株小草，降雨时都会一点一滴的阻止雨水之下流，故森林可防水灾。二、森林为农业的保护者：中国农民是靠天吃饭，但只有造林可以人工胜天，恢复历史上风调雨顺的时代。三、森林乃轻工业之母：以木材或森林为原料之轻工业，种类繁多，主要者为木材制糖业、造纸业、木材干馏业、人造丝业、电木业、橡皮工业、松香工业、软片制造业、单宁业、人造樟脑业、人造橡皮、人造汽油、人造羊毛、染料业、油漆业……说不完，写不尽。四、森林可增加人民之爱国心：森林不仅构成大自然界之美，无形中还指示了大地河山之可爱，与人以永远不能磨灭的印象。五、森林为民族生存之财产：林业是大规模的、国家的、民族的、永远性的，林业发展下去，可以成为一等强国，因为林业是一切轻工业之基础。"可见，森林的价值，从生态到防灾，再到经济、政治、文化，都涵盖在内。

其他林学家，如梁希、凌道扬、姚传法等也都从生态、经济、美学等角度全面论证了森林保护的意义，并提出了具体措施：①厘清森林所有权、经营权，国营为主，鼓励民营；②加强林业教育，特别是向广大下层民众宣传普及森林价值及护林重要性；③依法治林，从法律上、制度上保障林业的顺利发展。林学家们在社会动荡中坚持对林业的关注，致力于为振兴中国林业奔走呼号。尽管他们的主张在具体实践过程中，因为社会经济政治背景所限，并不尽如人意，但是他们的思想，奠定了近代中国林业保护乃至环境保护的基础[2]。

革命先行者孙中山对林政的重视，在近代政治家群体中显得十分突出。他大力提倡植树造林，认为这是防治水旱灾害和沙漠化的必由之路；他提出森林

[1] 郝景盛：《森林万能论》，正中书局，1947 年，第 4-10 页。
[2] 樊宝敏：《中国林业思想与政策史（1644—2008 年）》，科学出版社，2009 年，第 111-183 页。

国营的主张，有计划地对森林资源进行保护和开发，并提出一系列林业建设的具体设想，至今仍有一定借鉴意义；正是在他的重视之下，民国初年的林政一度十分兴盛[1]。

2．物种保护意识的兴起

近代以来，随着西方近代科学（特别是生物学）的传播，同时也因受到生物资源遭到入侵者肆意勘查、掠夺的刺激，国内生物资源保护意识开始出现新的内涵，使其朝着更为科学的方向发展。

在被坚船利炮打开国门之后，中国境内由外国人资助和主持的对生物资源的非法勘查十分活跃，随之而来的是对大量动植物标本及制品的掠夺。道光二十年（1840年）至1945年，在中国境内进行生物资源考察的外国人数以百计，其中仅英国知名者就达150人；法国的德拉韦教士在光绪七年至十七年（1881—1891年）留居云南期间，采集植物标本多达4 000种20万号；流落欧美的生物标本，仅珍贵的青藏鸟类标本就达21 000余件[2]。已经初步具备近代科学知识的我国学界深感问题的严重性，学者们有的着手进行生物资源的调查研究工作，建立中国自己的生物学科体系；有的则积极撰文进行科学宣传和普及，呼吁保护生物资源。

较早着手进行生物采集调查的国内学者是钟观光。他是第一位用近代植物学方法采集和研究植物的中国学者，并在北京大学创建了中国第一个植物分类标本室；其开始采集植物标本的工作不晚于光绪三十二年（1906年），一生共采集标本约2.5万号，采集范围达16个省区；并在调查研究的基础上，对珍贵用材树种的保护提出了合理的建议[3]。

近代植物学的代表人物胡先骕推崇生态学的整体主义原理，认为地球上的所有生物结为一个庞大的生命共同体，从长远来说，祸福相依，存亡与共；人类要做的，主要还不在于戒杀护生，而是维护地球整体环境的良性。他还以生

---

[1] 汪志国：《论孙中山的生态保护思想》，《中国农学通报》2006年第9期，第501-505页；樊宝敏：《中国林业思想与政策史（1644—2008年）》，科学出版社，2009年，第109-111页。

[2] 赵铁桥：《近代外国人在中国的生物资源考察》，《生物学通报》1991年第7期，第33-34、第28页；《近代外国人在中国的生物资源考察（续）》，《生物学通报》1991年第8期，第28-30页。

[3] 谈家桢主编：《中国现代生物学家传》，湖南科学技术出版社，1985年，第1-11页。

态学的整体主义原理为基础，指出物种保护的重要性[1]。1926 年参加在日本举行的学术会议之后，他发表《第四次太平洋科学会议植物组之经过及植物机关之视察》，转述国外环境保护研究成果，积极主张"盖在昔日吾国人不知保护天然物之重要，外国学者来中国采集，皆与取来毫无限制，其中不乏稀有之动植物或因之而绝种。……如果因之而绝迹，则此珍贵美观之种已逃数千年国人之滥伐斤斧，今乃因国民政府办建设事业而灭种，于是可知保护天然纪念物运动不可漠视也。"[2]

1917 年，钟心煊发表《鸟类利人论》[3]一文，系统地阐述了鸟类对农业、畜牧业、林业以及生态环境的巨大作用，批评了过去对待鸟类的愚昧态度。他以自己家乡南昌为例说，清末以前，当地白鹭很多，后来因为外国人高价收购其羽毛而遭大肆虐杀，几至绝灭。百姓虽然得到一时的蝇头小利，虫害却给他们带来巨大祸殃。他进一步指出，出现这种严重的情况是因为农民无博物知识，不知鸟之有益于己；国家无保护鸟类的专律，以禁止非时之杀戮。他由此得出结论：要做好鸟类保护工作，首先要由博物学者给群众讲清其中的道理，提高他们的认识水平，然后由国家颁布保护法律才能有效。这一科普结合法制的环保理念，即使在今天也并不过时。

一些学者还提出了进一步保护鸟类的具体措施，诸如保护森林，放置巢箱，严寒时散布食物喂养等；提倡把鸟分成长期保护和短期保护两类：长期保护的包括燕类、鸦类、杜鹃类、山雀类和鹤类等，不能猎捕；短期保护的包括白头翁类、鹦类、雉类等，一定时间里可以猎捕，但不能猎杀母鸟[4]。

一些学者在抨击那些破坏天然资源行为的同时，还注意敦促政府出面进行有关动物和植物物种的保护工作。1944 年，李寅恭和杨衔晋合作发表了题为《应请政府颁令保护树种之附竹》的论文，文中提出应对如下几类物种进行保护：①中国特产科属树木种类而有价值者；②有经济价值或特殊之用途者；③行将绝迹者；④有关于学术研究者。他们还具体提出对银杏、白皮松、落叶松、杉、鹅掌楸、珙桐、香果树等 22 种树木和毛竹、方竹、麻竹、峨嵋油竹等 10 种竹

[1] 王先霈：《胡先骕的生态思想》，《云梦学刊》2011 年第 3 期，第 5-8 页。
[2] 胡先骕：《第四次太平洋科学会议植物组之经过及植物机关之视察》，《科学》1929 年第 4-5 期，第 683-692 页。
[3] 钟心煊：《鸟类利人论》，《东方杂志》1917 年第 9 期，第 149-156 页。
[4] 杜其垚：《鸟类的保护》，《自然界》1926 年第 6 期，第 490-494 页；刘丕基：《保护益鸟》，《科学的中国》1934 年第 6 期，第 739 页。

类进行保护。林学家韩安在为该文写的跋中呼吁政府指定农林部、教育部、军政部、内政部、中央党部及其他有关机关分派重要职员，共同妥议全国保林办法，分发全国统一推行[1]。

渔业资源的保护也受到人们的关注，当时过度的捕捞造成鱼苗资源受到严重破坏。1936 年李士豪《中国海洋渔业现状及其建设》一书提到，由于外国的侵掠和近年的密捕滥捕，使我国沿海的鱼群日渐稀少，能捕到的鱼也日趋短小。他痛心地指出，政府没有完整统一的渔业管理，没有系统的政策，只是做些表面敷衍工作，管理者不学无术，甚至有"不知渔业为何物者"[2]。

3. 环境卫生及防疫观念的树立

毋庸讳言，中国传统社会时期，由于科学知识的欠缺，对维护居所环境卫生的意义认识不足，近代以来社会进步的一大表现就是环境卫生及防疫观念的树立。近代中国环境卫生思想的最早传播者是西方传教士，他们认为："中国的卫生问题不是一个孤立的、与其他事物不相联系的问题。疾病、贫穷和愚昧是相伴随的。不可能期望人民所面临的这些卫生问题可以单独解决而不顾及经济和教育等方面的发展情况。"[3]除通过国家发展提高经济水平之外，还要通过积极的宣传普及来提高人们的卫生意识，改变人们陈旧的卫生习惯。

继之而起的是近代一大批具有新思想的中国学者，面对国内外巨大的环境卫生条件和卫生观念的反差，饱受刺激之余，不免大声疾呼。如中国第一代公共卫生专家伍连德感慨："堪痛惜各国咸谓传染病起于中国，闻之不胜忧愤。"[4]曾担任上海市卫生局第一任局长的胡鸿基在其代表作《公共卫生概论》的绪论中指出："公共卫生与国家之盛衰，有莫大之关系，盖国家盛衰，以人民之强弱为衡，而人民能否强健，则以公共卫生为准。"[5]朱季青甚至痛心疾首地说："二十世纪民族的生存是'竞'存，不能'求'存；就是竞存也是'质'的竞存，不是量的'竞'存。试证近来一个小国，可以威逼一个比他人口多四倍的大国，无地可容的事实，就知'量'的不可恃了！一个民族的死亡率，比任

---

[1] 李寅恭、杨衔晋：《应请政府颁令保护树种之附竹》，《林讯》1945 年第 1 期，第 2-6 页。

[2] 李士豪：《中国海洋渔业现状及其建设》，商务印书馆（上海），1936 年，第 190-191 页。

[3] 中华续行委办会调查特委会编：《中华归主》（下册），中国社会科学出版社，1985 年，第 980 页。

[4] 伍连德：《论中国当筹防病之方实行卫生之法》，《东方杂志》1915 年第 2 期，第 5-10 页。

[5] 胡鸿基：《公共卫生概论》，商务印书馆（上海），1929 年，第 37 页。

何文明的民族都高一倍多！平均的人寿低一半有余！社会服务的平均时期也减少一半！世界各国都已经消灭的传染病，我国尚甚流行！百分之八十以上的儿童都有危害健康的身体缺点，百分之五十以上的人民都患沙眼，百分之八十五的人民都尚过着十六世纪时代的生活！试问这种民族的国际地位如何！假如这些基本问题不能解决，有没有复兴的可能？值不值得复兴？"[1]

关于如何加强公共卫生建设，学者专家们也纷纷各抒己见。伍连德提出亟待兴办的公共卫生事业是：初等学校卫生，尤其须提高教师卫生学知识；中央设卫生总机关，罗致人才，筹集经费；地方设立卫生机关，加强街衢清洁、严格传染病管理和食品管理等；充分利用民间力量办理公共卫生[2]。

学者的建言受到了政府的重视，南京政府卫生部明确指出："我国人素缺乏医学常识，尤不注意公共卫生，无论通都大邑，穷乡僻壤，群众之起居、作息、衣食、庐舍，其不适于卫生者，矣多矣。又何怪每年见戕于疫疠者，层出不穷。"[3]1929年5月颁布的《卫生运动大会宣传纲要》也指出："吾人以平日不讲求卫生之故，容易沾染疾病，染病之后，又往往惑于迷信，不肯延医治疗，以致死亡接踵，病夫腾笑，人口统计反日形减少，故不得不大声疾呼，冀促国人之猛省"；"卫生运动唯一之意义，就是唤起民众，注意清洁和其他一切公共卫生"[4]。卫生运动持续十余年，对环境卫生及防疫观念在中国的传播普及产生了一定效果。

第二节　资源环境保护的实践

万历二十八年（1600年）至1949年的350年间，中国社会发生了翻天覆地的变化，资源环境保护领域就是一个典型缩影。作为环保主体，无论是中央政府、地方政府还是民间社会，其在环保中扮演的角色都随着时代的不同而发生剧变，同时，新的时代也会有新的环保主体出现，例如近代以来的科学共同体。在具体的环保领域，无论是森林保护、水体保护、物种保护，还是工矿污

---

[1] 朱季青：《教育与民族保健制度》，《教育丛刊》1935年1期，第233-252页。
[2] 伍连德：《论中国当筹防病之方实行卫生之法》，《东方杂志》1915年第2期，第5-10页。
[3] 国民政府行政院：《卫生公报·序》（合订本），1929年第1期。
[4] 国民政府行政院：《卫生运动大会宣传纲要》，《卫生公报》1929年第5期。

染治理、城市环境整治，其理论内涵、制度建设、实施内容的变化都呈现出极为显著的阶段性，从传统社会的自发性、无序化，到近代以来的逐步系统化、规范化，走过了一条曲折、艰辛，但又充满希望的道路。

一、资源环境保护的主体

概略而言，开展环保活动的主体，无非政府和民间两大类，政府又可以进一步分为中央政府和地方政府两级。对于不同的主体，其承担的环保职责不同，具体实施时的侧重点也存在很大区别，同时，这些职责和行为也会随着时间的推移而变化。

1．中央政府

作为中央政府，其在资源环境保护中扮演的角色，应该是立法者和监督者——由其建立一套完善的环保机构、制度、法规体系，并监督各级政府的执行情况和广大民众的遵守情况。传统社会时期的环保与现代有很大的区别，中央政府的角色定位并不清晰，所发挥的作用也相应受限。明清时期的朝廷并没有设立一个专门的环保机构来负总责，其法律条文中涉及环保的内容也非常有限，更多的是通过后续的司法解释和随时颁布的诏令来进行补充；在环保实践中，朝廷也常常直接扮演执行者的角色，由其直辖和派出机构去直接推行一些带有环保色彩的措施。由晚清入民国，中央政府在制度和法律建设方面积累了许多经验，其定位开始逐步变得清晰起来。

（1）明清朝廷

传统社会时期，承担与现代资源环境保护类似职责的机构，最早可追溯到大舜时期的"虞"。据《尚书·舜典》记载，"帝曰：'畴若予上下草木鸟兽？'佥曰：'益哉！'帝曰：'俞！咨益，汝作朕虞。'"[1]虞，是负责草木、鸟兽等自然资源管理的官职，最早担任虞官的是伯益。此后历代，尽管根据具体保护对象的不同，陆续有新的机构设立，制度、法令也逐步细化，但将"虞"作为主要环保机构的内涵则是一脉相承。

---

[1]《尚书注疏》，文渊阁四库全书本。

　　到了传统社会晚期的明清，承袭前代制度设立的"虞衡清吏司"（属工部管辖），其环保职能已经大大压缩，尽管名义上规定了"山泽采捕"的管理职能，但实际上主要负责"陶冶器用"，变成了一个象征性的机构[1]。其原来带有一定环保色彩的工作，由一些具体部门分任。如清代，为皇家管理动植物资源并供应相应产品的职责，主要是由内务府及其在各皇家牧场、苑囿、围场的派出机构来承担；水利工程和水资源管理，由各地河道总督及漕运总督负责；京城环境卫生的维护，由步军统领衙门和工部街道厅负责，等等。总之，不仅没有一个管理、协调环保相关事务的全权机构，各具体部门的责权划分也很不明晰。这一点直至清末未有根本变化，"新政"时期筹组的农工商部（1906 年 11 月）分商务、农务、工务、庶务 4 司，其中农务和工务司的职能包含了许多环保相关内容（如森林、水产、矿业等），但并未发挥应有作用。

　　在环保法制建设上，由于时代的局限，传统社会时期的中央政府无法科学、系统地认识到环境保护的意义，因而其立法显得零散而随意。以《大清律》来说，其中明确涉及资源环境保护内容的条文不多，且很少是出于自觉，如"凡盗掘金、银、铜、锡、水银等矿砂，每金砂一斤，折银二钱五分；银砂一斤，折银五分；铜、锡、水银等砂一斤，折银一分二厘五毫，俱计赃准窃盗论"[2]，是与当时清政府封禁矿山的国策相配合；又如"私入木兰等处围场，偷采菜蔬、蘑菇，及割草，或砍取柴枝者，初犯枷号一个月，再犯枷号两个月，三犯枷号三个月发落"[3]，系对皇家苑囿的特殊保护。

　　此外，皇帝随时发布的诏令，其中涉及的环保内容也在一定程度上具有法律效力。如乾隆二十八年（1763 年）六月十四日，皇帝针对湖广总督陈宏谋奏请严禁洞庭湖周边圩田私垦一事批复："洞庭一湖为川、黔、粤、楚众流之总汇，必使湖面广阔，方足以容纳百川，永无溃溢……著传谕乔光烈，每年亲行查勘，间一二岁，即将有无占筑情形详悉具奏，永以为例。"[4]便成为其后地方官办理类似事务的准则。

　　总的来说，晚明至清代的朝廷在环保实践中扮演的角色是不清晰的，所发

[1] 袁清林编著：《中国环境保护史话》，中国环境科学出版社，1989 年，第 165-166 页。
[2]《大清律例》"二百七十一·盗田野谷麦"，天津古籍出版社，1993 年，第 400-401 页。
[3]《大清律例》"二百七十一·盗田野谷麦"，天津古籍出版社，1993 年，第 404 页。
[4]（清）贺熙龄：《请查濒湖民垸永禁私筑疏》（道光五年），（清）盛康：《皇朝经世文续编》卷 117《工政十四·各省水利上》，文海出版社，1972 年。

挥的作用也比较有限。这一时期最为出色的资源环境保护实践，是清廷直接掌控下对东北地区的"封禁"政策。尽管其初衷是为了巩固满清政权的统治和维护满清贵族的特权，给当地发展特别是国家安全带来了不少消极后果，但其法令措施之严，涉及对象之广，时间跨度之长，在中国环境保护史上是极为罕见的，这一案例将在下节详细叙述。

（2）民国政府

民国时期并没有在国务院（行政院）下设立专门的环保机构，但在一些具体的部门中，已经开始对其应当承担的环保职能进行明确界定。1912年，设实业部，分农务、矿务、工务、商务4司；同年，实业部分为农林、工商两部，农林部设农务、山林、垦牧、水产4司；次年，两部又合并为农商部，设农林、工商、渔牧3司和矿政局。对森林、水产、矿产等重要自然资源的开发和保护，都包含在这些具体部门的日常职责之中。

此后，相关部门的名称和统属关系又经历了多次变动，如1928年3月南京国民政府成立后，改设农矿部，辖农务、农民、矿业3司和总务处；1930年12月，农矿、工商两部合并为实业部（1938年改称经济部）；1940年又将经济部下的农林司升级为农林部。但这些部门的核心职能并未发生显著变动，一些在当时极为重要的资源环境保护活动（如植树造林），始终置于其直接管辖之下。

除此之外的一些环保工作，也有机构专任其责。如卫生防疫，先是由内政部（内务部）下辖的卫生局负责（北洋政府时期）；后为民政部（内政部、行政院）下辖的卫生司（卫生署）或是直接设立卫生部统一进行管理（南京政府时期）[1]。相比传统社会时期，这种机构上的专门化、制度上的一贯性，无疑是一种巨大的进步。

民国时期也是各类环保相关法规逐步完善的时期。仅森林保护，就有1914年北洋政府颁布的《森林法》（中国第一部森林法）及次年公布的《森林法施行细则》、1915年《造林奖励条例》、1916年《林业工会规则》、1931年《管理国有林公有林暂行规则》、1941年《国有林区管理规则》、1932年南京国民政府颁布的《森林法》、1948年《森林法施行细则》等一系列相关法规陆续出台[2]。其他有关资源环境保护的法律还有《狩猎法》（1914年、1932年）、《渔业法》（1929年）、

[1] 文庠：《民国时期中央卫生行政组织的历史考察》，《中华医史杂志》2008年第4期，第214-222页。
[2] 南京林业大学林业遗产研究室：《中国近代林业史》，中国林业出版社，1989年，第98-122页。

《矿业法》（1930 年）、《土地法》（1930 年）、《水利法》（1942 年）等。

无疑，民国时期的中央政府在环保机构、立法诸方面都取得了很大成就，使环保实践工作更加科学、系统和规范，但政治的腐败和社会的动荡，在很大程度上削弱了这种成就，很多法令的执行效果极不理想。

2．地方政府

地方政府既是环保法令的实施者，也在一定程度上承担立法职责，特别是在传统社会时期无法可依的情况下，地方官员在资源环境保护方面的立法、释法、执法行为，对于当地的环保实践发挥着不可替代的作用。同时，由于近代中国特殊的时代背景，一些不在中央政府管辖之下的地方政府或政权，也在环保方面开展了一定的实践。

（1）明清时期

明清时的地方官府如同朝廷一样，也没有专司环保工作的部门；同时，可供其遵循的专门环保法律条文和朝廷随时下达的环保相关诏令也十分稀缺。但地方官员负有保境安民之责，当境内环境问题严重到一定程度，特别是影响到居民的生计和社会秩序的稳定时，他们便会积极制定一些地方性法规，并通过各种方式来进行贯彻。不同的地区面对的环境问题不同，因此这些地方法规的侧重点也有不同。

清代最为严重的环境问题在于森林破坏和水土流失，限制和禁止伐木、鼓励植树造林的地方法规因此最为丰富，广泛见于各个时段、各个地点。这方面比较有名的地方官员如乾隆年间直隶无极县知县黄可润。他上任之初，针对当地"四十里皆平沙，民生憔悴"的现实，正确认识到"沙随风起，唯树可以挠风"，由此"立定章程"，将无主沙地分配各户，尽行植树，规定将来树大成材，"树与地皆自己之业"，官府永不起科；并设立监察制度，分区负责，每村推选练长一人，"择乡地之明白而殷实者为之"；在他有限的任职期内，取得了显著的效果[1]。

由于碑刻保存时间较久，能够更好地体现政策法令的严肃性和执行的一贯性，地方官府常常采用护林碑的形式传播护林思想、申明护林规章。倪根金搜

---

[1] 谢志诚：《黄公树——清代地方性生态农业工程》，《中国农史》1995 年第 2 期，第 105-106 页。

集摘录的《明清护林碑知见录》中，便不乏这样的记录。如光绪九年（1883年）陕西宁陕县柴家关护林碑："照得烧山毒河，大干例禁。□经前任出告示严禁，乃无知辈藐玩如故，实堪痛恨。为此示仰关属军民人等知悉：□后毋得再行放火烧山，毒河捕鱼。"（宁陕抚民分府所立）[1]不仅针对烧山毁林的行为做出规定，还起到了保护渔业资源的作用。

在长江中下游地区，由于水灾对当地威胁巨大，围湖造田、与水争地的问题备受关注。进入清代中叶，随着事态的日渐严重，湖广、安徽、江西、江苏各省地方官员一方面要向上陈情，协助朝廷拟定相关禁令；另一方面需要承担清查私垦、平毁圩田的执行之责[2]。不过，由于局部与整体利益、眼前与长远利益的冲突始终存在，许多地方官员出于缓解当地人口压力、保障钱粮税收的考虑，同时又扮演了规则破坏者的角色。

在一些手工业发达的地区，还面对工业污染的问题，当其威胁到居民的正常生活甚至生命安全时，地方官员就必须予以过问。如乾隆二年（1737年）《苏州府永禁虎丘开设染坊污染河道碑》，由府县两级政府所立，针对的是城内虎丘附近密集的染坊，染坊对河道水质的严重污染，影响到居民生活和灌溉用水，下令所有染坊"迁移他处开张"[3]。

总的来说，地方官府在环保中扮演的角色，主要是对朝廷的相关法令条文进行解释（释法）、针对当地环境问题颁布一些地方性法规（立法），同时，还要负责将这些法规以各种形式发布和贯彻下去（执法）。其角色相对灵活，在一定程度上弥补了朝廷在环保实践中的缺位。但必须看到，由于种种原因，特别是约束机制的缺乏，导致地方官员对资源环境保护的重视程度普遍不足，其在环保实践中的作用不可高估。

另外，晚清时期还出现了一类特殊的地方政府，即各口岸城市的外国租界，其对环保实践的贡献主要体现在城市环境整治工作的近代化上。租界当局将国外近代城市建设和管理方面的相关经验引进中国，构建了一套相对健全的城市环境卫生体系（如专门的负责机构、细化的规章条例、完备的基础设施、先进的仪器设备等），首先改变了租界区的整体城市风貌，进而也对各口岸城市以致

[1] 倪根金：《明清护林碑知见录（续）》，《农业考古》1987年第1期，第183-195页。
[2] 谭作刚：《清代湖广圩田的滥行围垦及清政府的对策》，《中国农史》1985年第4期，第41-47页。
[3] 黄锡之：《〈永禁虎丘染坊碑记〉与河流、农作污染的保护》，《农业考古》2003年第1期，第34-37、第44页。

内陆城市的环境整治起到了一定的促进作用[1]。

（2）民国时期

与中央政府一样，民国时期地方政府的组织机构相对传统社会时期更加严谨和专门化。各省、市以致县级行政机构均设有农、林、渔、工矿、卫生等部门，负责相应的环保工作。

以林业部门为例：1916年，农商部将各省级行政区域划作大林区，各设林务专员1人，由农商部会同该省巡按使保荐，以有林科学识和行政经验的人充任，统一负责包括森林资源勘查、保护、植树造林在内的林业相关事务；有的省（如河南、山西、湖北、广东、甘肃）设林务专员办事处或大林区署，大林区署下还分设小林区署（如山西有6个小林区署），有的省（如山东、安徽、江西）则设立森林局。南京国民政府时期（1928年以后），各省林业由农矿厅（实业厅、建设厅）主管，厅下设林务局或森林局。有的省划分了林区，在林区设林务局或森林局（或林区事务所、林区署、林垦区署）；有的省设省辖的林场、林业试验场和苗圃。南京、北京（北平）、上海、青岛4个直辖市则在社会局下设农林事务所管理林业。至于各县，林业由建设局（科）管理，许多县办有林场、苗圃[2]。

地方政府不仅承担具体的资源环境保护工作，还根据当地具体情况，出台了许多地方性法规，对中央政府颁布的法令进行补充。仍以森林保护为例，如吉林省有《吉林省国有林临时规则》《吉林省国有林征收山分及其分配章程》，山西省有《山西省保护森林简章》《山西省种树简章》（1917年），广东省有《广东省暂行森林法草案》（1929年）、《广东省私有造林奖励暂行规则》，云南省有《云南森林章程》（1912年）、《云南推广造林运动章程》（1933年）、《修正云南省限制滥伐森林办法》（1936年），等等。

民国时期的地方政府在制度方面的逐步完善体现在各个方面，如更加完备的规章法令、更多资金和资源的投入、更多专业人士的加入等，这使其有能力在环保实践方面扮演更加积极的角色。这一时期不少颇具成效和特色的环保工作，都是在地方政府的主持或积极参与之下开展的。

此外，中国共产党领导下的红色政权（苏区、抗日根据地、解放区），也

---

[1] 刘岸冰：《近代上海城市环境卫生管理初探》，《史林》2006年第2期，第85-93页。
[2] 南京林业大学林业遗产研究室：《中国近代林业史》，中国林业出版社，1989年，第137-150页。

十分重视其管辖地区内的资源环境保护，其中最为突出的是对森林资源的保护和植树造林的推广。

早在 1930 年，毛泽东便在《兴国调查》中指出，山上没有树木，水土流失加重水旱灾害，是当地贫困的重要原因[1]。1932 年，中华苏维埃人民委员会第 10 次常委会通过了《对植树运动的决议》，发动群众种植树木、改造荒山。陕甘宁边区时期，这一政策被发扬光大。1940 年，边区政府公布了《陕甘宁边区植树造林办法》和《陕甘宁边区森林保护办法》；1941 年，将这两个办法修正再颁布，同时发布《陕甘宁边区砍伐树木暂行规则》，详细规定了森林保护和植树造林的具体办法。1940 年年末成立边区林务局，直辖两个实验林场和一个苗圃，其主要任务是统筹规划边区的林业生产建设，协助各县制订林业生产计划，研究改进造林、护林工作，以及林产品加工。

其他根据地和解放区也都成立了专门的林业部门，并制定了相关法规。如晋察冀边区 1939 年颁布《保护公私林木办法》和《禁山办法》，1946 年颁布《森林保护条例》和《奖励植树造林办法》；晋冀鲁豫边区 1941 年颁布《林木保护办法》，1948 年颁布《林木保护培植办法》；1949 年，东北行政委员会颁布《东北解放区森林保护暂行条例》《东北解放区森林管理暂行条例》和《东北国有林暂行伐木条例》，等等。这些法规有效地保护了根据地的自然资源，对于根据地的经济建设起了积极作用。

3. 民间社会

无论传统社会晚期，还是进入近代以来，民间社会在资源环境保护中都扮演了非常重要的角色。明清时期环境问题的恶化与官府在环保立法与执法工作中的缺位，迫使民间的宗族村社发挥更大的作用，不仅需要协助官府执行相关法规，更需要通过家法、族规、乡约等民间法的制定，在一定程度上履行立法者的职责。进入近代，尽管政府在环保立法的严密性和规范性方面有了很大进步，但基层社会的组织形式并未发生剧变，法规的贯彻仍然有赖于宗族村社，而已有的乡约族规也仍在发挥作用；同时，随着西方近代科学的传入，崭新的中国科学共同体登上历史舞台，在环保科学知识普及、国外环保制度法规引进、

---

[1] 毛泽东：《毛泽东农村调查文集》，人民出版社，1982 年，第 201 页。

具体环境保护实践方面做出了不可替代的贡献。

（1）宗族村社

宗族、村社是中国传统社会最基本的组成单元。作为黄仁宇所谓"潜水艇三明治"二元架构的下层[1]，以血缘、地缘关系构建的宗族村社直接管理着亿万民众。族长、地保、乡绅在民间的威信无可取代，而族规、乡约对于民众行为的约束力甚至还在政府法规之上。

晚明以降，突出体现在山林砍伐和水土流失等方面的自然环境破坏，直接冲击了底层社会的稳定。作为应对，大量涉及环境保护的内容出现在乡约族规之中。这就意味着，宗族村社不仅是环保实践的执行者，同时还兼任了立法者。基层民间社会的积极作为，在相当程度上弥补了官府的缺位，因此成为传统社会晚期的一个重要环境保护主体。

乡约族规中的环保对象十分广泛，最为突出的便是对林木资源的保护。人口激增伴随着美洲作物的引进，"与山争地"的现象到清代达到了历代的顶峰，由此导致了愈演愈烈的山林资源破坏，并引发一系列严重的环境问题。目前可见的乡约族规中，涉及山林保护的条文最多、规定也最严密。本章第四节中，将以保存下来的涉林碑刻为中心，重点探讨民间社会对山林的保护。

水既是人类生产、生活不可或缺的资源，也是传统风水学中人居环境的生气所在，因此水源也是乡约族规的重点保护对象。如浙江楠溪江中游地区的一些宗族规定，族人要定期清理沟渠；日出之前不许在沟里洗衣，并让人把澄清了一夜的水挑回家用于饮食；渠内不许放鹅鸭，不许洗沾有粪便的衣物，等等[2]。这是为了保证水源的洁净。又如浙江虞东戚氏宗族为了保护村前池塘中的水源，于咸丰五年（1855 年）订立"立禁池议据"："恐有天旱之际，以防一村不测之灾，且饮洗急需，尤关重要，爰邀三房公禁此池，以备公用。自禁之后，惟秧田水任其承荫，其余不拘大小车具，无得落池车水。"这是为了保证水资源的可持续利用及防灾所需[3]。此外，乡约族规还涉及了对动物资源（禁止滥捕野生动物）、土地资源（禁止私垦及其他不合理利用形式）的保护，对象十分广泛。

[1]［美］黄仁宇：《万历十五年》，中华书局，2006 年。
[2] 陈志华：《楠溪江中游古村落》，生活·读书·新知三联书店，1999 年，第 93 页。
[3] 关传友：《论清代族规家法保护生态的意识》，《北京林业大学学报（社会科学版）》2007 年第 3 期，第 14-19 页。

传统社会时期宗族村社主导下的资源环境保护实践，具有朝廷和地方官府所不具备的许多优势——作为环保主体的宗族村社遍及全国，制定的族规乡约针对其所在区域内的各类自然资源和具体环境问题，其广泛性和针对性是官府法规所无法企及的。由于这些资源环境问题往往直接威胁当地正常生产生活秩序，宗族村社对于开展环保的紧迫性有充分认识，其对规定的执行也十分严格。同时，通过口耳相传、正式文书以致碑刻等形式，相关规定能够代代相传，相比之下，官府法规特别是地方官府法规则往往难免"人亡政息"，延续性较差[1]。

不过，作为环保主体，宗族村社也存在诸多局限。首先，其环保行为是分散的，由于缺乏全局统筹，其对资源环境的保护仅限于本乡本土，对其境外常常漠不关心，甚至产生矛盾和冲突（如同一流域上下游地区的水资源争夺）；其次，环保实践仅限于与其生产生活关系最密切的环境问题，不够系统和规范；最后，由于缺乏科学知识的指导，其环保理论实践中常常掺杂迷信，这在一定程度上影响了环保效果，甚至对社会发展起到阻碍作用，如拘泥于风水理论，阻止对自然资源特别是矿产资源的正常利用，等等。

（2）近代科学共同体

所谓科学共同体，即在某一历史时期某一科学领域中持有相同的基本理论、基本思想和基本方法的科学家集团，并在科学活动中有着稳定的联结和集体科学劳动。在近代中国，自晚清以来，随着西方科学的传播，科学家群体在开展科学活动的过程中逐步壮大，并开始结成各类社团，如清末戊戌变法中涌现的各类"学会"。特别是1914年，以"提倡科学，鼓吹实业，审定名词，传播知识"为宗旨的中国科学社成立，是中国近代科学共同体发展史上的重要里程碑。其后，各类单科或综合性的科学学会纷纷成立，数十年中得到全面发展。作为中国历史上前所未有的新生事物，科学共同体在中国近代环境保护事业的发展中同样扮演了无法替代的角色，从普及相关科学知识，到推动环保立法，再到亲自开展环保实践活动，其作为无不令人耳目一新。

其一，普及环保知识。

"科学救国"是中国近代科学工作者的基本共识，要达成这一目的，通过科普教育来"开民智、造人才"是必要途径。为此，许多著名的科学家都积极

[1] 古开弼：《民间规约在历代自然生态与资源保护活动中的文化传承》，《北京林业大学学报（社会科学版）》2004年第3期，第20-25页。

投身到科普活动之中，其中不乏与环保相关的内容，比较重要的有以下几类。

自然资源：中国近代科普作品中，有很大一部分是对中国森林、矿业、土地等自然资源的介绍，其作者（或译者）包括林学家、地质学家、农学家等。这些作品既是对中国基本国情的普及，以激发民众爱国热情，也包含了合理利用资源，以之造福社会、富国强民的思想。在各类学术性杂志（如中国科学社创办的《科学》、中华农学会办的《中华农林会报》、中国地理学会办的《地理学报》、中华矿学社办的《矿业周报》，等等）、大众报刊上，学者们以近代科学原理指导下发表的介绍自然资源性质功效、阐发资源环境保护思想的科普文章更是俯拾皆是。

物种保护：此类相关知识的推介由近代生物学家、博物学家群体承担，代表性学术、科普著作如秉农山的《中国动物志》（1934 年）、胡先骕和陈焕镛的《中国植物图谱》（1934 年）、钱崇澍的《中国森林植物志》（1937 年）等，通过对中国动植物资源的普查和生物基础知识普及，自然地向公众传达了物种保护的思想。

公共卫生：通过生理学、病理学、公共卫生学相关知识的传播，促使公众树立正确的卫生观、健康观，推进居住环境整治和卫生防疫工作的开展，最终达到人民强身健体之目的，也是近代科普工作的重要方向。由于与日常生活息息相关，其科普形式更为灵活，除了出版专著、发表论文，还包括展览、竞赛等，公众参与度较高。

其二，推动环保立法。

环境保护的加强离不开法治建设的完善，清末至民国一系列环保法规的制定都离不开相关领域专家的大力推动。

一方面，他们积极翻译、引进国外同类法规，以为国内立法机关之借鉴。如清末新政时期（1906—1910 年），北京相继颁布了多项城市环境整治、公共卫生管理方面的法规，其具体条文大量借鉴了日本明治维新时期的同类法规内容，这就离不开国内学者的译介。[1]其他环保法规的出台，也多是从翻译借鉴国外法规起步的。

另一方面，他们积极传播"法治"思想，期望资源环境保护工作能够摆脱

---

[1] 田涛、郭成伟整理：《清末北京城市管理法规》，燕山出版社，1996 年，"出版说明"第 5-10 页。

传统的"人治"阴影，真正具有严肃性和延续性。这方面比较有代表性的如姚传法的"以法治林"思想。姚传法既是一位林业专家，又是一位政府林业官员，曾参与 1932 年国民政府《森林法》的起草制定。他认为，只靠一般性的造林宣传和运动不能解决林业问题，只有加强法制教育，严格执行《森林法》，才是挽救中国林业的根本途径。[1]

其三，具体环保实践。

近代中国的科学家们将其环保思想付诸实践，通过与政府或其他组织合作，甚至独立创办环保机构，亲身投入环保活动。

如农、林学家通过科学试验，引种、培育优质树种，推动森林保护和植树造林工作。不仅政府下辖的各级林场、苗圃、实验室、试验田的运营都有科学家的参与，一些民间林业设施本身就是由科学家创立的，如农学家过探先与林学家陈嵘 1916 年创办的江苏省教育团公有林（今南京老山林场），至 1932 年累计造林 18.23 万亩，育苗 9 277.6 万株，产生了巨大的社会功效。

又如生物、博物学家，除跋涉万里，辛苦备尝地采集各种动植物标本，以供科学研究和开展物种保护之需外，还创建了一系列的标本陈列室、植物园等机构，切实开展物种资源调查和保护工作。如植物学家钟观光创办了中国第一个植物标本室（北京大学植物标本室，1918—1921 年）和第一座近代植物园（笕桥植物园，1927—1930 年）[2]；植物学家胡先骕、秦仁昌、陈封怀等于 1934 年创办的庐山森林植物园（今庐山植物园），截至 1937 年年底，引种各类植物 3 100 余种，造林 400 多亩，栽培珍贵树种 50 多万株，开辟苗圃 160 亩，建立温室 3 座，收集植物标本 2 万多号，建立了标本室、实验室和贮藏室等，成为当时中国最大的植物园[3]。

总之，近代科学共同体以其掌握的科学知识，对近代环保事业的发展发挥了不可替代的指导和推动作用。只是由于时局动荡，经费不足，他们的许多环保主张都没有得到充分实践。

[1] 姚传法：《〈森林法〉之重要性》，《林学杂志》1944 年第 1 期，第 1-4 页。

[2] 朱宗元、梁存柱：《钟观光先生的植物采集工作——兼记我国第一个植物标本室的建立》，《北京大学学报（自然科学版）》 2005 年第 6 期，第 825-832 页。

[3] 南京林业大学林业遗产研究室：《中国近代林业史》，中国林业出版社，1989，第 516-517 页；胡宗刚：《从庐山森林植物园到庐山植物园》，《中国科技史料》1998 年第 1 期，第 62-74 页。

二、资源环境保护的对象及实践

本小节主要从森林资源、水资源、生物资源保护、工矿污染治理、城市环境整治等几个方面，对近代资源环境保护的主要对象以及相关实践活动进行简要介绍。

1. 森林资源保护

森林资源之于人民衣食住行有着举足轻重的作用，从远古时代开始，华夏先民对于森林资源在物质生产和生态效益方面的重要价值就有着很深刻的认识[1]。自明清以降，近代社会自上而下对于森林资源保护的重视程度相对而言是各类环保活动中最高的，从措施的严密性、参与的广泛性上都堪称近代资源环境保护的突出代表。

清代前期，满族统治者为保护祖宗的发祥地，将东北划为所谓"四禁"之地，实施严格封禁，禁伐森林便是四禁之一，这一政策的严厉执行，使当地森林资源得到了较好的保护。此外，对于皇家苑囿（如木兰围场）、陵寝（如清东陵、西陵）等禁地，也同样有着禁伐林木的严格法令。此外，由于永定河、黄河、长江等河流经常泛滥，清代皇帝多提倡沿河植树，以巩固堤防[2]。

但除此之外，清朝并没有针对森林资源的合理利用和保护制定全国统一的法规。相反，随着人口迅速增长，为安抚流民、解决粮食问题，清廷鼓励垦荒的政策导致了大量山林（特别是在南方各省）遭到破坏，由此所引起的生态后果极为严重。在这些地区，主要依靠地方官府、特别是民间社会的习惯法来对森林实施保护。

进入近代，森林的严重破坏引起了有识之士的广泛关注，许多政治家和学者都提出了以振兴农林事业为突破口，推动整个实业向前发展的主张。如张之洞拟定的学堂章程中规定，在大学农科、各级农业学堂中均设林学科目，以广泛储备人才[3]。特别是孙中山先生，在其《建国方略》《建国大纲》中，将发展

---

[1] 罗桂环、王耀先、杨朝飞等主编：《中国环境保护史稿》，中国环境科学出版社，1995 年，第 131 页。

[2] 樊宝敏、董源、李智勇：《试论清代前期的林业政策和法规》，《中国农史》2004 年第 1 期，第 19-26 页。

[3]（清）张之洞：《奏定学堂章程》，收入沈云龙主编：《中国近代史料丛刊》（第 73 辑），文海出版社，1966 年，第 351-357 页。

林业作为自己"实业计划"的重要组成部分，主张一方面开发原有森林，另一方面"造全国大规模的森林"；林业既实行国营，又兼顾地方利益，充分动员各级决策者和参与者的积极性；其林业思想对于后来的森林保护工作产生了深远影响[1]。

民国时期的森林保护事业相比前代有了巨大进步，突出体现在以下方面：

①理论指导方面。一大批具有近代科学背景的林学家，第一次系统阐明了森林资源的生态环境价值和社会经济价值，对于具体森林保护措施和相关制度建设都有完善的方案供决策者和公众参考。

②人才储备方面。许多大学的农学院中都设置了林业科系，并兴办了一些专门的林业学校，在林业教育发展盛期，全国高级和中级林业学校均在 20 所以上；据统计，从清末到 1949 年的半个世纪中，共培养了近 5 000 名各级林业人才，其中受过高等教育的有约 3 000 人[2]。

③制度建设方面。从中央到地方省、市、县的各级政府都建立了专门负责林业发展的机构，并出台一系列的林业法规，使得森林保护真正做到有法可依。

④具体实践方面。多类主体（政府、实业家、商人、科学共同体、民间宗族村社等）基于自身掌握的社会资源和角色定位，以多种多样的形式投入到森林资源利用和保护实践之中，并做出了相应的贡献。

但总的来说，整个近代森林保护实践的效果并不理想，时局动荡、财政拮据、帝国主义掠夺、地方实力派阻挠、商人逐利、民众科学素养不足，诸多因素结合在一起，成为林业发展的巨大障碍[3]。这便导致了一个悖论，即林业保护事业大发展的时期反而是森林资源破坏最烈的时期。根据估算，光绪二十六年（1900 年）至 1949 年，中国森林面积从 16 013×10^6 公顷（森林覆盖率 16.7%）骤降至 10 901×10^6 公顷（森林覆盖率 11.4%），其破坏速率超过过去 300 年间的任何一个时段[4]。

---

[1] 南京林业大学林业遗产研究室：《中国近代林业史》，中国林业出版社，1989 年，第 83-86 页；傅洁茹：《孙中山环境思想探析》，《安徽史学》2011 年第 6 期，第 45-51 页。

[2] 南京林业大学林业遗产研究室：《中国近代林业史》，中国林业出版社，1989 年，第 521-542 页。

[3] 胡勇、丁伟：《民国初年林政兴起和衰落的原因探析》，《北京林业大学学报（社会科学版）》 2004 年第 3 期，第 26-30 页。

[4] 何凡能、葛全胜、戴君虎等：《近 300 年来中国森林的变迁》，《地理学报》2007 年第 1 期，第 30-40 页。

2．水资源保护

水为生命之源，水资源同样与人民日常生活息息相关。中国幅员辽阔，水资源在时空分布上的不均衡所导致的环境问题以致社会问题频发，因此，如何合理利用和保护水资源，同样是中国资源环境保护实践中的重要命题。就近代来说，水资源保护的实践内容，突出体现在以下几个具体方面。

（1）争水纠纷与水权划分

北方干旱半干旱地区降水不足，生产生活用水很大程度上依赖于有限的地表径流，上下游之间的水事纠纷因此频发。即使在水资源相对丰富的南方地区，发生旱灾时也常有缺水之虞。妥善解决争水纠纷，实际上涉及对水资源的合理分配和利用问题。

传统社会晚期（晚明至清代），由于立法方面的缺失，只有当民事纠纷发展到刑事案件时才会进入国家法典条文的解释范畴，而并未形成一个针对水事纠纷的独立的民事诉讼法或经济法体系；解决此类问题往往依赖于长期以来形成的民间习惯，以官员或士绅主持下各方协商调解为主要形式。在一些"水案"频发，围绕水权、水源的争夺极为激烈的区域，地方官员会将一些具体案件的判例固定下来，使之具有一定的法律效力；这些判例常以碑刻形式长期保留，迄今多有发现。如现存豫西灵宝市故县镇的《鹿台村轮灌碑记》，记录了清乾隆年间，当地鹿台村和上坡头村围绕共用的引水渠道水量分配问题展开的旷日持久的争端，为此，县令亲自勘察沟渠走势，订立新规，明确规定了两村内部和两村之间耕地的灌溉次序。[1]在河北滏阳河流域，争水问题涉及上下游的多个州县，面积广大，头绪繁多，地方官员经过长期的摸索，不仅在各县之间订立了详细的分水规章，还通过重划行政区域、整理水利设施等手段来促进流域内水资源统一管理[2]。

随着时间的推移，在人口增长、土地垦辟、河渠改道、气候变化等因素交互作用之下，这些带有临时性的规章制度往往很快就难以适应新的形势，如在水源不足、生态脆弱，垦殖活动却愈演愈烈的河西走廊地区，围绕水资源的纠

---

[1] 白路、赵孝威：《清代豫西地区的水权纠纷》，《沧桑》2013 年第 3 期，第 160-162 页。
[2] 王培华：《清代滏阳河流域水资源的管理、分配与利用》，《清史研究》2002 年第 4 期，第 70-75 页。

纷贯穿整个清代，令官府疲于奔命，其仲裁调解也愈来愈难以奏效[1]。

进入民国，最鲜明的进步体现在立法上。除在根本法（宪法）和基本法（民法、刑法等）中作原则性的规定之外，政府制定了以《水利法》（1942 年）为中心的一系列法律、法规，并以地方规章和民事习惯为补充，从而形成了较为完整的水利法律体系。通过对法律意义上的"水权"以及与之相关的一系列概念（主体、客体、优先权等）的界定，达到明确责、权、利，依法治水之目的。《水利法》第十五条规定："用水标的之顺序如下：一、家用及公共给水；二、农田用水；三、工业用水；四、水运；五、其他用途。"明确按照用途来排定用水优先权，既使得很大一部分用水纠纷有章可循，对于水资源的合理利用也是划时代的进步[2]。

（2）"与水争地"及水体保护

明清以降，随着人口激增，近水地带（河湖沿岸）与水争地现象日益严重，大量滩地、荡地以致水体遭到私垦，河床收窄，湖面萎缩，由此带来一系列生态问题，尤其是泄洪不畅导致水灾风险的上升，引起了历代政府的重视。

长江中下游地区是与水争地的重灾区，河湖沿岸垸田密布，仅两湖地区就数以千计[3]，严重影响了正常行洪。清乾隆年间，从地方到中央的各级官府就一直在积极制定措施，试图扭转这一趋势。如乾隆十一年（1746 年）朝廷议准："官地民业，凡有关于水道之蓄泄者，一概不许报垦。倘有自恃己业，私将塘池陂泽改垦为田，有碍他处民田者，查出重惩。"[4]乾隆二十八年（1763 年），皇帝针对湖广总督陈宏谋奏请严濒湖私筑之禁一事批复："洞庭一湖为川、黔、粤、楚众流之总汇，必使湖面广阔，方足以容纳百川，永无溃溢，乃濒湖居民狃于目前之利，圈筑圩田，侵占湖地；而地方官又往往意存姑息，不行禁止。……著传谕乔光烈，每年亲行查勘，间一二岁，即将有无占筑情形，详悉具奏，永以为例。"[5]但在实际执行之中，"居民狃于目前之利，地方官意存姑息"始终

[1] 王培华：《清代河西走廊的水利纷争及其原因——黑河、石羊河流域水利纠纷的个案考察》，《清史研究》2004 年第 2 期，第 78-82、第 116 页；王忠静、张景平、郑航：《历史维度下河西走廊水资源利用管理探讨》，《南水北调与水利科技》2013 年第 1 期，第 7-11、第 22 页。

[2] 郭成伟、薛显林：《民国时期水利法制研究》，中国方正出版社，2005 年，第 320-328 页。

[3] 谭作刚：《清代湖广垸田的滥行围垦及清政府的对策》，《中国农史》1985 年第 4 期，第 41-47 页。

[4] 《钦定大清会典事例（嘉庆朝）》卷 141，文海出版社，1991 年，第 6338 页。

[5] （清）贺熙龄：《请查濒湖私垸永禁私筑疏》（道光五年，即 1825 年），收入《皇朝经世文续编》卷 98《工政十一·各省水利上》，文海出版社，1966 年，第 2528-2529 页。

是严格执行禁令所无法克服的阻碍，直至清末，问题不仅没有解决，反而更为普遍和严重；归根结底，在沉重的人口压力之下，与水争地毕竟是解决百姓生计、拓展政府财源的一条捷径，如果找不到其他出路，地方官员便不敢冒险将其堵塞[1]。

民国政府也曾试图整治这一乱象，这方面的努力集中体现在 1936 年《整理江湖沿岸农田水利办法大纲》及其执行办法的颁布上。《整理江湖沿岸农田水利办法大纲》规定："一、江河各巨川及各湖泊应依照寻常洪水（约十年一遇之洪水）流线所及与洪水停潴所需之范围划定界限；二、分界之处得建筑坚固之防水堤，确定堤内准人民种植，堤外之地一律禁止私人耕种，已放垦者由政府发行地价券收归国有；……五、凡堤外蓄洪区域之土地，收归国有后，如能举办适当工程，不致减少其原有之蓄洪功效时，亦得经营垦殖，其已经垦殖者，应照此原则补救，否则一律废垦还湖。"[2]也就是说，将近水私垦之地，通过蓄洪区的划定，界内统一收归国有，以此杜绝私垦行为对水利之妨害。尽管主观愿望良好，但由于其中对失地百姓缺乏妥善安置措施，政府也没有足够财力赎买土地，使其操作性大打折扣；加之全面抗战很快爆发，这一方案事实上并未推行。

（3）水利工程的兴修与维护

古代中国是世界上对水利工程最为重视的国家，以防灾、通航等为目的兴建的无数陂塘、闸坝、运河等设施星罗棋布于广袤的国土上，许多至今仍在发挥作用。对于水利设施的修建和维护是合理利用水资源的重要方面，历代官府都投入了大量人力物力。晚明潘季驯治黄河，清康熙年间靳辅、陈潢治黄、治运，以及东南沿海海塘的修筑，都是这一时期比较有代表性的重大水利工程实例。但清代中期以降，官僚机构的腐败、组织效率的降低以及工程技术方面的缺乏创新，使得维护水利设施的成本越来越高，而效果越来越差。至清末，黄河的连年泛滥以及运河的日益淤塞，成为整个水利管理系统陷于荒废的缩影。

民国时期的水利，初期由内务、农商两部分任；1914 年成立全国水利局，

[1] 张祥稳、惠富平：《清代"近水居民与水争地"之风愈演愈烈原因探析——以直隶、山东、河南、江苏、浙江、湖北、湖南和广东八省为中心考察》，《巢湖学院学报》2009 年第 4 期，第 102-107 页。
[2] 郭成伟、薛显林：《民国时期水利法制研究》，中国方正出版社，2005 年，第 290-291 页。

水利事务由内务部、农商部、水利局会商办理。1927 年南京国民政府成立后，水利划归不同部门管理，其中水灾防御属内政部，水利建设属建设委员会，农田水利属实业部，河道疏浚属交通部。1933 年，水利建设又从建设委员会改归内政部主管。水利管理权限分散，弊端百出。1934 年，国民政府确定全国经济委员会为水利总机关，统一了水利行政；同时对之前庞杂的各流域水利机关进行裁并，下设导淮委员会、黄河水利委员会、扬子江水利委员会、华北水利委员会、广东治河委员会。抗战期间，由行政院水利委员会接管全国水利。1947 年改为水利部，原各流域委员会相应改为水利部下设的工程总局[1]。

水利行政机构的演进与调整，在一定程度上有利于流域水利的统筹规划，也为后来的新中国大兴水利工程积累了组织管理方面的经验，但总的来说，由于财政紧张，民国时期在水利工程方面的建树有限。如黄河下游河南、河北、山东三省每年获得的水利经费合计仅 100 余万元，除了开展一些测绘工作、对局部堤坝进行整修以及临时堵口，无力进行全面整修[2]。

关中及陕南诸渠的修复和新建，是民国时期较有代表性的一项水利工程。在水利专家李仪祉的主持下，自 20 世纪 30 年代开始，10 余年间先后兴建关中泾、洛、渭、梅、沣、黑及陕南汉、褒、湑等各水惠渠。渠道及相关建筑的勘测、规划、设计、施工都引入西方技术，使用混凝土等新材料，是较早的一批近代化灌溉工程；各渠灌溉面积合计约 250 万亩，使陕西成为当时的模范农田水利区，至今仍在造福当地居民[3]。

3. 生物资源保护

这里所说的生物资源，主要指在人类驯化养殖的动植物之外、与人类生产生活息息相关的野生生物资源，但因植物资源大体已包含在对林木的保护范畴之中，很多时候特指为人类提供肉食、皮毛等产品的动物资源（鱼类、飞禽、走兽等）。中国历史经历了一个农耕文明区不断扩大、野生动物栖息地不断遭到破坏的过程，因此，尽管生物资源保护在先民的环保思想中占据了重要地位，许多古代文献中都不乏相关内容，如"夏三月（川泽）不入网罟，以成鱼鳖之

[1] 郭成伟、薛显林：《民国时期水利法制研究》，中国方正出版社，2005 年，第 89-106 页。
[2] 姚汉源：《中国水利史纲要》，水利电力出版社，1987 年，第 489-493 页。
[3] 姚汉源：《中国水利史纲要》，水利电力出版社，1987 年，第 511-513 页。

长"[1]，"田不以礼，曰暴天物。天子不合围，诸侯不掩群。……草木零落，然后入山林；昆虫未蛰，不可以火田；不麛，不卵，不杀胎，不殀夭，不覆巢。……禽兽鱼鳖不中杀，不粥（鬻）于市"[2]，但到了传统社会晚期的明清，随着野生动物资源的急剧减少，大部分民众的日常生活已经很少涉及捕猎，这些早期法令条文的内容和精神尽管还保存在国家法典之中，但很大程度上只具有象征意义。

这一时期政府对野生动物资源的保护主要体现在皇家苑囿等禁地之中，特别是清代，朝廷对满蒙边疆进行封禁之后，设立多处皇家围场（如木兰、盛京），围场内及周边的禁垦、禁伐、禁猎措施较其他地区更为严厉，以满足皇室、贵族对野生动物及其制品的需求。在定期行围的木兰围场，划定 72 个小围，每次行围只取其中若干小围，以使动物能够休养生息。在清末开禁之前，这里的生物资源得到了很好的保护。在一些地区，对渔业资源的严重破坏也引起了有识之士的忧虑，试图通过地方法令和乡约民规等方式予以约束，如四川泸州市合江县锁口乡西 2 千米的《禁止放药捕鱼摩崖石刻》中规定严禁投毒药鱼；四川宜宾市屏山县大乘镇西北 1.73 千米的《大乘护鱼碑》中则严禁捕杀鱼苗[3]。

进入近代，对生物资源的保护开始突破传统范畴，加入了物种保护的新内涵。这一方面源于近代博物学、生物学知识的引入和普及，另一方面则来自西方的殖民者、商人、"探险家"肆无忌惮掠夺、破坏中国生物资源的严峻现实压力[4]。1914 年公布的《狩猎法》中明确规定，禁用炸药、毒药、剧药、陷阱猎捕鸟兽；受保护之鸟兽，一律禁止狩猎。1932 年修订后的《狩猎法》进一步规定，有益禾稼林木之鸟兽，除供学术上之研究经特许者外，不得狩猎。1929 年颁布的《渔业法》也包含了保护渔业资源、禁止滥捕的内容。

近代科学共同体在物种保护方面发挥了主导作用。学者们一面抨击破坏天然资源的行为，一面呼请政府出面进行有关动植物物种的保护工作。为更好地研究和保护相关生物资源，在各界人士的推动下，设立了多个近代植物园，如中山陵植物园（1929 年）、北平植物园（1931 年，刘慎谔筹建）以及前述的庐

---

[1]《逸周书·大聚解第三十九》，文渊阁四库全书本。

[2]《礼记注疏卷十二·王制》，文渊阁四库全书本。

[3] 刘志伟：《从乡规民约石刻看西南地区民间环境意识（1638—1949 年）》，硕士学位论文，西南大学，2011 年，第 24-25 页。

[4] 罗桂环：《清中期以后的环境失调及治理》，《古今农业》1996 年第 2 期，第 16-22 页。

山植物园等。生物学家们对于某些具有重大科研价值的珍稀物种也展开了积极的保护，比较具有代表性的工作如对"活化石"水杉的鉴定、调查，并成立专门的"中国水杉保持委员会"；又如1939年，在"中央研究院"的推动下，政府通令各省严厉禁止一切伤害及装运大熊猫出境的行为，对欧美各国愈演愈烈的捕杀盗运行为有所遏制[1]。

4．工矿污染治理

对工矿污染的治理分为两个阶段，即传统社会时期的手工业和矿业污染治理，以及近代引入机器化大生产的工矿业污染治理。在两个阶段中，对工矿业"三废"污染的治理都没有得到国家层面的重视和社会各界的广泛参与，而只体现在一些零星的案例之中。

自明末至清代前期，传统手工业、矿冶业已经发展到一定规模，并对环境造成了一定程度的污染和破坏，当其威胁到百姓正常生活时，地方官府和有识之士也会采取一定的措施。如前所述的《苏州府永禁虎丘开设染坊污染河道碑》，便是由于纺织业规模过大、对城市河道污染过重，以致影响了百姓饮水和灌溉用水，官府不得不下令其迁址。在清代，对于矿山的开发受到官府严厉的限制，在封禁一些矿山时，采矿对于环境的污染也常常被作为重要理由而提及。如前述康熙年间湖南郴州举人喻国人提出的坑冶"十害论"，在此背景下，康熙二十三年（1684年）郴州将先前开采的一批矿点全部封禁[2]。

相对而言，这一时期的传统工矿业污染对百姓日常生活的影响并不严重，因此这样的例子不太多见。囿于认识深度和技术水平，社会上下对于污染也并没有很好的治理办法，只是迁址或关停了事，显得比较消极。

晚清至民国是近代工矿业大规模发展的时期，进一步加速了自然环境的破坏，工业"三废"的污染日益严重，开始引发周边居民的抗议和有识之士的忧虑，部分工矿企业或主动或被动地开始采取一些措施来减轻其污染。但在国家层面，工矿业污染治理显然并不是决策者们所需要关心的问题。在这一时期颁布的各类相关法规中，几乎看不到对污染问题做出的规定。如光绪三十三年

---

[1] 罗桂环、王耀先、杨朝飞等主编：《中国环境保护史稿》，中国环境科学出版社，1995年，第128-129页；罗桂环：《民国时期对西方人在华生物采集的限制》，《自然科学史研究》2011年第4期，第450-459页。
[2]（清）陈邦器纂修：《郴州总志》卷7《风土志·坑冶附》，康熙五十八年（1719年）刊本。

（1907 年）张之洞主持编订的《大清矿务章程》中，只有个别条款稍涉环保，如规定砍伐树木必须征得业主的同意，不得擅自将矿产废水排往他处生活区等，但仍然是比较消极的不作为规定；而纵观民国时期工矿业相关法律，基本找不到与环保相关的条文[1]。

工矿企业对其排放污染物的处理，可举纺织业为例。纺织业造成的一项严重环境污染是清花时排放的尘埃，近代上海纱厂多设在黄浦江杨树浦一带，普遍没有防尘设备，其产生的灰尘，使沿江一带到处都为纺纱落尘所覆盖。20 世纪 30 年代至 40 年代，日资经营的部分纱厂开始取消防尘效果不佳的尘塔，改用集尘能力较强的集尘器，其他大部分纺织厂则仍无适当措施[2]。

通过采用新设备、新工艺以便在一定程度上节省资源、减轻污染的做法，在许多工业部门和企业中都有所见，如抗战时期在大后方建立的犍为焦油厂（四川犍为，1941 年投产）和利滇化工厂（云南宜良，1942 年建成）就是专门从事煤炭资源综合利用的工厂，将烟煤、褐煤转为一系列液体燃料和化工产品，提高了资源利用效率[3]。

此外，一些企业较早注意到了工业生产与周围环境的协调问题，并能在选址和生产时自觉对此予以考虑。如范旭东化工企业集团，在 20 世纪 30 年代筹建硫酸铔厂时，就工厂选址问题在其企业刊物《海王》上刊载专文进行讨论，指出"假使一种化学工业带有危险性，或有毒烟，以及其他讨厌气味发出，则选择地址，最好在离民房或公共会社很远的地方"；同时，化工厂的设立不但要照顾到目前居民的居住情况，还要预见到未来城市的发展，不能影响未来城市的扩张。对于化工厂产生的工业废物，范旭东企业的科研人员认为也必须恰当安排，"如在附近街中有废水沟者，则应计算厂中所放出者，水沟是否全能容受，如液中含有固体，或呈酸碱性者，宜征询市当局，是否允许放入沟中。……将废液……放入海中者为善，至于河川，则因沿岸居民取用关系，诸多不便，事先如用化学方法处理或滤过，当可免除居民反对。"[4]这些认识和做法在当时来

[1] 严足仁：《中国历代环境保护法制》，中国环境科学出版社，1990 年，第 48-61 页；武奕成、沈玮玮：《试论清代以来的矿业环境保护》，《兰州学刊》2011 年第 1 期，第 120-127 页。
[2] 罗桂环、王耀先、杨朝飞等主编：《中国环境保护史稿》，中国环境科学出版社，1995 年，第 321-322 页。
[3] 罗桂环、王耀先、杨朝飞等主编：《中国环境保护史稿》，中国环境科学出版社，1995 年，第 320 页。
[4] 李志英：《民国时期范旭东企业集团的环境意识与实践》，《南开学报（哲学社会科学版）》2011 年第 5 期，第 51-61 页。

说都是难能可贵的。

5. 城市环境整治

城市环境整治包括服务性基础设施建设（如供水系统、下水管道系统等）、道路清洁、垃圾粪便处理、卫生防疫等方面内容，其相关机构、制度、法规、措施的完善，是近代城市区别于传统城市的重要标志。在本书涵盖的时段内，中国城市环境整治的发展历程具有显著的阶段性——明末至清前期的传统社会时期，现代意义上的城市环境整治机构和制度并未形成，与之内涵相近的基础设施建设和城市管理行为比较分散，延续性不强；19 世纪中期国门被迫打开之后，许多口岸城市划定了租界区，租界当局基于当时西方的城市管理和公共卫生理念，建立了专门的机构及配套的规章制度来对城市环境进行整治，并影响了中国城市的现代化；民国时期，从中央到地方的各级政府中都有了与城市环境整治相关的管理部门，各项法规逐步完善，在政府和专业人士的推动下，公共卫生观念也日益深入人心。

（1）明末至清前期

这一时期官府对城市环境的整治工作，主要体现在一些市政建设方面，如城垣、街道修理，河道疏浚，供水设施（水道、水井等）维护，排水系统建设等。这些工作往往并没有一个专门机构负责，而是分散在各级部门之中；且带有一定临时性，一项工程完成之后，该部门即不再负责，给后续的维护整修工作带来很多困难。尽管存在一些具体法规条文以及约定俗成的惯例对城市环境整治工作有所约束，如定期疏浚给排水系统、清扫道路等，但不成系统。

近似于近代公共卫生管理的工作，如防疫，主要由官府责成当时的医药机构进行负责，如在京城有太医院和药局。地方上的医官分别设府正科、州典科、县训科各一人，由所辖有司遴选谙医理者咨部给札[1]。相关事务主要为时疫防治、发放药物等，由于人力、经费不足，所起作用有限。

总的来看，传统社会时期的城市环境整治工作，除在京城由于朝廷重视而显得稍为系统（北京城市环境整治工作从传统向近代化嬗变的过程，将作为典型案例在本章第五节中详述）；而在地方层面基本处于放任自流状态。相比于官

---

[1] 赵尔巽：《清史稿·志九十一·职官三·外官》，中华书局，1977 年，第 3360 页。

府，民间社会在一些具体方面扮演的角色更为重要，如清代佛山民众对城市手工业选址的限制、对街巷环境的治理[1]；江南民间社会组织（如善堂医药局）在疫病救治中的支柱性作用[2]。

（2）晚清时期

19 世纪中期之后的晚清中国城市，一个突出的新特征就是大量租界的出现。在这些"城中之城"里，外国殖民者按照当时西方已经比较成熟的公共卫生理念建立相关机构，引进相关技术，对租界环境进行重新规划和管理。下文以建立最早、规模最大的上海租界为例，简要介绍其公共卫生管理体制的完善过程[3]。

在道光二十五年（1845 年）划定租界的《土地章程》里，便已开始对环境卫生管理做出一些具体规定。咸丰四年（1854 年）工部局成立后，正式开始对租界环境卫生实施管理。其早期的专门机构，是同治二年（1863 年）设立的粪秽股，主要负责租界内粪便、垃圾等污秽物清理。此后，随着管理范围的不断扩大，光绪二十四年（1898 年）正式成立卫生处，租界管辖的若干分区中也均设有卫生分处；光绪二十八年（1902 年），卫生处分设行政、医院、实验室、环境卫生等职能部门，雇员约 100 人，其职能包括垃圾清理、传染病防控、食品安全、住宅及商服设施卫生事项、公共卫生教育及宣传等。

同时，租界当局陆续颁布了数十个相关法规，对各项工作进行保障和规范。最早如 19 世纪 60 年代订立的《承办清洁坑粪事合同》，对粪便清理的操作流程和检查标准都做了具体规定，实际上是工部局关于卫生法规制定的最早尝试，其中许多条款在后来的卫生法规中都有体现。光绪三十四年（1908 年）颁布的《预防传染病办法》是一部较早的卫生法规，特别规定与传染病防控有关的卫生检查、治疗等项费用均由租界当局承担；并对食物、饮水等卫生指标及种痘等事务进行了具体规定。此后，还有一系列与食品安全相关的法规出台，其对牛乳制品、食品酒类等的检疫标准在当时的中国是最系统而严格的。

此外，租界当局配备了众多专业化的管理人员，运用了许多在当时十分先进的技术方法。如对传染病源的检验，各类化学消毒用品、除虫药剂的使用，

[1] 冼剑民、王丽娃：《明清时期佛山城市的环境保护》，《佛山科学技术学院学报（社会科学版）》2005 年第 4 期，第 50-54 页。
[2] 余新忠：《清代江南的瘟疫与社会：一项医疗社会史的研究》，人民大学出版社，2003 年。
[3] 马长林、黎霞、石磊等：《上海公共租界城市管理研究》，中西书局，2011 年，第 72-136 页。

包括隔离医院、消毒所等卫生机构的建立，都是当时的中国人闻所未闻的。为了解决中西文化隔膜以及民众卫生知识欠缺带来的问题，租界当局还通过加强公共卫生宣传和教育来辅助管理措施的顺利推行，如散发报纸、传单、小册，举办卫生演讲、展览，以及放映影片等。

以上海租界为代表的租界区环境卫生管理和整治工作的推进，在当时的中国具有开风气之先的示范作用。以其为样板，租界所在城市的华区，以及国内其他城市，也都逐步开始推行带有近代色彩的城市管理措施，相关机构和制度也进入草创阶段。

（3）民国时期

民国时期城市环境整治工作的进步首先体现在管理机构的完善上。1912年南京临时政府建立伊始，即在其内务部下设卫生局；北洋政府时期，全国卫生事宜都由内务部下设的卫生司（局）主管[1]。同时，警政司及地方各级警察机关均设卫生科，配合当地政府，负责各地的卫生事务，以江苏省为例，其规定警察厅卫生科掌管清洁、防疫、保健三项事务，可见当时的警察机关又是管理公共卫生的机关。"卫生警察"掌管的范围十分广泛，涉及清道、防疫、医院、药品、饮食、理发、浴室、屠宰、娼妓、埋葬、禁烟等各个方面。

南京国民政府时期，主管卫生事务的机关名称和组织架构不断调整，1928年一度脱离内政部，升格为卫生部；1931年后又改为卫生署，重新隶属于内政部（行政院）；1947年开始，重新恢复卫生部建置。1928年，国民政府公布《卫生行政系统大纲》，规定卫生事务统一划归卫生行政机关主管，中央设部，各省设处，市县设局；1934年改为市设卫生局，县设卫生院（或县立医院），其下设卫生所或卫生分所；地方一级的卫生行政机构自此逐步建立。由于卫生行政理论上统归各级卫生部门掌管，这一时期警察系统管理卫生事务的职责一度解除，但由于县市一级卫生机构不健全，且对有关公共卫生及食品卫生方面的巡查与取缔等事项亦常需警察机关予以协助，因此警政与卫生并未完全分离。1930年颁布的县市两级《组织法》重新赋予警察机关以掌理防疫、卫生及医院、菜市、屠宰场、公共娱乐场的设置与取缔等事项的职责。至抗战开始前，多数省、市警察机关中仍设有卫生科、股，只是其具体职权范围因地而异[2]。

[1] 文庠：《民国时期中央卫生行政组织的历史考察》，《中华医史杂志》2008年第4期，第214-222页。
[2] 于静：《民国时期环境保护问题研究》，硕士学位论文，山东师范大学，第51-91页。

　　这一时期各级政府对于城市环境卫生相关的行政事务颁布了一系列法令，进行了详细界定。以武汉为例，1929 年李博仁拟定《汉口特别市卫生局行政计划大纲草案》和《卫生行政计划实施程序》，涵盖清洁、保健、防疫、医药、卫生教育五个大的方面。其中"清洁"部分包括："1.划定卫生区，设卫生事务所；2.组织卫生自治区；3.清洁街市；4.改良便池厕所；5.处置垃圾；6.筹设肥料厂；7.整理里分卫生；8.筹设下水道；9.其他。""保健"部分包括："1.设置卫生试验所；2.检查饮水；3.设置公共浴场；4.取缔有关卫生之各种营业；5.取缔浮尸、露棺及建筑火葬场；6.完成公墓；7.检查食肉；8.建筑屠宰场及兽医院；9.创办公共护士；10.提倡婴儿卫生；11.其他。"[1]各项事务都有相应部门负责，具体实施规范和验收标准，也都有配套的法规和制度予以落实。

　　民国时期城市环境整治工作推进过程中的一件重要历史事件，是 1934 年的"新生活运动"。尽管其初衷在于以革新国民生活习惯为手段，达到团聚民族凝聚力以至树立个人权威之目的，但在具体实施过程中，环境卫生整治（主要集中在城市）始终是一项中心任务，因此其对当时城市总体风貌的改变作用也不容低估。

　　在当时各大城市都曾发起多次全民参与的卫生运动，如南京将"夏令卫生运动"分为三期：第一期，举行清洁扫除，取缔随地倾倒垃圾，扑灭蝇、蚊、臭虫、蚤虱、鼠，取缔随地便溺及吐痰，整理厕所便池，整理小街小巷及沟渠，举行娱乐场所卫生指导及检查等内容；第二期涉及饮食、饮水安全；第三期涉及公共场所卫生[2]。在运动过程中，辅以公共卫生知识普及和宣传，以发放宣传品、举办展览、比赛等形式，提升民众的环境卫生意识。

　　总的来看，城市环境卫生整治不失为近代整个环境保护体系中发生了巨大变化、具有鲜明特色的一个方面。尽管由于整体社会环境所限，其具体成效尚不尽如人意，但毕竟在一定时段内和一定程度上改善了部分城市的整体环境卫生状况，同时，也在机构建设、法规制定、公众教育等方面积累了大量经验。

[1] 李博仁：《汉口特别市卫生局行政计划大纲草案》，《卫生月报》1929 年第 1 期，第 1-14 页。
[2]《首都夏令卫生运动委员会推行工作实施办法》，《新运导报》1937 年第 8 期，第 40-59 页。

第三节　清廷对东北边疆区的封禁

清代对边疆地区、少数民族地区以及各类局部地区，有着各种各样的封禁政策；以对满蒙，特别是所谓"满洲"（东北）的封禁规模最大、执行最为严格。封禁政策一方面并非以保护环境为主要意图，而且阻碍了当地的社会发展，造成晚清的边疆危机；但另一方面，确实保护了边疆地区特别是东北地区的环境，至少使其受到人类活动干扰的进程大大推迟。从积极意义来说，这是在现代意义上的环境保护出现之前，清廷进行的一次大规模环保行为。

一、封禁政策的制定及其意图

在清代以前，典籍中的"封禁"常常是分开使用的两个概念。"封"，根据《周礼》中的用法，"制其畿疆而沟封之"，郑玄注："封，起土界也。"[1] "禁"，根据《礼记》中的用法，"林麓川泽以时入而不禁"，孔颖达疏："禁谓防遏。"[2] 至清代，这两个字越来越多地被合并在一起，表达针对某一范围内某个具体对象的禁令。

针对某些自然资源（如山林、水体、矿山）或特定区域（如皇家或宗教场所）的官方封禁政策古已有之。清代封禁政策的特点在于范围广、对象多、禁令严，这些特点集中地体现在对东北满蒙边疆区的封禁上。

关于清廷对东北封禁的开始时间，研究者众说纷纭，如清初兴建柳条边说、康熙七年（1668年）废《辽东招民开垦授官例》说、乾隆五年（1740年）厉禁盛京说。需要指出，封禁概念有广义和狭义之分。狭义的封禁可以是对某一具体地区的具体政策，在不同时期的实施力度可能会有很大变化；广义的则是从政治原则高度，即朝廷如何看待这一问题。实际上，对满蒙地区进行封禁、将满蒙汉各族隔离分治的原则贯穿清代始终。从这一原则来看，清初柳条边的修筑可以看作清廷奉行封禁的标志性事件。

清初浙江山阴人杨宾赴东北探望流放宁古塔的父亲归来后作的《柳边纪

---

[1]《十三经注疏·周礼·卷十》，文渊阁四库全书本。
[2]《十三经注疏·礼记·卷十二》，文渊阁四库全书本。

略》中记载："今辽东皆插柳条为边，高者三、四尺，低者一、二尺，若中土之竹篱，而掘壕于其外，人呼为柳条边，又曰柳子边。"[1]这种边墙是在外边掘宽、深约八尺的壕沟，堆成一条土堤高、宽各约三尺，堤上每隔五尺左右插柳条三株，各株间绳之以横条柳枝，就是所谓的"插柳结绳"。

柳条边可分"老边"和"新边"。老边又称"旧边"或"盛京边墙"，顺治年间兴筑，于顺治十八年（1661年）基本完工；大致沿着明朝辽东边墙的走向而修筑，但在辽河套向外展扩，并在辽西个别地段略有变动。据《柳边纪略》记载："西起自长城，东到船厂，北自威远堡，南至凤凰山止。按明时辽镇边墙，西北自长城蓟镇界铁场堡起，至东北开原之永宁堡止，共六十八堡，边长一千二百四十八里；东北自开原之镇北堡起，至东南凤凰城堡止，共二十六堡，边长五百二十里。"新边修筑于康熙九年至二十年（1670—1681年），自老边威远堡向东北至法特哈（今吉林市北），全长345千米。综观柳条边形势，是以山海关、威远堡、凤凰城、法特哈等四个交通要冲为依托，连成一个"人"字形的封禁篱笆[2]。建成的柳条边是东北地区三个主要经济区（同时也是行政区）的分界线："老边"边内为汉满等族的农耕区（盛京将军辖区），"新边"边内为东北其他少数民族狩猎采集区（宁古塔将军辖区），边外是蒙古族的游牧区（内蒙古东三盟：卓索图、昭乌达、哲里木）。这样，各民族的主要活动区域被人为隔离开来，特别是汉族平民严禁越过老边进入满蒙封禁区。

柳条边修筑期间，正是清廷对辽东实施"招垦"政策的时期。对辽东为弛，对吉林黑龙江则为禁。可见对东北的封禁政策自清初就一直存在，只是在不同时期针对不同区域有所不同。随着关内各地生产的恢复和人口压力的增加，向边外的移民日趋活跃，盛京（辽东）自清初以来较为宽松的封禁政策在乾隆年间日趋严密（法令制定上）和严厉（执行上），转折点发生在乾隆五年（1740年）。

乾隆五年（1740年）四月，皇帝召见兵部左侍郎舒赫德，面谕曰："盛京为满洲根本之地，所关甚重。今彼处聚集民人甚多，悉将地亩占种。盛京地方，粮米充足，并非专恃民人耕种而食也。与其徒令伊等占种，孰若令旗人耕种乎？

---

[1]（清）杨宾：《柳边纪略·卷一》，中华书局，1985年。
[2] 吕患成：《对柳条边性质的再认识》，《松辽学刊（自然科学版）》1990年第4期，第52-57页。

即旗人不行耕种，将地亩空闲，以备操兵围猎，亦无不可。"[1]明确发出加强盛京封禁的信号。

舒赫德等人秉承皇帝旨意，随即拟定具体措施，针对汉族移民的主要有以下几个方面：①"山海关出入之人，必宜严禁"，除商人以外，"嗣后凡携眷移居者，无论远近，（山海关）仍照旧例不准放出"，"其在山海关附近三百里以内居住，及出口耕田者，亦应一体给票，俟入口时缴销"；②"严禁商船携载多人"，"人知旱路难行，必致径由水路"，"嗣后遇有前往奉天贸易商船，令其将正商船户人数，并所载货物数目，逐一写入照票，俟到海口，该地方官先将照票查明，再令卸载"；③"稽查保甲宜严"，"饬令无论旗民，一体清查"，"不愿入档者，即逐回原籍"；④"奉天空闲地亩，宜专令旗人垦种"，"百姓开垦日久，腴田皆被所据，满洲本业愈至废弛，请将奉天旗地民地交各地方官清查，将果园、果林、围场、芦厂于刘田后再行明白丈量，若仍有余田，俱归旗人，百姓人等，禁其开垦"；⑤"严禁凿山以余地利"，奉天境内除个别煤矿以外，"其余（山内）虽有煤觔，永行严禁，不许挖取"；⑥"重治偷挖人参以清积弊"，"威远堡边口外至凤凰城六口门外，皆产参之地"，"除将会同百人以上、所得人参过五百两者，照例拟绞，不足百人，所得人参不足五百两者，亦照例杖徒外，其一二人私挖人参、不足十两者，分别初犯、再犯、三犯治罪"[2]。这六条措施中，前三条的主要目的是限制移民进入盛京，后三条则是限制盛京当地汉民对自然资源（如土地、矿产、人参）的利用，封禁的主要内容均已涵盖其中。至此，整个东北地区均已纳入封禁范围。

清廷对东北满蒙边疆区实施封禁的目的，前人已有较为全面的总结，最核心的动机还是维护统治阶级的根本利益：通过边墙的设立，限制各民族之间的交流，分而治之；维护作为统治民族的满、蒙在其发祥地、聚居区对汉人的优势地位，特别是保障其对各类自然资源（土地、森林、牧场、动物、矿产等）的优先利用权。显然，在当时的历史背景下，封禁政策并没有，也不可能将环境保护作为目的之一，但考虑到游牧、渔猎经济对环境的破坏性远较农耕经济为低，封禁政策对汉族移民及农业开发规模的限制，使其事实上带有强烈的环保色彩。

---

[1]《清高宗实录》卷115，乾隆五年（1740年）四月甲午，中华书局，1985年。
[2]《清高宗实录》卷115，乾隆五年（1740年）四月甲午，中华书局，1985年。

二、封禁的主要对象

清廷对东北地区实施封禁的对象主要是各类自然资源，并通过限制汉族移民进入以及控制人口规模，来实现资源的有限开发和利用。

1. 土地资源

对土地资源的封禁体现在垦殖政策的制定上。在东北境内，蒙古人和满人都不擅农耕，汉人的农业经济相比游牧和渔猎经济对土地资源的利用率更高，有利于当地的粮食自给，因此有必要在东北维持一定的农业开发规模，这是清初辽东招垦的出发点。但汉族移民的迁入规模过大，必然挤占满族人、蒙古族人的空间，形成对土地资源的争夺，这就迫使清廷制定政策来保障满族人、蒙古族人对土地的优先占有，这是乾隆初期盛京封禁政策趋向严厉的原因。从舒赫德条陈的内容来看，限制汉族移民的土地垦殖规模、保障旗民在土地资源占有方面的优先权（"仍有余田，俱归旗人"）是非常重要的内容。

对于吉林、黑龙江以及边外的蒙古地区（科尔沁），自柳条边修筑时起，一直处在封禁状态之下，至乾隆初期，外来移民问题并不严重，因此只是泛泛地重申限制开垦的政策，并没有制定具体惩戒措施。如对吉林地区，乾隆六年（1741年）五月："奉天副都统哲库讷奏称：吉林等处系满洲根本，若聚集流民，于地方实无裨益。应如所请，伯都讷地方，除现在民人，勿许招募外，将该处荒地，与官兵开垦，或作牧场。"[1]对黑龙江，乾隆七年（1742年）三月："（黑龙江）嗣后，凡贸易人娶旗女、家人女、典买旗屋、私垦租种旗地，及散处城外村庄者，并禁。"[2]

不过，即便是在大规模开展户籍、田产清查的盛京，慑于失去土地的流民对社会秩序的潜在威胁，针对汉族移民的所谓"没收土地、逐回原籍"之类的规定在实践中也并没有严格执行。事实上，对已经定居的移民，官府更多采取默认态度，除了编户入籍、依律纳税，并无特别惩罚。对土地资源的封禁政策，更多体现在长城、柳条边各关卡及沿海港口对偷渡者的稽查上，通过将移民拒

---

[1]《清高宗实录》卷142，乾隆六年（1741年）五月辛未，中华书局，1985年。
[2]《清高宗实录》卷162，乾隆七年（1742年）三月庚午，中华书局，1985年。

之境外，来限制土地开发规模。

2. 森林、牧场资源

东北地区拥有面积广大的森林和牧场，这两者皆属封禁之列，就理论来说，未经允许，平民无垦殖及砍伐之权利。对森林资源封禁最严厉的地区包括所谓"龙兴之地"的长白山区，以及直接向皇室提供各类资源和土产的几大围场。

康熙十六年（1677 年）对长白山上封号之后，"盛京以东、伊通州以南、图们江以北之地"即被列为"四禁"之地："移民之居住有禁，田土之垦辟有禁，森林、矿产之采伐有禁，人参、东珠之捕取有禁。"[1]对围场森林的封禁极严，如乾隆二十七年（1762 年）的案例："议奏：围场禁地，向例拿获贼犯，分别初犯、再犯、三犯递加枷号，殊不足以示惩。嗣后有犯，除偷采蔬果及割草者，仍照定例办理外，其盗砍木植、偷打牲畜之犯，审系初次二次，发往乌鲁木齐等处种地，犯至三次，即发乌鲁木齐等处给种地兵丁为奴。地方同知、通判等官，照约束不严例降一级调用，道员照失于查察例罚俸一年，该总管照兼辖官例降一级留任，该札萨克照疏忽例加一等罚札萨克俸一年，协理台吉罚俸九月，无俸者罚牲畜七。现获偷木民犯十一名，打鹿民犯四名，及应议各官，即照此例办理。奉旨：旗民私入围场盗伐木植，偷打牲畜，及防范不严之该地方蒙古札萨克等，自应照现定之例惩治。但此次拿获贼犯及应议各员，尚在未定新例之前，俱著从宽照旧办理。嗣后有犯，即照新例定拟。传谕蒙古札萨克等知之。"[2]

对于盛京其他地区的山林，清廷采取有限开发政策，对承办者发放一定数量许可证并抽取木税，据乾隆《盛京通志》记载："旧例呼讷赫河、清河、辽河、太子河、爱哈河、哈鲁河、大凌河、小凌河、六州河各项木植每十五抽一，折银交部。木税原无定额，雍正元年（1723 年），呼讷赫河木税设旗官协领一员，会奉天府治中征收，每十五抽一，备盛京工部之用。其十四根，照例税银每两三分。其清河等处，交各地方城守尉，会同民员征收，每十五抽一折银，并所征之税，俱解交呼讷赫河税官。八年（1730 年），新添各河口税，征收尽解无

[1] 徐世昌等编纂：《东三省政略》，吉林文史出版社，1989 年，第 141 页。
[2]《清会典事例（光绪朝）》卷 996《理藩院三四·刑法三·违禁采捕》，中华书局，1991 年，第 1277 页。

定额，凡英讷河、老虎峪三处砍木，有工部官票，历年所发二十张至三、四十张不等。"[1]但对于砍伐数量和树种均有限制，如乾隆三十年（1765 年）定例："盛京各处山场，商人领票砍伐木植，如有夹带偷砍果松者，按照株数多寡定罪。砍至数十根者，笞五十；百根者，杖六十；每百根加一等，罪止杖一百，徒三年。所砍木植变价入官。"[2]至于柳条边外的吉林、黑龙江，其森林资源在清代前期尚未纳入开发范围。

东北地区的牧场主要分布在内蒙古东部，清代初期（康熙、雍正），为实现蒙古地区粮食自给，在内蒙古东部的卓索图、昭乌达盟境内开展了一定规模的垦殖活动。随着移民的增多，牧场开垦面积扩大，乾隆年间对牧场的封禁开始加强。

如乾隆十三年（1748 年）要求蒙古境内部分移民将租种蒙古牧地退还："民人所典蒙古地亩，应计所典年分，以次给还原主。土默特贝子旗下，有地千六百四十三顷三十亩；喀喇沁贝子旗下，有地四百顷八十亩；喀喇沁札萨克塔布囊旗下，有地四百三十一顷八十亩；其余旗下，均无民典之地。以上地亩，皆系蒙古之地，不可令民占耕。……价在百两以下，典种五年以上者，令再种一年撤回。如未满五年者，仍令民人耕种，俟届五年，再行撤回。二百两以下者，再令种三年，俟年满撤回，均给还业主。"[3]

乾隆十四年（1749 年），重申对蒙古牧地的封禁政策，并制定了对私自招垦的官员、领主的处罚措施："喀喇沁、土默特、敖汉、翁牛特等旗，除见存民人外，嗣后毋许再行容留民人，增垦地亩，及将地亩典给民人。……该札萨克蒙古等若再图利，容留民人开垦地亩，及将地亩典给民人者，照隐匿逃人例，罚俸一年，都统、副都统罚三九，佐领、骁骑校皆革职，罚三九，领催、什长等鞭一百。其容留居住、开垦地亩，典地之人，亦鞭一百，罚三九。所罚牲畜，赏给本旗效力之人，并将所垦所典之地撤出，给与本旗无地之穷苦蒙古。其开垦地亩以及典地之民人，交该地方官从重治罪，递回原籍。"[4]

此外，清廷在东北地区还设立了三大牧场（养息牧、盘蛇驿、大凌河牧场），委任专员经营，其境内牧场禁止民人开垦。如乾隆四年（1739 年），"管理养息

[1]（清）阿桂等：《盛京通志》卷 38《田赋二》，文渊阁四库全书本。
[2] 马建石主编：《大清律例通考校注》，中国政法大学出版社，1992 年，第 736 页。
[3]《清会典事例（光绪朝）》卷 979《理藩院一七·耕牧·耕种地亩》，中华书局，1991 年，1130 页。
[4]《清会典事例（光绪朝）》卷 979《理藩院一七·耕牧·耕种地亩》，中华书局，1991 年，1130 页。

牧哈岱郭罗马群总管对亲奏称，养息牧设立牧厂，每年出青时，俱于养马屯庄就近牧放，该衙门不时严禁耕种。雍正五年（1727 年）丈量地亩，将原均入红册。今开垦渐多，牧厂日窄，应请禁止。……从之。"[1]

3．动物资源

对动物资源的封禁政策主要集中在塞外围场，清代在东北边疆区设立盛京（奉天）围场、吉林围场、黑龙江围场，连同木兰围场，共同承担提供皇室狩猎场所及其所需各类资源（特别是各种动物及其制品）之职责。因此，围场内的动物严禁平民偷猎。一旦抓获，惩罚十分严厉。

初期偷猎的处罚措施主要是鞭打、枷号示众，如乾隆四年（1739 年）议准："拿获围场内偷捕牲畜之犯，若系蒙古，交八沟理事同知，初犯再犯皆鞭一百。三犯罚一九，毋庸送部。"乾隆六年（1741 年）奏准："偷捕围场内牲畜者，初犯枷一月，再犯枷两月，三犯枷三月，令在围场附近地方示众，满日皆鞭一百。系蒙古交札萨克严行约束。"至乾隆二十七年（1762 年），加重为"审系初次二次，发往乌鲁木齐等处种地，犯至三次，即发乌鲁木齐等处给种地兵丁为奴"[2]。

至嘉庆十五年（1810 年），法令进一步修改为"察哈尔及各札萨克旗下蒙古，有私入围场偷打牲兽在十只以上、偷砍木植在五百斤以上者，发遣河南、山东；牲兽二十只以上、木植八百斤以上者，发遣湖广、福建、江西、浙江、江南；牲兽三十只以上、木植一千斤以上者，发遣云南、贵州、广东、广西，均交驿站充当苦差。其零星偷窃随时破案者，牲兽五只以内、木植一百斤以内，鞭一百枷号两月；牲兽十只以内、木植五百斤以内，鞭一百枷号三月，案内从犯各减一等。"[3]上述处罚措施的加重，从侧面反映出偷猎、盗伐之风的愈演愈烈。

4．土特产资源（人参、东珠等）

东北物产丰富，特别如人参、东珠等特产价格昂贵，早在满族入关之前，

---

[1]《清高宗实录》卷 93，乾隆四年（1739 年）五月乙丑，中华书局，1985 年。
[2]《清会典事例（光绪朝）》卷 996《理藩院三四·刑法三·违禁采捕》，中华书局，1991 年，第 1276-1277 页。
[3]《清会典事例（光绪朝）》卷 996《理藩院三四·刑法三·违禁采捕》，中华书局，1991 年，第 1277 页。

便是他们与汉人开展贸易的重要商品。清朝建立之后，将人参、东珠等资源纳入官营范畴，设专门机构进行采挖，严禁私人偷采。《大清律例》中涉及人参、东珠的条目甚多，反映出清廷对此的重视程度。兹列举数条：

雍正二年（1724 年）定例："山海等关巡查人员，如有搜获人参、珠子，巡查人等户部按数给赏，该管官兵部议叙；如有搜查不力以及私带过关者，将该管官照失察例议处，巡查人等照不应重律治罪；明知故纵者，该管官革职，巡查人等枷号一个月，杖一百；受贿卖放者，计赃以枉法从重发落；其失察偷出边关刨参至一百名者，领催披甲人等鞭五十；至二百名者，鞭一百；至五百名以上者，枷号一个月，鞭一百。"[1]

乾隆二十一年（1756 年）定例："凡旗民人等偷刨人参，人至四十名以上，参至五十两以上者，为首之财主及率领之头目并容留之窝家，俱拟绞监候。为从，系民人，发云贵两广烟瘴地方；系旗人，销去旗档同民人一体发遣；系旗下家奴，发驻防兵丁为奴；均于面上刺字。所获牲畜等物，给付拿获之人充赏，参入官。拟绞人犯遇赦减等者，亦照为从例发遣。其未得参者，各减一等。贩参人犯拿获时，查明参数，照财主头目偷刨人参例减一等治罪，免其刺字。至刨参人犯内有家奴，讯系伊主知情故纵者，将伊主杖八十，系官，交部议处；不知者不坐。……"[2]

乾隆二十三年（1758 年）定例："凡拿获刨参贼犯严讯明确：如有身充财主雇人刨采、及积年在外逗遛已过三冬，不论参数多寡，俱发云贵两广烟瘴地方管束。若并无财主，实系一时乌合，各出资本，及受雇偷采、或只身潜往，得参者，均杖一百，流三千里；未得参者，杖一百，徒三年。代为运送米石者，亦如之。……"[3]

乾隆三十年（1765 年）定例："打珠人等私藏珠子不行交官者，拿获不论珠数多寡，分量轻重，俱杖一百流，三千里。旗人销去旗档，同民人一起发遣。总领打珠之骁骑校并总管翼长，均交部分别议处。"[4]

由上可见，相对于其他违禁行为，例如私垦、盗伐、偷猎等，对于私采人参、东珠的惩罚力度要严厉得多，这显然是由于后者高昂的价值所致。此外，

[1] 马建石主编：《大清律例通考校注》，中国政法大学出版社，1992 年，第 733 页。
[2] 马建石主编：《大清律例通考校注》，中国政法大学出版社，1992 年，第 734 页。
[3] 马建石主编：《大清律例通考校注》，中国政法大学出版社，1992 年，第 735 页。
[4] 马建石主编：《大清律例通考校注》，中国政法大学出版社，1992 年，第 735 页。

在不同程度上受到封禁政策保护的土特产资源还包括貂皮、黄芪等。

三、封禁政策的执行和废弛

清廷制定封禁政策的出发点，从根本上来说是为了保护少数人的私利，这就决定了当封禁政策和多数人的利益发生激烈冲突时，清廷不能保证其合理性和合法性。当违禁行为愈演愈烈时，清廷一方面在口头上继续强调封禁政策的重要性，另一方面却不得不在实际执行时对违禁进行妥协。这便使法令的权威性大大受损，加速了封禁政策的瓦解。

1．关口稽查的削弱

清廷对东北边疆封禁政策的执行关键，在于长城及柳条边沿线的各个关口对往来商民的稽查是否足够严厉。关口也因此成为移民与政策发生冲突的焦点地带。

乾隆八年（1743 年），即清廷宣布对东北地区全面封禁之后仅仅 3 年，由于畿辅大旱，乾隆皇帝连续下旨，对关口稽查予以放松。8 月 15 日，乾隆上谕："本年天津、河间等处较旱，闻得两府所属失业流民闻知口外雨水调匀，均各前往就食，出喜峰口、古北口、山海关者颇多。……行文密谕边口官弁等：如有贫民出口者，门上不必拦阻，即时放出；但不可将遵奏谕旨、不禁伊等出口情节令众知之。……恐贫民成群结伙，投往口外。"[1]第二年春季，畿辅春旱已成定局，流民潮再起，乾隆又两次下令："近来流民渐多，皆山东、河南、天津被灾穷民，前往口外八沟等处耕种就食，并有出山海关者。山海关向经禁止，但目今流民不比寻常……不必过严，稍为变通，以救灾黎。"[2]"上年直隶河间、天津，及河南、山东省，间有被灾州县。……被灾穷民闻口外年岁丰稔，有挈眷前往八沟等处耕种就食，并有出山海关者。该关向例禁止……从前曾降旨密谕，宽其稽察。……（现在）冬春雨雪未能沾足，年岁之丰歉未定，流民渐多。……可再密寄信山海关等各隘口……令其稍为变通。"[3]

[1]《清高宗实录》卷 195，乾隆八年（1743 年）六月丁丑，中华书局，1985 年。
[2]《清高宗实录》卷 208，乾隆九年（1744 年）一月癸巳，中华书局，1985 年。
[3]《清高宗实录》卷 209，乾隆九年（1744 年）一月癸卯，中华书局，1985 年。

两害相权取其轻，在关内人口压力日增的现实之下，清廷对于封禁政策也只能变通处理。此后，灾荒之年默许流民出关的政策成为潜规则。这也是乾隆年间严厉封禁之下内蒙古、东北移民进程并未停止的原因。

乾隆五十七年（1792年），畿辅再次大旱，由于朝廷救灾不力，流民大起，时间不过8月，前往京城就食的流民竟然已达2万余人，令乾隆大为震惊[1]。为了疏散流民，减轻京师压力，乾隆发布上谕："令热河道府就近晓谕各贫民，由张三营、波罗河屯等处分往各蒙古地方谋食者不禁。其京南地方亦应一体妥办……转饬各州县，于赴京出口通衢，令各地方官遇有贫民，详晰晓谕：今年关东盛京及土默特、喀尔沁、敖汉、八沟、三座塔一带均属丰收，尔等何不各赴丰稔地方佣工觅食，俟本处麦收有望，即可速回乡里。如此遍行晓谕，并令其或出山海关赴盛京一带，或出张家口、喜峰口赴八沟、三座塔、暨蒙古地方，不必专由古北口出口。"[2]

相比于乾隆初年的默许出口，此时的政策一转而为公开鼓励流民前往蒙古、盛京，大量流民随之纷纷出口、出关，缓解了畿辅救灾压力。关口稽查的放松，使得18世纪末、19世纪初成为东北自清初辽东招垦以来的又一个移民高峰时段。移民的激增迫使清廷于嘉庆八年（1803年）再次下达禁令，"携眷出口之户，概行禁止。即遇关内地方偶值荒歉之年，贫民亟思移家谋食、情愿出口营生者，亦应由地方官察看灾分轻重，人数多寡，报明督抚据实陈奏，候旨允行后，始准出关。仍当明定限期，饬令遵限停止"[3]。

但这一禁令在关内人地矛盾日趋激化的背景之下，已无法如清代早期那样能够得到严格执行。嘉道年间关口稽查力度每况愈下，一遇灾荒，难民更是蜂拥出境，官方无法禁止。咸同年间，随着外国侵略势力进入东北，牛庄等处被列为通商口岸，各关口对关内移民的稽查在事实上已经停止。

2. 从严禁开垦到全面放垦

尽管从乾隆初年起，东北地区便对土地资源全面封禁，汉民垦殖属于违禁行为，但当移民通过关口稽查，进入东北定居之后，清廷事实上并无有效措施

[1]《清高宗实录》卷1407，乾隆五十七年（1792年）六月丁酉，中华书局，1985年。
[2]《清高宗实录》卷1408，乾隆五十七年（1792年）七月辛丑，中华书局，1985年。
[3]《清仁宗实录》卷113，嘉庆八年（1803年）五月乙未，中华书局，1985年；参见中国第一历史档案馆：《嘉庆八年管理民人出入山海关史料选》，《历史档案》2001年第2期，第59-73页。

去避免他们对土地的垦辟。考虑到汉族移民的垦殖对当地官府及满蒙地主是一项重要财源，清廷禁止流民私垦的法令很难得到严格执行。

乾隆六年（1741年），在封禁谕旨颁布之后，奉天府尹吴应枚曾提出多达十一条的具体措施来解决盛京流民户籍问题[1]，但直到乾隆十五年（1750年），勒令盛京流民回籍的十年期限已到，由于移民的反对抵制，官员的消极应付，流民户籍清理仍未完成，乾隆只好"着再加恩，展限十年"[2]。到乾隆中后期，不仅盛京流民问题没有解决，吉林的封禁也开始面临流民的冲击。

如乾隆二十七年（1762年），朝廷颁布"宁古塔等处地方禁止流民例"，对进入吉林地区的流民进行清理，对于愿入籍交粮者设法安置，不愿者驱回原籍，"仍令嗣后严禁私垦，并令边门官员实力查逐，倘复有流民潜入境地者，严参议处。"[3]乾隆四十一年（1776年），乾隆谕军机大臣等："盛京、吉林为本朝龙兴之地，若听流民杂处，殊于满洲风俗攸关。但承平日久，盛京地方，与山东、直隶接壤，流民渐集，若一旦驱逐，必致各失生计，是以设立州县管理。至吉林原不与汉地相连，不便令民居住。今闻流寓渐多，着传谕傅森查明办理。并永行禁止流民，毋许入境。"[4]

至嘉庆年间，吉林境内的农业移民已经具有相当规模，且增长势头明显。以长春地区为例："郭尔罗斯地方从前因流民开垦地亩，设立长春厅管理（1800年）。原议章程，除已垦熟地及现居民户外，不准多垦一亩，增居一户。今数年以来（1806年），流民续往垦荒，又增至七千余口之众。"[5]两年后，"长春厅……续经查出流民三千一十户……若概行驱逐，未免失所。……入于该处民册安插。自此次清查之后……除已垦之外，不准多垦一亩，增居一户。如将来再有流民入境，定即从严办理。"[6]又过了两年，"长春厅查出新来流民六千九百五十三户……姑照所请入册安置外，嗣后责成该将军等督率厅员实力查禁，毋许再增添流民一户。如再有续至流民，讯系从何关口经过者，即将该守口官参处。至长春厅民人向系租种郭尔罗斯地亩，兼著理藩院饬知该盟长扎萨克等，将现经

---

[1]《清高宗实录》卷137，乾隆六年（1741年）二月乙丑，中华书局，1985年。

[2]《清高宗实录》卷371，乾隆十五年（1750年）八月甲午，中华书局，1985年。

[3]《清会典事例（光绪朝）》卷158《户部七·户口五·流寓异地》，中华书局，1991年，第1002页。

[4]《清高宗实录》卷1023，乾隆四十一年（1776年）十二月丁巳，中华书局，1985年。

[5]《清仁宗实录》卷164，嘉庆十一年（1806年）七月乙丑，中华书局，1985年。

[6]《清仁宗实录》卷196，嘉庆十三年（1808年）闰五月壬午，中华书局，1985年。

开垦地亩及租地民人查明确数，报院存案，嗣后无许招致一人，增垦一亩。如有阳奉阴违，续招民人增垦地亩者，即交该将军咨明理藩院参奏办理。"[1]尽管朝廷一再下令严禁并大力清查汉族移民私垦及当地满蒙居民私自招垦行为，但收效甚微；无论是中央还是地方官府，都无法承受大规模驱逐移民的政治后果，只能承认既成事实。

进入近代，随着边患及财政危机的加剧，清廷逐步改变了对东北三省及内蒙古禁垦的政策，将吸引移民农垦作为巩固边防、扩大财源的重要手段。以咸丰年间黑龙江及吉林划出大片荒地招垦为标志，对东北的禁垦正式结束；至清末新政时期，更是施行了规模空前的放垦。

3. 自然资源保护力度的下降

对各类自然资源的封禁和专营，至 18 世纪末日益难以为继。随着东北流民的增加，对自然资源的争夺也变得激烈。

以森林为例，不经官府许可的盗伐行为，至嘉庆年间已十分严重。嘉庆八年（1803 年），盛京官员上报："据福建龙岩州人连任率首告，兴京高丽沟地方有二万余人砍伐树木售卖之事，并据供称伊于六月间到彼，见有二万余人支搭窝棚六百余座，设有铁匠炉座，打造大船运贩木料，官兵不能查禁，并探听得为首系刘文喜……等六人。"[2]随后据地方官员调查，"飞牛岭等处偷砍木植情形……青桩以内，并无砍伐木植之处；行至草仓沟山坡上，开种熟地，间有伐树桩楂；并飞牛岭地方，砍弃木植约有千余根；统计各处所砍木植共有四千余件，桩楂共二万有余，旧多新少"，显然聚众盗伐为时甚久[3]。兴京（今辽宁新宾县）为清帝祖先陵寝（永陵）所在地，飞牛岭、高丽沟等地山林作为陵寝的风水林，封禁本应为重中之重，尚且有如此大规模的盗伐案件，其他地区情形可想而知。

无独有偶，嘉庆九年（1804 年）又查出承德木兰围场的盗伐、偷猎事件："赴木兰查勘本年所定十三围地方内，巴颜布尔噶苏台等四围并未见有鹿只，并详看各围场鹿只甚少者四十余处；又称该处砍剩木墩，余木甚多，兼有焚毁枯株犹在，往来车迹如同大路，运木多人各立寮铺，以致鹿只惊逸伤损，并查有

[1]《清仁宗实录》卷 236，嘉庆十五年（1810 年）十一月壬子，中华书局，1985 年。
[2]《清仁宗实录》卷 116，嘉庆八年（1803 年）七月丙午，中华书局，1985 年。
[3]《清仁宗实录》卷 121，嘉庆八年（1803 年）九月己未，中华书局，1985 年。

奸徒乘间逸入，偷打鹿只，是以较前更为短少。围场为肄武重地，自应严密稽查，毋令有私砍木植、偷打鹿只等事，今因节年有大工，是以砍伐官木。司其事者办理不善，任令匪徒逸入，私立寮铺，影射偷砍，运载出境牟利。其未运之木，尚堆积路隅，不可胜数，及闻知朕行围伊迹，复将余木焚烧灭迹，竟系烈山泽而焚之，禽兽逃匿。可见热河副都统总管等竟藉工程木植为名，任令通同舞弊，情事显然。况伊等从前原奏，祇于十四围无碍围场处所砍伐木植，今砍伐至四十余处之多，且于现定行围处所，肆意偷砍，致令鹿踪远逸；并有携带鸟枪、偷打鹿只、售卖鹿茸之事。是以国家百余年秋狝围场，竟与盛京高丽沟私置木厂无异。" [1]

清廷对人参、东珠等稀有特产资源的垄断经营，由于采挖任务完全从皇家需求出发，无可持续利用思想的指导，如康熙四十八年（1709 年）发放参票二万张，规定"乌拉满洲等采参'每年交送一千斤'人参" [2]；康熙三十九年（1700年），朝廷规定应采珠 520 颗，实采 2 180 颗，打牲乌拉总管因此"加一级，并赏给三品顶戴" [3]；掠夺性采挖造成野生人参、珠贝资源锐减，至嘉道年间已经难以为继。官府同时以"以伪乱真，殊干例禁"为理由，愚蠢地禁止人工栽培人参，进一步加速了参业的衰落 [4]。

可见，至清代中晚期，对东北的封禁政策逐渐深陷危机。一方面，大批流民出口、出关，势必构成对自然资源的竞争，并对清廷的专利带来巨大压力；另一方面，官僚集团的日益腐败，使得原有法令无法得到有效贯彻，最终变成官商、官匪勾结，共同牟利。进入 19 世纪晚期，随着清廷先后将官营牧场、围场作为荒地放垦，将林业、参务等交由民办，更随着外国侵略者对各类自然资源的肆意掠夺，封禁政策彻底终结。

四、封禁政策的环保意义

应如何评价清廷的封禁政策？诚然，这并非一个以资源环境保护为目的的政策，而是出于清朝统治者的私心，为保障特权、维护统治出发而制定。从清

---

[1]《清仁宗实录》卷 132，嘉庆九年（1804 年）七月己酉，中华书局，1985 年。
[2] 叶志如：《从人参专卖看清宫廷的特供保障》，《故宫博物院刊》1990 年第 1 期，第 105 页。
[3] 李澍田主编：《打牲乌拉志典全书》，吉林文史出版社，1988 年，第 72 页。
[4]《清会典事例（光绪朝）》卷 233《户部八二·务二·禁令》，中华书局，1991 年，第 755 页。

廷的初衷来说，封禁政策的效果并不能令人满意。固然，相比于其他边疆省份如云贵川、台湾，东北作为所谓"龙兴之地"在相当长的一段时期内避免了大批汉族移民的涌入，但时至近代，却不免于列强的蚕食鲸吞，封禁政策也不得不因此结束，从国家安全角度来说，为重大失策。封禁在事实上阻碍了东北的经济发展，加深了满、蒙、汉各民族间的隔阂与矛盾，其消极影响不容忽视。

但从环保视角看，清廷对东北边疆区的封禁，是中国历史上规模最大、时间最长、措施最严、效果最好的一次政府环保行为。在其奉行的 200 年间，基本保持了东北地区的有限开发，特别是盛京以北地区直至晚清时才对汉人开放，土地、森林、生物、矿产等资源都得到了很好的保护。从今天来看，清廷在无意之间给后人留下了一笔宝贵的财富，尽管并非其初衷。

第四节　民间社会对山林的保护：以护林碑刻为中心

明清至民国，是森林资源破坏愈演愈烈的时期。这一时期中央政府对森林的保护法令基本集中在皇帝陵寝、龙兴之地，对地方森林资源缺乏重视；地方政府尽管进行过一定程度的努力如植树造林，但所起的作用还是十分有限。最大的护林主体，是民间的宗族村社，通过乡规民约等形式，对当地社会共同体进行约束。民间对森林保护意义的认识及其具体措施，集中反映在这一时期形形色色的护林碑刻上。

一、护林碑刻的时空分布特点

所谓护林碑刻，是指以保护林木为主要内容的各类碑刻，既包括含有护林内容的刻碑，也指载有护林内容的摩崖石刻；既指专门护林碑刻，也指含有护林内容的其他各类碑刻。建立护林碑刻以保护林木是我国历代护林的一种重要形式，也是具有中国特色的一项护林措施[1]。中国传统护林碑刻萌芽于魏晋，宋元时期初具雏形，而到了本书涉及的近代（1600—1949 年），则迎来一个爆发时期。根据倪根金对其收集的 300 余通护林碑刻的统计，明代以前所立仅 7

[1] 倪根金：《中国传统护林碑刻的演进及在环境史研究上的价值》，《农业考古》2006 第 4 期，第 225-233、第 249 页。

通，绝大多数碑刻集中在明清及民国时期，特别是清代的护林碑，占到其收集总数的近 90%。

表 6-1 历代传统护林碑刻数量统计表

时间	北魏	宋代	元代	明代	清代	民国
护林碑刻数量/通	1	4	2	17	269	12

表 6-2 清代各朝传统护林碑刻数量统计表

时间	顺治	康熙	雍正	乾隆	嘉庆	道光	咸丰	同治	光绪	宣统
护林碑刻数量/通	3	13	3	57	30	63	16	29	67	7

资料来源：倪根金：《中国传统护林碑刻的演进及在环境史研究上的价值》，《农业考古》2006 年第 4 期，第 225-233、第 249 页。

就清代而论，初期护林碑刻尚不多见，进入中期以后大量涌现，特别是乾隆年间开始集中出现。以数量来说，乾隆、道光、光绪朝最多；而以出现频率而言，道光、同治、光绪、宣统朝均超过或接近 2 通/年，显示晚清时期是护林碑刻的高峰时段。

对某些现存护林碑刻较多的省份，也有学者进行过专门统计。如云南[1]，收集到林业相关碑刻 198 通，基本集中在明（13 通）、清（145 通）、民国（39 通）时期，清代最集中的时期为道光（42 通），其次为光绪（34 通）、乾隆（28 通）、嘉庆（17 通）；又如广东[2]，现存涉林碑刻集中在明清时期，收集到的 60 通石碑中，除去时期不详 1 通、明代 5 通，其余为清代，清代最集中的时期为乾隆（18 通），占到总数近 1/3，其余为光绪（9 通）、同治（6 通）、嘉庆（6 通）、道光（6 通）。就总体趋势而言，都是从乾隆时期开始急剧增加，但存在一些细节上的不同，如高峰时段有先后之分，云南在民国时期还有大量护林碑刻出现也很值得注意。

就空间分布来说，尽管护林碑刻广布于全国，除西藏等少数省份之外，各省均有发现，但空间分布还是有多寡之别，总体而言，南方多于北方，多山省

---

[1] 李荣高等编：《云南林业文化碑刻》，德宏民族出版社，2005 年，第 11-12 页。
[2] 古开弼：《广东现存明清时期涉林碑刻的历史启示》，《北京林业大学学报（社会科学版）》2006 年第 2 期，第 24-36 页。

份多于平原省份；西南的四川、云南，东南的广东、福建、浙江等省山地丘陵区均有大量护林碑刻发现；北方平原省份如河北、山东、河南，则相对较少。

护林碑刻在清代的爆发式增长，是中国生态环境演进史上值得注意的一个现象。造成这一现象的原因很多，如当时人类对森林价值认识的深入、清代风水意识的盛行等，但最直接的影响因素，则是自晚明引入适宜山地种植的美洲作物之后，人类栖息地扩大对山地森林资源造成的空前破坏，以及随之造成的一系列社会经济文化问题。

中国人口在 18 世纪时的爆炸性增长，很大一部分要由山地的开发来进行消化，而毁林开荒的"棚民"与祖祖辈辈视山林为风水林、水源林、经济林的原住民之间，也就不可避免地产生激烈矛盾。护林碑的出现，很大程度上是出于协调矛盾的需要。护林碑刻在清代中期、特别是乾隆时期的剧增，与同期人口的剧增相互参照，便不难发现其背后的逻辑。

护林碑刻分布的主要省份和地区，也正是当时山地开发的热点地区；相比之下，那些平原为主的省份，则由于开发较早，原生林资源已经非常有限，类似矛盾或者不够普遍，或者不够激烈。再进一步对比不同地区护林碑刻的高峰时段，还可以看到山地开发进程的不一，如广东省（护林碑刻集中在乾隆时期）显然早于云南省（道光以后）。

民国时期护林碑刻相对于清代的减少，则很大程度上是由于民国时开始有了比较系统的林业法规，这使得传统护林碑刻的空间开始受到挤压。尽管在一些地方，特别是偏僻地区（如云南少数民族聚居区）还继续存在，但就整个社会而言，护林碑刻数量减少，依法治林逐渐成为主流。反过来说，清代护林碑刻的盛行，正是由于本应作为护林主体的清廷在立法职能上的缺位，将民间社会推到了护林的第一线。

二、护林碑刻反映的护林主体

护林碑的竖立者身份多种多样，总的来说，可分为官方和民间两大类；两大类之间，还有官方、民间共同竖立的混合型护林碑[1]。

---

[1] 倪根金：《明清护林碑研究》，《中国农史》1995 年第 4 期，第 87-97 页。

官方立碑者可分为中央和地方官府，中央（皇室、朝廷）所立护林碑的数量较少，基本分布于皇陵等禁地，为保护陵寝风水及维护皇家威严而立；地方官府所立护林碑刻较为常见，颁立者上到督抚、下至县官，而以后者居多，因其与民间社会联系最为密切。

民间型护林碑，由个人或集体（包括宗教团体如寺院）为保护私有或集体所有林木而立。这类护林碑是现存护林碑的主流，按立碑者的身份，又可细分为以下几类：

①村社所立。村社为中国传统社会乡间生产、生活的基本组织单位，以一村或几村为单位共立的护林碑的数量居于民间型护林碑之冠，其约束范围即为立碑各村的辖区。

②宗族所立。中国传统社会时期宗族势力强大，特别是南方山区，同姓聚族而居的情况比比皆是，族规甚至较国家法规更具约束力，合族公立的护林碑，约束对象一般包括族内所有成员。

③宗教团体所立。宗教场所如佛寺、道观往往位于山林掩映之间，取其幽深、庄严之意境，其对周边林木的保护，也常采取立碑的形式。

④私人所立。碑刻的落款还有很大一部分为私人，从一人到数人不等，一般为周边有势力有名望的人，如族长、村长、豪绅，实际上代表了村社或宗族的共同意愿。但也有特殊情况，如四川通江瓦室塔子梁咸丰三年（1853 年）赵姓乡民所立碑刻云："自古边界，各有塌塌。有等贱人，乘机斫伐。雷姓拿获，警牌严查。合同公议，免打议罚。出钱一千，永不再伐。如蹈前辙，愿动宰杀。固立碑记，永定成化。"[1] 这是由被擒获的盗伐者所立的悔过护林碑，属于惩戒措施的一部分。

⑤由上述各类民间行为主体中的两方或多方合作所立。最常见的是村社或宗族与宗教团体共同竖立的护林碑。这种情形的出现，可能是由于各方对所保护的山林的产权有所重叠甚至纠纷，因此通过立碑将责、权、利分摊。

所谓官民混合型护林碑，主要情况有：民间为加强林木保护，自发地将各级官府有关封禁法令勒刻石碑；或者民间订立乡规民约之后，报请地方官府批准并在其支持下竖立的护林碑。这样，本为民间竖立的护林碑刻就在一定程度

---

[1] 张浩良：《绿色史料札记——巴山林木碑碣文集》，云南大学出版社，1990 年，第 28 页。

上具有了官府正式法令的效力。

无论从全国尺度，还是某个省份来看，民间型护林碑（包括立碑者来自民间的官民混合型）都占到了总数的绝对多数，如广东省现存明清时期 60 通涉林碑刻中，纯由官府刊刻者不过 8 通[1]；云南省明、清、民国的 198 通护林碑，官立者亦不超过 1/5[2]。这反映出在晚明至民国时期，民间社会始终是保护林木资源的最重要的主体。

三、护林碑刻的内容

护林碑刻的文字详略不一，一般来说，碑文内容主要包括立碑者希望保护的对象及实施保护的手段，而后者又包括护林规章、奖惩措施等。

1. 保护对象

护林碑刻所涉及的保护对象（即林木）体现出其对当地社会的不同价值，最常见的有以下几类：

（1）风水林

"风水林"是过去中国人根据风水理论有意识地培植的林木，主要分布在村落宅基、墓地及宗教场所周边[3]。

村落宅基周边的风水林，以"水口林"最为重要。所谓"水口"，即村落的总出入口，也是一村一族居民盛衰荣辱的象征，在水口处种植的风水林，可抵挡"煞气"（多指东北风、北风）的侵入，保护一村生民之命脉，因此又有"抵煞林"之称。此外，还有"龙座林"（坐落在村落山脚、山腰或村落后山及来龙山的风水林）、"垫脚林"（村落面前的河边、湖畔等处），以及宅基周围和庭院里种植的风水林木等。

此类风水林遍布全国各地村落，以其为保护对象的碑刻也十分常见，多为村社或宗族（聚族而居者）合议竖立，如福建泉州虹山发现的一通清代道光年间护林碑，为彭姓宗族共立："盖闻甘棠遗爱，戒剪伐于南国；山荦流徽，传美

[1] 古开弼：《广东现存明清时期涉林碑刻的历史启示》，《北京林业大学学报（社会科学版）》2006 年第 2 期，第 24-36 页。
[2] 李荣高等编：《云南林业文化碑刻》，德宏民族出版社，2005 年，第 15 页。
[3] 关传友：《中国古代风水林探析》，《农业考古》2002 年第 3 期，第 239-243 页。

人于西方。矧风水攸关，尤宜郑重乎！吾乡漈水虹山，素称胜概，而漈水尤乡里水口所归宿也。介居东北，地势稍倾，前有乔木参天遮荫风水。间有不肖之徒，运斤迭至，而山尽童，噫嘻痛哉！我存素公裔孙，念祖德之诒谋，冀后嗣之克昌，公议出银复兴陈姓。明给产山栽培松柏杂木，护卫风水。"[1]

墓地周边遍植风水林木以挡风聚气、保护"龙脉"、求得祖先之庇佑，是中国古代重要的文化传统，上至皇家、下至平民，概莫能外。以墓地风水林为保护对象的护林碑刻同样十分常见，除去少数官方为保护皇室陵寝风水林所立禁碑之外，绝大多数立碑者为民间同姓宗族。如四川通江走马坪同治二年（1863 年）伏氏家族所立禁碑："风水树木为先世培植，原为子孙计久远，当世保护，慎勿剪伐，以负祖宗培植之意。坟之上下左右并阴阳宅大柏树木，俱当敬蓄，再为培补，以成先人昌后之意。两房人等均宜同心协力，永远保护风水……"[2]

宗教场所（主要为佛寺、道观）周边的风水林是在宗教和风水意识共同支配下营造和保存下来的。道教超凡入圣的追求和佛家潜心修持的清规，使得其信徒对于幽深、清静的山林有一种特殊的好感，对其有意识地培护也因此成为宗教传统。因受风水意识的影响，这些林木也被视为保护寺观周边各聚落"龙脉"的风水林，得到当地民众的共同保护。如福建建瓯东岳庙前护林碑："……东郊外有白鹤山全片，东晋时仓纽建东岳宫，四周培植树木遮荫风水，乃全郡主龙。历禁已久……全山树木永留荫风水……为此示仰阖属军民人等知悉。"[3]不仅是宗教场所的风水林，并且护佑全县的"龙脉"，因此由官方专门批示并立碑予以保护。

此外，少数民族（特别是西南山区少数民族）地区的神山、神林、神木崇拜，具有与汉族地区风水林相似的宗教内涵，与之相关的护林碑刻也可归入此类。

（2）水土保持林

明清及民国时期是对森林水土保持价值认识日益深刻的时期，现存的护林碑刻，有很大一部分都涉及了森林涵养水源、保土防洪、防风固沙等方面的重要作用，并将其作为保护山林的理论依据。

---

[1] 卢家彬：《清道光泉州虹山水尾树碑述论》，《中山大学学报论丛》2007 年第 6 期，第 7-10 页。
[2] 张浩良：《绿色史料札记——巴山林木碑碣文集》，云南大学出版社，1990 年，第 29-31 页。
[3] 建瓯市林业委员会编：《建瓯林业志》，鹭江出版社，1995 年，第 552 页。

护林碑刻中以"水源林"为保护对象的最为常见。如乾隆四十六年（1781年）云南楚雄鹿城西紫溪的封山护林碑云："所以保水之兴旺不竭者，则在林木之荫翳，树木之茂盛，然后龙脉旺相，泉水汪洋，近因砍伐不时，挖掘罔恤，以至树木残伤，龙水细涸矣。"[1]其中将森林涵养水源的功能阐述得十分清楚。此外，广东封开县光绪七年（1881年）地方官府颁立的《奉禁白沙官山告示碑》[2]，也提到"县属地方田多高阜，亢旱堪虞，故民间于近田山岭开筑陂塘，并多种树木以伟水源"，由于不法之徒盗砍林木，引发民间纠纷，从而由官府出面调解，并订立法规，立碑封禁。

又如云南保山市所存清道光五年（1825年）《永昌种树碑记》载："郡有南北二河，环城而下者数十里，久为砂碛所苦，横流四溢，贻田庐害，岁发民夫修浚，动以万计，群力竭矣。迄无成功，盖未治其本，而徒齐其末也。二河之源，来自老鼠等山，积雨之际，滴洪潹湃，赖以聚泄诸箐之水者也。先是山多材木，根盘土固，得以为谷为岸，籍资捍卫；今则斧斤之余，山之本濯濯然矣；而石工渔利，穷五丁之技于山根，堤溃沙崩所由致也。然则为固本计，禁采山石，而外种树，其可缓哉！"[3]该碑文论述了森林保土防洪的功能，提出"欲治水患，先保山林"的理念，代表了当时较为先进的认识水平。

再如河南滑县的三通清末民初护林碑，即《新沙会碑记》《一村保障》和《流芳百代》，提到该地"系风沙之冲，每值隆冬初春，飞沙扬尘，风势飘急，土田瘦薄，禾苗不生"，于是道光之前，就有有识之士"令于村后栽柳树数行，以蔽风沙，长约五里有余；立有规矩，不准损伐。道光年间，蔚然甚茂，浮沙积聚，约二丈余高，虽有风沙，不能为害村内，比较微觉富庶，子弟亦多"，"奈时久年湮，会规渐弛，无赖之徒，窃伐殆尽，向之森森之美观者，至是竟成濯濯矣。自此无树以为之屏茂，而浮沙流动，地势渐坏"[4]。这些内容反映了黄河流域风沙地带的百姓在植树防风固沙方面的认识与实践。

总之，正是由于晚明、清、民国以来严重的植被破坏所导致的生态危机，引发了民间社会对森林资源价值的再认识，并将其水土保持功能作为对其实施保护的重要依据，这方面的内容在护林碑刻中占据了相当大的比例。

[1] 李荣高等编：《云南林业文化碑刻》，德宏民族出版社，2005年，第157页。
[2] 姚锦鸿、黄春粤：《广东封开发现的清光绪护林碑及相关问题探讨》，《农业考古》2009年第3期，第28-30页。
[3] 李荣高等编：《云南林业文化碑刻》，德宏民族出版社，2005年，第291-292页。
[4] 张巧英：《滑县护林碑》，政协滑县委员会文史资料研究委员会编印：《滑县文史资料 第3辑》，1987年，第155-162页。

（3）经济林

另一大类保护对象为经济林，如用材林、薪炭林、果林、茶林、竹林等。在多山地区，所谓靠山吃山，山林的经济价值与当地百姓利益攸关。因此对森林资源进行可持续利用，避免涸泽而渔，显得十分必要。

由于用材林生长周期较长，面临的盗伐问题更为严重，关于用材林的碑刻也相对多见。如云南弥渡县红星乡大三村光绪二十九年（1903 年）《封山育林告示碑》："维弥渡东西两山一带山产松树，公私起盖所需，而且价廉。……其间尚有待养成材者亦属不少，始蒙福星给示，保护不数年后可期成材，于公私大小俾益，以后赐福严禁。凡川中牧樵上山，只准砍伐杂木树，不准砍伐果木、松树及盗修松枝。"[1]云南鹤庆县大水渼村光绪三十二年（1906年）护林碑："从来公山之木尝美……因世道猖狂，将松树尽皆烧毁，兼之砍伐殆尽，视之者莫不嗟叹矣！有前辈生员……倡首共全商约，每户出人栽培松树，将连植数年……迄今松树成林，但可以为材用。此亦均感四君倡首之力，而后生得当材木，不可胜用之福者也。今因人心不古，世道侵衰（衰），每多潜入山中私行砍伐，地徒难以禁忌。兹合村会集公同酌议，定下章程……"[2]两者均将松树林（当地主要用材林）作为保护对象，在其成材之前，严禁盗伐。

保护其他类型经济林的碑刻也不鲜见。如云南盈江县昔马乡 1914 年黄桑坡护林碑："……有水坝青树一塘，前赖此青树林、茨竹、大竹、金竹、蔺阔，上资国赋，下养民生。……因本年以至近有无耻之徒，擅行砍伐树株、竹木，是以约同心禁蓄。"[3]福建南平县咸丰六年（1856 年）《合乡公禁》碑："盖周礼有虞衡之司，未敢愆期而执伐；王政无斧斤之纵，不过因时而取材。此虽天地自然之利，先王曾不少爱惜而蹲节焉。吾乡深处高林，田亩无多，惟此茂林修竹造纸焙笋，藉以通商贾之利，裕财用之源耳。迄今数年以来斫伐不时，几致童山之概；保养无法，难同淇水之歌。爰是质诸佥谋，咸曰效先王之制，厉而禁之，定一时之规，树百年之计，不惟守业封家，端因山产出息，享货殖之赍；即勤工力食，亦籍商贾钱财，堪济俯仰之急。以言所利，利莫

[1] 李荣高等编：《云南林业文化碑刻》，德宏民族出版社，2005 年，第 472-473 页。

[2] 李荣高等编：《云南林业文化碑刻》，德宏民族出版社，2005 年，第 481-482 页。

[3] 李荣高等编：《云南林业文化碑刻》，德宏民族出版社，2005 年，第 520 页。

大焉。……普告诸君，务珍惜永念先人培植之功，宏开后世兴隆之业，是所厚望者矣。"[1]这些碑文的主要保护对象是竹林，这在南方山区是十分重要的经济林。

又如江西遂川西溪乡保存的嘉庆二十三年（1818 年）护林碑："三十都茶洞地方，山多田少，所在居户冬于山内栽植木梓，以收山花之利，终岁辛勤以资事畜。每届木梓之时，竟有一班凶暴之徒，带领老少男妇蜂拥入山，名曰检遗，实则偷取。遇山户单弱者，强行拒捕乱摘；遇山户有人看守者，多方窃取；甚至检者在山户工人收摘之前。……种种滋害，难以枚举。……兹以每年自寒露日起，至立冬日止，所有霜降前后计一月收摘之期，毋论大小男妇，不许入山捡遗，并禁终岁不得砍伐木梓。"[2]它保护的则是当地一种特色经济林——木梓（油茶）。

此外，护林碑刻对受保护山林的四至范围一般均有明确界定，如云南南华县见性寺乾隆六十年（1795 年）封山育林碑："见性山寺周围，及仙龙坝前后，四至之内，东至大尖山顶，南至石门大丫口，西至衣栖么苍蒲阱、白土坡，北至响水河龙潭、小团山，四至分明；栽植树木，拥护丛林，以滋龙潭。该地诸色人等，不得混行砍伐。"[3]凡进入者，无论本村、本族成员，还是外来人员，均将受其约束。

2. 护林规章

护林碑刻上面的规章制度十分严密。最为常见的规章，涉及各类禁止事项，如盗伐、盗卖、烧山、砍伐未成材树木等。

如云南剑川县乾隆四十八年（1783 年）《保护公山碑记》："一、禁颜仁等现留公山地基田亩不得私占；二、禁岩场出水源头处砍伐活树；三、禁放火烧山；四、禁砍伐童树；五、禁砍挖树根；六、禁各村不得过界侵踏；七、禁贩卖木料。"[4]又如福建长泰岩溪镇乾隆八年（1743 年）《护林碑》："不许放火焚山；不许盗砍杂木；不许上寨山挑土并割茅草；不许盗买杂木。"[5]

[1] 陈浦如、卢保康：《南平发现保护森林的碑刻》，《农业考古》1984 年第 2 期，第 206 页。
[2] 倪根金：《新见江西遂川两通清嘉庆时护林碑述论》，《古今农业》1997 年第 3 期，第 35-39 页。
[3] 云南地方志编纂委员会总纂、云南省林业厅编撰：《云南省志·林业志》，云南人民出版社，2003 年，第 865 页。
[4] 李荣高等编：《云南林业文化碑刻》，德宏民族出版社，2005 年，第 172 页。
[5] 郑阿忠：《长泰几处古碑刻》，《炎黄纵横》2006 年第 3 期，第 54-55 页。

云南江川县后卫乡龙泉村保存的光绪三年（1877 年）《万古如新》护林碑详细界定了公有、私有林地，以及相关责权利之分配："村中侯、叶、郑三姓稍有几块荒地，座落骑马山岩子头上，以及各处无论公私荒山，公中借之以种植树株，一则以关村中之风水，再则以济后人之柴薪。自种之后，树株成材，私不得与公争论树株，公亦不得估骗私家之山……；村旁小棠梨树只许修枝，不准砍木……；村中无论公私各类果子，尽入公发卖，私不得与公争论，至于树株枯滥时，公私各照地界砍伐……；村旁前后田埂，以及阱凹等处毛草，只宜刀获，不准放火炼……"[1]

云南牟定县官村 1926 年《封山护林山规》碑，则更为详细地规定了受保护的树种，以及各种可能导致破坏林木的行为的具体禁止事项："第一条，公私山松、栎，不准采取，倘有私砍私山，即报告砍伐山头，查明权业后准砍；第二条，妇女入山，抓拾落地松毛，垫背枝不准砍扭松、栎树枝；第三条，本村无论公私山，入山老幼活松、栎木不准带进门，各户教育；第四条，入山挖疙瘩，一只准取干枯，不准挖活树疙瘩；第五条，过年，不准采摘青松毛铺垫。"[2]

安徽徽州祁门滩下村道光十八年（1838 年）《永禁碑》的内容同样十分详尽："公私祖坟，并住宅来龙下庇水口所蓄树木，或遇风雪折倒归众，毋许私搬并梯桠杪割草，以及砍斫柴薪、挖椿等情；河洲上至九郎坞，下至龙船滩，两岸蓄养树木，毋许砍斫开挖，恐有洪水推□树木，毋得私拆、私搬，概行入众，以为桥木；公私兴养松、杉、杂苗竹，以及春笋、五谷、菜蔬并收桐子、采摘茶子一切等项，家外人等概行禁止，毋许入山，以防弊卖偷窃。"[3]

各类禁止事项的规定，是为了更好地保护森林资源，而保护的目的则是更合理地利用。因此，护林碑刻的另一重要内容，是对利用山林的行为进行界定和限制。如安徽徽州祁门《永禁碑》规定"茶叶递年准摘两季，以六月初一日为率，不得过期"；福建邵武县上坊村的禁碑规定挖冬笋只限"十二月廿八、九开禁二日"，福建泰宁县岭下村的禁碑则规定挖春笋"每年立夏前五日开禁。凡

[1] 李荣高等编：《云南林业文化碑刻》，德宏民族出版社，2005 年，第 409-410 页。

[2] 李荣高等编：《云南林业文化碑刻》，德宏民族出版社，2005 年，第 568 页。

[3] 卞利：《明清时期徽州森林保护碑刻初探》，《中国农史》2003 年第 2 期，第 110-116 页。

砍竹、杂木用作门窗者免罚，凡砍棚权者，用老杉子，不许用嫩杉子"[1]；云南禄丰县阿纳村嘉庆十三年（1808 年）《封山育林乡规民约碑》规定："建造木头，每棵四十椽子，二十桩木，只容砍杉、松，每棵四十文，油松二百文；如砍而不用，以作柴者，每棵罚钱三百文；未报私砍者，罚钱三百文"[2]；云南盈江县昔马镇某寨 1936 年《护林公约》碑："此禁止之后，此山竹木不准老少、他处及本处再有乱砍。即便起屋需用，不论内外人等，必须经众许可，始准用一棵，取一棵，并只准一人进山取拿，不准牛拖马驮；笋子亦不准取拿"[3]。这些规定都是为了保证森林资源能得到最大限度上的利用，避免因为错过最佳采伐时令或过度采伐而导致浪费。

碑文中记载的护林规章，还包括对专职或兼职护林人员的选择、废黜、职责和考绩等做出明确规定；对其称呼十分多样，包括树头、树长、山甲、禁树人、巡查人、守箐人、看山人等。如上文云南禄丰阿纳村封山碑载："请立树长，须公平正直，明达廉贞，倘有偏依贪婪，即行另立；山甲须日日上山寻查，不得躲懒匿隐，否则扣除工食。""树长"即直接负责者，"山甲"是其下属，为具体执行者。云南丽江象山道光二十八年（1848 年）封山护林植树碑，还详细规定了"看山人"的待遇："设立看山二人，每日轮流查看，且各认地界，种植松柏。……看山二人，每人给麦子叁石。议定：通学公项拨出贰石，武庙出壹石，大佛寺出壹石，礼拜寺出壹石，城内四甲出壹石。成熟时，历年如数量，不致参差。……看山二人务宜仔细严查，倘有怠玩、徇情、贿纵等弊，禀官惩治，即行黜退。"[4]

3. 奖惩措施

护林碑刻的另一重要内容是规定与山林保护相关的奖惩措施。官府所立的护林碑文相关内容较为简略，一般是笼统规定将违禁者送交官办，后续惩罚措施则少见记载，最多不过"枷号示众"或者杖打；相比之下，民间社会竖立的护林碑的奖惩措施条文则极为详尽，兹举两例：

云南楚雄乾隆五十一年（1786 年）《摆拉十三湾封山碑记》："定例每年十一

---

[1] 林茂今：《福建省历代森林封禁碑考析》，《福建林学院学报》1990 年第 4 期，第 417-421 页。
[2] 李荣高等编：《云南林业文化碑刻》，德宏民族出版社，2005 年，第 242 页。
[3] 李荣高等编：《云南林业文化碑刻》，德宏民族出版社，2005 年，第 606 页。
[4] 李荣高等编：《云南林业文化碑刻》，德宏民族出版社，2005 年，第 370-372 页。

月初二开山，正月初二封山，如违，罚钱壹两。□例，盗砍大树一棵，罚钱壹两；砍小树一棵，罚钱五钱；砍枝绑，罚钱三钱；折松头壹个，罚钱叁钱；采正顶松叶，罚钱壹钱；见而不报者，照例倍罚。□例，家主纵放男妇牧童硬行砍伐、践踏，不遵碑例者，照例倍罚。龙潭通河顺沟田头，坝边杂树均不可砍，如违，照例倍罚。一村内婚丧祭需用木料等项目，勿论人已上山，必须报名树头，方许砍伐，如违，罚钱三钱。"[1]

云南易门道光十九年（1839 年）《阖境遵示封山碑》："采叶子作粪，每挑罚钱二百文；砍野柴犯者，每挑罚钱二百文；篱笆准砍茨树，切忌有伤成材，砍伐成材杉、松、油松，每株罚钱六百文；拦粪堆准取松枝，有取栗枝作柴者，每挑罚钱二百文；不准放火烧地，放出野火，救火食用，放火者出钱；搂松毛有顺伐活树枝者，罚钱五十文；开地叶把只准枝叶，徒砍树木者，每挑罚钱三百元（文）；……六角准砍弯扭，每家准五个，多砍者罚南豆半斤；六角砍标直油松者，每株罚南豆贰升。"[2]

在上述碑文中，对不同情景下、不同程度的违禁行为进行了严密的描述和界定，包括对不同树种和树木不同部位（树桩、树枝甚至树叶）的砍伐，都有相应的处罚规定，其严密性已经与正式法令条文不相上下。

这两条碑文中的处罚措施以罚没钱财为主。罚物的碑文也不少见，如云南邱北县腻脚乡架木革村道光二十一年（1841 年）护林碑："有种地侵占四至者，罚猪伍拾斤，酒叁拾斤，谷一斗；有盗砍成材树木者，罚猪叁拾斤，酒贰拾斤，米壹斗；有盗砍柴枝以及劈明子者，罚羊叁拾斤，酒贰拾斤，米壹斗；借砍枯枝开端放牧……同罚羊贰拾斤，酒伍斤，米壹斗。"[3]其他罚没物品还有盐、香油、南豆、线香、砖瓦、树种等，五花八门。

罚钱罚物之外，还有要求违禁者出资种树、修路、立碑等经济处罚形式。在不少碑文中，还有让违禁者置办酒席、戏班向乡民、族人、山林所有者赔罪认错的规定，既收惩戒之效果，又较富人情味[4]。

经济惩罚之外，还有人身惩罚。较为轻微的惩罚措施包括劳役，如强制违禁者修树、栽树；对宗族成员，还有跪香、修理祖茔等处置手段；更为严厉的

[1] 李荣高等编：《云南林业文化碑刻》，德宏民族出版社，2005 年，第 185 页。
[2] 李荣高等编：《云南林业文化碑刻》，德宏民族出版社，2005 年，第 341-342 页。
[3] 李荣高等编：《云南林业文化碑刻》，德宏民族出版社，2005 年，第 349-350 页。
[4] 卞利：《明清时期徽州森林保护碑刻初探》，《中国农史》2003 年第 2 期，第 110-116 页。

措施则上升到肉体私刑，包括捆绑、倒吊、杖责等，甚至在某些地区还有宰指、砍手、挖眼等残酷刑罚（在西南多民族聚居区较为常见）[1]。

碑文中还有对违禁者进行精神羞辱甚至诅咒的内容。如陕西陇县新集乡雷神山咸丰四年（1854年）禁碑："……四禁伐人树株……但见犯此五禁者，无论男妇，罚戴铁项圈一个，上挂铁牌一面，以羞辱之，令其悔过自新。"[2]又如四川通江走马坪禁碑："真心保护风水者，祖宗默佑，世代荣昌；若萌售卖（风水林木）者，神明殛（殛）之，祖宗不佑，宗祧覆。"[3]这是利用人们对名节的看重和对祖先的崇拜心理，来达成震慑效果。

除了惩罚，部分碑刻还包含有奖励条文，其奖励对象一般是违禁盗伐林木行为的举报人或拿获人。如云南镇沅县咸丰六年（1856年）《种树碑》规定："盗伐树者罚银五两，一半给拿手，一半存积。"[4]云南元江县1921年护林碑："松柏尤宜注重，若有查获指名来报者，尝银三元。"[5]

四、护林碑刻的生态环保意义

综上所述，晚明至民国时期，特别是清代大量涌现的护林碑刻，突出反映了当时社会，特别是民间社会，以基层村社、宗族为单位开展环境保护的努力。护林碑刻具有以下鲜明特点：

①广泛性。护林碑刻广泛见于全国各个省份，尤其是在那些山林遭到严重破坏的省份，护林碑刻几乎遍及各个村落。除了已经发现的数以百计的碑刻，还有大量碑刻尚湮没于荒烟蔓草之间，有待继续发现。碑刻的数量之多，分布之广，反映出当时的护林活动开展之普遍。

②针对性。护林碑文一般都准确界定了其保护对象的四至范围。由于立碑者以村社或宗族居多，保护对象也被限定在有限范围之内，如村社周边山场林地、宗族坟地附近的风水林；约束对象也主要是本村、同族成员，以及进入四至范围之内的外人。由于保护范围有限，责、权、利分明，因而保证了保护措

[1] 李荣高：《云南明清和民国时期林业碑刻探述》，《农业考古》2002年第1期，第252-258页。
[2] 倪根金：《明清护林碑知见录（续）》，《农业考古》1987年第1期，第183-195页。
[3] 倪根金：《明清护林碑知见录（续）》，《农业考古》1987年第1期，第183-195页。
[4] 李荣高等编：《云南林业文化碑刻》，德宏民族出版社，2005年，第396页。
[5] 李荣高等编：《云南林业文化碑刻》，德宏民族出版社，2005年，第543页。

施能够得到有效贯彻。

③合理性。从上文中可以看到，碑文中的禁止事项、奖惩措施不仅内容详尽，而且均能从当地具体情况（如不同地区对当地特色树种的保护、对惩戒力度的宽严把握及富于地方特色的惩戒措施等）出发，做到有的放矢。这在事实上可以赋予当地百姓一种安全感，只要不去故意违反，就不必担心无辜受罚。

④权威性。由于利益攸关，立碑者对碑文中护林规章的执行不遗余力，使之成为代代相传的制度。许多现存森林资源较为丰富的地区，都得益于护林碑刻条文的严格执行。有些碑文直到 1949 年以后还在发挥作用。

相比于同时期政府（特别是清代）颁布的相关法令，不难看出，近代护林领域，民间社会付出的努力和产生的效果都要远远超过前者；事实上，也正是由于官府在立法上的滞后，才赋予了护林碑刻充分的发展空间。进入民国后，随着护林法规的逐步完善，政府越来越多地直接介入护林事务，护林碑刻的重要性逐步下降，但许多合理内涵，例如因地制宜的保护措施、执行规章时原则性与灵活性相济，至今对于环保实践工作仍有借鉴意义。

第五节　近代城市环境整治：以北京为例

城市环境整治是现代城市管理的重要组成部分，是城市现代化的重要标志之一。明末至清代前期，中国的城市面貌与此前历代并无本质区别，市政建设和环境整治的理念和制度上因袭多于变革。19 世纪晚期以降，随着近代城市的飞速发展（表现在商业化、工业化、人口增多等方面），诸多城市环境问题逐步凸显，由此催生了早期的治理机构和规章制度。初期这些变化主要集中在一些口岸城市，特别是租界区；进入民国之后，城市环境整治逐步纳入政府常规职能，机构和制度日益完善。对市政建设和城市环境的重视，成为近代中国环境保护显著区别于传统社会时期的一个重要特征。

本节选取北京作为代表，对近代中国城市环境整治的发展历程进行简单介绍。北京是明清及民国早期的首都，在近代的大部分时间内为所谓首善之区，在传统社会时期市政建设、城市环境受到朝廷的特殊关注，不过当时的环境治理方式和力度与现代不可同日而语。但进入近代之后，以往的优势反而成为城市发展的掣肘，保守势力的强大，使得其相关市政机构和规章制度的近代化进程远远落后于那些新兴的口岸城市，环境整治工作举步维艰。其相关机构和制度的变迁史，也是一部传统城市的嬗变史。这里，我们首先概述北京城市环境整治的相关机构和规章制度变迁，然后重点从给水排水、道路清扫、卫生防疫等几个方面对其特征风貌进行介绍。

一、相关机构与制度变迁

明代的北京有如下机构的职责涉及市政建设及环境整治：①工部，北京城及周边地区的街道、道路、桥梁、沟渠等建设和维修事宜，由工部直接掌管；②五城兵马指挥司，北京按方位设东、西、南、北、中五城兵马指挥司，除维护治安之外，"疏通沟渠"等事务也在其职责范围之内；③上林苑监，主要负责北京周围皇家苑囿、园林等的相关事务；④顺天府及大兴、宛平县地方政府也负有部分职责[1]。

清代前期基本沿袭明制，只是部分机构名称有所变化，其最重要的市政管理部门为步军统领衙门（负责京师防务及治安，兼管道路洒扫、维护交通秩序及防火等事务）和督理街道衙门（又称督理街道厅，为工部、都察院、步军统领衙门联合管辖的办事机构，主要负责外城各街巷道路的维修，其另一重要职能为每年二月解冻之后掏挖官沟，以确保排水通畅）[2]。此外，乾隆朝还特设值年河道沟渠处，统一协调北京大小沟渠、河道的查勘、岁修、零修事务，主要负责估核费用，并交与工部办理[3]。

这一套以道路街巷和给排水系统维护为主要职能的市政管理机构一直延续至清代晚期，尽管随着时代的发展，其已经越来越难以满足城市正常运转的需要，但全面改革却迟迟无法展开。光绪二十六年（1900年）八国联军对北京的占领固然是一场浩劫，却也催生了一个新的市政管理机构——安民公所。它是在清政府机构完全瘫痪之后，由地方士绅出面，与侵略军合作成立的，主要目的在于维持城内治安、保障社会秩序，其职权范围相比此前的步军统领衙门、督理街道厅大大扩展，涉及城市环境整治部分的就包括清扫道路、禁

[1] 周执前：《国家与社会：清代城市管理机构与法律制度变迁研究》，巴蜀书社，2009年，第80-81页。
[2] 方彪：《清代北京的市政管理》，边建主编：《茶余饭后话北京》，中国档案出版社，2006年，第8-10页；尹钧科等：《古代北京城市管理》，同心出版社，2002年，第85-88页。
[3] 尹钧科等：《古代北京城市管理》，同心出版社，2002年，第88页。

止沿路倾倒粪便、设置公共厕所、防疫检疫等全新事务。尽管屈辱，但这却是北京城第一次如此近距离地接触了西方的城市管理办法，为下一步的改制提供了契机[1]。

光绪二十七年（1901年）五月，清政府还都之后，成立善后协巡总局代替安民公所；次年八月，改协巡总局为工巡总局，将原来的京师治安机构全部撤销并入该局。顾名思义，工巡总局的职责分为两大块，即工程和巡捕；光绪三十一年（1905年）九月，清政府成立巡警部，笠年改名民政部；工巡总局随之改名内外城巡警总厅[2]。名称虽一变再变，但其职权一脉相承，而此前一直没有得到应有重视的与城市环境相关的诸多事务，如道路清理、垃圾处理、卫生防疫、食品安全等，终于被明确纳入工巡总局（内外城巡警总厅）的管辖范围，并以法令形式加以肯定[3]。北京城市管理机构由此起步，逐步走向现代化。

民国建立后，1913年年初，袁世凯下令将京师内外城巡警总厅合并为京师警察厅，隶属于内务部，负责市内警察、卫生、消防事项，兼管交通、户籍、营建、道路清洁、公厕设置修缮、公共沟渠管理等事项。1914年6月，内务总长朱启钤创办京都市政公所，与京师警察厅共同管理北京市政，前者主要负责城市规划和基础设施建设；后者主要负责维护社会秩序；城市环境整治的相关事务，也相应由两者分任[4]。

这一双轨制的城市管理体系运行至1928年，随着北洋政府的下台和北平特别市的建立，市政在市政公所和警察厅的基础上重组，城市管理事务由新成立的土地、社会、财政、教育、公用、卫生和公共安全等局分别负责，城市环境整治工作也被进一步细化并分配到各个具体部门[5]。此后20余年，包括抗战及解放战争时期，由北平市政府主导下的城市管理框架未再发生大的变动。

[1] 周执前：《国家与社会：清代城市管理机构与法律制度变迁研究》，巴蜀书社，2009年，第428页；王亚男：《1900—1949年北京的城市规划与建设研究》，东南大学出版社，2008年，第36-37页。
[2] 周执前：《国家与社会：清代城市管理机构与法律制度变迁研究》，巴蜀书社，2009年，第428-429页。
[3] 田涛、郭成伟整理：《清末北京城市管理法规（一九〇六—一九一〇）》，北京燕山出版社，1996年，前言部分。
[4] 王亚男：《1900—1949年北京的城市规划与建设研究》，东南大学出版社，2008年，第41-60页；史明正：《走向近代化的北京城：城市建设与社会变革》，北京大学出版社，1995年，第30-31页。
[5] 王亚男：《1900—1949年北京的城市规划与建设研究》，东南大学出版社2008年，第108-109页。

二、给水排水系统

1. 给水系统

传统社会时期，城市水源建设是市政工程中受到突出重视的一块，特别是在那些人口集中的中心城市，充足而清洁的生活用水供给，是官府不仅要优先解决，而且要持续保障的问题。除了在城市规划选址时，强调靠近水源，还要修筑水利工程，以开发和保持水源，保证城市供水。北京是元、明、清及民国前期的首都，这里的水源供给工程建设一直没有中断。

明代晚期至清代的京城水源，除去海淀万泉庄附近细小的平地泉流外，主要还是依靠京西玉泉山与瓮山泊（今昆明湖）来水。乾隆年间大规模拓展昆明湖，疏浚通惠河，保证了京城用水。不过，河湖水系的建设，更多是为了沟通大运河以便漕运，京城内部河道并不密集；同时，大片水域往往成为皇家宫苑园林的一部分（如昆明湖、中南海），也限制了对其的利用。因此北京居民的生活用水主要不是依靠河水和湖水，而是井水。由于钻井技术落后，大多数的井是从不到地下 3 米深的地层内汲水，因含碱度高，水味极苦，居民称之为"苦水"；清洁甘洌的"甜水"井，在城内屈指可数[1]。据清末统计，北京共有饮用井 1 228 眼，出名的甜水井不过安定门外的上龙井、东厂胡同的西口井、南城的姚郭井（即姚家井）、北城的中心台井、灯市口的老爷庙井等几处而已[2]。水井多位于街上，初时居民可自行汲取，进入清代之后往往由卖水者经营，普通居民或汲取或购买苦水为生；而达官贵人或从甜水井拉水、或取水于西郊名泉；至于皇家，则有专门的水车从西郊玉泉山运来。

自清末以降，北京供水系统经历了两次显著的改良，一是所谓"洋井"的开凿，大大增加了甜水井的数量，改善了市民的饮水质量；一是自来水的开办，标志着城市供水系统真正走向现代化[3]。

---

[1] 史明正：《走向近代化的北京城：城市建设与社会变革》，北京大学出版社，1995 年，第 164 页；邱仲麟：《水窝子——北京的供水业者与民生用水》，李孝悌编：《中国的城市生活》，新星出版社，2006 年，第 203-252 页。

[2] 朱一新：《京师坊巷志稿》，北京古籍出版社，1982 年。

[3] 杜丽红：《知识、权力与日常生活——近代北京饮水卫生制度与观念嬗变》，《华中师范大学学报（人文社会科学版）》2010 年第 4 期，第 58-67 页。

　　第一次改良发生在光绪二十六年（1900 年）八国联军入侵之后，外国军队对大多数城市居民所饮用的苦水难以下咽，从城外取水成本又太高，只得采用近代掘井技术，自行挖井取水，第一口"洋井"由驻在前门外樱桃斜街的德国军队开凿（另一说为日本人在东四十二条街西口开凿）[1]。八国联军撤走后，还都的清政府对"洋井"水质大为赞赏，又委托日本工程师在城内掘井；此后，新的钻井技术开始在全城缓慢传播。由于新法打井深度达到数十米以至上百米，可避开近地表的污染水层，直达洁净水层，其水质和口感与过去不可同日而语。甜水井数量自此逐步增加，据 1929 年卫生局统计，北京（北平）市内的 485 眼水井中，甜水井有 268 眼，占 55%[2]。

　　第二次改良发生在光绪三十四年（1908 年），这年三月，农工商部大臣溥颋、熙彦和杨士琦上奏朝廷，"京师自来水一事，于卫生、消防关系最要……为京师地方切要之力，亟宜设法筹办"[3]，很快得到慈禧批准。京师自来水公司年内开始筹办，以东北郊孙河（温榆河）上游为水源，于孙河镇建净水厂，于东直门建配水厂，宣统二年（1910 年）二月正式向居民供水。其供水方式分安设专管到户和公用水龙头买水两种。根据 1918—1919 年前后的社会调查，当时北京约有 3 400 户接通了自来水管，供居民上街买水的水龙头则约 420 个[4]。

　　"洋井"和自来水的推广，改变了长期以来北京居民饮水质量低劣的情况，促进了居民用水卫生观念的转变（如不饮生水、煮沸杀菌）；相应地，水质检测、卫生防疫等机构逐步建立，供水设施也逐步改良和完善（如整顿水井、自来水设备消毒、供水管道合理规划布局等），成为整个城市环境近代化的重要一环。

　　但是，在接下来的 40 年间，自来水始终没能成为北京城市供水系统的主体。直到中华人民共和国成立，北京居民安装自来水管的不过 32 357 户，能饮用自来水的人数不过 61 万，日供水量 3.5 万吨[5]；大部分人日常生活依靠井水，其中仍有大量的苦水井[6]。导致北京供水系统发展缓慢的原因很多，如居民因

[1] 史明正：《走向近代化的北京城：城市建设与社会变革》，北京大学出版社，1995 年，第 165 页；邱仲麟：《水窝子——北京的供水业者与民生用水》，李孝悌编：《中国的城市生活》，新星出版社，2006 年，第 203-252 页。

[2] 方颐积：《北平市之井水调查》，《顺天时报》1929 年 3 月 2 日第 7 版。

[3] 虞和平、夏良才编：《周学熙集》，华中师范大学出版社，1999 年，第 320 页。

[4] ［美］甘博：《北京的社会调查》，中国书店出版社，2010 年，第 114-115 页。

[5] 北京市档案馆等编：《北京自来水公司档案史料》，北京燕山出版社，1986 年，第 319 页。

[6] 邱仲麟：《水窝子——北京的供水业者与民生用水》，李孝悌编：《中国的城市生活》，新星出版社，2006 年，第 203-252 页。

缺乏科学知识对自来水存在抵触情绪（自来水公司开办不久，曾出现"自来水
是洋胰子水"的谣言）、水井经营业者（清末民初全城送水工人约 2 500 人）的
竞争甚至破坏、北京居民用水习惯（偏好井水、特别是洋井水）等，而根本原
因还在于政治动荡、财政紧张导致的基础设施建设滞后，以及相对高昂的自来
水入户成本与城市居民日益贫困化之间的矛盾[1]。

2．排水系统

明清北京城内的排水系统，是在元大都的基础上发展起来的。15 世纪初永
乐皇帝朱棣定都北京之后，对紫禁城、内城和外城的排水管道进行了大规模的
整修和新建，奠定了此后 500 年的基础。

紫禁城内的排水管道系统是全城最为复杂和精密的，每一座宫殿院内都布
置有纵横通达的排水支沟，在宫城墙下设有集水干沟，北部的雨水汇集到神武
门内的干沟流入西边护城河，南部的雨水分别流入金水河，然后流向东南角的
护城河。宫城全部沟道均有适宜的排水坡度，使雨水能迅速流畅地流入沟内，
排泄入金水河内。500 年间，紫禁城屡遭火灾，却没有一次雨水成涝的记载，
侧面反映出这套排水系统的成功[2]。

内城排水干道主要有两条：大明濠，从西直门大街上的横桥南下，直达宣
武门西城根，入南护城河；御河，上接积水潭，为通惠河故道，下经正阳门东
水关入南护城河；此外还有城西北角的太平湖和东南角的泡子河，由开掘的
排水明河汇集而成，成为事实上的污水储存库。外城最重要的排水干道为龙
须沟，从山川坛（先农坛）西北隅大苇塘东流，穿正阳门大街南端的天桥，
经天坛北侧转向东南，经左安门西水关入外城南护城河；其他一些重要的沟
渠如虎坊桥明沟（从宣武门以东护城河南岸的响闸开始，经虎坊桥至山川坛
西北隅外的苇塘）、正阳门东南三里河（明正统四年，即 1439 年为排泄内城南
濠积水而开凿的减水河，自正阳门桥以东向东南流）等，都可称为其分支。乾
隆五十二年（1787 年），北京内城有"大沟三万五百三十三丈""小巷各沟九万
八千一百余丈"，绝大部分为埋设于地下的暗沟网；外城沟渠缺乏统计数字，但

[1] 邱仲麟：《水窝子——北京的供水业者与民生用水》，李孝悌编：《中国的城市生活》，新星出版社，2006 年，
第 203-252 页；史明正：《走向近代化的北京城：城市建设与社会变革》，北京大学出版社，1995 年，第 163-227 页。
[2] 罗桂环、王耀先、杨朝飞等主编：《中国环境保护史稿》，中国环境科学出版社，1995 年，第 382 页；史明正：
《走向近代化的北京城：城市建设与社会变革》，北京大学出版社，1995 年，第 103-104 页。

应少于内城，分布不如内城普遍。[1]

对于沟渠的维护，清廷采取官办与民办相结合的政策，一年一修。每年修理时间自二月初开冻为始，至三月底止。"官沟"（位于通衢大街的沟渠）由官府动用正项钱粮，招募民夫刨挖；而"民沟"（小巷之中或民居、铺户前的"门面之沟"）由御史督率各铺户居民淘挖，再由河道沟渠值年大臣及五城兵马指挥司、督理街道厅等官派员共同验收。此外还有不定期的全面整修行动，如乾隆五十二年（1787 年）对内城沟洫的整治，详细丈量了"各大街两旁大沟及各巷小沟"（测量结果见上文），并确定有 17 400 余丈的大沟和 29 600 余丈的小巷沟渠需要拆修，分别占总数的 57%和 30%。[2]

掏沟时，须先打开沟渠上面的石板，然后将里面的淤泥挖出，倒在街面曝晒。由于传统社会时期的城市排水系统兼有排泄雨水和生活污水的功能，加之地面垃圾随处堆放，粪便处理不当，部分会随雨水进入沟渠，甚至居民经常随意将固体垃圾弃置其中，导致沟渠的堵塞情况十分严重，每年春季的沟渠疏浚因而成为一项极为繁重、肮脏而充满危险的工作。晚清时有人记述，开沟之时，"道路不通车马，臭气四达，人多配大黄，苍术以避之，正阳门外鲜鱼口，其臭犹不可向迩，触之至有病亡者，此处为屠宰市，终年积秽，郁深沟中，一朝泄发，故不可当也"。[3]

掏沟之时正是科举会试、殿试举行的时节，所以有"臭沟开，举子来；臭沟塞，状元出"的俗谚，这也是北京街道状况最为糟糕的时段——大块污秽的泥浆摊置路边，臭气熏天；干燥后在春季特有的大风之下，又变成漫天飞舞的沙尘。本为整治城市环境、提高卫生水平的举措，反而变成了一个严重的环境污染和疫病传播的源头。这一状况直至清末亦无显著改善，随着晚清政府财政的恶化，沟渠整治工作越来越难以为继，沟渠淤塞情况也日趋严重。至光绪二十八年（1902 年），内城沟渠总长度已由乾隆五十二年（1787 年）的 128 633 丈缩减至 96 900 丈。[4]

[1] 吴建雍、王岗：《北京城市发展史》，北京燕山出版社，2007 年，第 256-257 页；史明正：《走向近代化的北京城：城市建设与社会变革》，北京大学出版社，1995 年，第 381-382 页。
[2] 吴建雍、王岗：《北京城市发展史》，北京燕山出版社，2007 年，第 258-260 页；王伟杰：《旧时北京城污水对环境的污染》，《环境科学》1986 年第 6 期，第 90 页。
[3] （清）阙名：《燕京杂记》，北京古籍出版社，1986 年，第 115 页。
[4] 王伟杰：《旧时北京城污水对环境的污染》，《环境科学》1986 年第 6 期，第 90 页。

民国初期，市政公所开始着手对沟渠进行整治，其中一项重要工作是 1916年 9 月开始对全市沟渠进行全面调查。经过 7 个月的普查工作，形成了一份内容详细的"北京沟渠走向图"（现藏于国家图书馆），涵盖了每条沟渠的类型和大小、污水流动的方向以及每条管道的当前状况等信息，为以后沟渠疏通、明沟改暗渠等城市建设活动提供了准确依据。其结果显示，此时的北京只有 10%的沟渠能够正常运转，主要集中在内城权贵居住区；5%的沟渠已完全废弃；而 85%的沟渠处在部分或完全堵塞的状况下，这说明既有的排水系统已经陷于崩溃[1]。

1915 年开始，市政公所对北京沟渠的整治工作以三项大型工程为核心：①对内城和外城之间的护城河进行维修：加深、加宽，修筑河堤以防土壤侵蚀，重建暗沟和污水池，并安装铁丝网、布置警察亭以防居民滥用护城河，开始于 1915年 4 月，竣工于 1917 年 12 月；②对大明濠的改路：将明沟改成暗渠，1921 年开工，结束于 1930 年，共分为 5 个阶段；③对龙须沟的整修：1919—1925 年，只对商业聚集的北段进行修理，改建为下水道，而平民聚居的南段直至中华人民共和国成立时仍为露天。此外，还有许多小型沟渠整修工程，至 1930 年，共对 449 条沟渠进行了整修，近 80%被淤塞的排水管道得到了疏通并恢复正常运行，从而大大改善了城内环境[2]。

此后的北平特别市时期（1928—1937 年），市政府在《北平市沟渠建设计划》（1934 年制定，以下简称《计划》）指导下，又对沟渠进行了一定程度的整修，但由于资金问题，《计划》中构想的改良旧沟用于宣泄雨水，建设新渠用于排污的目标并未实现[3]。此后的日伪时期，市政全面废弛，道路沟渠日益破败。光复之后，北平市政府又对沟渠进行重整。在何思源任市长期间（1946 年 11月—1948 年 6 月），新筑洋灰混凝土管暗沟 3 900 米；新筑砖帮石盖暗沟 230米，修理 62 米，掏挖 4 251 米；新筑缸管沟 142 米，修理 62 米，掏挖 1 687米；新筑探井 46 座，掏挖明沟 3 290 米；掏挖龙须沟 3 760 米；掏挖御河自地

---

[1] 史明正：《走向近代化的北京城：城市建设与社会变革》，北京大学出版社，1995 年，第 117 页。

[2] 史明正：《走向近代化的北京城：城市建设与社会变革》，北京大学出版社，1995 年，第 120-123 页；王亚男：《1900—1949 年北京的城市规划与建设研究》，东南大学出版社，2008 年，第 89、第 101 页。

[3] 王亚男：《1900—1949 年北京的城市规划与建设研究》，东南大学出版社，2008 年，第 123-125 页；朱汉国、王煦：《1928—1937 年北平市政建设与市民生活环境的改善》，李长莉、左玉河主编：《近代中国的城市与乡村》，社会科学文献出版社，2006 年，第 52-65 页。

安桥至望恩桥等处沟渠 3 000 米，疏浚永定河外护城河 6 500 米，等等。

　　然而，正如史明正所指出的那样，近代以来的沟渠翻修工作并不能视为北京城市基础设施的革命。尽管兴建了一批西式的排污管道，但直到新中国成立时，明朝修建的沟渠仍在北京城的沟渠体系中居支配地位。尽管对大多数沟渠进行了疏浚和清理，但由于传统排水体系完全不能满足现代化的大都市的需要，随着时间的推移，堵塞和淤积问题必然会再次出现。同时也必须注意到，这些工作大部分集中在富人住宅区和繁华的商业区，占人口大多数的外城沟渠问题往往更为严重，但广大平民却未从市政设施中得到其相称的份额，老舍先生笔下的龙须沟就是一个典型案例[1]。

三、道路维护与垃圾处理

1. 传统社会时期

　　对城市街道的维护（建设、修理、清扫等），以及对城市垃圾（包括粪便）的处理，是市政管理工作的重要组成部分。对于一位外来者来说，这是影响其对一座城市环境直观印象的关键因素。传统社会时期的北京，事实上并没有形成一个完善的组织系统（政府机构、法令制度）来处理这些事务。除了少数重点地区，对街巷的维护和对垃圾的清理都近乎放任自流，既无明晰的责、权、利划分，也缺乏相应的约束机制；这使得明清北京城市环境整治工作停滞不前，无论是本地生活的居民，还是远道而来的游客，对城内恶劣的居住环境都不乏生动的描述。

　　明清北京城内道路分"街""巷"两级，经纬分明、沟通各大城门的大街，构成了道路系统的骨干，在干道之间，则是数以千计、密如蛛网的胡同、小巷[2]。这些街巷绝大多数为土质，只有极少数为砖石砌筑，集中在各大城门内外的干道及皇城附近的重要通道（如正阳门）。直到乾隆三年（1738 年），"京城九门，南之崇文、宣武，北之安定、德胜，东之东直，西之阜成等门，尚未修有石路，

---

[1] 史明正：《走向近代化的北京城：城市建设与社会变革》，北京大学出版社，1995 年，第 125-127 页；董鉴泓主编：《中国城市建设史》（第三版），中国建筑工业出版社，2004 年，第 335-340 页。

[2] 刘凤云：《明清时期北京的街巷及其修治》，《故宫博物院院刊》2008 年第 3 期，第 69-78、第 159 页。

每遇阴雨泥泞，行走维艰"[1]，这才由朝廷下令改筑石路。至清代晚期，这些干道缺乏维护，损坏严重；至于那些土质道路，"黄沙如粉满街飞"已是普遍现象[2]。但相比于沙土飞扬，对北京街巷环境更为严重的威胁是随意弃置的居民生活垃圾乃至粪便。

明清时期对于城市生活垃圾（城内基本没有工业）和粪便处理既没有专门的机构负责，也无明确规章可循。步军统领衙门和督理街道厅名义上有道路洒扫之责，但往往只是临时性对一些重点道路（如皇帝出行所经）进行清理，并没有建立专职清洁工队伍，大部分街巷都处在常年无人管理状态。百姓产生的生活垃圾，如灰烬（主要是煤渣炉灰，由于燃料、取暖均以烧煤为主，数量巨大）、扫地土、菜叶、碎砖烂瓦、弃土等都是随地处理，或堆积院内，或用于垫道。据《燕京杂记》记载："人家扫除之物，悉倾于门外，灶烬炉灰，瓷碎瓦屑，堆如山积，街道高于屋者至有丈余，入门则循级而下，如落坑谷。"[3]据现代测量，这种以生活垃圾为主的"杂填土"堆积，在北京内城的厚度一般可达2米以上，甚至达到4~6米[4]。

对粪便的处理同样缺乏统一管理，不同的是，由于粪便可作肥料，有利可图，北京城内很早就有了称为"粪夫"的专门行当。城内权贵富户使用"坑厕"的，粪便都由粪夫进行清淘，并晾晒之后卖给农民。但对于城市贫民来说，由于"京师溷藩，入者必酬以一钱，故当道中，人率便溺，妇女辈复倾溺器于当衢。加之牛溲马勃，有增无减，以故重污迭秽，触处皆闻。……便溺于通衢者，即妇女过之，亦了无作容，煞是怪事"[5]。

于是，至晚清之时，北京街巷环境已极为不堪，所谓"天晴时则沙深埋足，尘细扑面，阴雨则污泥满道，臭气蒸天，如游没底之堑，如行积秽之沟，偶一翻车，即三熏三沐，莫罄其臭"[6]。

[1]《清高宗实录》卷73，乾隆三年（1738年）七月戊寅，中华书局，1985年。
[2]（清）李虹若：《朝市丛载》卷7《都门吟咏·风俗·灰土重》，北京古籍出版社，1995年，第150页。
[3]（清）阙名：《燕京杂记》，北京古籍出版社，1986年，第115页。
[4] 王伟杰、任家生、韩文生等编著：《北京环境史话》，地质出版社，1989年，第107页。
[5]（清）阙名：《燕京杂记》，北京古籍出版社，1986年，第114-115页。
[6]（清）阙名：《燕京杂记》，北京古籍出版社，1986年，第114页。

2. 相关工作的近代化

转折发生在 20 世纪最初的 10 年，在庚子事变的刺激之下，清政府开始推行"新政"。体现在北京城市环境整治工作中，便是一系列专门机构的建立和具体法令的颁行。光绪三十一年（1905 年）成立的巡警总厅，其下辖的卫生处清道股的职责范围为清洁道路、公厕，运送垃圾，禁止居民泼污水等[1]。一个崭新的职业——清道夫，出现在了宣统元年（1909 年）颁行的《改定清道章程》《清道执行细则》中；《改定清道章程》定内外城清道夫为 23 个所、员额 1 480 人（另有夫头 74 人），《清道执行细则》规定清道夫的工作处所为"马路及马路两旁之便道、街巷胡同土路、沟渠陂塘及堤防等处"，工作内容为"泼洒、扫除、平垫、疏浚沟渠、拉运秽水土、其他关于道路之事"，并对工作时间、着装、奖惩标准、注意事项等进行了详细的界定[2]。公厕同样是一个新鲜事物，为八国联军占领北京期间强制推行，此时得到进一步的提倡，但为数甚少，不敷使用。粪便清理工作则由遍布全城的 500 多个粪厂和 5 000 余名粪夫分任[3]。

清末至民国北京城的道路系统也在加速建设和改进，据统计光绪三十年（1904 年）至 1929 年的 25 年间，北京（北平）共修筑了 96.7 千米的碎石路和 8.27 千米的柏油路，尽管这些新式路面多数集中在富人区和商业区，但毕竟在一定程度上改善了街道状况，也减轻了维护和清扫工作的负担[4]。1929 年 3 月，北平市政府颁布《北平特别市房基线规则》，正式规定了"临街建筑物不得越过之线"，此即现代城市规划管理中的红线退让原则。街道与其两旁建筑之间空间界线的明确，既有利于保障交通秩序和促进商业活动，对于美化城市形象也大有好处。从整治城市环境角度出发，《北平特别市房基线规则》还规定，两路之转折处应改成斜角或圆角；各座房屋至少需设厕所一处；临街房屋排水管道需与街道之公沟接通，等等[5]。

民国时期的道路清扫工作与清末一脉相承，亦由分片包干的清道夫队伍负

[1] 曹丽娟：《清末北京公共卫生事业的初建》，《北京中医药》2010 年第 10 期，第 790-794 页。

[2] 《改定清道章程》《清道执行细则》，田涛、郭成伟整理：《清末北京城市管理法规》，燕山出版社，1996 年，第 3-32 页。

[3] 曹丽娟：《清末北京公共卫生事业的初建》，《北京中医药》2010 年第 10 期，第 790-794 页；[美] 甘博：《北京的社会调查》，中国书店出版社，2010 年，第 9 页。

[4] 史明正：《走向近代化的北京城：城市建设与社会变革》，北京大学出版社，1995 年，第 80-82 页。

[5] 王亚男：《1900—1949 年北京的城市规划与建设研究》，东南大学出版社，2008 年，第 111 页。

责。1934 年 3 月颁布的《北平市政府卫生处清道班暂行规则》中，对清道夫的资格审核、职责范围、注意事项、奖惩机制等方面的规定，可以明显看到清末《改定清道章程》《清道执行细则》的影子；由于时代的发展，清道夫在工作条件、福利待遇、清道工具方面相比清末有所改善[1]。

民国时期的北京城市垃圾问题仍然十分严重，清理能力远远不能满足需要。20 世纪 30 年代，全城每日产生垃圾，冬季约 1 000 吨，夏季约 600 吨[2]；而据 1933 年 10 月数据，秽土车（汽车）每天运出城外的垃圾只有 30 多吨。对此，北平市政府一方面鼓励甚至奖励城郊乡村大车进城运出秽土（可充肥料之用），另一方面尽力增加秽土车运力，至 1936 年，秽土车保有量 20 辆，每日可运出秽土 800 余吨，使垃圾处理问题得到很大程度的改观[3]。此外，政府施行《污物扫除暂行办法》，对旧有的垃圾收集制度进行了改革，以提高处理效率，如由各自治坊统一收集住户垃圾，运往就近秽土待运场；指定清道夫若干人，专门负责各运场和各待运场的装卸车辆、垃圾初步分拣等工作，等等[4]。

民国时期的粪便处理体系沿袭清代，由行业工会管理粪夫。晚清时初具雏形的肥业工会（光绪三十二年，即 1906 年成立），演变为 1928 年成立的北平特别市粪夫工会，再到 1932 年改称北平市粪夫职业工会，组织已十分严密。由于粪业实际上变成了一种带有垄断性质的产业而非政府下辖的公益部门，从业者的着眼点只在经济效益，而非城市环境，这便不可避免地产生诸多问题，如粪夫借故勒索、粪阀当道、抢夺势力范围等。

对此，政府开始通过一些规章制度的颁行，试图对业者行为予以一定约束。1929 年颁布的《北平市管理公厕规则》对公厕设立和运营资格进行了界定，对建筑地点和内部设备提出了标准，并规定了清洁频率（每日至少 2 次）和具体措施。据此要求，政府对部分不达标的公厕予以取缔，如 1934 年拆除不良公厕 25 处；但当时城内公厕总计 600 余处，大部分为粪业者设立和经营，卫生条件普遍很差，政府对其的整治相形之下显得微不足道。1930 年，政府颁布《北平市城区粪夫管理规则》，提出了一套针对粪夫的职业规范，如需身着统一的号衣、号布，确保定期清理，不得勒索钱财等；还拟采取许可证制度，但由于粪夫的

[1] 杜丽红：《20 世纪 30 年代的北平城市管理》，博士学位论文，中国社会科学院研究生院，2002 年。
[2] 北平市政府卫生局编：《北平市政府卫生处业务报告》，1934 年出版，第 21 页。
[3] 杜丽红：《20 世纪 30 年代的北平城市管理》，博士学位论文，中国社会科学院研究生院，2002 年。
[4] 北平市政府卫生局编：《北平市政府卫生处业务报告》，1934 年出版，第 22 页。

抵制没能实现。此外，政府还限制了粪车在城内的通行时间。1934年，中心地段只允许粪车在上午9点以前通行，以免影响市容，其他地区则允许粪车在上午9点以前和下午6点以后通行。

总的来看，上述种种管理规则尽管在一定程度上得到了推行，但效果并不理想，其根本原因还是在于责、权、利的不明晰。于是，20世纪30年代中期，政府卫生部门将改革的重心放在将粪便处理收归市办上。但由于在两个关键问题（即粪道补偿、粪夫安置）上遭到了强烈抵制，改革最终归于失败。就粪道补偿来说，北平市政府计划总补偿金额为20万元，按照4 000股粪道计算，每股平均补偿仅50元，与其实际价值相去甚远；事实上据估算，将粪便收集与处理收归市办后，一年的盈余就可达20万元[1]。补偿如此微薄，粪业中人当然不肯就范。在粪夫安置问题上，政府同样过于乐观。据其估计，全市粪夫不过2 300人，因此粪业收归市办之后，粪夫编制照此数即可。但实际上粪夫总数至少在4 000～5 000人，甚至有估计高达9 000余人，这就意味着一旦收归市办，粪夫失业者将在2 000以上。这样一来，广大粪夫也被推到了改革的对立面。至1935年，随着市长袁良的去职，改革最终归于流产。

日伪统治时期，一度有所起色的城市环境整治工作又陷于停滞甚至倒退，绝大部分垃圾没有得到及时处理，而是任意堆放城内。至1946年，市内积存垃圾总量达到162万余吨，当年每日产生垃圾1 827吨，而只有458吨能够运出[2]。对此光复之后的市政府尽力予以清理，并为此制定了《北平市清除垃圾实施办法》，但直到中华人民共和国成立前，大街小巷仍有大量积存垃圾，小者成堆，大者成山[3]。始终处在行会掌控下的粪便收集与处理工作也是如此，据1948年3月统计，市内公厕由官办者99个，私建者443个，粪夫仅2 102人[4]。公厕数量的下降，从侧面反映出城内环境状况的恶化；而粪夫人数的剧减，则意味着处理能力的大幅削弱。

---

[1] 杜丽红：《20世纪30年代的北平城市管理》，博士学位论文，中国社会科学院研究生院，2002年。

[2] 王伟杰、任家生、韩文生等编著：《北京环境史话》，地质出版社，1989年，第108页。

[3] 王亚男：《1900—1949年北京的城市规划与建设研究》，东南大学出版社，2008年，第188-191页；王伟杰、任家生、韩文生等编著：《北京环境史话》，地质出版社，1989年，第109页。

[4] 王伟杰、任家生、韩文生等编著：《北京环境史话》，地质出版社，1989年，第107页。

四、卫生防疫

公共卫生属于城市环境整治工作的重要方面,除了上文介绍的垃圾及粪便处理,还涉及水质检验、食品安全、传染病预防和控制等诸多领域,其根本目的是保障公众健康,维持城市社会系统的正常运转。在中国传统社会时期,并没有真正意义上的公共卫生管理机构,少数近似的职能(如"时疫"防治),主要是由当时的医疗机构(如太医院、官办药局等)承担。涉及卫生防疫的许多具体工作伴随近代科学(如生理学、病理学、微生物学)的兴起才得到创立和发展。

1. 晚清相关机构制度的初创

晚清新式医院的建立和西方近代医学的传授,是中国医疗史上的一次革命,也使得国人逐渐接触和接受公共卫生观念。在当时的京师,与外国传教士和使节一起到来的西医令人耳目一新。同治十年(1871年),京师同文馆开始讲授生理学和医学;光绪三十二年(1906年)"协和医学堂"创办,1917年成立协和医学院。在此过程中,近代医学和生理学观念,包括国外卫生制度、相关法规都逐步引入,渐次传播,成为卫生防疫管理机构和制度改革的先声。

光绪三十一年(1905年)九月成立的巡警部下辖5司16科,其中警保司下设卫生科,主要职能为"考核医学堂之设置,医生之考验给凭,并清道、检疫、计划及审订一切卫生保健章程"[1],成为北京历史上第一个真正意义上的城市公共卫生管理机构。嗣后,卫生科发展为内外城巡警总厅下辖的卫生处,共设清道、防疫、医学和医务4科,专办卫生警察事务。

其中,清道科负责市街扫除,垃圾处理,洒扫夫役佣雇、分配及视察,水井、自来水及沟渠维护,公用厕所设置,粪厂管理等;防疫科负责种痘,传染病检查及其预防,兽疫检查及其预防,尸棺停放处所及墓地埋葬,各种消毒,检查娼妓身体,市场和工厂一切公共卫生,检查屠兽场,检查一切饮食物品,检查毒物及药品或非药品而为日常所需者,检查庖厨用具及其他附属物品等;

---

[1] 杜丽红:《清末北京卫生行政的创立》,余新忠主编:《清以来的疾病、医疗和卫生:以社会文化史为视角的探索》,生活·读书·新知三联书店,2009年,第300-337页。

医学科负责设立医院，调查考验医士和稳婆，管理药品营业机构，法医事务等；医务科管理禁烟，考验巡官长警及消防队之体格，道途急病及斗殴杀伤者之救护治疗，诊察拘留所人犯，诊治因公受伤的巡官长警等。卫生处所掌管的事务，已经基本涵盖现代城市环境卫生工作的方方面面。其中清道科的主要职能，基本在前面两节已做介绍；而防疫科的职能则为本节内容。

与机构建设相配套的，是一系列卫生法规的颁布[1]。

防疫：《预防时疫清洁规则》（1908 年）规定通过清洁街巷、清理垃圾粪便等措施来预防时疫；《管理种痘规则》（1910 年）规定了在当时还是新鲜事物的"牛痘"（而不是中国传统的"人痘"）接种具体办法，属于流行病预防范畴；《厅区救急药品使用法》（1909 年）列出了许多针对当时常见病、传染病（如中暑、伤寒、痢疾、霍乱）以及外伤的特效药物，属于疾病控制范畴；同时，拟定了《内外城官医院章程》（1909 年）、《卫生处化验所章程》（1910 年）及《卫生处化验所办事规则》（1910 年），是对相应机构的制度规范。

食品安全：《管理饮食物营业规则》（1909 年）规定了"凡以饮食物为营业之铺店及摆摊、挑担或以他方法贩卖者"均适用的卫生条例，如不得贩卖的食物（如病死之禽兽、坏烂之瓜果蔬菜）、不得用以盛放食物的器具（如有垢腻者、涂有毒颜料者、铅质者）；《管理牛乳营业规则》（1910 年）规定了从奶牛饲养、牛奶挤取、加工直至运输、贩卖全过程中应满足的一系列卫生标准；《各种汽水营业管理规则》（1909 年）、《管理各种汽水营业执行细则》（1909 年）则适用于"供人饮用之汽水、果实水、梳（苏）打水与其他含有炭酸水之营业"。

行业规范：如《管理旅店规则》（1906 年）、《管理剃发营业规则》（1909年）、《管理浴堂营业规则》（1909 年）、《管理娼妓规则》（1906 年）、《管理乐户规则》（1906 年）等，均含有大量与公共卫生相关的规定，如营业场所的清洁卫生，从业人员的健康标准、定期体检等。

不难发现，这些法规没有一种是从传统中国法系中派生出来的，均是在引进国外相关法规的基础上改良而成，特别是对日本明治维新后颁行的相应法规的借鉴痕迹十分明显。无论是从管理对象、具体条文，还是立法精神、科学内涵上，这都是对中国传统城市管理法规的重大突破；对于民国时期直至中华人

---

[1] 田涛、郭成伟整理：《清末北京城市管理法规（一九〇六——九一〇）》，北京燕山出版社，1996 年。

民共和国成立以来的法制建设，都产生了深远的影响。

当然，在卫生机构、制度建立之初，来自各方面的局限，例如缺乏必要的财政保障，巡警素质低下（对其所执行的法律条文缺乏了解），先进的理念和措施难以落实（如化验所本应承担对药品、食品、患者的化验、检疫等职能，但并无资料显示其得到了有效运作）等，使得初创的卫生行政显得有些流于表面，但其进步意义毕竟是不容忽视的。在此后的岁月中，随着相关法令的贯彻和实践工作的开展，近代卫生观念逐步深入人心，影响到了每个人的行为方式，也潜移默化地改变着城市社会的运行模式。

2. 卫生防疫的实践与发展

清末以降，北京卫生防疫工作在实践中逐步发展，机构设置和制度建设逐步完善。就负责机构来说，由早期警察厅、市政公所下辖的卫生处演变为市政府的卫生局；就制度法规来说，在清末颁行的一整套城市管理法规的基础上更趋于细化、更具针对性。下面，以三件标志性事件为例，对清末至民国北京卫生防疫的实践和发展做一管窥。

（1）清末鼠疫防控

宣统二年（1910 年），东北爆发鼠疫，至年底逐步蔓延至山海关内，引起京城社会的恐慌。来自驻京外国公使团和民间的压力，促使清政府积极防疫。在此背景下，宣统三年（1911 年）年初，民政部成立京师防疫局，负责内外城防疫工作，四郊地面防疫则由步军统领衙门设立的卫生防疫总局负责[1]。

京师防疫局在内外城设立总分局四所，并于永定门设立防疫病室、隔离室和防疫出张所，在"右安门外设立隔离所一处，饬令内外城各区凡有身染鼠疫者，即行移入该所医治，以免传染"。防疫的具体方式是：凡京师内外城地面人民有患病者，均报该局，由其遴派医官前往诊断检查，如有鼠疫嫌疑，立即将病人送防疫病室，其房屋随即消毒、封闭，并在该处遮断交通；所有同居之人均送往隔离室，并逐日诊察，以免传染。每日寻常病故者，亦须经医官检验，实无鼠疫确据者，由该局发给执照，准其埋葬。同时，派医官逐日检察内外城旅店、饭馆、茶楼、市场等处。每日该局办理的防疫事项，及各区病故之人的

---

[1] 杜丽红：《清末北京卫生行政的创立》，余新忠主编：《清以来的疾病、医疗和卫生：以社会文化史为视角的探索》，生活·读书·新知三联书店，2009 年，第300-337 页。

姓名、住址、年龄、病名，均列表申报民政部查核、交报局登载，并由外务部转致在京各国公使。此种防疫方法要求医生、警察、基层政权与民间社会通力合作，还兼顾了信息公开透明，已初具现代传染病防控措施的雏形[1]。

隔离消毒之外，注射疫苗亦为防疫的重要方法。京师刚发现鼠疫之时，外务部就从国外购置大批疫苗，"无论官民绅商，有愿预用此苗以防身体者，可到民政部领取凭据，即当指示地方前往受种"[2]。政府并公布捕鼠令，注意道路清扫，对于防疫期内妨害公共卫生或不遵清洁章条者，加重处罚，以示惩戒。

经过多管齐下的疾控措施，京师疫情很快得到控制。从宣统二年（1910 年）十二月发现第一例染鼠疫而亡者，至宣统三年（1911 年）正月，北京因患鼠疫而亡者不过 13 人。至宣统三年（1911 年）三月，外省疫情亦渐次平息。于是京师防疫局和卫生防疫局于三月十二日宣布撤销。

此次防疫过程，是对草创期的城市公共卫生行政机构和制度的第一次重大考验；尽管由于政府经费紧张、效率不足、专业人才缺乏，以及百姓科学知识有限，防疫工作还有诸多不尽人意之处，但同传统的防疫方式相比仍然显示出了其优越性，有效地控制了疫情，也促进了政府和人民对城市公共卫生的重视。

（2）饮水卫生制度的完善

北京社会对饮水卫生的关注始于 20 世纪 20 年代，在此之前，尽管人们注意到井水水质要优于河湖水，而自来水的水质又优于一般井水，但并没有从科学角度去加以认识。1920 年，学者武干侯第一次对北京市民饮水进行了细菌检测，他指出"根据卫生学规定，一立方生的米突（cm^3）内，非病原菌（就是不能叫我们生病的这种微生物，譬如那枯草菌、马铃薯菌等等）一百个以上就认为不适当"，按照这一标准，北京自来水完全达标，而井水则不达标[3]。

1925 年 7 月，北京霪雨及旬，境内河流涨水，其中也包括了自来水水源地的孙河，同期北京市民多患腹泻，有医生发现病因系由自来水之不洁引起（因患者均属自来水用户），从而引发了市民对自来水水质的质疑，要求京师警察厅、

[1] 杜丽红：《清末北京卫生行政的创立》，余新忠主编：《清以来的疾病、医疗和卫生：以社会文化史为视角的探索》，生活·读书·新知三联书店，2009 年，第 300-337 页。

[2] 杜丽红：《清末北京卫生行政的创立》，余新忠主编：《清以来的疾病、医疗和卫生：以社会文化史为视角的探索》，生活·读书·新知三联书店，2009 年，第 300-337 页。

[3] 杜丽红：《知识、权力与日常生活——近代北京饮水卫生制度与观念嬗变》，《华中师范大学学报（人文社会科学版）》2010 年第 4 期，第 58-67 页。

京都市政公所及中央防疫处三个机关对自来水进行化验。

民国时期，京师警察厅沿袭旧制，下设卫生处负责卫生事务，其中第一科职责与清末卫生处清道科近似，而第二科则相当于清末的防疫科[1]，但它们均未将检查自来水卫生纳入工作范畴。京都市政公所成立后，于1917年8月颁布了《检验市内饮料规则》，明确规定京师警察厅会同市政公所的工商改进会检验京师各区所有井水、泉水和自来水，但也没有要求进行水质细菌化验。

上述三个行政部门虽没有检验自来水的职责，但均具备了检验能力，它们随即分别派出人员，对自来水厂水样进行化验，结果均认为自来水厂并未对混浊的河水进行充分沉淀，更没有进行细菌检查，以致自来水中细菌含量超标，提醒市民在煮沸之前不可饮用。三份调查报告共同强调了对自来水进行细菌化验的重要性，特别是以有无大肠菌（大肠杆菌）作为卫生与否的标准，引起了时人的共鸣，要求市政当局切实负起责任的呼声日高。此后，对饮用水中的细菌进行检查逐步成为卫生管理机构的常规职能。

1928年8月，北平特别市卫生局成立，统一管理此前由京师警察厅和京都市政公所分别承担的卫生事务。由于更多专业人士的介入，饮水卫生制度建设得以进一步完善，国家成为主动行动者，采取细菌检验和消毒的方式，改善饮水卫生状况；医学界则运用细菌理论研究北京饮水状况，并就如何进行改善提出科学建议。

对于自来水，当局采用监督消毒方式，由卫生局下设的卫生试验所和卫生区事务所负责化验。自来水公司本身化验室设备简陋且无微菌检验仪器，只好委托卫生试验所代办。1929年每星期检验2次，后改为每3天自所内取水化验1次。化验结果由卫生部门直接送达自来水公司，促令其参照改善消毒，并在《世界日报》《新北平报》等报公布。但由于卫生局对自来水公司只具有指导、监督权，并无强制执行和惩罚的权力，加上自来水公司重盈利轻卫生，自来水水质并不稳定，含菌量超标的问题时有出现。

对于水质不达标问题更为严重的饮水井，治本的办法当然是彻底取缔旧式水井，但在当时社会经济条件之下，这根本不可能实现，即便是对其进行改造，成本也过于高昂。在实践中，卫生部门采用了治标的办法，一方面号召市

[1] ［美］甘博：《北京的社会调查》，中国书店出版社，2010年，第106页。

民饮用开水，另一方面利用漂白粉、氯液进行消毒。1932 年夏，第一卫生区事务所开始试验漂白粉溶液消毒法；从 1934 年 8 月 1 日起，一区各井由每日消毒 1 次，增至每日 2 次；据统计，1934 年共计消毒 4 810 次；1935 年共计消毒 5 848 次[1]。

尽管漂白粉溶液消毒效果有限，但在当时历史条件下，却是非常大的进步，它意味着国家将饮水纳入治理范围，而普通市民也有了饮用干净水的可能。

（3）公共卫生运动

1934 年 5 月 12—20 日、1935 年 5 月 12—19 日、1936 年 5 月 17—24 日，北平特别市政府配合南京中央政府的"新生活运动"，先后举办了 3 次卫生运动大会，后又在 1936 年 4 月 15 日举办了清洁扫除运动大会。其主要目的，"就是要唤醒大家，应该怎样的去讲求卫生？应该怎样的去保护自己？换句话说，就是要使大家对于个人卫生的常识，和公共卫生的设施，应当知道它是怎样的重要，俾疾病未来的时候，知所以预防之方；已病的时候，知所以处理之策；以保障各个人的健康，而谋社会公众的幸福"[2]。为达此目的，政府一方面通过组织卫生宣传会、展览、"儿童健美比赛"等形式，对公共卫生知识进行普及；另一方面，集中开展大扫除、大检查，切实改善城市卫生状况。

卫生宣传会设多个分会场，调动各种社会力量参与其中，其主要形式包括演讲、戏剧、舞蹈、音乐等。讲演由医疗专家主讲，主要内容是卫生常识的普及；戏剧、舞蹈和音乐等表演任务则由分会场覆盖地区内的工厂、学校担任，如燕京地毯工厂表演的新剧《迷信不能治病》、西直门小学表演的《种牛痘》，形式活泼，内容通俗，便于普通民众理解和接受。

卫生展览是通过陈列标本、模型、图表、相片及其他实体物，向市民直观地呈现与公共卫生相关的各类知识，包括生理病理（展示人体各部构造以及重要病症如肺结核、花柳及胃肠传染病的病理）、妇婴卫生（展示胎儿孕育过程、孕妇生产前后使用的衣物器具、儿童食品及玩具等）、生活习惯（对比合乎卫生的生活习惯与不良习惯带来的不同后果，促使观众反思）、环境卫生（展示环境卫生与疾病传播的关系，强调防蝇防蚊、防鼠、公厕清洁、饮水消毒等工作的

---

[1] 杜丽红：《知识、权力与日常生活——近代北京饮水卫生制度与观念嬗变》，《华中师范大学学报（人文社会科学版）》2010 年第 4 期，第 58-67 页。

[2] 北平市政府卫生局编：《北平市政府卫生处业务报告》，1934 年出版，第 140 页。

必要性）、食品保健（陈列各种菜蔬、水果、鸡蛋等食品，说明其营养成分，并传递食品安全知识）等方面。

举办儿童健美比赛的目的，在于要大家知道"怎样去保养儿童，使其将来成为社会上一个健全的份子"[1]。参加年龄限制为 6 个月以上、3 岁以下，请专家（多为资深小儿科医师）担任比赛评判，评判标准首先看儿童的发育状况，如身高体重是否达标、是否带有疾病、是否已种牛痘等；其次是清洁状况，如牙齿是否整洁、指甲是否干净等；全部及格者，再比较其"美"的一面，如外貌、性情、举止等。报名参赛者都是当时家庭条件相对较好的儿童，但据第三次卫生运动大会统计，547 人参赛，及格者只有 273 人，反映当时社会儿童健康卫生状况还处在较低水平。通过比赛，市民们对于儿童的一些基本健康指标有所了解，在育儿过程中能够有所注意。

大扫除是历次卫生运动大会的重要内容，如 1935 年，街道清扫工作从 4 月 1 日一直延续到 6 月 30 日，为此增加了夫役人数、抽调了运土卡车，由卫生局派员督察进展，使街巷面貌有了很大改观。1936 年 4 月 16 日，为配合清洁扫除运动大会，由卫生局稽查班会同各警署及宪兵队，并由 4 个卫生区事务所分别派遣女护士 16 人，对全市的饮水井、旅馆、饭馆、理发馆、浴室、娱乐场所及食品类商铺进行了卫生大检查，总共检查 2 846 家，按照清洁（1 069 家）、尚洁（1 331 家）、不洁（446 家）三等评判；此外，还抽查了 1 886 家住户，清洁者 257 户，尚洁者 1 024 户，不洁者 605 户。就结果来看，经营类场所的清洁卫生状况要好于一般居民，特别是不洁者所占比例较低，说明卫生行政部门的检查约束机制在一定程度上发挥了作用。

总而言之，一年一度的卫生运动大会，很好地普及了与公共卫生相关的科学知识和生活常识，在一定程度上提升了公众的卫生意识，改善了城市的卫生状况，就当时的历史条件而言，取得的成绩是难能可贵的。尽管被之后日军的侵华战争所打断，但卫生运动的基本理念和组织形式，对 1949 年后的爱国卫生运动产生了深远影响。

[1] 北平市政府卫生局编：《北平市政府卫生处业务报告》，1934 年出版，第 141 页。

余　论

明清之际到民国时期的中国环境史是一个有待进一步开拓的研究领域。对于其中任何一个主题，在具体研究开展之前，都有以下两方面工作应先期进行：

第一，要下大力气整理相关史料，包括进一步挖掘已有资料的新内容。譬如，针对"矿业开采与环境问题及其社会影响"这一课题，就需要整理档案、地方志等资料中有关矿业所在地的地形地貌、气候走势、动植物分布、地质灾害、煤矸石堆积、烟尘和有害气体排放、水体和大气污染、矿井事故、地面塌陷、地表建筑物和田地受损、土地复垦和生态修复以及当地人对矿藏与采矿活动的认识与态度等内容，这些均属环境史研究应关注的方面。这里谨以开滦煤矿为例，做一些说明。

开滦煤矿迄今有百余年开采的历史，被誉为中国近代工业的活化石。有研究者指出，开滦煤矿"保存了自 20 世纪初以来颇为完整的历史档案，计约 4 万卷左右，绝大部分是英文。但现在整理出来的大量的资料均囿于企业的经营管理、矿权的丧失与收回、工人阶级的苦难与革命斗争等，而诸如社会史等方面的资料就比较欠缺，其他的如经济史、政治史、文化史等资料也需要进一步整理和挖掘，这也是深化近代开滦史研究的关键环节"[1]。今天，为进一步拓展和深化开滦史研究，还需要查考开滦煤矿档案中是否有涉及上述环境史内容的资料。对于已出版或编印的相关资料，如《开滦煤矿志》《唐山市志》《中国地方志煤炭史料选辑》以及"地质调查所"[2]自 1921 年开始编印的《中国矿业

---

[1] 闫永增、陈润军：《20 世纪 80 年代以来的近代开滦史研究》，《唐山师范学院学报》2002 年第 3 期，第 48 页。

[2] 地质调查所是中国最早建立的地质科学研究机构，于 1913 年成立，1916 年正式开展工作。地质调查所对外称"中国地质调查所"（Geological Survey of China），对内则因所隶属的部门多次改变，曾先后冠以工商、农商、农矿、实业、经济部等名称，因此 7 本《中国矿业纪要》的编者多有不同，本书统一以"地质调查所"称之。地质调查所具体沿革、机构、主要贡献等可参阅王仰之编著的《中国地质调查所史》（石油工业出版社，1996 年）。

纪要》等，也要有意识地从中挖掘环境史的内容。此外，由于自 1878 年到 1948 年的近代开滦煤矿史中，英国人统治了 44 年，日军统治了 3 年零 9 个月，英、日方面涉及开滦煤矿的资料当然也是必须查考的对象。据初步了解，在英国方面，《天津英国领事报告》（*British Consular Reports from Tientsin*）、《英国议会文书·中国卷》（*British Parliament Paper China*）等文献资料，以及《煤矿卫报》（*The Colliery Guardian*）、《经济学家》（*The Economist*）等报刊资料，有不少涉及开滦煤矿及与之相关问题的内容。日本方面，出版了许多关于中国矿业的书籍和调查资料，如南满铁道株式会社的调查，其范围不仅包括东北，而且包括华北，其中的《北支那经济综观》对华北农村经济和煤田的调查颇为详细。[1] 这些外文资料中是否有涉及开滦煤矿环境史的资料，是必须首先查考、解决的问题。

　　第二，全面开展相关专题的学术史考察，在此基础上拓展新方向、研究新问题。这里仍以开滦煤矿为例。开滦煤矿史是中国近现代史学界瞩目的一个重要领域。有学者总结说，20 世纪 80 年代到 90 年代上半期，近代开滦史研究比较热，到了 90 年代下半期，主要因为资料的限制，近代开滦史研究冷却下来。[2] 也有人总结道，近 10 年来学术界在以往研究的基础上拓展了该领域研究的范围，这包括企业的生产经营状况、中英开平矿务案、唐廷枢与开平矿务局的发展、开平矿务局与近代唐山乃至华北社会经济的发展、开滦工人运动、近代开滦企业精神和企业文化等。[3] 从中国近现代史学界的相关研究成果和总结来看，学人们已从经济、政治、社会和文化等方面，对开滦煤矿史做了比较广泛、深入的研究。同时，历史地理学者在研究清代至民国时期华北煤炭开发的历史时，也涉及开滦煤矿，尤其涉及与自然环境相关的一些内容。[4] 此外，环境科学领域的学者还以开滦煤矿为例，对采煤塌陷地的复垦作了环境经济分析；[5] 矿业学者在一般意义上对煤炭资源开发的环境影响评价作了理论与方法的阐释。[6] 这些领域的成果，对于从环境史角度拓展开滦煤矿史研究很有启发。当然，由于

[1] 刘龙雨：《清代至民国时期华北煤炭开发：1644—1937》，博士学位论文，复旦大学历史人文地理专业，2006 年。
[2] 闫永增、陈润军：《20 世纪 80 年代以来的近代开滦史研究》，《唐山师范学院学报》2002 年第 3 期，第 48 页。
[3] 郝飞：《近十五年来近代开滦矿务局研究综述》，《唐山学院学报》2007 年第 1 期，第 7-10 页。
[4] 刘龙雨：《清代至民国时期华北煤炭开发：1644—1937》，博士学位论文，复旦大学历史人文地理专业，2006 年。
[5] 赵玉霞、杨居荣：《采煤塌陷地复垦的环境经济分析——以开滦煤矿为例》，《环境科学学报》2000 年第 2 期，第 213-218 页。
[6] 肖兴田：《煤炭资源开发环境影响评价理论与方法》，硕士学位论文，辽宁工程技术大学采矿工程专业，2000 年。

学科研究的着眼点不同，这些成果尤其是环境科学和矿业学的相关成果，显然缺乏历史的纵深感和必要的人文维度。

基于史学界和其他学科领域的相关研究，将开滦矿区明确地置于区域生态系统之内，从人类采矿活动与区域环境互动的角度，对开滦煤矿史进行人文与自然相结合的跨学科综合研究，当是这一课题研究中可以拓展的新方向。在此方向之下，可以探讨许多新的问题。譬如，由于"塌陷地复垦已成为煤城可持续发展中急需解决的重要问题"[1]，那么开滦煤矿区现有的 14 600 公顷的塌陷地面积和 1 800 公顷的积水面积到底是在多长时间内形成的？怎样形成的？主要形成于什么时候？英、日控制时期（1900—1948 年）的掠夺式开采在导致矿难频发、矿工伤亡惨重的同时，对矿区的自然环境造成了怎样的危害？与那里的土地塌陷又有着怎样的关联？再者，由于开滦煤矿是华北地区烟煤的最大产地，在开滦百余年的煤矿开采中，它所造成的煤烟污染及危害情况如何？相关的人群对这些问题有着怎样的反应？由此产生过怎样的冲突？此外，因煤矿开采促发铁路建设、水泥厂等其他厂矿建设以及城市的兴起、发展，而使唐山被誉为"中国近代工业的摇篮"时，当代人究竟对这座"黑色煤都"的污染及其危害的历史知多少？当了解到唐山拥有令许多城市垂涎的数据时，[2]是否又了解那一区域的生态系统及生存于其中的人们承受了怎样的不能承受之"重"？今天，当唐山市领导誓言"以蓝色思维改写黑色煤都历史"、欲使唐山从"深黑"转向"蔚蓝"时，他们对人与自然关系的认识及其政策指导思想到底发生了怎样的转变？长期以来，这些问题一直处于被历史遗忘的角落，其中存在很多的知识空白，有待通过深入、细致的研究加以填补。

很显然，要开展上述中国环境史课题的研究，就必须在思想认识和研究方法上突破传统历史学的范围，[3]自觉地、不懈地进行跨学科研究的训练和实践。更为重要的是，在越来越多的人认识到工业文明的生产模式和生活方式不可持续转而追求生态文明，越来越多的学者全面审视并深刻批判西方文化、世界观

---

[1] 赵玉霞、杨居荣：《采煤塌陷地复垦的环境经济分析——以开滦煤矿为例》，《环境科学学报》2000 年第 2 期，第 215 页。

[2] 根据 2007 年的统计数据，唐山市当年全部工业完成工业增加值 1 269 亿元，"工业增加值、利税、利润分别占全省的 25.16%、29.33%和 31.3%"。转引自"唐山忠告：别重演我们灾后重建时的教训"，http://news.sina.com.cn/o/2008-06-26/092014076710s.shtml，2011 年 12 月 9 日登录。

[3] J.唐纳德·休斯著，梅雪芹译：《环境史的三个维度》，《学术研究》2009 年第 6 期，第 97-102 页。

及其经济模式的新时代背景下，[1]从事中国环境史研究时，要认真思考如何摆脱近代以降针对中西方历史和文化而出现的"传统"与"现代"、"落后"与"先进"、"保守"与"革新"等简单的二分思维，重新审视一些由来已久的规范性或主流认识，辨析"相沿几千年的落后生产方式"这类提法的悖论，从而冷静地探讨一种生产方式之所以能相沿几千年的合理性，并深刻理解"龙脉"与"矿脉"之类争端的社会和环境蕴涵。[2]这对于更好地挖掘厚重的中国文化传统当中的生态智慧，认识其当代价值，将具有重要意义。

[1] ［英］克莱夫·庞廷：《绿色世界史：环境与伟大文明的衰落》；［美］唐纳德·沃斯特著，侯文蕙译：《尘暴：1930 年代美国南部大平原》，生活·读书·新知三联书店，2003 年。
[2] 衷海燕：《"矿脉"与"龙脉"之争——清代关于端砚开采的"风水"论说》，《华南农业大学学报》2007 年第 4 期，第 101-105 页。

参考文献

一、古籍

《明史》，中华书局，1974 年。

《明太祖实录》，中华书局，2016 年。

《明世宗实录》，"中央研究院"历史语言研究所，1962 年影印本。

《大明万历会典》，中华书局，1989 年。

《明经世文编》，崇祯十一年（1638 年）刊本。

《清太祖实录》，中华书局，1985 年。

《清太宗实录》，中华书局，1985 年。

《清世祖实录》，中华书局，1985 年。

《清圣祖实录》，中华书局，1985 年。

《清世宗实录》，中华书局，1985 年。

《清高宗实录》，中华书局，1985 年。

《清仁宗实录》，中华书局，1985 年。

《清宣宗实录》，中华书局，1985 年。

《清顺治朝圣训》，康熙二十六年（1687 年）刊本。

（清）王先谦：《东华录》，上海古籍出版社，2008 年。

朱寿朋编：《光绪朝东华录》，中华书局，1958 年。

《钦定大清会典事例》，光绪二十五年（1899 年）刻本。

《清经世文编》，中华书局，1992 年影印本。

《皇朝经世文续编》，文海出版社，1972 年。

《皇清奏议》，光绪年间刊本。

《清朝文献通考》，商务印书馆（上海），1936 年。

《明清史料》，北京图书馆出版社，2008 年。

《大清律例》，天津古籍出版社，1993 年。

《清史稿》，中华书局，1977 年。

中国第一历史档案馆编：《康熙朝满文朱批奏折全译》，中国社会科学出版社，1996 年。

（唐）王冰：《黄帝内经素问》，人民卫生出版社，1963 年。

刘衡如校：《灵枢经》，人民卫生出版社，1964 年。

（元）俞宗本：《种树书》，丛书集成本。

（明）兰茂：《滇南本草图说》，汤溪范行准藏本。

（明）李默：《群玉楼稿》，明万历元年（1573 年）李培刻本。

（明）高岱：《鸿猷录》，上海古籍出版社，1992 年。

（明）李时珍：《本草纲目》，人民卫生出版社，1982 年。

（明）王世懋：《学圃杂疏》，中华书局，1985 年。

（明）王象晋：《二如亭群芳谱》，两仪堂藏本。

（明）徐光启：《农政全书》，中华书局，1956 年。

（明）徐光启：《徐光启集》，上海古籍出版社，1989 年。

（明）张介宾：《景岳全书》，第二军医大学出版社，2006 年。

（明）谢肇淛：《五杂俎》，上海书店，2001 年。

（明）徐弘祖：《徐霞客游记》，上海古籍出版社，2010 年，第 46 页。

（明）宋应星：《天工开物》，中华书局，1978 年。

（明）李之藻编辑：《天学初函》，学生书局，1965 年。

（明）史玄、（清）夏仁虎等著：《旧京遗事　旧京琐记　燕京杂记》，北京古籍出版社，1986 年。

（明）姚旅：《露书》，《续修四库全书》本，上海古籍出版社，1995 年。

（明）杨士聪：《玉堂荟记》，中华书局，1985 年。

［意］艾儒略著，谢方校释：《职方外纪校释》，中华书局，1996 年。

［意］卫匡国：《鞑靼战纪》，中华书局，2008 年。

（清）吕毖：《明朝小史》，顺治年间刻本。

（清）谈迁：《北游录》，中华书局，1960 年。

（清）顾炎武：《日知录》，商务印书馆，1933 年。

（清）顾炎武：《天下郡国利病书》，上海古籍出版社，2012 年。

（清）方以智：《物理小识》，《文渊阁四库全书》本，商务印书馆（台北），1984 年。

（清）谷应泰：《明史纪事本末补遗》，中华书局，1977 年。

（清）叶梦珠：《阅世编》，中华书局，2007 年。

（清）谢开宏：《康熙〈两淮盐法志〉》，康熙三十三年（1694 年）刊本。

（清）汤谐纂：《练湖歌叙录》，康熙五十四年（1715 年）刊本。

（清）魏青江：《宅谱迩言》，康熙五十六年（1717 年）刊本。

（清）计六奇：《明季北略》，中华书局，1984 年。

（清）董含：《莼乡赘笔》，康熙二十年（1681 年）刻本。

（清）郑廉：《豫变纪略》，浙江古籍出版社，1984 年。

（清）屈大均：《广东新语》，中华书局，1985 年。

（清）靳辅：《治河方略》，水利珍本丛书本。

（清）杨宾：《柳边纪略》，中华书局，1985。

（清）王心敬：《丰川续集》，《四库全书存目全书·集部》，齐鲁书社，1997 年。

（清）方苞：《望溪先生文集》，四部备要本。

（清）方苞：《方苞集》，上海古籍出版社，1983 年。

（清）陈仪：《陈学士文钞》，道光四年（1824 年）刊本。

（清）鄂尔泰等：《授时通考》，中华书局，1956 年。

（清）陈法：《河干问答》，黔南丛书别集本。

（清）全祖望：《鲒埼亭集》，商务印书馆（上海），1936 年。

（清）阿桂等：《盛京通志》，文渊阁四库全书本。

（清）赵学敏：《本草纲目拾遗》，光绪十年（1884 年）合肥张氏味古斋刻本。

（清）陈世元，[朝鲜] 徐有榘：《金薯传习录》，农业出版社，1982 年。

（清）纪昀：《阅微草堂笔记》，上海古籍出版社，2016 年。

（清）赵翼：《二十二史札记》，世界书局，1936 年。

（清）严如煜：《三省边防备览》，道光十年（1830 年）刻本。

（清）李逢亨：《永定河志》，文海出版社，1970 年影印本。

（清）黎世序：《续行水金鉴》，国学基本丛书本。

（清）傅泽洪：《行水金览》，国学基本丛书本。

（清）吴邦庆辑，许道龄校：《畿辅河道水利丛书》，农业出版社，1964 年。

（清）阮元：《畴人传》，上海商务印书馆，1935 年。

（清）包世臣：《郡县农政》，农业出版社，1962 年。

（清）王柏心：《导江三议》，丛书集成本。

（清）梅曾亮：《柏枧山房全集》，上海古籍出版社，2010 年。

（清）黄士杰：《云南省城六河图说》，光绪六年（1880 年）本。

（清）吴其濬：《植物名实图考》，中华书局，1963 年。

（清）林则徐：《林文忠公政书》，光绪十一年（1885 年）刊本。

（清）林则徐：《林则徐集》，中华书局，1965 年。

（清）徐家干：《荆州万城堤图说》，光绪十三年（1887 年）本。

（清）舒惠：《荆州万城堤续志》，光绪二十年（1894 年）本。

（清）魏源：《魏源集》，中华书局，1976 年。

（清）左宗棠：《左宗棠全集》，岳麓书社，2009 年。

（清）李鸿章：《李鸿章全集》，时代文艺出版社，1998 年。

（清）张之洞：《张之洞全集》，河北人民出版社，1998 年。

（清）李圭：《鸦片战争事略》，北平图书馆，1931 年。

（清）包家吉：《滇游日记》，油印本。

（清）朱一新：《京师坊巷志稿》，北京古籍出版社，1982 年。

（清）震钧：《天咫偶闻》，北京古籍出版社，1982 年。

（清）宋恕：《宋恕集》，中华书局，1993 年。

（清）谭嗣同：《谭嗣同集》，岳麓书社，2012 年。

（清）何刚德：《抚郡农产考略》，续修四库全书本。

（清）郭云陞：《救荒简易书》，光绪二十二年（1896 年）刻本。

（清）李虹若：《朝市丛载》，北京古籍出版社，1995 年。

景泰《云南图经志书》，景泰六年（1455 年）刊本。

弘治《常熟县志》，弘治十六年（1503 年）刊本。

嘉靖《沔阳州志》，嘉靖十年（1531 年）刊本。

嘉靖《大理府志》，万历五年（1577 年）刻本。

嘉靖《安溪县志》，国际华文出版社，2002 年。

嘉靖《平凉府志》，明万历年间刻本。

万历《湖广总志》，万历十九年（1591 年）刊本。

崇祯《恩平县志》，清抄本。

顺治《汤阴县志》，顺治十六年（1659 年）刊本。

康熙《冠县志》，康熙九年（1670 年）刊本。

康熙《镇江府志》，康熙十三年（1674 年）刊本。

康熙《山阴县志》，康熙二十二年（1683 年）刻本。

康熙《云南通志》，康熙三十年（1691 年）刊本。

（清）张毓碧修：《云南府志》，康熙三十五年（1696 年）刊本。

康熙《永年县志》，康熙四十七年（1708 年）刊本。

康熙《漳州府志》，康熙五十六年（1717 年）刊本。

《郴州总志》，康熙五十八年（1719 年）刊本。

康熙《思州府志》，康熙六十一年（1722 年）刊本。

雍正《山西通志》，雍正十二年（1734 年）刊本。

乾隆《古田县志》，古田方志办点校本，1987 年。

乾隆《武乡县志》，乾隆十年（1745 年）刊本。

乾隆《西宁府新志》，乾隆十二年（1747 年）刊本。

乾隆《什邡县志》，乾隆十三年（1748 年）刊本。

乾隆《开泰县志》，乾隆十七年（1752 年）刻本。

乾隆《武进县志》，乾隆十七年（1752 年）刊本。

乾隆《瑞金县志》，乾隆十八年（1753 年）刊本。

乾隆《东川府志》，乾隆二十六年（1761 年）刊本。

乾隆《福宁府志》，乾隆二十七年（1762 年）刊本。

乾隆《泉州府志》，乾隆二十八年（1763 年）刊本。

乾隆《黟县志》，乾隆三十一年（1766 年）刊本。

乾隆《石泉县志》，乾隆三十三年（1768 年）刻本。

乾隆《沁州志》，乾隆三十六年（1771 年）刊本。

乾隆《济宁直隶州志》，乾隆四十三年（1778 年）刊本。

乾隆《鄞县志》，乾隆五十二年（1787 年）刊本。

乾隆《彰德府志》，乾隆五十二年（1787 年）刊本。

乾隆《泗州志》，乾隆五十三年（1788 年）刊本。

乾隆《偃师县志》，乾隆五十四年（1789 年）刊本。

乾隆《沅州府志》，乾隆五十五年（1790 年）刊本。

乾隆《绍兴府志》，乾隆五十六年（1791 年）刊本。

乾隆《漳州府志》，嘉庆十一年（1806 年）补刻本。

乾隆《赣州府志》，嘉庆十一年（1806 年）补刻本。

乾隆《辰州府志》，光绪十七年（1891 年）刊本。

乾隆《延长县志》，民国补抄本。

嘉庆《庐江县志》，嘉庆八年（1803 年）刊本。

嘉庆《太仓州志》，嘉庆八年（1803 年）刊本。

嘉庆《东流县志》，嘉庆十七年（1812 年）刊本。

嘉庆《郫县志》，嘉庆十八年（1813 年）刊本。

嘉庆《汉南续修府志》嘉庆十九年（1814 年）刊本。

嘉庆《湘潭县志》，嘉庆二十二年（1817 年）刊本。

嘉庆《郴州直隶州总志》，岳麓书社，2010 年。

道光《兴宁县志》，道光元年（1821 年）刊本。

道光《永州府志》，道光八年（1828 年）刻本。

道光《庆远府志》，道光八年（1828 年）刊本。

道光《寻甸州志》，道光八年（1828 年）刊本。

道光《高唐州志》，道光十六年（1836 年）刊本。

道光《中卫县志》，道光二十一年（1841 年）刊本。

道光《遵义府志》，道光二十一年（1841 年）刊本。

道光《建始县志》，道光二十一年（1841 年）刊本。

道光《紫阳县志》，道光二十三年（1843 年）刊本。

道光《城口厅志》，道光二十四（1844 年）刻本。

道光《丽水县志》，道光二十六年（1846 年）刊本。

道光《衡山县志》，岳麓书社，1994 年。

道光《永州府志》，岳麓书社，2008 年。

道光《四明谈助》，宁波出版社，2003 年。

同治《宜昌府志》，同治三年（1864年）刊本。

同治《房县志》，同治四年（1865年）刊本。

同治《宁乡县志》，同治六年（1867年）刊本。

同治《星子县志》，同治八年（1869年）刊本。

同治《临川县志》，同治八年（1869年）刊本。

同治《沅州府志》，同治十年（1871年）刊本。

同治《湖口县志》，同治十一年（1872年）刊本。

同治《平江县志》，同治十三年（1874年）刻本。

同治《彭泽县志》，同治十三年（1874年）刊本。

同治《龙山县志》，光绪四年（1878年）刊本。

同治《郧阳府志》，长江出版社，2012年。

光绪《兴宁县志》，光绪元年（1875年）刻本。

光绪《荆州万城堤志》，光绪二年（1876年）刊本。

光绪《清河县志》，光绪二年（1876年）刊本。

光绪《平远县志》，光绪五年（1879年）刊本。

光绪《昆新两县志》，光绪六年（1880年）刊本。

光绪《宝山县志》，光绪八年（1882年）刊本。

光绪《丹阳县志》，光绪十一年（1885年）刊本。

光绪《耒阳县志》，光绪十一年（1885年）刻本。

光绪《保定府志》，光绪十二年（1886年）刻本。

光绪《遵化通志》，光绪十二年（1886年）刊本。

光绪《日照县志》，光绪十二年（1886年）刊本。

光绪《保定府志稿》，光绪十二年（1886年）刊本。

光绪《赣榆县志》，光绪十四年（1888年）刊本。

光绪《盱眙县志》，光绪十七年（1891年）刊本。

光绪《江东志》，光绪十七年（1891年）刊本。

光绪《电白县志》，光绪十八年（1892年）刊本。

光绪《山西通志》，光绪十八年（1892年）刊本。

光绪《白河县志》，光绪十九年（1893年）刊本。

光绪《潮州府志》，光绪十九年（1893年）刊本。

光绪《黔江县志》，光绪二十年（1894 年）刊本。

光绪《孝丰县志》，光绪二十九年（1903 年）刊本。

光绪《顺宁府志》，光绪三十年（1904 年）刊本。

光绪《耒阳县乡土志》，光绪三十二年（1906 年）刊本。

光绪《江陵县志》，中州古籍出版社，1994 年。

光绪《湖南通志》，岳麓书社，2009 年。

民国《咸丰县志》，民国三年（1914 年）印本。

民国《宝鸡县志》，民国十一年（1922 年）刊本。

民国《重修临潼县志》，民国十一年（1922 年）刊本。

民国《创修渭源县志》，民国十五年（1926 年）刊本。

民国《霞浦县志》，民国十八年（1929 年）铅印本。

民国《镇海县志》，民国二十年（1931 年）刊本。

民国《华阳县志》，民国二十三年（1934 年）刊本。

民国《宣威县志》，民国二十三年（1934 年）铅印本。

民国《四川通志》，民国二十五年（1936 年）铅印本。

《民国天津县新志》，民国二十七年（1938 年）刻本。

民国《醴陵县志》，民国三十七年（1948 年）刊本。

民国《洪洞县水利志补》，山西人民出版社，1992 年。

二、近人研究论著

1. 著作和论文集

《工商会议报告录》（第 1 编），工商部 1912 年编印。

武同举：《再续行水金鉴》，水利委员会刊印本。

徐国彬：《万城堤防辑要》，勘测全案，1916 年印本。

叶建柏：《美国工商发达史》，商务印书馆（上海），1918 年。

[日] 东亚同文会编：《支那省别全志》，东亚同文会发行，1920 年。

翁文灏、丁文江：《矿政管见》，著者刊，1920 年。

[瑞典] 丁格兰著，谢家荣译：《中国铁矿志》，农商部地质调查所刊，1923 年。

萧一山：《清代通史》，商务印书馆（上海），1928 年。

林子英：《实业革命史》，商务印书馆（上海），1928年。

张福仁：《行道树》，商务印书馆（上海），1928年。

董修甲：《市政研究论文集》，青年协会书局，1929年。

陈文涛：《福建近代民生地理志》，远东印书局，1929年。

胡鸿基：《公共卫生概论》，商务印书馆（上海），1929年。

浙江省政府设计会：《浙江之纸业》，启智印务公司，1930年。

吴贯因：《中国经济史眼》，上海联合书店，1930年。

陈植：《都市与公园论》，商务印书馆（上海），1930年。

南满铁路调查课编，汤尔和译：《吉林省之林业》，商务印书馆（上海），1930年。

天津市社会局编印：《天津市火柴业调查报告》，1931年。

黄通：《工业政策纲要》，上海中华书局，1931年。

陆丹林总纂：《市政全书》，道路月刊社，1931年。

白敦庸：《市政举要》，上海大东书局，1931年。

侯厚培、吴觉农：《日本帝国主义对华经济侵略》，黎明书局，1931年。

陈经：《日本势力下二十年来之满蒙》，上海华通，1931年。

《天津市火柴业调查报告》，天津市社会局，1931年编印。

周浩等：《二十八年来福建海关贸易统计》，中华印书局沙县分局，1931年。

上海市社会局编：《上海之机制工业》，中华书局，1933年。

刘巨壑：《工厂检查概论》，商务印书馆（上海），1934年。

北平市政府卫生局编：《北平市政府卫生处业务报告》，1934年出版。

邹鲁：《日本对华经济侵略》，中山大学出版部，1935年。

冯和法：《中国农村经济资料续编》，黎明书局，1935年。

孙洵侯：《现代工业管理》，商务印书馆（上海），1936年。

李士豪：《中国海洋渔业现状及其建设》，商务印书馆（上海），1936年。

伍纯武：《现代世界经济史纲要》，商务印书馆（上海），1937年。

杨仲华：《西康纪要》，商务印书馆（上海），1937年。

许闻天：《中国工人运动史初稿》，国民党中央社会部刊印，1940年。

翁绍耳：《福建省松木产销调查报告》，福州协和大学农经系印本，1941年。

《十年来之中国经济建设（1927—1937）》，南京扶轮日报社，1947年。

郝景盛：《森林万能论》，正中书局，1947年。

周萃祁：《火柴工业》，商务印书馆（上海），1951年。

中国史学会主编：《鸦片战争》（全六册），神州国光社，1954年。

严中平等编：《中国近代经济史统计资料选辑》，科学出版社，1955年。

山东省农业科学研究所编：《烟草病虫害防治法》，山东人民出版社，1956年。

王铁崖编：《中外旧约章汇编》（全三册），生活·读书·新知三联书店，1957年。

孙毓棠编：《中国近代工业史资料》（第一辑），科学出版社，1957年。

汪敬虞编：《中国近代工业史资料》（第二辑），科学出版社，1957年。

章有义编：《中国近代农业史资料》，生活·读书·新知三联书店，1957年。

李文治：《中国农业近代史资料》，生活·读书·新知三联书店，1957年。

王毓瑚：《秦晋农言·马首农言》，中华书局，1957年。

［英］肯特著，李抱宏译：《中国铁路发展史》，生活·读书·新知三联书店，1958年。

北京师范大学历史系三年级、研究班编写：《门头沟煤矿史稿》，人民出版社，1958年。

中国科学院上海经济研究所上海社会科学院经济研究所编：《南洋兄弟烟草公司史料》，上海人民出版社，1960年。

中国史学会主编：《洋务运动》（全八册），上海人民出版社，1961年。

陈真等编：《中国近代工业史资料》（全四辑），生活·读书·新知三联书店，1961年。

舒新城：《中国近代教育史资料》，人民教育出版社，1961年。

万国鼎：《五谷史话》，中华书局，1961年。

彭泽益：《中国近代手工业史资料》，中华书局，1962年。

中国科学院经济研究所中央工商行政管理局资本主义经济改造研究室主编，青岛市工商行政管理局史料组编：《中国民族火柴工业》，中华书局，1963年。

［美］马士：《中华帝国对外关系史》（全三卷），商务印书馆，1963年。

萧荣爵编：《曾忠襄公奏议》，文海出版社，1969年。

袁荣叟：《胶澳志》，文海出版社，1969年。

方豪：《中国天主教史人物传》，中华书局，1970年。

《旧中国的资本主义生产关系》编写组：《旧中国的资本主义生产关系》，人民出版社，1977 年。

中国社会科学院近代史研究所近代史资料室编：《庚子记事》，中华书局，1978 年。

长江流域规划办公室编写组：《长江水利史略》，水利电力出版社，1979 年。

上海工商行政管理局、上海市橡胶工业公司史料组编：《上海民族橡胶工业》，中华书局，1979 年。

张国辉：《自强运动与中国近代企业》，中国社会科学出版社，1979 年。

故宫博物院明清档案部编：《清末筹备立宪档案史料》，中华书局，1979 年。

上海社会科学院经济研究所编：《荣家企业史料》，上海人民出版社，1980 年。

上海社会科学院历史研究所编：《上海小刀会起义史料汇编》，上海人民出版社，1980 年。

中央气象科学院天气气候研究所编：《全国气候变化学术讨论会文集》，科学出版社，1981 年。

《孙中山全集》，中华书局，1981 年。

中国革命博物馆编：《北方地区工人运动资料选编 1921—1923》，北京出版社，1981 年。

上海社会科学院经济研究所编：《刘鸿生企业史料》，上海人民出版社，1981 年。

［日］星川清亲：《栽培植物的起源与传播》，河南科学技术出版社，1981 年。

河南省水文总站编：《河南省历代大水大旱年表》，河南省水文总站，1982 年。

中国社会科学院近代史研究所近代史资料编辑组编：《义和团史料》，中国社会科学出版社，1982 年。

梁方仲：《中国历代户口、田地、田赋统计》，中华书局，1982 年。

辛树帜、蒋德麒：《中国水土保持概论》，农业出版社，1982 年。

广雅出版有限公司编辑部编：《鸦片战争文学集》，广雅出版有限公司，1982 年。

郑观应：《郑观应集》，上海人民出版社，1982 年。

刘念智：《实业家刘鸿生传略——回忆我的父亲》，文史资料出版社，1982 年。

辽宁省林学会、吉林省林学会、黑龙江省林学会编著：《东北的林业》，中国林业出版社，1982年。

毛泽东：《毛泽东农村调查文集》，人民出版社，1982年。

朱一新：《京师坊巷志稿》，北京古籍出版社，1982年。

丁守和主编：《辛亥革命时期期刊介绍》，人民出版社，1983年。

朱有瓛主编：《中国近代学制史料》（第一辑），华东师范大学出版社，1983年。

孙宝瑄：《忘山庐日记》，上海古籍出版社，1983年。

上海社会科学院经济研究所编：《英美烟公司在华企业资料汇编》（全四册），中华书局，1983年。

上海社会科学院经济研究所：《江南造船厂厂史》，江苏人民出版社，1983年。

张丽堂、唐学斌等：《市政学》，五南图书出版公司，1983年。

陈翰笙著，陈绛译，汪熙校：《帝国主义工业资本与中国农民》，复旦大学出版社，1983年。

水利部黄河委员会编写组：《黄河水利史述要》，水利电力出版社，1984年。

中国社会科学院哲学研究所中国哲学史研究室、《中国哲学史研究》编辑部编：《中国近代哲学史论文集》，天津人民出版社，1984年。

钱实甫：《北洋政府时期的政治制度》，中华书局，1984年。

唐启宇：《中国农史稿》，农业出版社，1985年。

郑连第：《古代城市水利》，水利电力出版社，1985年。

华觉明等编、译：《世界冶金发展史》，科学技术文献出版社，1985年。

吴承明：《中国资本主义与国内市场》，中国社会科学出版社，1985年。

郭士浩主编：《旧中国开滦煤矿工人状况》，人民出版社，1985年。

刘明逵：《中国工人阶级历史状况》（第一卷第一册），中共中央党校出版社，1985年。

任美锷主编：《中国自然地理纲要》，商务印书馆，1985年。

徐雪筠等译编：《上海近代社会经济发展概况——海关十年报告译编》，上海社会科学出版社，1985年。

刘壮飞、孙秉衡、张锐、王正文编著：《长白山森林资源开发与管理》，中国林业出版社，1985年。

吴慧：《中国历代粮食亩产研究》，农业出版社，1985年。

谈家桢主编：《中国现代生物学家传》，湖南科学技术出版社，1985年。

中华续行委办会调查特委会编：《中华归主》，中国社会科学出版社，1985 年。

罗渔译：《利玛窦书信集》，光启出版社，1986 年。

中国第二历史档案馆编：《中华民国史档案资料汇编》（第三辑农商一），江苏古籍出版社，1986 年。

李澍田：《吉林外纪》，吉林文史出版社，1986 年。

北京市档案馆等编：《北京自来水公司档案史料（1908 年—1949 年）》，北京燕山出版社，1986 年。

谢毓寿、蔡美彪主编：《中国地震历史资料汇编》，科学出版社，1987 年。

朱维铮：《走出中世纪》，上海人民出版社，1987 年。

侯外庐：《宋明理学史》，人民出版社，1987 年。

中国第一历史档案馆编：《鸦片战争档案史料》（第一册），上海人民出版社，1987 年。

上海市粮食局等编：《中国近代面粉工业史》，中华书局，1987 年。

来新夏主编：《天津近代史》，南开大学出版社，1987 年。

中国第二历史档案馆沈家五编：《张謇农商总长任期经济资料选编》，南京大学出版社，1987 年。

姚汉源：《中国水利史纲要》，水利电力出版社，1987 年。

黄河水利委员会选辑：《李仪祉水利论著选集》，水利电力出版社，1988 年。

［日］梅棹忠夫：《文明的生态史观》，上海三联书店，1988 年。

黄河水利委员会黄河志总编辑室编：《历代治黄文选》，河南人民出版社，1988 年。

沈渭滨主编：《近代中国科学家》，上海人民出版社，1988 年。

［美］郝延平著，李荣昌、沈祖炜译：《十九世纪的中国买办——东西间桥梁》，中国社会科学院出版社，1988 年。

［美］何炳棣：《中国古今土地数字的考释和评价》，中国社会科学出版社，1988 年。

李澍田主编：《打牲乌拉志典全书》，吉林文史出版社，1988 年。

［日］薮内清：《中国·科学·文明》，中国社会科学出版社，1989 年。

徐宗泽：《明清耶稣会士译著提要》，中华书局，1989 年。

《中国水利史稿》编写组：《中国水利史稿》，水利电力出版社，1989 年。

南京地理与湖泊研究所：《中国湖泊概论》，科学出版社，1989年。

张荷等主编：《山西水利史论集》，山西人民出版社，1989年。

陈振汉：《清实录经济史资料》，北京大学出版社，1989年。

江西省社会科学院历史研究所：《江西近代工矿史资料选编》，江西人民出版社，1989年。

黄启臣：《十四—十七世纪中国钢铁生产史》，中州古籍出版社，1989年。

上海社会科学院经济研究所轻工业发展战略研究中心：《中国近代造纸工业史》，上海社会科学院出版社，1989年。

袁清林编著：《中国环境保护史话》，中国环境科学出版社，1989年。

南京林业大学林业遗产研究室：《中国近代林业史》，中国林业出版社，1989年。

徐世昌等编纂：《东三省政略》，吉林文史出版社，1989年。

王伟杰、任家生、韩文生等编著：《北京环境史话》，地质出版社，1989年。

周魁一等注释：《二十五史河渠志注释》，中国书店，1990年。

姚汉源等选编：《长江水利史论文集》，河海大学出版社，1990年。

毛泽东：《毛泽东早期文稿》，湖南出版社，1990年。

许涤新、吴承明主编：《中国资本主义发展史》（第二卷），人民出版社，1990年。

严足仁：《中国历代环境保护法制》，中国环境科学出版社，1990年。

张浩良：《绿色史料札记——巴山林木碑碣文集》，云南大学出版社，1990年。

张沛编著：《安康石碑》，三秦出版社，1991年。

杜石然等：《洋务运动与中国近代科技》，辽宁教育出版社，1991年。

陈学恂等编：《中国近代教育史资料汇编·留学教育》，上海教育出版社，1991年。

杜恂诚：《民族资本主义与旧中国政府》，上海社会科学院出版社，1991年。

金德群编：《中国现代史资料选辑》（第一、二册补编），中国人民大学出版社，1991年。

中国第二历史档案馆编：《中华民国史档案资料汇编》（第三辑工矿业），江苏古籍出版社，1991年。

中国第二历史档案馆编：《中华民国史档案资料汇编》（第五辑第一编财政

经济五），江苏古籍出版社，1991 年。

费成康：《中国租界史》，上海社会科学院出版社，1991 年。

隗瀛涛主编：《近代重庆城市史》，四川大学出版社，1991 年。

上海市公用事业管理局编：《上海公用事业（1840－1986）》，上海人民出版社，1991 年。

佟屏亚、赵国磐：《马铃薯史略》，中国农业科技出版社，1991 年。

彭雨新、张建民：《明清长江流域农业水利研究》，武汉大学出版社，1992 年。

王桧林主编：《中国现代史参考资料》，北京师范大学出版社，1992 年。

果鸿孝：《昔日北京大观》，中国建材工业出版社，1992 年。

马建石主编：《大清律例通考校注》，中国政法大学出版社，1992 年。

姚培慧主编：《中国铁矿志》，冶金工业出版社，1993 年。

齐如山：《古都三百六十行》，书目文献出版社，1993 年。

谭列飞：《中英门头沟煤矿》，《门头沟文史》（第一辑），门头沟区印刷厂印刷，1993 年。

孙邦主编：《伪满史料丛书·经济掠夺》，吉林人民出版社，1993 年。

郭生波：《四川历史农业地理》，四川人民出版社，1993 年。

夏咸淳：《晚明士风与文学》，中国社会科学出版社，1994 年。

熊月之：《西学东渐与晚清社会》，上海人民出版社，1994 年。

曹子西主编：《北京通史》（全十卷），中国书店，1994 年。

张宗平、吕永和：《清末北京志资料》，北京燕山出版社，1994 年。

张謇：《张謇全集》，江苏古籍出版社，1994 年。

张志善编译：《哥伦布首航美洲——历史文献与现代研究》，商务印书馆，1994 年。

［法］费赖之著，冯承钧译：《在华耶稣会士列传及书目》，中华书局，1995 年。

复旦大学校史编写组编：《复旦大学志》（第 1 卷），复旦大学出版社，1995 年。

方彪：《北京简史》，北京燕山出版社，1995 年。

史明正：《近代化的北京城——城市建设与社会变革》，北京大学出版社，1995 年。

罗桂环、王耀先、杨朝飞等主编：《中国环境保护史稿》，中国环境科学出版社，1995 年。

建瓯市林业委员会编：《建瓯林业志》，鹭江出版社，1995 年。

中国第一历史档案馆编：《康熙朝满文朱批奏折全译》，中国社会科学出版社，1996 年。

吴存浩：《中国农业史》，警官教育出版社，1996 年。

蒋秋明、朱庆葆：《中国禁毒历程》，天津教育出版社，1996 年。

刘梦溪主编：《中国现代学术经典》，河北教育出版社，1996 年。

张仲礼主编：《东南沿海城市与中国近代化》，上海人民出版社，1996 年。

朱汉国主编：《中国社会通史》（民国卷），山西教育出版社，1996 年。

龚胜生：《清代两湖农业地理》，华中师范大学出版社，1996 年。

田涛、郭成伟整理：《清末北京城市管理法规》，燕山出版社，1996 年。

田涛、郭成伟整理：《清末北京城市管理法规 1906—1910》，北京燕山出版社，1996 年。

中共中央马克思恩格斯列宁斯大林著作编译局编：《马克思恩格斯论中国》，人民出版社，1997 年。

夏琳：《海纪辑要》，大通书局，1997 年。

《文史精华》编辑部编：《近代中国烟毒写真》（上下卷），河北人民出版社，1997 年。

苏智良：《中国毒品史》，上海人民出版社，1997 年。

董光璧主编：《中国近现代科学技术史》，湖南教育出版社，1997 年。

《中国近代纺织史》编委会：《中国近代纺织史》，中国纺织出版社，1997 年。

梁启超撰，朱维铮导读：《清代学术概论》，上海古籍出版社，1998 年。

卢嘉锡、路甬祥主编：《中国古代科学史纲》，河北科学技术出版社，1998 年。

潘吉星：《中国科学技术史：造纸与印刷卷》，科学出版社，1998 年。

于德源：《北京农业经济史》，京华出版社，1998 年。

李启良等校注：《安康碑版钩沉》，陕西人民出版社，1998 年。

熊月之、张敏：《上海通史·晚清文化》，上海人民出版社，1999 年。

杨居斗、高金山主编：《唐山市路北区志》，中华书局，1999 年。

林庆元：《福建船政局史稿》（增订本），福建人民出版社，1999 年。

隗瀛涛主编：《近代重庆城市史》，四川大学出版社，1999 年。

陈志华：《楠溪江中游古村落》，三联书店，1999 年。

虞和平、夏良才编：《周学熙集》，华中师范大学出版社，1999 年。

王扬宗：《傅兰雅与近代中国的启蒙》，科学出版社，2000 年。

路遇、滕泽之著：《中国人口通史》，山东人民出版社，2000 年。

夏衍：《包身工》，解放军文艺出版社，2000 年。

韩延龙、苏亦工等：《中国近代警察史》，社会科学文献出版社，2000 年。

汪敬虞主编：《中国近代经济史 1895—1927》，人民出版社，2000 年。

佟屏亚编著：《中国玉米科技史——关于玉米传播、发展和科研的历史》，中国农业科技出版社，2000 年。

［美］裴宜理著，刘平译：《上海罢工——上海工人政治研究》，上海人民出版社，2001 年。

王红谊、章楷、王思明：《中国近代农业改进史略》，中国农业科技出版社，2001 年。

蔡明博等：《中国火柴工业史》，中国轻工业出版社，2001 年。

福建省地方志编纂委员会：《福建省志·地理志》，方志出版社，2001 年。

林延清等：《五千年中外文化交流史》，世界知识出版社，2002 年。

周魁一：《中国科学技术史：水利卷》，科学出版社，2002 年。

王韬：《弢园文录外编》，上海书店出版社，2002 年。

赵承泽主编：《中国科学技术史：纺织卷》，科学出版社，2002 年。

杨安国编著：《中国烟叶史汇典》，光明日报出版社，2002 年。

李根蟠等编：《中国经济史上的天人关系》，中国农业出版社，2002 年。

尹钧科等：《古代北京城市管理》，同心出版社，2002 年。

［英］克莱夫·庞廷：《绿色世界史：环境与伟大文明的衰落》，上海人民出版社，2002 年。

赵匡华主编：《中国化学史》（近现代卷），广西教育出版社，2003 年。

［意］克里斯托弗·哥伦布：《哥伦布日记》，远方出版社，2003 年。

余新忠：《清代江南的瘟疫与社会：一项医疗社会史的研究》，人民大学出版社，2003 年。

云南地方志编纂委员会总纂、云南省林业厅编撰：《云南省志·林业志》，云南人民出版社，2003 年。

［美］唐纳德·沃斯特著，侯文蕙译：《尘暴：1930 年代美国南部大平原》，

生活·读书·新知三联书店，2003 年。

张德二主编：《中国三千年气象记录总集》，凤凰出版社，2004 年。

中国水利水电科学研究院水利史研究室编校：《再续行水金鉴》（黄河一），湖北人民出版社，2004 年。

左玉河：《从四部之学到七科之学》，上海书店出版社，2004 年。

［英］查尔斯·辛格、E.J. 霍母亚德、A.R. 霍尔、特雷弗·I. 威廉斯主编：《技术史》（第 4 卷工业革命月 1750 年至约 1850 年），上海科技教育出版社，2004 年。

金国平、吴志良：《过十字门》，澳门成人教育学会出版社，2004 年。

董鉴泓主编：《中国城市建设史》（第三版），中国建筑工业出版社，2004 年。

罗桂环：《近代西方识华生物史》，山东教育出版社，2005 年。

王金香：《中国禁毒史》，上海人民出版社，2005 年。

冼波编：《烟毒的历史》，文史出版社，2005 年。

王燕谋编著：《中国水泥发展史》，中国建材工业出版社，2005 年。

金普林、陈剩勇主编：《浙江通史》（民国卷下），浙江人民出版社，2005 年。

曹树基：《中国人口史》（第 5 卷），复旦大学出版社，2005 年。

郭成伟、薛显林：《民国时期水利法制研究》，中国方正出版社，2005 年。

李荣高等编：《云南林业文化碑刻》，德宏民族出版社，2005 年。

陈歆文：《中国近代化学工业史》，化学工业出版社，2006 年。

赵津主编：《范旭东企业集团历史资料汇编——久大精盐公司专辑》，天津人民出版社，2006 年。

张永桃主编：《市政学》，高等教育出版社，2006 年。

徐雪寒：《徐雪寒文集》（增订版），生活·读书·新知三联书店，2006 年。

［美］黄仁宇：《万历十五年》，中华书局，2006 年。

边建主编：《茶余饭后话北京》，中国档案出版社，2006 年。

李孝悌编：《中国的城市生活》，新星出版社，2006 年。

李长莉、左玉河主编：《近代中国的城市与乡村》，社会科学文献出版社，2006 年。

韩汝芬、柯俊主编：《中国科学技术史：矿冶卷》，科学出版社，2007 年。

［美］罗芙芸著，向磊译：《卫生的现代性——中国通商口岸卫生与疾病的

含义》，凤凰出版传媒集团、江苏人民出版社，2007 年。

［英］布莱恩·鲍尔：《租界生活——一个英国人在天津的童年》，天津人民出版社，2007 年。

马继盛、罗梅浩、郭线茹、蒋金炜、杨效文等：《中国烟草昆虫》，科学出版社，2007 年。

张建民：《明清长江流域山区资源开发与环境演变——以秦岭—大巴山为中心》，武汉大学出版社，2007 年。

周琼：《清代云南瘴气与生态变迁研究》，中国社会科学出版社，2007 年。

吴建雍、王岗：《北京城市发展史》，北京燕山出版社，2007 年。

徐中约：《中国近代史：1600—2000 中国的奋斗》，世界图书出版公司，2008 年。

周魁一：《水利的历史阅读》，中国水利水电出版社，2008 年。

张剑：《中国近代科学与科学体制化》，四川人民出版社，2008 年。

［英］安格斯·麦迪森：《中国经济的长期表现》，上海人民出版社，2008 年。

张仲礼主编：《近代上海城市研究》，上海文艺出版社，2008 年。

党德明主编：《济南通史》（近代卷），齐鲁书社，2008 年。

秦元明主编：《中国气象灾害大典》（吉林卷），气象出版社，2008 年。

杨伟兵：《云贵高原的土地利用与生态变迁》，上海人民出版社，2008 年。

张剑：《中国近代科学与科学体制化》，四川人民出版社，2008 年。

王亚男：《1900—1949 年北京的城市规划与建设研究》，东南大学出版社，2008 年。

满志敏：《中国历史时期气候变化研究》，山东教育出版社，2009 年。

王建革：《传统社会末期华北的生态与社会》，生活·读书·新知三联书店，2009 年。

傅璇琮主编：《宁波通史》（民国卷），宁波出版社，2009 年。

涂学文：《城市早期现代化的黄金时代》，中国社会科学出版社，2009 年。

章楷：《中国植棉简史》，中国三峡出版社，2009 年。

李秉刚、高嵩峰、权芳敏：《日本在东北奴役劳工调查研究》，社会科学文献出版社，2009 年。

樊宝敏：《中国林业思想与政策史 1644—2008 年》，科学出版社，2009 年。

周执前：《国家与社会：清代城市管理机构与法律制度变迁研究》，巴蜀书社，2009年。

余新忠主编：《清以来的疾病、医疗和卫生：以社会文化史为视角的探索》，生活·读书·新知三联书店，2009年。

余嘉锡：《目录学发微》，岳麓书社，2010年。

邓一民主编：《天然纺织纤维加工化学》，西南师范大学出版社，2010年。

李文海主编：《民国时期社会调查丛编二编》（近代工业卷），福建教育出版社，2010年。

李惠民：《近代石家庄城市化研究（1901—1949）》，中华书局，2010年。

苏利冕主编：《近代宁波城市变迁与发展》，宁波出版社，2010年。

赵艳萍：《民国时期蝗灾与社会应对》，世界图书出版公司，2010年。

[美]艾尔弗雷德 W.克罗斯比著，郑明萱译：《哥伦布大交换——1942年以后的生物影响和文化冲击》，中国环境科学出版社，2010年。

[美]威廉 H.麦克尼尔著，余新忠等译：《瘟疫与人》，中国环境科学出版社，2010年。

[美]甘博：《北京的社会调查》，中国书店出版社，2010年。

谢和耐：《明清间入华耶稣会士与中西文化汇通》，东方出版社，2011年。

朱维清：《中国通信小史》，学习出版社，2011年。

[美]艾米莉·洪尼格：《姐妹们与陌生人——上海棉纱厂女工，1919—1949》，江苏人民出版社，2011年。

中共中央文献研究室中央档案馆编：《建党以来重要文献选编》（第一册），中央文献出版社，2011年。

穆藕初：《穆藕初文集》（增订本），上海古籍出版社，2011年。

王佃利、张莉萍、高原主编：《现代市政学》（第三版），中国人民大学出版社，2011年。

魏枢：《"大上海"计划启示录——近代上海市中心区域的规划变迁与空间演进》，东南大学出版社，2011年。

杭州文史研究会、民国浙江史研究中心编：《民国杭州史料辑刊》，国家图书馆出版社，2011年。

杨颖奇、经盛鸿、孙宅巍、蒋顺兴、叶杨兵编著：《南京通史》（民国卷），南京出版社，2011 年。

侯嘉星：《1930 年代国民政府的造林事业——以华北平原为个案研究》，国史馆，2011 年。

马长林、黎霞、石磊等：《上海公共租界城市管理研究》，中西书局，2011 年。

张旭霞编著：《市政学》，中国人民大学出版社，2012 年。

顾在延：《都市建设学·自序》，收入孙燕、张研编：《民国史科丛刊续编》（第 791 种），大象出版社，2012 年。

沈文纬：《中国蚕丝业与社会化经营》，生活·读书·新知三联书店，2012 年。

马国君：《清代至民国云贵高原的人类活动与生态环境变迁》，贵州大学出版社，2012 年。

［英］伊懋可著，梅雪芹、毛利霞、王玉山译：《大象的退却：一部中国环境史》，江苏人民出版社，2014 年。

张箭：《新大陆农作物的传播和意义》，科学出版社，2014 年。

赵杏根：《中国古代生态思想史》，东南大学出版社，2014 年

［美］马立博著，关永强、高丽洁译：《中国环境史：从史前到现代》，中国人民大学出版社，2015 年。

［美］罗斯著，何蕊译：《变化中的中国人》，译林出版社，2015 年。

［英］克里斯蒂安·沃尔玛尔：《钢铁之路：技术、资本、战略的 200 年铁路史》，中信出版社，2017 年。

李昕生：《中国南瓜史》，中国农业科学技术出版社，2017 年。

［美］范发迪著，袁剑译：《知识帝国：清代在华的英国博物学家》，中国人民大学出版社，2018 年。

2. 论文

《防内河小轮船失事说》，《申报》，1899 年 5 月 4 日。

中国之新民：《格致学沿革考略》，《新民丛报》，1902 年第 10 号。

《造纸述略》，《广益丛报》，1905 年第 64 期。

卫石：《科学一斑发刊词》，《广益丛报·中编 学问门：理科》，1907 年第 24 期。

伍连德:《论中国当筹防病之方实行卫生之法》,《东方杂志》1915 年第 2 期。

钱崇澍:《评博物学杂志》,《科学》(第 1 卷) 1915 年第 5 期。

朱燕年:《市街行道树之研究》,《国立北京农业专门学校校友会杂志》1917 年第 2 期。

钟心煊:《鸟类利人论》,《东方杂志》1917 年第 9 期。

苏全监:《兴筑及改建市镇论》,《科学》1917 年第 3 卷第 5、9 期。

凌道扬:《论近日各省水灾之剧烈缺乏森林实为一大原因》,《东方杂志》1917 年第 14 卷第 11 期。

沧水:《我国输入之日本火柴》,《银行周报》1919 年第 26 期。

武干侯:《水:怎么样才叫做干净水呢?喝凉水有危险吗?》《通俗医事月刊》第 4 号,1920 年 1 月。

凌道扬:《森林与旱灾之关系》,《江苏实业杂志》1921 年第 22 期。

《水夫有害卫生》,《顺天时报》1922 年 7 月 7 日。

《劳动立法运动之推行》,长沙《大公报》,1922 年 8 月 31 日。

《劳动组合书记部招待新闻界》,长沙《大公报》,1922 年 9 月 5 日。

《劳动界招待议员界之盛举》,长沙《大公报》,1922 年 9 月 10 日。

梁启超:《五十年中国进化概论》,申报馆编:《最近之五十年》,1922 年。

《江苏省设立昆虫局之经过》,《科学》1922 年第 7 卷第 2 期。

陈方之:《汉口之卫生》,《市声周刊》第 2 期,1923 年 9 月 23 日。

督辉:《中国棉业概况》,《钱业月报》第 3 卷第 10 号,1923 年 11 月。

吴福桢:《蝗虫问题》,《申报》1924 年 7 月 24 日。

曾省:《烟草青虫之初步报告》,《农林新报》1924 年第 10 期。

《告公共卫生事务所长》,《晨报》1925 年 8 月 1 日。

《中央防疫处发表自来水确有大肠菌》,《晨报》1925 年 8 月 7 日。

《警厅昨始训令自来水公司改良》,《晨报》1925 年 8 月 8 日。

《山东种植美国烟草》,《中外经济周刊》,1925 年第 95 期。

孙居里:《中国火柴厂的概况及磷毒》,《自然界》1926 年第 1 期。

杜其垚:《鸟类的保护》,《自然界》1926 年第 6 期。

江俊孙:《何谓虎列拉》,《申报》1926 年 9 月 7 日。

《定县之棉花与土布》，《中外经济周刊》，1926年第192号。

《黄市长就职演说》，《申报》1927年7月8日。

信丙：《举行清洁运动，公安局规定简章》，《汉口民国日报》1927年7月24日。

李振声：《北京市民饮料问题（二）》，《晨报》1927年8月20日。

程瀚章：《论防疫之先决问题》，《新医与社会汇刊》1928年第1集。

《修正浙江省昆虫局暂行规程案》，《浙江建设厅月刊》1928年第14期。

吴福桢：《蝗虫问题》，《中华农学会报》1928年第64、65期合刊。

李博仁：《汉口特别市卫生局行政计划大纲草案》，《卫生月报》1929年第1期。

国民政府行政院：《卫生运动大会宣传纲要》，《卫生公报》1929年第5期。

胡先骕：《第四次太平洋科学会议植物组之经过及植物机关之视察》，《科学》1929年第4-5期。

毛应孝：《调查浙江省昆虫局办理情形报告书》，《浙江建设厅月刊》1929年第31期。

吴焕炎：《汉口各街市行道树报告书》，《新汉口：汉市市政公报》1929年第1卷第2期。

陈世灿：《二化螟虫和三化螟的预防驱除法》，《自然界》1929年第4卷第2期。

方颐积：《北平市之井水调查》，《顺天时报》1929年3月2日第7版。

工务局：《汉口市分区计划》，《新汉口：汉市市政公报》1930年第1卷第2期。

刘文岛：《汉市之现在与将来》，《中国建设》1930年第2卷第5期。

曾省：《烟虫问题》，《农林新报》1930年第21期。

《补植各路行道树》，《首都市政公报》1930年第73期。

张子彝：《从行道树裨益卫生上——说到市民应合作保护》，《新汉口》1931年第2卷第10期。

《中国之火柴工业》，《工商半月刊》1931年第3卷第19期。

梁冠：《对于福州市行道树之商榷》，《福建建设银行月刊》1931年第5卷第3期。

谔公：《东三省经济统计概略》，《中东经济月刊》，第7卷第4-5期合刊。

朱公权:《棉纺织厂之标准湿度》,《纺织周刊》1932 年第 2 卷第 25 期。

济行、陈隽人:《山东烟草产销调查》,《中行月刊》1932 年第 4 卷第 3 期。

《中国橡胶工业概况》,《工商半月刊》1932 年第 4 卷第 18 期。

《江苏省昆虫局组织章程》,《江苏省政府公报》1932 年第 987 期。

《上海华商卷烟工业现状》,《工商半月刊》1933 年第 1 期。

田和卿:《橡胶工业中之化学中毒》,《工业安全》1933 年第 1 卷第 3 期。

李崇樑:《橡皮工业中溶剂的灾害防止》,《工业安全》1933 年第 1 卷第 3 期。

鼎鼎:《上海的繁荣是如此》,《上海周报》1933 年第 1 卷 15 期。

菊曾:《工厂检查问题》,《钱业月报》1933 年第 10 期。

《浙江省昆虫局规程》,《浙江省建设月刊》1933 年第 6 卷第 9 期。

徐国栋:《民国二十二年浙江省昆虫局推广部工作概述》,《浙江省昆虫局年刊》1934 年第 3 期。

刘不基:《保护益鸟》,《科学的中国》1934 年第 6 期。

《国产烟叶之危机》,《经济旬刊》1934 年第 15 期。

三元:《北平市沟渠行政之沿革》,《市政评论》,1934 年第 1 卷合订本。

田和卿:《一年来上海工业灾害的回顾》,《工业安全》1934 年第 2 卷第 1-2 期。

《浙江省昆虫局十年大事记》,《昆虫与植病》1934 年第二卷第 18 期。

《永嘉城河之整理》,《政治成绩统计》1934 年第 4 期。

易希陶:《虫害问题及其防除办法》,《农村合作》1934 年第 61-62 期合刊。

《这件事昆虫局十年来大事记——浙江省昆虫局时期》,《昆虫与植物》1934 年第 2 卷第 18 期。

朱季青:《教育与民族保健制度》,《教育丛刊》1935 年 1 期。

启虞唐叔封:《民国二十三年浙江省昆虫局推广部工作概述》,《浙江省昆虫局年刊》1935 年第 4 期。

《山东淄川鲁大矿局惨剧之详情及社会一斑之舆论》,《工业安全》1935 年第 3 卷第 3 期。

黄瑞采译:《中国北部森林之摧残与气候变为沙漠状况之关系》,《江苏月报》1935 年第 3 卷第 4 期。

贡伯范:《振兴我国林业之途径》,《江苏月报》1935 年第 3 卷第 4 期。

《蒋委员长电令治蝗》，《昆虫与植病》1935 年第 3 卷第 18 期。

《我国烟叶产销之近状》，《工商半月刊》1935 年第 7 卷第 2 号。

纪彬：《农村破产声中冀南一个繁荣的村庄》，《天津益世报》1935 年 8 月 17 日。

番草：《苏州河的歌》，《今代文艺》1936 年第 1 期。

张纬明：《国产烟叶概述》，《商业月报》1936 年第 10 期。

《北平市沟渠取缔规则》，《北平市市政公报》1936 年第 367 期。

《奉委员长蒋电示治蝗冬令除卵办法十条饬即遵照认真办理等因令仰遵办具报，江西省政府训令建一第五二六号》，《江西农讯》1936 年第 2 卷第 4 期。

《南通学院农科棉虫研究室过去三年棉虫研究报告》，《趣味的昆虫》1936 年第 2 卷第 5-6 期。

吴福桢：《重要杀虫剂及国产喷雾器之应用》，《农报》1936 年第 3 卷第 1 期。

凌道扬：《对于广州行道树及公园等观感》，《市政评论》1936 年第 4 卷第 11 期。

余茂勋、李心田：《山东省建设厅烟草改良场民国二十五年烟草蚜虫防治之经过》，《农报》1936 年第 35 期。

纯汉：《南京工业安全卫生展览会一瞥》，《海王》第八年第 15 期。

《永利化学工业公司铔厂卫生室六月份工作月报》，《海王》第八年第 33 期。

游连福：《工厂环境卫生》，《海王》第九年第 7 期。

瑾：《化学工厂设立地点问题》，《海王》第九年第 22 期。

燕：《化学工厂设计》，《海王》第九年第 28 期。

杭州市政府秘书处编印：《杭州市政府十周年纪念特刊》，1937 年 5 月。

《首都夏令卫生运动委员会推行工作实施办法》，《新运导报》1937 年第 8 期。

封昌远：《为冀省病虫害防治局试拟昆虫调查计划》，《农学月刊》1937 年第 3 卷第 5 期。

鲍永康：《我国抗战前后之机器造纸工业概况》，《造纸印刷季刊》1941 年第 2 期。

费哲民：《发展中国造纸工业刍议》，《新经济》1943 年第 10 卷第 8 期。

姚传法：《〈森林法〉之重要性》，《林学杂志》1944 年第 1 期。

李寅恭、杨衔晋：《应请政府颁令保护树种之附竹》，《林讯》1945 年第 1 期。

潘贤模：《福建的森林》，《西北农报》1947 年第 2 卷第 5 期。

沈宗瀚、章锡昌：《一年来之烟产改进》，《农业推广通讯》1948 年第 1-2 期合刊。

《三十六年河南烟草虫害及防治成效之检讨》，《农报》1948 年第 2 期。

杨曾艺：《北平市沟渠之沿革与现状》，《市政评论》1948 年第 10 卷第 9-10 期。

罗尔纲：《落花生传入中国》，《历史研究》1956 年第 2 期。

罗尔纲：《玉蜀黍传入中国》，《历史研究》1956 年第 3 期。

吴晗：《谈烟草》，光明日报，1959 年 10 月 28 日。

林承坤、陆钦峦：《荆江河曲的成因与演变》，《南京大学学报（自然科学版）》1965 年第 1 期。

竺可桢：《中国近五千年来气候变迁的初步研究》，《考古学报》1972 年第 1 期。

何炳棣：《美洲作物的引进、传播及其对中国粮食生产的影响》，《世界农业》1979 年第 5 期。

陈树平：《玉米和番薯在中国传播情况研究》，《中国社会科学》1980 年第 3 期。

张修桂：《洞庭湖演变的历史过程》，《历史地理》（创刊号），上海人民出版社，1981 年。

叶小青：《近代西方科技的引进及其影响》，《历史研究》1982 年第 1 期。

徐树云：《烟蚜消长与气象因素》，《植物保护》1982 年第 5 期。

王天麻：《晋水历史流量的探讨》，《山西水利史料》1982 年第 5 辑。

章楷、李根蟠：《玉米在我国粮食作物中地位的变化——兼论我国玉米生产的发展和人口增长的关系》，《农业考古》1983 年第 2 期。

王国忠：《徐光启的〈甘薯疏〉》，《中国农史》1983 年第 3 期。

李凤岐：《徐光启与风土说》，《中国农史》1983 年第 3 期。

韦庆远、鲁素：《清代前期矿业政策的演变（上）》，《中国社会经济史研究》1983 年第 3 期。

卞鸿翔：《汉晋南朝时期洞庭湖的演变》，《湖南师范学院学报（自然科学版）》1984 年第 1 期。

余德新：《旧中国水泥工人的悲惨境遇（水泥史话之五）》，《中国建材》1984 年第 2 期。

陈浦如、卢保康：《南平发现保护森林的碑刻》，《农业考古》1984 年第 2 期。

徐道一等：《明清宇宙期》，《大自然探索》1984 第 4 期。

杨钦章：《十六世纪西班牙人在泉州的所见所闻》，《福建论坛》1985 年第 1 期。

卜鸿翔、龚循礼：《洞庭湖区围垦问题的初步研究》，《地理学报》1985 年第 2 期。

林承坤：《洞庭湖的演变与治理（上）》，《地理学与国土研究》1985 年 4 期。

谭作刚：《清代湖广垸田的滥行围垦及清政府的对策》，《中国农史》1985 年第 4 期。

谭作刚：《清代湖广垸田的滥行围垦及清政府的对策》，《中国农史》1985 年第 4 期。

李伯重：《明清时期江南地区的木材问题》，《中国社会经济史研究》1986 年第 1 期。

王伟杰：《旧时北京城污水对环境的污染》，《环境科学》1986 年第 6 期。

周凤琴：《荆江近 5000 年来洪水位变迁的初步研究》，《历史地理》（第四辑），上海人民出版社，1986 年。

郭松义：《玉米、番薯在中国传播中的一些问题》，《清史论丛》（第 7 辑），中华书局，1986 年。

倪根金：《明清护林碑知见录（续）》，《农业考古》1987 年第 1 期。

胡光明：《开埠前天津城市化过程及内贸型商业市场的形成》，《天津社会科学》1987 年第 2 期。

樊洪业：《从"格致"到"科学"》，《自然辩证法通讯》1988 年第 10 卷第 3 期。

曹树基：《玉米和番薯传入中国路线新探》，《中国社会经济史研究》1988 年第 4 期。

行龙：《略论中国近代人口的城市化问题》，《近代史研究》1989 年第 1 期。

李耕五：《英美烟公司和许昌烟区史》，《中国烟草》1989 年第 2 期。

王金香：《近代山西烟祸》，《山西师范大学学报》1989 年第 3 期。

张修桂：《长江宜昌至城陵矶段河床历史演变及其影响》，《历史地理研究》（第二集），复旦大学出版社，1990 年。

叶志如：《从人参专采专卖看清宫廷的特供保障》，《故宫博物院院刊》1990 年第 1 期。

吕忠成：《对柳条边性质的再认识》，《松辽学刊（自然科学版）》1990 年第 4 期。

林茂今：《福建省历代森林封禁碑考析》，《福建林学院学报》1990 年第 4 期。

汪晖：《"赛先生"在中国的命运——中国近现代思想中的"科学"概念及其使命》，《学人》（第 1 辑），江苏文艺出版社，1991 年。

陈冬生：《甘薯在山东传播种植史略》，《农业考古》1991 年 1 期。

张国辉：《论汉冶萍公司的创建、发展和历史结局》，《中国经济史研究》1991 年第 2 期。

赵铁桥：《近代外国人在中国的生物资源考察》，《生物学通报》1991 年第 7 期。

赵铁桥：《近代外国人在中国的生物资源考察（续）》，《生物学通报》1991 年第 8 期。

谢志成：《甘薯在河北的传种》，《中国农史》1992 年第 1 期。

徐福龄：《原阳宣化寨地下龙王庙的调查》，《黄河史志资料》1993 年第 1 期。

刘翔：《明清两代的烟草生产》，《农业考古》1993 年第 1 期。

龚胜生：《清代两湖地区茶、烟的种植与分布》，《古今农业》1993 年第 3 期。

张国雄：《"湖广熟、天下足"的经济地理特征》，《湖北大学学报》1993 年第 4 期。

施由民：《论清代江西农业的发展》，《农业考古》1995 年第 1 期。

谢志诚：《黄公树——清代地方性生态农业工程》，《中国农史》1995 年第 2 期。

向安强：《中国玉米的早期栽培与引种》，《自然科学史研究》1995 年 3 期。

张剑：《〈中西闻见录〉述略——兼评其对西方科技的传播》，《复旦学报（社会科学版）》1995 年第 4 期。

李令福：《论华北平原二年三熟轮作制的形成时间及其作物组合》，《陕西师大学报（哲学社会科学版）》1995 年第 4 期。

倪根金：《明清护林碑研究》，《中国农史》1995 年第 4 期。

李双璧：《从"格致"到"科学"：中国近代科技观的演变轨迹》，《贵州社会科学》1995 年第 5 期。

涂文学：《中国近代城市化与城市近代化论略》，《江汉论坛》1996 年第 1 期。

江道源：《大帆船贸易与华侨华人》，《八桂桥史》1996 年第 1 期。

罗桂环：《清中期以后的环境失调及治理》，《古今农业》1996 年第 2 期。

苏仲湘：《北京建都始于北辽》，《社会科学战线》1996 年第 6 期。

倪根金：《新见江西遂川两通清嘉庆时护林碑述论》，《古今农业》1997 年第 3 期。

李令福：《烟草、罂粟在清代山东的扩种及影响》，《中国历史地理论丛》1997 年第 3 辑。

胡宗刚：《从庐山森林植物园到庐山植物园》，《中国科技史料》1998 年第 1 期。

吴建新、江慰祖：《明清时期主要外来作物在广东的传播》，《广东史志》1998 年第 2 期。

谷茂等：《中国马铃薯栽培史略》，《西北农业大学学报》1999 年第 2 期。

赵玉霞、杨居荣：《采煤塌陷地复垦的环境经济分析——以开滦煤矿为例》，《环境科学学报》2000 年第 2 期。

王民、邓绍根：《〈万国公报〉与 X 射线知识的传播》，《中国科技史料》2001 年第 22 卷第 3 期。

中国第一历史档案馆：《嘉庆八年管理民人出入山海关史料选》，《历史档案》2001 年第 2 期。

王思明：《诱致性技术与制度变迁——论明清以来的中国农业》，《古今农业》2002 年第 1 期。

关传友：《风水意识对古代植树护林活动的影响》，《皖西学院学报》2002 年第 1 期。

李荣高：《云南明清和民国时期林业碑刻探述》，《农业考古》2002 年第 1 期。

关传友：《中国古代风水林探析》，《农业考古》2002 年第 3 期。

闫永增、陈润军：《20 世纪 80 年代以来的近代开滦史研究》，《唐山师范学院学报》2002 年第 3 期。

王培华：《清代滏阳河流域水资源的管理、分配与利用》，《清史研究》2002 年第 4 期。

倪玉平：《清代水旱灾害原因初探》，《学海》2002 年第 5 期。

黄锡之：《〈永禁虎丘染坊碑记〉与河流、农作午饭的保护》，《农业考古》2003 年第 1 期。

卞利：《明清时期徽州森林保护碑刻初探》，《中国农史》2003 年第 2 期。

张国刚：《明清之际中欧贸易格局的演变》，《天津社会科学》2003 年第 6 期。

何凡能、田砚宇、葛全胜：《清代关中地区土地垦殖时空特征分析》，《地理研究》2003 年第 6 期。

侯仁之：《北京建都记》，《建筑创作》2003 年第 12 期。

樊宝敏、董源、李智勇：《试论清代前期的林业政策和法规》，《中国农史》2004 年第 1 期。

包茂红：《中国环境史研究：伊懋可教授访谈》，《中国历史地理论丛》2004 年第 1 辑。

夏明方：《环境史视野下的近代中国农村市场——以华北为中心》，《光明日报》2004 年 5 月 11 日。

王思明：《美洲原产作物的引种栽培及其对中国农业生产结构的影响》，《中国农史》2004 年第 2 期。

王培华：《清代河西走廊的水利纷争及其原因——黑河、石羊河流域水利纠纷的个案考察》，《清史研究》2004 年第 2 期。

夏明方：《中国灾害史研究的非人文化倾向》，《史学月刊》2004 年第 3 期。

胡勇、丁伟：《民国初年林政兴起和衰落的原因探析》，《北京林业大学学报（社会科学版）》2004 年第 3 期。

古开弼：《民间规约在历代自然生态与资源保护活动中的文化传承》，《北京林业大学学报（社会科学版）》2004 年第 3 期。

胡惠芳：《民国时期蝗灾初探》，《河北大学学报（哲学社会科学版）》2005 年第 1 期。

王宝卿、王思明：《花生的传入、传播及其影响研究》，《中国农史》2005年第1期。

闵宗殿：《试论清代农业的成就》，《中国农史》2005年第1期。

冼剑民、王丽娃：《明清时期佛山城市的环境保护》，《佛山科学技术学院学报（社会科学版）》2005年第4期。

朱宗元、梁存柱：《钟观光先生的植物采集工作——兼记我国第一个植物标本室的建立》，《北京大学学报（自然科学版）》2005年第6期。

刘翠溶：《中国环境史研究刍议》，《南开学报（哲学社会科学版）》2006年第2期。

刘岸冰：《近代上海城市环境卫生管理初探》，《史林》2006年第2期。

古开弼：《广东现存明清时期涉林碑刻的历史启示》，《北京林业大学学报（社会科学版）》2006年第2期。

梁四宝、韩芸：《凿井以灌：明清山西农田水利的新发展》，《中国经济史研究》2006年第4期。

倪根金：《中国传统护林碑刻的演进及在环境史研究上的价值》，《农业考古》2006第4期。

汪志国：《论孙中山的生态保护思想》，《中国农学通报》2006年第9期。

韩茂莉：《近五百年来玉米在中国境内的传播》，《中国文化研究》2007年第1期。

何凡能、葛全胜、戴君虎等：《近300年来中国森林的变迁》，《地理学报》2007年第1期。

郝飞：《近十五年来近代开滦矿务局研究综述》，《唐山学院学报》2007年第1期。

许旭明：《烟草的起源与进化》，《三明农业科技》2007年第3期。

关传友：《论清代族规家法保护生态的意识》，《北京林业大学学报（社会科学版）》2007年第3期。

吴俊范：《城市空间扩展视野下的近代上海河浜资源利用与环境问题》，《中国历史地理论丛》2007年第3辑。

衷海燕：《"矿脉"与"龙脉"之争——清代关于端砚开采的"风水"论说》，《华南农业大学学报》2007年第4期。

卢家彬：《清道光泉州虹山水尾树碑述论》，《中山大学学报论丛》2007 年第 6 期。

张学珍、郑景云、方修琦、萧凌波：《1470～1949 年山东蝗灾的韵律性及其与气候变化的关系》，《气候与环境研究》2007 年第 12 卷第 6 期。

张同乐：《1940 年代前期的华北蝗灾与社会动员——以晋冀鲁豫、晋察冀边区与沦陷区为例》，《抗日战争研究》2008 年第 1 期。

张伟兵，朱云枫：《区域场次特大旱灾评价指标体系与方法探讨》，《中国水利水电科学研究院学报》2008 年第 2 期。

李蓓蓓、徐峰：《中国近代城市化率及分期研究》，《华东师范大学学报（哲学社会科学版）》2008 年第 3 期。

刘凤云：《明清时期北京的街巷及其修治》，《故宫博物院院刊》2008 年第 3 期。

文庠：《民国时期中央卫生行政组织的历史考察》，《中华医史杂志》2008 年第 4 期。

唐世凯、刘丽芳、李永梅：《烤烟套种甘薯对持续控制烟草病虫害的影响》，《广东农业科学》2008 年第 9 期。

王毓蔺、尹钧科：《北京建都发端：金海陵王迁都燕京》，《城市问题》2008 年第 11 期。

姚锦鸿、黄春粤：《广东封开发现的清光绪护林碑及相关问题探讨》，《农业考古》2009 年第 3 期。

张祥稳、惠富平：《清代"近水居民与水争地"之风愈演愈烈原因探析——以直隶、山东、河南、江苏、浙江、湖北、湖南和广东八省为中心考察》，《巢湖学院学报》2009 年第 4 期。

黄光荣：《不同轮作方式对烤烟病虫害及产量品质的影响》，《河南农业科学》2009 年第 5 期。

［美］J. 唐纳德·休斯著，梅雪芹译：《环境史的三个维度》，《学术研究》2009 年第 6 期。

向青松、钟亚霖、彭军、谢春凤、罗俊：《农业生物多样性控制烟草病虫害》，《中国农学通报》2010 年第 2 期。

梁翠：《论清末政府的警政建设及其得失》，《辽宁警专学报》2010 年第 3 期。

杜丽红：《知识、权力与日常生活——近代北京饮水卫生制度与观念嬗变》，《华中师范大学学报（人文社会科学版）》2010 年第 4 期。

刘珊、闵庆文：《清代黔东南地区森林资源变化及其社会区域响应的初步研究》，《资源科学》2010 年第 6 期。

曹丽娟：《清末北京公共卫生事业的初建》，《北京中医药》2010 年第 10 期。

武奕成、沈玮玮：《试论清代以来的矿业环境保护》，《兰州学刊》2011 年第 1 期。

周醉天、韩长凯：《中国水泥史话（1）》，《水泥技术》2011 年第 1 期。

周醉天、韩长凯：《中国水泥史话（2）》，《水泥技术》2011 年第 2 期。

周醉天、韩长凯：《中国水泥史话（3）》，《水泥技术》2011 年第 3 期。

李海涛：《近代中国第一次全国铁矿调查活动初探》，《中国矿业大学学报》2011 年第 3 期。

王先霈：《胡先骕的生态思想》，《云梦学刊》2011 年第 3 期。

李志英：《民国时期范旭东企业集团的环境意识与实践》，《南开学报（哲学社会科学版）》2011 年第 5 期。

傅洁茹：《孙中山环境思想探析》，《安徽史学》2011 年第 6 期。

王保宁：《花生与番薯：民国年间山东低山丘陵区的耕作制度》，《中国农史》2012 年第 3 期。

王宏宇：《山西历史蝗灾发生规律及灾情分析》，《科学之友》2012 年 7 月。

王忠静、张景平、郑航：《历史维度下河西走廊水资源利用管理探讨》，《南水北调与水利科技》2013 年第 1 期。

王保宁：《乾隆年间山东的灾荒与番薯引种——对番薯种植史的再讨论》，《中国农史》2013 年第 3 期。

白路、赵孝威：《清代豫西地区的水权纠纷》，《沧桑》2013 年第 3 期。

丁晓蕾、王思明：《美洲原产蔬菜作物在中国的传播及其本土化发展》，《中国农史》2013 年第 5 期。

王思明：《如何看待明清时期的中国农业》，《中国农史》2014 年第 1 期。

陈永伟、黄英伟、周羿：《"哥伦布大交换"终结了"气候—治乱循环"吗？——对玉米在中国引种和农民起义发生率的一项历史考察》，《经济学》（季刊）2014 年第 3 期。

鱼宏亮：《超越与重构——亚欧大陆和海洋秩序的变迁》，《南京大学学报（哲学·人文科学·社会科学）》2017 年第 2 期。

唐祈林、荣廷昭：《玉米的起源与演化》，《玉米科学》2017 年第 4 期。

张箭：《马铃薯的主粮化进程——它在世界上的发展与传播》，《自然辩证法通讯》2018 年第 4 期。

王利华：《"资源"作为一个历史的概念》，《中国历史地理论丛》2018 年第 4 辑。

赵永翔：《从招垦到封禁：清代秦岭的人口与环境问题》，《干旱区资源与环境》2018 年第 7 期。

郑南：《美洲原产作物的传入及其对中国社会影响问题的研究》，博士学位论文，浙江大学，2010 年。

王宝卿：《明清以来山东种植结构变迁及其影响研究——以美洲作物引种推广为中心（1368—1949）》，博士学位论文，南京农业大学，2006 年。

王保宁：《气候、市场与国家：山东耕作制度变迁研究》，博士学位论文，上海交通大学，2011 年。

杜丽红：《20 世纪 30 年代的北平城市管理》，博士学位论文，中国社会科学院研究生院，2002 年。

刘龙雨：《清代至民国时期华北煤炭开发：1644—1937》，博士学位论文，复旦大学历史人文地理专业，2006 年。

3. 档案材料

上海市警察局行政处：《关于市长手谕关于苏州河两岸不清洁情形》，上档，Q131-4-2317。

上海租界工部局：《关于麦克利克路居民要求改进公共场所卫生等的文件》，上档，U1-16-2391。

上海公共租界工部局卫生处：《关于解决苏州河等河流污染问题的文件》，上档，U1-16-2391。

上海港务局：《关于清除苏州河及沿岸垃圾的文件》，上档，Q211-1-12。

上海警察局：《关于取缔租借垃圾倒入苏州河》，上档，R36-13-180。

上海市档案馆档案：《为编印大上海计划致市府各局函》，上海市市中心区域建设委员会档案，Q213-1-62。

内外城总厅送违警律章程以及有关文书，中国第一历史档案馆藏，档案号一五零一，第 107 号。

《北平市工务局关于保送北平市沟渠管理规则草案的呈及市政府公布该项规则的令（附规则）》，北京市档案馆藏，J017-001-03407。

《北平市工务局、卫生局等关于禁止向马路沟口倾倒秽水的布告及工务局的报送》，北京市档案馆藏，J017-001-03056。

三、相关西文论著

Edward Baines，History of the Cotton Manufacture in Great Britain，Thoemmes Press，1835.

Robert Fortune，Three Years'wanderings in the Northern Provinces of China，John Murray，Albemare Street，1847.

Wright. A. Twentieth Century Impressions of Hongkong，Shanghai and other Treaty Ports of China，Lloyd's Greater Britain Pub.，1908.

Mac Callum，Anne Copeland，ed：Pumpkin，Pumpkin：Lore，History，Outlandish Facts，and Good Eating，Heather Foundation，1986.

Mark Elvin，The Environmental History of China：An Agenda of Ideas，Asian Studies Review，14. 2（1990）.

Kenneth Pomeranz，How Exhausted an Earth？ Some Thoughts on Qing（1644-1911）Environmental History，Chinese Environmental History Newsletter 2：2，November 1995.

David Pietz，Engineering the State：The Huai River and Reconstruction in Nationalist China，1927-1937，Routledge，2002.

Krech III，Shepard，McNeill，J. R. and Merchant，Carolyn ed.，Encyclopedia of World Environmental History，Routledge，2003.

Zheng Yangwen，The Social Life of Opium in China，Cambridge University Press，2005.

A. Warman，Corn and Capitalism：How a Botanical Bastard Grew to Global Dominance，The University of North Carolina Press，2007.

Joachim Radkau，Nature and Power：A Global History of the Environment，Cambridge University Press，2008.

Micah S. Muscolino，Fishing Wars and Environmental Change in Late Imperial and Modern China，Cambridge，MA.：HarvardUniversity Asia Center，2009.

The Ecology of War in China：Henan Province，the Yellow River，and Beyond，1938-1950，Cambridge University Press，2015.

Shen Hou，Nature's Tonic：Beer，Ecology，and Urbanization in a Chinese City，1900-1950，Environmental History，Volume 24，Issue 2，April 2019.